KB246033

PHOTOSHOP CREATIVE COLLECTION

: 상상을 디자인하라

이구영 지음

YoungJin.com **Y.**
영진닷컴

PHOTOSHOP CREATIVE COLLECTION

ISBN 978-89-314-3840-6

독자님의 의견을 받습니다

이 책을 구입한 독자님은 영진닷컴의 가장 중요한 비평가이자 조언가입니다. 저희 책의 장점과 문제점이 무엇인지, 어떤 책이 출판되기를 바라는지, 책을 더욱 알차게 꾸밀 수 있는 아이디어가 있으면 이메일, 또는 우편으로 연락주시기 바랍니다. 의견을 주실 때에는 책 제목 및 독자님의 성함과 연락처(전화번호나 이메일)를 꼭 남겨 주시기 바랍니다. 독자님의 의견에 대해 바로 답변을 드리고, 또 독자님의 의견을 다음 책에 충분히 반영하도록 늘 노력하겠습니다.

이메일 : support@youngjin.com

주 소 : 서울특별시 금천구 가산동 664번지 대륭테크노타운13차 10층 (주)영진닷컴 기획1팀

내용 문의 메일 : kuyounglee@gmail.com

홈페이지 : http://www.kuyounglee.com

STAFF

집필 이구영 | **기획** 기획1팀, 오렌지페이퍼 | **책임** 김민호 | **진행** 김태경, 오렌지페이퍼 | **북디자인** 디자인허브

[머 리 말]

새로운 분야의 선구자들에게는 붙여지는 이름이 있다. 현실에 부적응하는 자, 반항하는 자, 세상을 다른 각도에서 바라보는 자, 그들은 정해진 규칙을 좋아하지 않는다. 모두가 그들을 비난하거나 칭찬할 수 있고, 반대하거나 동의할 수도 있다. 하지만 그들에게 할 수 없는 단 한 가지는 바로 무시하는 것! 새로운 분야를 개척하는 선구자들은 아무도 해내지 못했던 사물을 바꿔 놓는 일을 해내기 때문이다. 그들은 창조하고, 탐험하며, 인류를 앞으로 나아가게 만든다. 어쩌면 그들은 이런 일들을 해내기 위해 미쳐야만 했는지도 모른다. 미치지 않고서야 어떻게 역사에 남을 위대한 업적을 남길 수 있었겠는가? 보수주의자들은 그들을 미친 사람이라고 부르지만 나는 그들을 위대한 탐험가라 부르고 싶다.

내가 생각하는 사람들은 두 가지 종류가 있다. 꿈꾸는 자와 꿈을 이루는 자, 작든 크든 꿈이라는 단어 자체는 정말 아름답다. 그러나, 꿈만 가지고는 진정성에 대해서 판가름할 수 없다. 꿈을 이루기 위해 노력하지 않고, 단지 꿈만 꾸는 것은 전혀 아름답지 않다는 말이다. 사과나무에서 열매가 떨어지기만을 기다리는 사람은 꿈꾸는 것이 아니라 요행수를 바라는 사람일 뿐이며 세상에 요행수라는 것은 존재하지 않는다.

꿈을 이루고 싶은가? 그렇다면 최고의 솔루션은 바로 당신 안에 있다. 혈연도 인맥도 학벌도 아닌 하루 한 걸음씩 온전히 내 힘만으로 꿈을 향해서 걷는 것이다. 세상에 하고 싶은 일을 다 할 수는 없지만 정말 하고 싶은 일을 택해서 쉬지 않고 걸어간다면 안 되는 일보다는 되는 일이 훨씬 많다는 한 걸음의 철학! 지금껏 살아오면서 내가 얻은 가장 값진 철학이다.

> "어딘가에 있을 젊은이여, 그대를 전율하게 만드는 무엇인가가 그대의 내면에서 용솟음치는 젊은이여, 아무도 그대를 모른다는 사실을 이용하라. 그대를 무시하는 이들이 그대에게 반대하고, 그대가 교제하는 이들이 그대를 완전히 포기하고, 그대의 훌륭한 생각 때문에 그대를 파멸시키기를 원한다 해도 이렇게 분명한 위험은 오히려 그대를 굳세게 만들어 준다."
>
> – 라이너 마리아 릴케의 사색 노트 中

사회 초년병 시절 가진 것이 없던 내게 큰 힘이 되어준 릴케의 사색 노트 중에 한 문구이다. 그림과 사진을 아우르는 디지털 아트 분야를 개척하고자 했던 내게 있어 릴케의 짧은 글귀는 지치고 두려울 때 힘을 불어 넣는 디딤돌과 같았다. 남들이 가지 않은 길을 간다는 것은 누구에게나 힘든 일이지만 릴케의 말들을 곱씹으며 하루하루 걸어왔고, 지금은 디지털 아트 분야의 개척자가 되어 정글을 헤쳐나가는 중이다.

누구에게나 생소했던 디지털 아트 분야가 점점 더 대중에게 근접해가는 과정에서 뿌듯함과 동시에 친숙한 문화로 자리 잡을 수 있도록 더욱 열심히 활동해야 한다는 사명감도 느끼게 되었다. 그림과 사진이라는 가깝고도 먼 장르를 감성이라는 문화적 코드로 융합하여 예술적 측면으로 다가가는 디지털 아트, 가끔 디지털 아트를 단순히 포토샵이나 페인터 같은 컴퓨터 소프트웨어 종류로 국한해버리는 평론가들에게 실망감을 느낄 때도 있지만 앞으로도 나와 같은 디지털 아티스트 후배들이 끊임없이 창조하고, 도전하는 노력을 통해 전 세계적으로 대중들이 인정하는 새로운 예술 분야로 거듭나길 바란다. 또한, 내가 가진 경험과 노하우가 디지털 아트 문화를 사랑하는 독자들에게 도움이 되길 바라며 이 책의 일독을 권한다.

2009년 봄
이구영

[미 리 보 기]

❶ **THEME** : 각각의 THEME에서 학습할 디지털 합성에 대한 콘셉트를 알려줍니다.

❷ **SOURCE FILE** : 따라하기에 필요한 예제 파일을 알려줍니다.

❸ **SLIDE** : THEME를 구성하는 WORK의 완성 이미지를 슬라이드 형식으로 보여줍니다.

❹ **WORK** : 포토샵 CS4를 이용하여 WORK에서 학습할 주요 내용을 알아봅니다.

❺ **KEY POINT** : WORK의 따라하기에서 사용하는 포토샵 CS4의 주요 기능을 간단하게 알아봅니다.

❻ **BEFORE/AFTER** : WORK에서 따라하기로 만들어볼 디지털 합성 작품의 제작 과정을 BEFORE/AFTER 형식으로 알려줍니다.

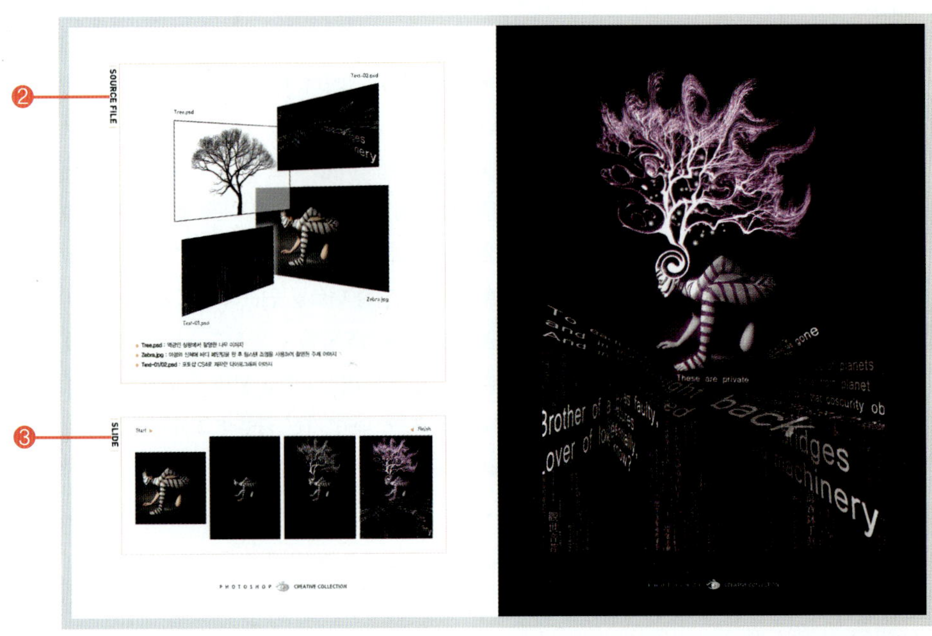

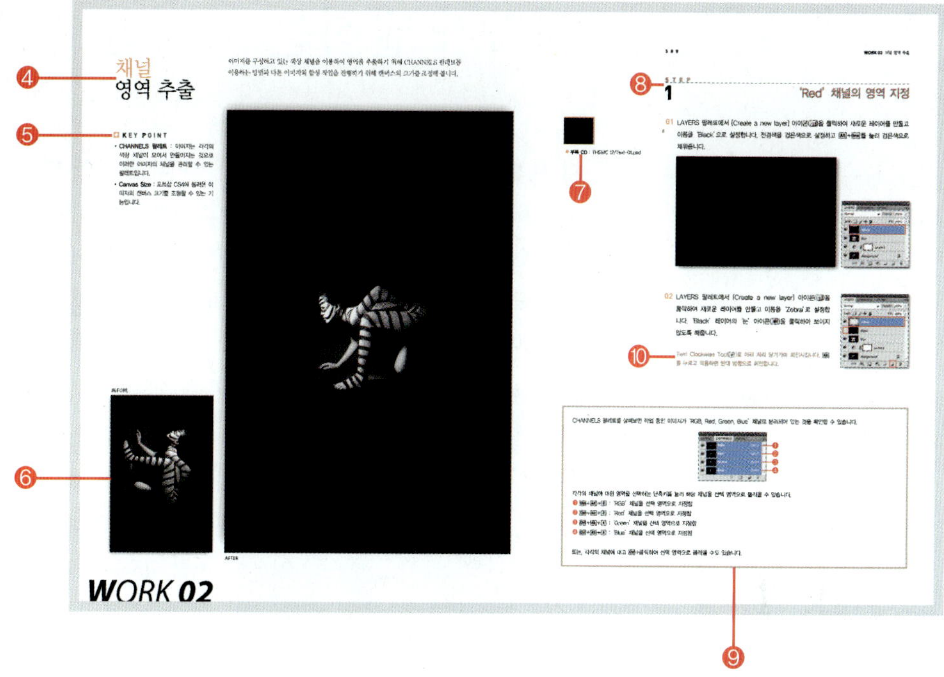

WORK 02

⑦ **부록 CD 경로** : 따라하기에 필요한 SOURCE FILE의 부록 CD 경로를 미리 보기 형식으로 알려줍니다.

⑧ **STEP** : WORK를 STEP으로 세분화하여 좀 더 자세한 학습이 될 수 있도록 유도합니다.

⑨ **TIP** : 본문에서 설명하지 못한 부분이나 반드시 알아야 하는 사항을 정리해서 알려줍니다.

⑩ **참고** : 따라하기에서 설명이 부족한 부분이나 이해를 도울 수 있는 내용을 정리해서 알려줍니다.

⑪ **SPECIAL** : 디지털 합성에 필요한 포토샵 CS4의 주요 기능을 자세히 알려줍니다.

⑫ **PHOTOGRAPHY** : 디지털 합성에 사용한 주제 이미지를 촬영하는 방법이나 사진가들이 알아두면 유용한 내용을 정리해서 알려줍니다.

[이 책의 특징 / 부록 CD] 저자가 말하는 디지털 아트의 세상

디지털 아티스트 이구영과 디지털 아트

대학 새내기 시절 반구상적인 작업을 하고 싶어 소재가 될만한 것들을 직접 찍으러 다녔었고, 그 사진 속의 소재들을 퍼즐 맞추듯 캔버스에 그리는 작업이 늘 반복되었다. 그러다가 불현듯 캔버스에 옮길 필요 없이 '사진으로 표현할 수 없을까?' 라는 생각이 들었고, 이것이 바로 디지털 아트의 시발점이 된 것이다.

솔직히 디지털 아트에 관한 전문 서적이나 사전적인 의미를 찾아 국어책 읽듯이 결론지어 생각해 본 적은 없다. 그저 디지털 아트는 '생활 문화'에 비유하고 싶다. 요즘은 개인 커뮤니티나 홈페이지 등을 통해 너도나도 유행처럼 디지털 카메라가 필수품이 되었고, 전문가만이 사용하던 그래픽 프로그램을 옵션처럼 활용하며 개성에 맞게 편집하듯이 디지털화 되어가는 생활 속에서 자신을 표현하는 모든 행위를 디지털 아티스트의 행위라고 말하고 싶다.

디지털 아트 작업 방식은?

구상한 주제에 맞게 연습장에 간략히 스케치를 먼저 하고 작품 속에 들어갈 소재들을 상세히 메모한다. 그래야만 순조롭게 촬영할 수 있고 소재를 좀 더 쉽게 찾을 수 있는 것이다. 이렇게 디지털 카메라를 가지고 떠나는 '소재 사냥'을 통해 얻어진 사진들은 드로잉이나 페인팅 및 수작업이 꼭 필요하고 계속해서 배경에 합성 및 콜라주를 반복하여 퍼즐을 맞추듯이 작업을 진행하게 된다.

일반적인 사진 촬영의 경우에는 순간포착을 하거나 연출을 통해 필요한 한 컷을 담아내지만, 나의 경우에는 여러 컷을 촬영한 후 요소요소를 모아 한 장면으로 만든다. 이러한 일들은 바로 나 자신의 얼굴과도 같기 때문에 책임감을 갖고 구성부터 촬영까지 의도에 빗나가지 않도록 고집스럽게 작업하는 것이 중요하다고 본다.

Photoshop Creative Collection은?

이 책은 현재 디지털 아트에 관련하여 누구나 쉽게 이해하고 그러한 내용을 서로 공유할 수 있도록 만들었다. 디지털 합성 작품이 어떻게 실전에서 구현되는지 보다 알기 쉽게 계획하고, 사진을 직업으로 하거나 취미로 즐기는 사람들에게 필요한 다양한 합성 효과를 공개한다. 그리고, 사진과 포토샵, 그림과 모델 등을 디지털 아트에 필요한 '안료'라고 생각하고 머릿속에 떠오르는 하나의 이미지 자체를 자유롭게 표현할 수 있도록 유도한다.

부록 CD의 디지털 합성 소스 설치 방법

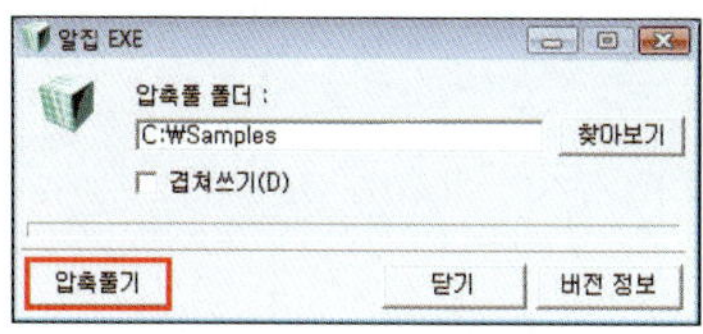

부록 CD에는 이 책의 내용을 학습하기 위해 필요한 예제 파일이 수록되어 있습니다. 부록 CD의 예제 파일을 그대로 사용하면 '읽기 전용' 속성 때문에 저장이 불가능하니 하드디스크에 복사해 놓고 사용하는 것을 권합니다.

'Photoshop Creative Collection.exe' 파일을 더블클릭하면 나타나는 [알집 EXE] 대화상자

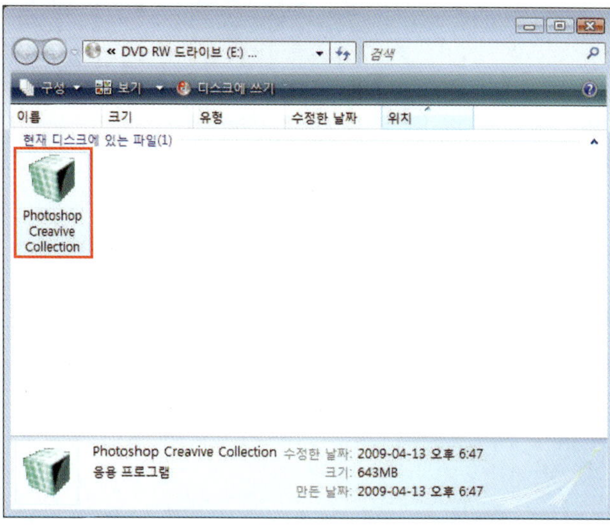

부록 CD에 들어 있는 'Photoshop Creative Collection.exe' 파일의 모습

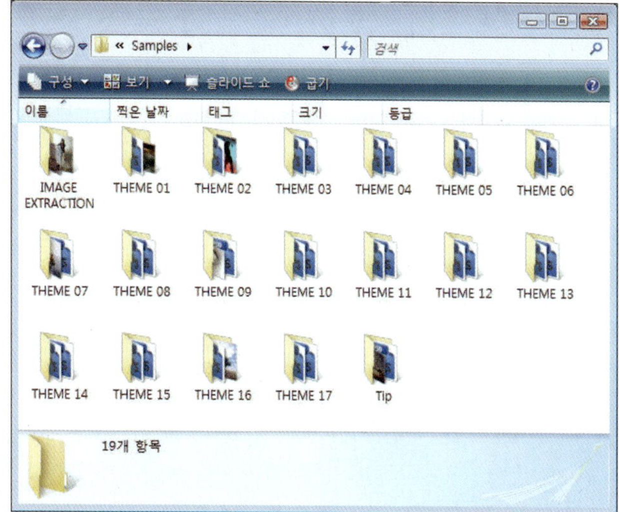

'Photoshop Creative Collection.exe' 파일의 압축을 내 컴퓨터에서 해제한 모습

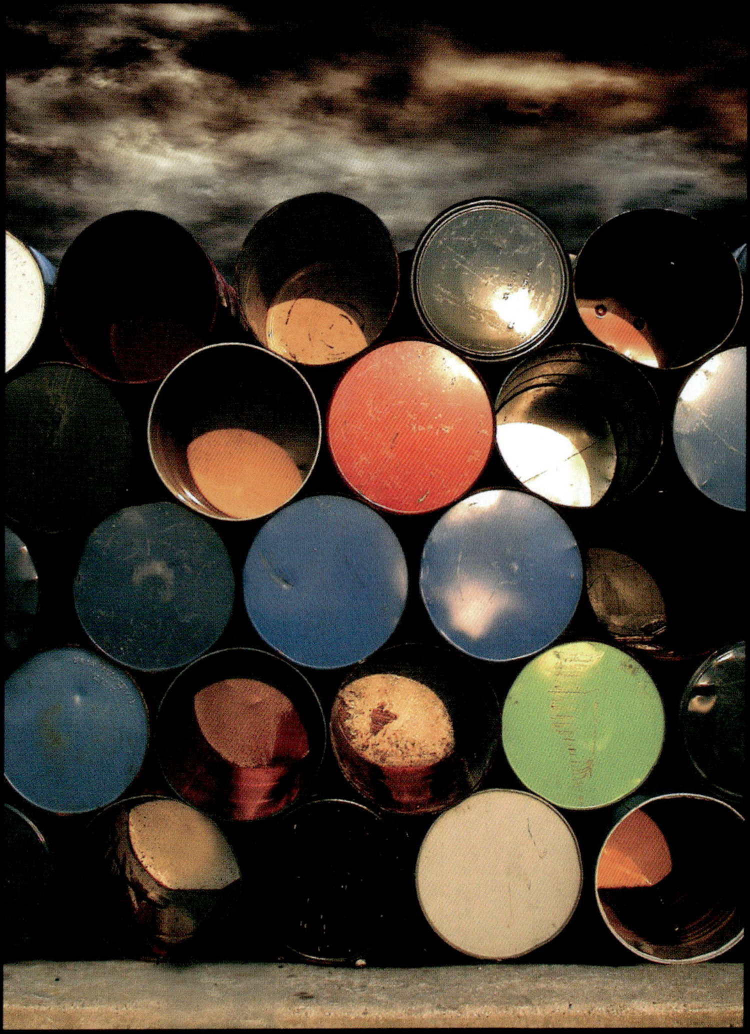

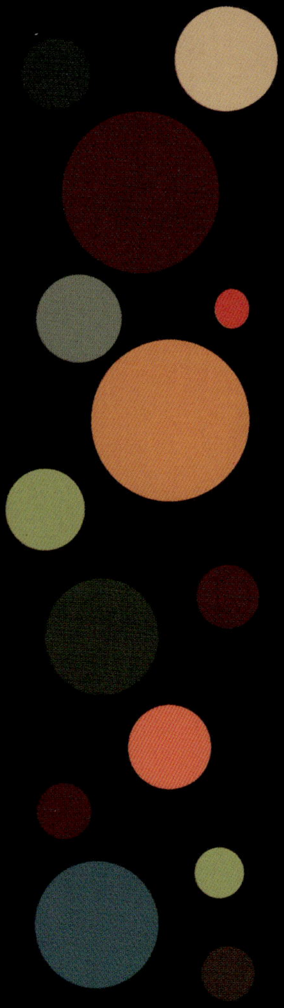

[차 례]

THEME 01 **Color** — 19

THEME 02 **Decalcomanie** — 39

THEME 03 **강물에 부서진 달** — 57

THEME 04 **Deviation** — 81

THEME 05 **ROMEO+JULIET** — 105

PHOTOSHOP
CREATIVE COLLECTION

THEME 01

THEME 01

Color

쉽게 지나치는 사물과 환경 속에는 우리가 전혀 인식 못하는 아름다움이 숨겨져 있다.

결국 아름다움이란 우리 주변에 항상 존재하는 것이다.

단지 우리가 다른 곳에서 찾으려 하기에 힘들게 느껴질 뿐...

삶도 사랑도 마찬가지가 아닐까...?

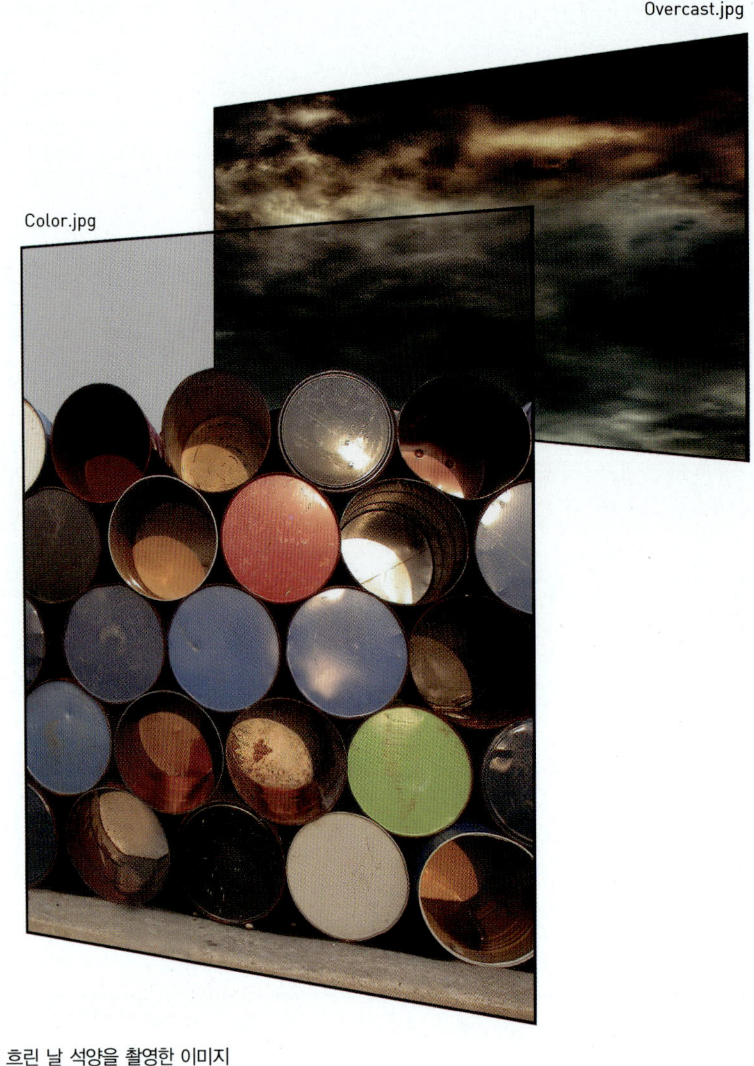

● **Overcast.jpg** : 흐린 날 석양을 촬영한 이미지
● **Color.jpg** : 공장 주변에 쌓여 있던 색색의 드럼통을 촬영한 이미지

색상 톤(Tone) 보정

이미지의 밝기와 명암을 적절하게 보정할 수 있는 Curves와 Levels 기능을 이용하여 이미지의 색감과 분위기를 새롭게 연출해 봅니다.

 KEY POINT

- **Curves** : 그래프 곡선을 이용하여 이미지의 색상 톤을 보정할 수 있습니다.
- **Levels** : 이미지의 명암을 보정할 수 있습니다.

BEFORE

AFTER

WORK 01

Magic Wand Tool()을 활용한 선택 영역 지정과 보정된 분위기에 맞는 하늘을 합성하여 이미지의 퀄리티(Quality)를 한 차원 높여봅니다.

하늘 이미지 합성

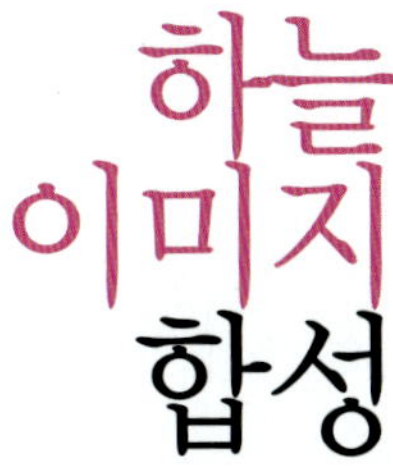

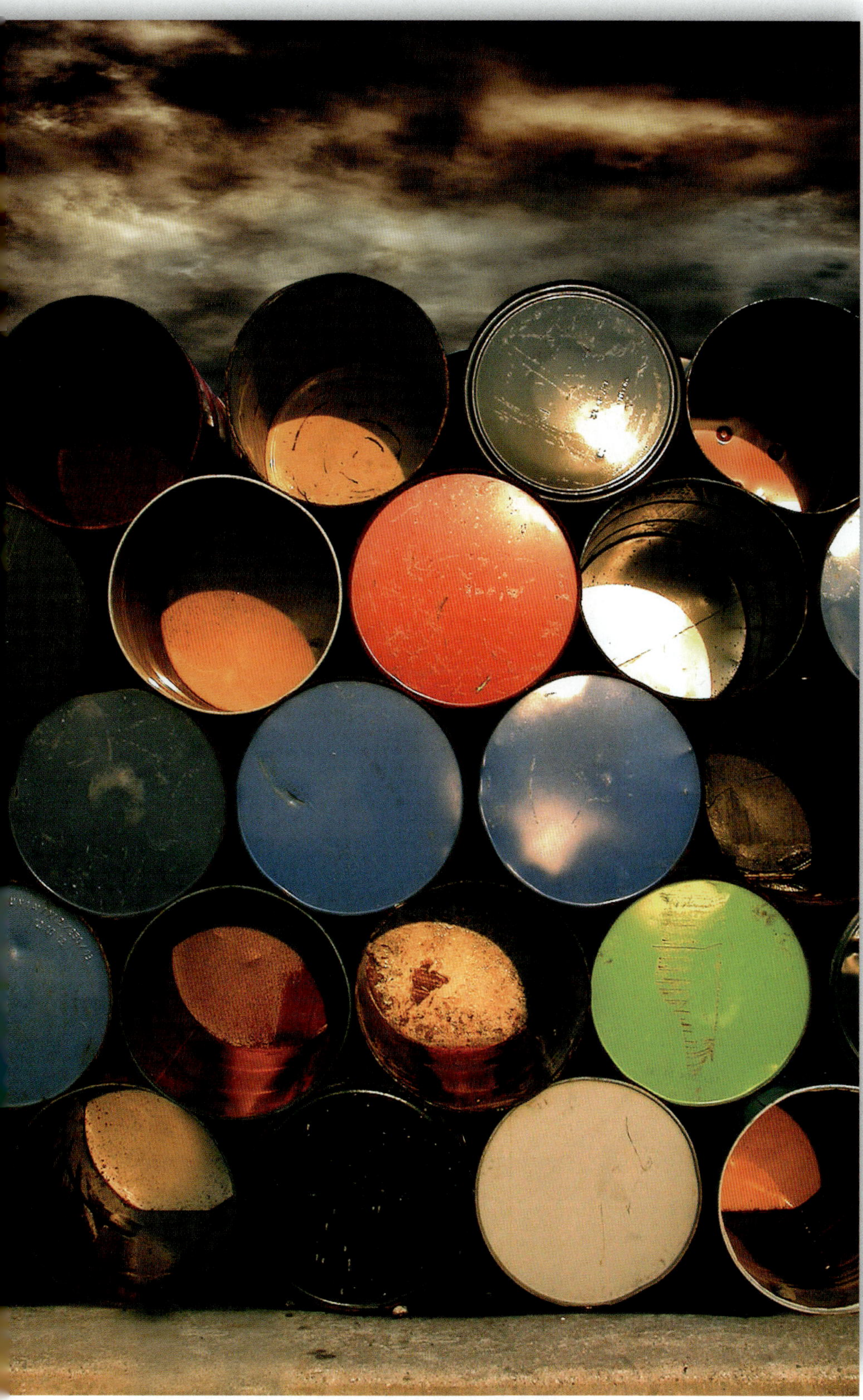

AFTER

KEY POINT

- **Magic Wand Tool**() : 이미지에서 유사한 색상을 가진 부분을 마우스로 클릭하여 선택 영역으로 지정할 수 있는 툴입니다.

BEFORE

WORK 02

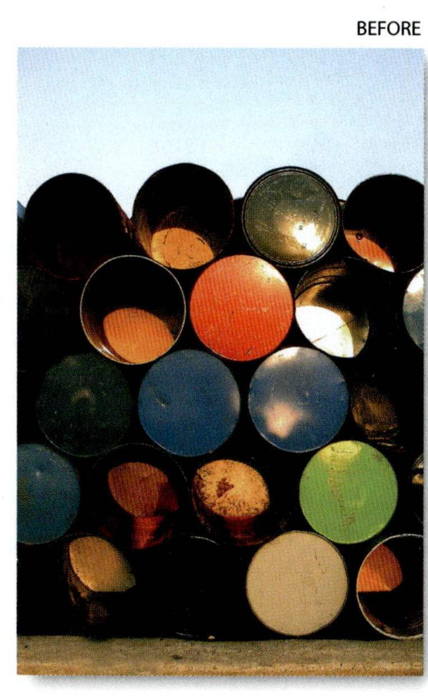

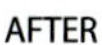

1
선택 영역의 지정

01 툴박스에서 Magic Wand Tool(🪄)을 선택하고, 옵션 바에서 [Tolerance]를 '70'으로 설정합니다. 이미지의 하늘 부분을 클릭하여 선택 영역으로 지정합니다.

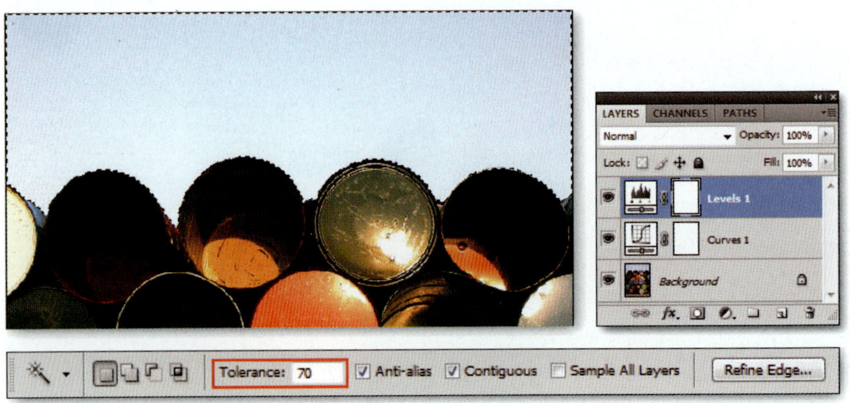

M a g i c   W a n d   T o o l(🪄) 옵 션 바 의 이 해

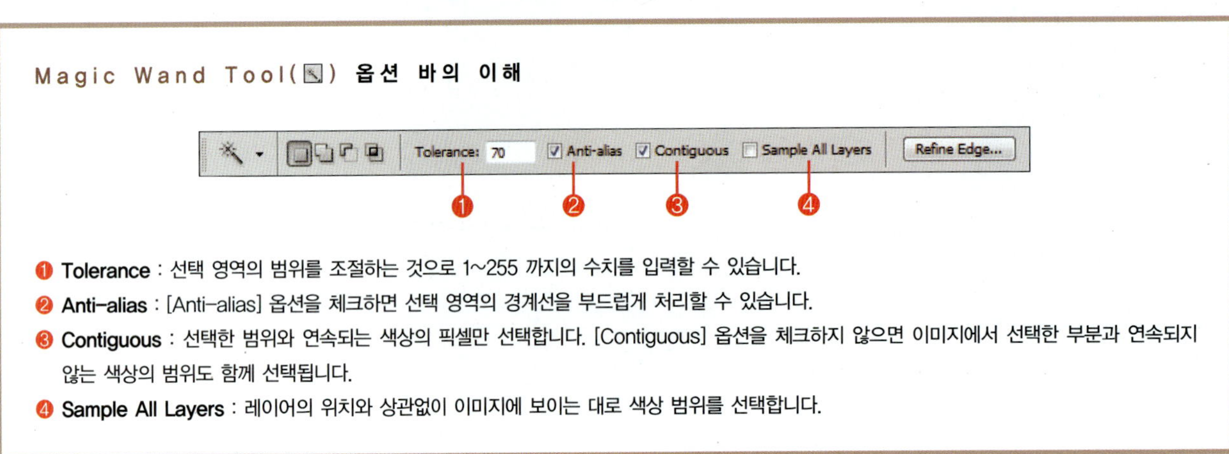

❶ **Tolerance** : 선택 영역의 범위를 조절하는 것으로 1~255 까지의 수치를 입력할 수 있습니다.

❷ **Anti-alias** : [Anti-alias] 옵션을 체크하면 선택 영역의 경계선을 부드럽게 처리할 수 있습니다.

❸ **Contiguous** : 선택한 범위와 연속되는 색상의 픽셀만 선택합니다. [Contiguous] 옵션을 체크하지 않으면 이미지에서 선택한 부분과 연속되지 않는 색상의 범위도 함께 선택됩니다.

❹ **Sample All Layers** : 레이어의 위치와 상관없이 이미지에 보이는 대로 색상 범위를 선택합니다.

2
하늘 이미지 합성

01 하늘 이미지를 합성하기 위해 부록 CD에서 'Overcast.jpg' 파일을 불러옵니다.

● **부록 CD** : THEME 01/Overcast.jpg

02 Ctrl+A를 눌러 'Overcast.jpg' 파일의 이미지를 전체 선택하고 Ctrl+C를 눌러 이미지를 복사합니다.

03 작업 중인 이미지에서 Shift+Ctrl+V를 눌러 복사한 하늘 이미지를 선택 영역 안으로 붙여 넣습니다.

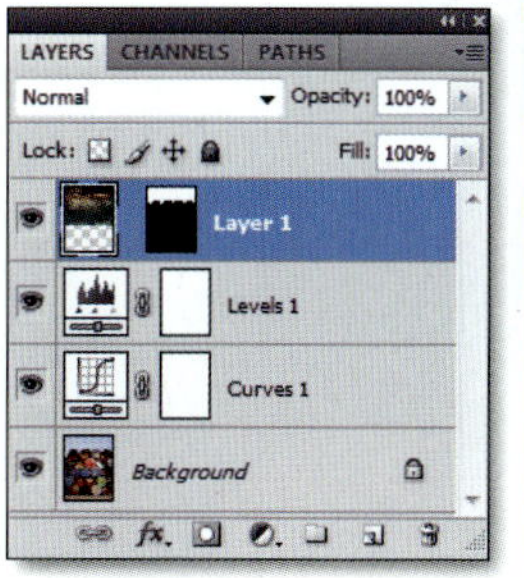

04 Ctrl+T를 눌러 복사된 하늘 이미지의 크기를 적당히 조절합니다.

색채의 구성

Elliptical Marquee Tool(◯)을 이용하여 선택 영역을 지정하고 Eyedropper Tool(✎)로 추출한 색상을 채워 이미지에 색채를 구성하는 방법에 대해 알아봅니다.

KEY POINT

- **Eyedorpper Tool(✎)** : 이미지에서 사용자가 원하는 색상을 직접 추출할 때 사용하는 툴입니다. 이미지에서 원하는 색상 부분을 클릭하면 전경색으로 추출되고, Alt를 누른 상태로 색상 부분을 클릭하면 배경색으로 추출됩니다.

BEFORE

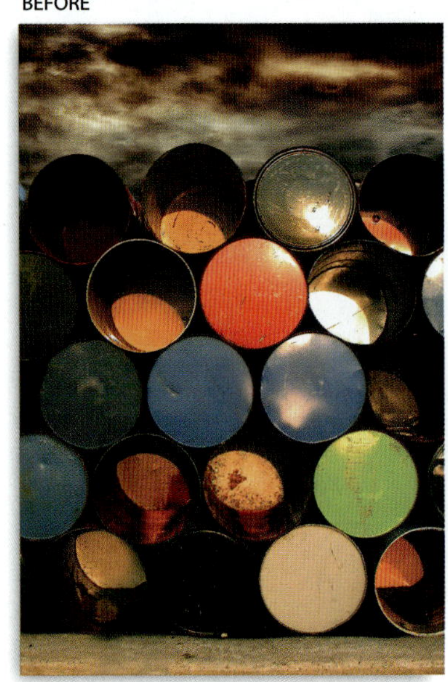

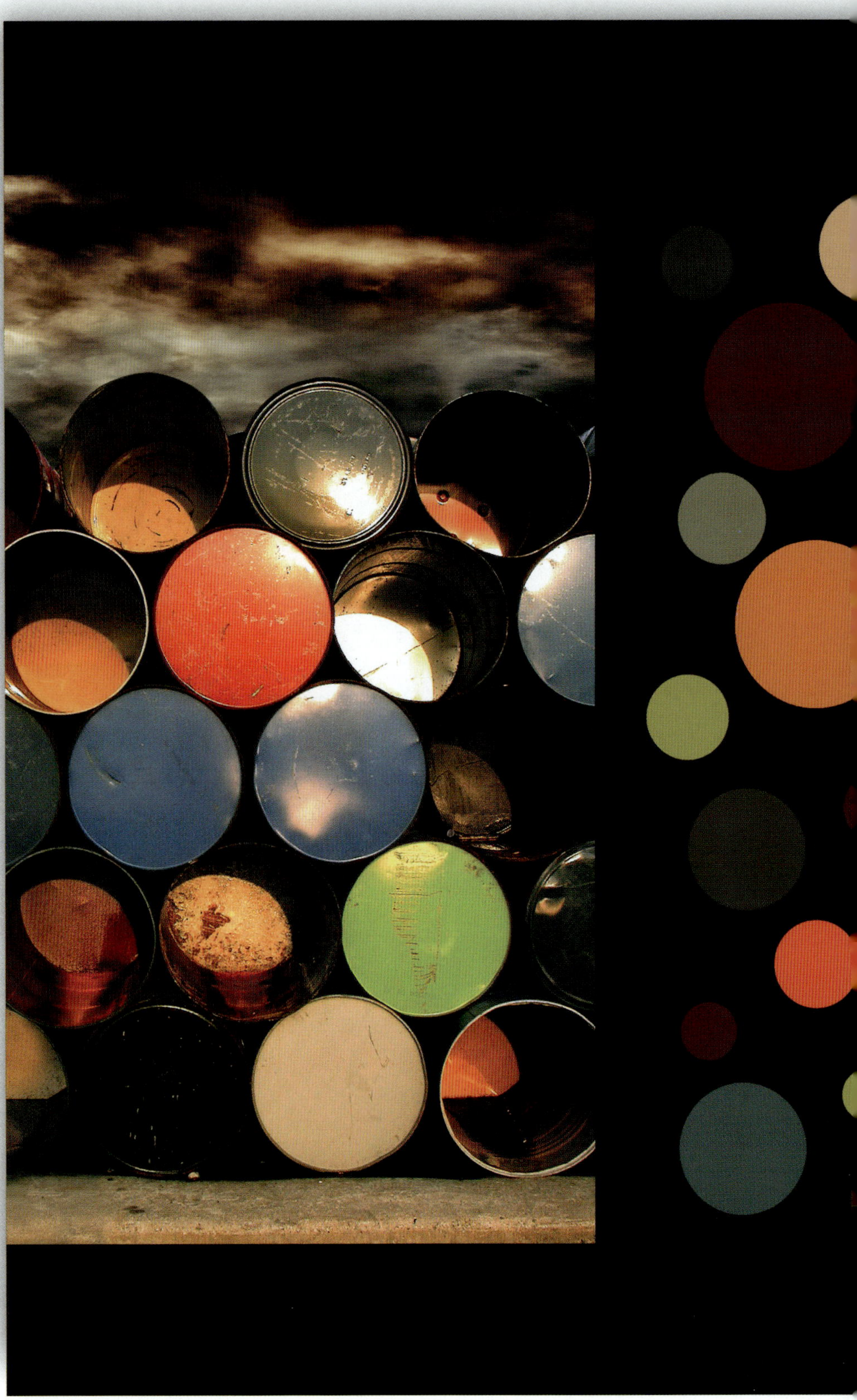

AFTER

WORK 03

1 캔버스의 크기 조정

01 이미지의 캔버스 크기를 늘리기 위해 [Image]-[Canvas Size] 메뉴를 선택합니다. [Canvas Size] 대화상자가 나타나면 [Width]와 [Height]를 각각 '20cm'로 설정하고, [Canvas extension color]는 'Black'을 선택한 후 [OK] 단추를 클릭합니다.

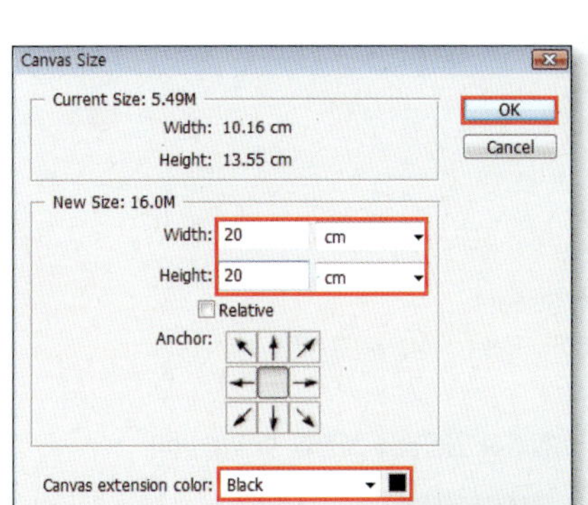

02 툴박스에서 Crop Tool()을 선택하고 그림처럼 캔버스를 잘라줍니다.

크롭 영역 지정

크롭 후 모습

Crop Tool(🔲) 옵션 바의 이해

■ **크롭 적용 전의 옵션 바**

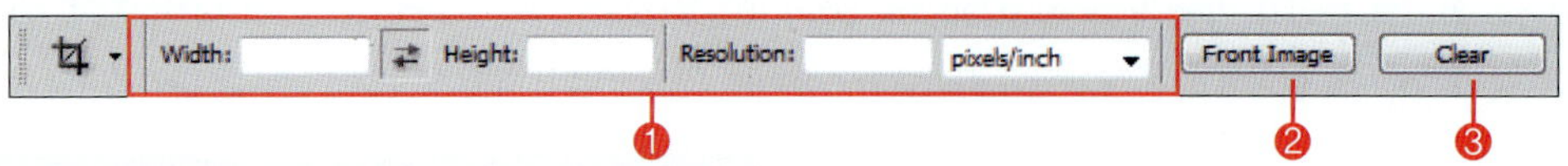

❶ **Width/Height/Resolution** : 이미지에서 잘라야 하는 가로, 세로 영역의 치수와 해상도를 입력하는 곳입니다.

❷ **Front Image** : [Front Image] 단추를 클릭하면 현재 활성화되어 있는 이미지의 Width, Height, Resolution의 정보를 확인할 수 있고 자르는 부분의 크기를 현재 작업 중인 이미지의 크기를 같게 합니다.

❸ **Clear** : 옵션 바에서 입력한 설정값들을 초기화합니다.

■ **크롭 적용 후의 옵션 바**

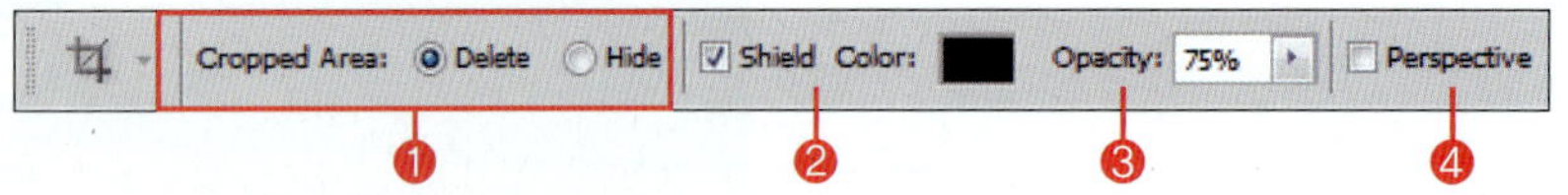

❶ **Cropped Area** : 레이어 이미지일 경우에만 활성화됩니다.
   • **Delete** : 크롭 적용 시 잘린 부분은 완전히 삭제됩니다.
   • **Hide** : 크롭 적용 시 잘린 것처럼 보이지만 이미지에는 그대로 남아 있습니다.

❷ **Shield Color** : [Shield Color] 옵션을 체크하면 이미지에서 잘린 부분이 지정된 색상으로 표시됩니다.

❸ **Opacity** : 잘려나갈 부분에 표시되는 색상의 투명도를 조절할 수 있습니다.

❹ **Perspective** : [Perspective] 옵션을 체크하면 크롭 영역의 포인트를 조정하여 원근감을 표현할 수 있습니다.

A break in the circle dance of naked women,
dropped stitch between the hands of the slender
figure stretching too hard to reach her joyful sisters.
Spirals of these sail from the arms of the tallest woman.
She pulls the circle around with her fire.
What has she found that she doesn't keep losing,
her first a green burning torch?
Grass mounds curve ripely beneath two others who dance beyond the blue.
Breasts swell and multiply and rhythms rise to a gallop.
Hurry, frightened one, and grab on...
before the stitch is forever lost,
before the dance unravels and a black sun swirls from that space.

2   색상 추출과 디자인 요소의 삽입

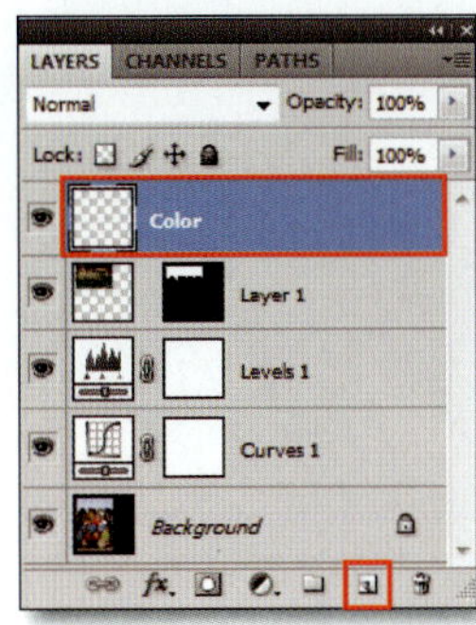

01 LAYERS 팔레트 하단에 있는 [Create a new layer] 아이콘(■)을 클릭하여 새로운 레이어를 만들고 'Color'로 이름을 설정합니다.

02 툴박스에서 Elliptical Marquee Tool(◯)을 선택하고 우측 여백에 정원을 그립니다.

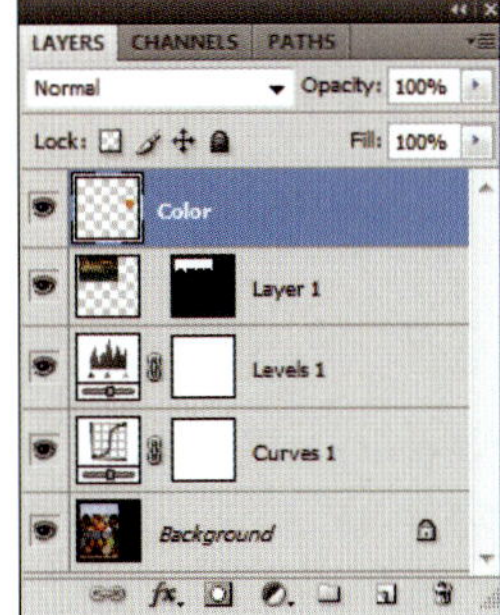

03 툴박스에서 Eyedropper Tool(✐)을 선택하고 좌측의 다양한 드럼통에서 특정 색상을 추출합니다. Alt + Delete 를 눌러 색상을 채워 넣습니다.

04 앞의 작업을 반복하여 다음 그림처럼 구성하고 작업을 마무리합니다.

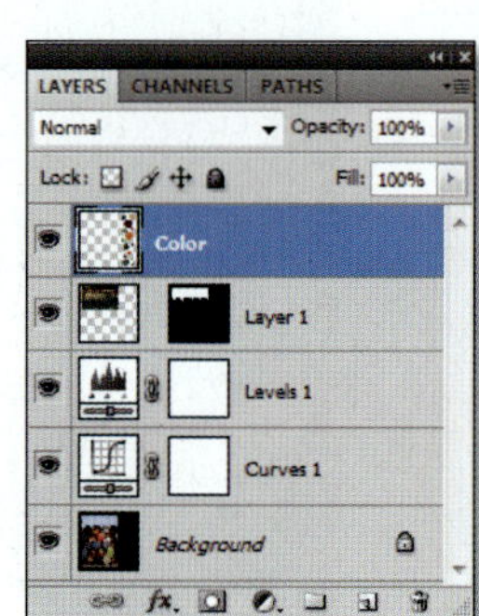 

Eyedropper Too(⧓) 옵션 바의 이해

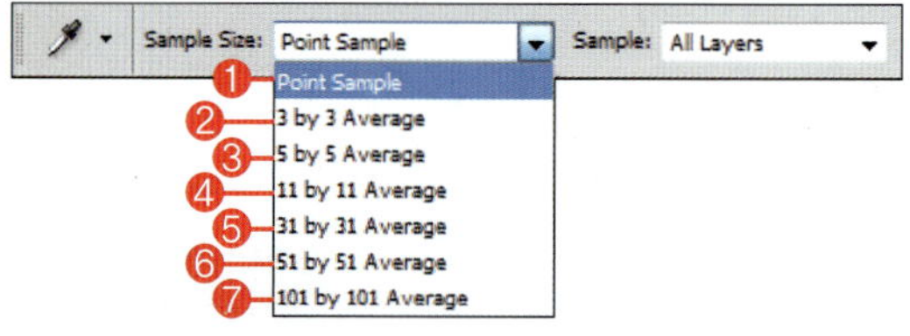

❶ **Point Sample** : 이미지의 선택한 곳에서 하나의 픽셀 색상을 추출합니다.

❷ **3 by 3 Average** : 이미지의 선택한 곳을 중심으로 가로 3픽셀, 세로 3픽셀 범위에 있는 색상의 평균값을 추출합니다.

❸ **5 by 5 Average** : 이미지의 선택한 곳을 중심으로 가로 5픽셀, 세로 5픽셀 범위에 있는 색상의 평균값을 추출합니다.

❹ **11 by 11 Average** : 이미지의 선택한 곳을 중심으로 가로 11픽셀, 세로 11픽셀 범위에 있는 색상의 평균값을 추출합니다.

❺ **31 by 31 Average** : 이미지의 선택한 곳을 중심으로 가로 31픽셀, 세로 31픽셀 범위에 있는 색상의 평균값을 추출합니다.

❻ **51 by 51 Average** : 이미지의 선택한 곳을 중심으로 가로 51픽셀, 세로 51픽셀 범위에 있는 색상의 평균값을 추출합니다.

❼ **101 by 101 Average** : 이미지의 선택한 곳을 중심으로 가로 101픽셀, 세로 101픽셀 범위에 있는 색상의 평균값을 추출합니다.

Curves
기능의 이해

■ [Curves] 대화상자의 이해

Curves 기능은 그래프 곡선을 이용하여 색상 톤을 조절하며 그래프 곡선 변화에 따라 하이라이트 톤 영역, 미드 톤 영역, 쉐도우 톤 영역에 다양한 색상 톤의 변화를 줄 수 있습니다.

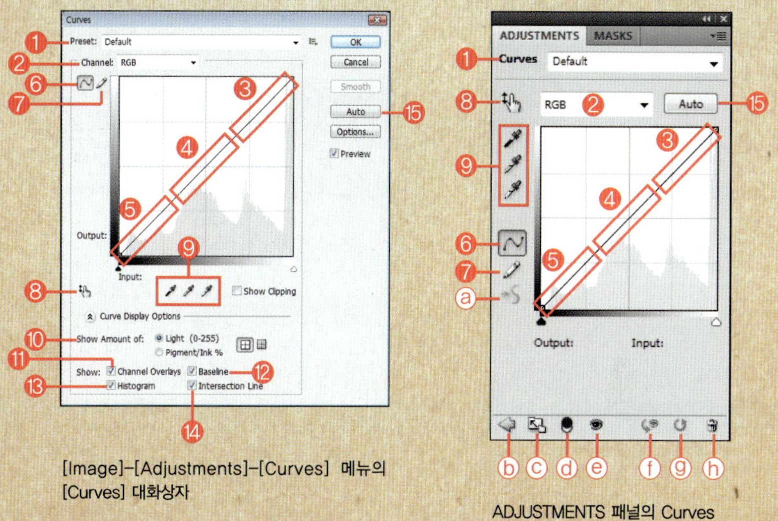

[Image]-[Adjustments]-[Curves] 메뉴의
[Curves] 대화상자

ADJUSTMENTS 패널의 Curves

❶ Preset : 미리 설정된 Curves 값을 적용할 수 있습니다.

❷ Channel : 색상 톤을 조절할 색상 채널을 선택할 수 있습니다.

❸ 하이라이트 톤 영역 : 밝은 색상 영역의 색상 톤을 조절합니다.

❹ 미드 톤 영역 : 중간 색상 영역의 색상 톤을 조절합니다.

❺ 쉐도우 톤 영역 : 그림자 영역의 색상 톤을 조절합니다.

❻ 곡선 아이콘 : 곡선의 형태를 직접 조절하여 변형합니다.

❼ 연필 아이콘 : 기존의 그래프와 상관없이 자유 곡선을 추가합니다.

❽ Click and drag in image to modify the curve : 이미지를 선택하고 드래그하여 그래프 곡선을 조절합니다.

❾ Sample image point : 이미지의 색상 톤을 추출하여 적용합니다.

❿ Show Amount of : 흑과 백의 양을 보여줍니다.

⓫ Channel Overlays : Channel 옵션의 해당 채널 그래프 곡선을 나타냅니다.

⓬ Baseline : 그래프 곡선의 기준선을 표시합니다.

⓭ Histogram : 이미지에서 픽셀의 분포도를 표시합니다.

⓮ Intersection Line : 그래프 곡선 조정 시 교차선을 표시합니다.

⓯ Auto : 자동으로 색상과 명암을 조절합니다.

  ⓐ Smooth the curve values : Curves 값을 부드럽게 조절합니다.

  ⓑ Return to adjustment list : ADJUSTMENTS 패널로 되돌아갑니다.

  ⓒ Switch panel to Expanded View : ADJUSTMENTS 패널을 확대 보기로 전환합니다.

  ⓓ This adjustment affects all layers below : 보정 레이어 하단의 모든 레이어에 영향을 줄 것인지, 하단 레이어에만 영향을 줄 것인지를 결정합니다.

  ⓔ Toggle layer visibility : 보정 레이어를 보이거나 감춥니다.

  ⓕ Press to view previous state : 보정 전 상태를 보여줍니다.

  ⓖ Reset to adjustment defaults : 기본값으로 재설정합니다.

  ⓗ delete this adjustment layer : 보정 레이어를 삭제합니다.

■ Preset의 이해

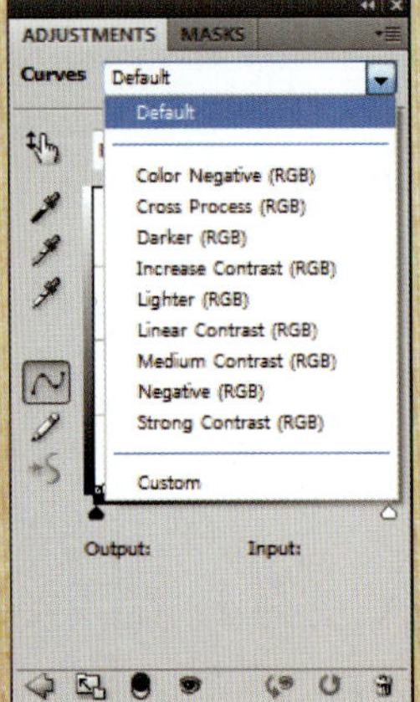 

원본 이미지(부록 CD : Tip/Ariel.jpg)

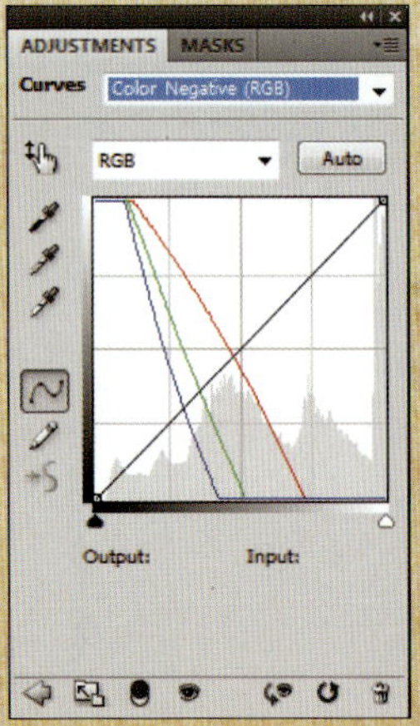 

Color Negative(RGB)

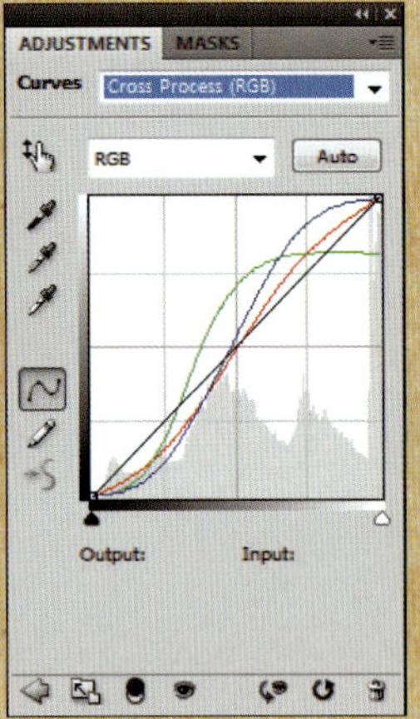 

Cross Process(RGB)

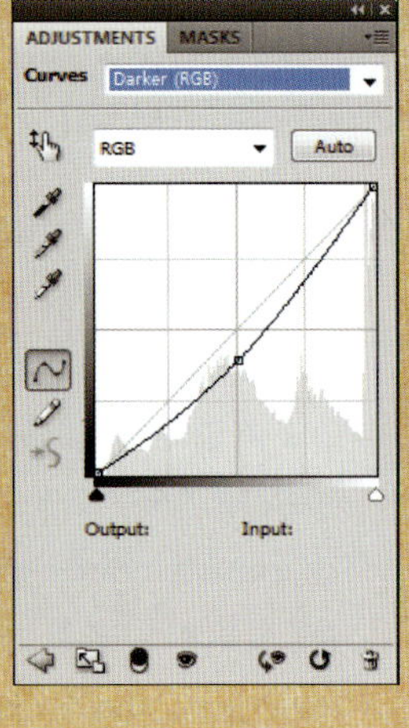

Darker(RGB)

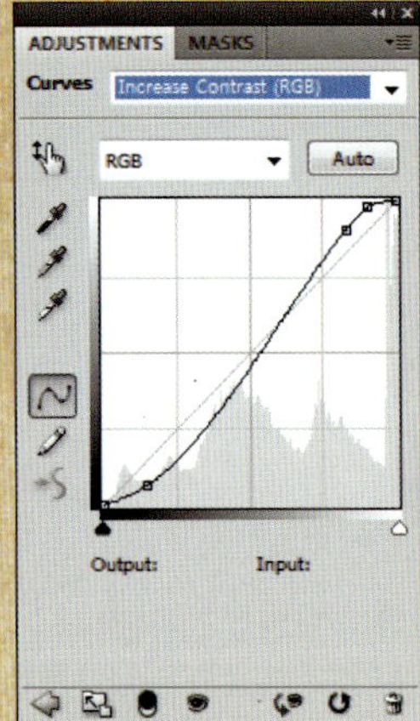 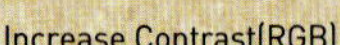

Increase Contrast(RGB)

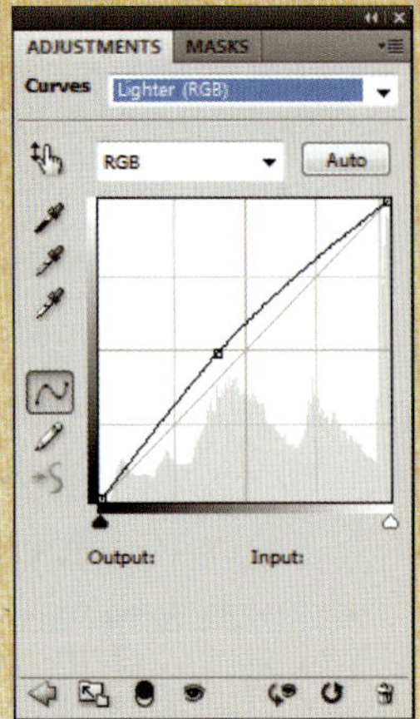 

Lighter(RGB)

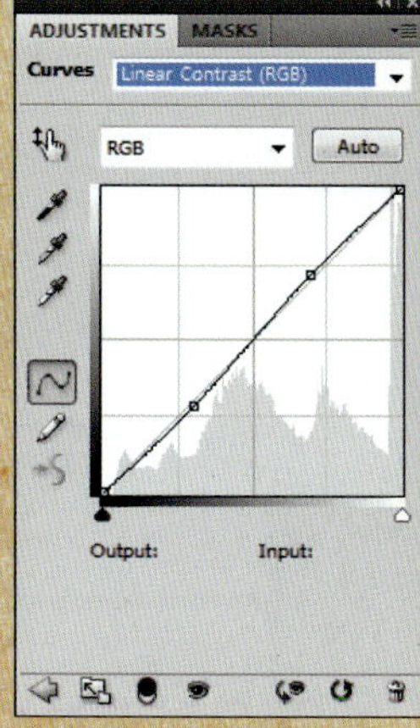

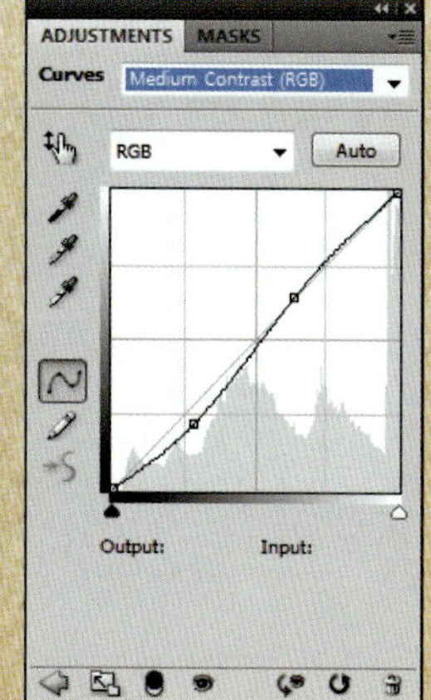

Linear Contrast(RGB)

Medium Contrast(RGB)

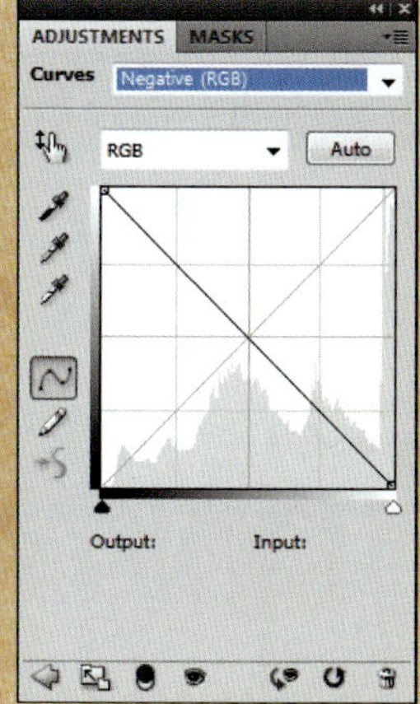

Negative(RGB)

Strong Contrast(RGB)

대표적인
다섯 가지
색상 톤의 느낌

■ 모노 톤(mono)

흰색, 검정, 회색 계통의 컬러.

어떤 상황과 분위기에서도 세련된 멋을 나타내며 모던한 감각의 이미지와 빛과 그림자를 나타내기
에 좋은 톤입니다.

■ 파스텔 톤(pastel)

핑크, 크림색, 민트블루, 파스텔블루, 하늘색 계통의 컬러.

밝고 부드러운 색조로 귀엽고 여성스러운 스타일이나 경쾌하고 스포티한 느낌을 줍니다.

■ 비비드 톤(vivid)

빨강, 주황, 파랑, 노랑, 초록 계통의 순색.

채도가 높아 선명하고 화려한 것이 특징입니다.

원색적, 자유분방한 색상이므로 캐주얼, 팝 스타일의 느낌을 연출하기에 좋은 톤입니다.

■ 네추럴 톤(natural)

베이지, 카키, 브라운, 올리브그린 계통.

차분한 느낌과 이국적인 분위기 그리고, 자유롭고 편안하면서 세련된 느낌을 줍니다.

■ 디프 톤(deep)

비비드 톤에 검은색이 약간 섞인 톤으로 포도주색, 흑갈색, 겨자색, 감색 계통.

깊고 중후한 색감을 띠며, 원숙한 색상으로 화사함과 품위, 심오한 느낌을 표현하는 톤입니다.

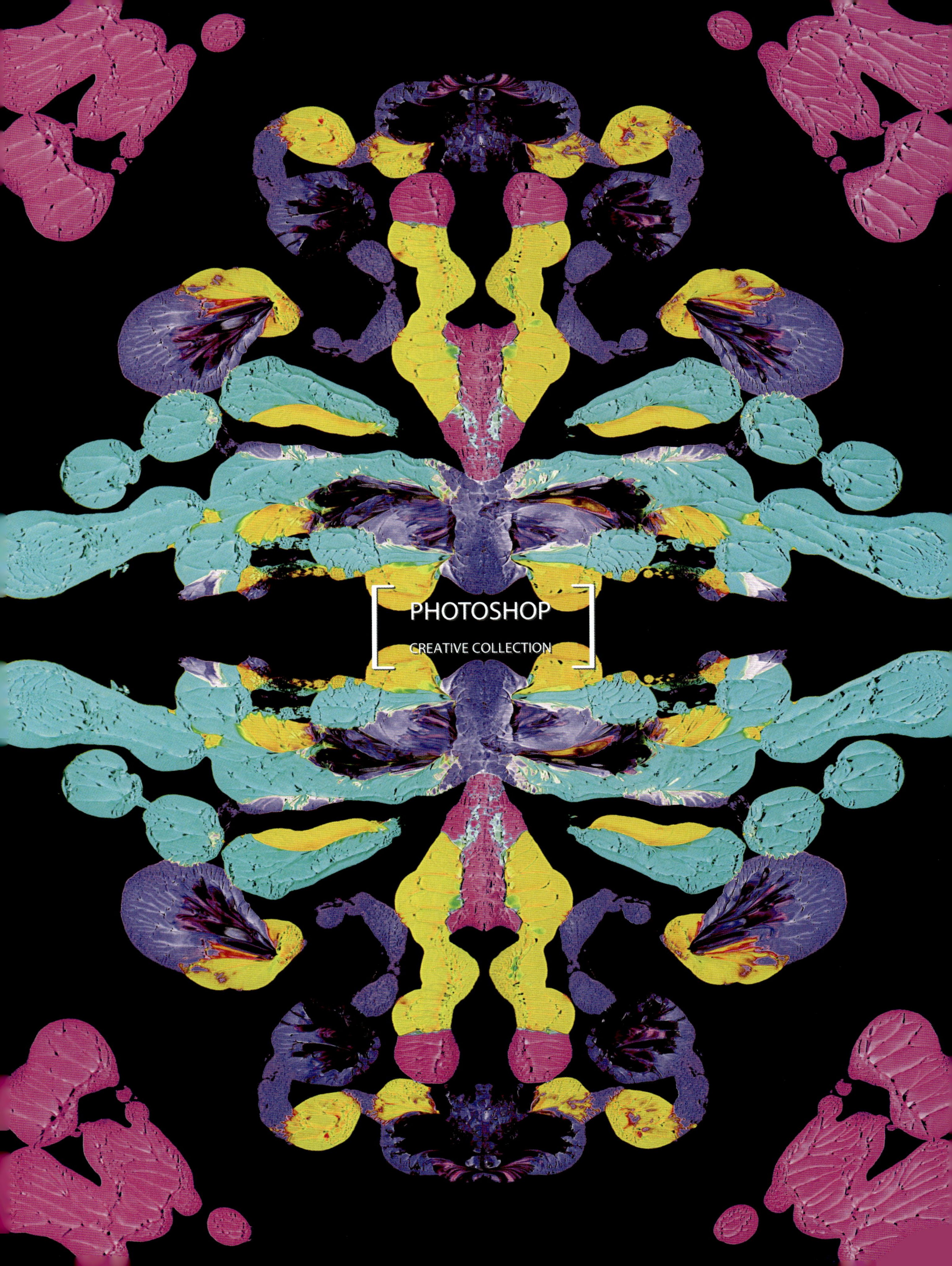

PHOTOSHOP
CREATIVE COLLECTION

Decalcomanie

PHOTOSHOP
CREATIVE COLLECTION

거울에 비친 자신의 모습에 우리는 묘한 나르시즘(Narcism)을 느낀다.

나 같지만 전혀 나와 다른 그 모습에서 익숙하지 않은 아름다움을 마주치게 되기 때문일까?

데칼코마니(Decalcomanie)는 그런 모호한 감정을 느끼게 해주는 매력적인 표현 방식이다.

사진의 두 여자는 같은 인물인 동시에 정반대의 매력을 가지고 있는 인물이다.

Decalcomanie.jpg

● **Decalcomanie.jpg** : 강한 색상의 조명으로 촬영한 주제 이미지

Start ▶   ◀ Finish

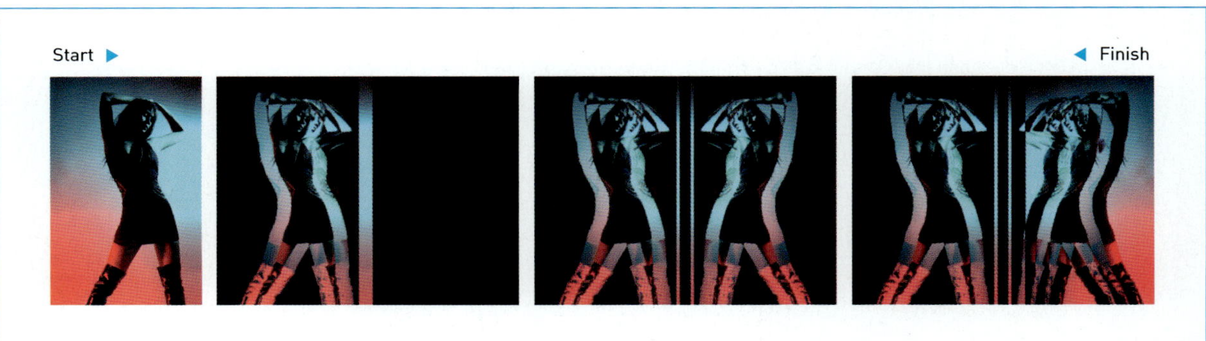

이미지 중첩시키기

LAYERS 팔레트에 위치하고 있는 블렌딩 모드를 이용하면 레이어와 레이어를 합성하여 원본 이미지의 손상 없이 다양한 분위기를 연출할 수 있습니다. 이번에는 Difference 블렌딩 모드를 이용하여 이미지를 중첩시켜 봅니다.

KEY POINT

- **Difference 블렌딩 모드** : Difference 블렌딩 모드는 두 레이어를 비교한 후 같은 톤은 검은색으로 바꾸고 다른 톤은 보색으로 반전시킵니다.

BEFORE

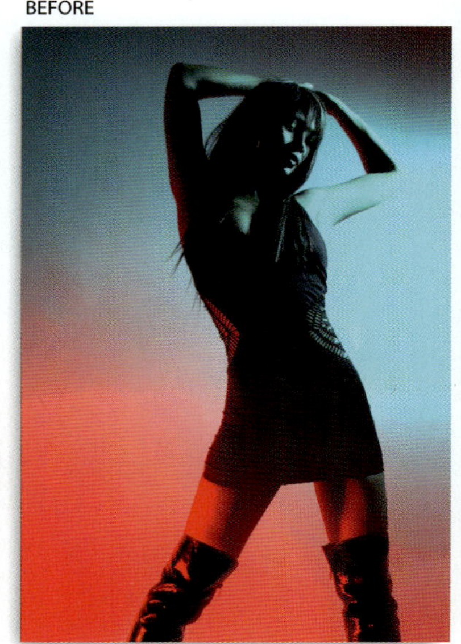

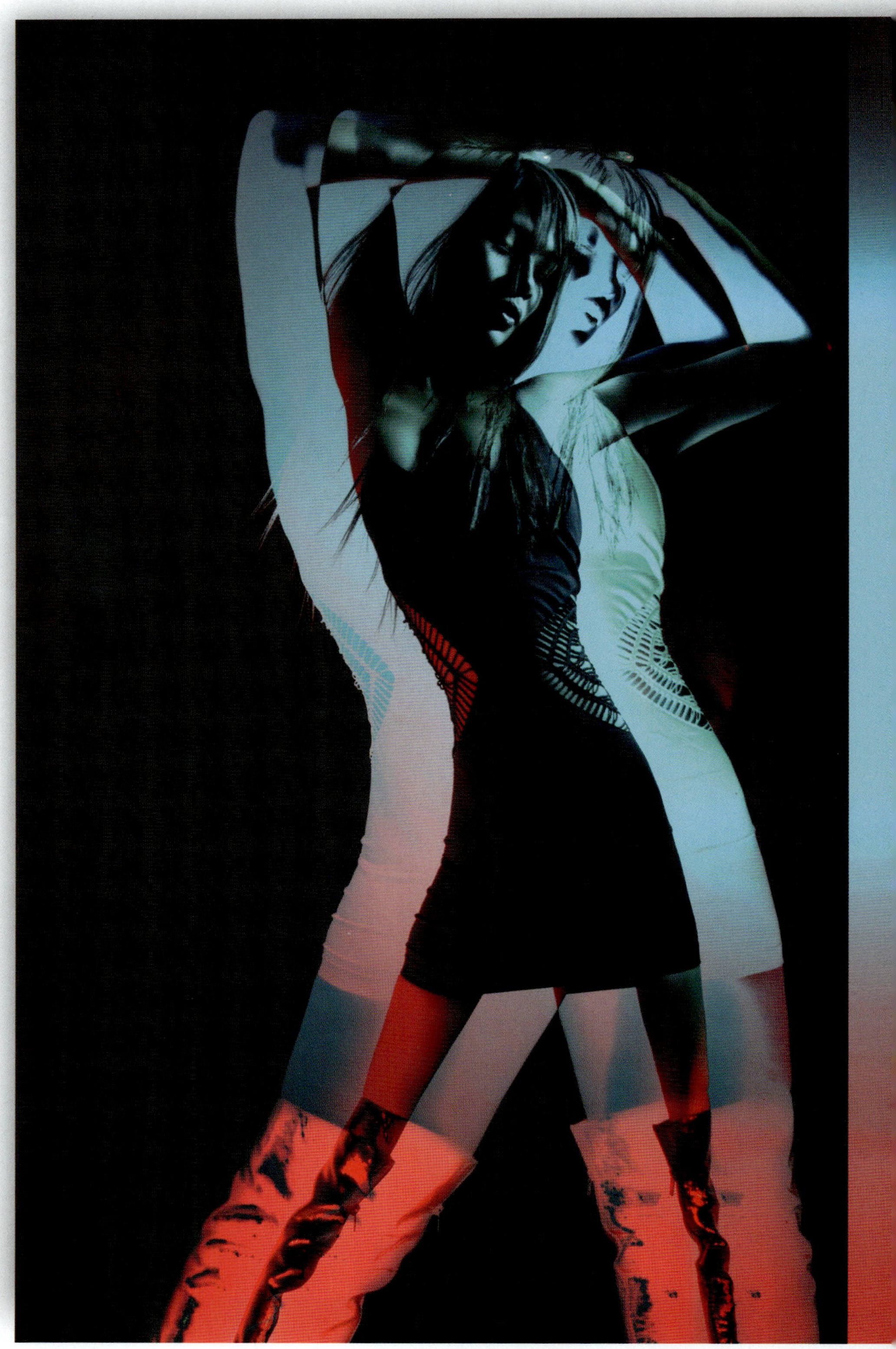

AFTER

WORK 01

STEP
1

레이어의 복사

● **부록 CD** : THEME 02/Decalcomanie.jpg

01 예제로 사용할 'Decalcomanie.jpg' 파일을 부록 CD에서 불러옵니다.

02 Ctrl+J를 눌러 이미지를 복사하고 복사된 레이어의 이름을 'Anny-01'로 설정합니다.

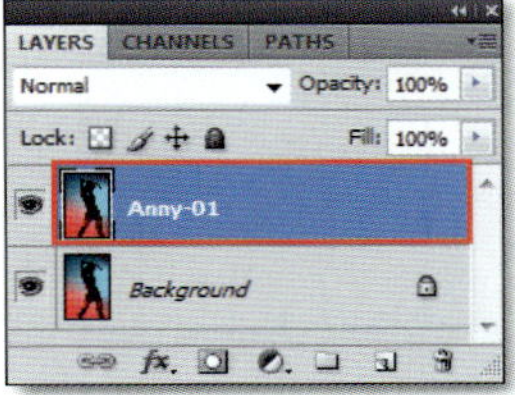

2　　　　　　　　　　　　　　블렌딩 모드의 적용

01　'Anny-01' 레이어의 블렌딩 모드를 'Difference'로 설정합니다.

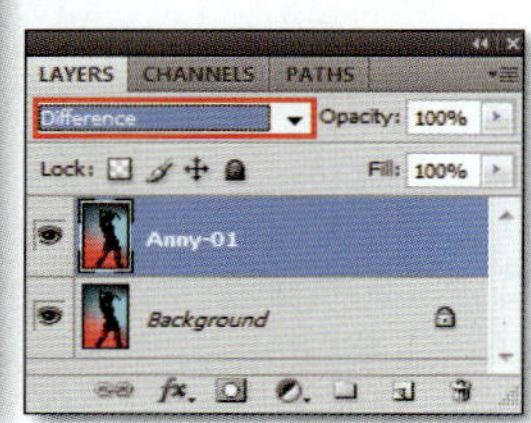

블렌딩 모드에 대한 자세한 설명은 50 페이지
를 참고해 주세요.

02　툴박스에서 Move Tool(　)을 선택하고 'Anny-01' 레이어의 이미지를 좌측으로 적당히
　　　이동시킵니다.

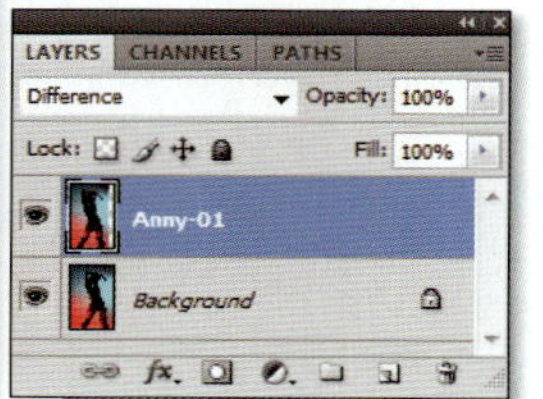

Flip Horizontal과 Flip Vertical을 이용하여 중첩된 이미지를 대칭시켜 이미지의 양면성을 표현하는 방법을 알아봅니다.

▶ K E Y   P O I N T

- **Flip Horizontal** : 이미지를 수평으로 대칭 이동시킵니다.
- **Flip Vertical** : 이미지를 수직으로 대칭 이동시킵니다.

BEFORE

AFTER

WORK 02

STEP
1   캔버스의 크기 조정

01 캔버스의 가로 크기를 늘리기 위해 [Image]–[Canvas Size] 메뉴를 선택합니다. [Canvas Size] 대화상자가 나타나면 [Width]에 '32.65'를 입력하고, [Canvas extension color]는 'Black'을 선택한 후 [OK] 단추를 클릭합니다.

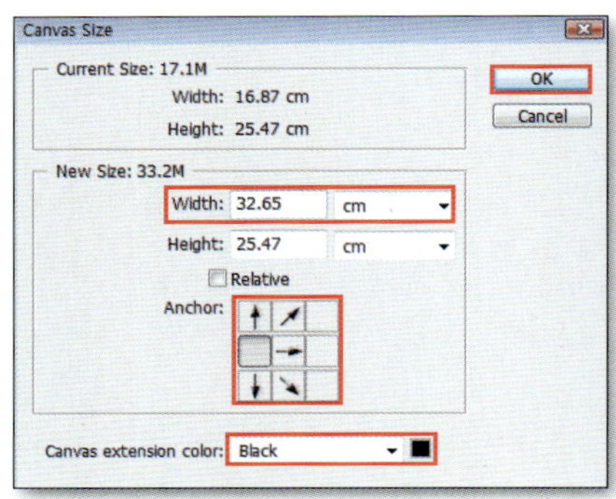

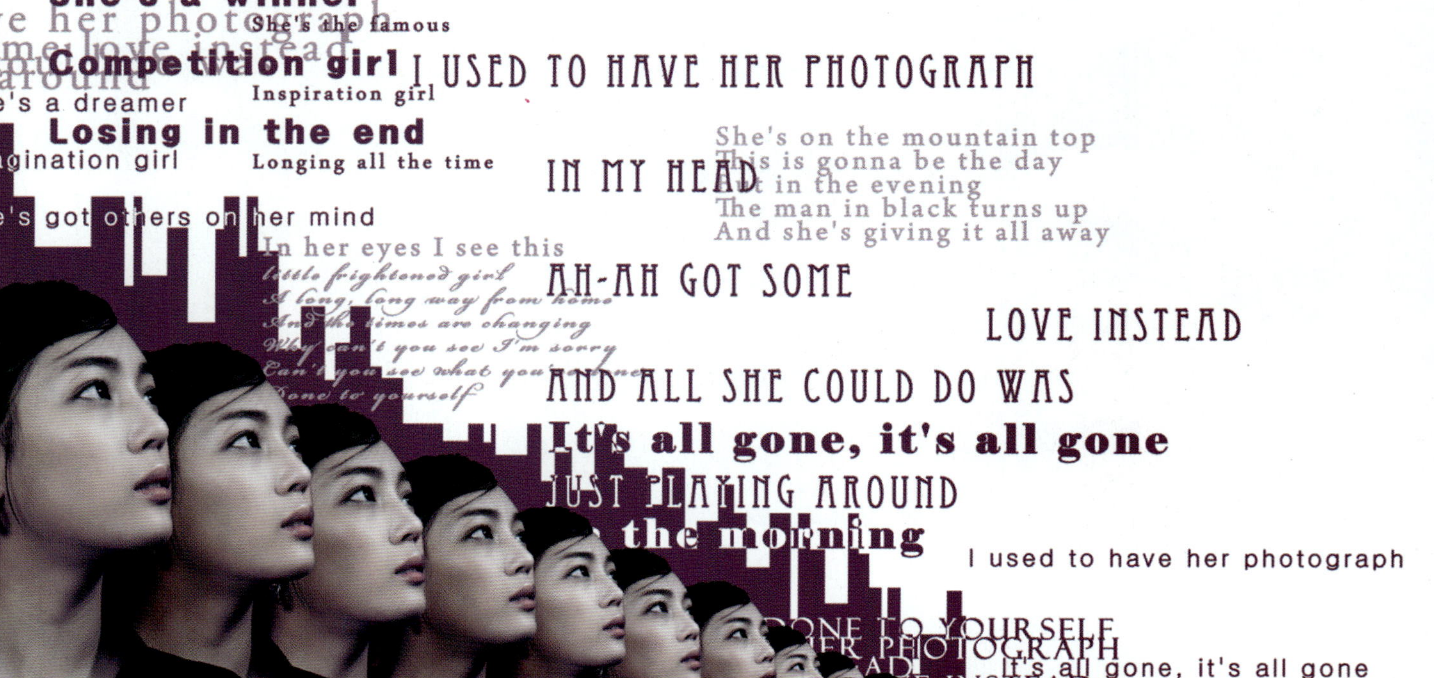

2

블렌딩 모드의 적용

01 Ctrl+J를 눌러 레이어를 하나 더 복사하고 이름을 'Anny-02'로 설정합니다. 레이어의 블렌 딩 모드를 'Normal'로 설정합니다.

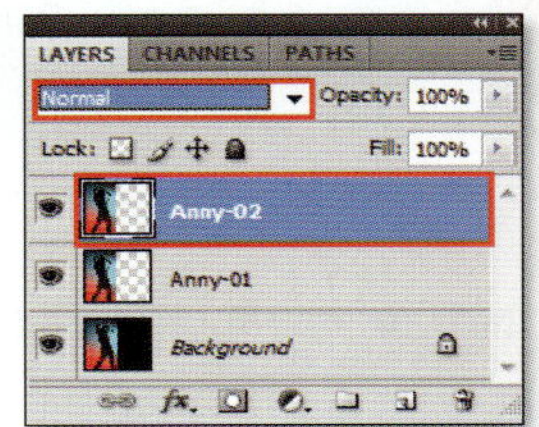

02 'Anny-02' 레이어의 이미지를 수평으로 대칭시키기 위해 [Edit]-[Transform]-[Flip Horizontal] 메뉴를 선택합니다. 대칭된 이미지를 우측으로 이동시킵니다.

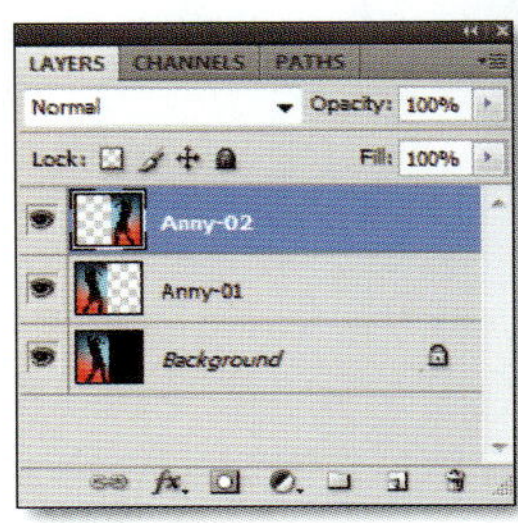

03 Ctrl+J를 눌러 레이어를 복사하고 복사된 레이어의 이름을 'Anny-03'으로 설정합니다.
레이어의 블렌딩 모드를 'Difference'로 설정합니다.

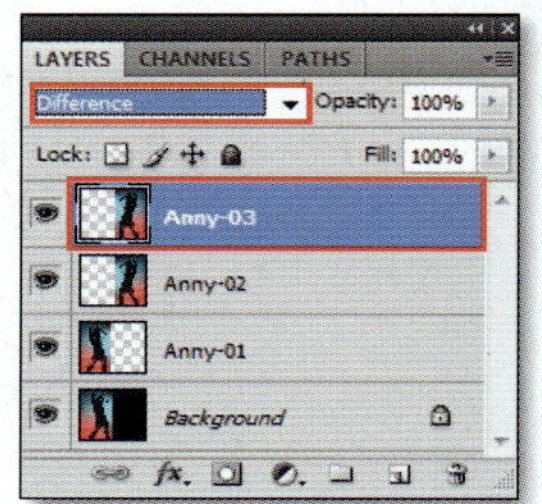

04 툴박스에서 Move Tool(⊹)을 선택하고 이미지를 좌측으로 적당히 이동시킵니다.

05 Ctrl + J 를 눌러 레이어를 하나 더 복사하고 복사된 레이어의 이름을 'Anny-04'로 설정합
니다.

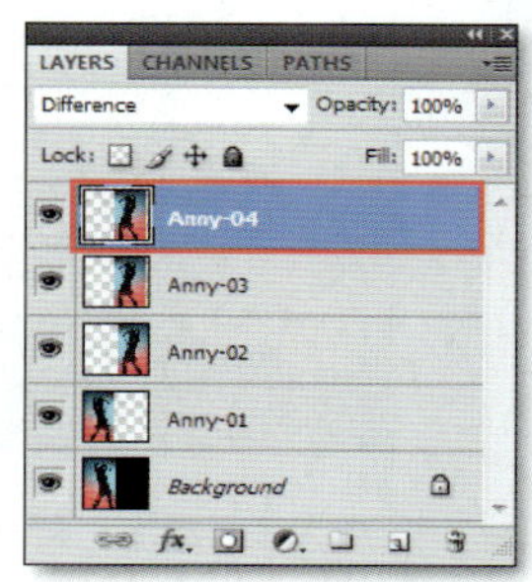

06 툴박스에서 Move Tool(▸+)을 선택하고 이미지를 우측으로 적당히 이동시킨 후 작업을 마무
리합니다.

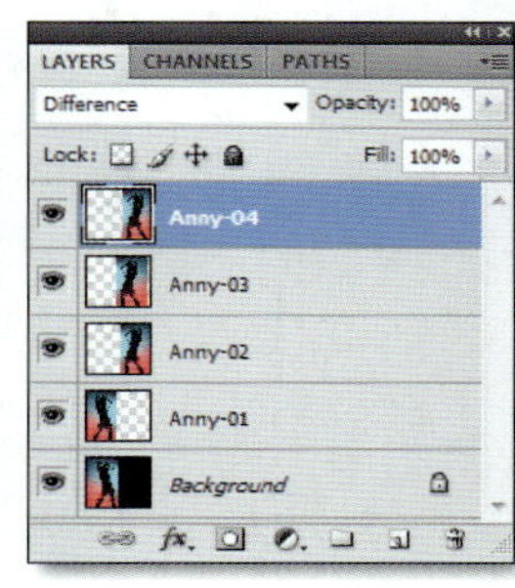

블렌딩 모드의 이해

배경 레이어를 제외한 모든 레이어는 블렌딩 모드를 적용할 수 있으며, 블렌딩 모드에 따라 현재 활성화된 레이어가 그 아래의 레이어에 영향을 끼칩니다. 이는 채널에 따라 서로 다른 영향을 주기 때문입니다. 블렌딩 모드는 LAYERS 팔레트의 'Normal' 이라 표시된 곳에 나타나며, 작은 삼각형을 클릭하면 블렌딩 모드의 종류를 확인할 수 있습니다.

● **부록 CD** : Tip/Sunset.jpg, One day.jpg

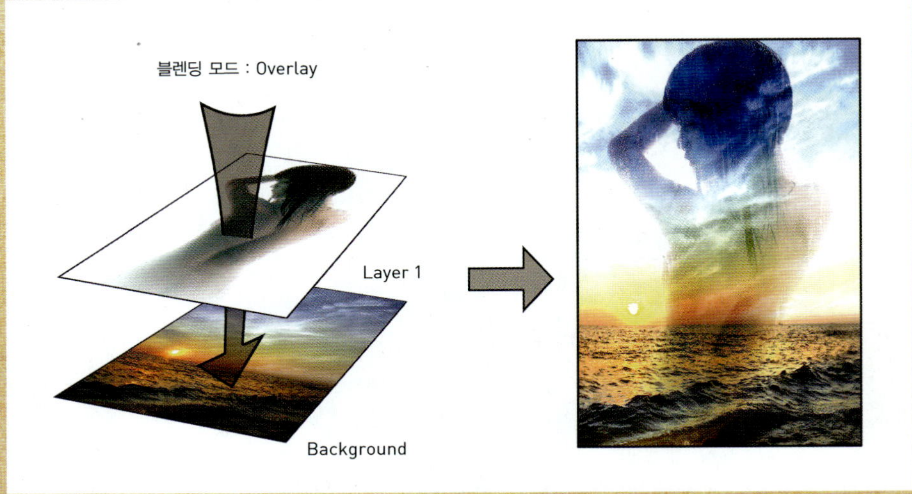

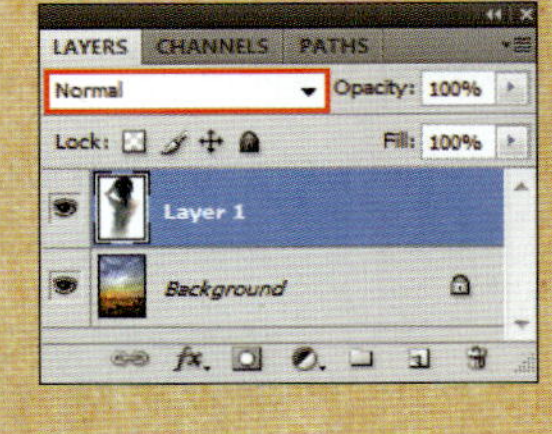

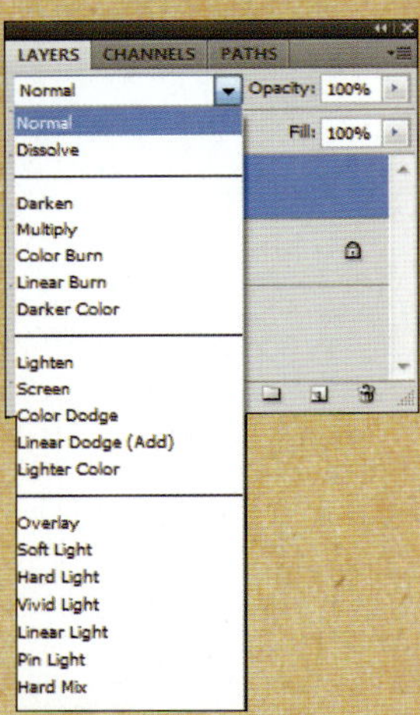

• **Normal** : 블렌딩 모드가 적용되지 않는 기본 상태이며 'Background' 레이어에 어떤 변화도 없이 원래의 색상 그대로 보여줍니다.

- **Dissolve** : '분해하다' 라는 뜻으로, [Opacity]의 적용에 따라 작은 반점의 형태로 분해되는 정도가 달라집니다.

- **Multiply** : 각 레이어의 이미지 색상들이 겹쳐 보이는 효과를 줄 수 있습니다. 겹쳐진 색상은 각각 레이어의 색상보다 어둡게 나타나며 흰색의 경우는 투명하게 인식되어 다른 레이어 색상이 그대로 표현됩니다.

- **Linear Burn** : Multiply와 Color Burn을 합친 효과로 밝기를 낮춤으로써 이미지를 어둡게 표현합니다.

- **Lighten** : Darken의 반대 효과로 어두운 톤을 밝은 톤으로 바꾸며 혼합된 레이어보다 밝은 톤에는 적용되지 않습니다.

- **Darken** : 색상의 어두운 톤은 변화가 없지만 밝은 톤은 어두운 톤으로 변합니다.

- **Color Burn** : 색상의 콘트라스트를 높여 어두운 부분은 더욱 어둡게 나타내며 흰색 부분은 투명하게 인식되어 적용되지 않습니다.

- **Darker Color** : 색상이 있는 부분을 제외한 나머지 영역을 어둡게 표현합니다.

- **Screen** : 두 레이어의 이미지에서 밝은 색상값 부분이 서로 혼합되어 겹쳐진 색상은 더욱 밝게 나타내며 어두운 부분에는 적용되지 않습니다.

- **Color Dodge** : Color Burn의 반대 효과로 밝은 톤과 색상을 밝게 하고 콘트라스트를 높여 줍니다. 검은색 부분에는 적용되지 않으며 투명하게 인식하여 다른 레이어의 색상이 그대로 나타납니다.

- **Linear Dodge(Add)** : 밝기를 높여 주는 효과이지만 Screen과 달리 밝은 부분을 100%의 흰색으로 바꿔주며 밝기를 끌어올리는 효과가 Screen이나 Color Dodge보다 높습니다.

- **Lighter Color** : Darken의 반대 효과로 어두운 톤을 밝은 톤으로 바꾸며 혼합된 레이어보다 밝은 톤에는 적용되지 않고 컬러가 있는 부분은 더욱 밝게 표현합니다.

- **Overlay** : 어두운 톤에는 Multiply 효과를 주고 밝은 톤에는 Screen 효과를 주며 바탕 레이어의 명도는 그대로 유지합니다.

- **Soft Light** : 블렌딩 모드가 적용되는 레이어의 색상 명도가 순 회색(50% Gray)보다 밝으면 툴박스의 Dodge Tool(🔍)을 사용하는 것과 같이 밝아지고 어두우면 Burn Tool(✋)을 사용한 것과 같이 어두워집니다.

- **Hard Light** : 블렌딩 모드가 적용되는 레이어의 색상 명도가 순회색(50% Gray)보다 밝으면 이미지가 Screen을 적용한 것과 같이 밝아지고 어두우면 Multiply을 적용한 것과 같이 어두워집니다.

- **Vivid Light** : Color Dodge와 Color Burn을 합친 것과 같이 이미지 톤의 명도를 조절합니다. 밝은 부분은 콘트라스트가 낮아지고 어두운 부분은 콘트라스트가 높아집니다.

- **Linear Light** : Linear Dodge와 Linear Burn을 합친 것과 같이 이미지의 밝은 부분은 더욱 밝게, 어두운 부분은 더욱 어둡게 표현합니다.

- **Pin Light** : 두 레이어가 모두 50%보다 밝으면 하위 레이어의 색이 상위 레이어의 색으로 변경됩니다. 또한, 두 레이어가 50%보다 어두우면 상위 색이 약간 밝아집니다.

- **Hard Mix** : Lighten과 Darken이 극단적으로 결합된 기능으로 [Fill]과 [Opacity]의 값을 값을 낮추면 콘트라스트를 약하게 표현할 수 있습니다.

- **Difference** : 두 레이어를 비교한 후 같은 톤은 검은색으로 바꾸고 다른 톤은 보색으로 반전시킵니다.

- **Exclusion** : Difference보다 콘트라스트가 낮은 효과를 주며 톤이 다르면 회색이 됩니다.

- **Hue** : 밑에 있는 레이어의 명도와 채도를 선택 레이어의 색상과 결합합니다.

- **Saturation** : 하위 레이어의 채도와 명도를 사용하고, 상위 레이어의 채도를 사용해 결합합니다.

- **Color** : 하위 레이어의 명도를 사용하고 상위 레이어의 색상과 채도를 사용해 결합합니다.

- **Luminosity** : Color와 반대의 효과로 선택한 레이어의 명도를 밑에 있는 레이어의 색상과 연계하여 보존시킵니다.

스트로보와 젤라틴 필터

■ Decalcomanie.jpg 촬영 정보

Nikon D70s, 1/125 sec, 조리개 값 : F13.0, 촬영 모드 : M, ISO: 200, 화이트 밸런스 : Manual

■ 스트로보(strobo)

광량을 조절하여 방전관(튜브)을 통해 순간 발광하는 조명 장치로써 동조기를 통해 카메라와 함께 반응하며 피사체에 다양한 각도의 빛을 연출할 수 있습니다.

❶ 방전관(튜브)

❷ 모델링

❸ 기본갓

■ 젤라틴 필터(gelatin filter)

광선을 착색하기 위하여 광원(스트로보) 앞에 씌우는 젤라틴으로 만든 투명한 조명용 필터로써 착색된 광선은 피사체에 색상 변화를 주어 다양한 분위기를 연출할 수 있습니다.

PHOTOSHOP
CREATIVE COLLECTION

PHOTOSHOP
CREATIVE COLLECTION

THEME 04

Deviation

PHOTOSHOP
CREATIVE COLLECTION

현실에 존재하는 나와 이상 속에 존재하는 나는 동일인이면서 너무 먼 존재들이다.

과연 나는 이상 속의 나에게 얼마나 다가가 있는 것인가…

매일 보는 거울 속의 내 모습이 오늘따라 너무 어색해 보인다.

- **Deviation.psd** : 공중 화장실에서 촬영한 주제 이미지
- **Wing.psd** : 거울에 비친 인물에 합성할 날개 이미지
- **Freedom.jpg** : 주제 이미지의 거울 바탕에 합성할 하늘 배경 이미지

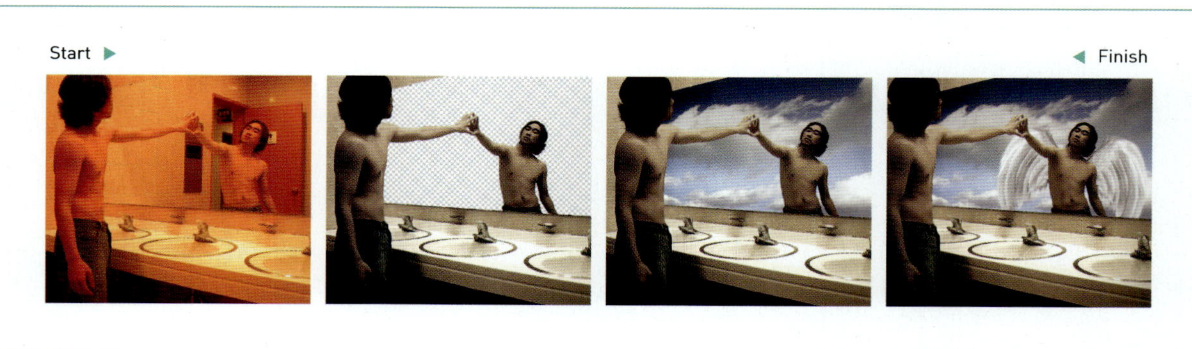

색감과
톤 보정

Hue/Saturation 기능은 이미지의 색상과 명도, 채도를 한꺼번에 보정할 수 있기 때문에 손쉽게 색다른 분위기를 연출할 수 있습니다. 이번에는 Curves와 Hue/Saturation 기능을 이용하여 원본 이미지의 강한 채도를 낮추어 차분한 느낌이 들도록 보정해 봅니다.

▶ KEY POINT

- **Curves** : 그래프 곡선을 이용하여 이미지의 색상 톤을 보정할 수 있습니다.
- **Levels** : 이미지의 명암을 보정할 수 있습니다.
- **Brightness/Contrast** : 이미지의 밝기와 선명도를 보정할 수 있습니다.

BEFORE

AFTER

WORK 01

1   Curves와 Hue/Saturation 적용

● **부록 CD** : THEME 04/Deviation.psd

01 예제로 사용할 'Deviation.psd' 파일을 부록 CD에서 불러옵니다.

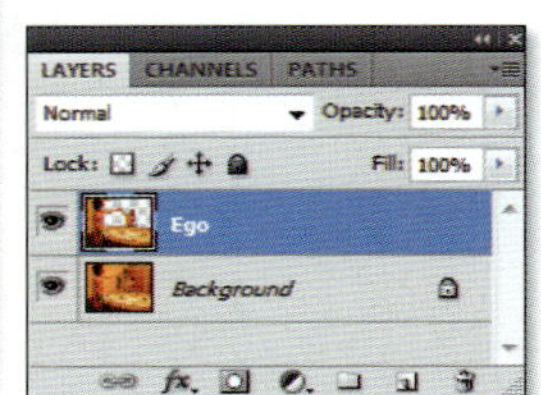

'Deviation.psd' 파일에는 거울에 비쳐진 이미지 중 인물을 제외한 나머지 부분을 제거한 'Ego' 레이어가
포함되어 있습니다. 'Deviation.psd' 파일의 이미지 촬영에 대한 TIP은 101 페이지를 참고해 주세요.

02 작업을 원활히 하기 위해 LAYERS 팔레트에서 'Background' 레이어의 '눈' 아이콘(◉)을
클릭하여 보이지 않도록 합니다.

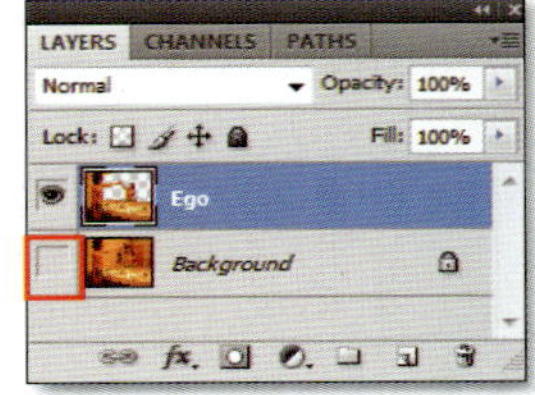

03 ADJUSTMENTS 패널에서 [Curves] 아이콘을 클릭한 후 'RGB, Red, Blue' 채널을 다음과
같이 설정합니다.

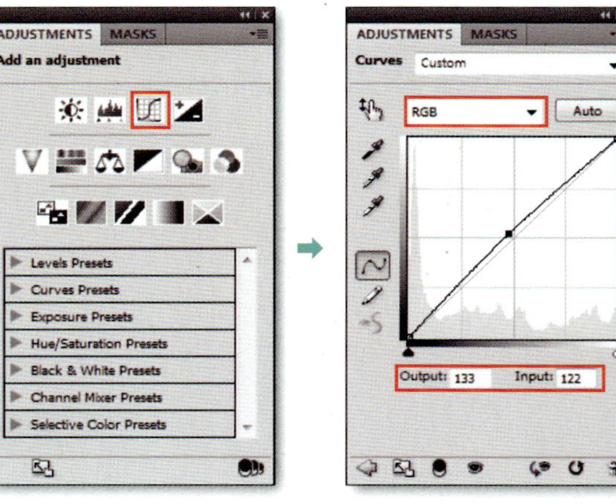
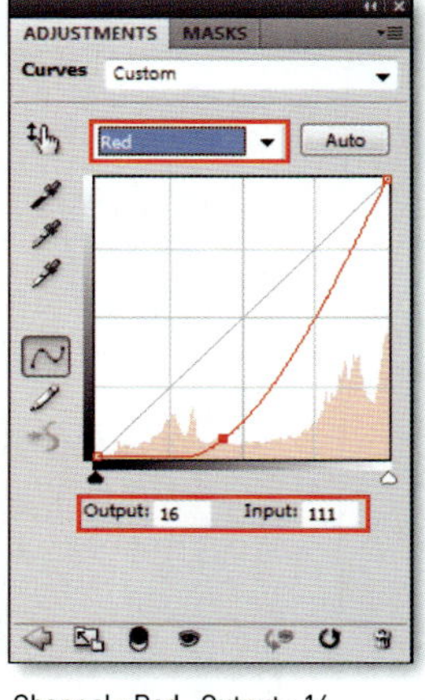
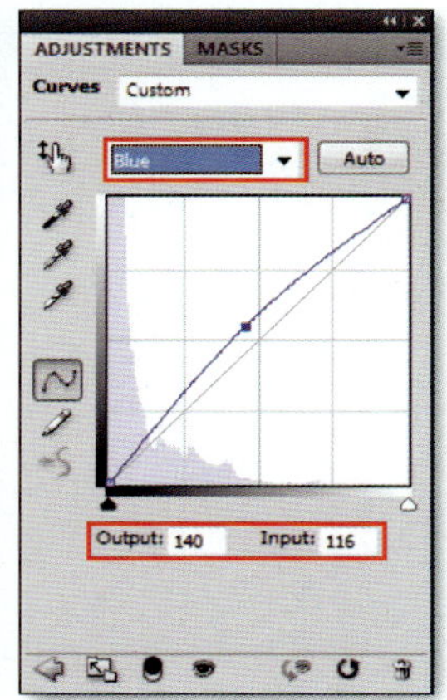

Channel : RGB　Output : 133　　　Channel : Red　Output : 16　　　Channel : Blue　Output : 140
Input : 122　　　　　　　　　　　　Input : 111　　　　　　　　　　　Input : 116

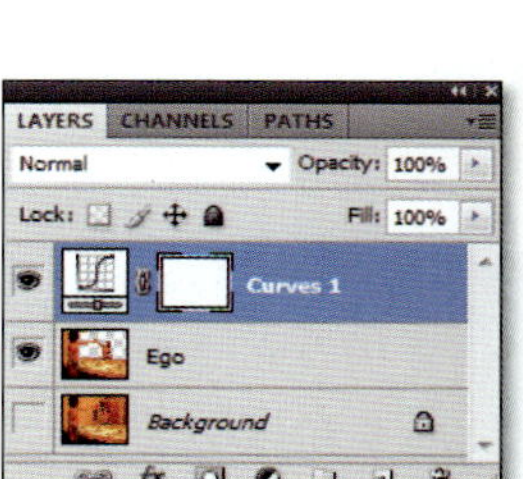

04 이미지의 전체적인 채도를 낮춰주기 위해 ADJUSTMENTS 패널에서 [Hue/Saturation] 아이
콘을 클릭한 후 [Saturation]을 '-80'으로 설정합니다.

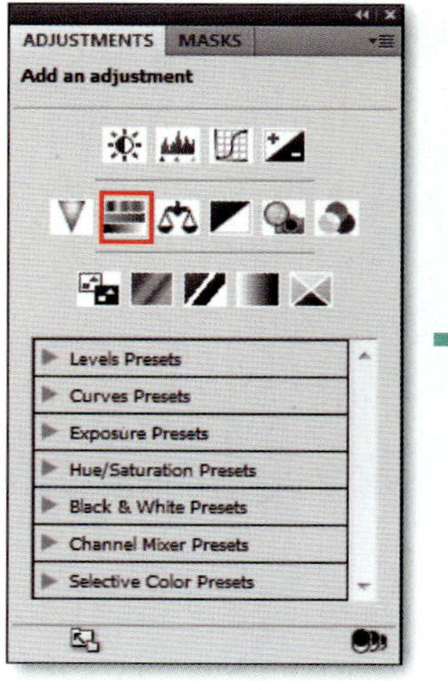
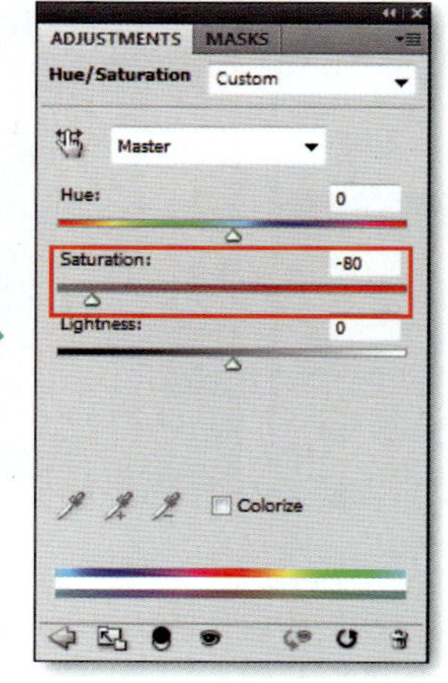

2   Levels와 Brightness/Contrast의 적용

01   명암의 노출 보정을 위해 ADJUSTMENTS 패널에서 [Levels] 아이콘을 클릭한 후 [Input
Levels]를 '20, 1.00, 197' 로 설정합니다.

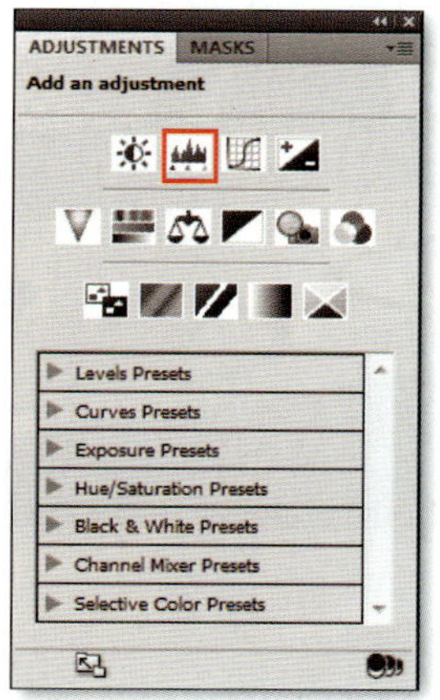

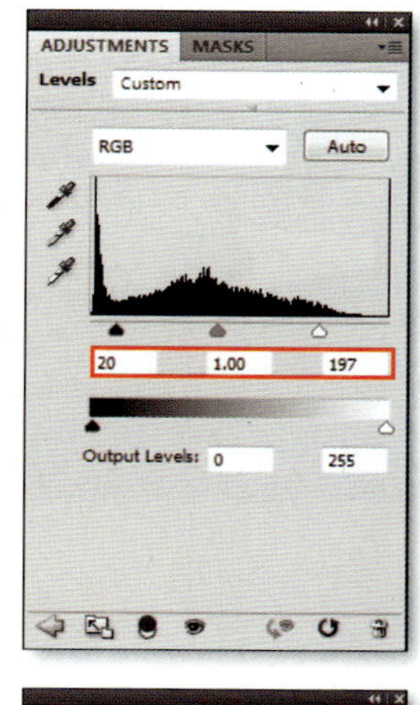

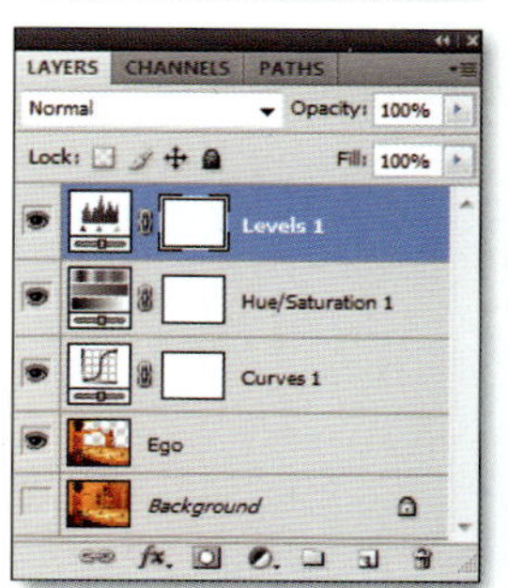

STEP 1

편집 이미지 복사

01 LAYERS 팔레트에서 [Create a new layer] 아이콘(□)을 클릭하여 새로운 레이어를 만들고 이름을 'Ego–01'로 설정합니다.

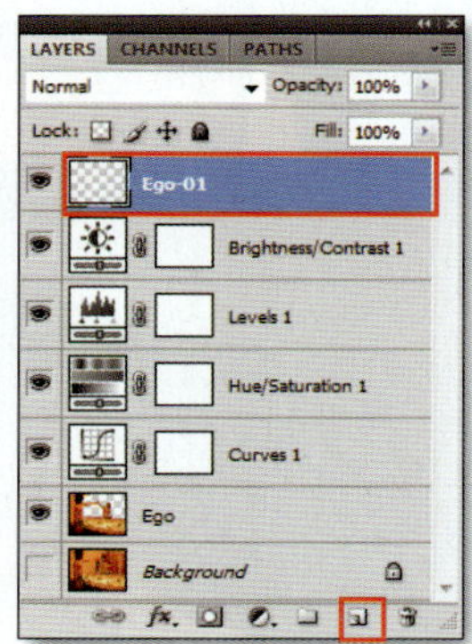

02 Ctrl + Shift + Alt + E 를 눌러 활성화되어 있는 이미지를 'Ego–01' 레이어에 붙여줍니다.

STEP 2

하늘 이미지 복사

● **부록 CD** : THEME 04/Freedom.jpg

01 거울에 하늘 이미지를 삽입하기 위해 부록 CD에서 'Freedom.jpg' 파일을 불러옵니다.

02 Ctrl+A 를 눌러 'Freedom.jpg' 파일의 이미지를 전체 선택하고 Ctrl+C 를 눌러 이미지를 복사합니다.

03 작업 중인 이미지로 돌아와서 Ctrl+V 를 눌러 복사된 하늘 이미지를 붙여 넣고 레이어의 이름을 'Sky'로 설정합니다.

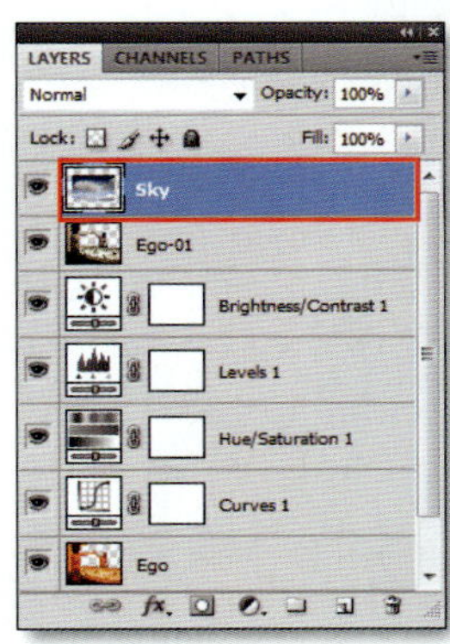

04 'Sky' 레이어를 'Ego-01' 레이어 밑으로 드래그해서 옮깁니다.

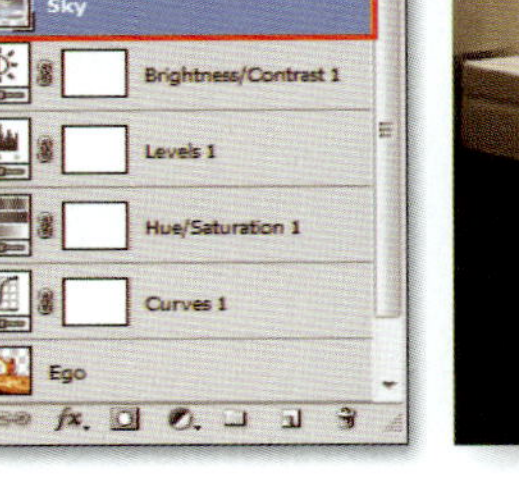

05 Ctrl + T 를 눌러 위치를 정해주고 Alt 를 누른 상태에서 조절자의 기준점을 움직여 거울 형태
에 맞춰 크기를 조절합니다.

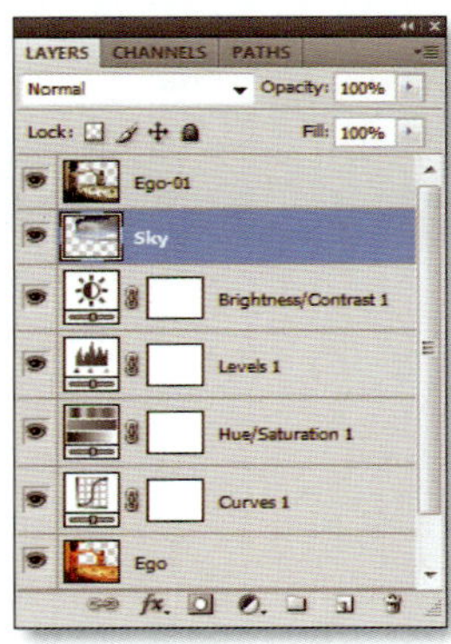

비상을 꿈꾸는 주인공의 의지를 나타내기 위해 날개 이미지를 합성하는 방법에 대하여 알아
봅니다.

KEY POINT

- Ctrl+T : 이미지에 조절자를 나타내어
  이미지의 형태를 조정할 수 있습니다.

BEFORE

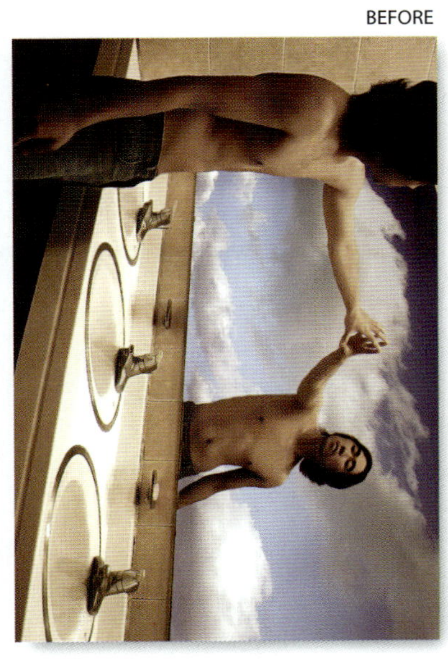

AFTER

WORK 03

1

날개 합성

● **부록 CD** : THEME 04/Wing.psd

01 거울에 비쳐진 인물에 날개를 합성하기 위해 'Wing.psd' 파일을 불러옵니다.

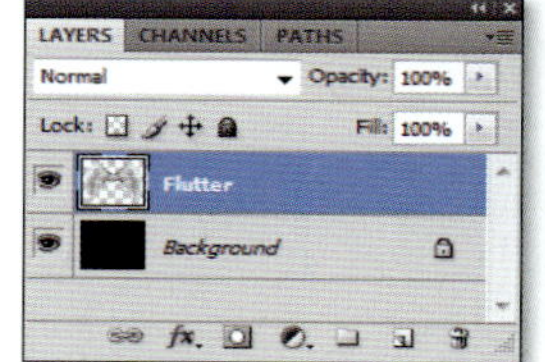

02 'Wing.psd' 파일의 'Flutter' 레이어를 작업 중인 이미지로 드래그하여 복사하고 Ctrl+T 를 눌러 적당한 크기와 기울기를 조정합니다.

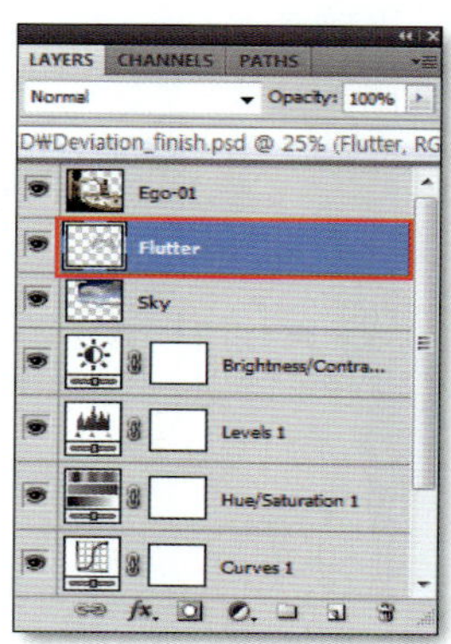

Lens Correction 기능을 활용하여 이미지에 시선을 집중시킬 수 있는 비네팅 표현 기법에 대해 알아봅니다.

비네팅 효과의 적용

- **Lens Correction** : 이미지의 삐뚤어진 가로축이나 세로축 등을 수정하거나 인위적으로 로모 카메라의 비네팅 현상을 제거하거나 의도적인 비네팅 효과를 표현할 수 있습니다.

BEFORE

AFTER

WORK 04

STEP
1
편집 이미지 복사

01 [Create a new layer] 아이콘(□)을 클릭하여 새로운 레이어를 만들고 이름을 'Ego-02'로 설정합니다. 그리고, 'Ego-01' 레이어 위로 드래그해서 옮깁니다.

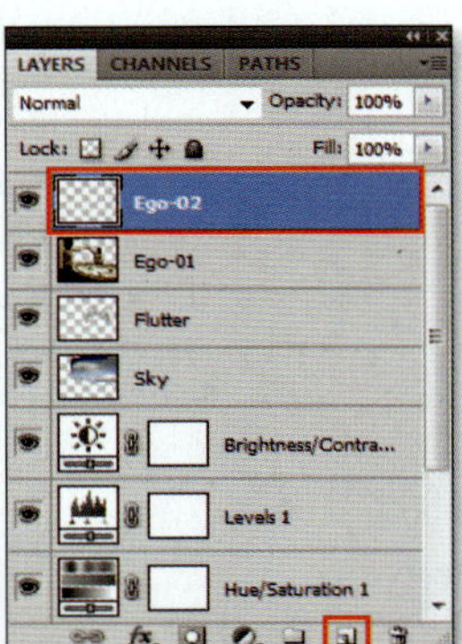

02 Ctrl+Shift+Alt+E 를 눌러 활성화되어 있는 모든 레이어의 이미지를 'Ego-02' 레이어에 붙여줍니다.

STEP
2
비네팅 표현 기법

01 [Filter]–[Distort]–[Lens Correction] 메뉴를 선택하면 나타나는 [Lens Correction] 대화상자에서 [Vignette] 영역의 [Amount]를 '–50'으로 설정한 후 작업을 마무리합니다.

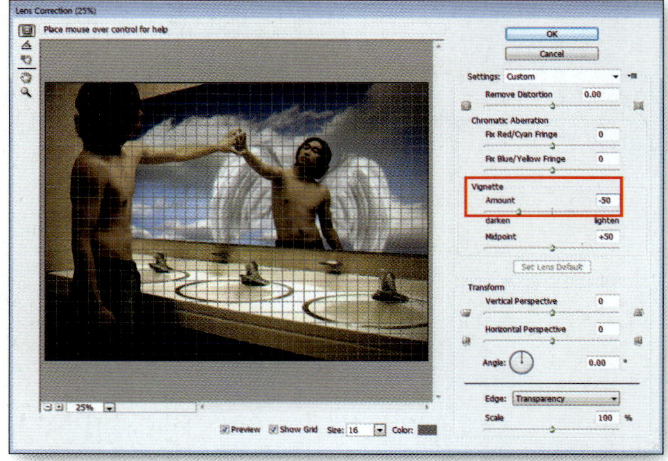

[Lens Correction] 대화상자의 이해

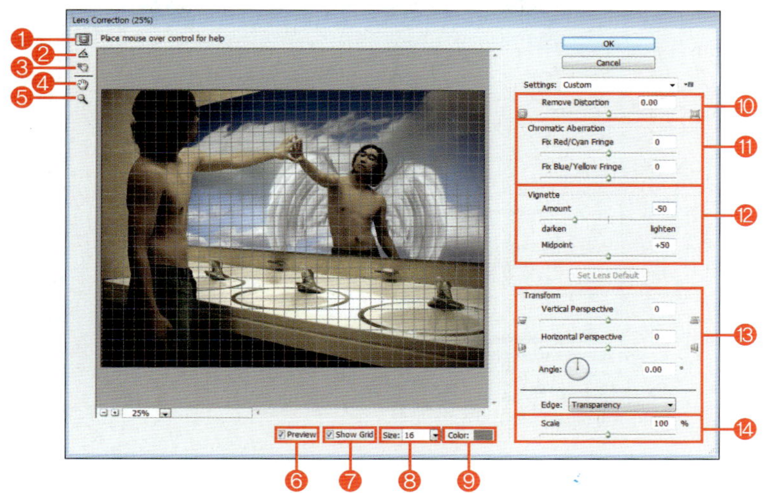

❶ **Remove Distortion** : 볼록 렌즈나 오목 렌즈를 사용하여 이미지를 투과한 것 같은 효과를 조정합니다.

❷ **Straighten** : 이미지의 수평 또는, 수직 방향을 조절합니다.

❸ **Move Grid** : 그리드를 드래그하여 이동합니다.

❹ **Hand** : 미리 보기 창을 이동합니다.

❺ **Zoom** : 미리 보기 창을 확대 또는, 축소합니다.

❻ **Preview** : 수정된 이미지를 미리 보기 창에 표시하거나 감춥니다.

❼ **Show Grid** : 화면에 그리드를 표시하거나 감춥니다.

❽ **Size** : 그리드의 간격을 조절합니다.

❾ **Color** : 그리드의 색상을 설정합니다.

❿ **Remove Distortion** : 이미지의 왜곡 정도를 조절합니다. 슬라이더 바를 오른쪽으로 드래그할수록 오목하게 표현됩니다.

⓫ **Chromatic Aberration** : 이미지에서 경계 부분의 색상을 조절합니다.

  • Fix Red/Cyan Fringe : 빨간색과 녹색의 경계 색상으로 보정합니다.

  • Fix Blue/Yellow Fringe : 파란색과 노란색의 경계 색상으로 보정합니다.

⓬ **Vignette** : 카메라 렌즈로 인해 사진의 주변 부분이 어둡게 표현되는 현상입니다.

  • Amount : 이미지 주변 부분을 밝게 또는, 더욱 어둡게 만듭니다.

  • Midpoint : 이미지 중간 부분을 밝게 또는, 어둡게 만듭니다.

⓭ **Transform** : 이미지를 변형합니다.

  • Vertical Perspective : 수직으로 변형된 이미지를 보정합니다.

  • Horizontal Perspective : 수평으로 변형된 이미지를 보정합니다.

  • Angle : 이미지의 회전 각도를 조절합니다.

  • Edge : 이미지의 여백 부분을 투명 영역이나 색상으로 채웁니다. 'Transparency'는 투명하게 영역을 표시하며, 'Background Color'는 배경 색상으로 여백 부분을 채웁니다.

⓮ **Scale** : 이미지의 크기를 조절합니다.

Hue/
Saturation
기능의 이해

■ [Hue/Saturation] 대화상자의 이해

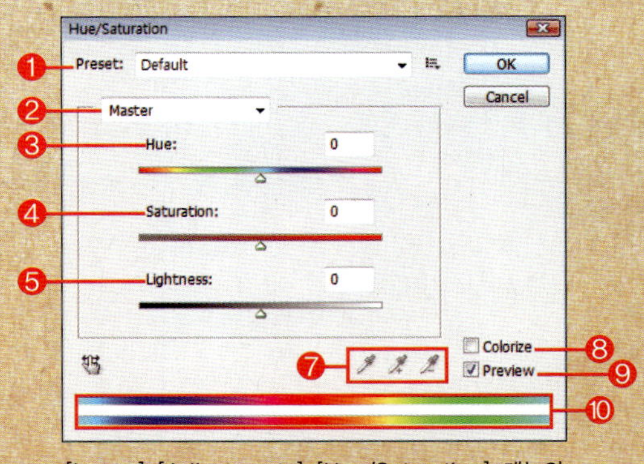

[Image]–[Adjustments]–[Hue/Saturation] 메뉴의
[Hue/Saturation] 대화상자

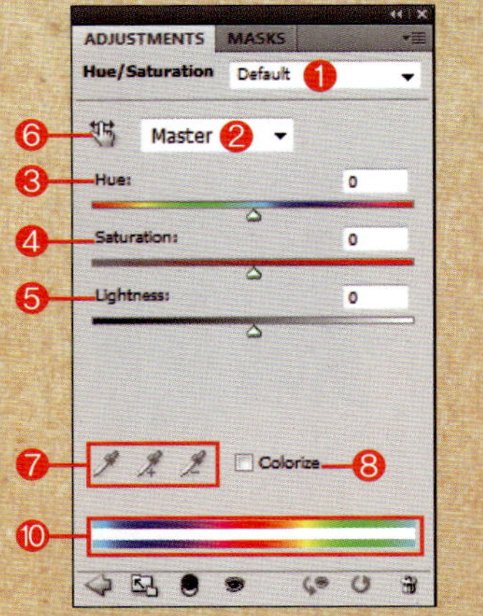

ADJUSTMENTS 패널의 Hue/Saturation

❶ **Preset** : 미리 설정된 Hue/Saturation 값을 적용할 수 있습니다.

❷ **Edit** : 색상 및 채도를 변경할 색상 채널을 선택할 수 있습니다.

❸ **Hue** : 색상을 변경하는 기능을 합니다. 흰색과 검은색은 색상은 없고 명도만 있기 때문에 Hue
값을 변경해도 색상이 변하지 않습니다.

❹ **Saturation** : 색상의 맑고 탁한 정도인 채도를 변경합니다.

❺ **Lightness** : 이미지의 밝고 어두운 정도인 명도를 조절합니다. [Edit]를 'Master'로 설정하고
[Lightness] 값을 높이면 밝아진다는 느낌보다는 뿌옇게 표현되므로 주의해 사용합니다.

❻ **click and drag in image to modify saturation** : 이미지를 선택하고 드래그하여 채도를 조
절합니다. Ctrl 을 누른 상태로 드래그하면 색조를 조절할 수 있습니다.

❼ **스포이트** : [Edit]가 'Master'일 때는 사용할 수 없으며 색상 채널을 선택했을 경우에는 표시됩
니다. Eyedropper Tool(🖊)을 선택하고 이미지의 창에서 색상을 클릭하면 전체 이미지 중에서
선택한 색상에만 Hue/Saturation 기능을 적용할 수 있습니다. Add to sample Tool(🖊)로 이
미지를 클릭하면 변경할 색상을 추가할 수 있으며 Subtract from Sample Tool(🖊)로 이미지
를 클릭해 변경할 색상을 제거할 수 있습니다.

❽ **Colorize** : 이 옵션을 체크하면 전체 이미지가 단일 색상으로 표현됩니다.

❾ **Preview** : 이 옵션의 체크를 해제하면 변경하기 전의 이미지를 보여줍니다.

❿ **스펙트럼 바** : 상단의 스펙트럼 바는 원본 이미지의 색상 분포를 표시하며 아래의 스펙트럼 바
는 현재 변경된 색상을 표시합니다.

■ Preset의 이해

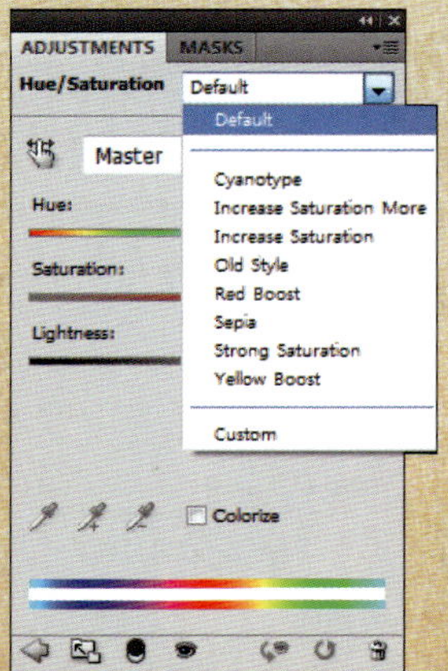

원본 이미지(부록 CD : Tip/Instant.jpg)

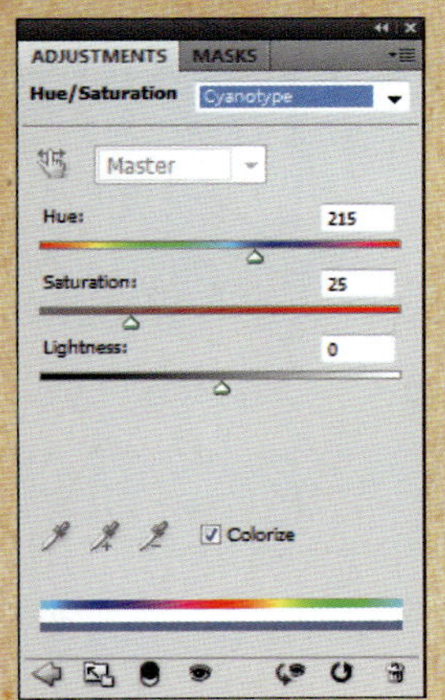

Cyanotype

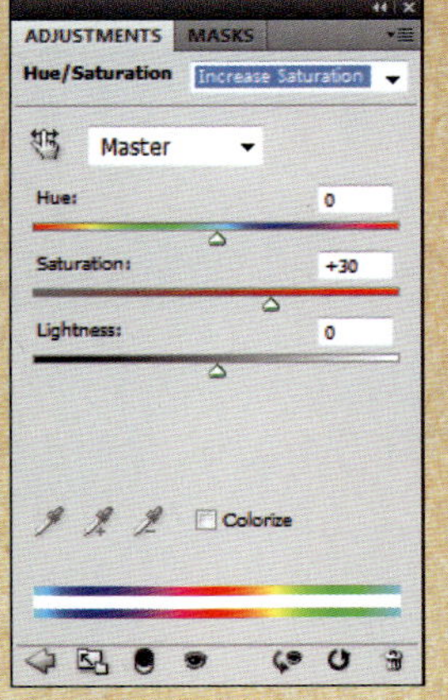

Increase Saturation More

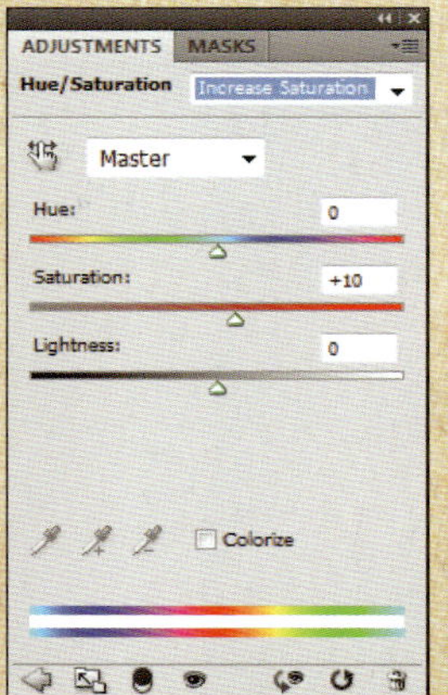

Increase Saturation

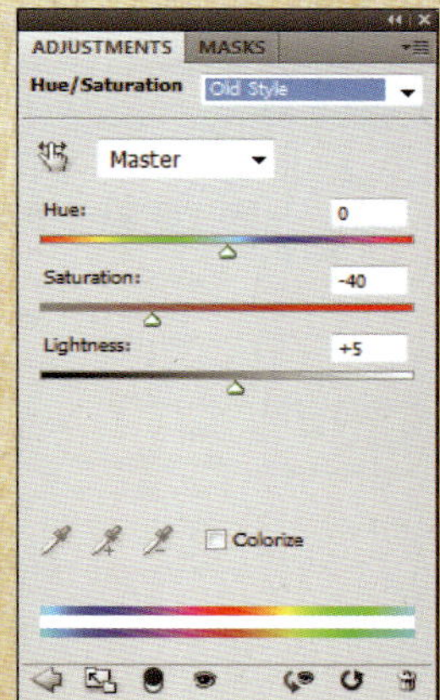

Old Style

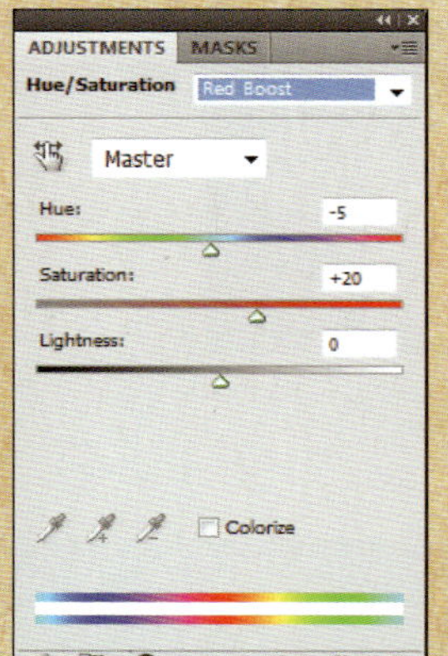

Red Boost

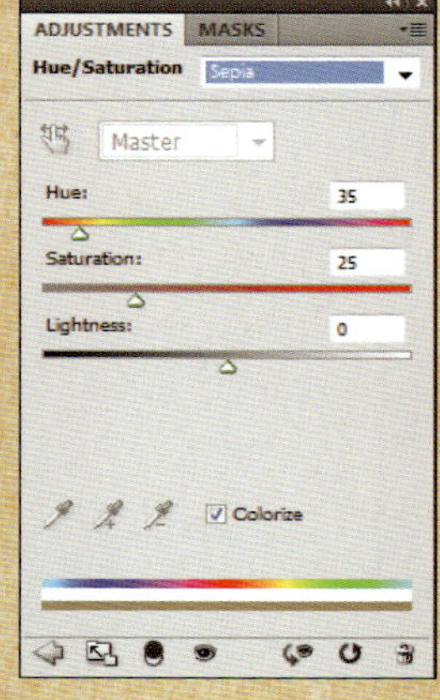

Sepia

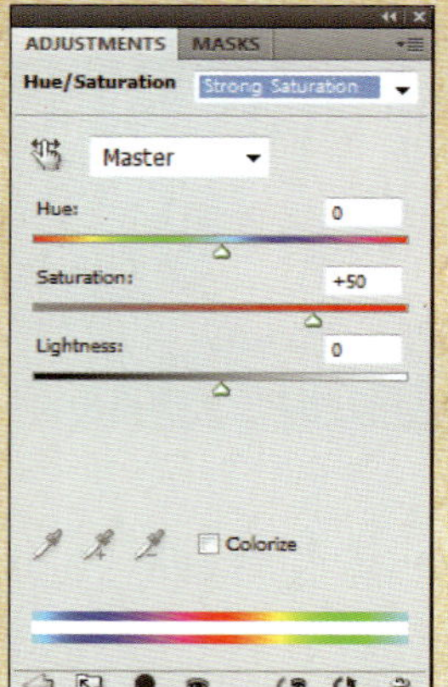

Strong Saturation

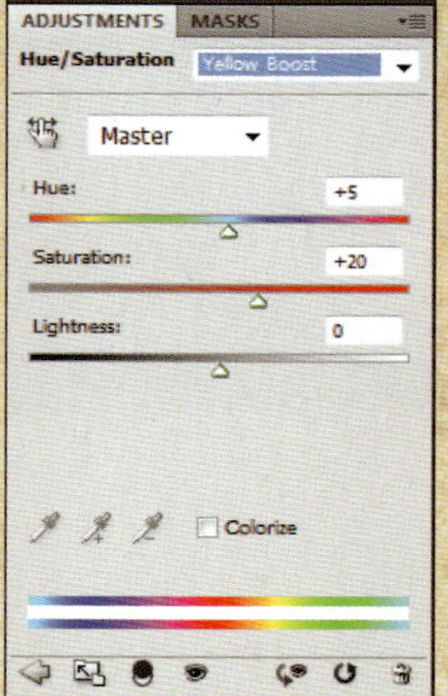

Yellow Boost

지속 광원을 활용한 촬영 방법

■ Deviation.psd 촬영 정보

Nikon D90, 1/8 sec, 조리개 값 : F3.5, 촬영 모드 : M, ISO: 250, 화이트 밸런스 : AUTO

■ 지속 광원

지속 광원이란 우리가 일반적으로 만날 수 있는 형광등처럼 전원을 켜는 순간 빛을 발산하는 조명을 말하며, 사용하기가 용이하고 다루기가 쉽지만 광량이 약한 단점이 있습니다.

■ 지속 광원의 종류

• 텅스텐 조명

색온도가 낮고 수명이 짧으면 시간이 지날수록 붉은색이 강해집니다. 그리고, 발열량이 강합니다.

Nikon D70, 1/30 sec,
조리개 값 : F5.6, 촬영 모드 : M,
ISO : 400, 화이트 밸런스 : Auto

- **형광등**

  발광 면적이 넓고 광질이 부드럽지만 화이트
  밸런스가 정확하지 않은 경우에는 청록색을
  띠는 색온도가 높은 전구입니다.

Nikon D80, 1/60 sec,
조리개 값 : F6.3, 촬영 모드 : M,
ISO : 320, 화이트 밸런스 : Auto

- **할로겐 조명**

  연색성이 우수하여 쾌적한 빛을 낼 수 있고
  자연광처럼 색 구별이 용이해서 색을 선명하
  게 재현할 수 있습니다. 시간이 지날수록 빛
  의 색이 붉은색으로 변색되며 발열량이 높은
  편입니다.

Nikon D70, 1/30 sec,
조리개 값 : F5.6, 촬영 모드 : M,
ISO : 320, 화이트 밸런스 : Auto

Tears, idle tears, I know not what they mean,
Tears from the depth of some divine despair
Rise in the heart, and gather to the eyes,
In looking on the happy Autumn-fields,
And thinking of the days that are no more.

PHOTOSHOP
CREATIVE COLLECTION

ROMEO+JULIET

PHOTOSHOP
CREATIVE COLLECTION

'로미오와 줄리엣' 은 영화나 책을 통해서 우리가 너무도 잘 알고 있는 사랑 얘기다.

현실의 상황에 갇혀버린 애절한 사랑….

수백 년이 지난 이 이야기가 어떻게 지금 우리가 겪고 있는 현실과 이리도 동일할 수 있는지….

거대한 시스템 안의 경제적, 현실적 모순에 갇혀버린 우리들의 사랑이

울부짖고 싶을 만큼 처절하고 애처롭다.

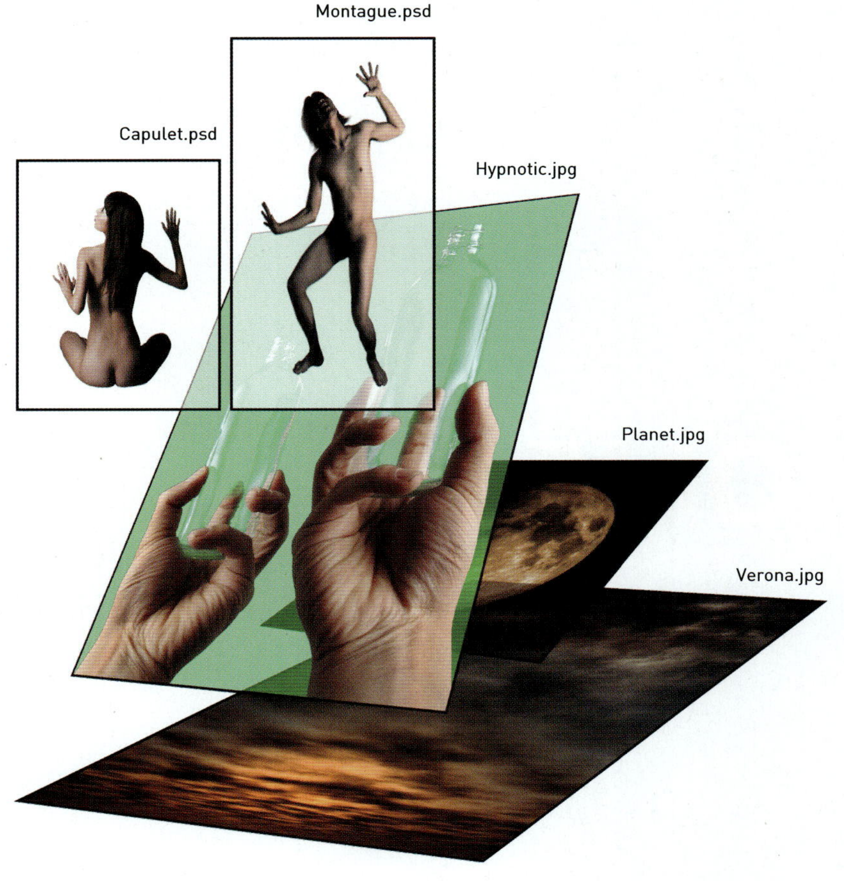

- **Capulet.psd** : 유리병에 합성할 여자 이미지
- **Montague.psd** : 유리병에 합성할 남자 이미지
- **Hypnotic.jpg** : 녹색 스크린에서 촬영한 유리병을 움켜쥔 손 이미지
- **Planet.jpg** : 배경에 합성할 달 이미지
- **Verona.jpg** : 석양이 지는 배경 이미지

배경에 달 이미지 합성

LAYERS 팔레트의 블렌딩 모드에서 'Lighten'의 특성을 이용하여 달 이미지를 배경 이미지에 합성하는 방법을 알아봅니다.

KEY POINT

- **Lighten 블렌딩 모드** : 색상의 밝은 톤은 변화가 없지만 어두운 톤은 밝은 톤으로 변합니다.
- Ctrl+A : 현재 활성화되어 있는 이미지를 모두 선택할 수 있습니다.
- Ctrl+C : 이미지에서 선택 영역으로 지정된 부분을 복사합니다.
- Ctrl+V : 이미지의 복사한 부분을 다른 이미지에서 붙여 넣기로 삽입할 수 있습니다.

BEFORE

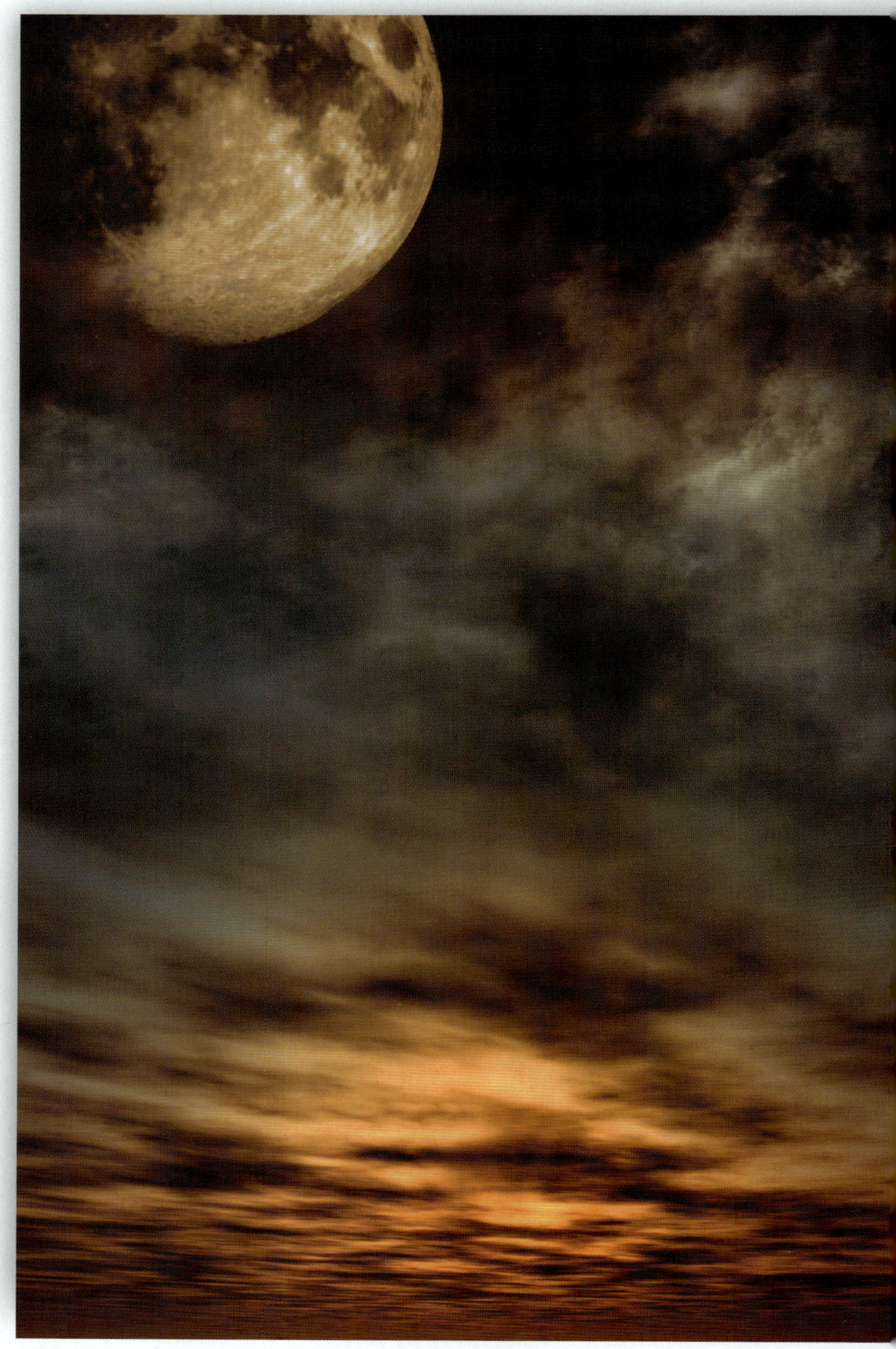

AFTER

WORK 01

1 이미지 불러오기

01 석양이 지는 이미지를 가지고 있는 'Verona.jpg' 파일을 부록 CD에서 불러옵니다.

● **부록 CD** : THEME 05/Verona.jpg

02 석양 이미지에 달을 합성하기 위해 'Planet.jpg' 파일을 불러옵니다.

● **부록 CD** : THEME 05/Planet.jpg

03 Ctrl+A 를 눌러 달 이미지를 전체를 선택하고 Ctrl+C 를 눌러 복사합
니다. 석양 이미지에서 Ctrl+V 를 눌러 달 이미지를 붙여준 후 좌측 상단
으로 위치를 잡아줍니다. 복사된 레이어의 이름은 'Moon'으로 설정합
니다.

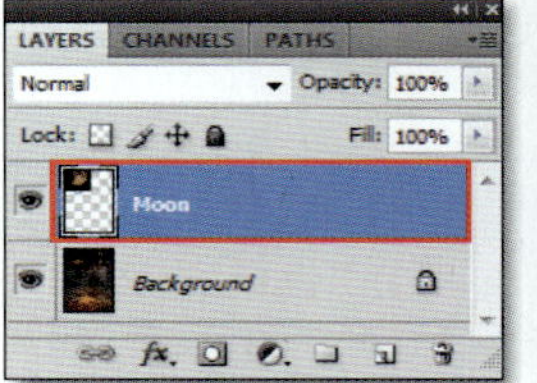

STEP

2

블렌딩 모드의 적용

01 'Moon' 레이어의 블렌딩 모드를 'Lighten'으로 설정합니다.

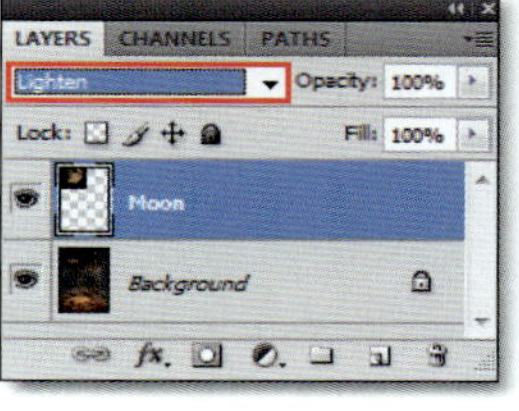

그린 스크린에서 촬영한 이미지에 Channel 작업을 통해 배경색을 제외한 부분만을 추출한 후
작업 중인 이미지에 합성합니다.

그린 스크린에서 이미지 추출

- **Levels** : 이미지의 명암을 보정할 수 있습니다.
- **Brush Tool(⬚)** : 이미지에 부드러운 윤곽선을 그리거나 채색을 하는 경우에 사용하는 툴입니다.

BEFORE

AFTER

WORK 02

STEP
1

이미지 불러오기

● **부록 CD** : THEME 05/Hypnotic.jpg

01 유리병을 움켜쥔 손 이미지를 작업 중인 이미지에 합성하기 위해 'Hypnotic.jpg' 파일을 불러옵니다.

02 유리병을 움켜쥔 손 이미지를 작업 중인 이미지로 드래그하여 복사하고 레이어의 이름은 'Prison'으로 설정합니다.

CHANNELS 팔레트의 이용

01 CHANNELS 팔레트로 이동한 후 세 개의 채널 중에 이미지와 배경의 대비가 뚜렷한 채널을 찾습니다.

'Red' 채널

'Green' 채널

'Blue' 채널

'Red, Green, Blue' 채널중 대비가 가장 뚜렷한 'Red' 채널을 선택합니다.

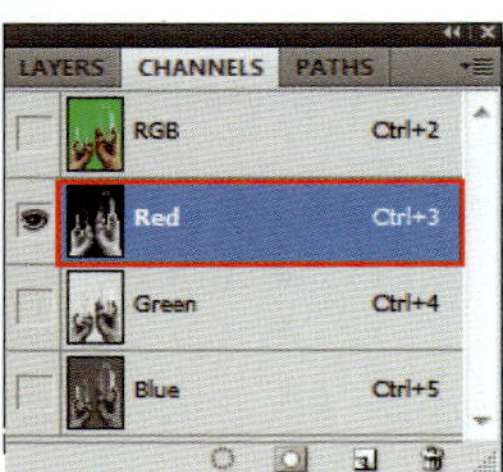

02 'Red' 채널을 CHANNELS 팔레트 하단의 [Create new channel] 아이콘(□)으로 드래그하여 복사합니다.

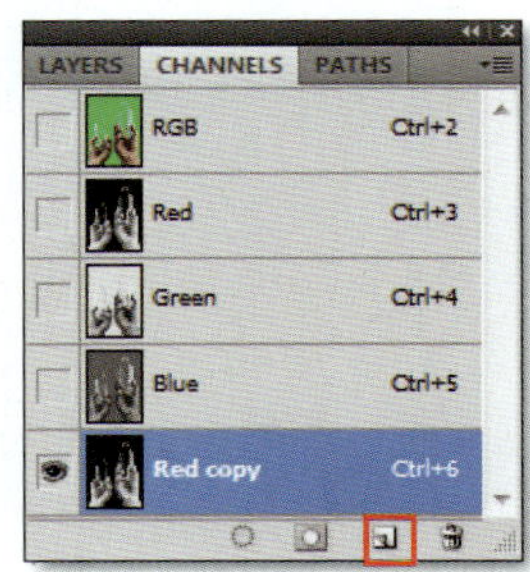

03 Ctrl+L 을 눌러 [Levels] 대화상자가 나타나면 대비가 더욱 뚜렷해지도록 [Input Levels]를 '8, 1.70, 184'로 설정합니다.

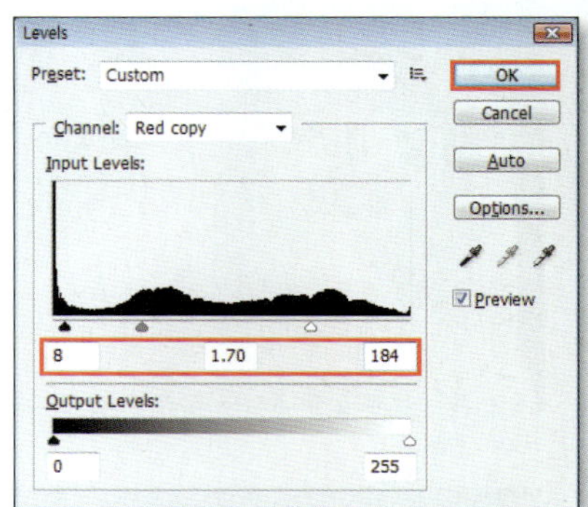

04 툴박스에서 Brush Tool(✐)을 선택하고 옵션 바에서 [Mode]를 'Overlay'로 설정합니다. 흰색으로 이미지의 손 부분을 덧칠해 줍니다.

브러시의 블렌딩 모드를 'Overlay'로 설정하면 검은 바탕에는 영향을 주지 않고 칠할 수 있습니다.

05 Ctrl+I 를 눌러 이미지를 반전시킵니다.

06 LAYERS 팔레트로 돌아가서 'Prison' 레이어를 선택합니다.
Ctrl+Alt+6 을 눌러 'Red copy' 채널에 대한 선택 영역을
활성화한 후 Delete 를 눌러 선택한 영역을 삭제합니다. Ctrl+D
를 눌러 선택 영역을 해제합니다.

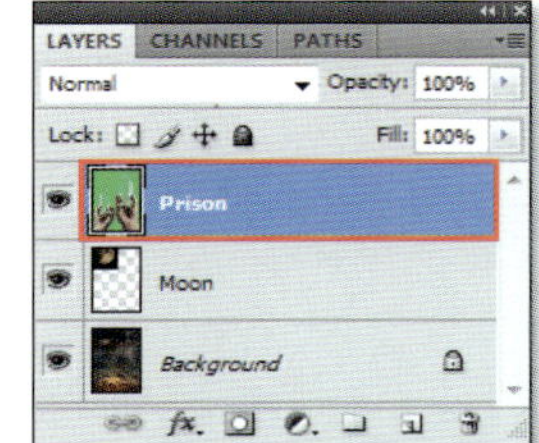

'Red copy' 채널에 대한 선택 영역

선택 영역이 지워진 후

남겨진 초록색 입자 제거하기

Create Clipping Mask 기능을 이용하여 이미지에 남겨진 초록색 입자를 제거해서 배경 이미지와의 이질감을 덜어줍니다.

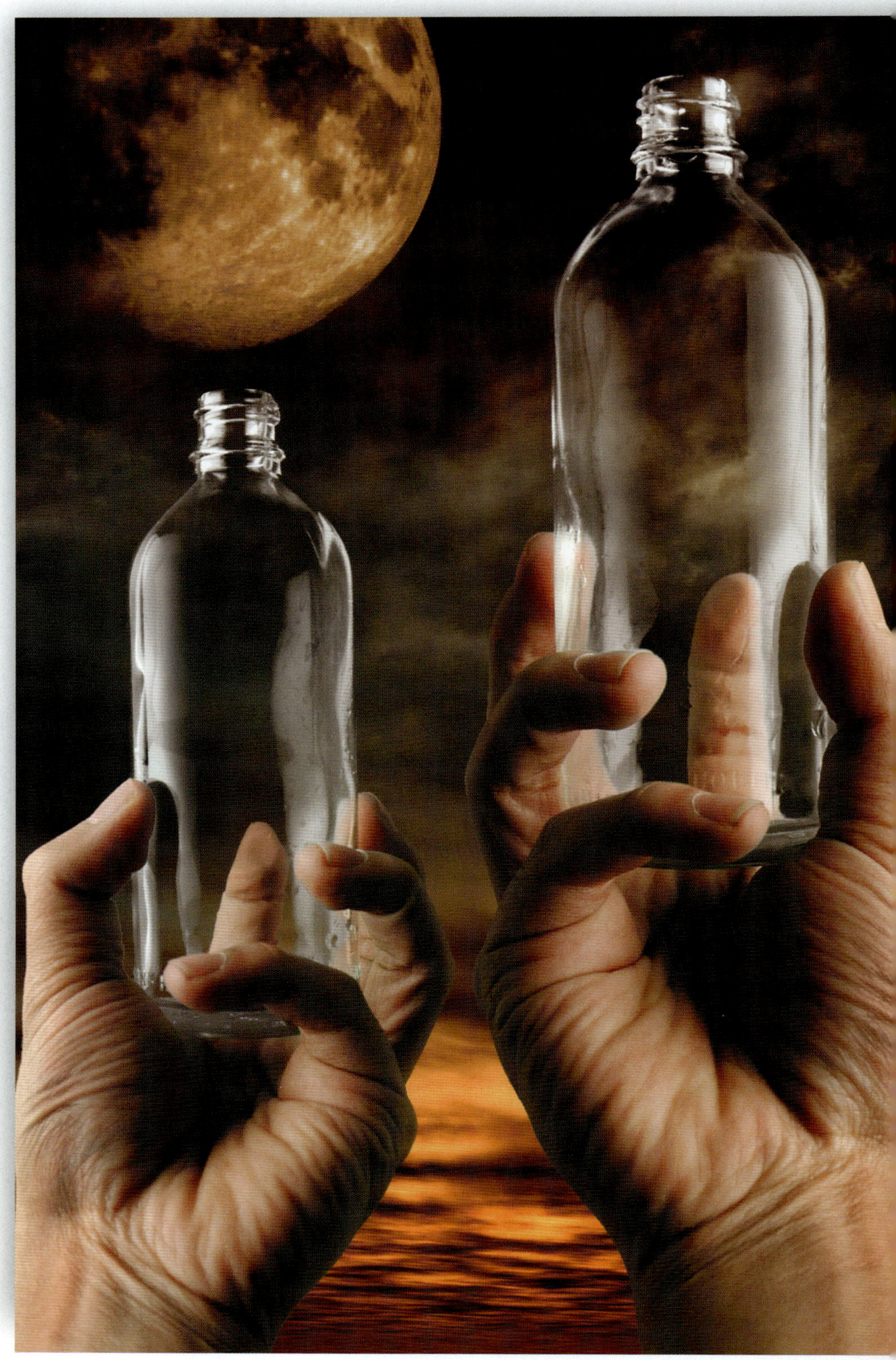

AFTER

KEY POINT

- **Create Clipping Mask** : 상위 레이어 이미지 영역에서 바로 하위 레이어의 이미지 영역과 겹치는 부분만 투영시켜 보이도록 할 수 있습니다.
- **Color 블렌딩 모드** : 하위 레이어의 명도를 사용하고 상위 레이어의 색상과 채도를 이용하여 결합하는 블렌딩 모드입니다.
- **Curves** : 그래프 곡선을 이용하여 이미지의 색상 톤을 보정할 수 있습니다.

BEFORE

WORK 03

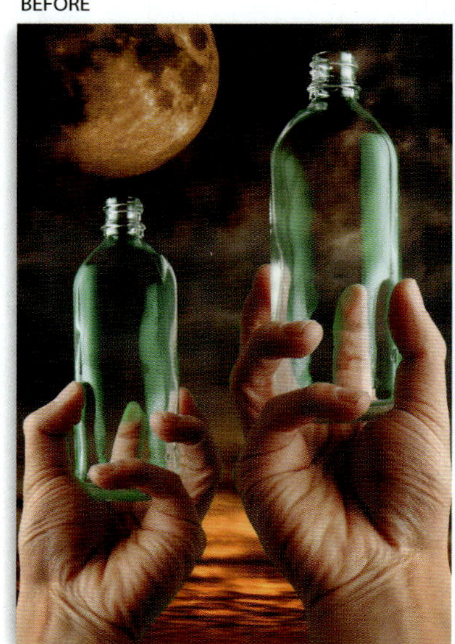

1

초록색 입자 제거

01 LAYERS 팔레트 하단에 있는 [Create new fill or adjustment layer] 아이콘(⬛)을 클릭하면 나타나는 팝업 메뉴에서 'Solid Color'를 선택합니다. [Pick a solid color] 대화상자가 나타나면 검은색(#000000)으로 설정합니다.

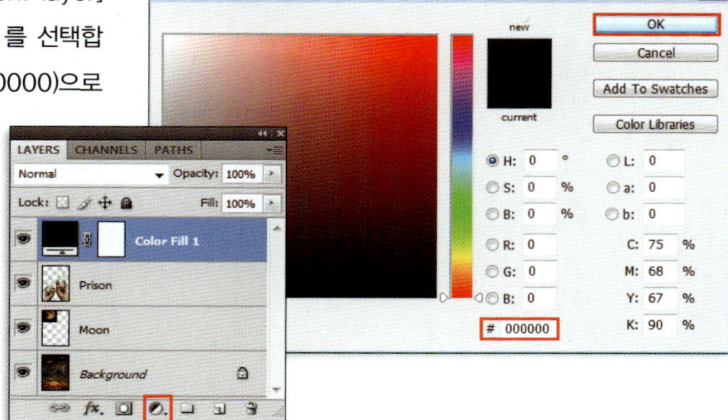

02 [Layer]–[Create Clipping Mask] 메뉴를 선택하여 클리핑 마스크를 만듭니다.

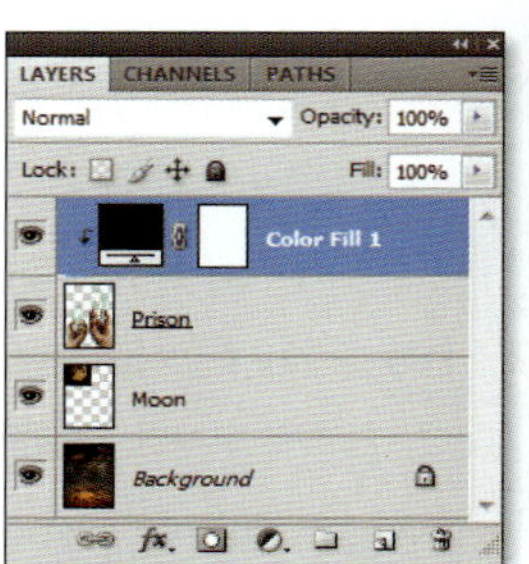

03 'Color Fill 1' 레이어의 Layer mask thumbnail을 선택하고 Ctrl+ I 를 눌러 색상을 반전시킵니다. 그리고, 블랜딩 모드를 'Color'로 설정합니다.

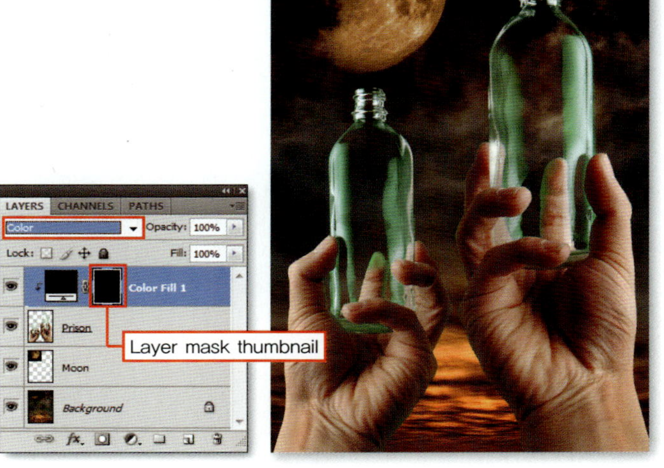

04 Brush Tool(✐)을 선택하고 옵션 바에서 [Mode]를 'Normal'로 설정합니다. 흰색으로 유리병에 비친 초록색 입자 위를 덧칠해 줍니다.

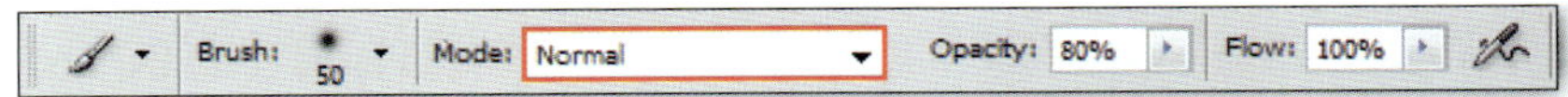

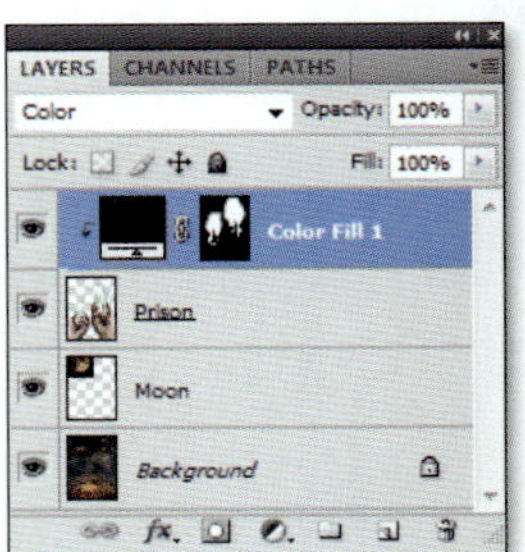

05 손의 외곽 부분에 남은 초록색 입자를 지우기 위해 LAYERS 팔레트에서 [Create a new layer] 아이콘(🔲)을 클릭하여 새로운 레이어를 만들고 블렌딩 모드를 'Color'로 설정합니다. 새로 만든 'Layer 1' 레이어를 'Color Fill 1' 레이어 밑으로 이동시킵니다.

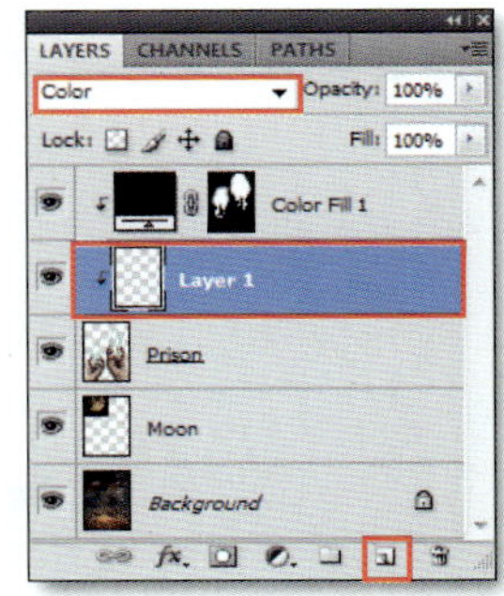

06 Brush Tool(✐)을 선택하고 Alt 를 누른 상태로 주변 색상을 선택해서 샘플 색상으로 만듭니다. 초록색 부분에 덧칠하여 초록색 입자를 제거합니다.

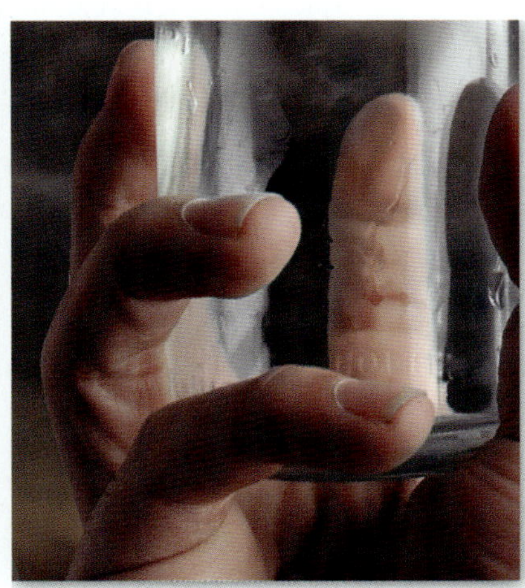

Brush Tool(✐)이 선택된 상태에서 Alt 를 누르면 Eyedropper Tool(✐)로 변합니다.

Curves의 적용

01 손 이미지를 배경의 색상 톤과 맞추기 위해 ADJUSTMENTS
패널의 [Curves] 아이콘을 클릭한 후 'Red' 채널을 다음과
같이 설정합니다.

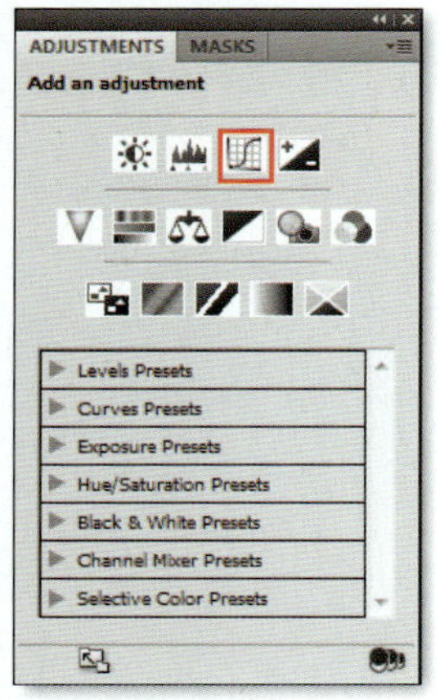

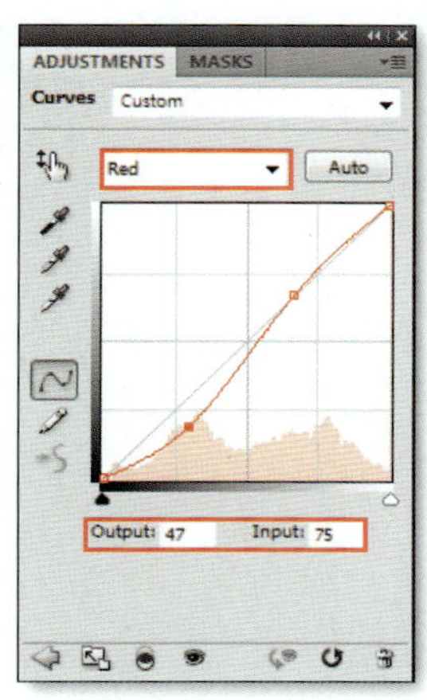

Channel : Red Input : 47
Input : 75

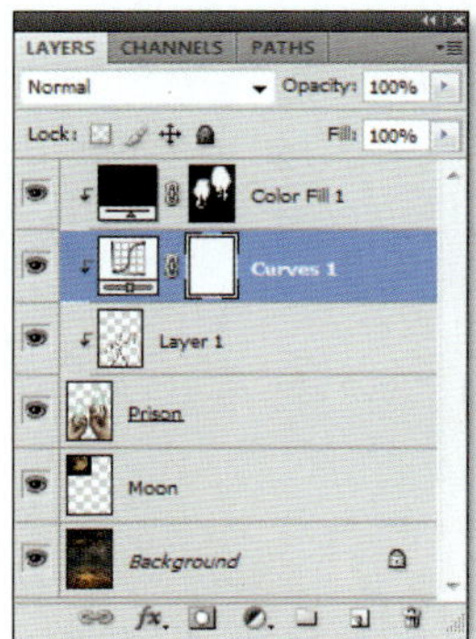

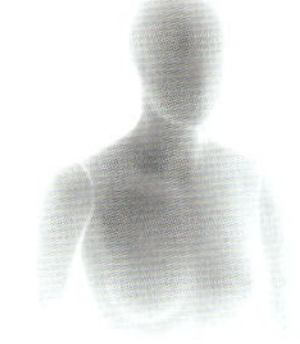

역광 묘사하기

석양이 지는 이미지에서 뿜어져 나오는 주황빛의 역광을 손 이미지 외곽에 표현하여 리얼리티를 더욱 살리는 방법을 알아봅니다.

KEY POINT

- **Overlay 블렌딩 모드** : 어두운 톤에는 Multiply 효과를 주고 밝은 톤에는 Screen 효과를 주어 바탕 레이어의 명도는 그대로 표현하는 블렌딩 모드입니다.
- **Brush Tool(◪)** : 이미지에 부드러운 윤곽선을 그리거나 채색을 하는 경우에 사용하는 툴입니다.

BEFORE

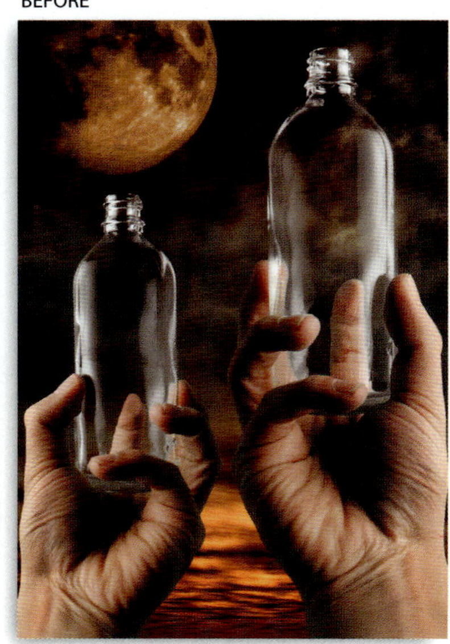

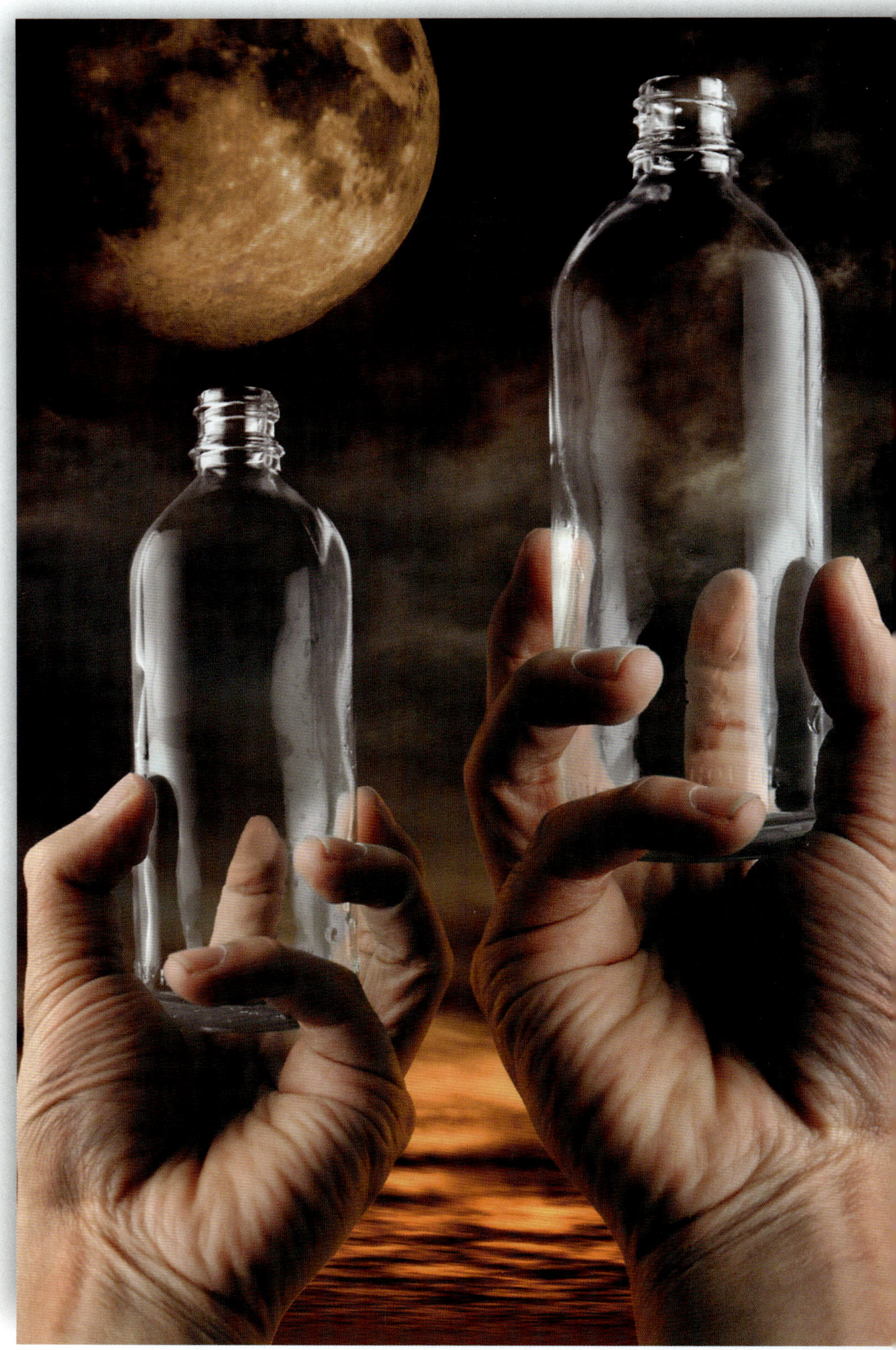

AFTER

WORK 0

1 역광 기법의 적용

01 손의 외곽 어두운 부분에 역광을 묘사하기 위해 LAYERS 팔
레트에서 [Create a new layer] 아이콘(🔲)을 클릭하여 새로
운 레이어를 만들고 블렌딩 모드를 'Overlay'로 설정합니다.

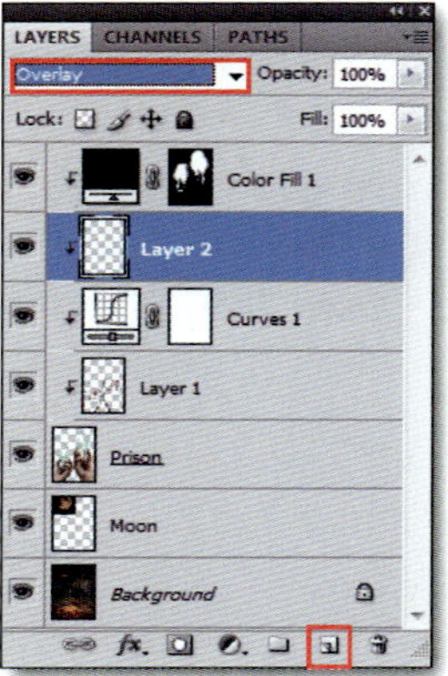

02 Brush Tool(✏)을 선택하고 전경색을 주황색(#ff8f29)으로 설정한 후 손의 안쪽 어두운 외곽 부분을 칠해
줍니다.

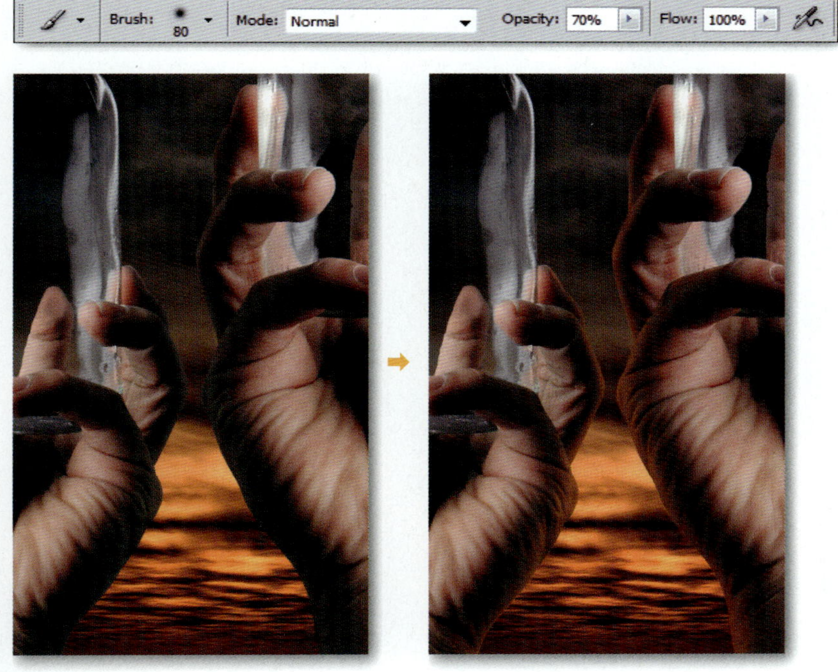

03 'Color Fill 1' 레이어를 선택하고 LAYERS 팔레트에서
[Create a new layer] 아이콘(🔲)을 클릭하여 새로운 레이어
를 만듭니다. Ctrl + Shift + Alt + E 를 눌러 활성화되어 있는
모든 레이어의 이미지를 새 레이어에 붙여줍니다.

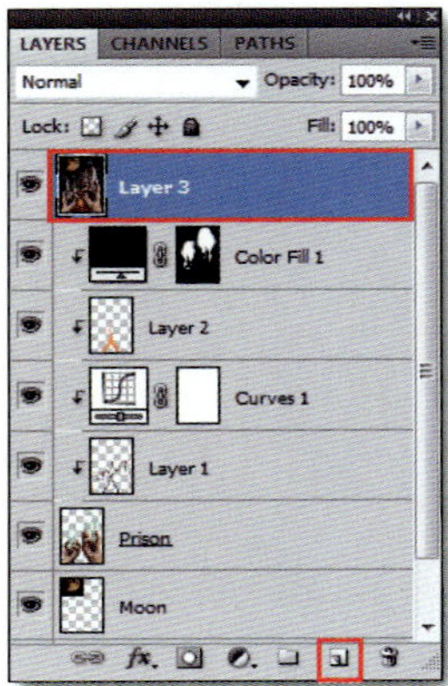

Romeo와 Juliet 합성

유리병 안에 주제 이미지인 Romeo와 Juliet을 자연스럽게 합성하여 이룰 수 없는 슬픈 사랑을 표현합니다.

➡ KEY POINT

- Ctrl+T : 이미지에 조절자를 나타내어 이미지의 형태를 조정할 수 있습니다.
- Erase Tool(⬚) : 이미지에서 필요없는 부분을 삭제할 때 사용하는 툴입니다.

BEFORE

AFTER

WORK 05

Romeo 합성

01 유리병에 갇힌 로미오를 표현하기 위해 부록 CD에서 'Montague.psd' 파일을 불러옵니다.

● **부록 CD** : THEME 05/Montague.psd

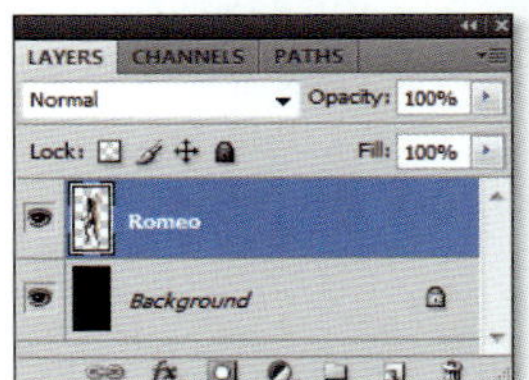

02 Move Tool(⊕)을 선택한후 'Montague.psd' 파일의 'Romeo' 레이어를 작업 중인 이미지로 드래그하여 복사하고 Ctrl+T를 눌러 크기와 위치를 잡아줍니다.

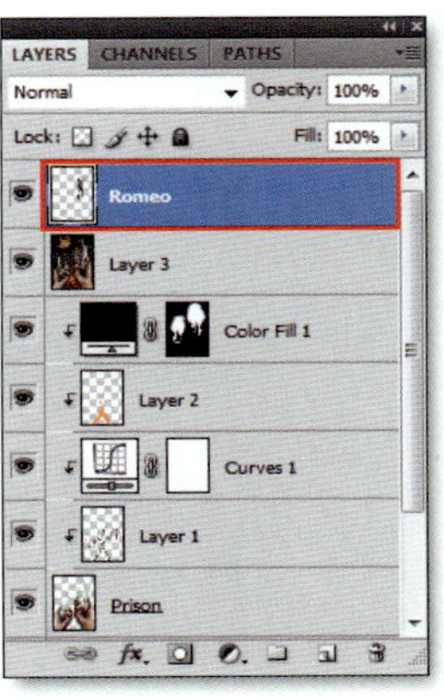

03 툴박스에서 Eraser Tool(　)을 선택하고 로미오 이미지가 유리병 안에 있는 것처럼 옵션 바
에서 [Opacity]와 브러시 크기(Size)를 적절히 설정하여 지워줍니다.

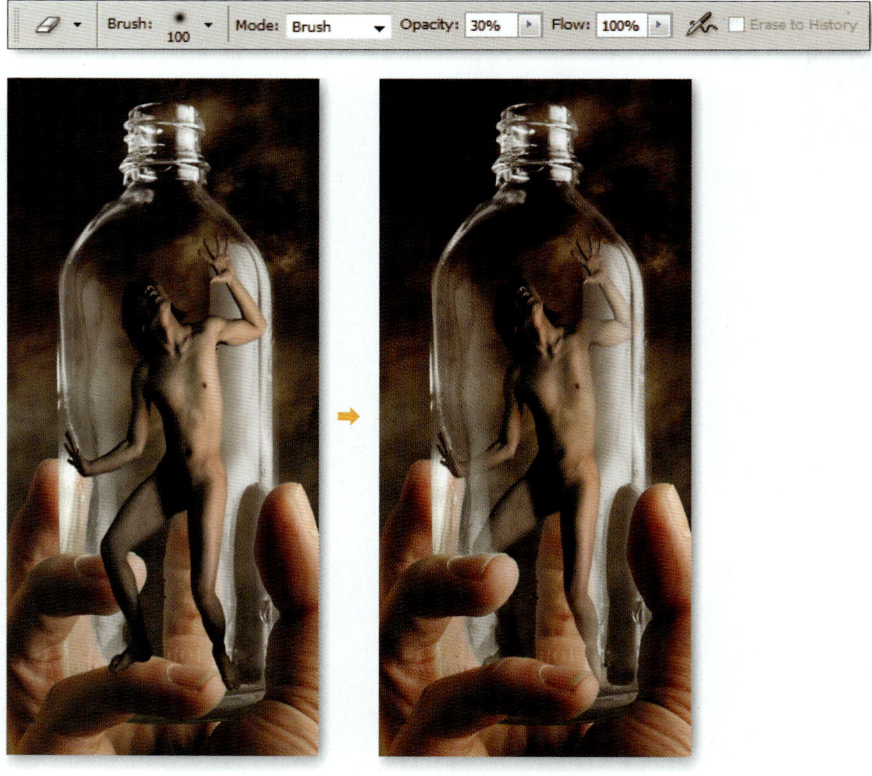

STEP

2   Juliet 합성

01 유리병에 갇힌 줄리엣을 표현하기 위해
부록 CD에서 'Capulet.psd' 파일을
불러옵니다.

● **부록 CD** : THEME 05/Capulet.psd

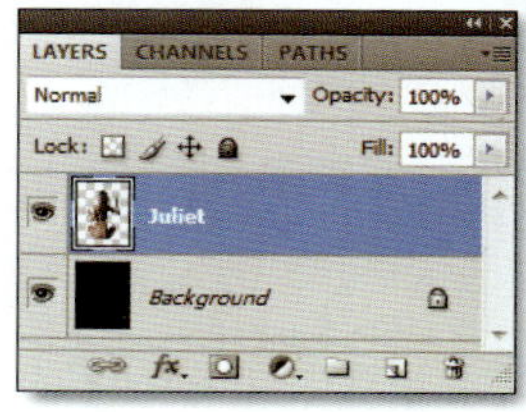

'Capulet.psd' 파일의 이미지 촬영에 대한 TIP은 132 페이지
를 참고해 주세요.

02 Move Tool(⊹)을 선택한 후 'Capulet.psd' 파일의 'Juliet'
레이어를 작업 중인 이미지로 드래그하여 복사하고 Ctrl + T
를 눌러 크기와 위치를 잡아줍니다.

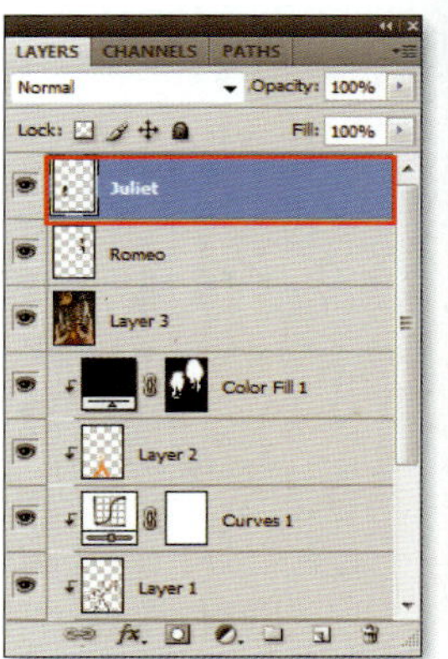

03 Eraser Tool(⌯)을 선택하고 줄리엣 이미지가 유리병 안에 있는 것처럼 옵션 바에서 [Opacity]와 브러시 크기(Size)를 적절히 설정하여
지워주고 작업을 마무리합니다.

BRUSHES
팔레트의 이해

■ **BRUSHES 팔레트와 옵션 바 이해하기**

옵션 바에서는 브러시의 크기(Size)와 불투명도(Opacity), 흐름(Flow)을 설정할 수 있고 브러시 블렌딩
모드를 활용하면 여러 가지의 느낌을 표현할 수 있습니다.

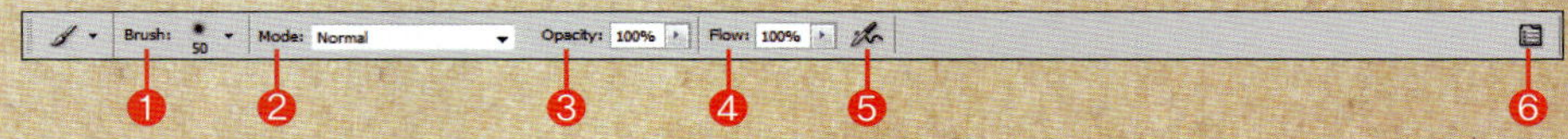

❶ **Brush** : 팝업 단추(▼)를 클릭하면 BRUSHES 팔레트가 표시되
고, BRUSHES 팔레트의 팝업 단추(▶)를 클릭하면 팝업 메뉴가
나타납니다.

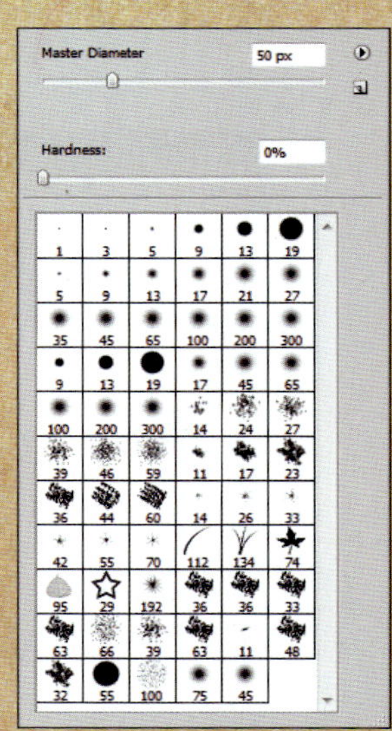

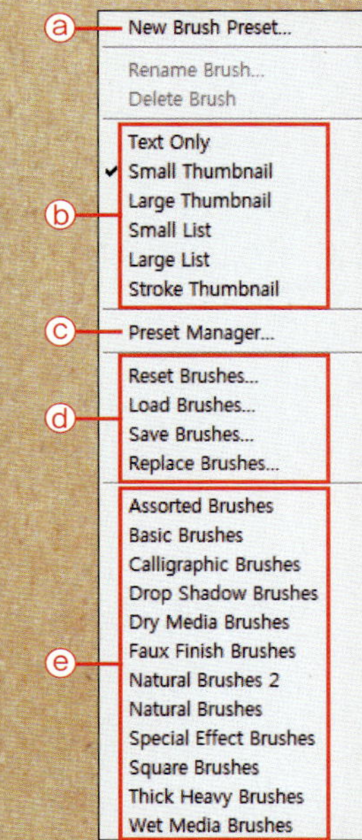

ⓐ **New Brush Preset** : 새로운 브러시를 만들어 등록합니다.

ⓑ 브러시의 보여 주는 형식을 선택하는 명령입니다.

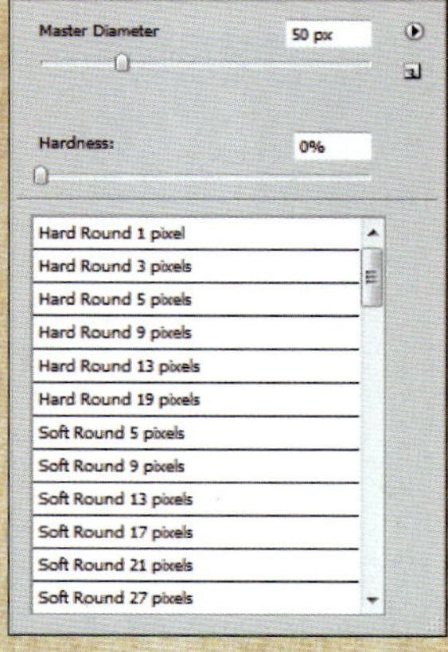

Text Only

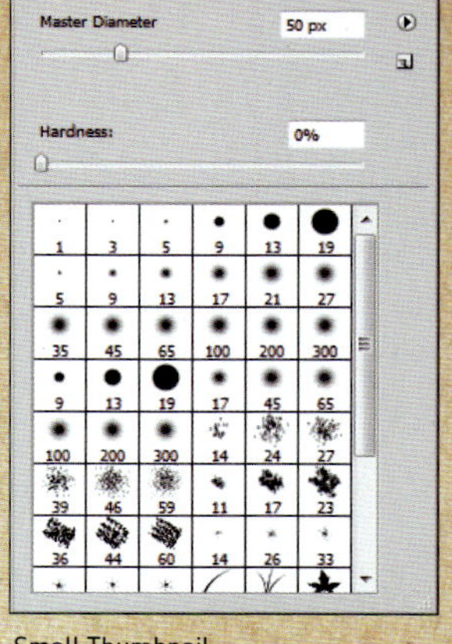

Small Thumbnail

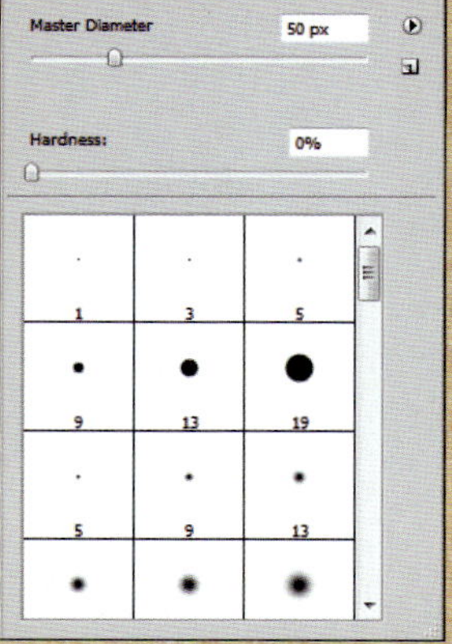

Large Thumbnail

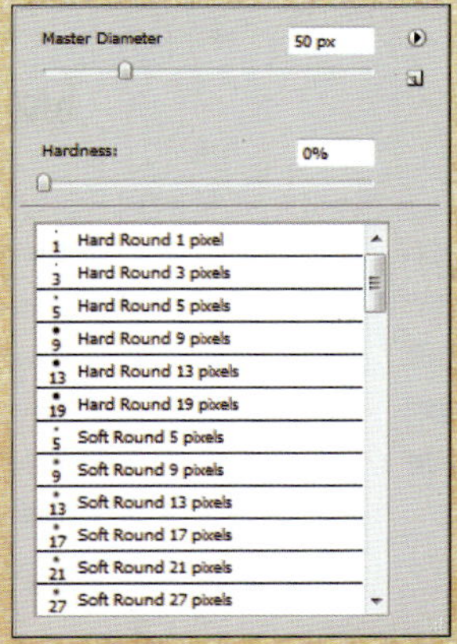

Small List

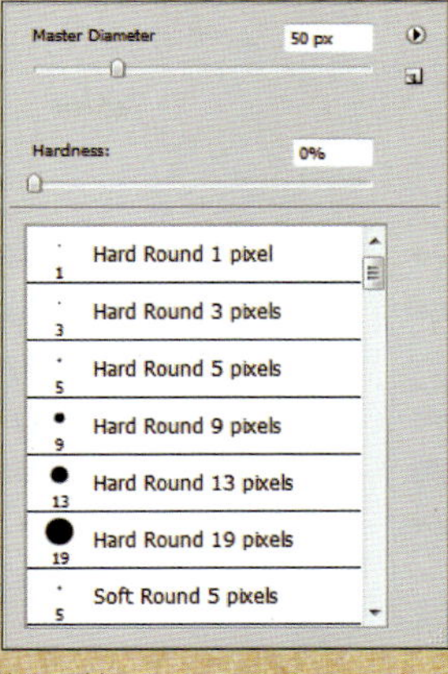

Large List

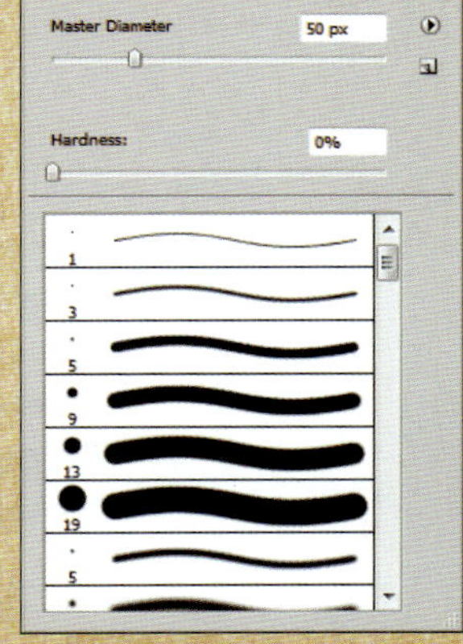

Stroke Thumbnail

ⓒ **Preset Manager** : 포토샵 CS4에서 제공하는 다양한 브러시를 선택하여 지정할 수 있습니다. [Load] 단추를 클릭하면 나타나는 [Load] 대화상자에서 브러시 라이브러리를 불러올 수도 있습니다.

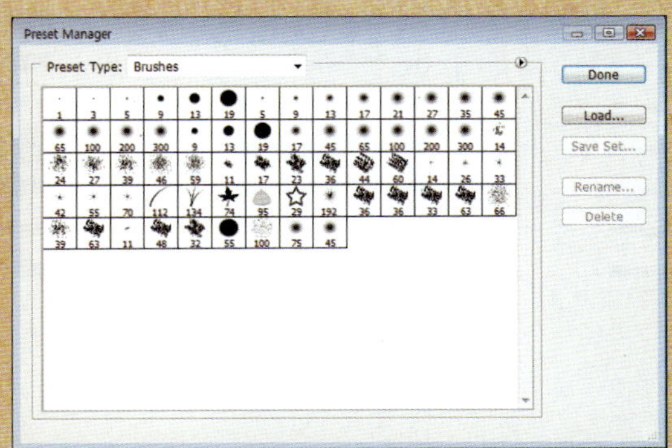

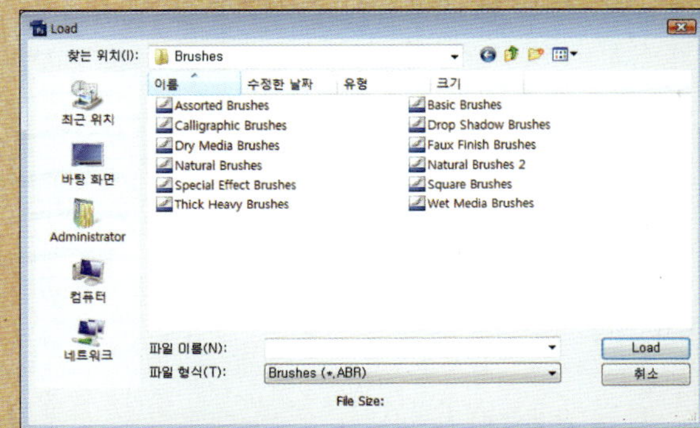

ⓓ **Reset Brushes** : 브러시를 초기화합니다.

Load Brushes : 저장된 브러시를 불러옵니다.

Save Brushes : 브러시를 저장합니다.

Replace Brushes : 브러시를 재정렬합니다.

ⓔ 현재 포토샵 CS4에서 제공하는 브러시의 종류를 보여줍니다.

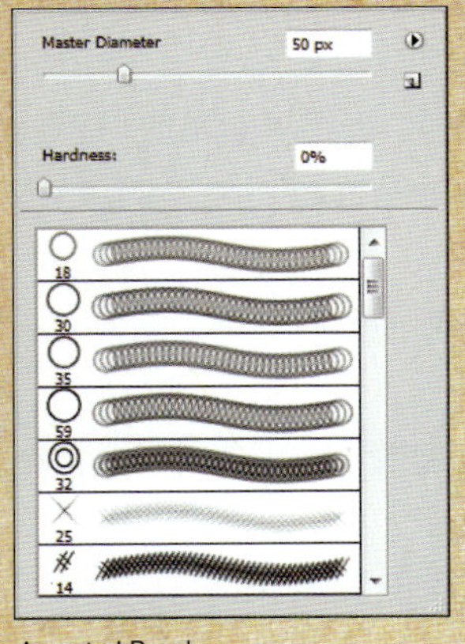

Assorted Brushes

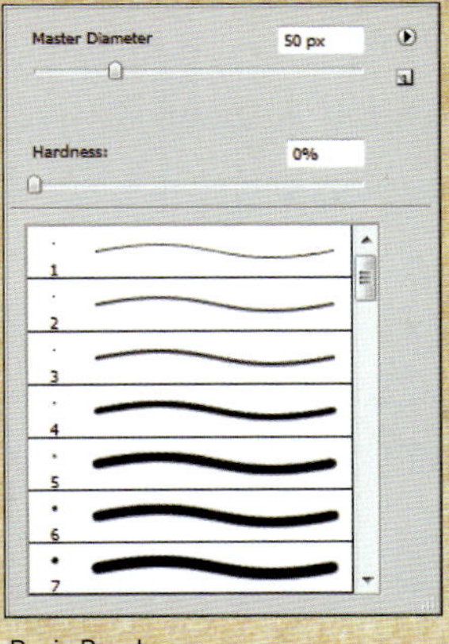

Basic Brushes

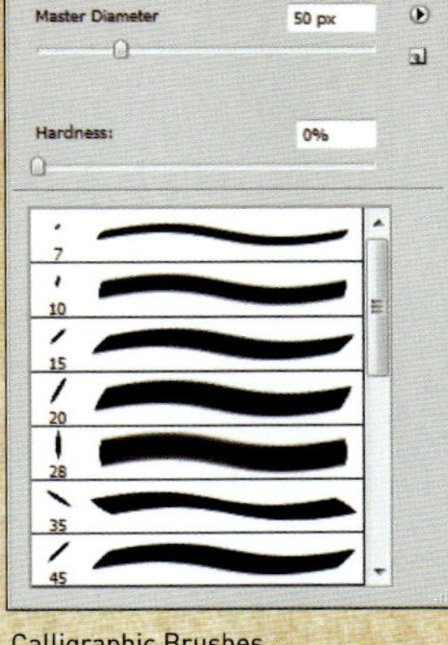

Calligraphic Brushes

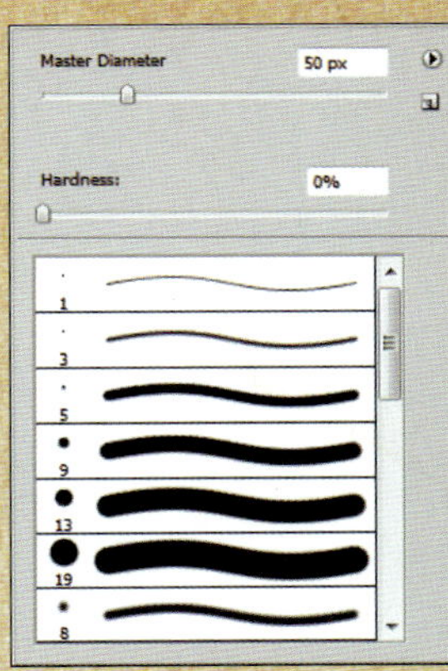

Drop Shadow Brushes

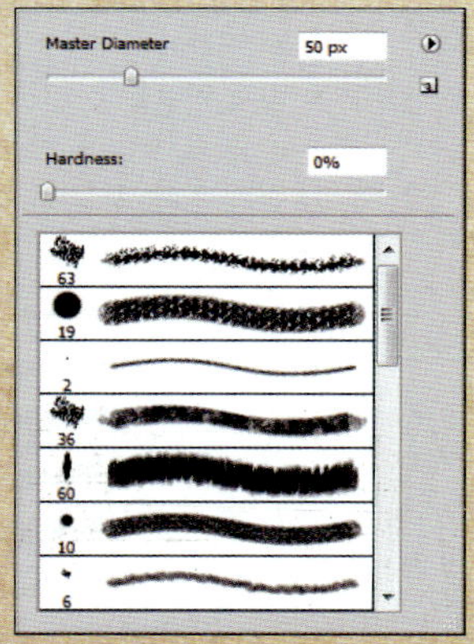

Dry Media Brushes

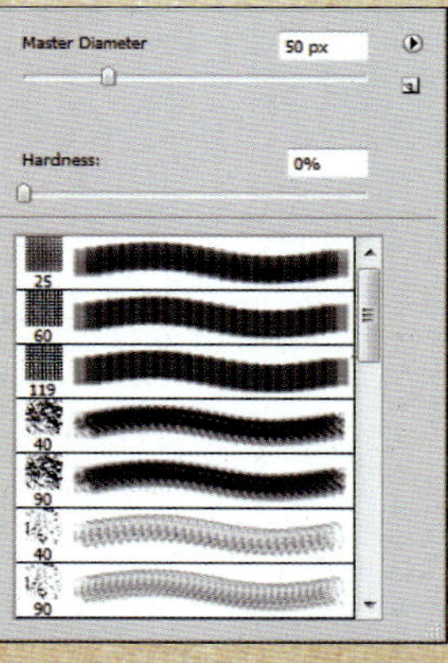

Faux Finish Brushes

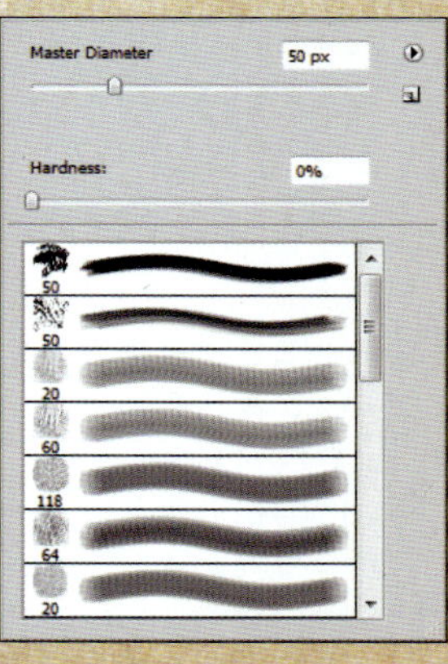

Natural Brushes 2

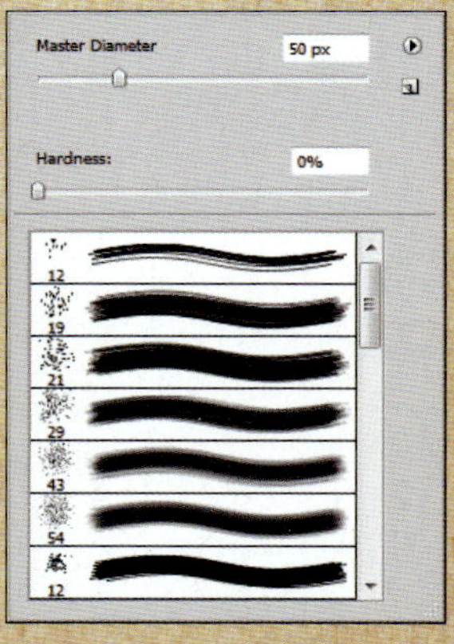

Natural Brushes

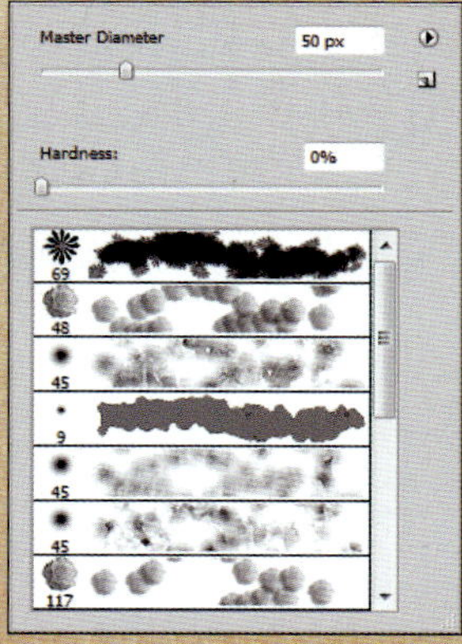

Special Effect Brushes

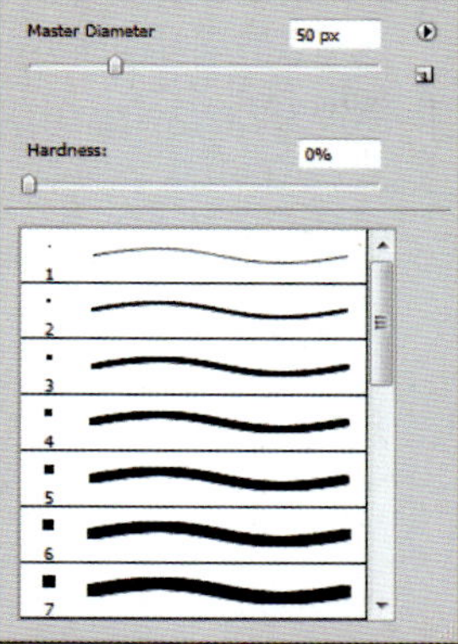

Square Brushes

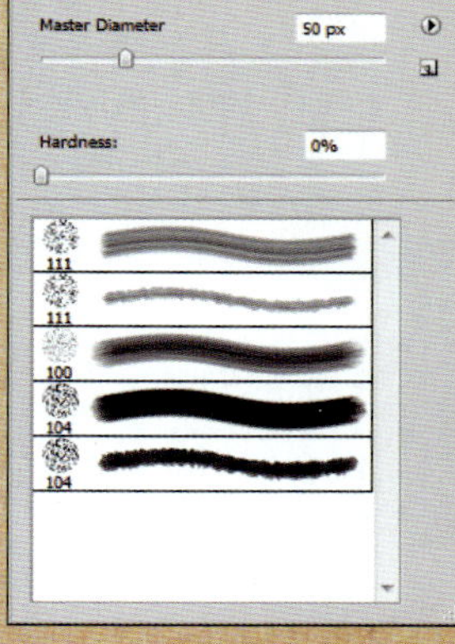

Thick Heavy Brushes

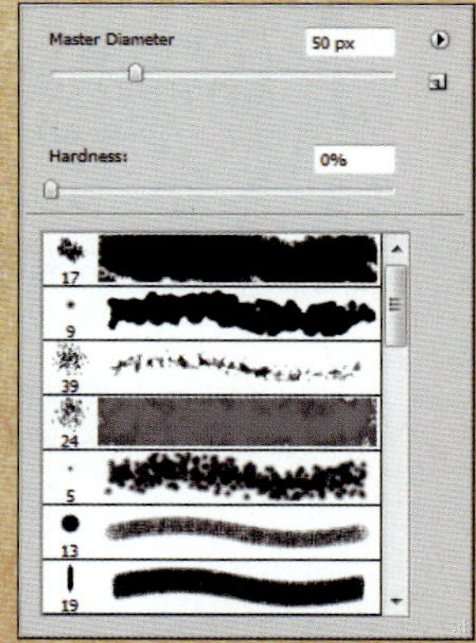

Wet Media Brushes

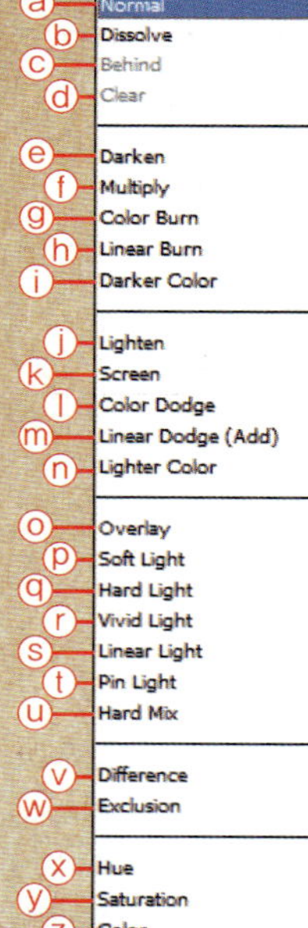

❷ **Mode** : 브러시와 이미지의 합성 효과를 제공하는 항목으로 일반적으로 혼합 모드 또는, 블렌딩 모드라고 합니다.

ⓐ **Normal** : 특정한 합성 효과 없이 선택한 브러시 그대로 표현합니다.

ⓑ **Dissolve** : 픽셀 형태로 브러시 터치가 나타나며 Opacity 값이 작을수록 픽셀들이 화면에 많이 나타납니다.

ⓒ **Behind** : 투명한 레이어가 있을 때 사용할 수 있으며 투명한 영역에만 브러시 터치를 표현합니다.

ⓓ **Clear** : 투명한 레이어가 있을 때 사용할 수 있으며 브러시 터치 부분을 투명 영역으로 표현합니다.

ⓔ **Darken** : 색상이 어두운 부분은 변화가 없지만 밝은 부분은 어둡게 처리합니다.

ⓕ **Multiply** : 전경색이 배경 이미지 색상과 겹쳐 보이는 효과로, 겹친 색상은 혼합된 색상으로 보입니다.

ⓖ **Color Burn** : Burn Tool(🔲)을 사용한 효과처럼 색상을 어둡게 나타냅니다. 흰색 부분에는 효과가 나타나지 않습니다.

ⓗ **Linear Burn** : 이미지의 외곽선 부분을 강조하여 뚜렷한 브러시 터치 효과를 표현할 수 있습니다.

ⓘ **Darker Color** : 색상이 어두운 부분에 브러시 터치를 표현합니다.

ⓙ **Lighten** : 어떤 색상의 브러시 터치도 밝게 표현하며 어두운 부분도 밝게 처리합니다.

ⓚ **Screen** : 브러시 터치를 엷게 페인팅 처리한 것과 같이 표백한 듯한 느낌으로 표현합니다.

ⓛ **Color Dodge** : Dodge Tool(🔍)을 사용한 효과처럼 브러시 터치를 밝게 표현합니다.

ⓜ **Linear Dodge(Add)** : 흰색 이외의 색상에 흰색을 혼합하여 전체적으로 밝은 브러시 터치를 표현합니다.

ⓝ **Lighter Color** : 색상이 밝은 부분에 브러시 터치를 표현합니다.

ⓞ **Overlay** : 하이라이트와 쉐도우 부분에 색상을 덧칠한 합성 효과를 나타냅니다.

ⓟ **Soft Light** : 이미지가 밝으면 Dodge Tool(🔍)을 사용한 듯 밝아지고 어두우면 Burn Tool(✋)을 사용한 것처럼 어두워집니다.

ⓠ **Hard Light** : 라이트를 비추는 것과 같은 브러시 터치를 표현합니다.

ⓡ **Vivid Light** : 지정한 색상보다 한 단계 더 밝은 순색으로 적용합니다.

ⓢ **Linear Light** : 색상 대비 값이 강하게 표현되어 강한 브러시 터치를 표현합니다.

ⓣ **Pin Light** : 전반적으로 밝은 브러시 터치를 표현하며 흰색 부분을 투명하게 표현합니다.

ⓤ **Hard Mix** : 강한 색상 대비 효과로 원색에 가까운 브러시 터치를 표현합니다.

ⓥ **Difference** : 브러시 터치가 적용된 부분을 네거티브 색상으로 표현합니다.

ⓦ **Exclusion** : 흰색의 경우 이미지 색상의 보색으로 표현하지만 검은색의 경우에는 변화가 없습니다.

ⓧ **Hue** : 명도와 채도, 색상을 고려하여 혼합된 색상만 변화를 줍니다.

ⓨ **Saturation** : 혼합될 브러시 터치의 채도를 조절하여 색상 변화를 적용해서 표현합니다.

ⓩ **Color** : 혼합될 브러시 터치의 색상을 조절하여 색상 변화를 적용해서 표현합니다.

ⓐⓐ **Luminosity** : Color 모드와 반대로 브러시 터치 효과가 반전되며, 전반적으로 밝게 표현됩니다.

❸ **Opacity** : 브러시의 투명도를 조절합니다.

❹ **Flow** : 브러시를 움직일 때 색상이 적용되는 속도를 설정합니다.

❺ **Air Brush** : 브러시를 에어브러시 기능으로 전환할 때 사용합니다.

❻ **Toggle the Brushes Panel** : BRUSHES 팔레트를 화면에 표시합니다.

■ 브러시의 블렌딩 모드 이해하기

원본 이미지(부록 CD : Tip/Rainbow.jpg)

Normal

Dissolve

Behind

Clear

Darken

Multiply

Color Burn

Linear Burn

Darker Color

Lighten

Screen

Color Dodge

Linear Dodge(Add)

Lighter Color

Overlay

Soft Light
Hard Light
Vivid Light
Linear Light
Pin Light
Hard Mix
Difference
Exclusion
Hue
Saturation
Color
Luminosity

하이 사이드 라이팅 촬영 기법

■ Capulet.psd 촬영 정보

Nikon D80, 1/125 sec, 조리개 값 : F7.1, 촬영 모드 : M, ISO : 100, 화이트 밸런스 : AUTO

■ 엄브렐러(Umbrella)

플래쉬 또는, 스트로보를 이용할 때 소프트박스 대신 사용하는 반사 우산으로 흰색, 은색, 금색, 반투명과 투명색 등의 반사면이 있으며 야외 촬영 등의 경우 반사판으로도 활용할 수 있습니다.

■ 하이 사이드(High side) 라이팅

피사체의 측면 45° 위에서 비추는 라이팅 기법으로 주로 인물 촬영에 사용하며 입체감과 질감을
표현하기에 적당합니다.

Nikon D80, 1/125 sec, 조리개 값 : F10, 촬영 모드 : M, ISO : 100, 화이트 밸런스 : Auto

Nikon D80, 1/125 sec, 조리개 값 : F13, 촬영 모드 : M, ISO : 100, 화이트 밸런스 : Auto

PHOTOSHOP
CREATIVE COLLECTION

THEME 06

Face(Paper&Electron)

PHOTOSHOP
CREATIVE COLLECTION

우리는 변하고 발전하고 잃어간다.

그녀의 무표정한 얼굴이 무엇을 생각하고 있는지 알 수가 없다.

지나가버린 시간을 그리워하고 있을까?

아니면 다가올 미래에 대해 두려워하고 있을까?

이미 지나가버린 역사 그리고, 앞으로 다가올 변화들 우리는 그것들을 어떤 표정으로 맞이해야 할까?

사진 속의 그녀처럼 모호해서는 안 될 것이다.

Paper

- **Face.psd** : 얼굴의 측면을 로우키(Low Key) 기법으로 촬영한 이미지(촬영 Tip 178 페이지 참고)
- **Blackp.psd** : 검은색의 찢어진 종이를 촬영한 이미지

눈동자 채색 후 종이 질감 합성

Dodge Tool()과 Brush Tool()을 이용하여 눈동자를 보라색으로 채색해서 신비스런 분위기를 연출하고 찢겨진 종이 이미지를 합성하여 머리카락을 표현하는 방법을 알아봅니다.

◪ KEY POINT

• **닷징(Dodge Tool)과 버닝(Burn Tool) 작업** : 닷징과 버닝은 콘트라스트의 차이가 심하게 나는 경우에 그 차이를 줄이거나, 아니며 반대로 콘트라스트를 강조하는 경우에 이용합니다. 또한, 피부 톤을 조절할 때도 이용하며 흑백 인화 시절에 암실 작업의 상당 부분을 차지하는 기법입니다. 예전에는 하나의 만족스런 결과물을 만들기 위해 사진가들은 암실에서 닷징과 버닝을 숱하게 반복했는데 지금은 포토샵 CS4로 쉽게 암실 작업을 대신할 수 있게 되었습니다.

BEFORE

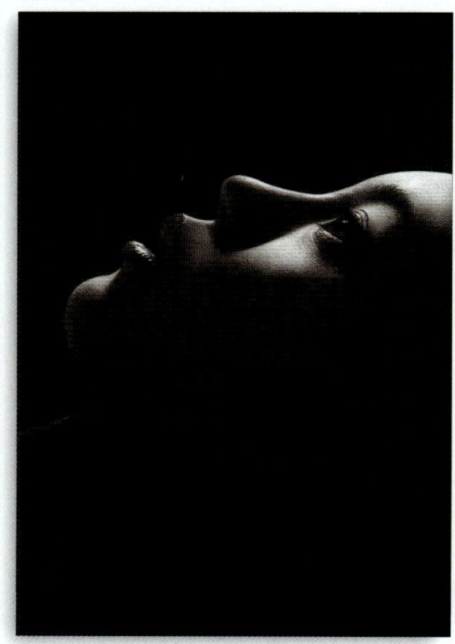

AFTER

WORK 01

1

캔버스의 크기 조정

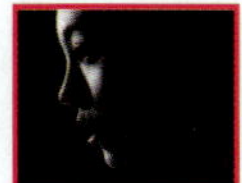

● **부록 CD** : THEME 06/Face.psd

01 예제로 사용할 'Face.psd' 파일을 부록 CD에서 불러옵니다.

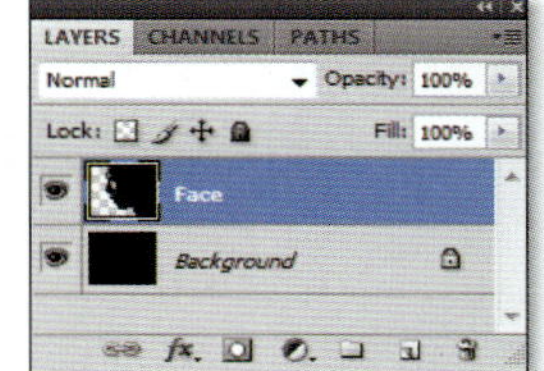

02 툴박스에서 Move Tool()을 선택하고 'Face' 레이어의 얼굴 이미지를 왼쪽으로 이동시킵니다.

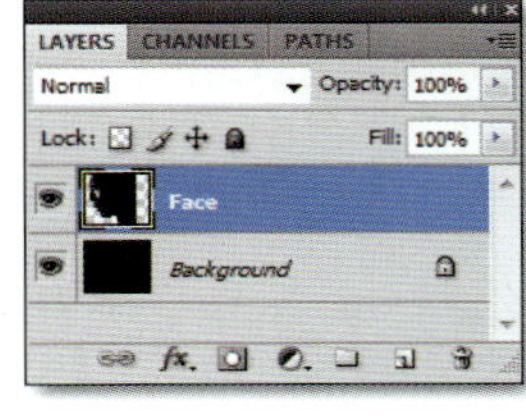

03 캔버스의 가로 크기를 늘리기 위해 [Image]–[Canvas Size] 메뉴를 선택합니다. [Canvas Size] 대화상자가 나타나면 [Width]에 '11.40 cm'를 입력하고, [Canvas extension color]는 'Black'을 선택한 후 [OK] 단추를 클릭합니다.

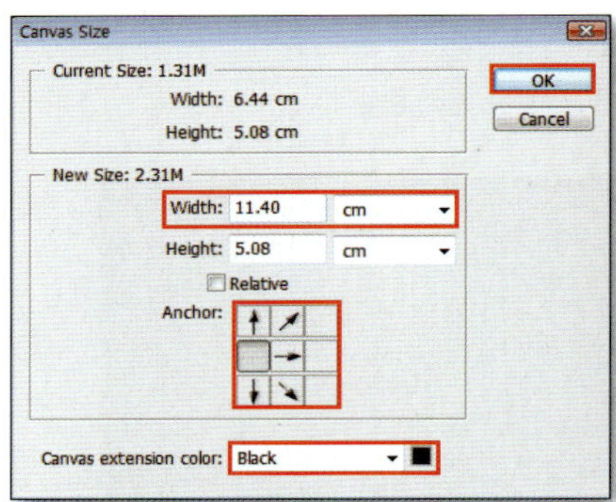
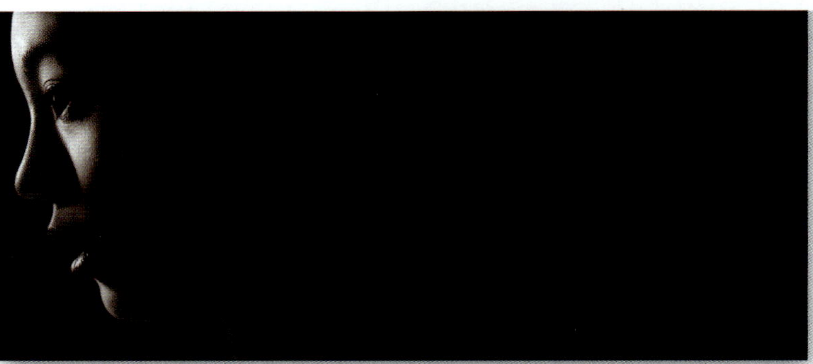

STEP 2

눈동자 표현 방법

01 툴박스에서 Dodge Tool(🔍)을 선택하고 인물의 눈동자 부분을 밝게 처리합니다.

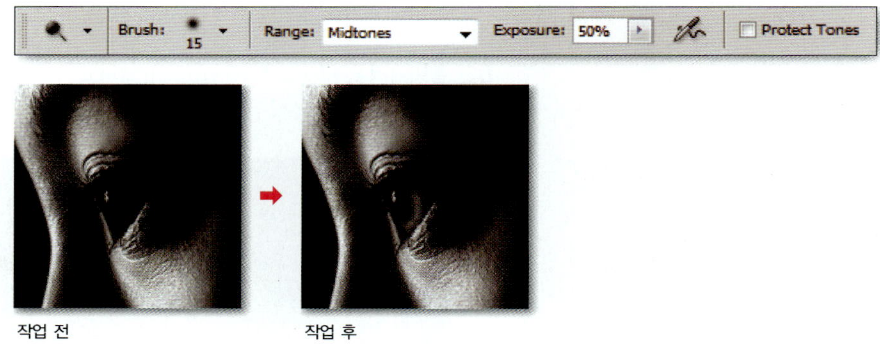

작업 전 　　　　작업 후

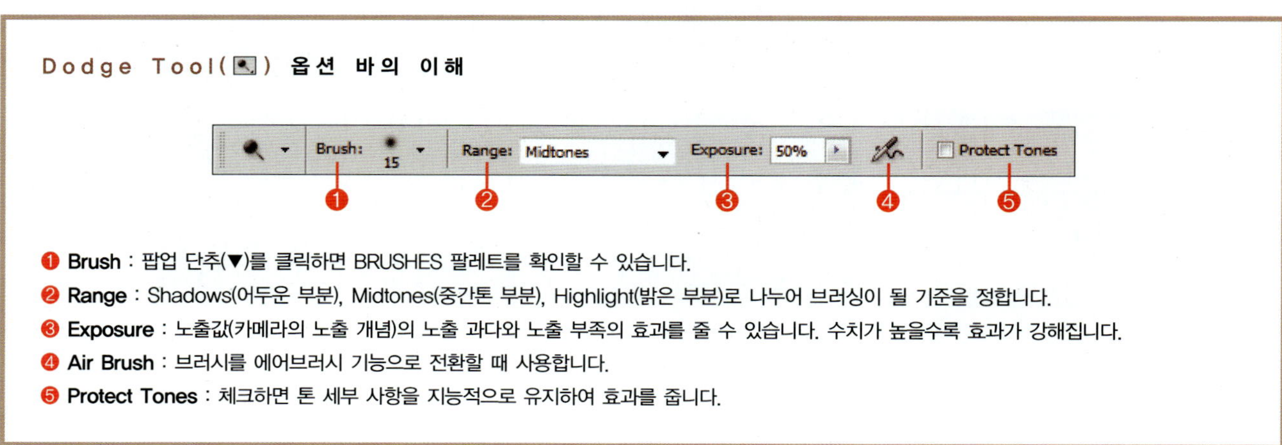

Dodge Tool(🔍) 옵션 바의 이해

❶ **Brush** : 팝업 단추(▼)를 클릭하면 BRUSHES 팔레트를 확인할 수 있습니다.

❷ **Range** : Shadows(어두운 부분), Midtones(중간톤 부분), Highlight(밝은 부분)로 나누어 브러싱이 될 기준을 정합니다.

❸ **Exposure** : 노출값(카메라의 노출 개념)의 노출 과다와 노출 부족의 효과를 줄 수 있습니다. 수치가 높을수록 효과가 강해집니다.

❹ **Air Brush** : 브러시를 에어브러시 기능으로 전환할 때 사용합니다.

❺ **Protect Tones** : 체크하면 톤 세부 사항을 지능적으로 유지하여 효과를 줍니다.

02 LAYERS 팔레트에서 [Create a new layer] 아이콘(□)을 클릭하여 새로운 레이어를 만들고 이름을 'Eye'로 설정합니다.

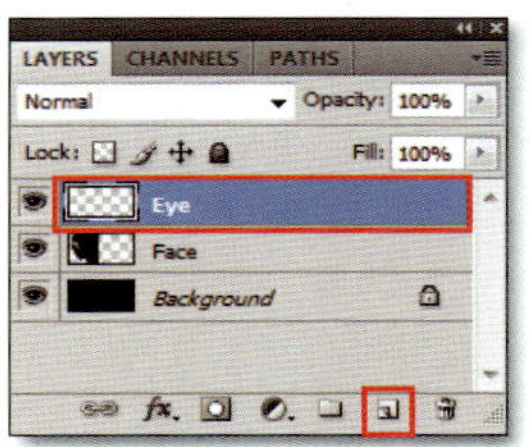

03 툴박스에서 전경색을 보라색(#7a03bb)으로 설정하고 Bursh Tool(✐)을 이용하여 눈동자 부분을 칠합니다.

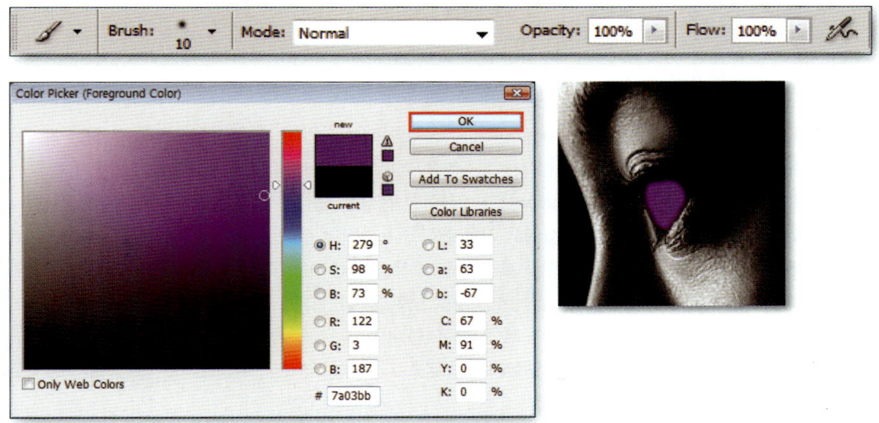

04 LAYERS 팔레트에서 'Eye' 레이어의 블렌딩 모드를 'Color'로 설정합니다.

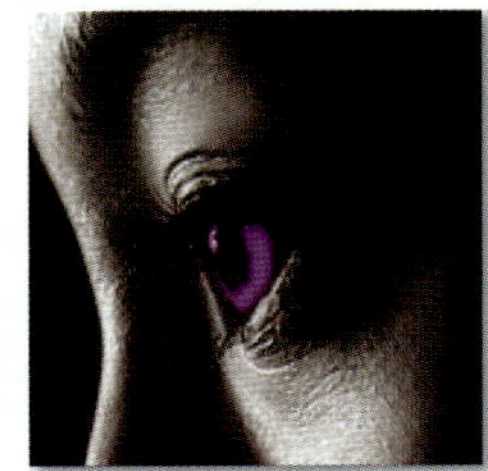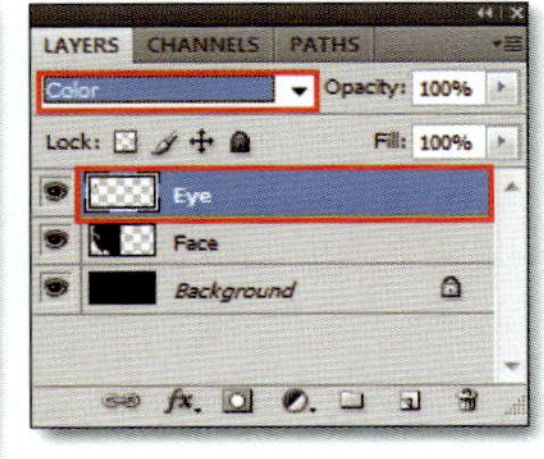

[C o l o r   P i c k e r]   대화상자의   이해

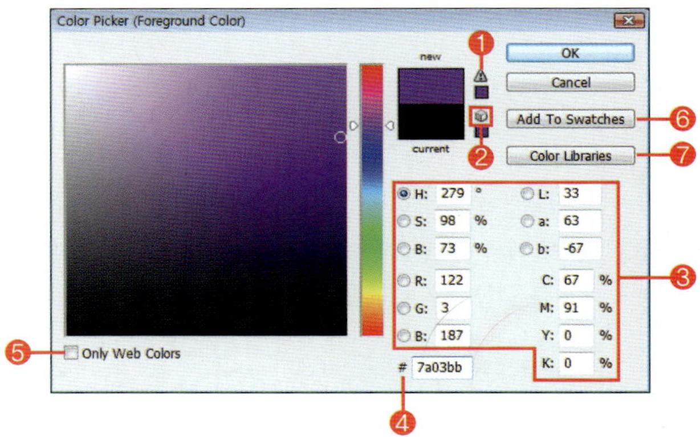

① **Waring: Out of gamut for printing(⚠)** : 선택한 색상을 인쇄 시 제대로 표현할 수 없을 때 표시됩니다. Click to select in gamut color(■) 를 선택하여 인쇄 상에서 이탈 현상을 최소화할 수 있도록 도와줍니다.

② **Waring: not a web save color(◉)** : 선택한 색상을 웹상에 등록했을 경우 제대로 표현할 수 없을 때 표시됩니다. Click to select web safe color(■)을 선택하여 웹상에서 이탈 현상을 최소화할 수 있도록 도와줍니다.

③ **색상 모드** : 현재 선택한 색상의 각 색상 모드의 색상값들이 수치로 표시되며 직접 입력할 수도 있습니다.

④ **색상 이름** : 웹상에서 표현하는 색상을 숫자로 보여줍니다. HTML 문서에 삽입될 색상 번호를 알려줌으로써 HTML에 삽입될 그림과 바탕 색상을 일치하는 문서를 쉽게 만들 수 있도록 도와줍니다.

⑤ **Only Web Colors** : 체크하면 웹상에서 제대로 표현되는 웹 안전 색상만 표시합니다.

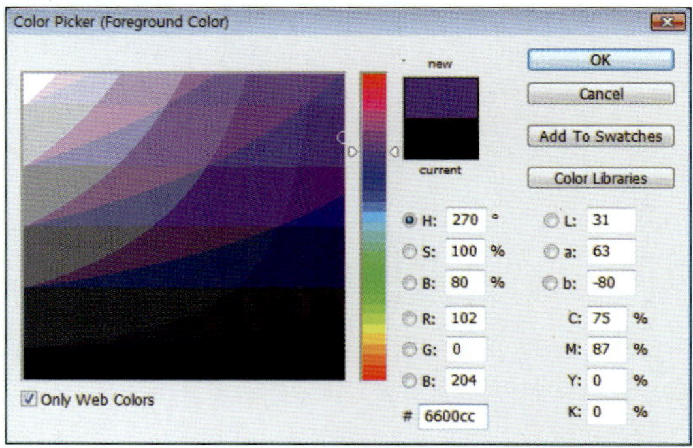

웹 안전 색상

⑥ **Add To Swatches** : [Color Picker] 대화상자에서 선택된 색상이 SWATCHES 팔레트에 표시됩니다.

⑦ **Color Libraries** : [Color Libraries] 대화상자가 나타납니다.

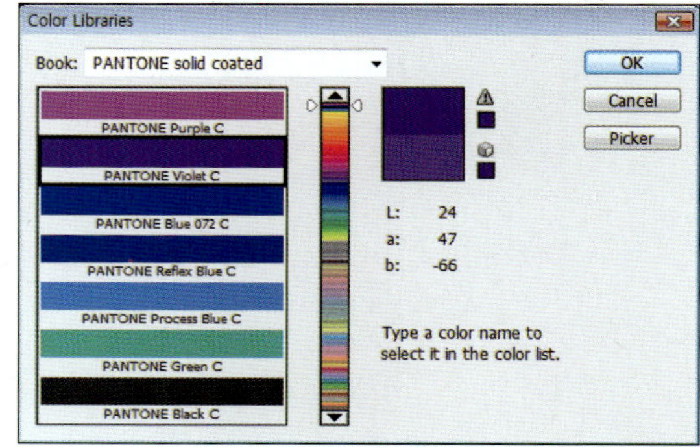

[Color Libraries] 대화상자

3

찢겨진 종이 합성

● **부록 CD** : THEME 06/Blackp.psd

01 찢겨진 종이 이미지를 합성하기 위해 부록 CD에서 'Blackp. psd' 파일을 불러옵니다.

02 툴박스에서 Move Tool(▶)을 선택하고 'Blackp.psd' 파일의 'Paper' 레이어를 작업 중인 이미지로 드래그하여 복사합니다.

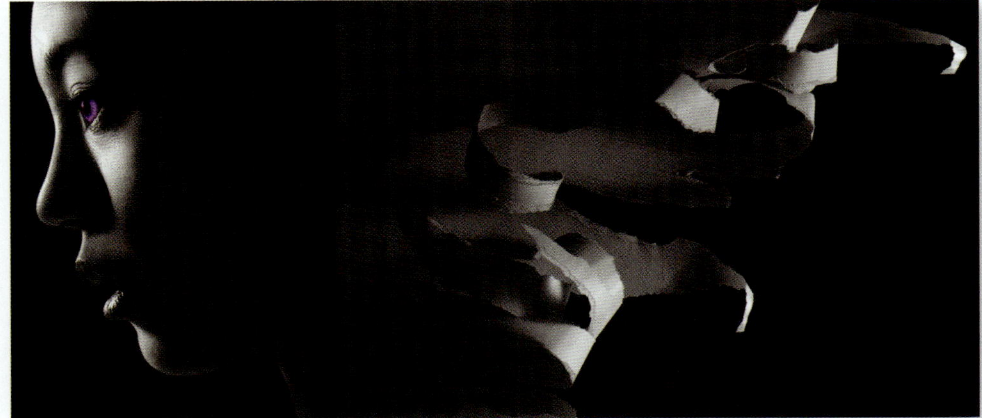

03 툴박스에서 Eraser Tool(　)을 선택하고 얼굴 이미지와 종이 이미지가 자연스럽게 연결될 수 있도록
종이 이미지의 왼쪽 부분을 지웁니다.

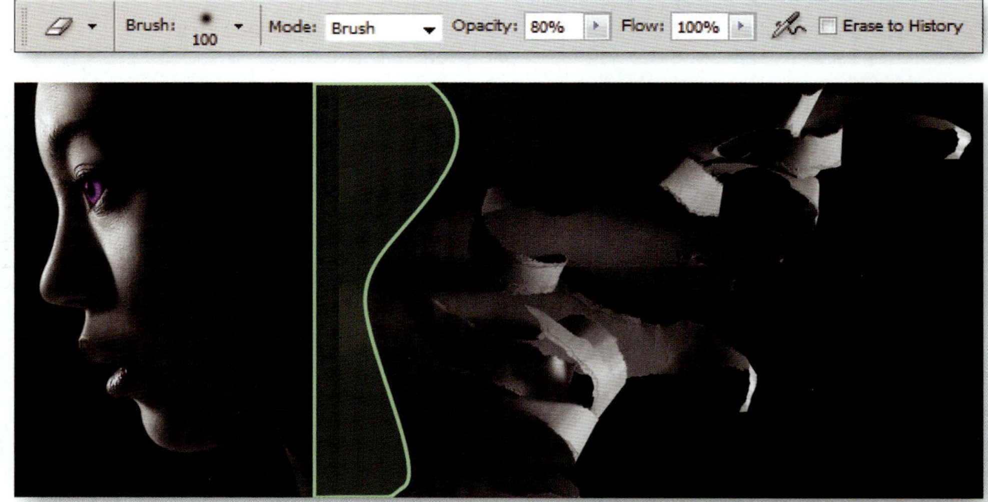

그림의 연두색으로 표시된
부분을 지워줍니다.

작업 전

작업 후

04 Ctrl+J를 눌러 'Paper' 레이어를 복사하고 레이어의 이름을
'Paper2'로 설정합니다.

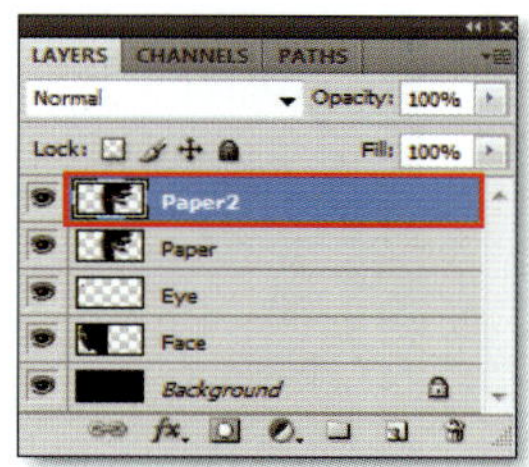

05 Ctrl+T를 눌러 크기를 줄인 후 중앙으로 이동시킵니다.

06 툴박스에서 Eraser Tool(　)을 선택하고 얼굴 이미지와 'Paper2' 레이어의 이미지가 자연스럽게 연결
될 수 있도록 왼쪽과 왼쪽 하단 부분을 지웁니다.

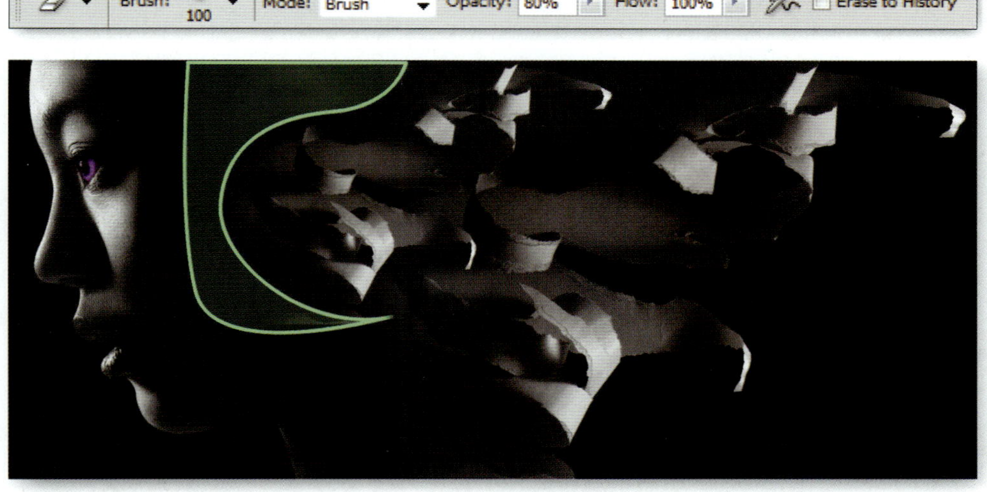

그림의 연두색으로 표시된
부분을 지워줍니다.

작업 전

작업 후

**PHOTOSHOP
CREATIVE COLLECTION**

Gradient Fill 기능으로 그레이디언트를 만든 후 작업 중인 이미지에 레이어를 합성하여 종이 질감에 색상을 표현하는 방법에 대하여 알아봅니다.

종이 질감에 색상 표현

➡ KEY POINT

- **그레이디언트(Gradient)** : 두 가지 이상의 색상을 일정 선택 부분에 단계적으로 넓혀 주는 효과를 말합니다.

BEFORE

AFTER

WORK 02

1
종이 질감에 색상 표현 방법

01 LAYERS 팔레트에서 [Create new fill or adjustment layer] 아이콘(🔘)을 클릭한 후 팝업
메뉴에서 'Gradient'를 선택하고 그림과 같이 설정합니다.

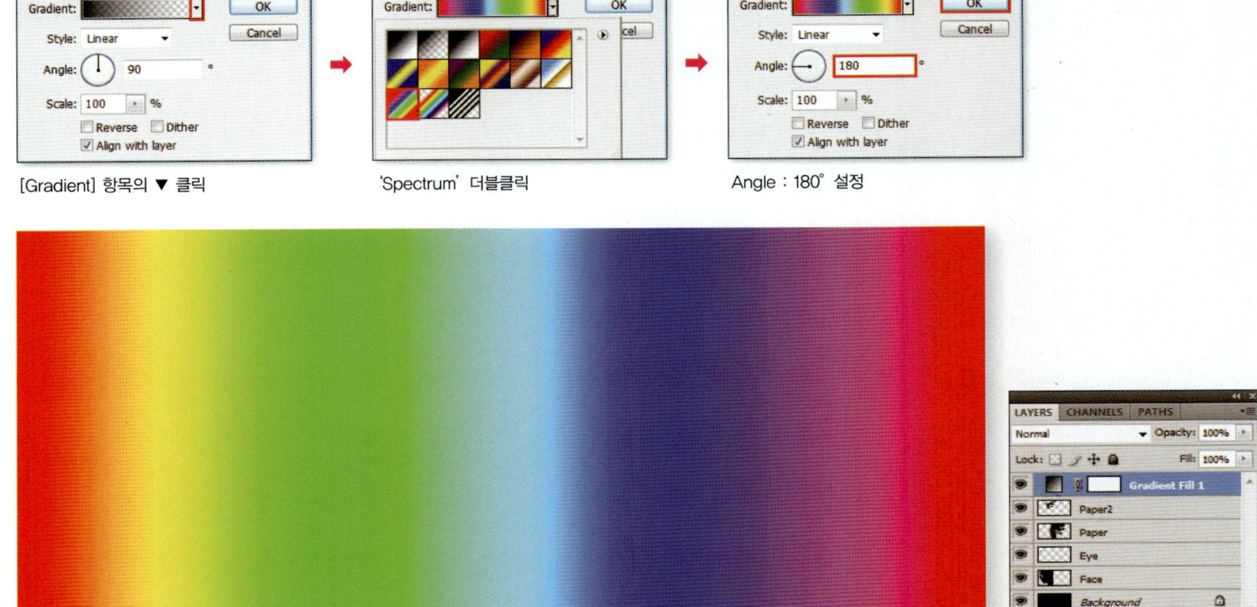

[Gradient] 항목의 ▼ 클릭   'Spectrum' 더블클릭   Angle : 180° 설정

02 LAYERS 팔레트에서 'Gradient Fill 1' 레이어의 블렌딩 모드를 'Soft Light'로 설정하고, [Opacity]는
'50%'로 설정합니다.

03 ‘Gradient Fill 1’ 레이어의 Layer mask thumbnail을 선택하고 툴박스에서 전경색을 검은색 (#000000)으로 설정합니다. Bursh Tool(✏)을 선택하고 얼굴 부분에 덮여진 색감 위를 덧칠 하여 지워줍니다.

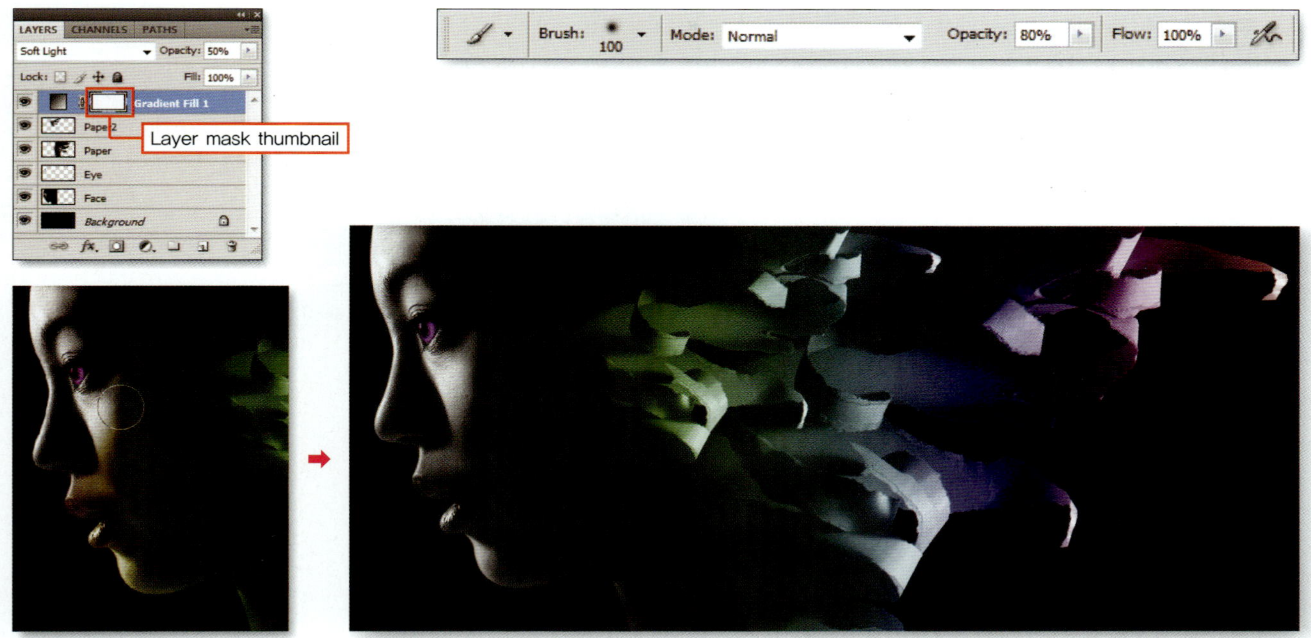

04 LAYERS 팔레트에서 ‘Background’ 레이어를 선택한 후 Rectangular Marquee Tool(▣)을 선택합 니다. 우측 절반을 선택한 후 전경색를 흰색으로 설정하고 Alt+Delete 를 눌러 선택 영역에 흰색을 채워서 작업을 마무리합니다.

Electron

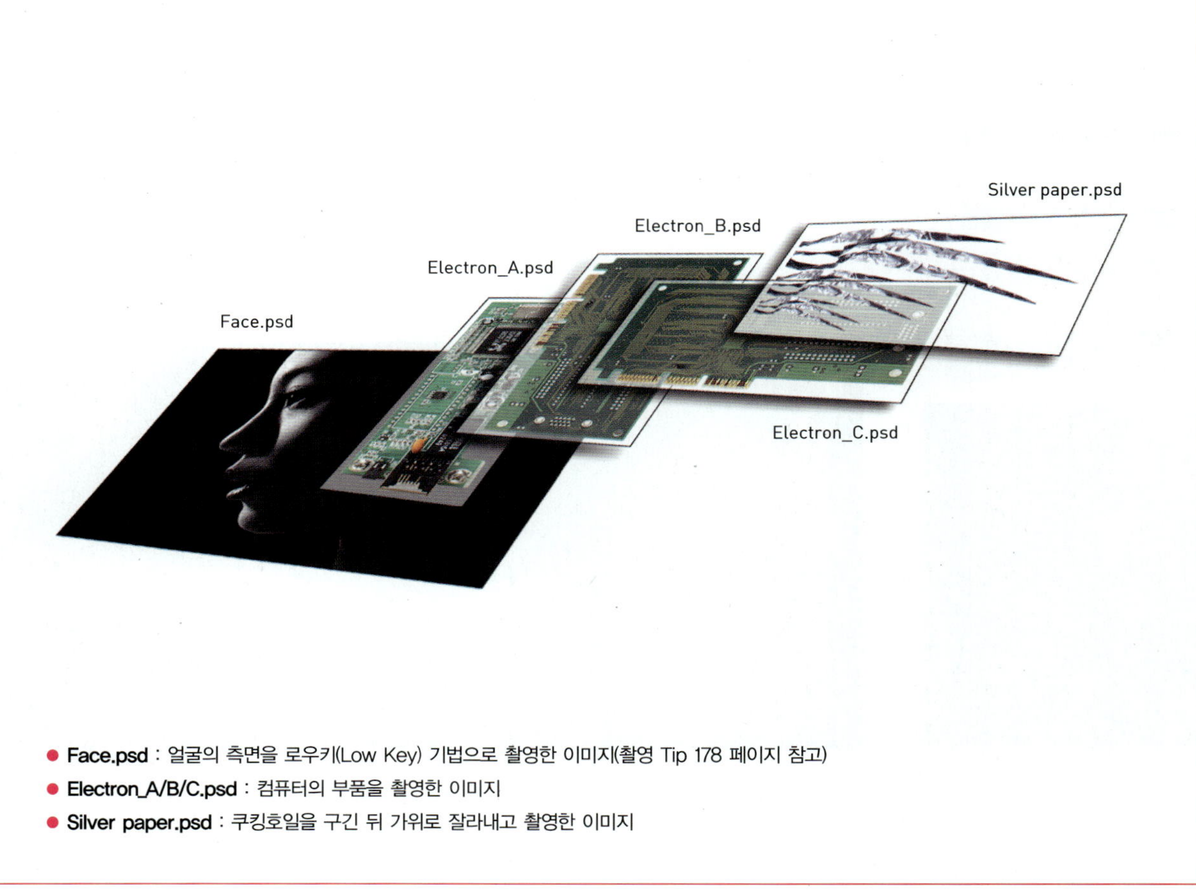

- **Face.psd** : 얼굴의 측면을 로우키(Low Key) 기법으로 촬영한 이미지(촬영 Tip 178 페이지 참고)
- **Electron_A/B/C.psd** : 컴퓨터의 부품을 촬영한 이미지
- **Silver paper.psd** : 쿠킹호일을 구긴 뒤 가위로 잘라내고 촬영한 이미지

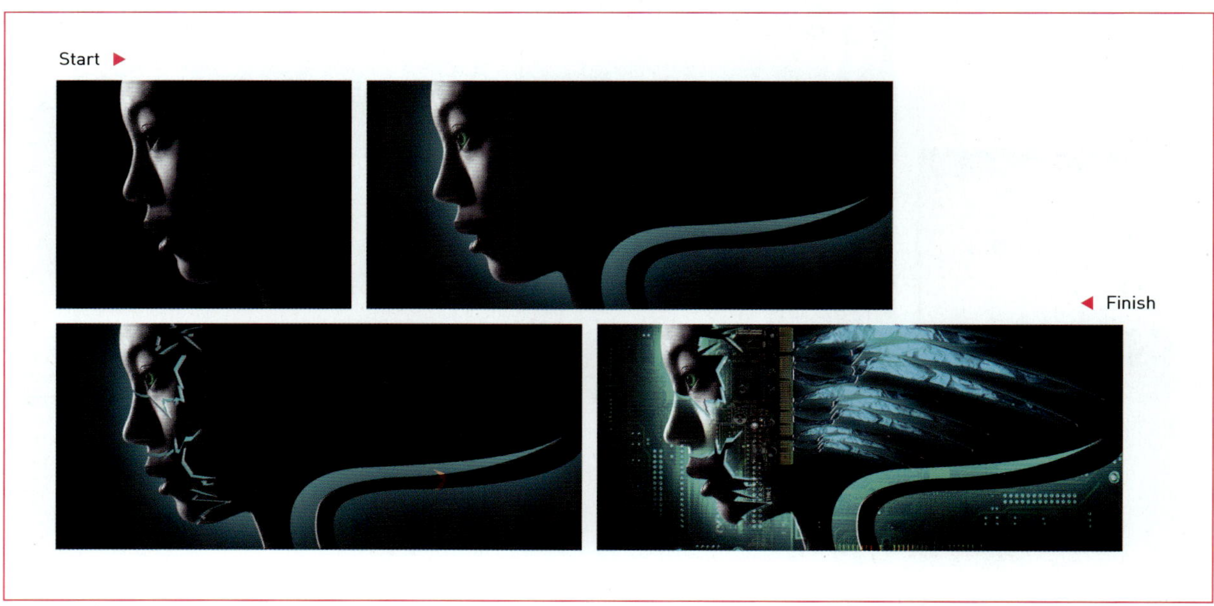

신비로운 분위기 연출

이미지에 푸른색을 추가하여 신비로운 느낌을 주고 Pen Tool()로 주제 형태의 연장된 부분을
표현합니다.

◆ KEY POINT

- **Pen Tool()** : 불규칙한 직선이나 곡선
  을 그릴 때 사용하며, 시작점과 다음 점을
  클릭하는 방법으로 패스를 만들고 패스에
  포함되어 있는 방향선과 방향점을 움직여
  서 원하는 형태로 조정할 수 있습니다.

BEFORE

AFTER

WORK 01

눈동자의 채색

● **부록 CD** : THEME 06/Face.psd

01 예제로 사용할 'Face.psd' 파일을 부록 CD에서 불러옵니다.

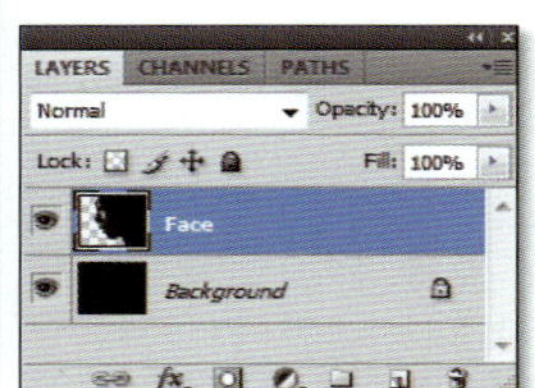

02 캔버스의 가로 크기를 늘리기 위해 [Image]–[Canvas size] 메뉴를 선택합니다. [Canvas size] 대화상자가 나타나면 [Width]에 '11.40'을 입력하고, [Canvas extension color]는 'Black'을 선택한 후 [OK] 단추를 클릭합니다.

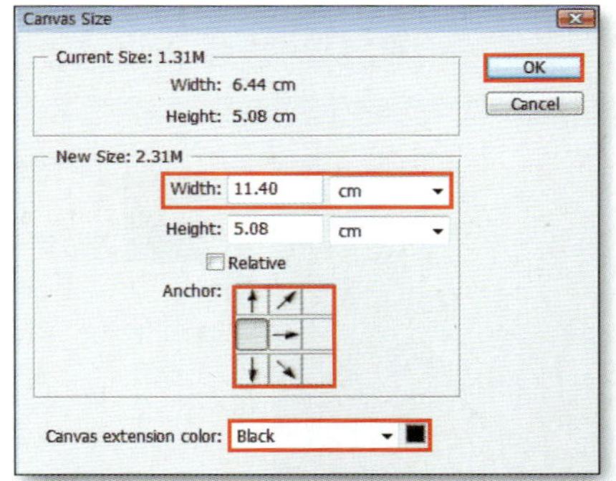

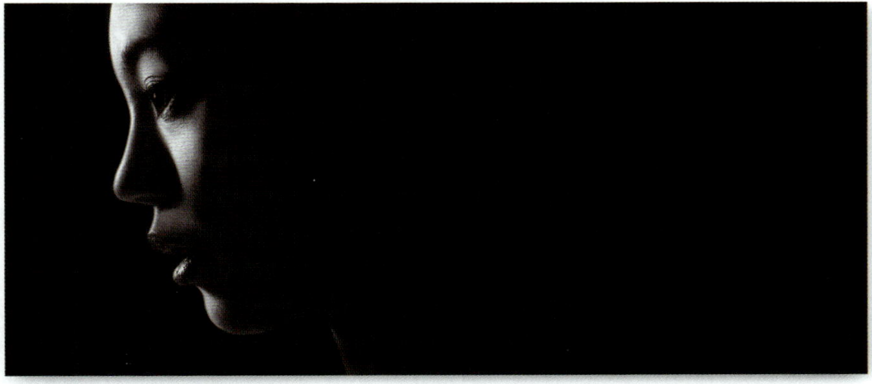

03 툴박스에서 Dodge Tool(◉)을 선택하고 인물의 눈동자 부분을 터치하여 밝게 처리합니다.

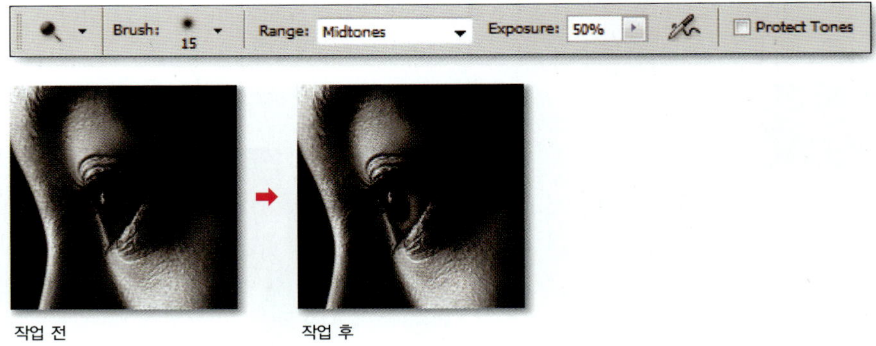

작업 전   작업 후

04 LAYERS 팔레트에서 [Create a new layer] 아이콘(◻)을 클릭하여 새로운 레이어를 만들고 이름을 'Eye'로 설정합니다.

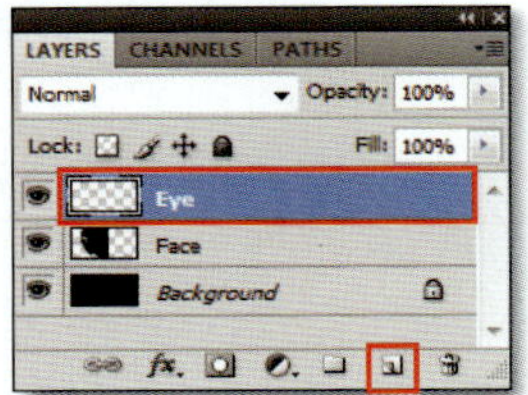

05 툴박스에서 전경색을 연두색(#07fc04)으로 설정하고 Brush Tool(◢)을 이용하여 눈동자 부분을 칠해줍니다.

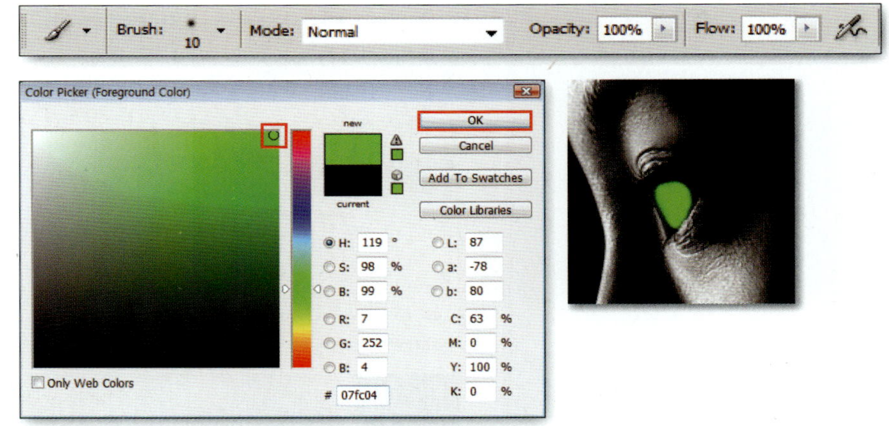

06 LAYERS 팔레트에서 'Eye' 레이어의 블렌딩 모드를 'Color'로 설정합니다.

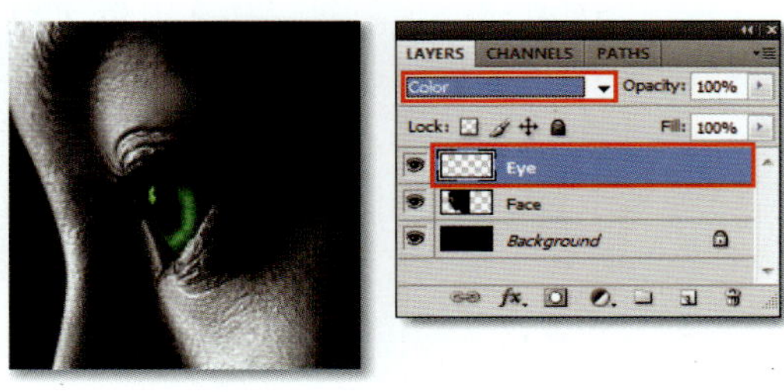

2   자유 곡선의 활용

01 'Background' 레이어의 '눈' 아이콘(◉)을 클릭하여 비활성화시킨 후 'Face' 레이어를 선
택합니다.

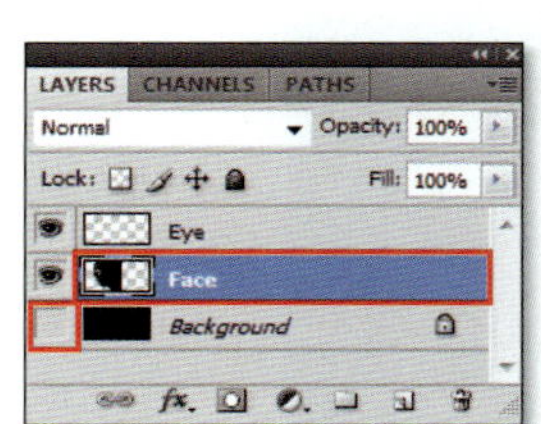

02 툴박스에서 Magic Wand Tool(✎)을 선택하고 옵션 바에서 [Tolerance]를 '100%'로 설정
합니다. 오른쪽 빈 공간을 클릭하여 선택 영역을 지정한 후 검은색으로 채워주고 Ctrl+D를
눌러 선택 영역을 해제합니다.

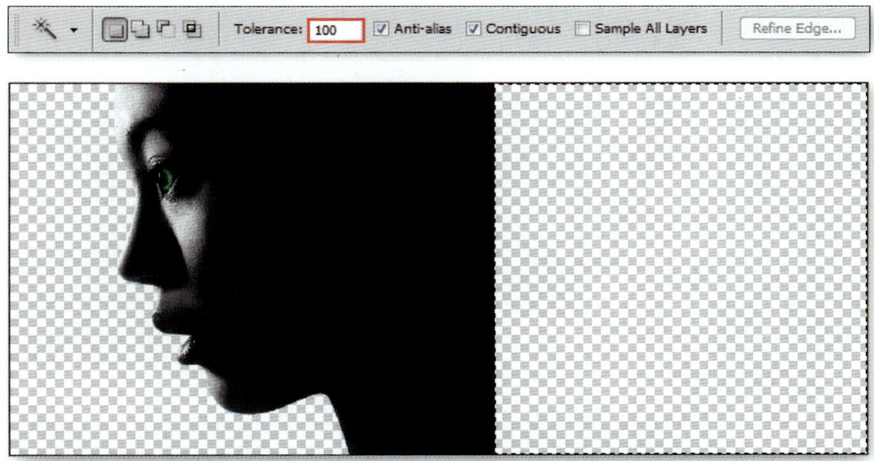

선택 영역 지정

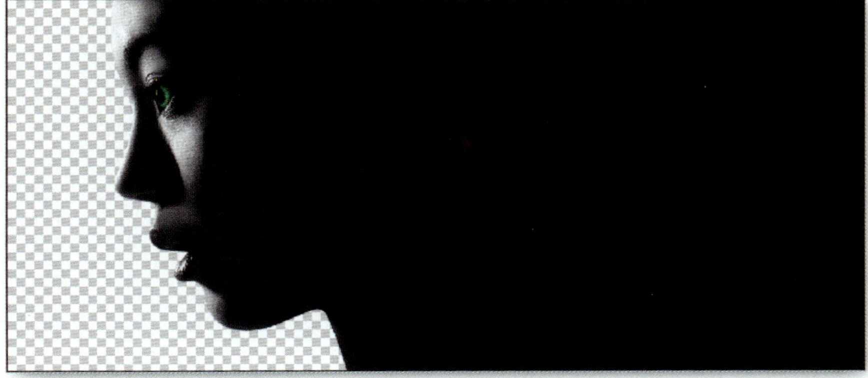

검은색으로 채운 상태

03 툴박스에서 Pen Tool(🖊)을 선택하고 PATHS 팔레트의 [Create new path] 아이콘(🔲)을 클릭하여 새로운 'Path 1' 패스를 만듭니다.

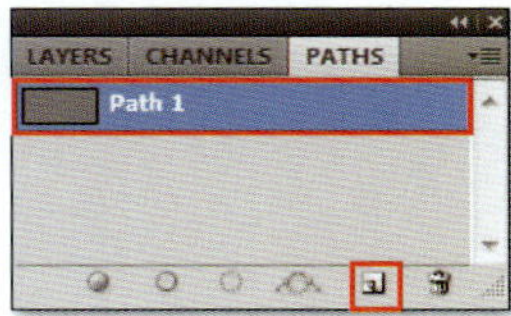

04 그림과 같이 두 개의 자유 곡선을 패스로 그려줍니다.

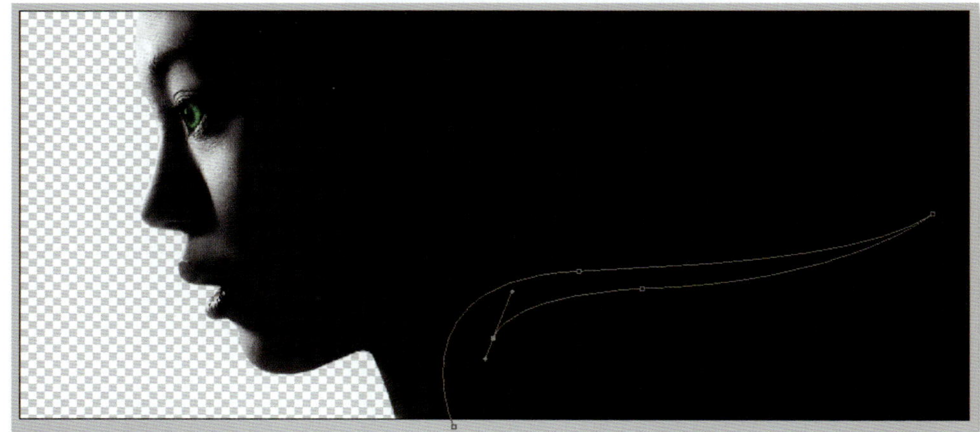

패스 과정1

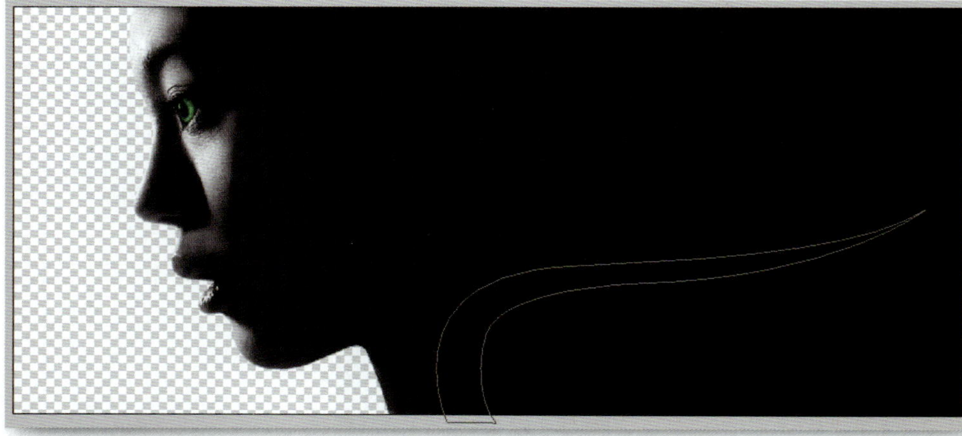

패스 과정2

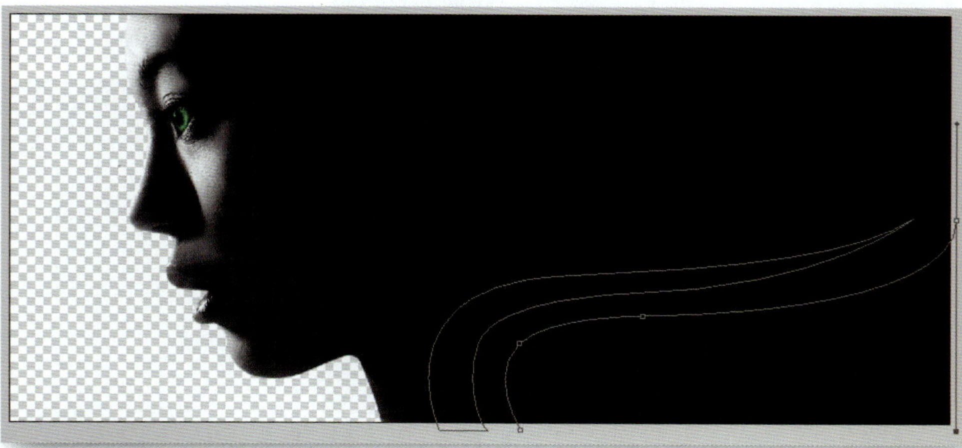

패스 과정3

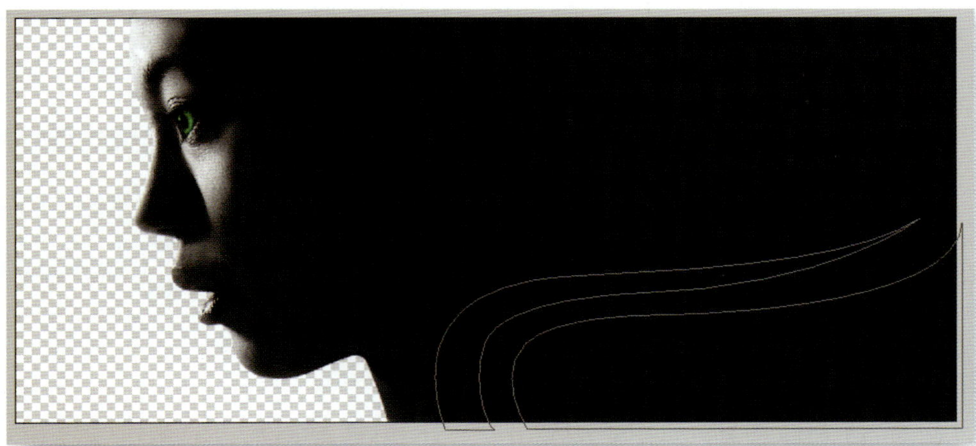

패스 과정4

05 PATHS 팔레트 하단에 있는 [Load path as a selection] 아이콘(⬚)을 클릭하여 선택 영역으로 지정
하고 LAYERS 팔레트의 'Face' 레이어로 돌아옵니다.

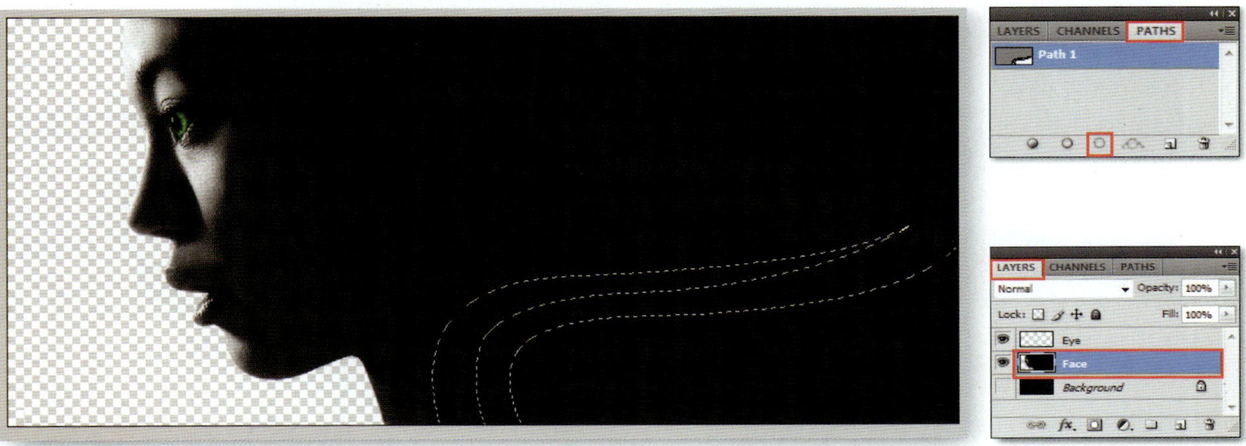

06 Delete 를 눌러 선택된 영역을 지워줍니다.

07 'Background' 레이어를 선택하고 '눈' 아이콘(👁)이 다시 보이도록 활성화합니다. LAYERS 팔레트의 [Create a new layer] 아이콘(🗋)을 클릭하여 새로운 레이어를 만들고, 레이어의 이름은 'Back'으로 설정합니다.

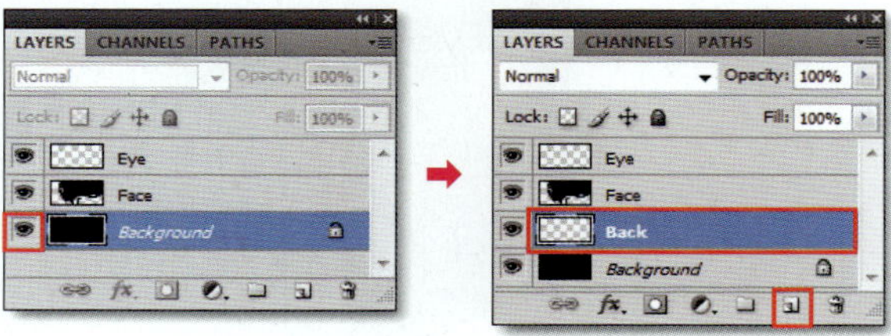

08 'Back' 레이어를 선택하고 Ctrl을 누른 상태로 'Face' 레이어의 썸네일(Layer thumbnail)을 클릭하여 선택 영역으로 지정합니다.

09 Shift + F6을 눌러 [Feather Selection] 대화상자가 나타나면 [Feather Radius]를 '80'으로 설정합니다.

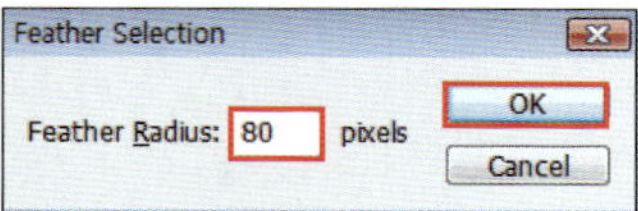

10 툴박스에서 전경색을 연녹색(#07d0c4)으로 설정하고 Alt + Delete 를 눌러 색상을 채워줍니다. Ctrl + D 를
눌러 선택 영역을 해제합니다.

**PHOTOSHOP
CREATIVE COLLECTION**

얼굴 부분 조각내기

Pen Tool()로 얼굴 부분을 그리고 조각낸 후 Bevel and Emboss의 Inner Bevel 효과를 적용하여 이미지에 입체감을 표현하는 방법에 대하여 알아봅니다.

⬛ KEY POINT

- **Bevel and Emboss** : 이미지나 문자에 두께감을 적용하여 입체적인 느낌을 표현합니다.
- **Drop Shadow** : 이미지나 문자에 그림자 효과를 표현합니다.

BEFORE

AFTER

WORK 02

1 눈 부분 조각내기

01 'Eye' 레이어를 선택한 후 Ctrl + E 를 눌러 'Face' 레이어와 합쳐주고 레이어 이름을 'Face-01'로 설정합니다.

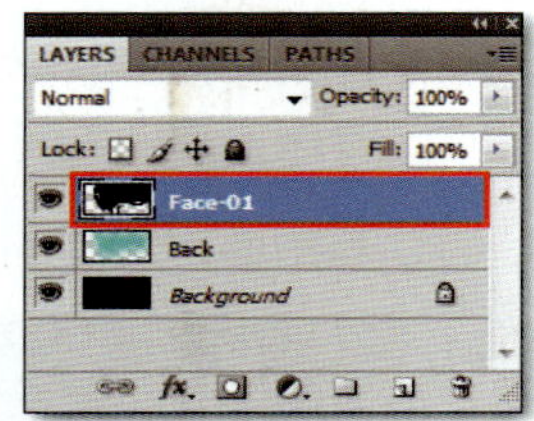

02 툴박스에서 Pen Tool( )을 선택하고 PATHS 팔레트의 [Create new path] 아이콘( )을 클릭하여 새로운 'Path 2' 패스를 만듭니다.

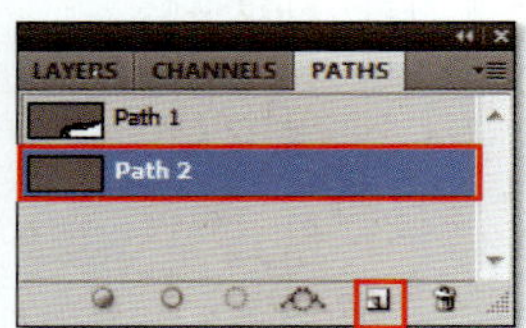

03 조각난 얼굴을 표현하기 위해 그림과 비슷한 형태로 그려줍니다.

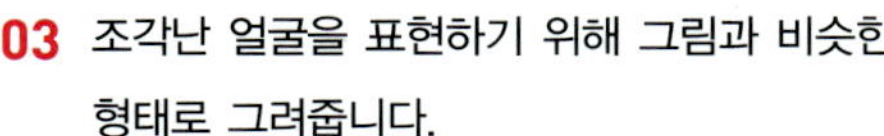
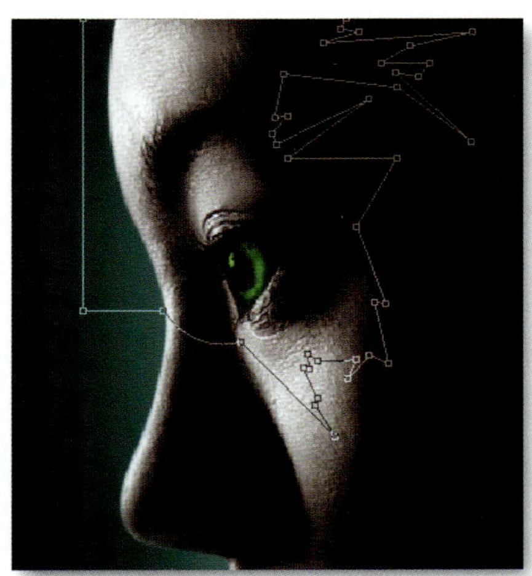

04 PATHS 팔레트 하단에 있는 [Load path as a selection] 아이콘( )을 클릭하여 선택 영역으로 지정한 후 LAYERS 팔레트의 'Face-01' 레이어로 돌아옵니다.

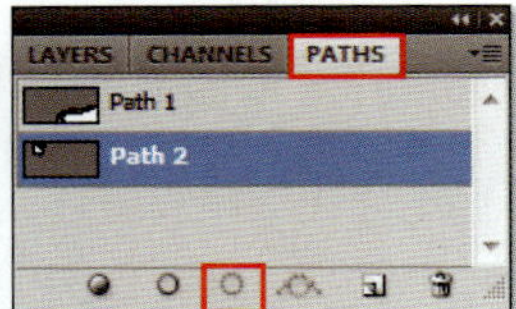
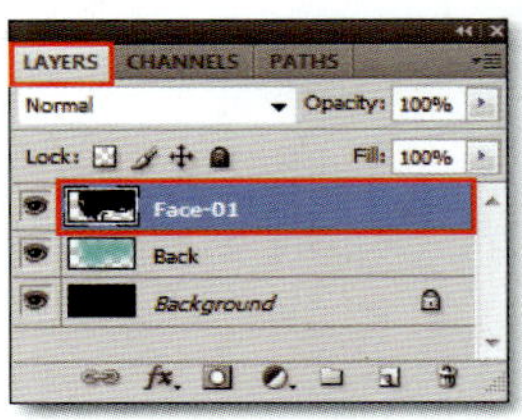

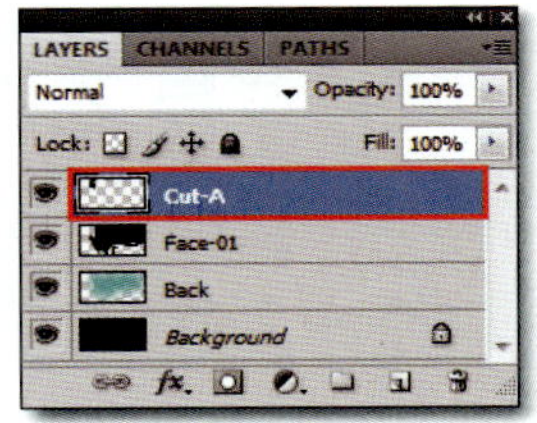

05 `Shift`+`Ctrl`+`J`를 눌러 선택된 이미지를 잘라서 새 레이어에 붙여 넣습니다. 이때 새로 생성
된 레이어의 이름은 'Cut-A'로 설정합니다.

06 `Ctrl`+`T`를 눌러 크기를 약간 줄여주고 잘라
낸 부분이 얼굴 부위에서 조금 떨어지도록
위치를 잡아줍니다.

STEP
2

입 부분 조각내기

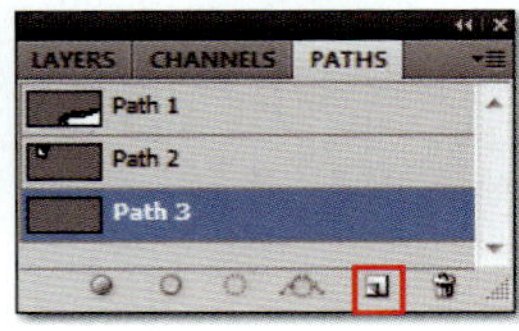

01 Pen Tool(✏)을 선택하고 PATHS 팔레트의 [Create new path] 아이콘(▣)을 클릭하여
'Path 3' 패스를 만듭니다.

02 또 다른 얼굴 조각을 표현하기 위해 그림과
비슷한 형태로 패스를 그려줍니다.

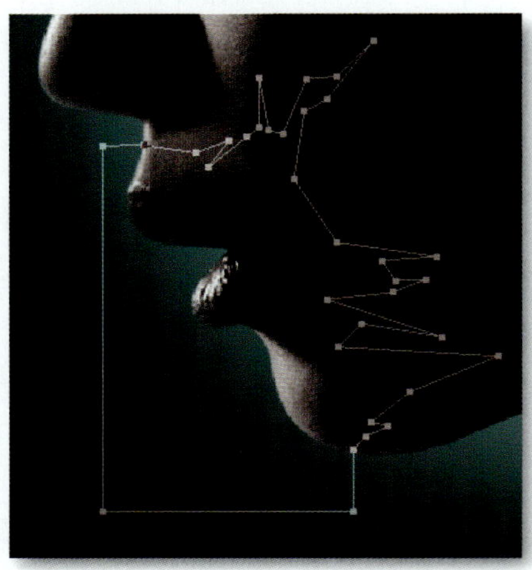

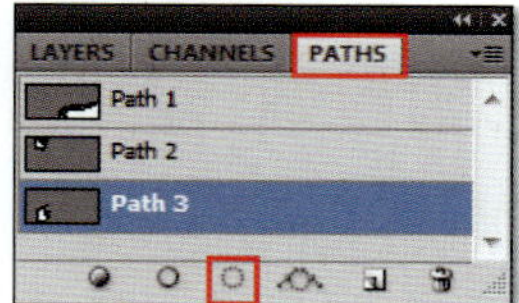

03 PATHS 팔레트 하단에 있는 [Load path as a selection] 아이콘(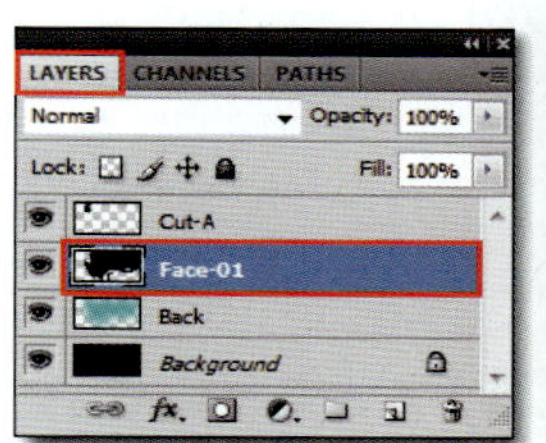)을 클릭하여 선택 영역으로 지정한 후 LAYERS 팔레트의 'Face −01' 레이어로 돌아옵니다.

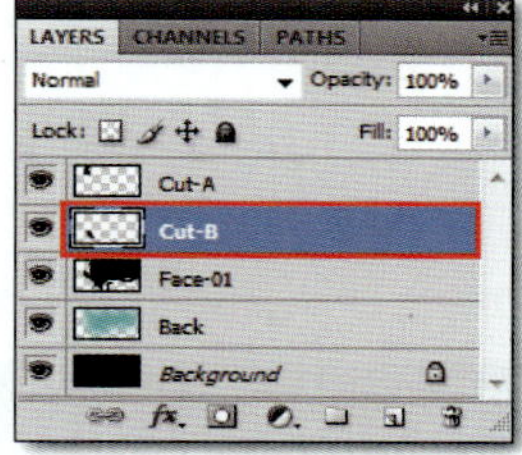

04 Shift + Ctrl + J 를 눌러 선택된 이미지를 잘라 새 레이어에 붙여 넣습니다. 이때 새로 생겨난 레이어의 이름은 'Cut−B'로 설정합니다.

05 Ctrl + T 를 눌러 크기를 약간 줄여주고 잘라낸 부분이 얼굴 부위에서 조금 떨어지도록 위치를 잡아줍니다.

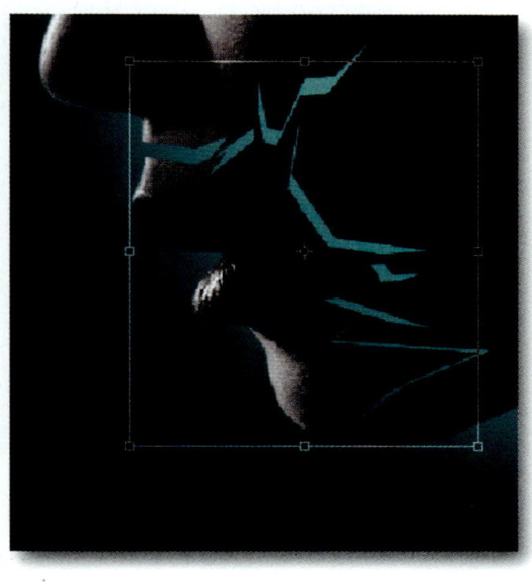

3
조각난 얼굴에 입체감 표현

01 'Face-01' 레이어를 선택한 후 LAYERS 팔레트 하단에 있는 [Add a layer style] 아이콘
(*fx.*)을 클릭합니다. 팝업 메뉴에서 'Bevel and Emboss'를 선택하여 [Layer Style] 대화상
자가 나타나면 그림과 같이 설정해서 살짝 튀어나온 듯한 효과를 줍니다.

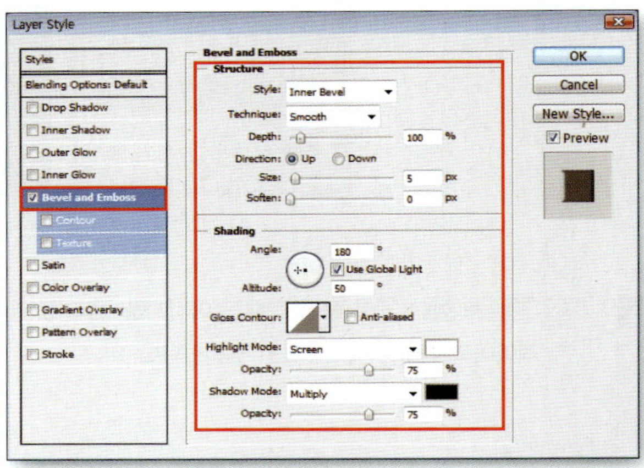

02 'Cut-A' 레이어를 선택한 후 Ctrl+E를 눌러 'Cut-B' 레이어와 합쳐주고 레이어 이름을
'Cut-AB'로 설정합니다.

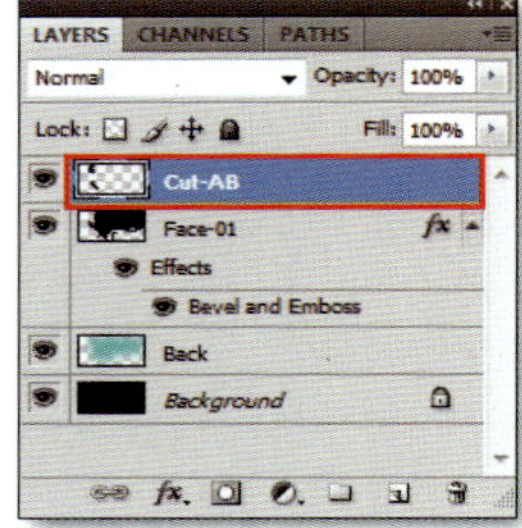

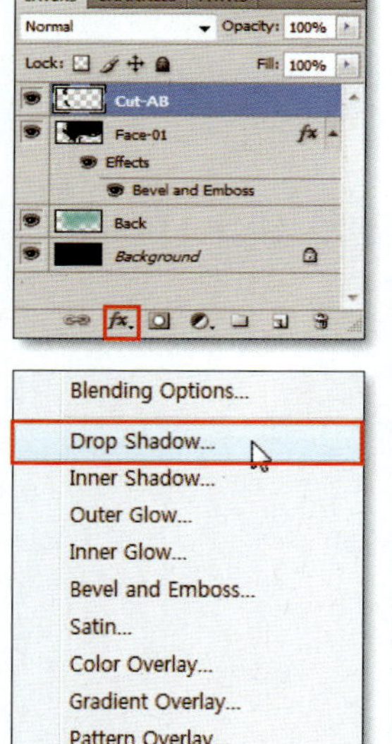

03 LAYERS 팔레트의 [Add a layer style] 아이콘(fx.)을 클릭하면 나타나는 팝업 메뉴에서 'Drop Shadow'를 선택합니다. [Layer Style] 대화상자가 나타나면 그림과 같이 설정하여 그림자 효과를 줍니다.

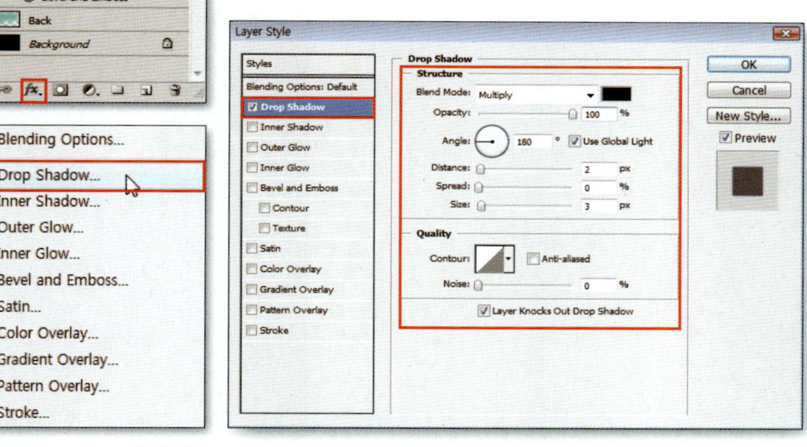

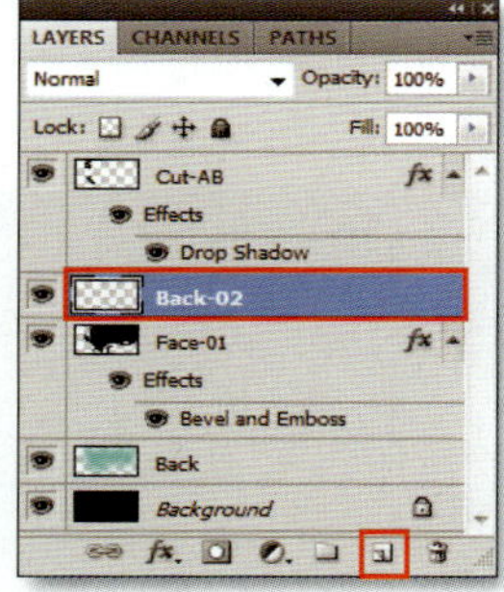

04 [Create a new layer] 아이콘(🗋)을 클릭하여 새로운 레이어를 만들고 이름을 'Back-02'로 설정한 후 'Cut-AB' 레이어 하단에 위치시킵니다.

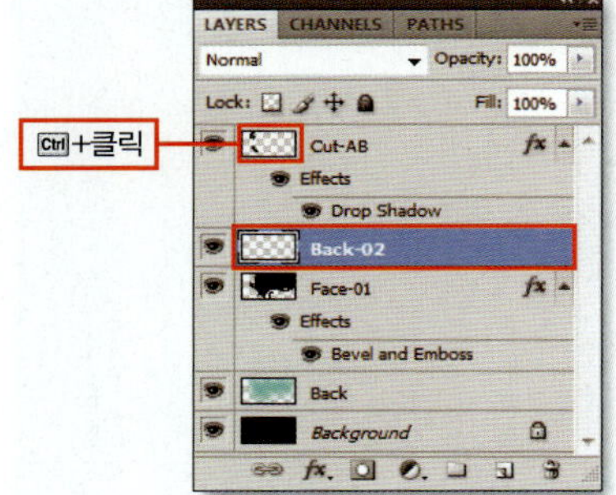

05 'Back-02' 레이어가 선택된 상태에서 Ctrl을 누르고 'Cut-AB' 레이어의 썸네일(Layer thumbnail)을 클릭하여 선택 영역으로 만듭니다.

06 `Shift`+`F6`을 눌러 [Feather Selection] 대화상자가 나타나면 [Feather Radius]를 '30'으로 설정합니다.

07 전경색을 푸른색(#07d0c4)으로 설정하고 `Alt`+`Delete`를 눌러 색상을 채워줍니다.

`Ctrl`+`D`를 눌러 선택 영역을 해제합니다.

LAYERS 팔레트의 블렌딩 모드를 이용하여 인체와 전자 회로와의 결합으로 인조적이고
미래 지향적인 느낌을 연출하는 방법을 알아봅니다.

Electronic한
분위기 연출

▶ KEY POINT

- **Pin Light 블렌딩 모드** : 두 레이어가 모
  두 50%보다 밝으면 하위 레이어의 색상
  이 상위 레이어의 색상으로 변경됩니다.
  또한, 두 레이어가 50%보다 어두우면 상
  위 색상이 약간 밝아집니다.

- **Color Dodge 블렌딩 모드** : Color Burn
  의 반대 효과로 밝은 톤과 색상을 밝게 하
  고 콘트라스트를 높여줍니다. 검은색 부분
  에는 적용되지 않으며 투명하게 인식하여
  다른 레이어의 색상이 그대로 나타납니다.

AFTER

BEFORE

WORK 03

1

전자회로 이미지 합성_01

● **부록 CD** : THEME 06/Electron_A.psd

01 전자회로 이미지를 합성하기 위해 'Electron_A.psd' 파일을 불러옵니다.

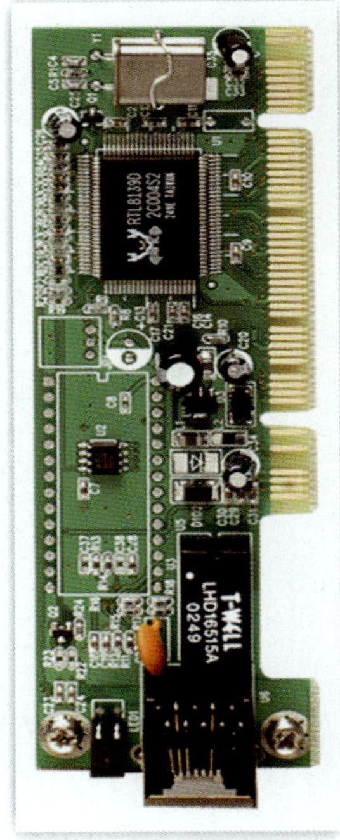

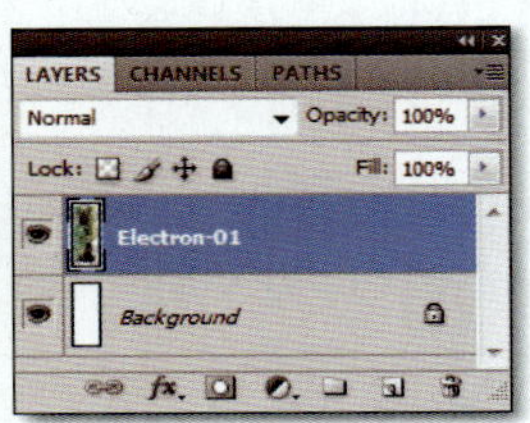

02 Move Tool(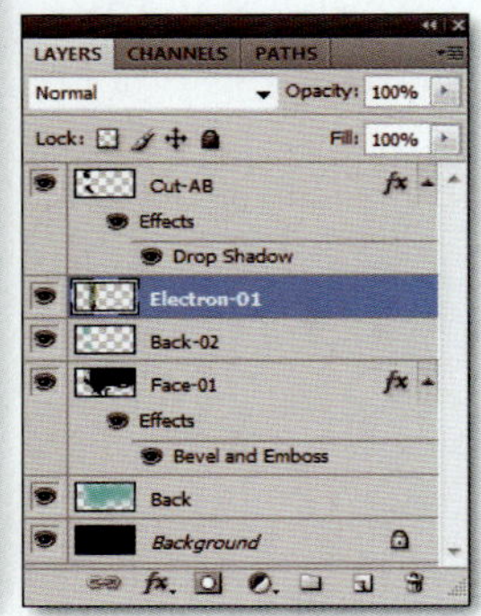)을 선택하고 'Electron_A.psd' 파일의 'Electron-01' 레이어를 작업 중인 이미지로 드래그
하여 복사한 후 그림과 같이 위치시킵니다.

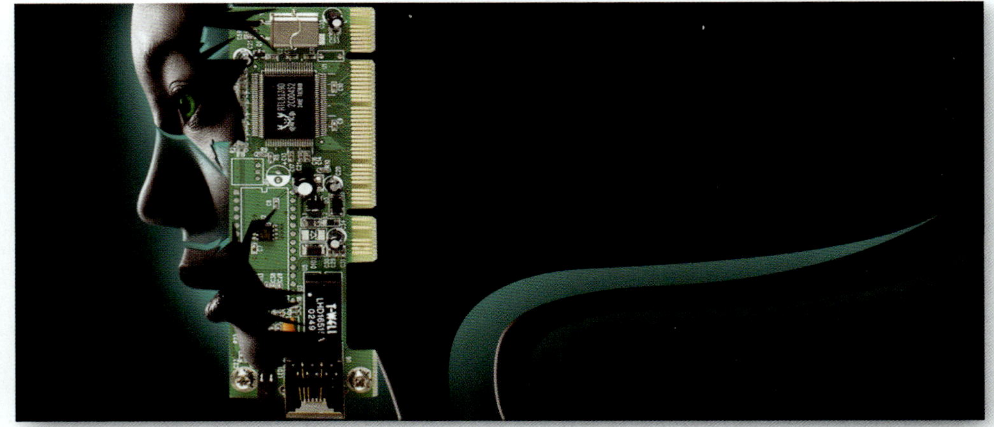

03 LAYERS 팔레트에서 'Electron-01' 레이어의 블렌딩 모드를 'Pin Light'로 설정하고, [Opacity]는 '30%'
로 설정합니다.

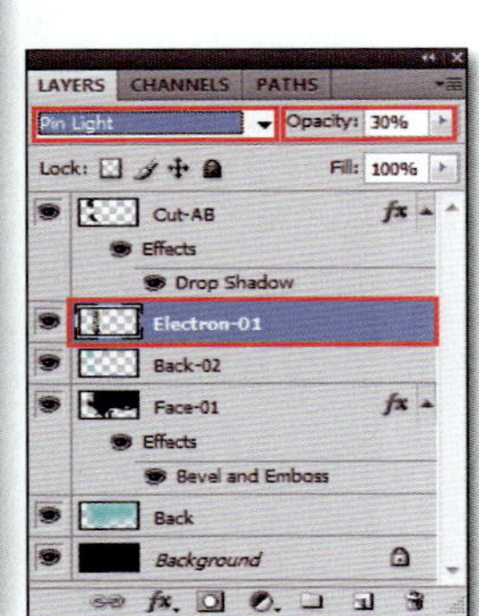

S T E P
2

전자회로 이미지 합성_02

● **부록 CD** : THEME 06/Electron_B.psd

01 부록 CD에서 'Electron_B.psd' 파일을 불러옵니다.

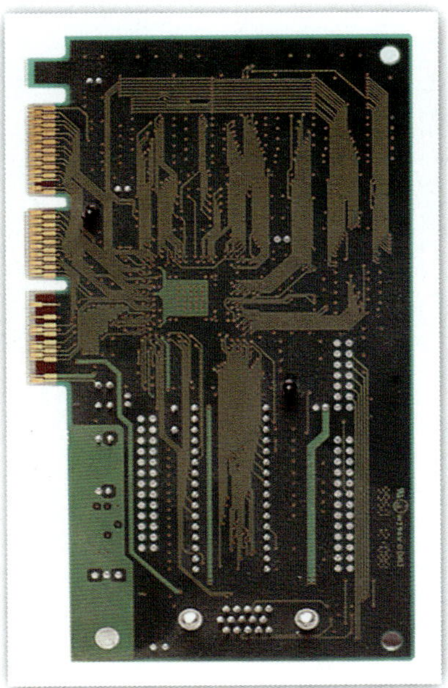

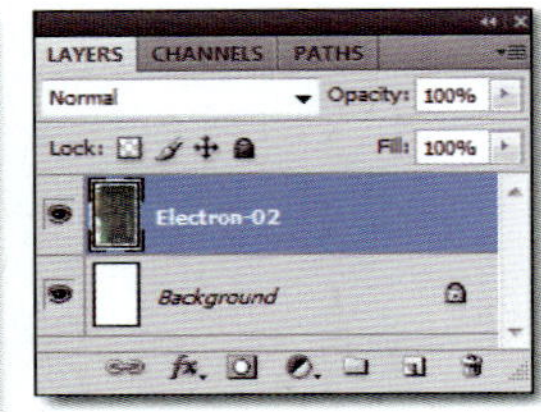

02 Move Tool()을 선택하고 'Electron_B.psd' 파일의 'Electron-02' 레이어를 작업 중인 이미지로 드래그 하여 복사합니다.

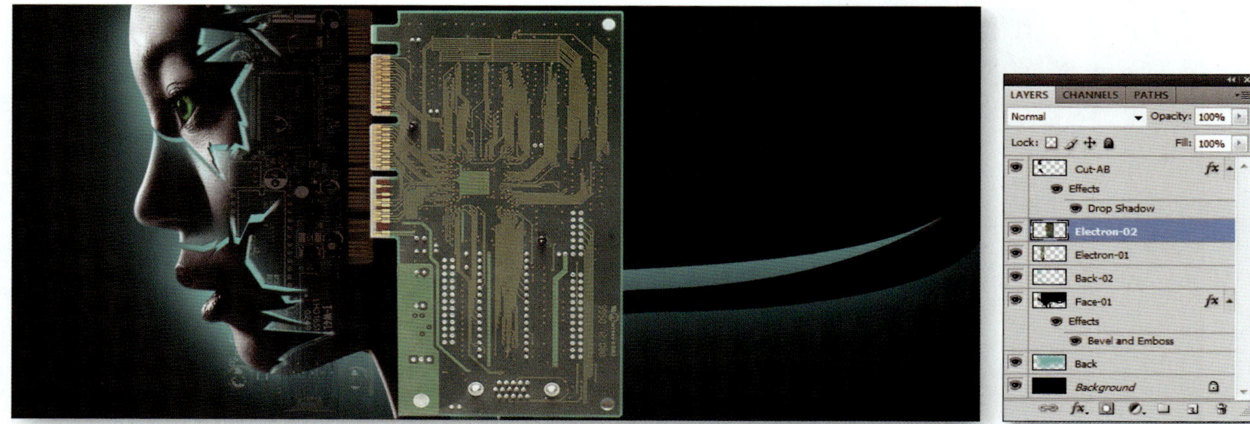

03 Ctrl+T를 눌러 그림과 같이 크기와 위치를 잡아줍니다.

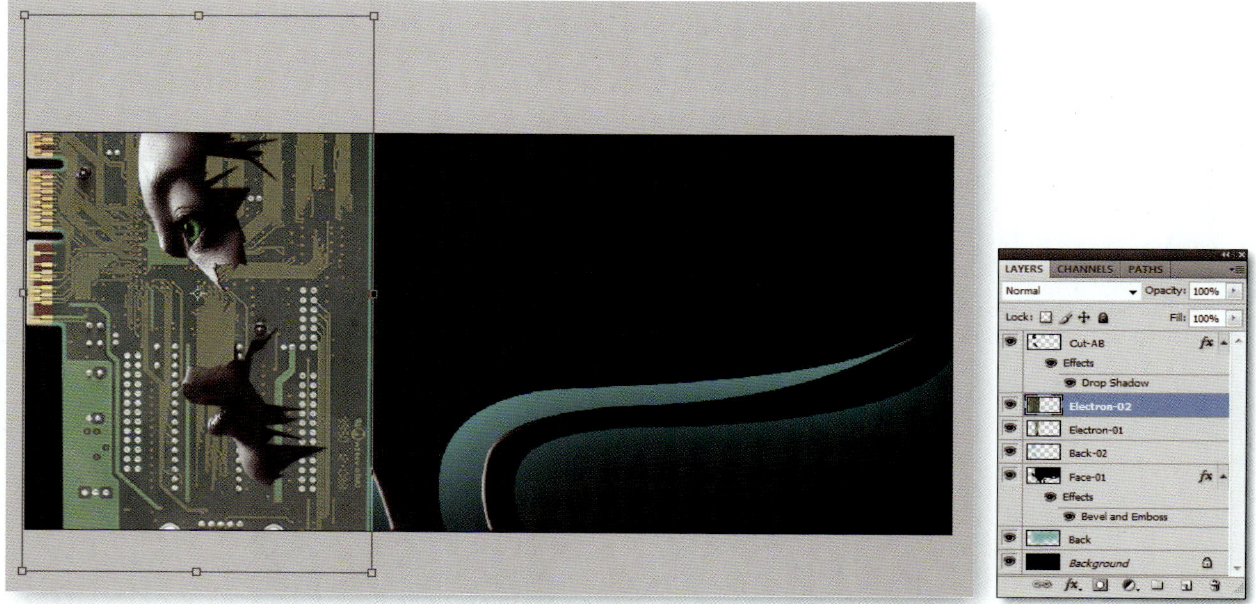

04 LAYERS 팔레트에서 'Electron-02' 레이어의 블렌딩 모드를 'Color Dodge'로 설정하고, [Opacity]는
'70%'로 설정합니다.

S T E P

3

전자회로 이미지 합성_03

● **부록 CD** : THEME 06/Electron_C.psd

01 부록 CD에서 'Electron_C.psd' 파일을 불러옵니다.

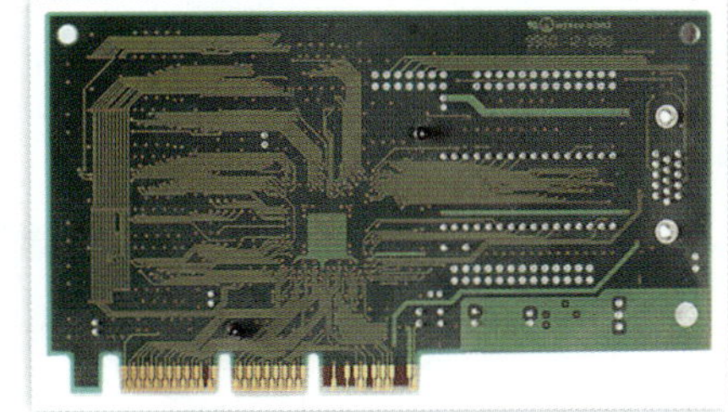

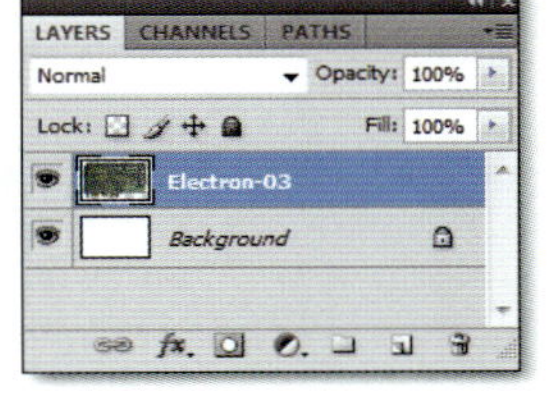

02 Move Tool()을 선택하고 'Electron_C.psd' 파일의 'Electron-03' 레이어를 작업 중인 이미지로 드래그
하여 복사한 후 그림과 같이 위치를 잡아줍니다.

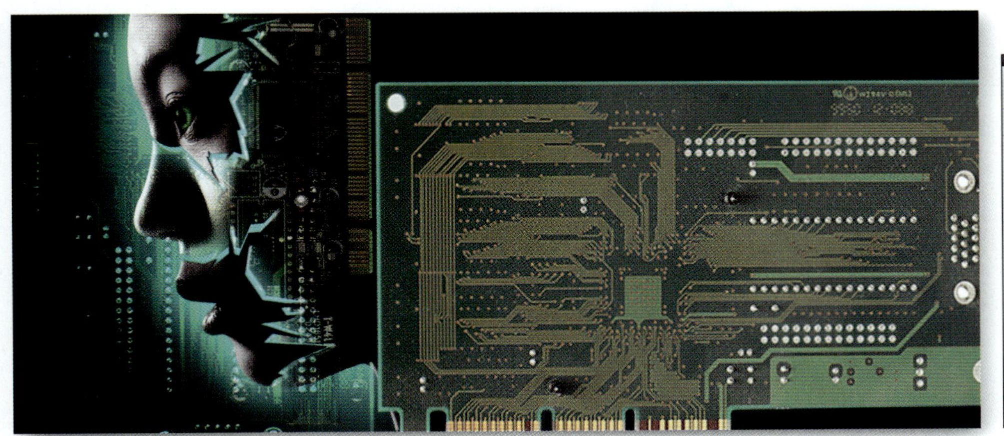

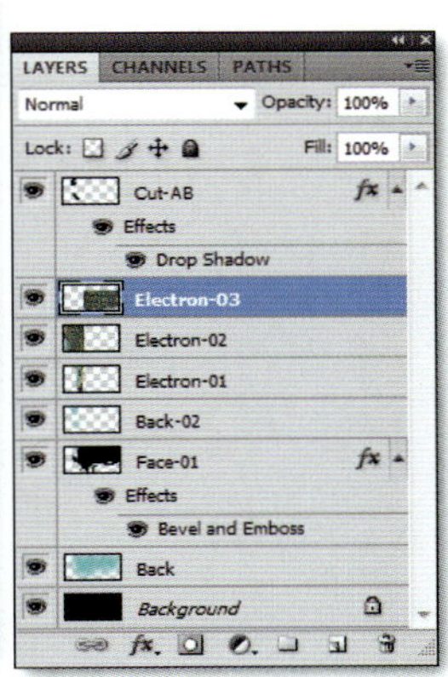

03 LAYERS 팔레트에서 'Electron-03' 레이어의 블랜딩 모드를 'Color Dodge'로 설정하고, [Opacity]는 '70%'로 설정합니다.

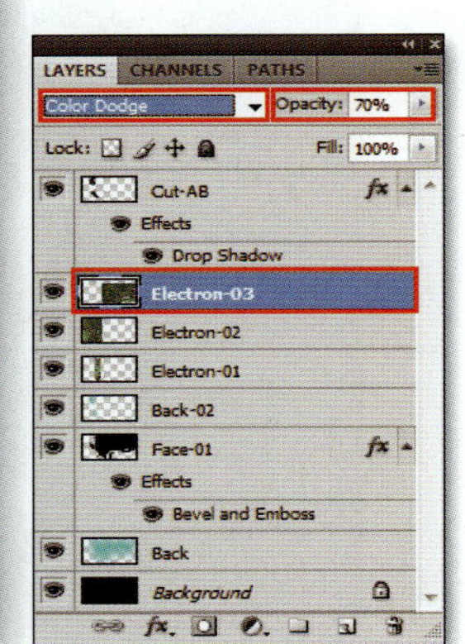

STEP
4

금속 질감의 머리카락 표현

● **부록 CD** : THEME 06/Silver paper.psd

01 금속 질감의 머리카락을 표현하기 위해 부록 CD에서 'Silver paper.psd' 파일을 불러옵니다.

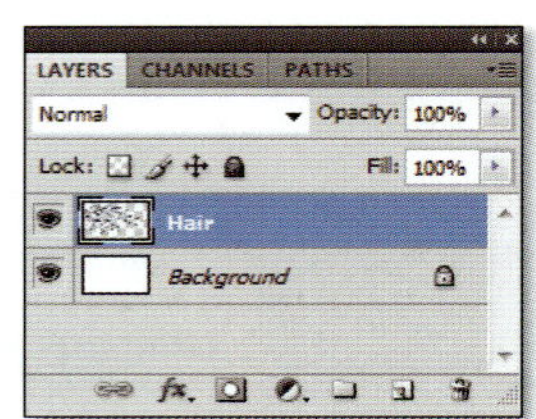

'Silver paper.psd' 파일은 쿠킹호일을 가위로 잘라서 촬영한 이미지입니다.

02 Move Tool(┡)을 선택하고 'Silver paper.psd' 파일의 'Hair' 레이어를 작업 중인 이미지로 드래그하여
복사한 후 그림과 같이 위치시킵니다.

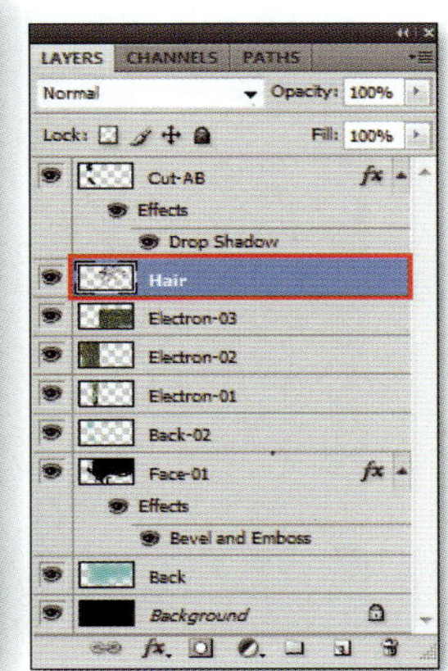

03 [Create a new layer] 아이콘(　)을 클릭해서 새로운 레이어를 만들고 이름을 'Hair-02'로 설정합니다.
그리고, 'Hair' 레이어 하단에 위치시킵니다.

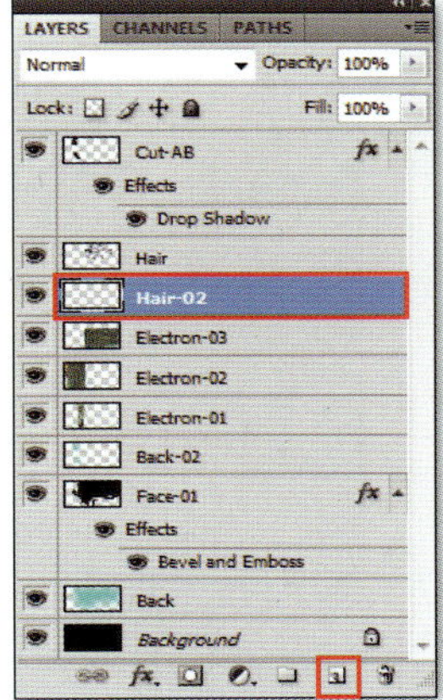

04 'Hair-02' 레이어가 선택된 상태에서 Ctrl을 누른 상태로 'Hair' 레이어의 썸네일(Layer thumbnail)을
클릭하여 선택 영역으로 지정합니다.

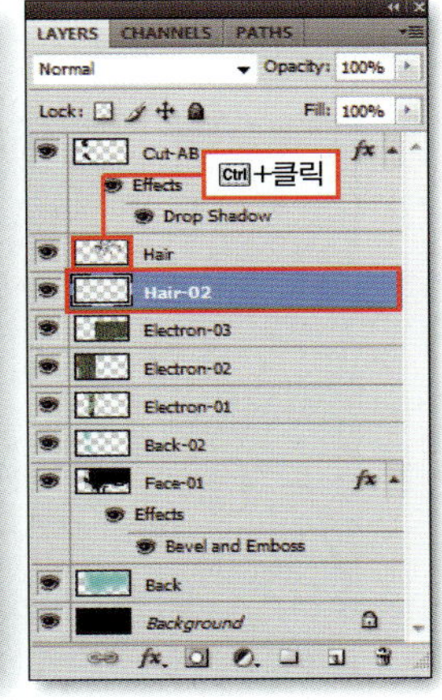

05 Shift+F6을 눌러 [Feather Selection] 대화상자가 나타나면 [Feather Radius]를 '15'로 설정합니다.

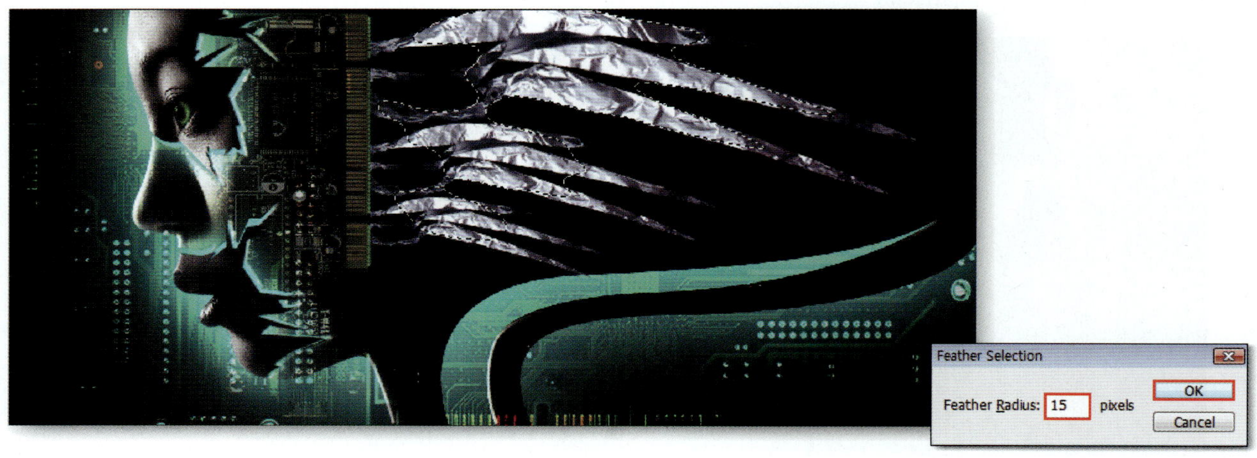

06 툴박스에서 전경색을 푸른색(#07d0c4)으로 설정하고, Alt+Delete를 눌러 색상을 채워줍니다.

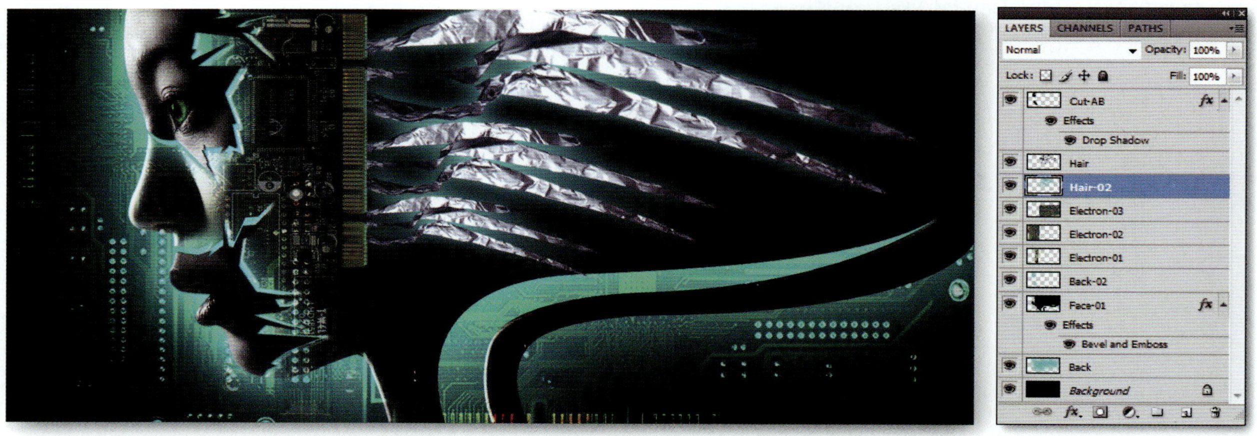

Ctrl+D를 눌러 선택 영역을 해제합니다.

07 'Hair' 레이어를 선택한 후 블렌딩 모드를 'Overlay'로 설정합니다.

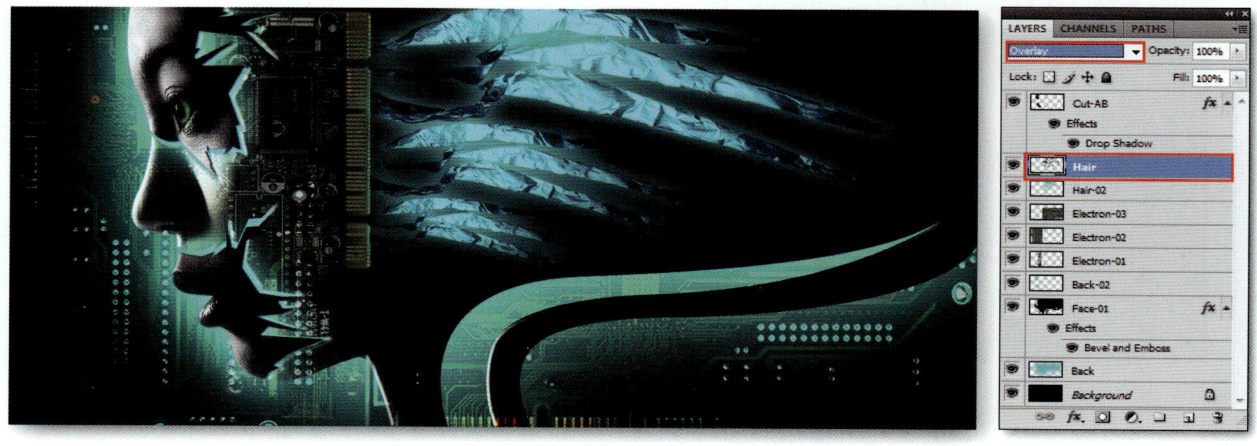

08 LAYERS 팔레트에서 [Add a layer Style] 아이콘(fx)을 클릭하면 나타나는 팝업 메뉴에서 'Bevel and Emboss'를 선택합니다. [Layer Style] 대화상자가 나타나면 그림과 같이 설정한 후 작업을 마무리합니다.

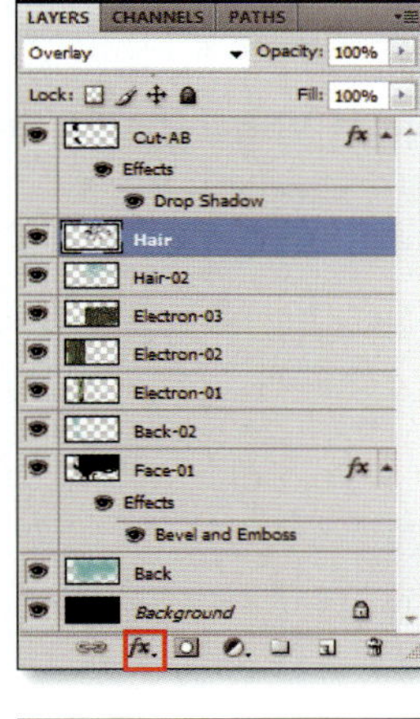

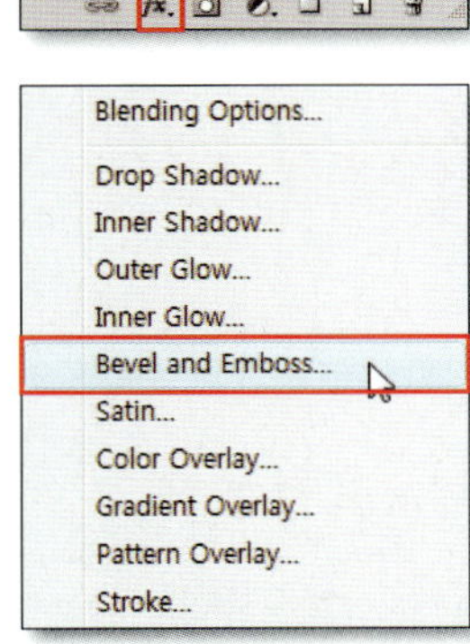

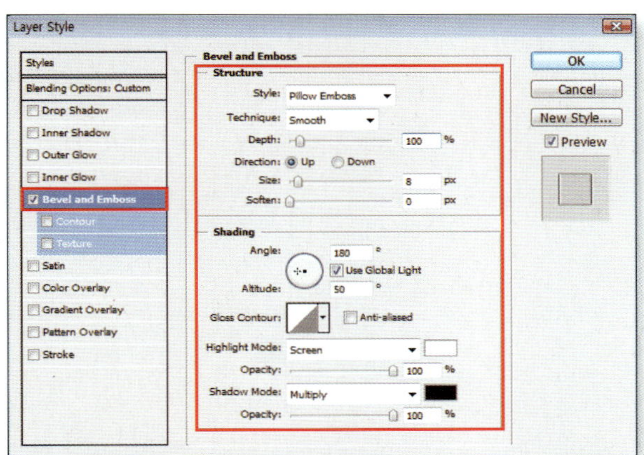

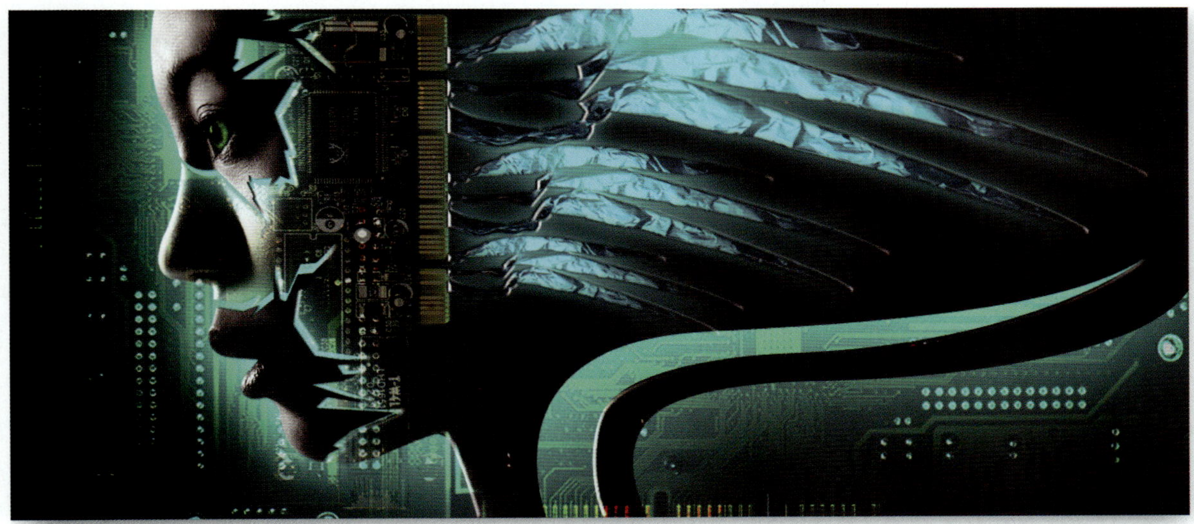

Pen Tool의 이해

Pen Tool(✎)은 복잡하거나 불규칙한 직선이나 곡선을 그릴 때 사용하며 시작점과 다음 점을 클릭하는 방법으로 패스를 만들고 방향선과 방향점을 조정하여 원하는 형태로 수정할 수 있습니다.

■ Pen Tool(✎)의 종류

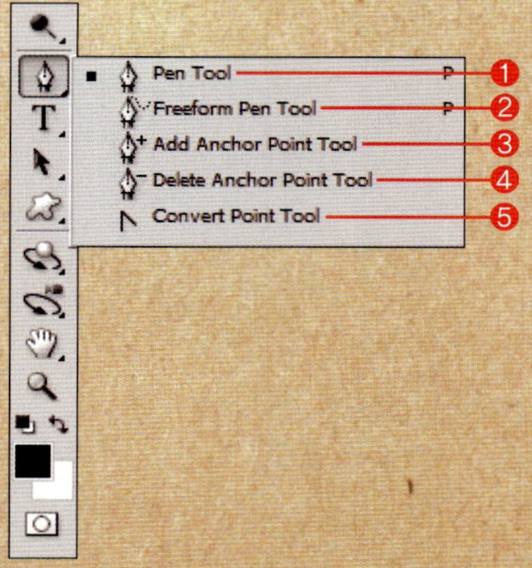

1 Pen Tool : 펜 기본 도구입니다.

2 Freeform Pen Tool : 드래그하여 자유로운 곡선을 그릴 수 있습니다.

3 Add Anchor Point Tool : 정점 추가 도구로 이동과 수정이 가능합니다.

4 Delete Anchor Point Tool : 필요 없는 정점을 삭제할 수 있습니다.

5 Convert Point Tool : 방향키를 변형시키는 도구로 정점의 핸들을 수정할 수 있습니다.

■ Pen Tool(✎)의 옵션 바

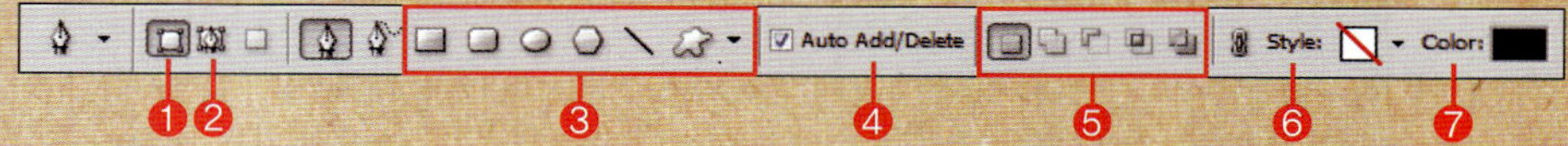

1 Shape layers : Pen Tool로 그린 패스를 벡터의 색깔 있는 도형으로 사용할 수 있습니다. 벡터의 색상은 툴박스의 전경색으로 지정됩니다.

2 Paths : 도형이 아닌 선으로 선택되어진 패스로, PATHS 팔레트에서 패스 영역을 보여줍니다.

3 Rectangle~Custom Shape Tool : 벡터 도구를 바로 선택할 수 있습니다.

4 Auto Add/Delete : 정점을 추가하거나 삭제할 수 있는 옵션입니다.

5 Shape ares : 패스를 연산시킬 수 있는 작업입니다.

6 Style : 벡터 도형의 스타일을 적용할 수 있는 기능입니다.

7 Color : 벡터 도형의 색상을 지정할 수 있는 기능입니다.

■ PATHS 팔레트의 이해

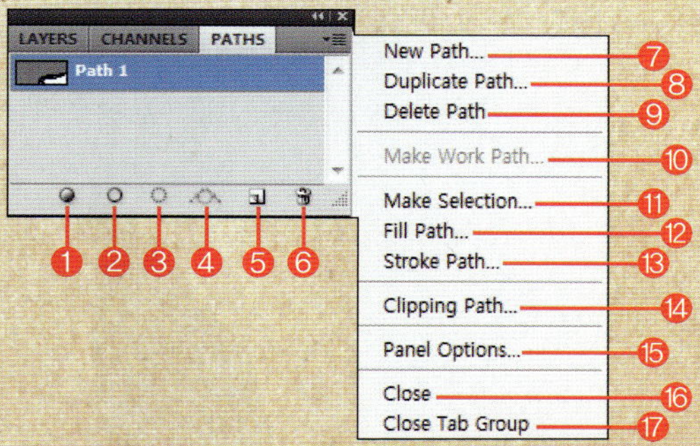

❶ **Fill path with foreground color** : 패스로 그려진 도형의 전체에 전경색을 입히는 기능입니다.

❷ **Stroke path with brush** : 패스로 그려진 도형의 외곽선에만 색상을 입히는 기능입니다.

❸ **Load path as a selection** : 패스로 그려진 라인을 선택 영역으로 만드는 기능입니다.

❹ **Make work path from selection** : 선택 영역을 다시 패스로 만드는 기능입니다.

❺ **Create new path** : 패스를 복사 또는, 새로 만드는 기능입니다.

❻ **Delete current path** : 패스를 삭제할 수 있는 기능입니다.

❼ **New Path** : 새로운 패스를 생성할 수 있습니다.

❽ **Duplicate Path** : 패스를 복사할 수 있습니다.

❾ **Delete Path** : 패스를 삭제할 수 있습니다.

❿ **Make Work Path** : 선택한 영역을 패스로 만들 수 있습니다.

⓫ **Make Selection** : 패스로 만든 도형의 이미지를 패스로 만들 수 있습니다.

⓬ **Fill Path** : 패스 영역 안에 색상을 입힐 수 있습니다.

⓭ **Stroke Path** : 패스로 그려진 이미지 외곽선에 색상을 입힐 수 있습니다.

⓮ **Clipping Path** : 다른 프로그램으로 패스 이미지를 보낼 때 사용하는 기능입니다.

⓯ **Panel Options** : 패스 썸네일의 크기를 조절하는 기능입니다.

⓰ **Close** : PATHS 팔레트를 닫습니다.

⓱ **Close Tab Group** : 그룹 탭을 닫습니다.

하이키
(High key)와
로우키
(Low key) 사진

■ **Face.psd 촬영 정보**

Nikon D80, 1/125 sec, 조리개 값 : F9.5, ISO : 100, 화이트 밸런스 : Manual

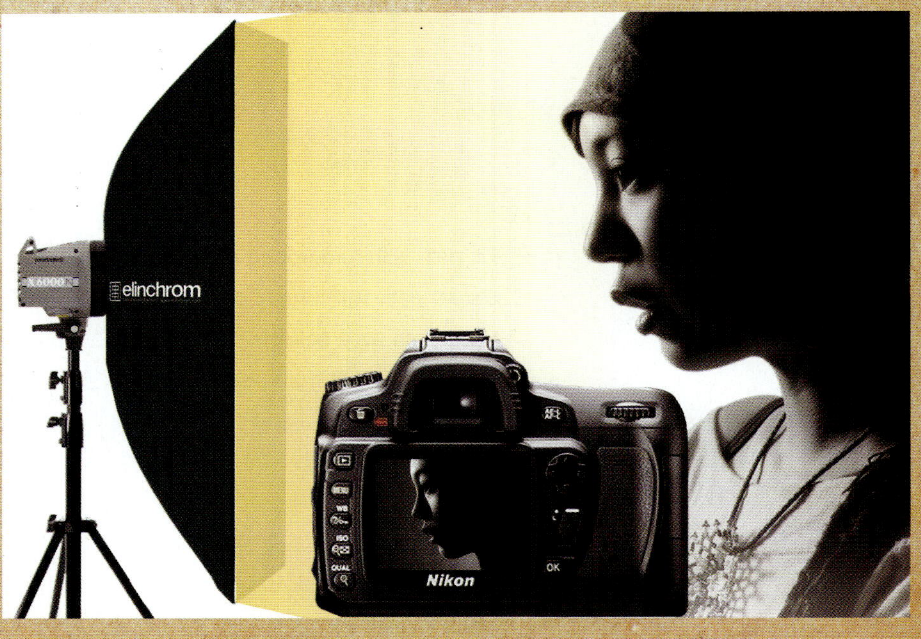

■ **하이키(High key)와 로우키(Low key) 사진**

• 하이키(High key) 사진

밝은 톤과 중간 톤을 중심으로 하여 경쾌함, 섬세함, 부드러움 그리고, 공간감을 표현하는데 효과
적인 촬영 방법입니다.

하이키 사진을 촬영하기 위해서는 배경의 선택이 중요하며 보통 밝은 톤으로 하는 것이 좋고
어두운 그림자 부분을 가능한 적게 하기 위해 조명은 은은한 확산광을 사용하는 것이 좋습니다.

Canon EOS 5D, 1/80 sec, 조리개 값 : F2.8, 촬영 모드 : M, ISO : 100, 화이트 밸런스 : Auto

- **로우키(Low key) 사진**

로우키 사진은 쉐도우 부분이 많아 전체적으로 어두운 톤으로 구성된 사진을 말합니다.

흑백 인화 시 전체적으로 어두우면서도 빛이 남아있는 부분은 정숙함과 중후한 분위기를 표현하기에 좋습니다.

로우키 사진을 촬영하려면 전체적으로 어두운 배경을 선택하고, 명암의 대비와 광선을 적절히 이용하여 촬영하는 것이 좋습니다.

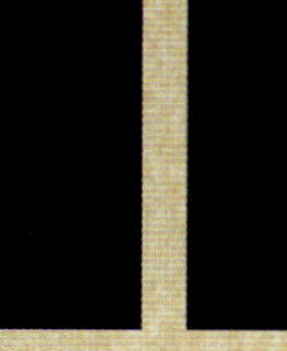

Nikon D80, 1/160 sec, 조리개 값 : F13, 촬영 모드 : M, ISO : 100, 화이트 밸런스 : Auto

PHOTOSHOP
CREATIVE COLLECTION

Nostalgia

고향을 떠난 지 어느덧 근 10여 년이 돼가는 것 같다.

요즘처럼 교통이 발달한 시대에 그리 멀지도 않은 곳이지만 왜 이리 가기가 힘든지 모르겠다.

어쩌면 아직 내가 이곳에 미련이 많이 남아 있기에 더욱 멀어 보이는 것인지도 모르겠다.

혹은, 내 기억 속의 고향, 내 마음의 노스텔지아(Nostalgia)는 이미 10여 년 전에 멈춰 버렸기에

직접 눈으로 그 변화를 확인하는 게 두려운지도 모르겠다.

그래서 나의 노스텔지아(Nostalgia)는

시간이 흐르면 흐를수록 신기루처럼 멀어져 간다.

Orange sky.jpg

Town.psd

Traveler.jpg

- **Traveler.jpg** : 작품의 주제로 사용할 선원 이미지
- **Town.psd** : 각각 따로 촬영한 이미지를 한 장의 이미지로 콜라주(Collage)한 이미지
- **Orange sky.jpg** : 붉게 물든 하늘을 촬영한 이미지

Start ▶   ◀ Finish

이미지의 색감 보정

이미지의 선명도를 보정할 수 있는 Levels 기능과 섬세한 색상 보정을 할 수 있는 Color Balance 기능을 이용하여 이미지의 색감을 보정하는 방법에 대하여 알아봅니다.

KEY POINT

- **Levels** : 이미지의 명암을 보정할 수 있습니다.

- **Color Balance** : 보색 관계의 색상을 이용하여 이미지의 전체적인 색균형을 변경할 수 있습니다.

- **Multiply 블렌딩 모드** : 각 레이어의 이미지 색상들이 겹쳐 보이는 효과를 줄 수 있습니다. 겹쳐진 색상은 각각 레이어의 색상보다 어둡게 나타나며, 흰색의 경우는 투명하게 인식되어 다른 레이어 색상이 그대로 표현됩니다.

BEFORE

AFTER

WORK 0 1

　　　　　　　　　　　　　　　　　　　# 선택 영역의 지정

● **부록 CD** : THEME 07/Traveler.jpg

01 예제로 사용할 'Traveler.jpg' 파일을 불러옵니다.

02 툴박스에서 Pen Tool(圖)을 선택하고 PATHS 팔레트를 활성화합니다. [Create new path]
아이콘(圖)을 클릭하여 새로운 'Path 1' 패스를 만들고 하늘 부분을 제외한 나머지 부분을 패
스로 선택합니다.

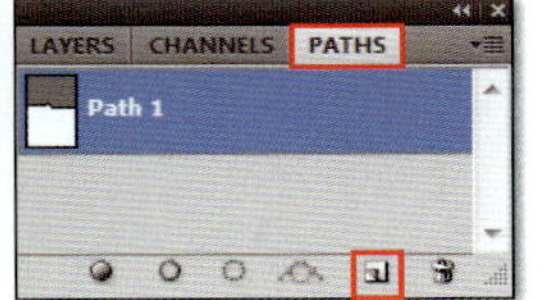

03 PATHS 팔레트 하단에 있는 [Load path as a selection] 아이콘(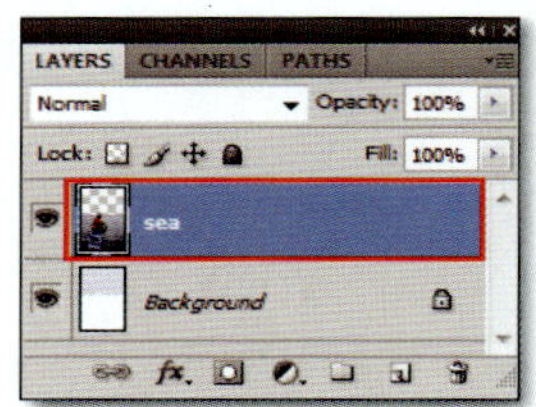)을 클릭하여 선택 영역
으로 지정하고, LAYERS 팔레트의 'Background' 레이어로 돌아옵니다.

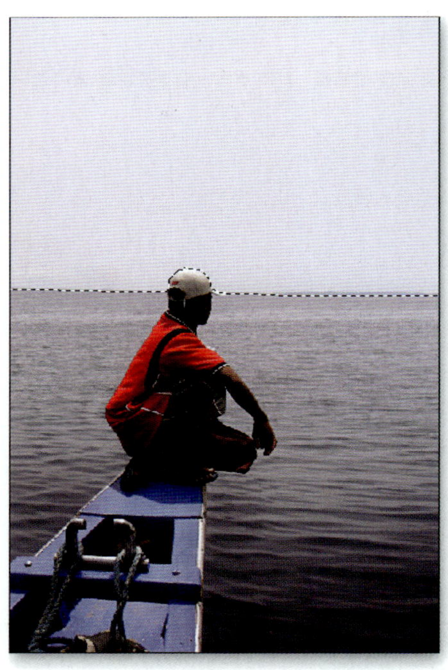

04 Shift + Ctrl + J 를 눌러 선택한 이미지를 잘라 새 레이어에 붙여줍니다. 이때 새로 생겨난 레이어의 이
름은 'sea'로 설정합니다.

05 Ctrl 을 누른 상태로 'sea' 레이어의 썸네일(Layer thumbnail)
을 클릭하여 선택 영역으로 지정합니다.

Levels의 적용

01 ADJUSTMENTS 패널에서 [Levels] 아이콘을 클릭한 후 [Input Levels]를 '0, 1.00, 210' 으로 설정하여 밝은 부분은 좀 더 밝게 노출을 보정합니다.

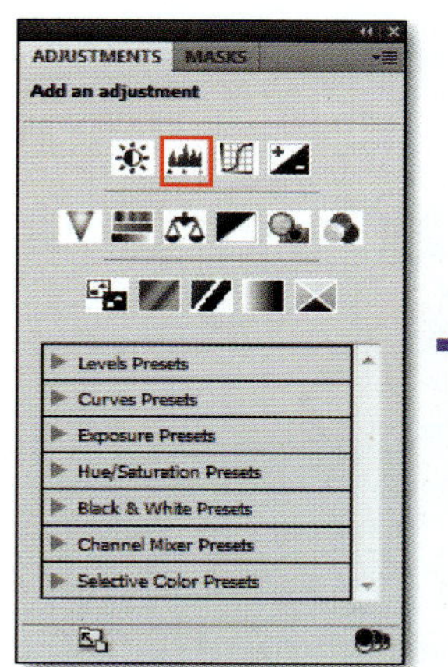 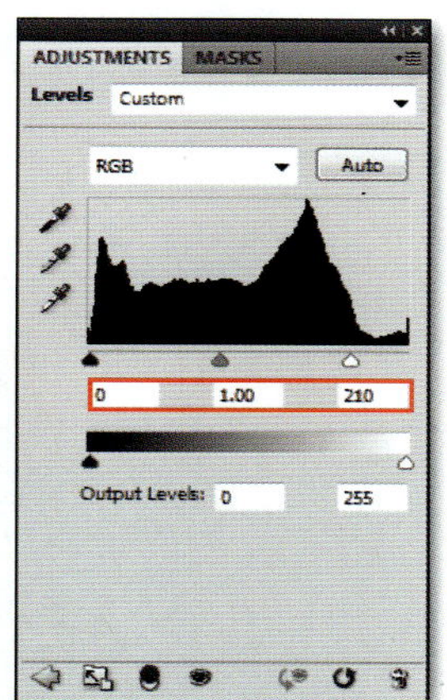

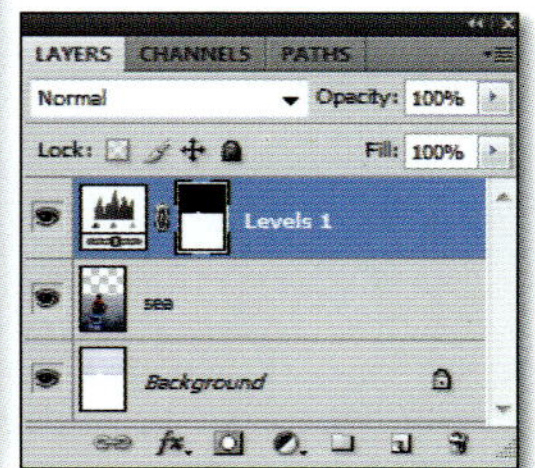

02 'Levels 1' 보정 레이어가 선택된 상태에서 Ctrl을 누르고 'sea' 레이어의 썸네일(Layer thumbnail)을 클릭하여 선택 영역으로 지정합니다.

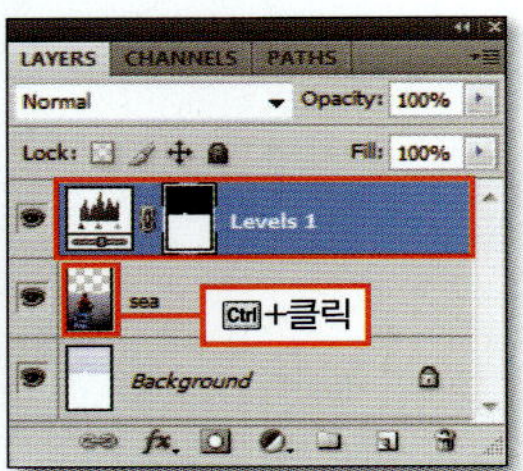

STEP
3　　　　　　　　　　　　　　　　Color Balance의 적용

01 ADJUSTMENTS 패널에서 [Color Balance] 아이콘을 클릭한 후 이미지의 하이라이트 부분에 붉은 색감이 나도록 그림과 같이 설정합니다.

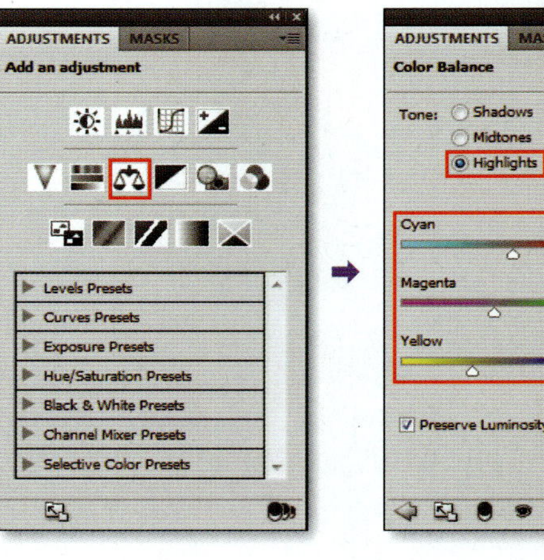

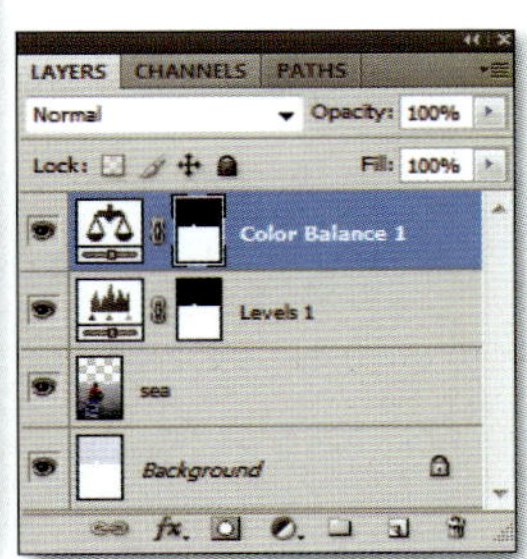

STEP
4   블렌딩 모드의 적용

01 LAYERS 팔레트에서 [Create a new layer] 아이콘(⬛)을 클릭하여 새로운 레이어를 만들고
이름을 'orange'로 설정합니다.

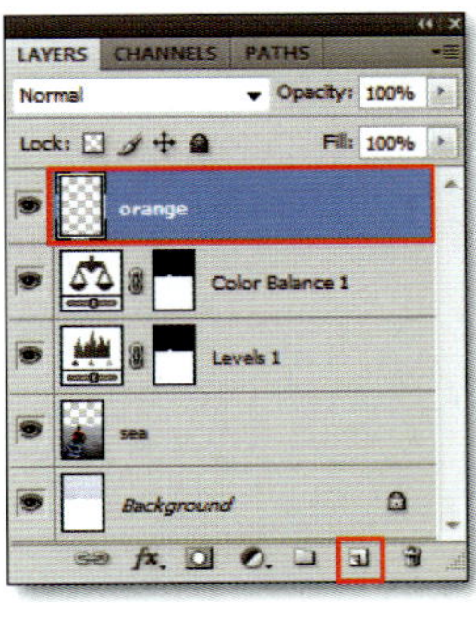

02 ‘orange’ 레이어가 선택된 상태에서 Ctrl 을 누르고 ‘sea’ 레이어의 썸네일(Layer thumbnail)을 클릭하여 선택 영역으로 지정합니다.

03 전경색을 주황색(#c16734)으로 설정하고 Alt + Delete 를 눌러 ‘orange’ 레이어에 색상을 채워줍니다. Ctrl + D 를 눌러 선택 영역을 해제합니다.

04 LAYERS 팔레트에서 'orange' 레이어의 블렌딩 모드를 'Multiply'로 설정하고, [Opacity]는
'40%'로 설정하여 이미지의 전체적인 색감을 따뜻하게 만듭니다.

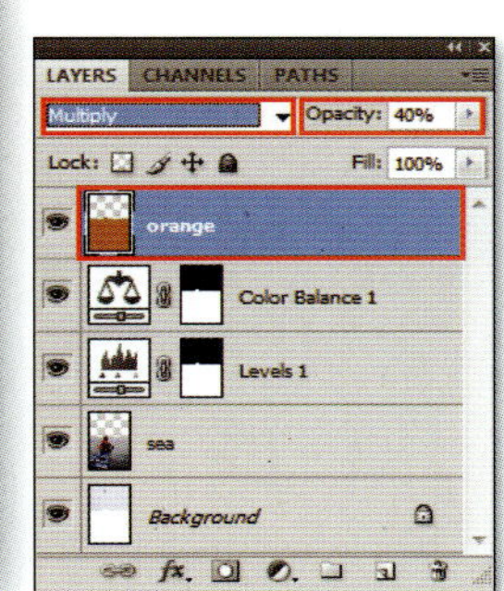

하늘
이미지
합성

어둡고 우울한 분위기의 하늘 이미지를 삽입하여 이미지의 전체적인 분위기를 고독하게 연출하는 방법을 알아봅니다.

▶ KEY POINT

- **Ctrl+A** : 현재 활성화되어 있는 이미지를 모두 선택할 수 있습니다.
- **Ctrl+C** : 이미지에서 선택 영역으로 지정된 부분을 복사합니다.
- **Ctrl+V** : 이미지의 복사한 부분을 다른 이미지에서 붙여 넣기로 삽입할 수 있습니다.
- **Ctrl+T** : 이미지에 조절자를 나타내어 이미지의 형태를 조정할 수 있습니다.

BEFORE

AFTER

WORK 02

1

하늘 이미지 합성

● **부록 CD** : THEME 07/Orange sky.jpg

01 작업 중인 이미지의 배경에 하늘 이미지를 합성하기 위해 'Orange sky.jpg' 파일을 불러옵니다.

02 Ctrl+A를 눌러 'Orange sky.jpg' 파일의 이미지를 전체 선택하고 Ctrl+C를 눌러 이미지를 복사합니다.

03 작업 중인 이미지에서 `Ctrl`+`V`를 눌러 복사한 하늘 이미지를 붙여 넣습니다. 복사된 레이어의 이름을 'sky'로 설정합니다.

04 `Ctrl`+`T`를 눌러 이미지가 상단에 가득 차도록 크기를 늘려주고 'sky' 레이어를 'sea' 레이어 아래로 이동시킵니다.

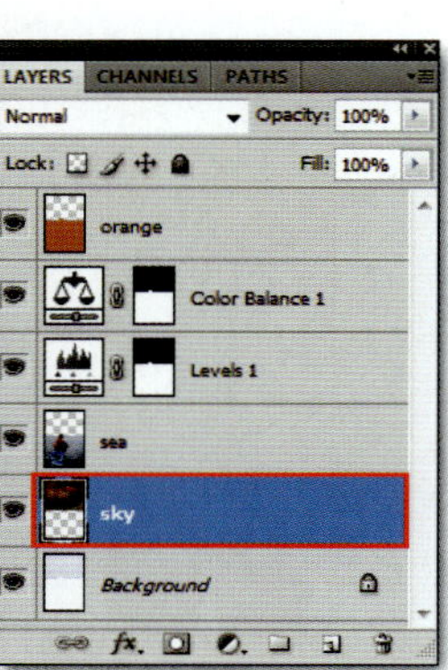

도시 이미지를 삽입하고 작업 중인 이미지의 크기에 맞게 조정한 후 Wave 필터를 활용하여
도시 이미지의 반영을 표현합니다.

- **Wave 필터** : [Filter]–[Distort]–[Wave]
  메뉴를 선택하면 사용 가능한 필터로 물결
  의 움직임을 이미지에 표현할 수 있습니다.
- **Luminosity 블렌딩 모드** : Color와 반대
  의 효과로 선택한 레이어의 명도를 밑에
  있는 레이어의 색상과 연계하여 보존시킵
  니다.
- **그레이디언트(Gradient)** : 두 가지 이상의
  색상을 특정 선택 부분에 단계적으로 넓혀
  주는 효과를 말합니다.

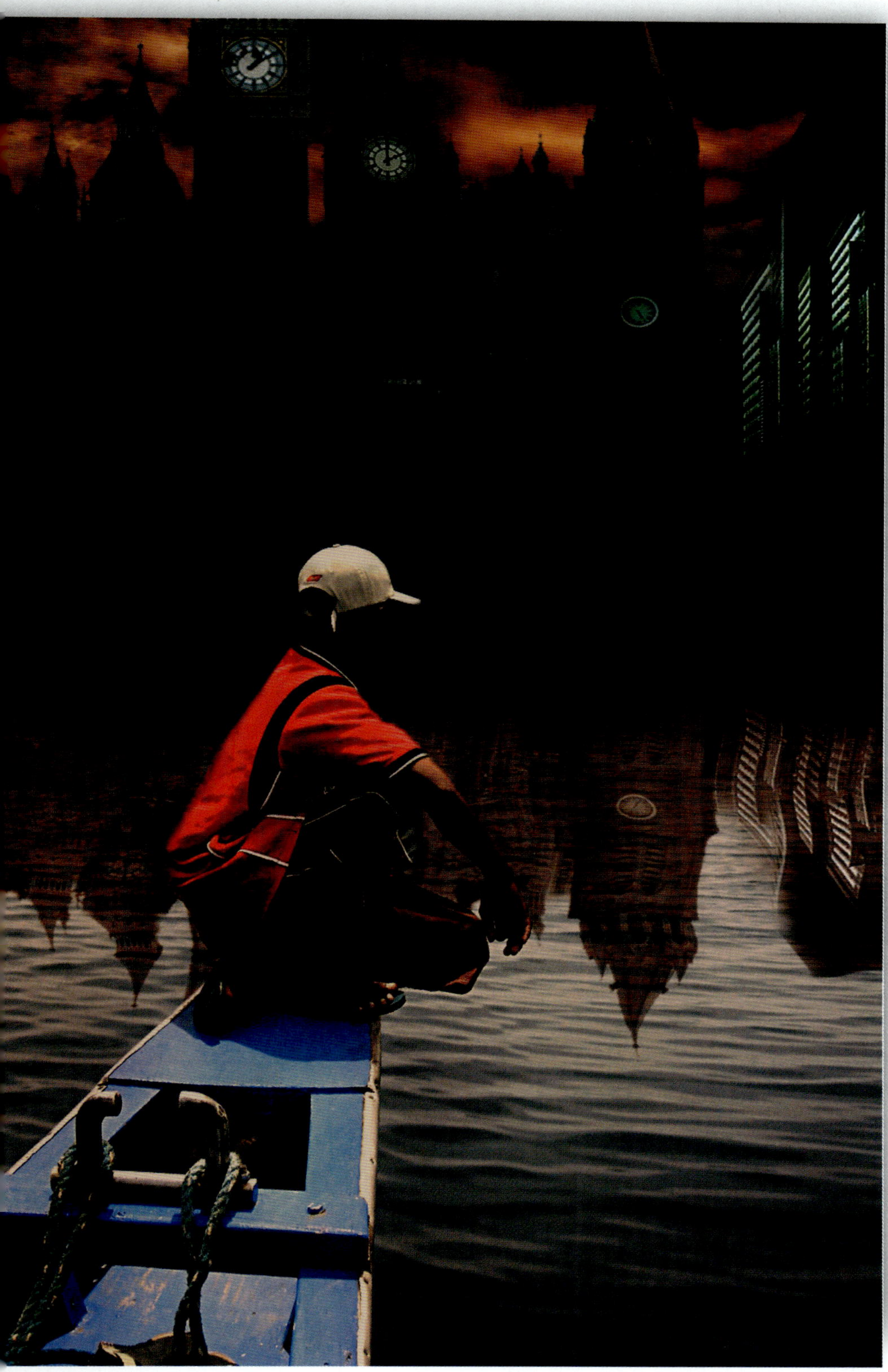

BEFORE

AFTER

WORK 03

STEP

1

도시 이미지의 삽입

01 작업 중인 이미지에 도시 이미지를 삽입하기 위해 'Town.psd' 파일을 불러옵니다.

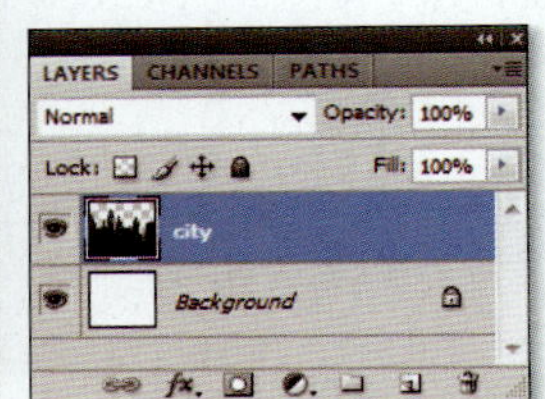

● **부록 CD** : THEME 07/Town.psd

02 Move Tool(⊕)을 선택하고 'Town.psd' 파일의 'city' 레이어를 작업 중인 이미지로 드래그 하여 복사합니다. Ctrl+T를 눌러 적당한 크기로 조정하고 위치를 잡아줍니다.

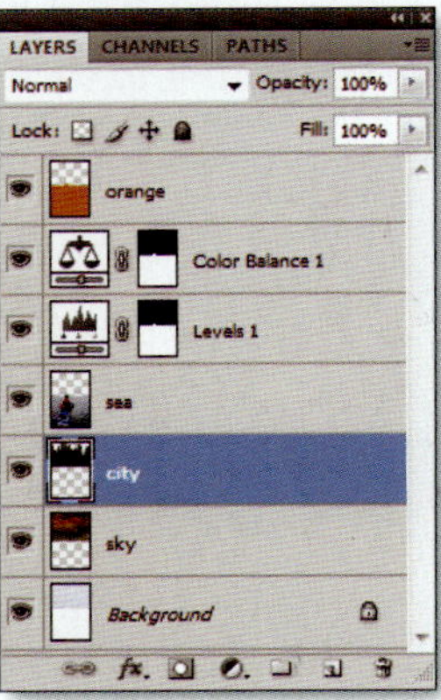

STEP
2　　　　　　　　　　　　　　**도시 반영 표현 기법**

01 `Ctrl`+`J`를 눌러 'city' 레이어를 복사하고 'orange' 레이어 위로 드래그하여 이동시킵니다.

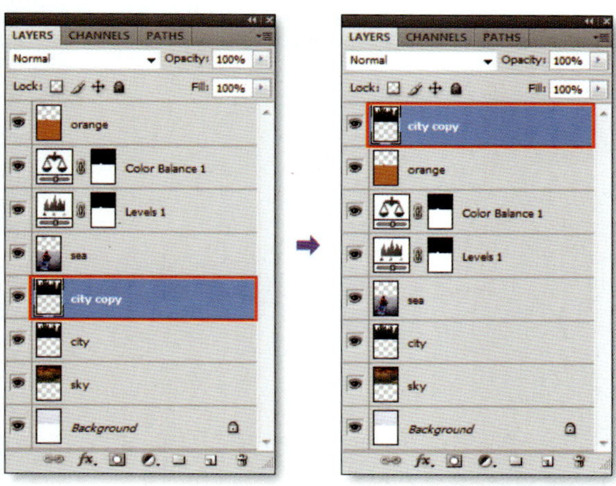

02 [Edit]–[Transform]–[Flip Vertical] 메뉴를 선택하여 'city copy' 레이어의 이미지를 수직으로
대칭시켜 줍니다.

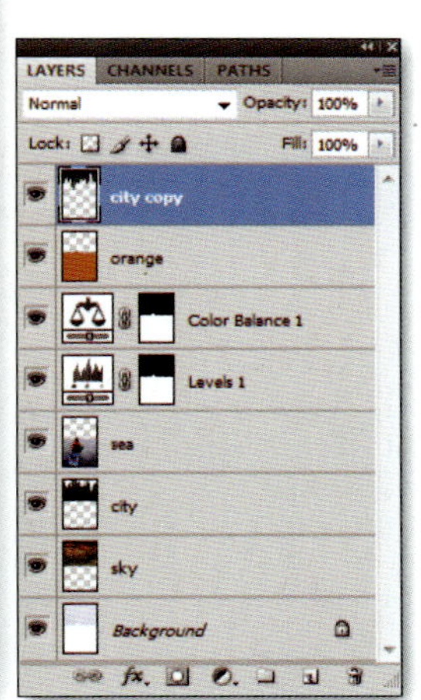

03 Ctrl+T를 눌러 바다와 겹치도록 위치를 잡아준 후 이미지의 세로 길이를 조금 줄여줍니다.

04 [Filter]–[Distort]–[Wave] 메뉴를 선택하면 나타나는 [Wave] 대화상자를 설정하여 적당하게 물결치는 모습을 만들고 [OK] 단추를 클릭합니다.

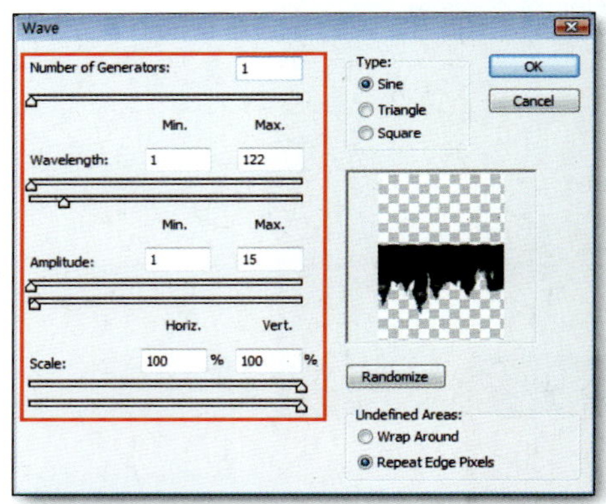

05 LAYERS 팔레트에서 'city copy' 레이어의 블렌딩 모드를 'Luminosity'로 설정하고, [Opacity]는 '65%'로 설정합니다.

블렌딩 모드에 대한 자세한 설명은 50 페이지를 참고해 주세요.

06 전경색을 검은색(#000000)으로 설정하고 LAYERS 팔레트에서 [Create new fill or adjustment layer] 아이콘(⬛)을 클릭하면 나타나는 팝업 메뉴에서 'Gradient'를 선택합니다. [Gradient Fill] 대화상자가 나타나면 그림과 같이 설정한 후 [OK] 단추를 클릭합니다.

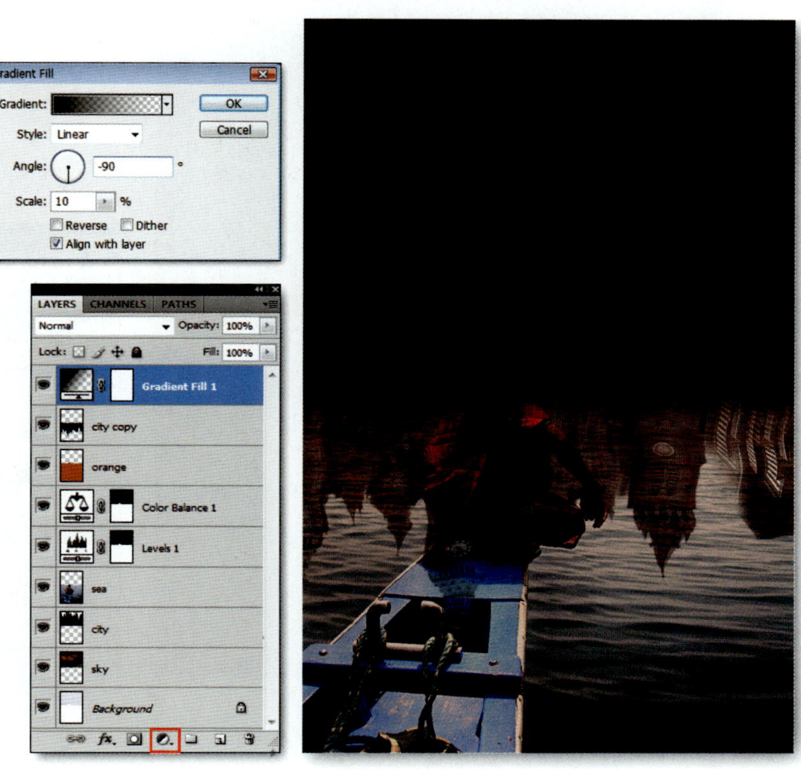

07 [Layer]–[Rasterize]–[Layer] 메뉴를 선택하여 앞에서 보정한 'Gradient Fill 1' 레이어를
일반 레이어로 변경합니다.

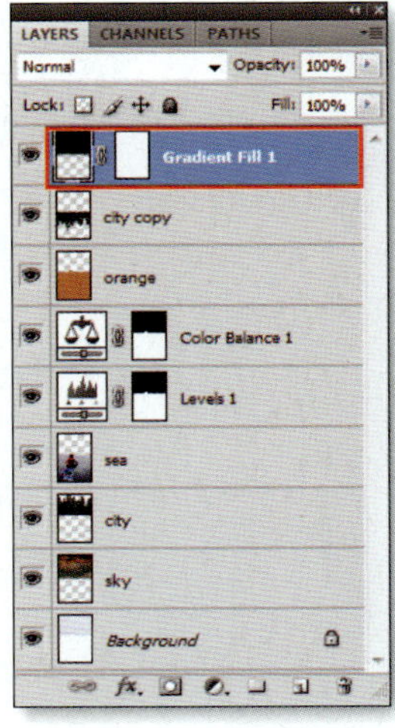

08 'Gradient Fill 1' 레이어가 선택된 상태에서 Ctrl 을 누르고 'sea' 레이어의 썸네일(Layer
thumbnail)을 클릭하여 선택 영역으로 지정합니다.

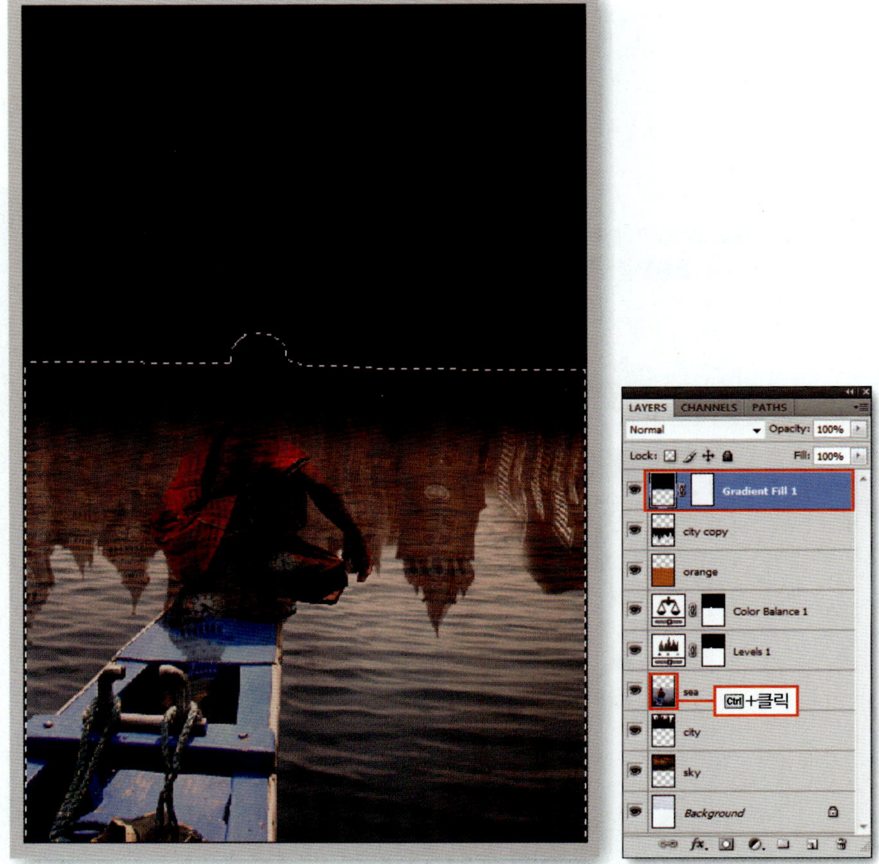

09 [Select]-[Modify]-[Expand] 메뉴를 선택하면 나타나는 [Expand Selection] 대화상자에서
[Expand By]를 '20'으로 설정하고 [OK] 단추를 클릭하여 선택 영역을 확대합니다.

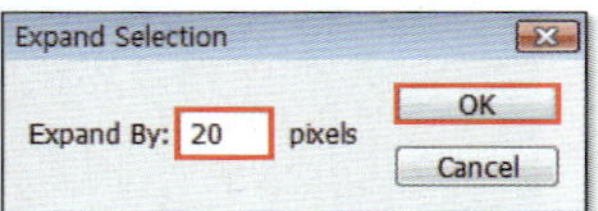

20 pixels 만큼 선택 영역이 넓어집니다.

10 Ctrl+Shift+I 를 눌러 선택 영역을 반전시킨 후 Delete 를 눌러 선택 영역을 지워줍니다. 그리고,
Ctrl+D 를 눌러 선택 영역을 해제합니다.

11 Ctrl+E를 눌러 'city copy' 레이어와 합쳐주고 레이어의 이름을 'city-02'로 설정합니다.

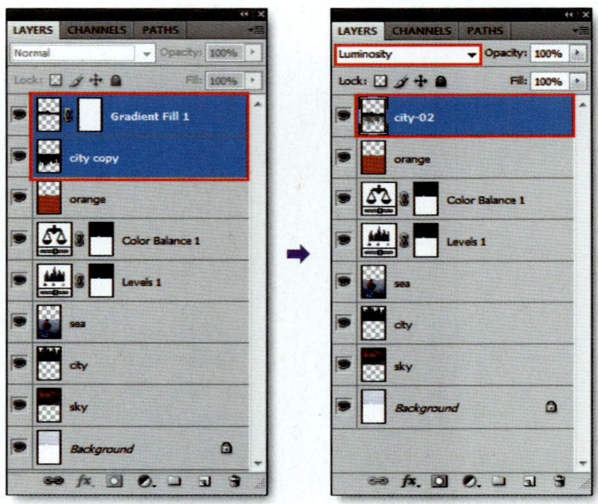

12 툴박스에서 Eraser Tool(⌷)을 선택하고 인물과 보트 위에 겹친 'city copy' 레이어의 이미지를 지워줍니다.

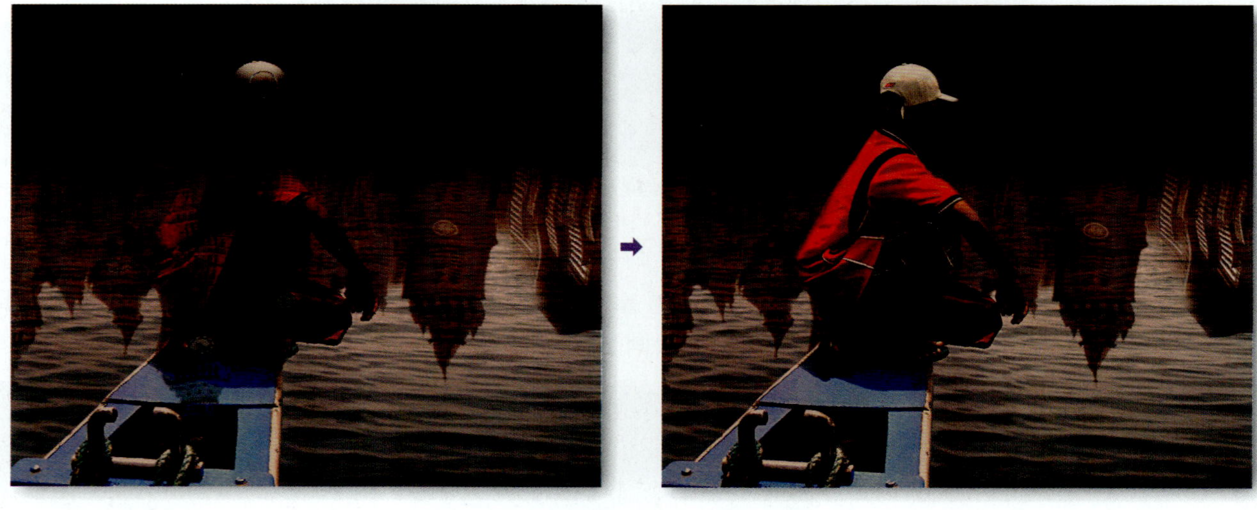

[Filter]-[Render]-[Clouds] 메뉴를 선택하면 사용할 수 있는 Clouds 필터를 이용하여 구름 모양을 만들고, 레이어의 블렌딩 모드를 'Screen' 으로 설정하여 물안개를 표현하는 방법에 대하여 알아봅니다.

물안개
표현 기법

- **Clouds 필터** : [Filter]-[Render]-[Clouds] 메뉴를 선택하면 사용 가능한 필터로 전경 색과 배경색을 이용하여 구름 형태의 이미지를 만들 수 있습니다.
- **Screen 블렌딩 모드** : 두 레이어의 이미지에서 밝은 색상값 부분이 서로 혼합되어 겹쳐진 색상을 더욱 밝게 나타나고, 어두운 부분에는 적용되지 않습니다.

BEFORE

AFTER

WORK 04

1

물안개 만들기

01 LAYERS 팔레트에서 [Create a new layer] 아이콘(　)을 클릭하여 새로운 레이어를 만들고
이름을 'fog'로 설정합니다.

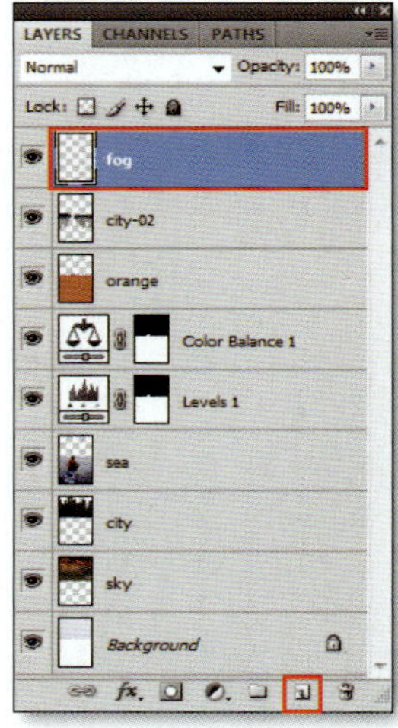

02 전경색은 검은색(#000000), 배경색은 흰색(#ffffff)으로 설정합니다. [Filter]-[Render]-
[Clouds] 메뉴를 선택하여 구름 모양의 이미지를 만듭니다.

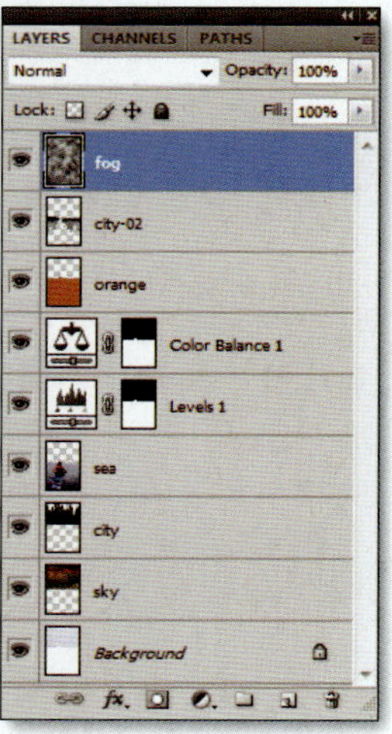

03 LAYERS 팔레트에서 'fog' 레이어의 블렌딩 모드를 'Screen'으로 설정하고, [Opacity]는 '45%'로 설정합니다.

04 툴박스에서 Eraser Tool(⬜)을 선택하고 안개를 적당히 지운 후 작업을 마무리합니다.

작업 전   작업 후

[Color Balance]
대화상자의
이해

[Color Balance] 대화상자는 보색 관계의 색상을 이용하여 이미지의 전체적인 색균형을 변경할 경우에 사용합니다. [Tone Balance] 영역에서 이미지의 색상 영역(어두운 톤 영역, 중간 톤 영역, 밝은 톤 영역)을 체크한 후 [Color Balance]의 보색 슬라이더 바를 드래그하여 이미지의 색상을 더하거나 빼서 색감을 조절할 수 있습니다.

■ 빛의 삼원색

빨강, 초록, 파랑의 빛이 겹쳐서 비출 때 가장 많은 수의 색상을 만듦으로, 이 세 가지를 빛의 삼원색이라고 합니다. 빨강과 초록의 빛을 겹치면 노랑, 빨강과 파랑의 빛을 겹치면 자홍, 초록과 파랑을 겹치면 청록이 나타나며 빨강과 파랑, 초록을 모두 겹치면 흰색이 나타납니다. 두 가지 색상을 겹쳐서 흰색을 만들 때 그 두 가지 색상을 보색이라고 합니다. 따라서 빨강과 초록이 겹쳐진 노랑은 파랑만 겹치면 흰색이 되므로, 노랑과 파랑은 보색 관계라고 할 수 있습니다. 같은 논리로 자홍과 초록, 청록과 빨강도 보색 관계입니다. 백색광에서 어떤 색상을 뺀

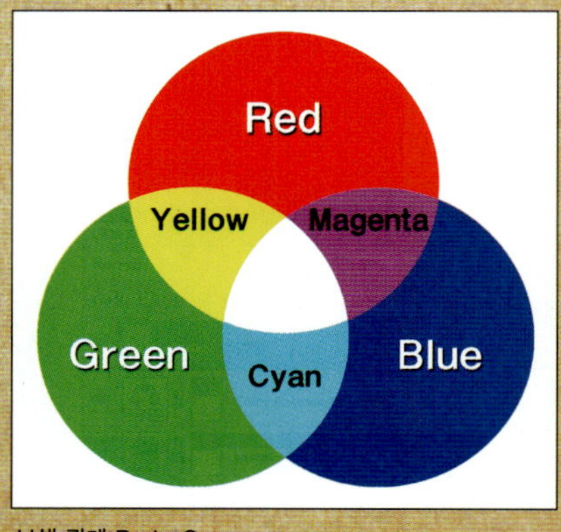

보색 관계 Red : Cyan,
Green : Magenta, Blue : Yellow

다면 남는 색상은 뺀 색상이 보색이 되는 것입니다. 예를 들어 빨강만 흡수하는 색소에 백색광을 비추면 그 빛은 반사되어 빨강의 보색인 청록색이 되는 것입니다.

■ [Color Balance] 대화상자의 이해

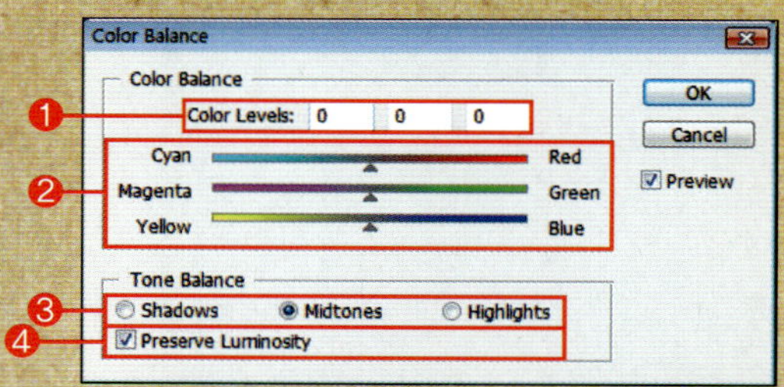

[Image]–[Adjustments]–[Color Balance] 메뉴의 [Color Balance] 대화상자

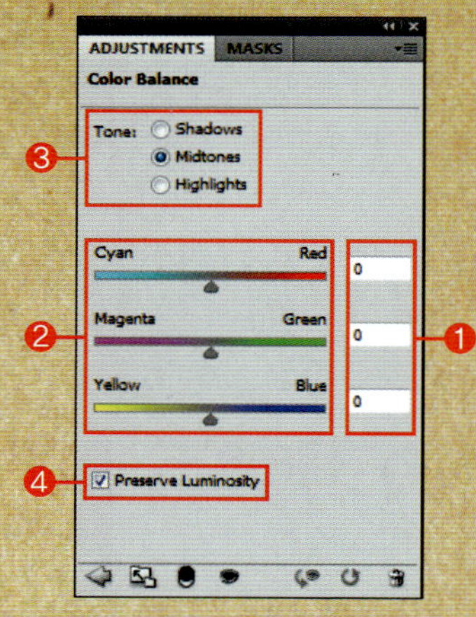

ADJUSTMENTS 패널의 Color Balance

❶ Color Levels : 설정값을 직접 입력하여 적용할 수 있습니다.

❷ Cyan~Blue : 보색 관계인 슬라이더 바를 좌우로 조정해서 색상값을 빼거나 더하여 원하는 색상의 이미지를 만들수 있습니다.

❸ Shadows/Midtones/Hightlights : 색상을 조절하는 명암(밝고 어두움)의 영역을 설정합니다. 이미지의 어두운 부분(Shadow) 중간 부분(Midtone), 밝은 부분(Highlight)을 체크하여 색상 조절 영역을 설정합니다.

❹ Preserve Luminosity : 이미지의 명암(밝고 어두움)은 변하지 않고 색상만 조절합니다.

■ Color Balance의 적용

부록 CD : Tip/Mountain.jpg

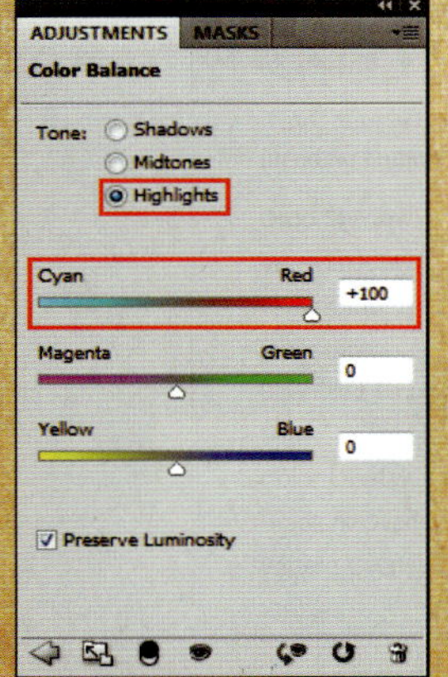

[Tone]에서 이미지의 밝은(Highlight) 영역을 체크한 후 [Cyan : Red] 슬라이드 바를 우측(Red 방향)으로 이동시키면 이미지의 밝은 영역에 Red(빨간색)의 분포값이 많아지며 상대적으로 Cyan(청록색)의 색상값이 작아집니다.

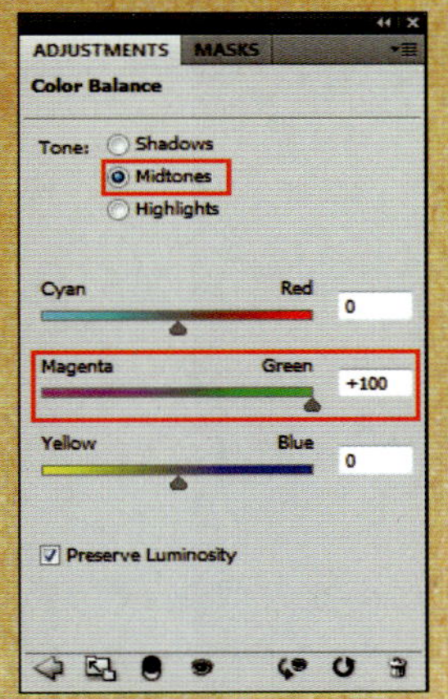

[Tone]에서 이미지의 중간 톤(Midtones) 영역을 체크한 후 [Magenta : Green] 슬라이드 바를 우측(Green 방향)으로 이동시키면 이미지의 중간 영역에 Green(연두색)의 분포값이 많아지며 상대적으로 Magenta(자홍색)의 색상값이 작아집니다.

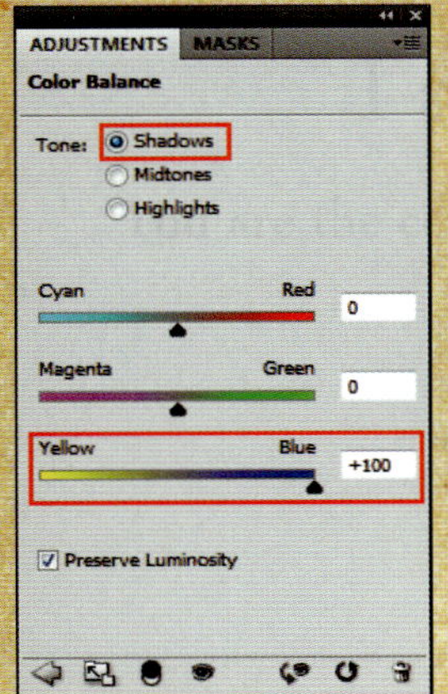

[Tone]에서 이미지의 어두운(Shadow) 영역을 체크한 후 [Yellow : Blue] 슬라이드 바를 우측(Blue 방향)으로 이동시키면 이미지의 어두운 영역에 Blue(파란색)의 분포값이 많아지며 상대적으로 Yellow(노란색)의 색상값이 작아집니다.

화이트 밸런스 (WB)와 색온도

■ Traveler.jpg 촬영 정보

Nikon D80, 1/250 sec, 조리개 값 : F7.1, 촬영 모드 : M, ISO : 100, 화이트 밸런스 : Manual

■ 화이트 밸런스(WB)와 색온도

- **화이트 밸런스(WB)** : 광원(태양광, 형광등, 백열등 등)에 따라 다른 색으로 나타나는 순백색의 피사체를 흰색으로 나타나게 하는 조정을 화이트 밸런스라고 합니다.

  디지털 카메라는 자동적으로 화이트 밸런스가 결정되는 오토 밸런스 기능과 태양광 모드, 백열등 모드, 형광등 모드 등의 기능을 수동으로 조작할 수 있습니다.

  기존의 필름 카메라를 사용했을 때 텅스텐 필름이나 데이라이트 필름을 이용하여 색온도 차이로 색다른 사진을 만들던 효과를 내려면 카메라 메뉴 중에 화이트 밸런스를 조작하여 다양한 색감 분위기를 연출할 수 있습니다.

- **색온도** : 검은 파사체에 열을 가하면 암적색에서 오렌지, 노랑, 백열색으로 되고 점차 푸른색의 강한 빛으로 변합니다. 색온도는 이와 같은 광원의 광질을 절대 온도 단위로 나타낸 것을 말하여 이것을 캘빈도(K°)로 표시합니다.

■ DSLR 카메라의 WB Mode 별 색온도 지정 가능 범위

AWB 자동 모드	3000°K ~ 7000°K	AWB Mode에서 자동 설정하는 색온도 범위(평균값을 측정하여 색온도를 적정에 가깝도록 자동으로 설정하는 모드입니다).
K K 모드	5800°K ~ 10000°K	K Mode로 직접 입력 시 입력 가능한 색온도 범위(색온도 수치를 직접 입력합니다).
커스텀 모드	2000°K ~ 10000°K	Custom mode에서 설정하는 색온도 범위(사용자가 촬영 환경에 적합한 색온도 수치를 설정하는 모드입니다).
백열등 모드	대략 3200°K	백열등(욕실 또는, 커피숍이나 레스토랑 등)과 같은 조명에서 무난한 색온도를 잡아줍니다.
형광등 모드	대략 4000°K	형광등(실내)과 같은 조명에서 무난한 색온도를 잡아줍니다.
맑은날 모드	대략 5200°K	가장 많이 쓰는 모드로 맑은 날 실외에서 촬영하는 경우에 적합합니다.
흐린날 모드	대략 6000°K	흐린 날에 사용하며 사진의 색감을 강조할 수 있습니다.
플래시 모드	대략 6000°K	내장 플래쉬를 사용하는 경우에 사용하면 좋습니다.
그늘 모드	대략 7000°K	맑은 날 실외에서 그림자가 있는 곳에서 촬영하는 경우에 사용하면 좋습니다.

PHOTOSHOP
CREATIVE COLLECTION

■ 화이트 밸런스 모드별 결과

같은 사진도 화이트 밸런스에 의해 결과물의 색감이 달라지기 때문에 촬영 환경에 따라 적정 화이트 밸런스를 조정하는 것이 중요합니다.

자동 모드

K 모드

커스텀 모드

백열등 모드

형광등 모드

태양광 모드

흐린날 모드

플래시 모드

그늘 모드

PHOTOSHOP
CREATIVE COLLECTION

Innocence

PHOTOSHOP
CREATIVE COLLECTION

우리는 혼돈의 시대를 살고 있다. 모든 게 빠르고 정신없이 나타났다 사라진다.

그 안에서 우리는 우리의 눈에 무엇이 더 돋보이고 빛나는지를 알고 있다.

순수함… 그것은 내가 아니 우리가 이 시대를 거쳐 가며 잃지도 잊어버리지도 말아야 할 그리고,

반드시 끝까지 지키고 간직해야 할 진리이다.

어쩌면 어지러운 시대를 관통하는 유일한 희망일지도 모르겠다.

● **Sam-soon.psd** : 포즈가 각각 다른 세 장의 인물 이미지를 추출하여 만든 PSD 이미지(촬영 Tip 240 페이지 참고)
● **Purity.jpg** : 포토샵 외부 필터인 KPT 7.0의 KPT FraxFlame Ⅱ 기능을 이용하여 만든 텍스트 이미지
● **Womb.jpg** : 맑은 하늘을 촬영한 이미지

PHOTOSHOP   CREATIVE COLLECTION

이미지의 특정 색상 선택과 변화 적용

인물의 색상을 무채도로 변화시키고 전체적인 색상 톤의 대비가 더욱 뚜렷해지도록 보정 작업을 합니다.

- **Replace Color** : 이미지의 변경할 색상 부분을 스포이트로 추출한 후 색상(Hue), 채도(Saturation), 명도(Lightness)의 슬라이더 바를 이용하여 조절할 수 있습니다.
- **Color Range** : 이미지의 색상 및 음영 등으로 선택 영역을 지정할 수 있습니다.
- **Curves** : 그래프 곡선을 이용하여 색상을 보정할 수 있습니다.
- **Levels** : 이미지의 명암을 보정할 수 있습니다.

BEFORE

AFTER

WORK 01

1

이미지의 채도 조정

● **부록 CD** : THEME 08/Sam-soon.psd

01 예제로 사용할 'Sam-soon.psd' 파일을 부록 CD에서 불러옵니다.

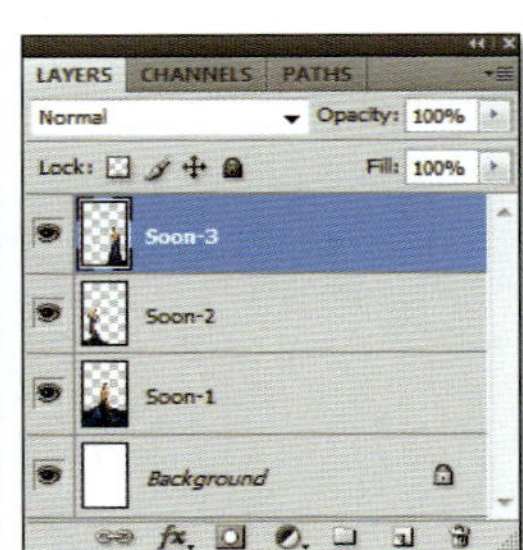

02 LAYERS 팔레트에서 'Soon-1', 'Soon-2', 'Soon-3' 레이어를 함께 선택하고 Ctrl+E 를 눌러 선택한 레이어를 합쳐줍니다.

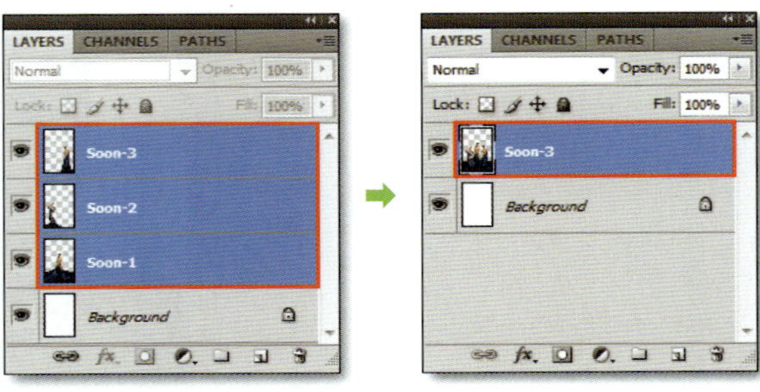

03 피부 색상의 채도를 빼주기 위해 [Image]-[Adjustments]-[Replace Color] 메뉴를 선택하여 [Replace Color] 대화상자를 불러옵니다.

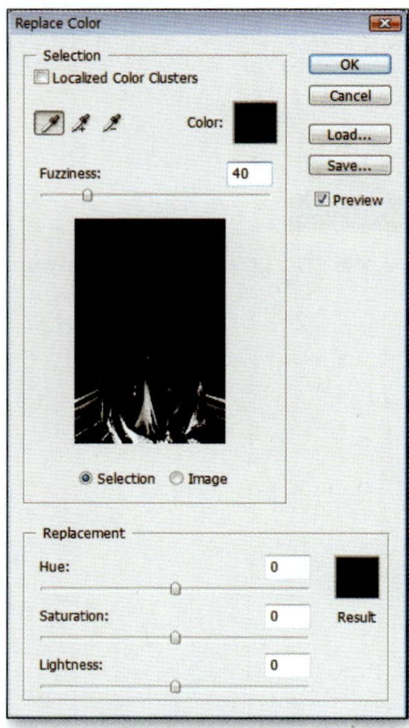

04 [Eyedropper Tool] 아이콘(🖉)으로 이미지의 피부 색상 샘플 영역을 클릭합니다. 클릭한 부분의 샘플 색상이 표시되고 [Replace Color] 대화상자에 클릭한 부분과 비슷한 색상 영역이 흰색으로 나타납니다.

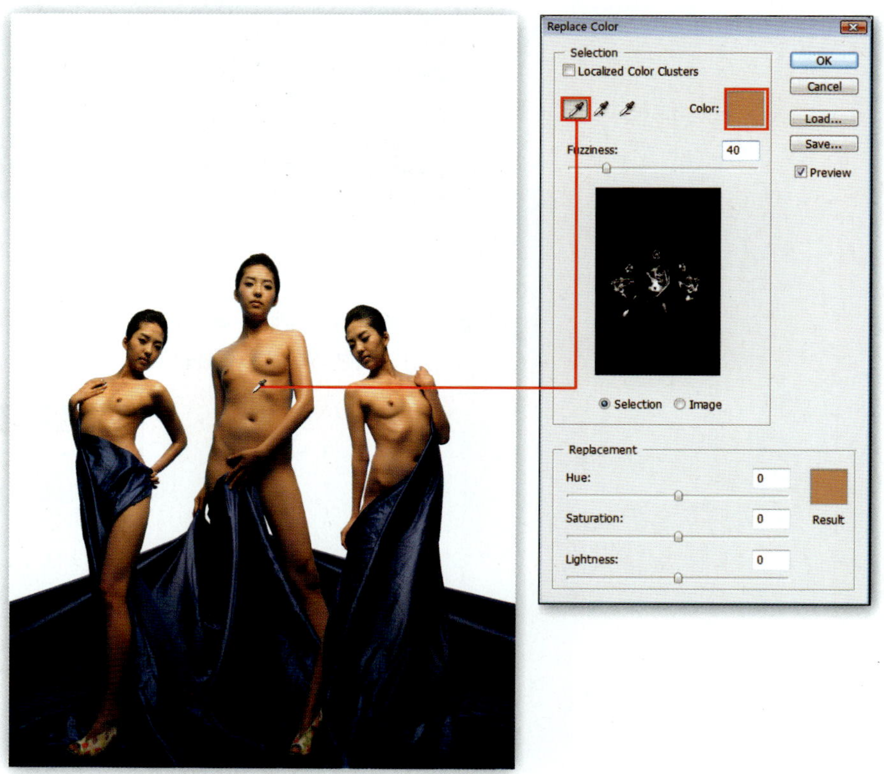

선택 색상(Color) : ▇ (#d49572)

05 색상 영역을 넓히기 위하여 아래와 같이 [Fuzziness]를 '200'으로 높여줍니다.

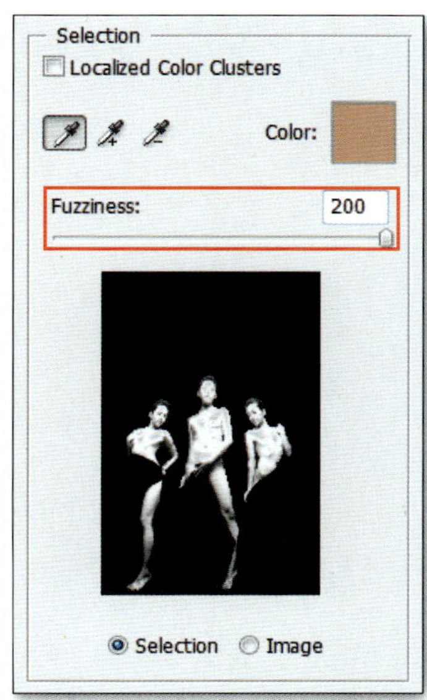

[Fuzziness] 값을 높이면 [Preview] 창에서 흰색 영역이
추가되는 것을 확인할 수 있습니다.

06 [Replace Color] 대화상자 하단의 [Replacement] 영역에서 [Saturation]을 '–100'으로 줄여
인물 피부 색상의 채도를 낮춰줍니다.

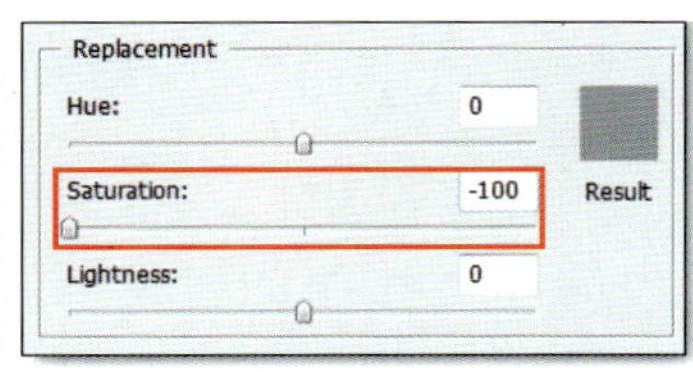

인물 이미지에 색상이 남아 있을 경우
[Add to Sample] 아이콘(📷)을 선택하
고 남아 있는 색상 부분을 클릭하여 마
저 빼줍니다.

STEP
2

천 부분의 명도 조정

01 툴박스에서 Rectangular Marquee Tool(▣)을 선택하고 이미지의 하단 부분(인물이 감싸고 있는 파란색 천 부분을 포함한)을 선택 영역으로 지정합니다.

02 이미지의 파란색 부분을 선택 영역으로 지정하기 위해 [Select]–[Color Range] 메뉴를 선택하여 [Color Range] 대화상자를 나타냅니다. [Eyedropper Tool] 아이콘(✎)을 이용해 파란색의 샘플 색상을 지정합니다.

지정된 샘플 색상 영역이 충분치 않으면 [Add to Sample] 아이콘(✎)을 선택하고 샘플 색상 영역을 추가합니다.

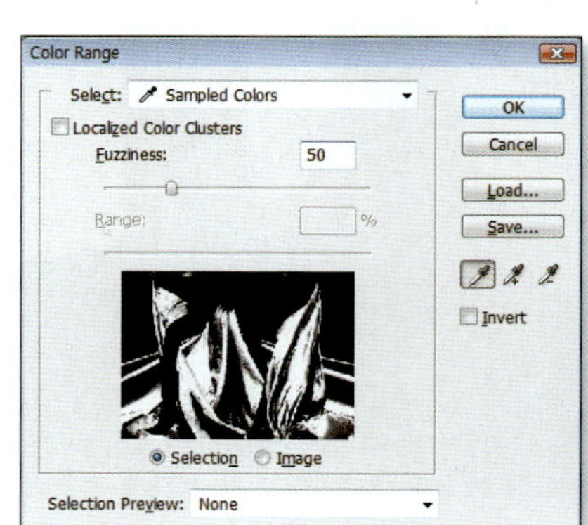

03 　Shift +F6 을 눌러 [Feather Selection] 대화상자가 나타나면 [Feather Radius]를 '5'로 설
　　　정합니다.

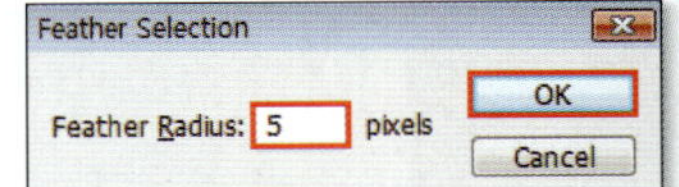

04 　ADJUSTMENTS 패널의 [Curves] 아이콘을 클릭한 후 'RGB, Blue' 채널을 그림과 같이 설
　　　정하여 명도를 높여줍니다.

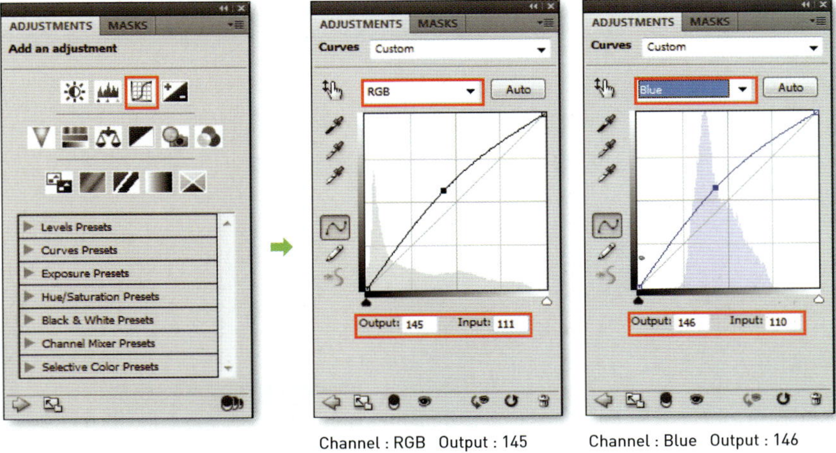

Channel : RGB　Output : 145　　　　Channel : Blue　Output : 146
Input : 111　　　　　　　　　　　　Input : 110

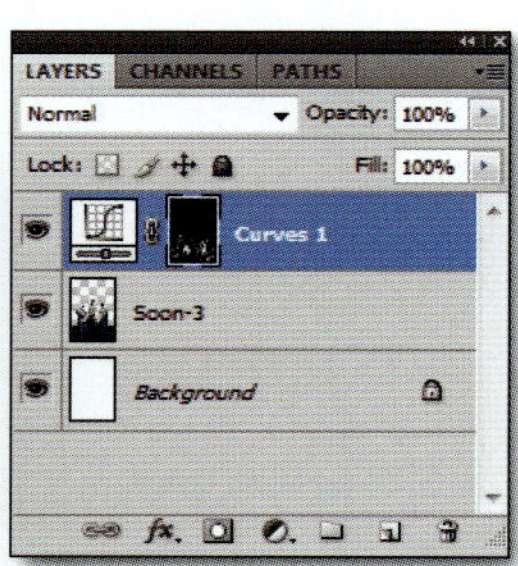

STEP

3

인물과 천의 대비 효과 표현

01 'Soon-3' 레이어를 선택하고 Ctrl 을 누른 상태로 'Soon-3' 레이어의 썸
네일(Layer thumbnail)을 클릭하여 선택 영역으로 지정합니다.

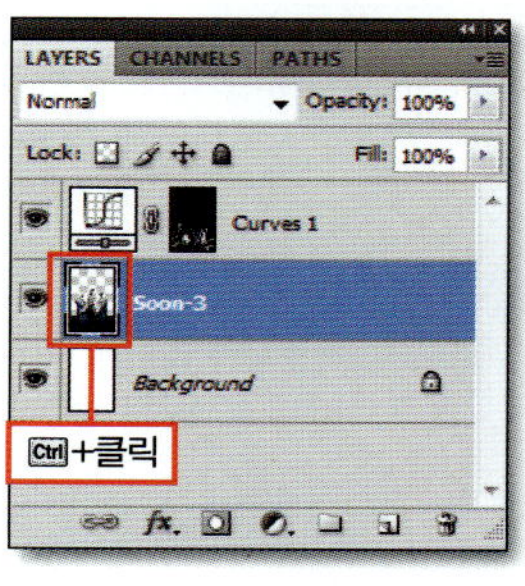

02 ADJUSTMENTS 패널의 [Levels] 아이콘을 클릭한 후 [Input Levels]를 '20, 1.00, 245'로 설정하여 명암의 대비가 좀 더 명확해지도록 보정합니다.

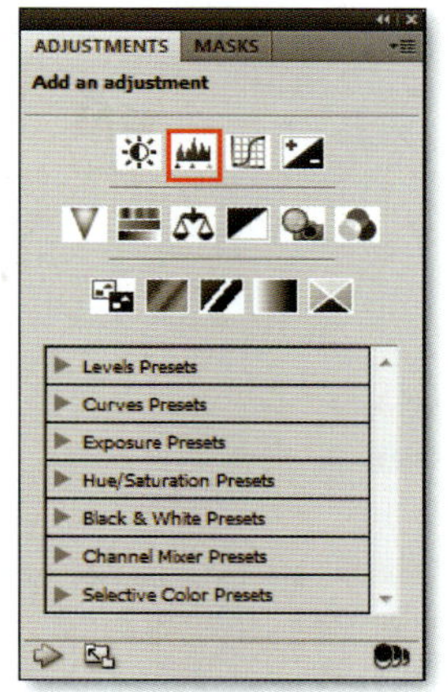
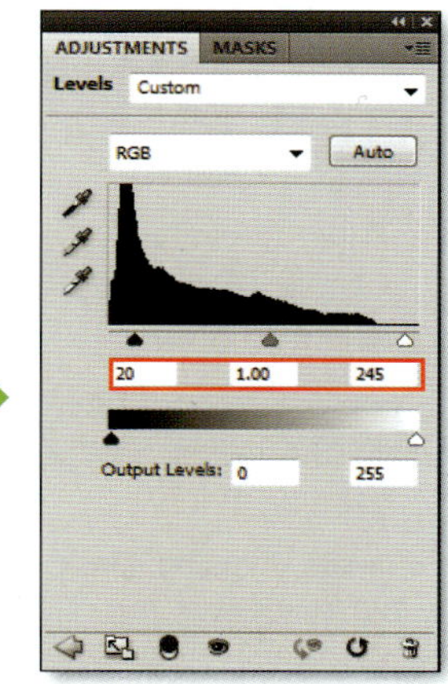

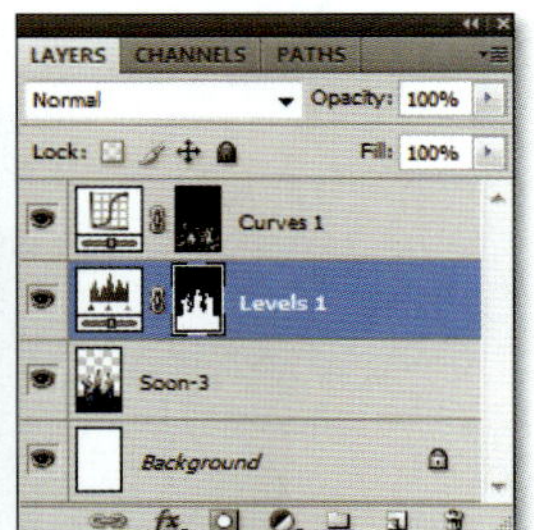

몽환적인 분위기 연출

영적인 존재감을 표현하기 위해 맑은 하늘과 순결함을 상징하는 텍스쳐 이미지를 주제 이미지와 어우러지도록 결합시킵니다.

KEY POINT

- **Hue/Saturation** : 이미지의 색상(Hue), 채도(Saturation), 명도(Lightness)를 보정할 수 있습니다.
- **Create Clipping Mask** : 상위 레이어 이미지 영역에서 바로 하위 레이어의 이미지 영역과 겹치는 부분만 투영시켜 보이도록 할 수 있습니다.

BEFORE

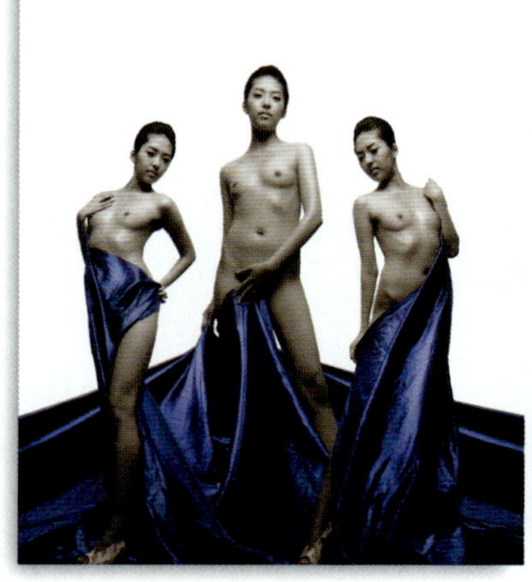

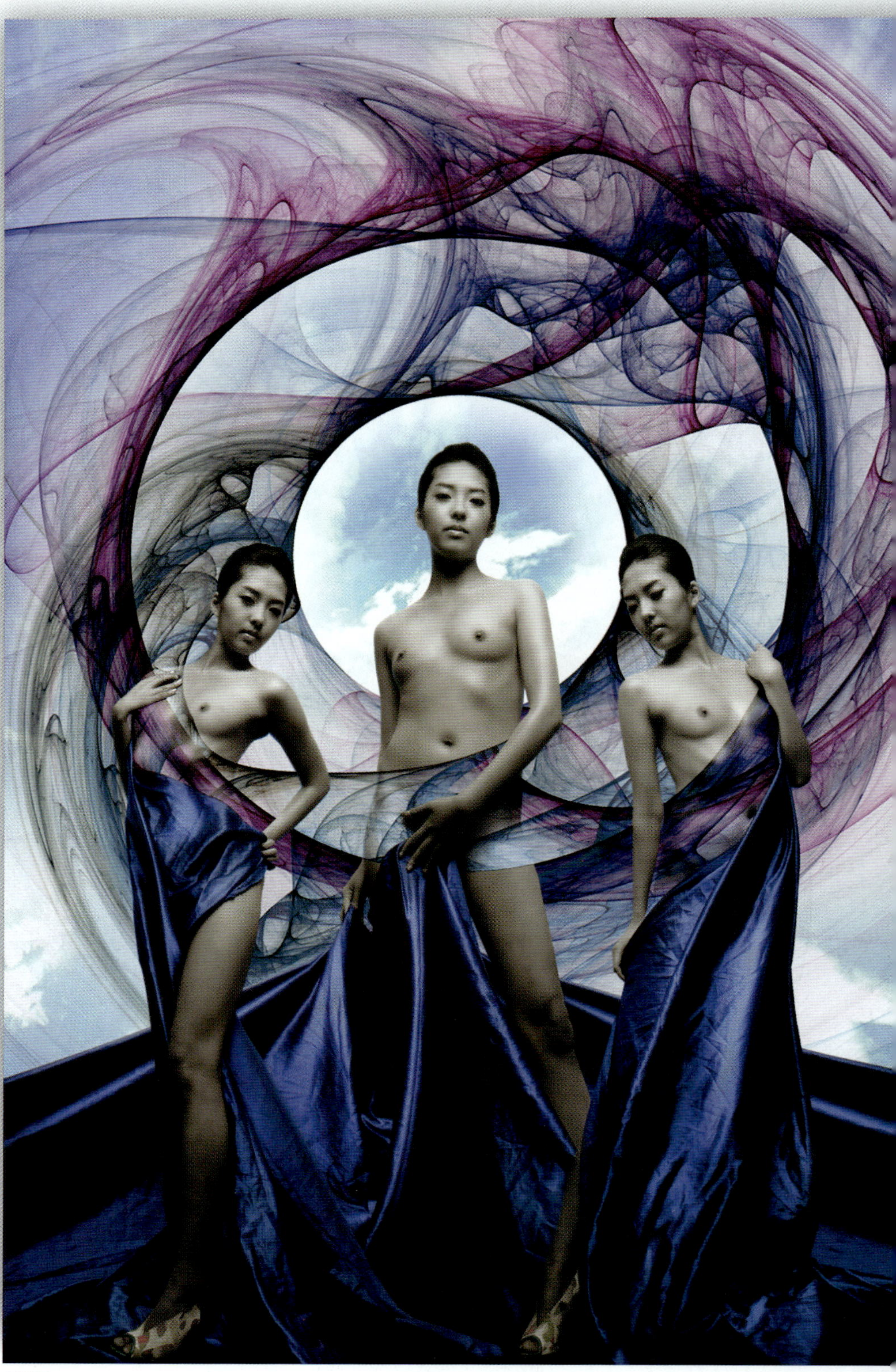

AFTER

WORK 02

하늘 이미지 합성

● **부록 CD** : THEME 08/Womb.jpg

01 작업 이미지의 배경에 하늘 이미지를 삽입하기 위해 부록 CD에서 'Womb.jpg' 파일을 불러 옵니다.

02 Move Tool(⊕)을 선택한 후 하늘 이미지를 작업 중인 이미지로 드래그하여 복사합니다. 'Soon-3' 레이어 밑으로 이동시킨 후 레이어의 이름을 'Sky'로 설정합니다.

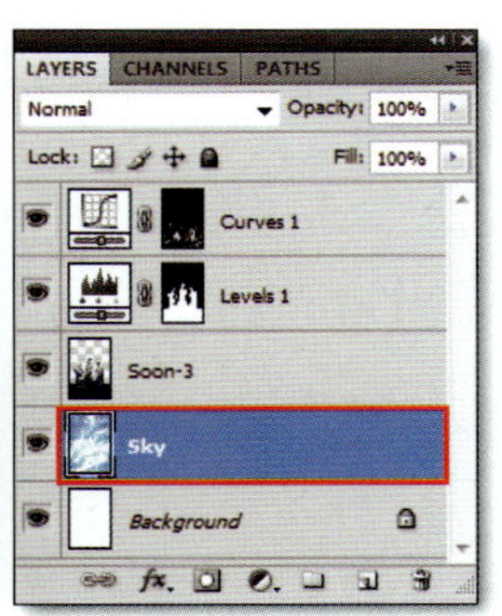

STEP
2

몽환적인 분위기 연출

● **부록 CD** : THEME 08/Purity.jpg

01 순결함을 상징하기 위해 부록 CD에서 'Purity.jpg' 파일을 불러옵니다.

' P u r i t y ' 파 일 제 작 **노 하 우**

'Purity.jpg' 파일의 이미지는 포토샵 외부 필터 KPT 7.0의 KPT
FraxFlame II 기능을 활용하여 만들었습니다.

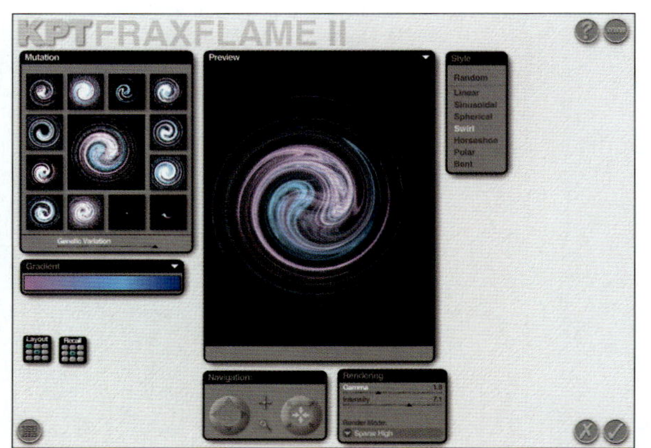

02 Move Tool(✛)을 선택하고 'Purity.jpg' 파일의 이미지를 작업 중인 이미지로 드래그하여 복사합니다. 위치를 잡아준 후 레이어의 이름을 'Pure'로 설정합니다.

03 Ctrl+I 를 눌러 'Pure' 레이어의 이미지 색상을 반전시킵니다.

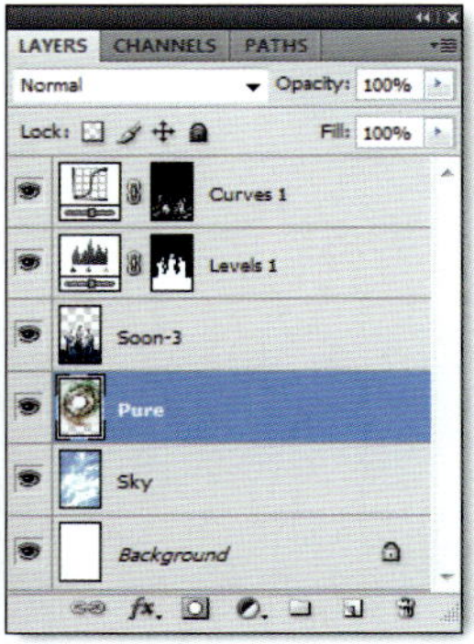

04 'Pure' 레이어의 블렌딩 모드를 'Linear Burn'으로 설정합니다.

05 채널 작업을 하기 위해 'Pure' 레이어와 'Background' 레이어를 제외한 모든 레이어의 '눈' 아이콘(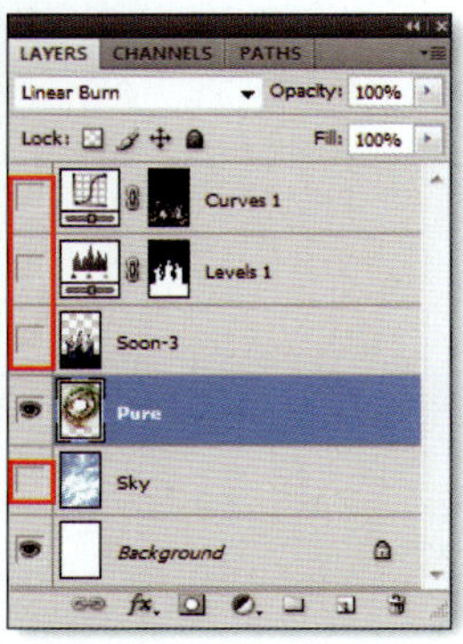)을 클릭하여 보이지 않도록 꺼줍니다.

06 CHANNELS 팔레트로 이동한 후 'Red, Green, Blue' 채널 중 이미지가 가장 뚜렷한 'Blue' 채널을 선택합니다.

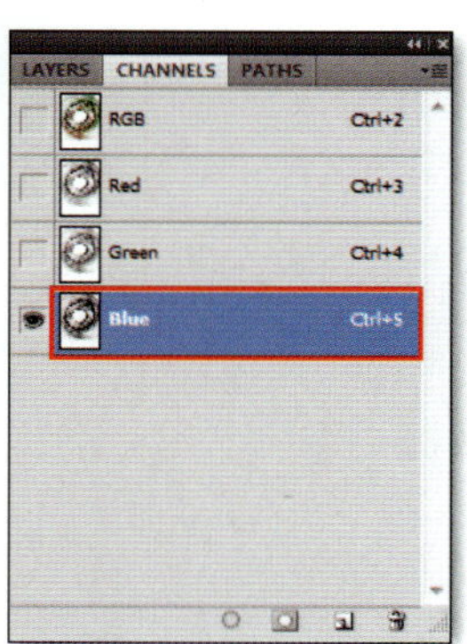

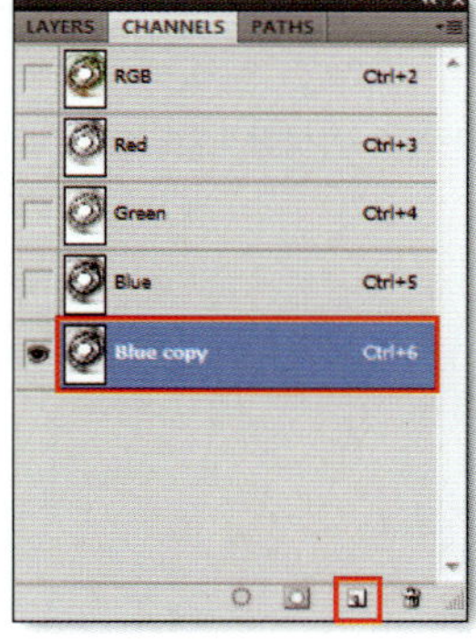

07 'Blue' 채널을 CHANNELS 팔레트 하단의 [Create new channel] 아이콘(￼)으로 드래그 하여 복사합니다.

08 Ctrl+I를 눌러 이미지를 반전시킵니다.

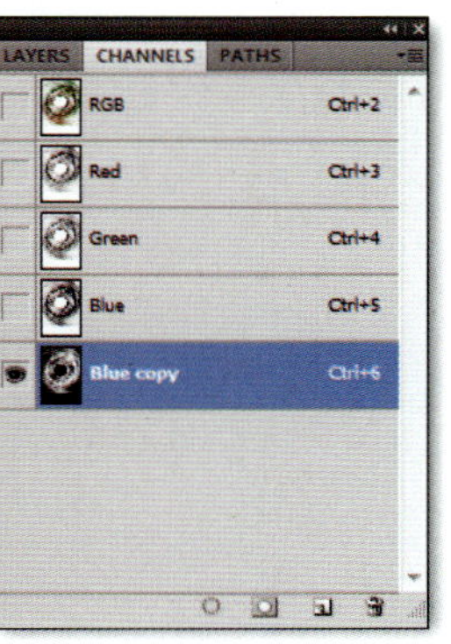

09 LAYERS 팔레트로 돌아가 'Sky' 레이어를 선택하고 '눈' 아이콘(👁)을 클릭하여 다시 활성화시킵니다.

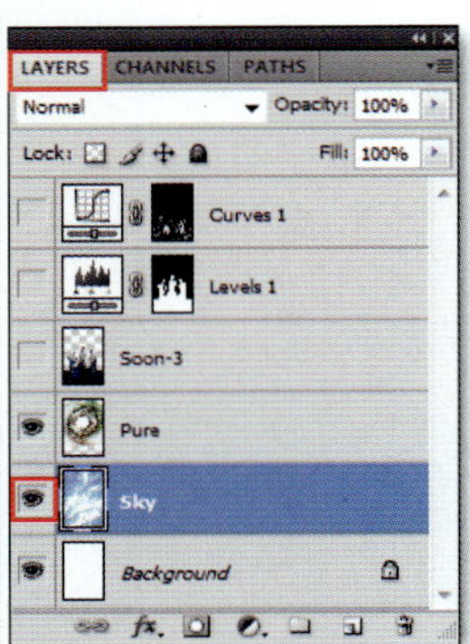

10 Ctrl+Alt+6 을 눌러 'Blue copy' 채널에 대한 선택 영역을 활성화시킵니다.

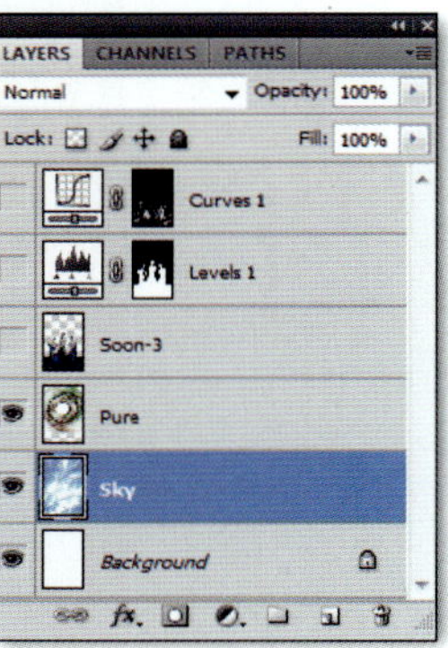

11 Shift + F6 을 눌러 [Feather Selection] 대화상자가 나타나면 [Feather Radius]를 '30'으로
설정합니다.

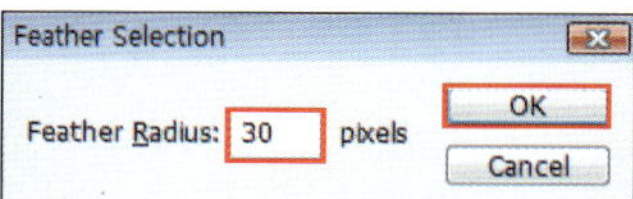

12 Delete 를 4번 눌러 선택된 영역을 지우고 Ctrl + D 를 눌러 선택 영역을 해제합니다.

13 'Pure' 레이어를 선택하고 ADJUSTMENTS 패널의 [Hue/Saturation] 아이콘을 클릭한 후
그림과 같이 설정합니다. 그리고, [Layer]−[Create Clipping Mask] 메뉴를 선택합니다.

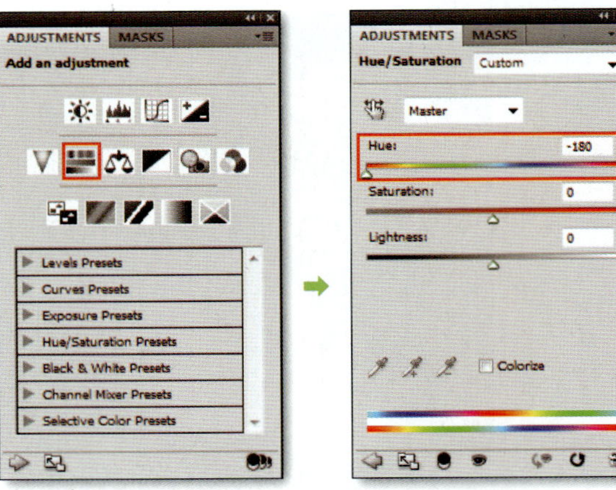

Hue : -180

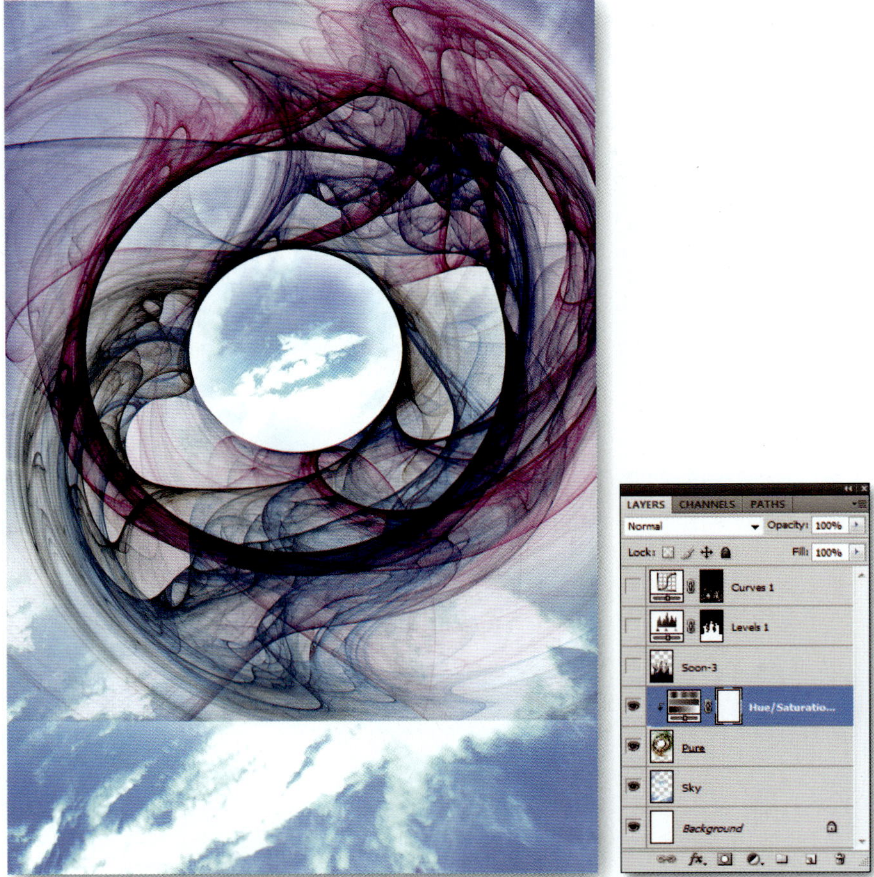

Create Clipping Mask는 상위 레이어 이미지 영역에서 바로 하위 레이어의 이미지 영역과 겹치는 부분
만 투영시켜 보이도록 하는 기능입니다.

14 LAYERS 팔레트에서 꺼져있던 '눈' 아이콘(◉)을 모두 클릭하여 활성화시킵니다.

STEP

3

인물과 배경 합성

01 인물과 텍스쳐 이미지를 자연스럽게 연결하기 위해 'Soon-3' 레이어를 선택하고 PATHS 팔레트로 이동합니다.

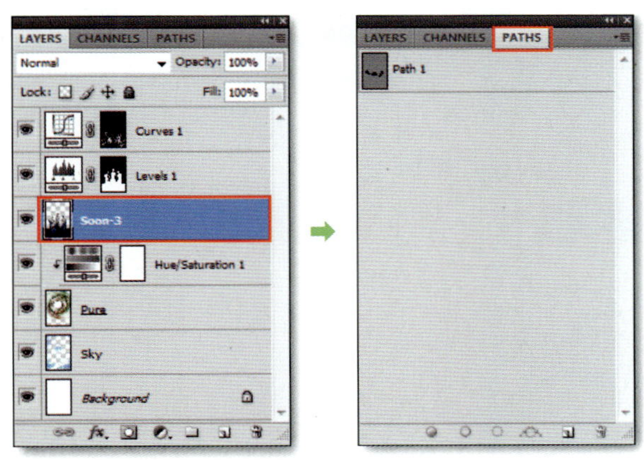

02 PATHS 팔레트에서 'Path 1' 패스를 선택합니다.

작업을 원활히 진행하기 위해 미리 Pen Tool(펜)로 신체의 부분 부분을 그려 넣은걸 확인할 수 있습니다.

03 PATHS 팔레트 하단에 있는 [Load path as a selection] 아이콘(◎)을 클릭하여 선택 영역
으로 지정하고, LAYERS 팔레트의 'Soon-3' 레이어로 돌아옵니다.

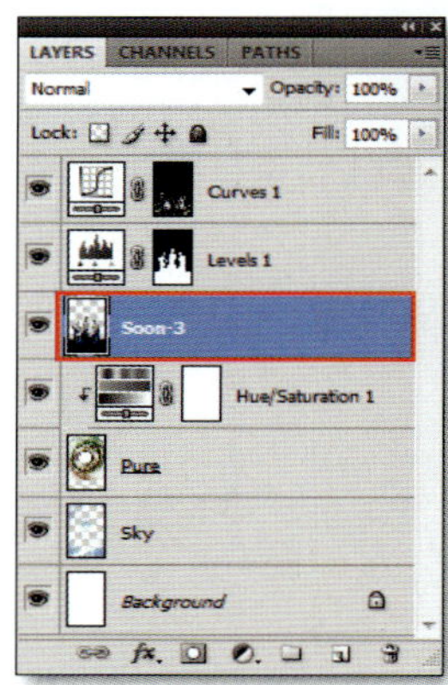

04 Shift +Ctrl+J를 눌러 선택된 이미지를 잘라 새 레이어에 붙여 넣습니다. 이때 새로 생
긴 레이어의 이름은 'Sam'으로 설정합니다.

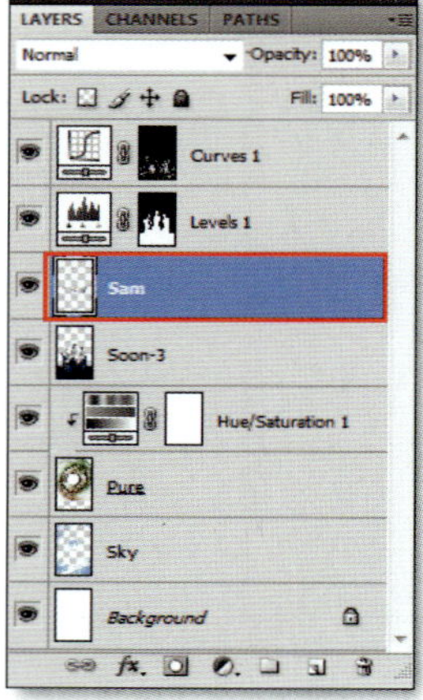

05　'Sam' 레이어의 블렌딩 모드를 'Hard Light'로 설정하고 작업을 마무리합니다.

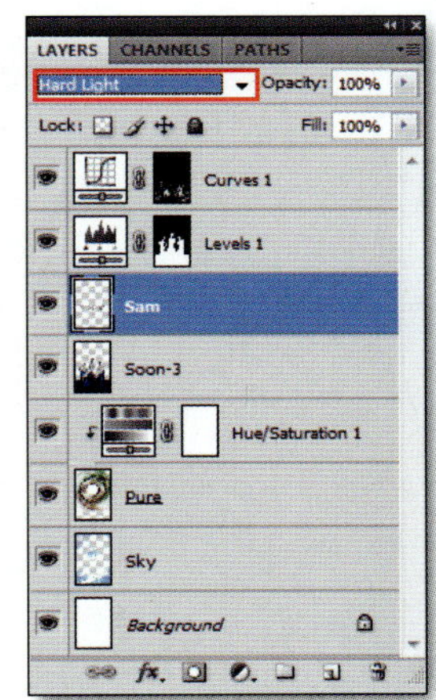

PHOTOSHOP CREATIVE COLLECTION

Color Range의 이해

Color Range를 이용하면 이미지의 색상 및 음영 등으로 선택 영역을 지정할 수 있을 뿐 아니라 이미지 창에서 선택 영역으로 지정된 부분을 직접 확인하면서 선택 영역을 추가하거나 삭제할 수도 있습니다.

■ **Color Range 기능으로 이미지의 특정 색상 지정 후 변화주기**

01 예제로 사용할 'Color Range.jpg' 파일을 부록 CD에서 불러옵니다.

● **부록 CD** : Tip/Color Range.jpg

02 [Select]−[Color Range] 메뉴를 선택하면 나타나는 [Color Range] 대화상자에서 [Eyedropper Tool] 아이콘(🖋)를 이용해 빨간색의 샘플 색상을 선택합니다. 지정된 샘플 색상 영역이 충분치 않으면 [Add to Sample] 아이콘(🖋)을 선택하고 샘플 색상 영역을 추가합니다.

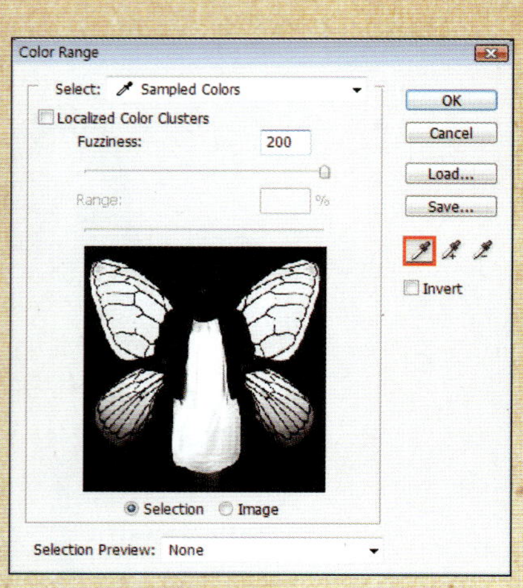

03 ADJUSTMENTS 패널의 [Hue/Saturation] 아이콘을 선택하여 다양한 색상 변화를 적용해 봅니다.

Hue : +35

Hue : +180

Hue : -100

■ [Color Range] 대화상자의 이해

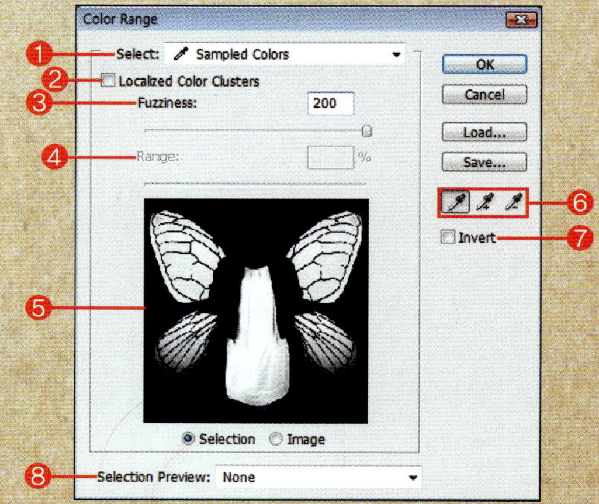

❶ **Select** : 선택할 요소를 설정할 수 있습니다. 기본 설정인 'Sample Color'에서 이미지의 원하는 샘플 색상을 선택한 후 선택 영역으로 설정합니다. 색상(Red, Yellow, Greens 등), 음영(Highlight 등) 인쇄를 위한 안전 색상(Out of Gamut)만 선택하도록 설정할 수도 있습니다. 일반적으로 'Sample Color'를 많이 사용합니다.

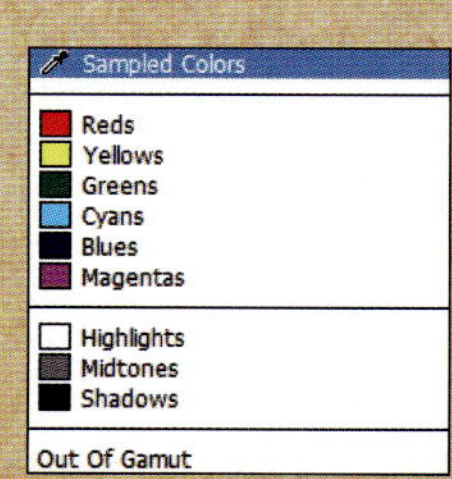

❷ **Localized Color Clusters** : [Localized Color Clusters] 옵션을 체크하면 선택 영역에서 벗어난 곳에서 불필요한 색상까지 선택되는 것을 방지해 줍니다.

❸ **Fuzziness** : [Select]를 'Sampled Colors'로 설정하면 입력 창에 값을 입력하거나 슬라이더 바를 움직여 색상 범위를 설정할 수 있습니다.

❹ **Range** : [Localized Color Clusters] 옵션이 체크되었을 때 활성화되며 설정된 색상 영역의 범위를 조절합니다.

❺ **미리 보기 창** : [Selection]을 체크하면 선택 영역으로 지정하기 위한 부분이 흰색으로 표시되고, [Image]를 체크하면 현재 이미지 창 그대로 표시됩니다.

❻ **[Eyedropper Tool]**(🖊), **[Add to Sample]**(🖊), **[Subtract from Sample]**(🖊) : 선택 영역을 지정한 후 원하는 색상 범위를 추가하거나 삭제할 수 있습니다.

❼ **Invert** : 선택 영역이 반전되어 선택됩니다.

❽ **Selection Preview** : [Color Range] 대화상자에서 선택 영역으로 지정된 부분을 이미지 창에 어떻게 표시할 것인지를 선택할 수 있습니다.

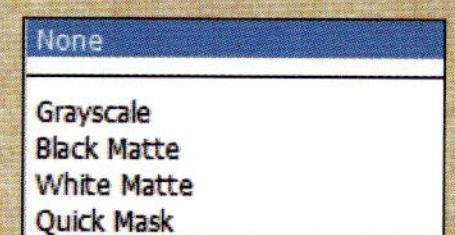

   • **None** : 선택 영역으로 지정한 부분이 화면에 표시되지 않습니다.

- Grayscale : 이미지가 흑백으로 표시되며 선택 영역으로 지정한 부분이 흰색으로 표시됩니다.

- Black Matte : 선택 영역으로 지정할 부분을 제외한 나머지 부분이 검은색으로 표시됩니다.

- White Matte : 선택 영역으로 지정할 부분을 제외한 나머지 부분이 흰색으로 표시됩니다.

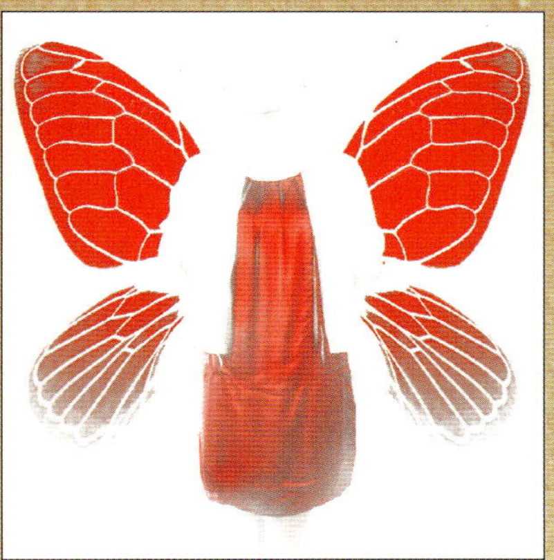

- Quick Mask : 선택 영역으로 지정할 부분을 제외한 나머지 부분이 퀵 마스크의 색상으로 표시됩니다.

붐(Boom) 스탠드와 톱(Top) 라이팅의 특징

■ Sam-soon.psd 촬영 정보

Nikon D70s, 1/200 sec, 조리개 값 : F14.0, 촬영 모드 : M, ISO : 100, 화이트 밸런스 : Manual

■ 붐(Boom) 스탠드

크레인처럼 생긴 T자형 스탠드로 조명장치를 매달 수 있는 장치를 붐(Boom) 스탠드라고 합니다.
주로 톱 라이트(Top Light)로 사용하며 조명의 위치와 방향을 편리하게 조작할 수 있습니다.

■ 톱(Top) 라이팅

피사체의 정면 바로 위에서 빛을 비추는 조명 기법으로 빛이 닿는 이마나 코 등의 튀어나온 윗부분은 밝게 나타나지만 반대로 코밑이나 턱 밑 등의 움푹 파인 부분에는 짙은 그림자가 생깁니다.

빛이 닿는 면적

톱(Top) 라이팅을 사용한 사진

얼굴 부분 확대

Nikon D80, 1/250sec, 조리개 값 : F14.0, 촬영 모드 : M, ISO : 100, 화이트 밸런스 : Manual

PHOTOSHOP
CREATIVE COLLECTION

TV SHOW

나는 항상 습관적으로 TV을 본다.

그러다 어느 순간 그들이 나를 보고 있음을 느낀다.

하지만 전혀 두렵지 않다. 그들은 항상 나에게 친절하고 따뜻하기 때문에…

가끔 현실이 너무 싫고 그냥 어딘가로 떠나고 싶을 때 나는 또 TV를 본다.

그러다 어느 순간 그들이 나를 보고 있음을 느낀다. 하지만 전혀 두렵지 않다.

그들은 항상 나에게 재미있고 즐거운 친구이기 때문에…

……………도망치고 싶다…

……………얼른 그녀의 품 안으로…

………………사랑해요…… TV LOVE!!………………

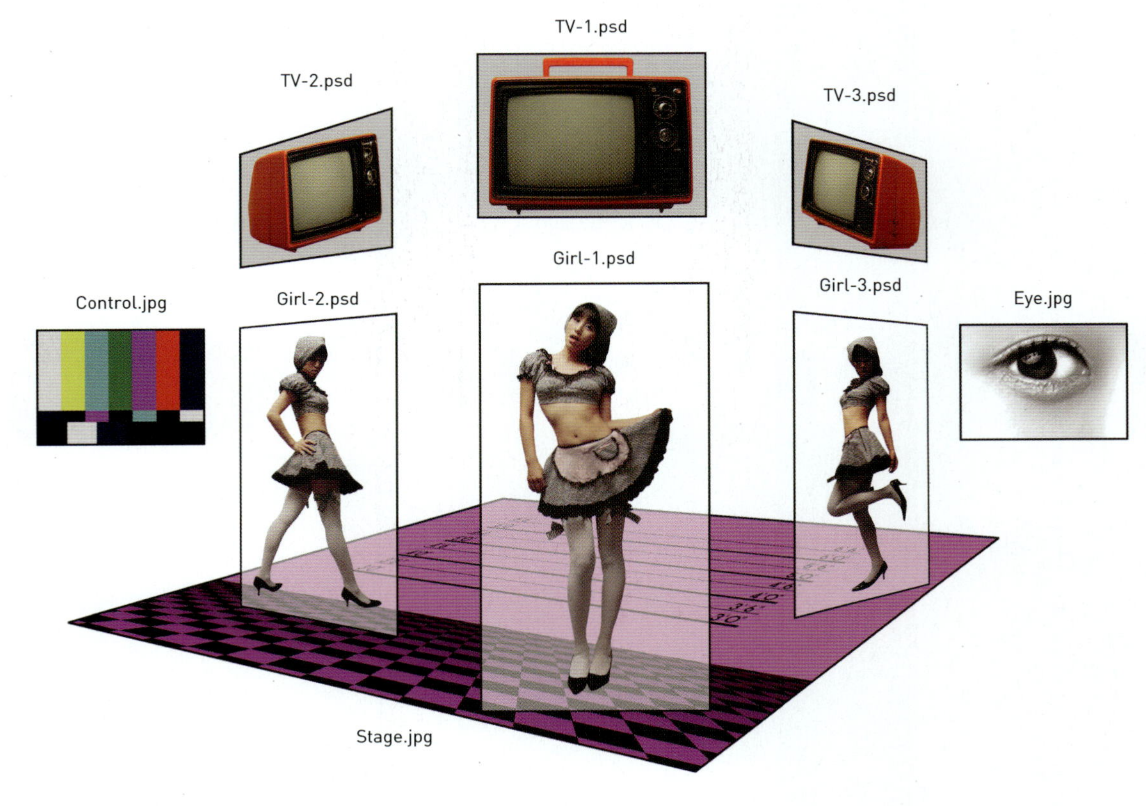

- **TV-1/2/3.psd** : 합성 작업을 진행하기 위해 추출한 TV 이미지
- **Girl-1/2/3.psd** : 합성 작업을 진행하기 위해 추출한 쇼걸 이미지
- **Control.jpg** : TV 이미지에 합성하기 위한 화면 조정 이미지
- **Eye.jpg** : TV 이미지에 합성하기 위한 눈 이미지
- **Stage.jpg** : 일러스트로 완성한 스테이지 배경 이미지

Start ▶   ◀ Finish

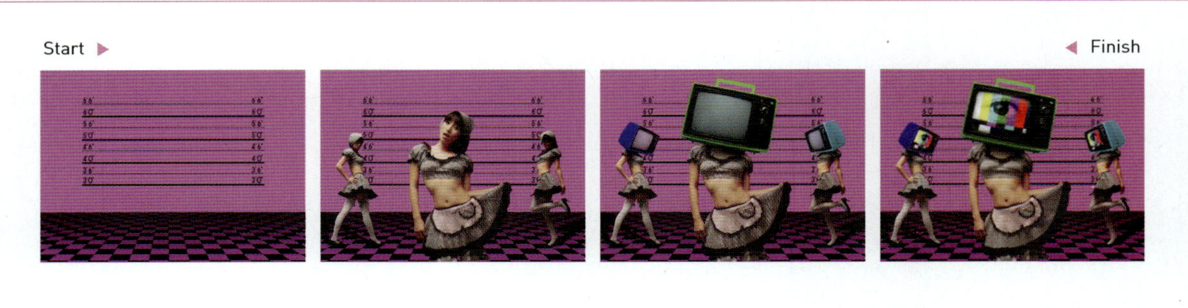

6'6"
6'0"
5'6"
4'0"
3'6"
3'0"
6'6"
6'0"
5'6"
4'0"
3'6"
3'0"

스테이지를 누비는 3명의 쇼걸 합성

배경 이미지에 스테이지를 누비는 3명의 쇼걸을 삽입하고 쇼걸의 그림자를 표현하는 방법에 대하여 알아봅니다.

➡ KEY POINT

- **Distort** : 앵커 포인터를 드래그하는 방식으로 이미지를 변형할 수 있습니다.
- **Create a new Group** : 복잡한 레이어 작업 시 그룹 폴더에 해당 레이어를 넣어 그룹화시키면 복잡한 작업 환경을 단순화 시킬 수 있습니다.

BEFORE

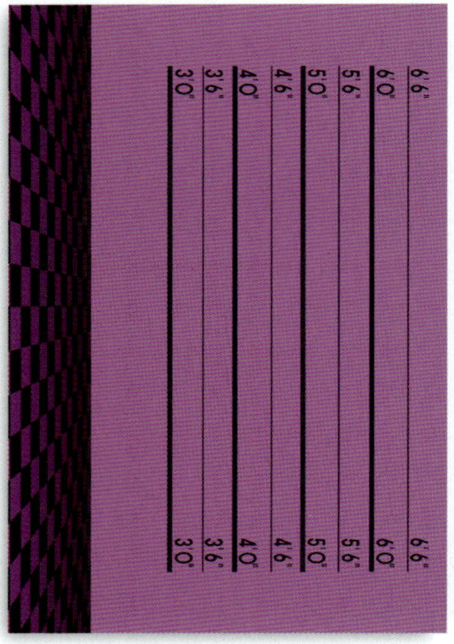

AFTER

WORK 01

1

쇼걸 이미지 합성

01 배경 이미지로 사용할 'Stage.jpg' 파일을 부록 CD에서 불러옵니다.

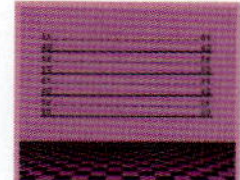

● **부록 CD** : THEME 09/Stage.jpg

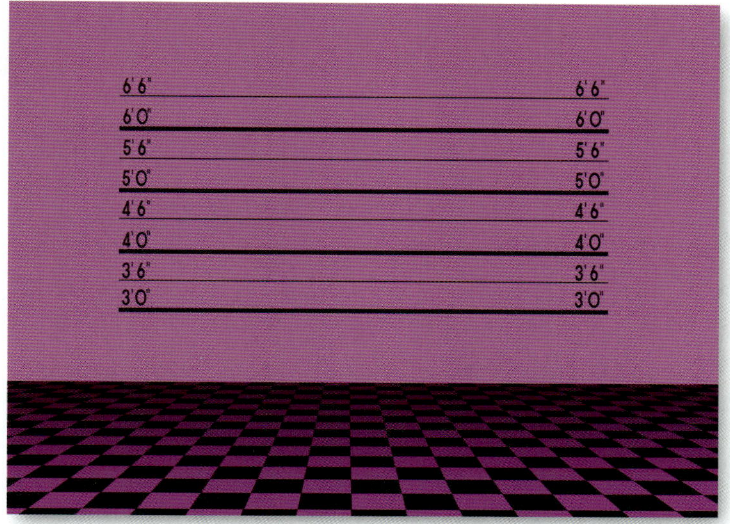

02 첫 번째 쇼걸로 사용할 'Girl-1.psd' 파일을 불러옵니다.

● **부록 CD** : THEME 09/Girl-1.psd

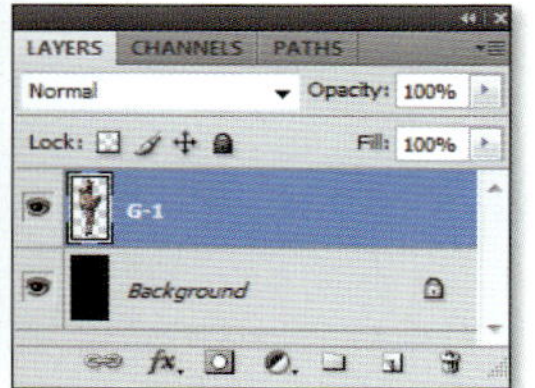

03 Move Tool(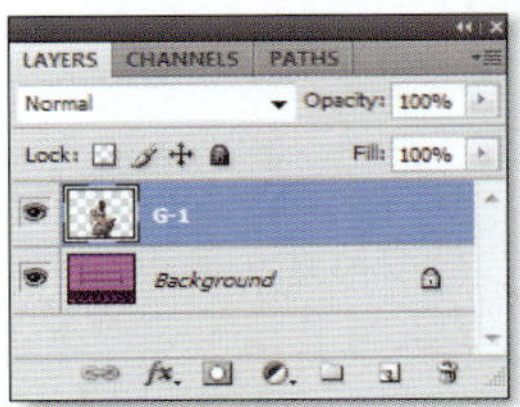)을 선택하고 'Girl-1.psd' 파일의 'G-1' 레이어를 작업 중인 이미지로 드래그해서 복사합니다. Ctrl+T를 눌러 크기를 확대하고 위치를 잡아줍니다.

---

2 두 번째 쇼걸 이미지 합성과 그림자 효과

01 두 번째 쇼걸로 사용할 'Girl-2.psd' 파일을 불러옵니다.

● **부록 CD** : THEME 09/Girl-2.psd

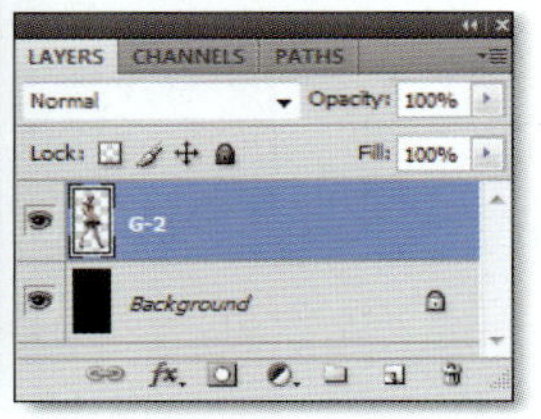

02 Move Tool(▶+)을 선택하고 'Girl-2.psd' 파일의 'G-2' 레이어를 작업 중인 이미지로 드래그하여 복사합니다. Ctrl+T 를 눌러 크기를 축소하고 위치를 잡아줍니다.

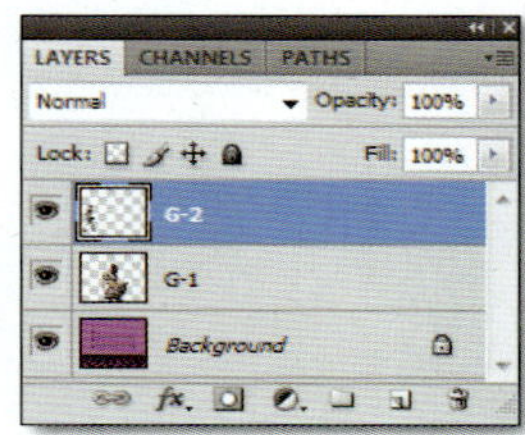

03 두 번째 쇼걸의 그림자를 만들기 위해 LAYERS 팔레트에서 [Create a new layer] 아이콘(🔲)을 클릭하여 새로운 레이어를 만들고 이름을 'G2-S'로 설정합니다.

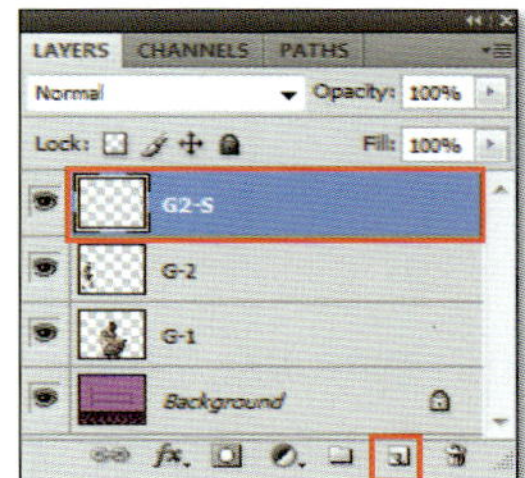

04 'G2-S' 레이어가 선택된 상태에서 Ctrl 을 누르고 'G-2' 레이어의 썸네일(Layer thumbnail)을 클릭하여 선택 영역으로 지정합니다.

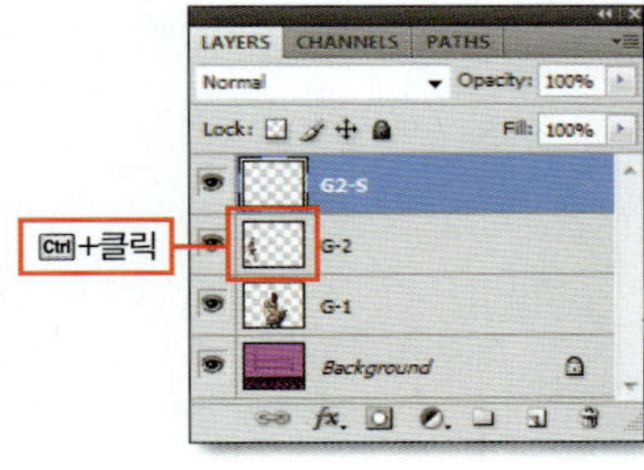

05 [Shift]+[F6]을 눌러 [Feather Selection] 대화상자가 나타나면 [Feather Radius]를 '5'로 설정합니다.

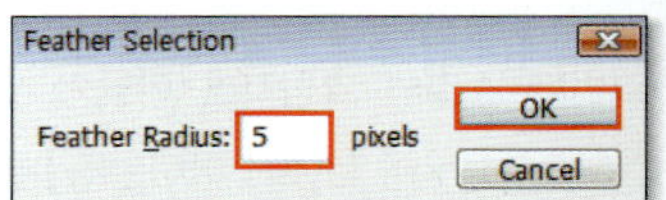

06 툴박스에서 전경색을 검은색(#000000)으로 설정하고, [Alt]+[Delete]를 눌러 색상을 채워 줍니다. [Ctrl]+[D]를 눌러 선택 영역을 해제합니다.

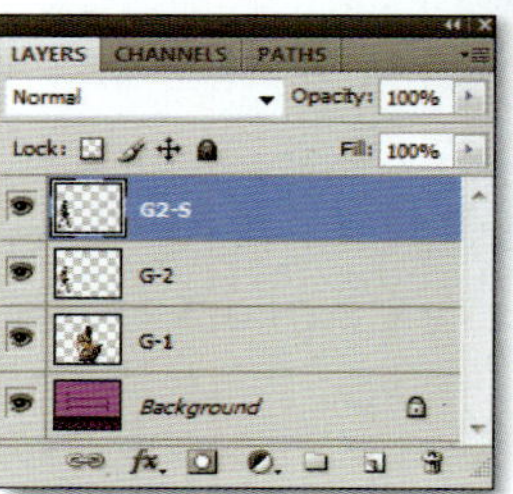

07 [Edit]–[Transform]–[Distort] 메뉴를 선택하여 윗변의 가운데 포인트를 그림처럼 움직여서
형태를 변형시킵니다.

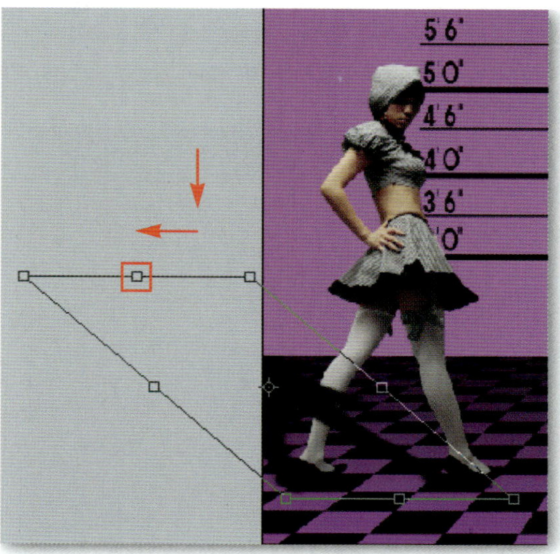

08 LAYERS 팔레트에서 'G2–S' 레이어를 'G–2' 레이어 아래로 드래그하여 이동시키고,
[Opacity]를 '80%'로 설정합니다.

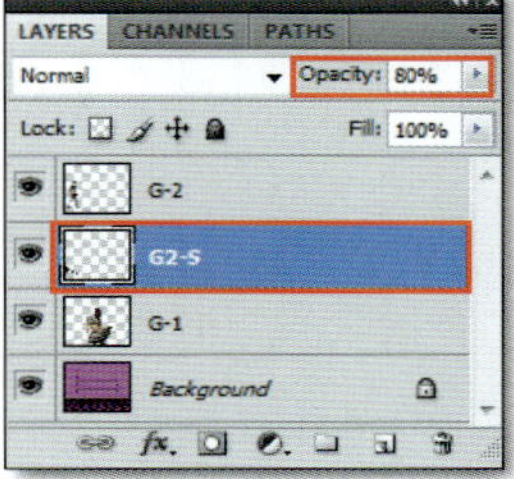

3　세 번째 쇼걸 이미지 합성과 그림자 효과

01　세 번째 쇼걸로 사용할 'Girl-3.psd' 파일을 부록 CD에서 불러옵니다.

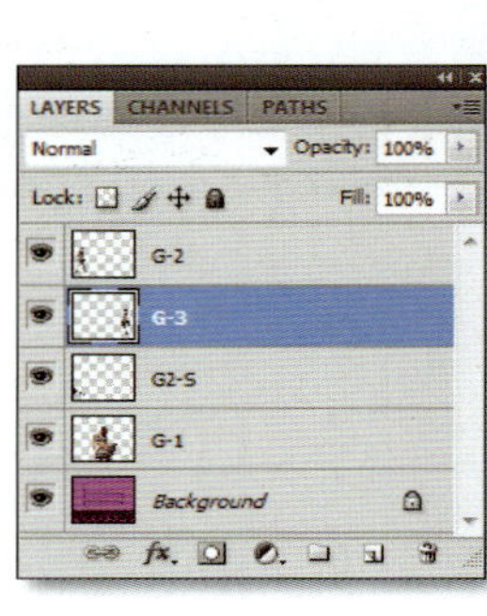

● **부록 CD** : THEME 09/Girl-3.psd

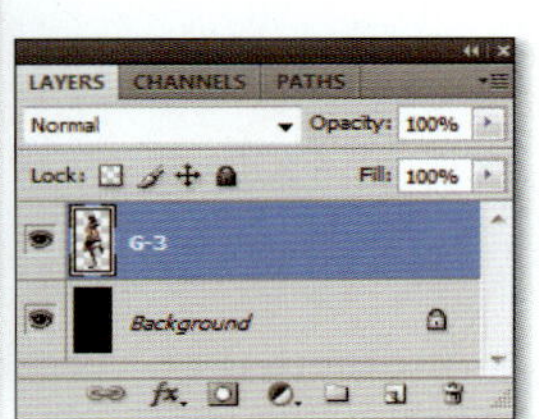

02　Move Tool(　)을 선택하고 'Girl-3.psd' 파일의 'G-3' 레이어를 작업 중인 이미지로 드래그
하여 복사한 후 Ctrl+T를 눌러 크기를 축소하고 위치를 잡아줍니다.

03　세 번째 쇼걸의 그림자를 만들기 위해 LAYERS 팔레트에서 [Create a new layer] 아이콘(🗇)을 클릭하여 새로운 레이어를 만들고 이름을 'G3-S'로 설정합니다.

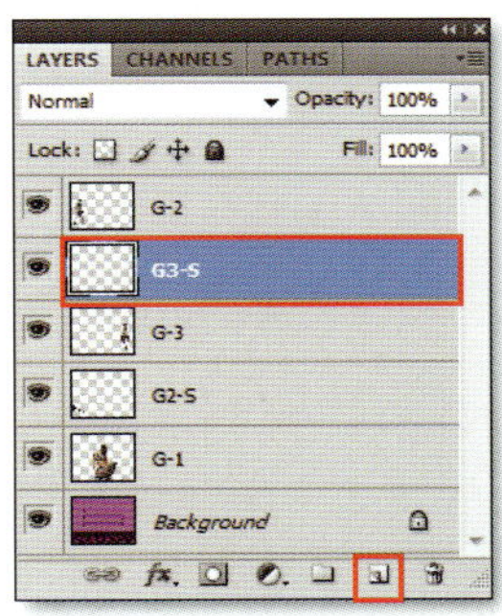

04　'G3-S' 레이어가 선택된 상태에서 Ctrl을 누르고 'G-3' 레이어의 썸네일(Layer thumbnail)을 클릭하여 선택 영역으로 지정합니다.

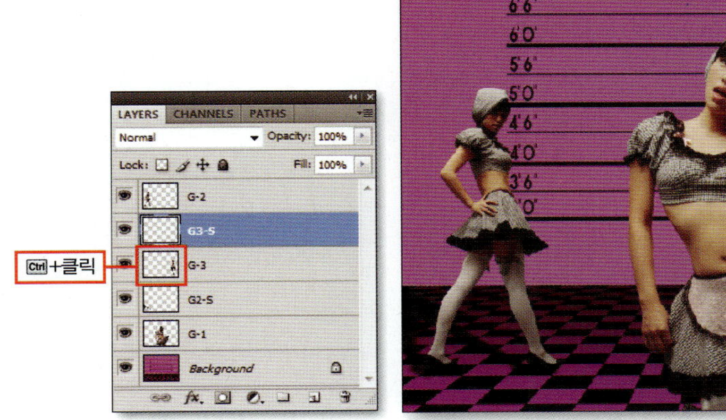

05　Shift+F6을 눌러 [Feather Selection] 대화상자가 나타나면 [Feather Radius]를 '5'로 설정합니다.

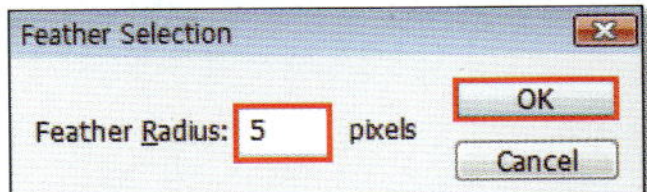

06 툴박스에서 전경색을 검은색(#000000)으로 설정하고, `Alt`+`Delete`를 눌러 색상을 채워줍니다. `Ctrl`+`D`를 눌러 선택 영역을 해제합니다.

07 [Edit]-[Transform]-[Distort] 메뉴를 선택하여 윗변의 가운데 포인트를 그림과 같이 움직여서 형태를 변형시킵니다.

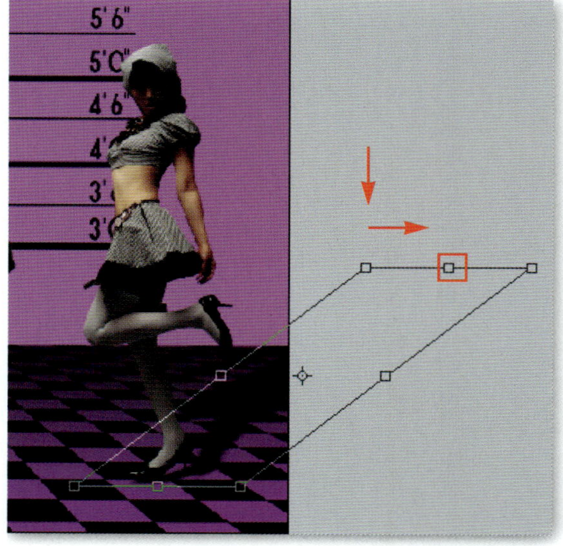

08 LAYERS 팔레트에서 'G3-S' 레이어를 'G-3' 레이어 아래로
드래그하여 이동시킨 후 [Opacity]를 '80%'로 설정합니다.

S T E P

4　　　　　　　　　　　　　　　그룹 폴더의 활용

01 LAYERS 팔레트에서 [Create a new group] 아이콘(▢)을
클릭하여 'Group 1' 그룹 폴더를 만듭니다.

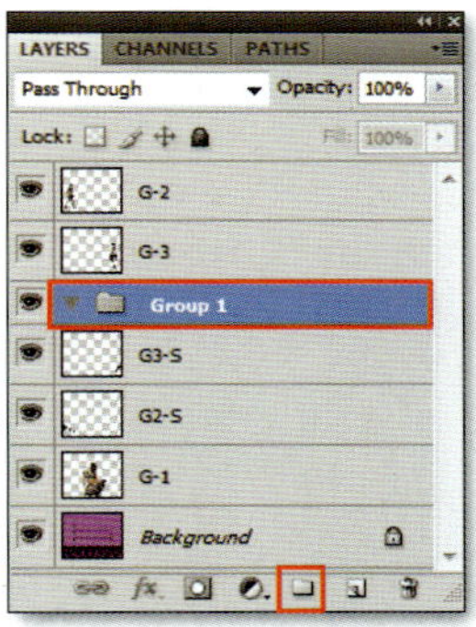

02 LAYERS 팔레트에서 'G-1', 'G2-S', 'G3-S', 'G-3', 'G-2' 레이
어를 선택하고 'Group 1' 그룹 폴더로 드래그하여 이동시킵니다.

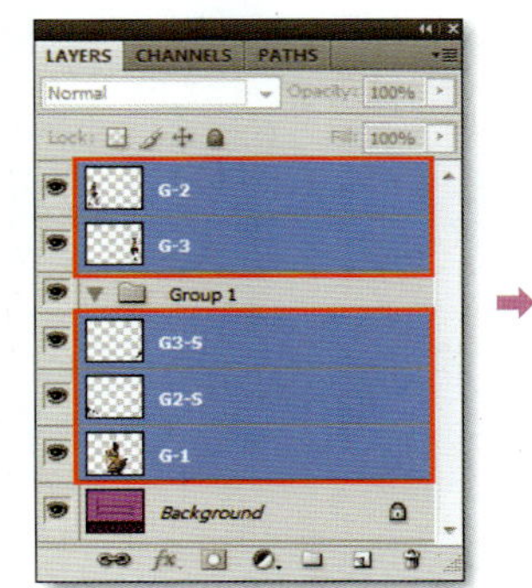
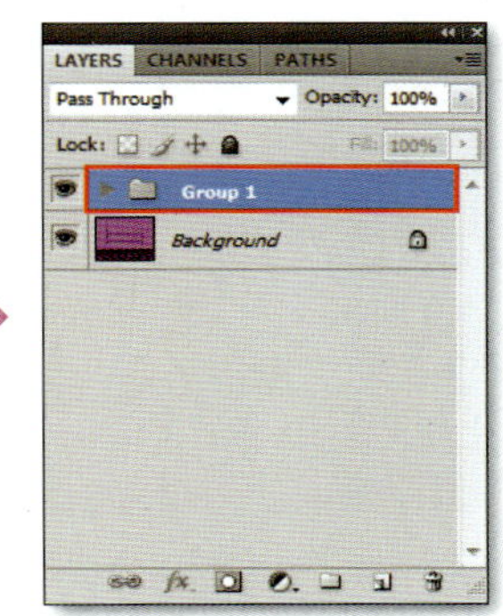

복잡한 레이어 작업 시 그룹 폴더에 해당 레이어를 넣어 그룹화시키면 복잡한
작업 환경을 단순화시킬 수 있습니다.

쇼걸 머리에 TV 이미지 합성

쇼걸의 머리에 TV 이미지를 합성하여 대중매체의 활발한 움직임을 표현합니다.

KEY POINT

- **Hue/Saturation** : 이미지의 색상(Hue), 채도(Saturation), 명도(Lightness)를 알맞게 보정할 수 있습니다.

BEFORE

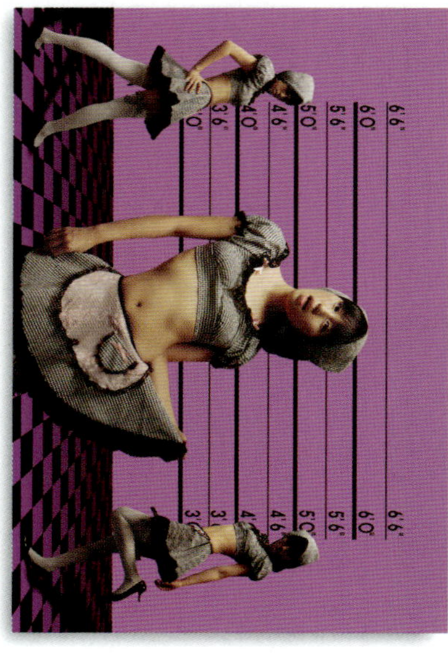

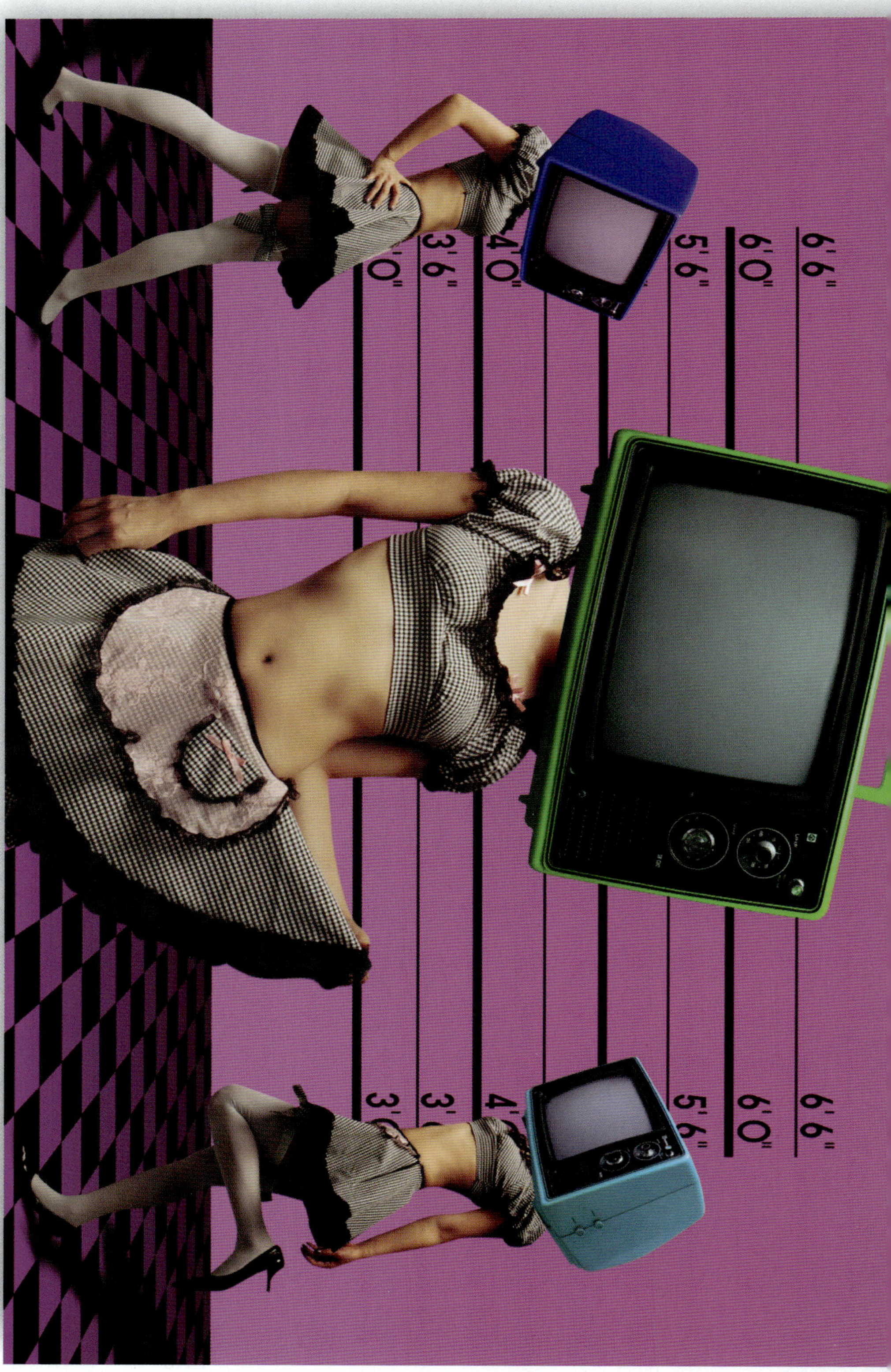

AFTER

WORK 02

S T E P

1

TV 합성과 색상 변경_01

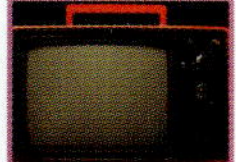

● **부록 CD** : THEME 09/TV-1.psd

01 첫 번째 쇼걸에 합성할 TV 이미지인 'TV-1.psd' 파일을 불러옵니다.

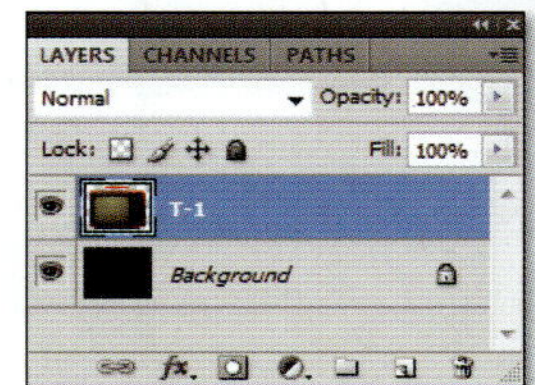

02 Move Tool(이미지)을 선택하고 'TV-1.psd' 파일의 'T-1' 레이어를 작업 중인 이미지로 드래그
하여 복사합니다. Ctrl+T를 눌러 적당한 크기를 정해주고 위치를 잡아줍니다.

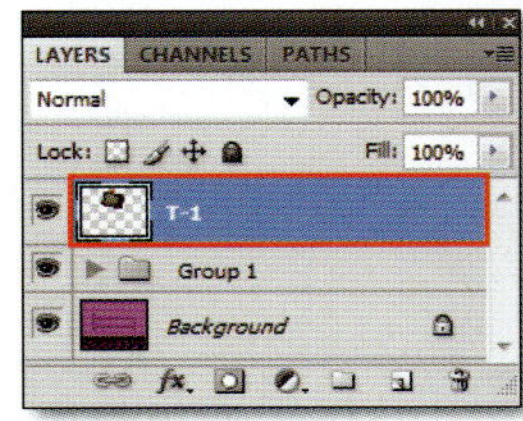

03 LAYERS 팔레트에서 Ctrl을 누른 상태로 'T-1' 레이어의 썸네일(Layer thumbnail)을 클릭하여 선택 영역으로 지정합니다.

04 ADJUSTMENTS 패널의 [Hue/Saturation] 아이콘을 클릭한 후 배경 색상과 대조되는 색상으로 변화시킵니다.

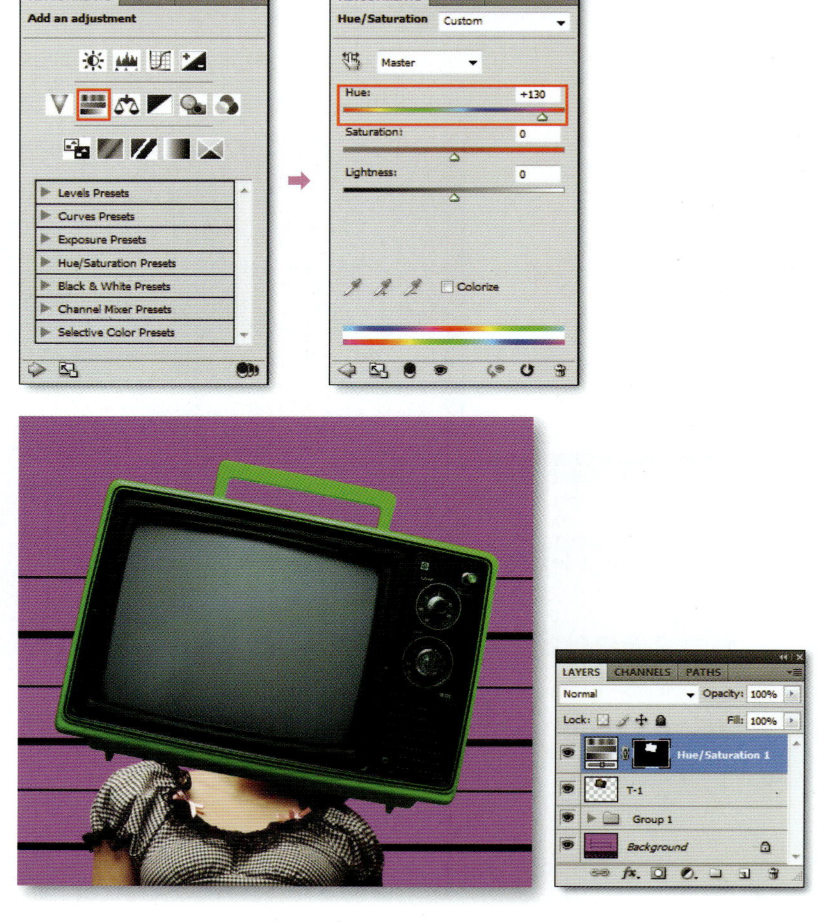

2 TV 합성과 색상 변경_02

● **부록 CD** : THEME 09/TV-2.psd

01 두 번째 쇼걸에 합성할 TV 이미지인 'TV-2.psd' 파일을 불러옵니다.

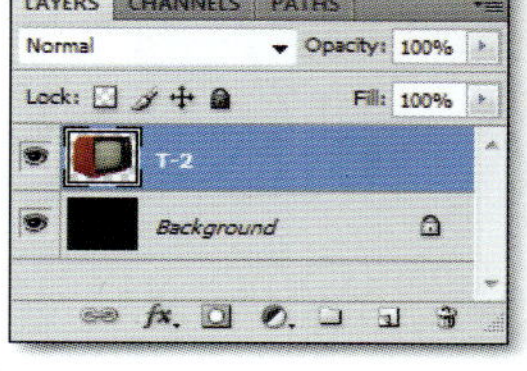

02 Move Tool(▶+)을 선택하고 'TV-2.psd' 파일의 'T-2' 레이어를 작업 중인 이미지로 드래그
하여 복사합니다. Ctrl+T를 눌러 적당한 크기를 정해주고 위치를 잡아줍니다.

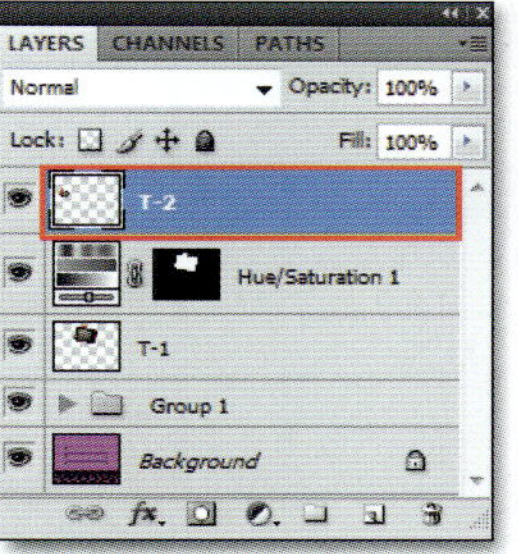

03 LAYERS 팔레트에서 Ctrl 을 누른 상태로 'T-2' 레이어의 썸네일(Layer thumbnail)을 클릭하여 선택 영역으로 지정합니다.

04 ADJUSTMENTS 패널의 [Hue/Saturation] 아이콘을 클릭한 후 그림과 같이 설정하여 청색으로 바꿔줍니다.

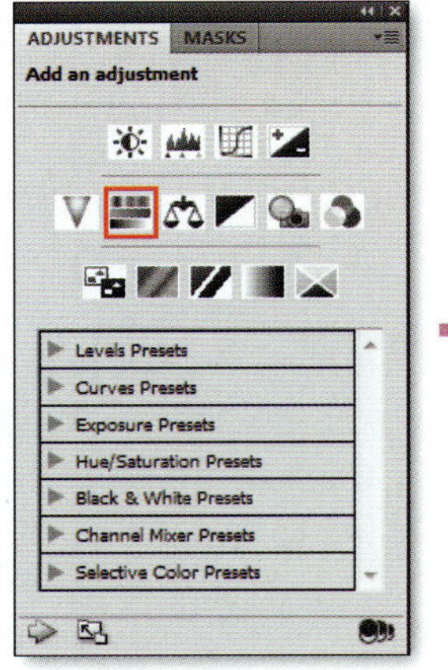

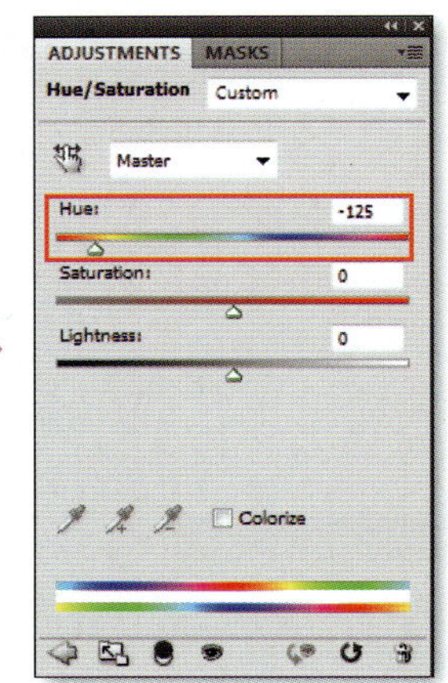

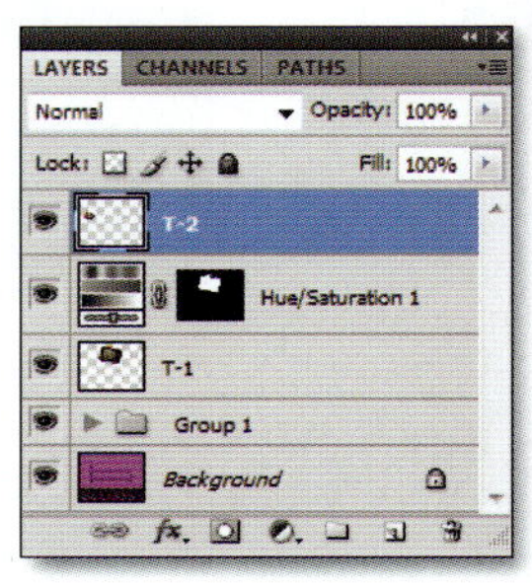

● **부록 CD** : THEME 09/TV-3.psd

05 세 번째 쇼걸에 합성할 TV 이미지인 'TV-3.psd' 파일을 불러옵니다.

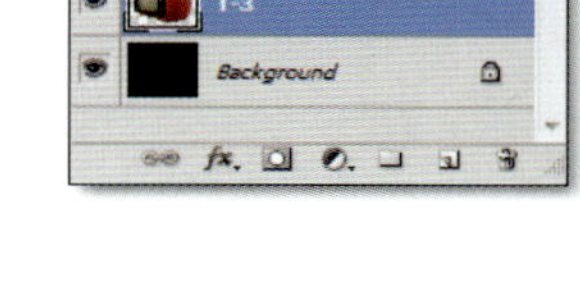

06 Move Tool(▶)을 선택하고 'TV-3.psd' 파일의 'T-3' 레이어를 작업 중인 이미지로 드래그
하여 복사합니다. Ctrl+T를 눌러 적당한 크기를 정해주고 위치를 잡아줍니다.

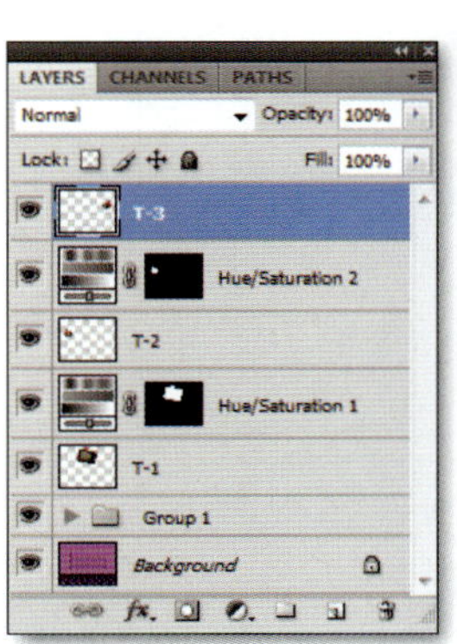

07 LAYERS 팔레트에서 'T-3' 레이어의 썸네일(Layer thumbnail)을 Ctrl을 누른 상태로 클릭하여 선택 영역으로 지정합니다.

08 ADJUSTMENTS 패널의 [Hue/Saturation] 아이콘을 클릭한 후 그림과 같이 설정하여 하늘색으로 바꿔줍니다.

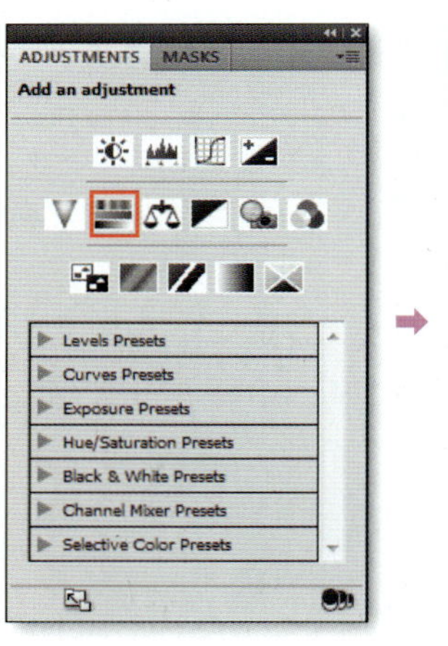

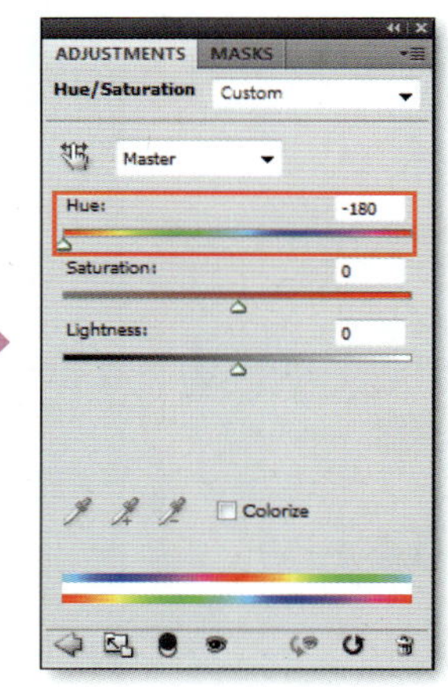

Hue : -180

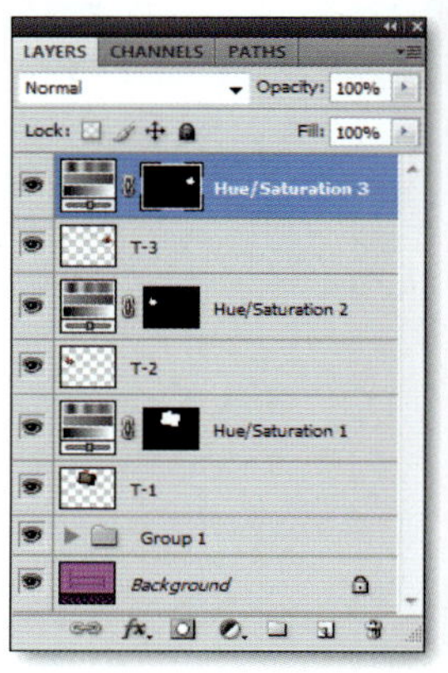

이미지의 완성도를 높이기 위해 삽입한 TV에 그림자를 표현하는 방법에 대하여 알아봅니다.

합성한 TV의 그림자 표현

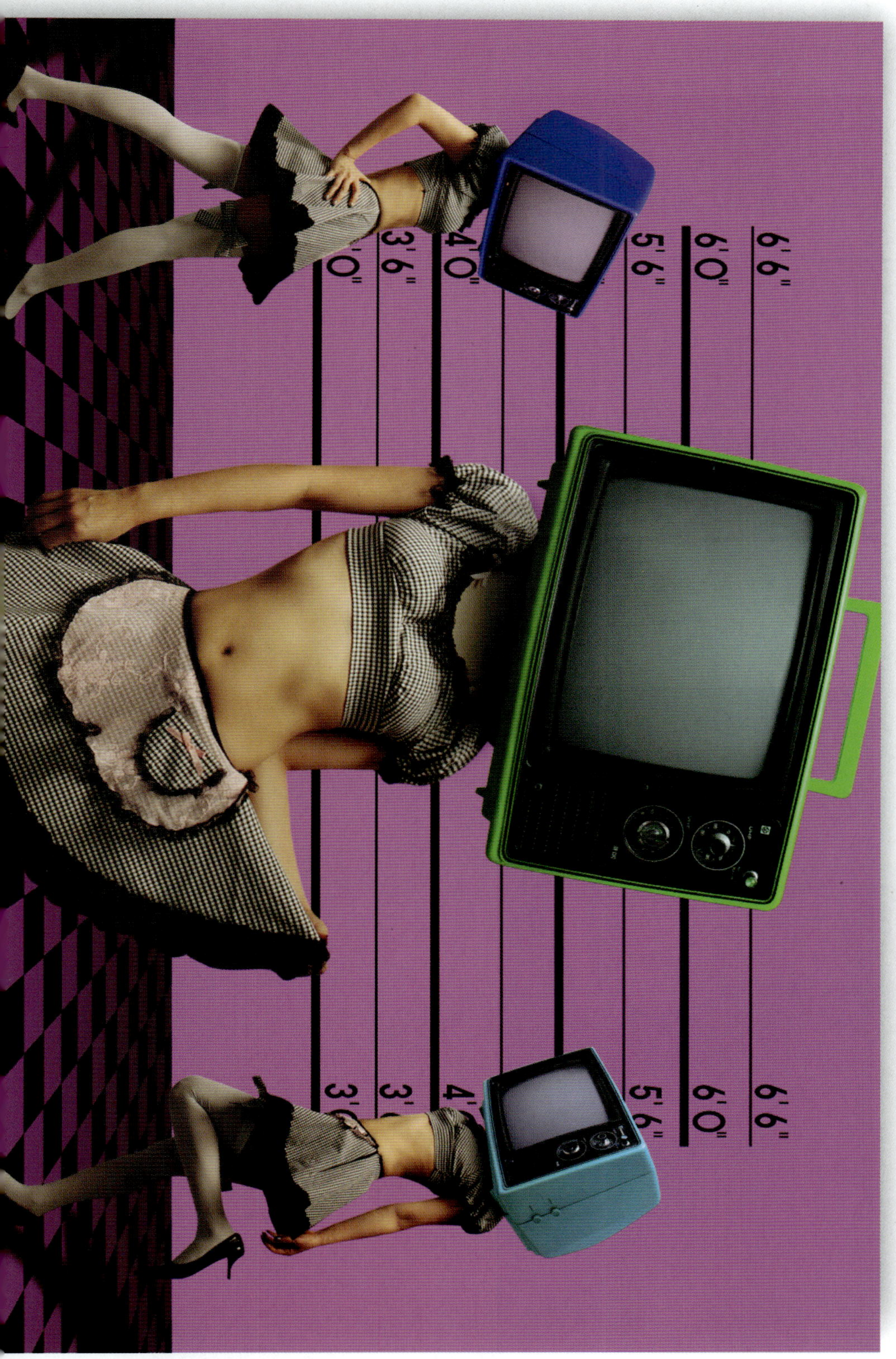

- **Move Tool()** : 이미지를 필요한 작업 공간으로 이동시킬 수 있습니다.
- **Eraser Tool( )** : 이미지의 필요 없는 부분을 적당하게 지울 수 있습니다.
- **Create a new Group** : 복잡한 레이어 작업 시 그룹 폴더에 해당 레이어를 넣어 그룹화시키면 복잡한 작업 환경을 단순화 시킬 수 있습니다.

AFTER

BEFORE

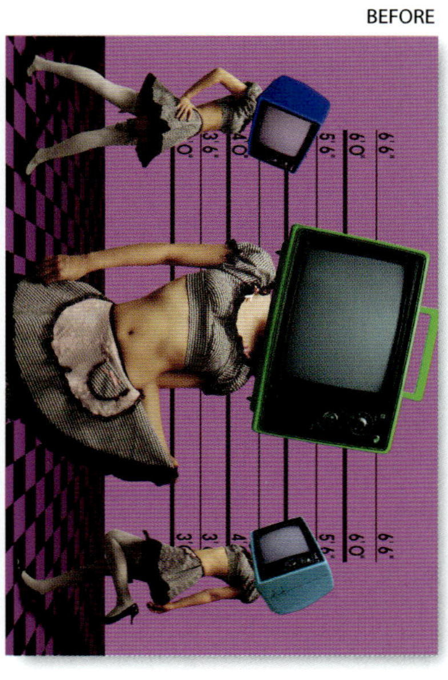

WORK 03

1

TV의 그림자 표현_01

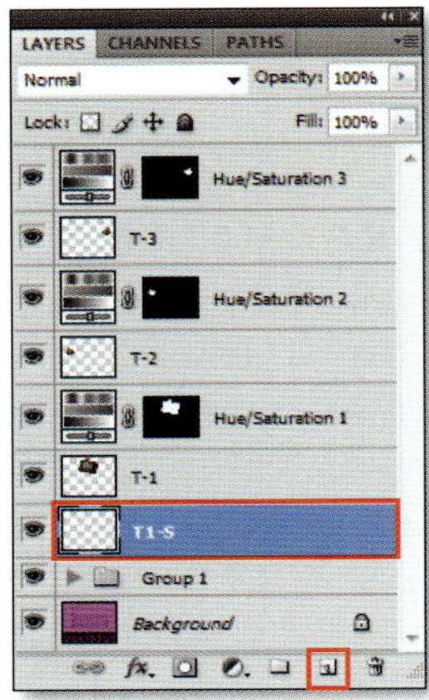

01 첫 번째 TV의 그림자를 만들기 위해 LAYERS 팔레트에서 [Create a new layer] 아이콘(□)을 클릭하여 새로운 레이어를 만들고 이름을 'T1-S'로 설정합니다. 'T1-S' 레이어를 드래그하여 'T-1' 레이어의 아래로 이동시킵니다.

02 'T1-S' 레이어가 선택된 상태에서 [Ctrl]을 누르고 'T-1' 레이어의 썸네일(Layer thumbnail)을 클릭하여 선택 영역으로 지정합니다.

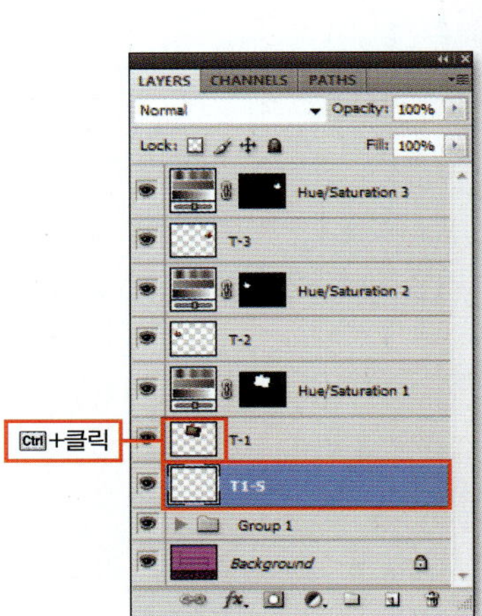

03 [Shift]+[F6]을 눌러 [Feather Selection] 대화상자가 나타나면 [Feather Radius]를 '30'으로 설정합니다.

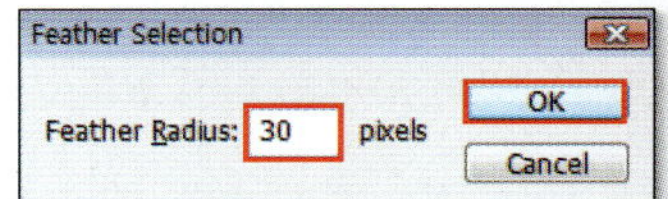

04 툴박스에서 전경색을 검은색(#000000)으로 설정하고, [Alt]+[Delete]를 눌러 색상을 채
워줍니다. [Ctrl]+[D]를 눌러 선택 영역을 해제합니다.

05 툴박스에서 Move Tool([▶+])을 선택하고 그림자가 될 검은색 이미지를 밑으로 조금
이동시킵니다.

06 툴박스에서 Eraser Tool([⬚])을 선택하고 인물 밖으로 벗어난 그림자 부분을 지웁니다.

작업 전

작업 후

STEP
2   TV의 그림자 표현_02

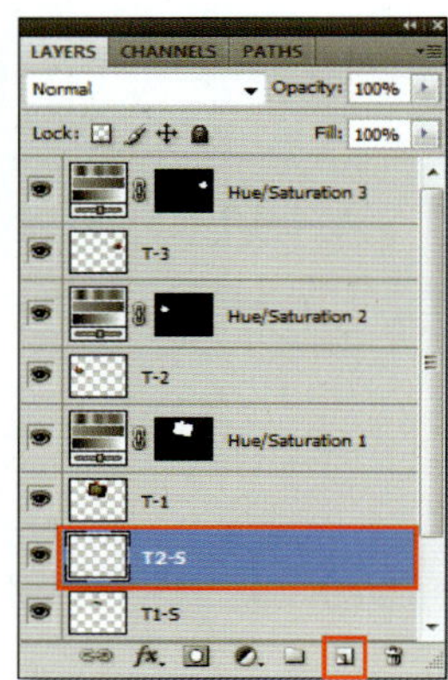

01 두 번째 TV의 그림자를 만들기 위해 LAYERS 팔레트에서 [Create a new layer] 아이콘(▣)을 클릭하여 새로운 레이어를 만들고 이름을 'T2-S'로 설정합니다.

02 'T2-S' 레이어가 선택된 상태에서 'T-2' 레이어의 썸네일(Layer thumbnail)을 Ctrl을 누른 상태로 클릭하여 선택 영역으로 지정합니다.

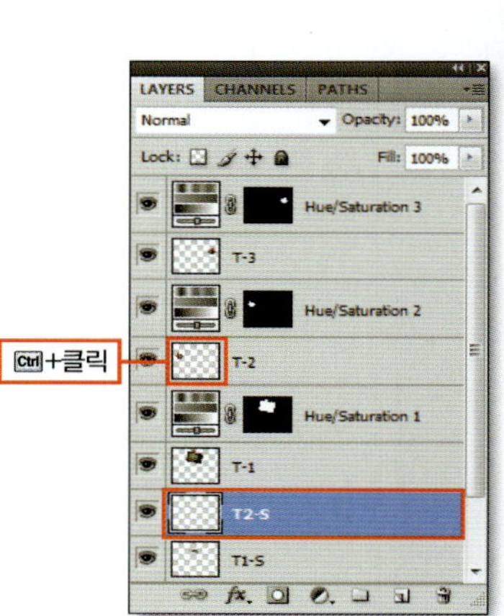

03 Shift + F6을 눌러 [Feather Selection] 대화상자가 나타나면 [Feather Radius]를 '10'으로 설정합니다.

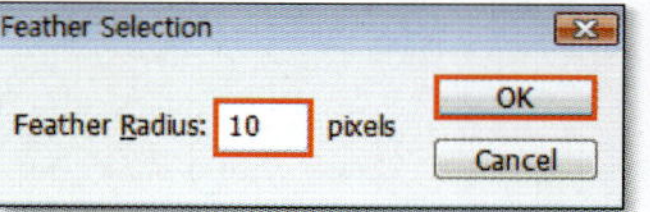

04 툴박스에서 전경색을 검은색(#000000)으로 설정하고
Alt + Delete 를 눌러 색상을 채워줍니다. Ctrl + D 를 눌러
선택 영역을 해제합니다.

05 툴박스에서 Move Tool(▶+)을 선택하고 그림자가 될
검은색 이미지를 밑으로 조금 이동시킵니다.

06 툴박스에서 Eraser Tool(⌀)을 선택하고 인물 밖으로 벗어난 그림자 부분을 지워줍니다.

작업 전   작업 후

3   TV의 그림자 표현_03

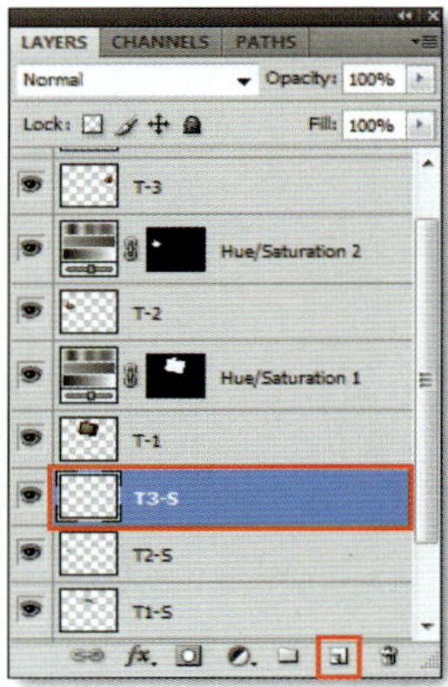

01 세 번째 TV의 그림자를 만들기 위해 LAYERS 팔레트에서 [Create a new layer] 아이콘(⬛)을 클릭하여 새로운 레이어를 만들고 이름을 'T3-S'로 설정합니다.

02 'T3-S' 레이어가 선택된 상태에서 Ctrl 을 누르고 'T-3' 레이어의 썸네일(Layer thumbnail)을 클릭하여 선택 영역으로 지정합니다.

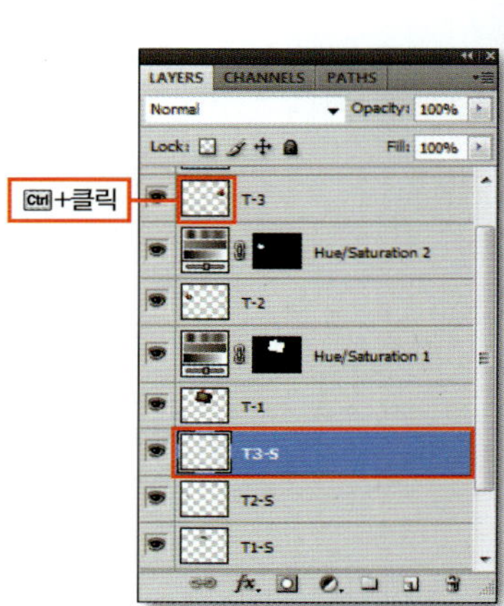

03 Shift + F6 을 눌러 [Feather Selection] 대화상자가 나타나면 [Feather Radius]를 '10'으로 설정합니다.

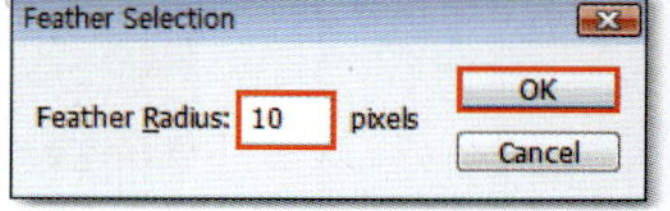

04 툴박스에서 전경색을 검은색(#000000)으로 설정하고,
Alt + Delete 를 눌러 색상을 채워줍니다. Ctrl + D 를 눌러
선택 영역을 해제합니다.

05 툴박스에서 Move Tool(⊹)을 선택하고 그림자가 될
검은색 이미지를 밑으로 조금 이동시킵니다.

06 툴박스에서 Eraser Tool(⌗)을 선택하고 인물 밖으로 벗어난 그림자 부분을 지워줍니다.

작업 전　　　　　　　　　　　　　　　　　　　　작업 후

4

그룹 폴더의 활용

01 LAYERS 팔레트에서 [Create a new group] 아이콘(□)을 클릭하여 'Group 2' 그룹 폴더를 만듭니다.

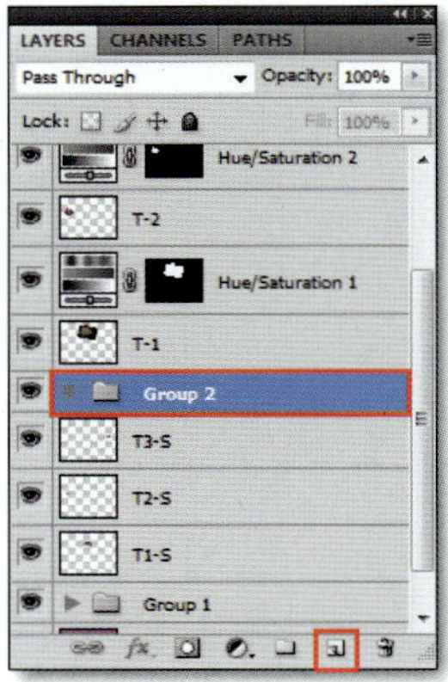

02 LAYERS 팔레트에서 'Background' 레이어와 'Group 1' 레이어를 제외한 레이어들을 선택한 후 'Group 2' 레이어로 드래그하여 그룹 폴더 안으로 이동시킵니다.

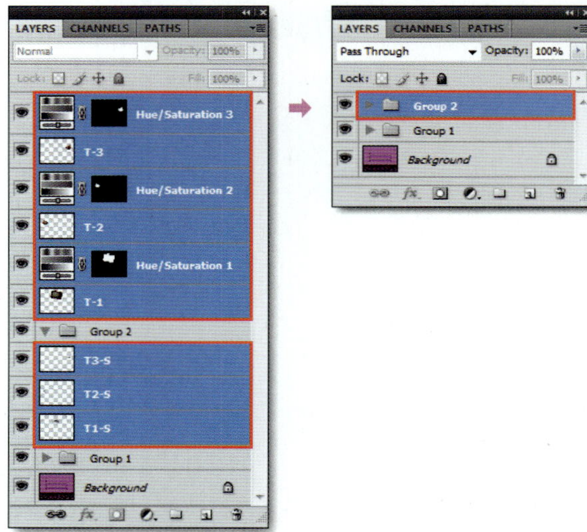

대중 매체에 무방비 상태로 노출된 현대인들을 바라보는 눈을 TV 화면에 합성하는 방법을 알아봅니다.

TV에 화면 합성

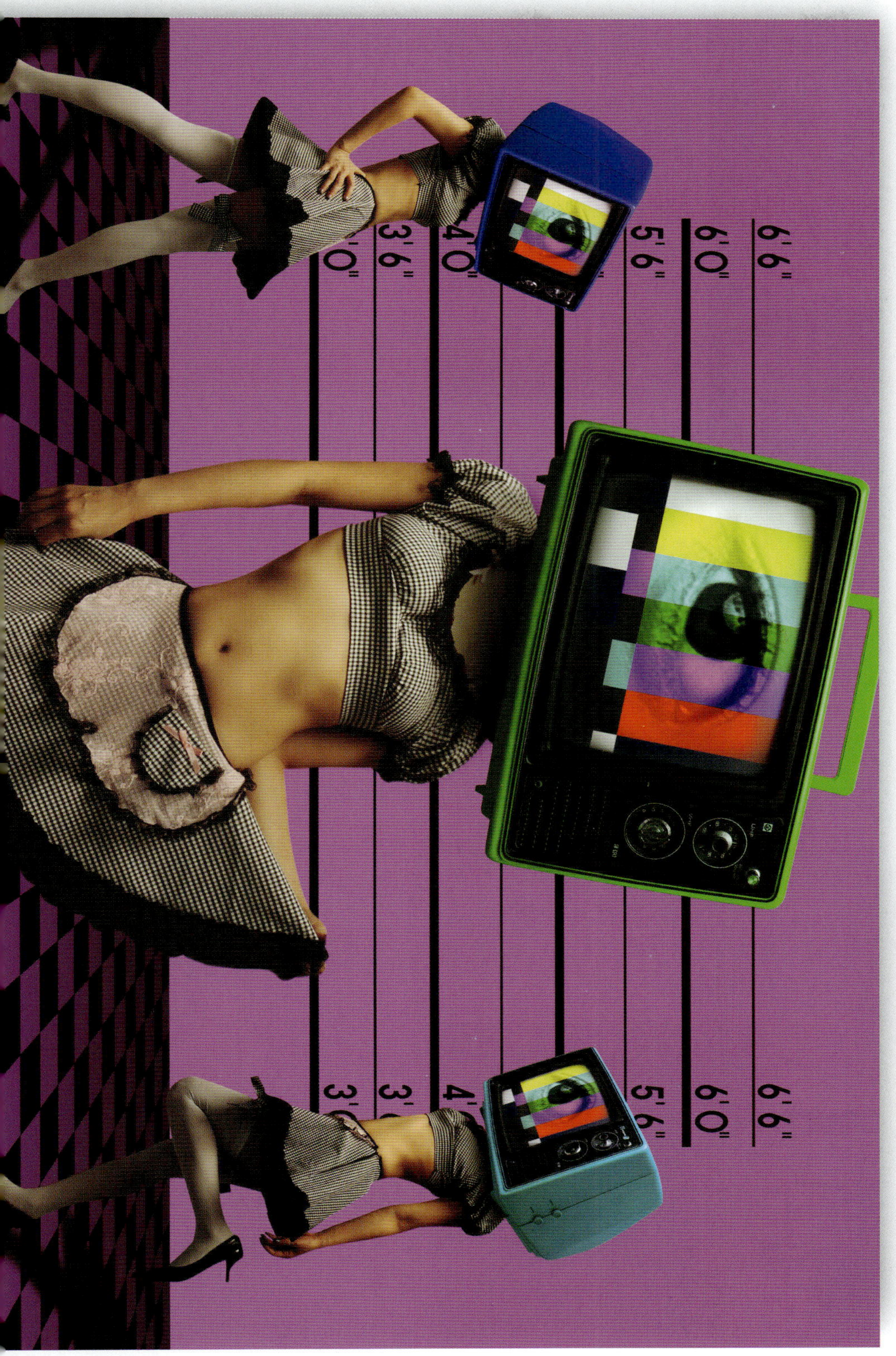

AFTER

KEY POINT

- **Overlay 블렌딩 모드** : 어두운 톤에는 Multiply 효과를 주고 밝은 톤에는 Screen 효과를 주며 바탕 레이어의 명도는 그대로 유지합니다.
- **Distort** : 앵커 포인터를 드래그하는 방식으로 이미지를 변형할 수 있습니다.

BEFORE

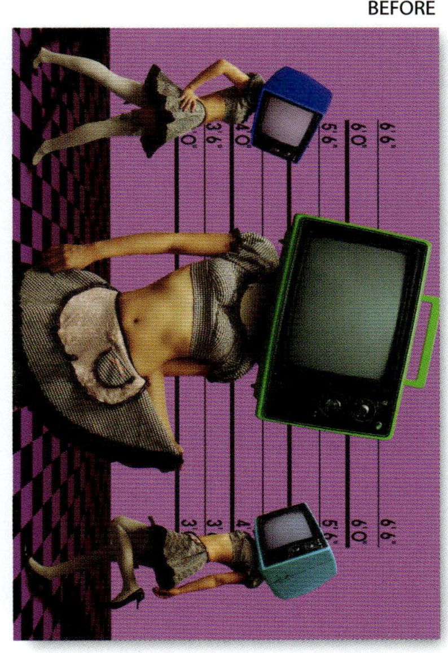

WORK 04

1 화면조정 화면에 눈 이미지 합성

01 TV에 합성할 화면을 만들기 위해 'Control.jpg' 파일을 불러옵니다.

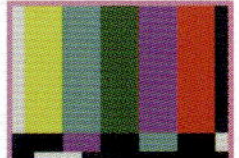

● **부록 CD** : THEME 09/Control.jpg

02 'Control.jpg' 파일에 합성할 'Eye.jpg' 파일을 불러옵니다.

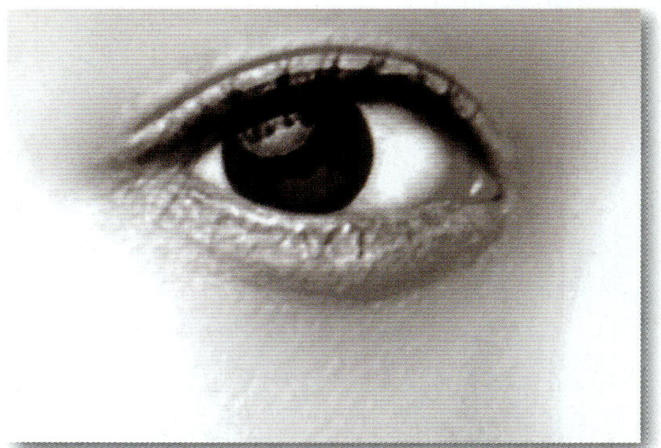

● **부록 CD** : THEME 09/Eye.jpg

03 'Eye.jpg' 파일의 눈 이미지를 'Control.jpg' 파일에 복사한 후 레이어의 블랜딩 모드를 'Overlay' 으로 설정합니다.

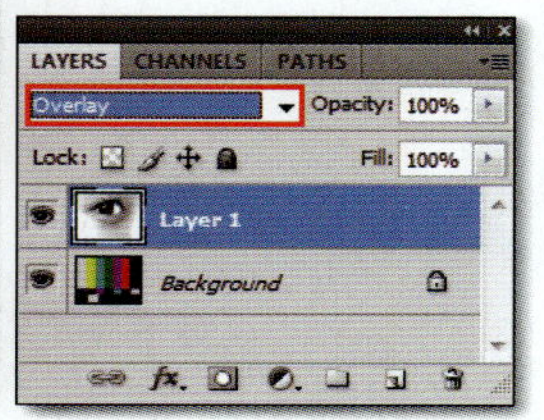

04　Ctrl + E 를 눌러 'Background' 레이어와 합쳐줍니다.

05　Move Tool( )을 선택하고 완성된 화면 이미지를 작업 중이던 이미지로 드래그하여 복사한 후 Ctrl + T 를 눌러 첫 번째 TV의 브라운관 보다 조금 크게 크기를 정해주고 위치를 잡아줍니다.

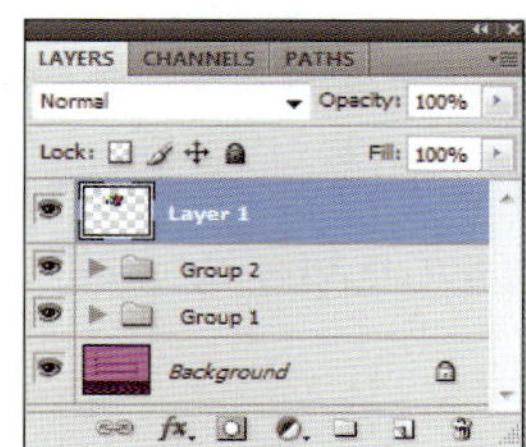

06　툴박스에서 Eraser Tool( )을 선택하고 화면 이미지의 테두리 부분을 지워서 TV와 자연스럽게 합성합니다.

작업 전

작업 후

07　Ctrl+J를 눌러 'Layer 1' 레이어를 하나 더 복사합니다. [Edit]-[Transform]-[Distort] 메뉴를 선택하여 두 번째 TV 브라운관 보다 조금 크게 크기를 조정하고 위치를 잡아줍니다.

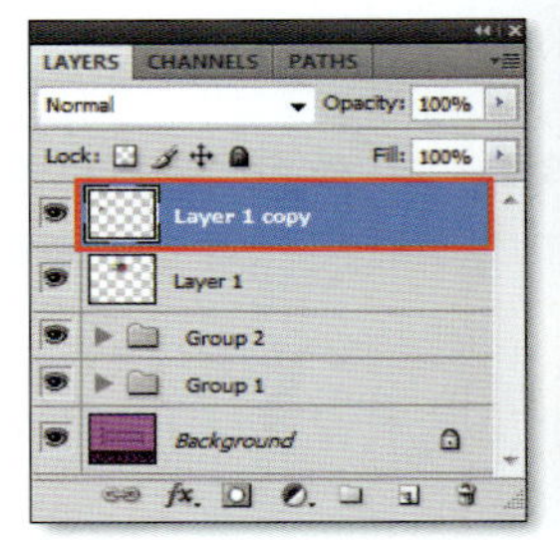

브라운관 밖으로 화면이 벗어나면 Eraser Tool()로 지워서 TV와 자연스럽게 합성합니다.

08　다시 'Layer 1' 레이어를 선택하고 Ctrl+J를 눌러 'Layer 1' 레이어를 하나 더 복사합니다. [Edit]-[Transform]-[Distort] 메뉴를 선택하여 세 번째 TV 브라운관 보다 조금 크게 크기를 조정하고 위치를 잡아줍니다.

툴박스에서 Eraser Tool()을 선택하고 화면 이미지의 테두리 부분을 지워서 TV와 자연스럽게 합성하여 작업을 마무리합니다.

반영된
이미지 만들기

● **부록 CD** : TIP/Rain.jpg

각각 따로 촬영한 이미지를 이용하여 마치 거울에 반영된 이미지처럼 표현하는 방법을 알아봅니다.

01 배경 이미지로 사용할 'Rain.jpg' 파일을 부록 CD에서 불러옵니다.

02 배경 이미지에 인물을 합성하기 위해 부록 CD에서 'Sorrow.jpg' 파일을 불러옵니다.

● **부록 CD** : TIP/Sorrow.jpg

03 Ctrl+A 를 눌러 이미지를 전체적으로 선택하고 Ctrl+C 를 눌러 복사합니다. 작업 중인 배경 이미지에서 Ctrl+V 를 눌러 붙여준 후 이미지를 우측으로 이동시킵니다.

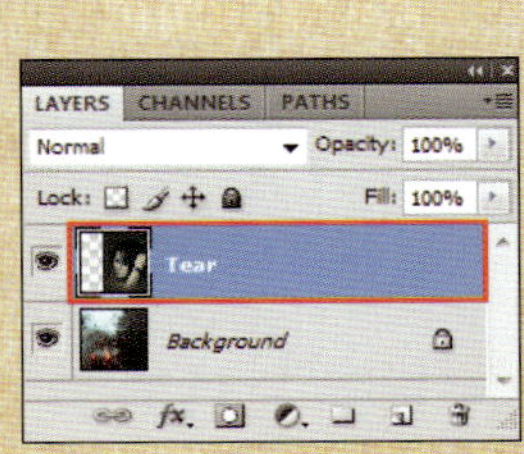

복사한 레이어의 이름은 'Tear' 로 설정합니다.

04 'Tear' 레이어의 블렌딩 모드를 'Screen' 으로 설정합니다.

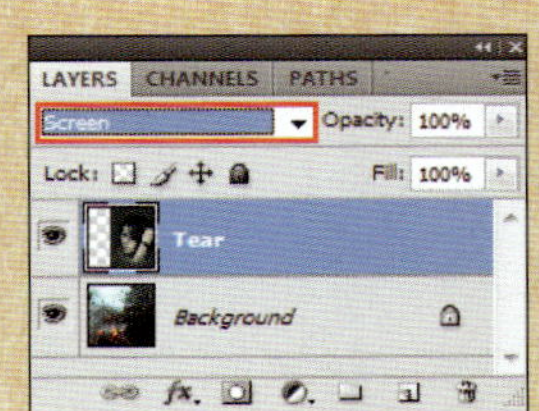

05 툴박스에서 Eraser Tool(⌧)을 선택하고 'Tear' 레이어의 이미지 외곽을 지워서 자연스럽게 합성합니다.

응용 작품 1

응용 작품 2

프런트(Front) 라이팅의 특징

■ Girl-2.psd 촬영 정보

Nikon D80, 1/125 sec, 조리개 값 : F8.0, 촬영 모드 : M, ISO : 100, 화이트 밸런스 : Manual

■ 프런트(Front) 라이팅

피사체의 정면에서 라이팅하는 기법으로 피사체의 색상을 제대로 표현하기는 좋지만 명암이 적어서
입체감이 떨어집니다.

Nikon D80, 1/125 sec, 조리개 값 : F13.0, 촬영 모드 : M,
ISO : 400, 화이트 밸런스 : Auto

Nikon D80, 1/125 sec, 조리개 값 : F9.0, 촬영 모드 : M,
ISO : 100, 화이트 밸런스 : Auto

Nikon D80, 1/125 sec, 조리개 값 : F9.0, 촬영 모드 : M,
ISO : 100, 화이트 밸런스 : Auto

Nikon D80, 1/125 sec, 조리개 값 : F8.0, 촬영 모드 : M,
ISO : 100, 화이트 밸런스 : Auto

PHOTOSHOP
CREATIVE COLLECTION

Fish's dream

PHOTOSHOP
CREATIVE COLLECTION

꿈에서 깼다. 익숙한 뒷모습이 아직도 어른거린다.

분명 그녀는 그녀에게로 향해 가고 있었다. 아주 편안히 누워서 쉬고 있는 자신에게로…

나와의 시간을 그렇게 뒤로 하고 그녀는 계속 걸어갔다. 마치 어항 속에 갇혀버린 물고기처럼 멀뚱히 그 뒷모습을 바라본다.

나는 그럴 수밖에 없다. 아니면 그래야 한다는 것을 아는 건지도 모르겠다.

어제의 기억이 뚝!뚝! 끊겨진다. 다시 쓰러져 잠을 청한다.

숙취 때문이 아니라 다시 꿈을 꾸고 싶기 때문이다. 그녀의 꿈을…

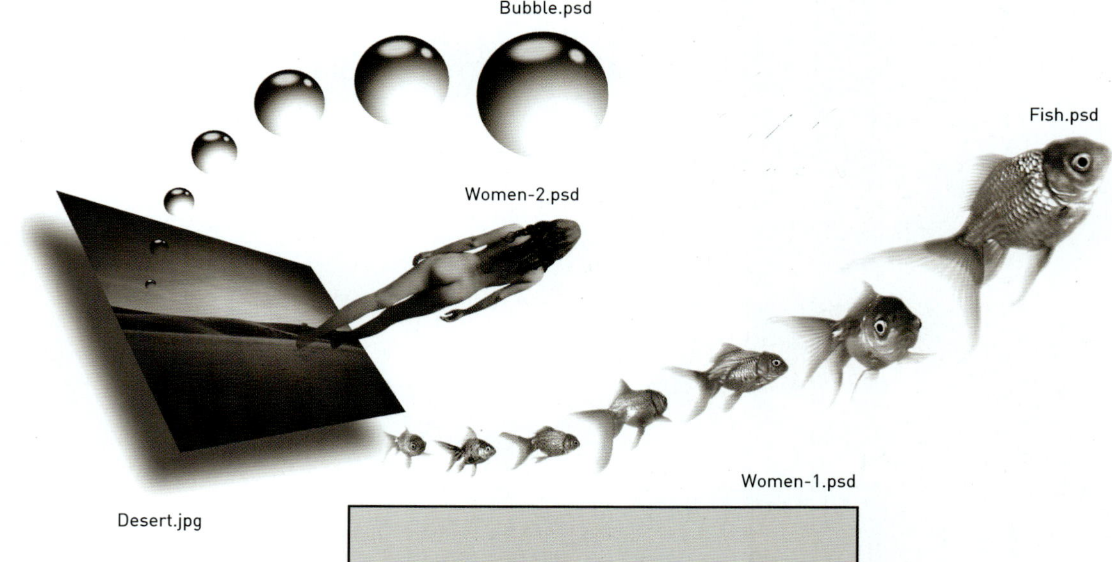

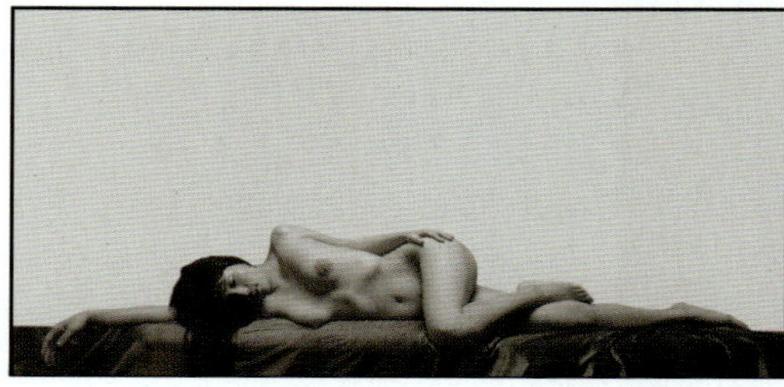

- **Desert.jpg** : 모래 언덕을 촬영한 이미지(촬영 Tip 312 페이지 참고)
- **Women-1.psd** : 잠을 자는 여인을 촬영한 주제 이미지
- **Women-2.psd** : 여인의 뒷모습을 촬영한 주제 이미지
- **Fish.psd** : 물속을 유영하는 물고기를 촬영한 이미지
- **Bubble.psd** : 포토샵 CS4를 이용하여 만든 공기방울 이미지

Start ▶　　　　　　　　　　　　　　　　　　　　　　　◀ Finish

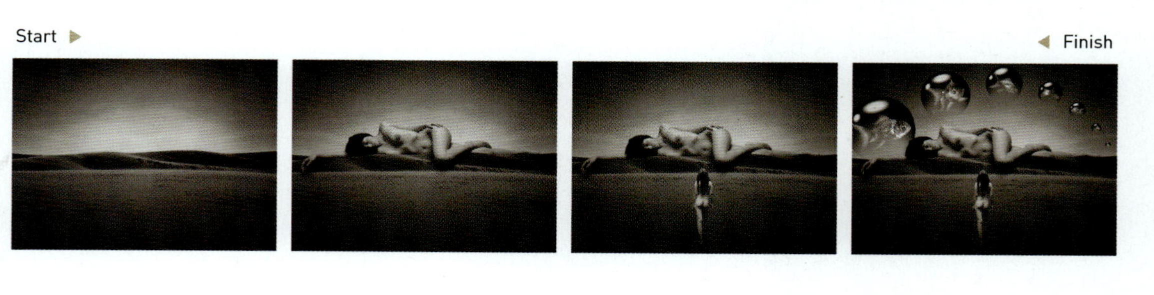

꿈을 꾸는 소녀 이미지 합성

인물을 모래언덕 형태와 조화를 이룰 수 있도록 합성하여 마치 거대한 사람이 잠을 자는 듯한 모습을 표현합니다.

 KEY POINT

- **Levels** : 이미지의 명암을 보정할 수 있습니다.
- **Burn Tool(◎)** : 이미지의 특정 부분을 어둡게 표현할 수 있습니다.
- **Pen Tool(✎)** : 불규칙한 직선이나 곡선을 그릴 때 사용하며, 시작점과 다음 점을 클릭하는 방법으로 패스를 만들고 패스에 포함되어 있는 방향선과 방향점을 움직여서 원하는 형태로 조정할 수 있습니다.

BEFORE

AFTER

WORK 01

STEP
1

꿈을 꾸는 소녀 이미지 합성

01 작품의 배경으로 사용할 'Desert.jpg' 파일을 불러옵니다.

● **부록 CD** : THEME 10/Desert.jpg

02 꿈을 꾸는 소녀를 배경 이미지에 합성하기 위해 'Women-1.psd' 파일을 불러옵니다.

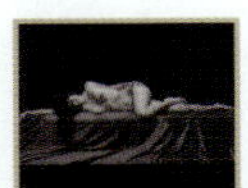

● **부록 CD** : THEME 10/Women-1.psd

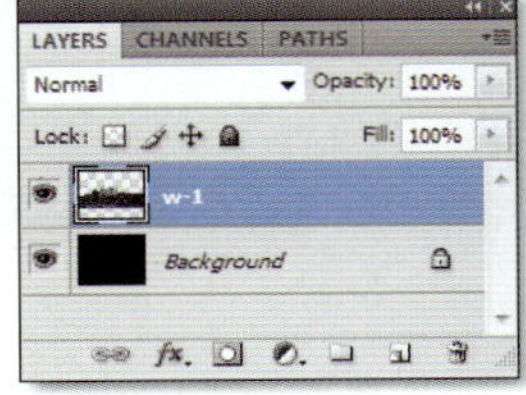

03 Move Tool(⊹)을 선택하고 `Shift`를 누른 상태로 'Women-1.psd' 파일의 'w-1' 레이어를 작업 중인 이미지로 드래그하여 복사합니다.

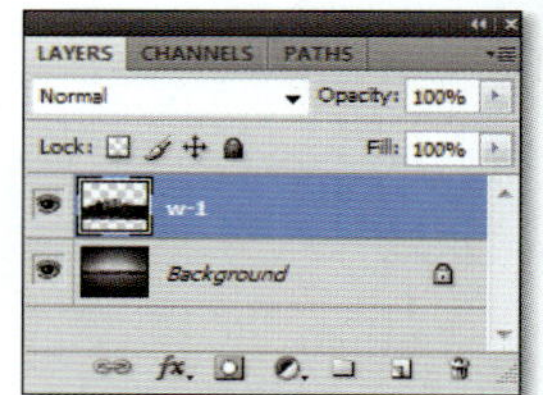

04 `Ctrl`+`L`을 눌러서 [Levels] 대화상자가 나타나면 [Input Levels]를 '18, 1.10, 232'로 설정한 후 [OK] 단추를 클릭하여 이미지의 명암을 좀 더 뚜렷하게 만들어 줍니다.

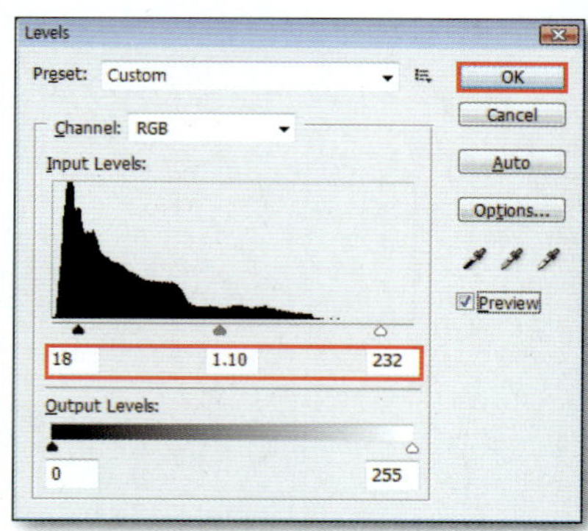

05 LAYERS 팔레트에서 'w-1' 레이어의 [Opacity]를 '50%'로 설정합니다.

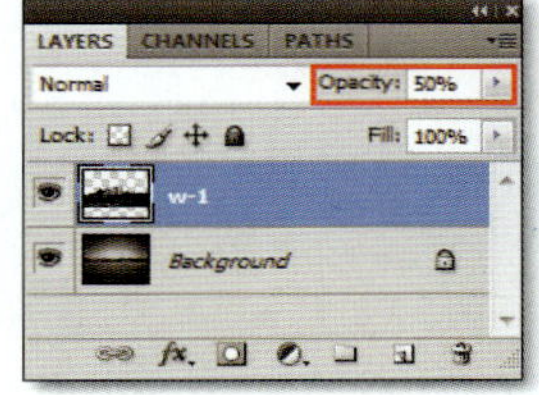

'w-1' 레이어의 [Opacity]를 '50%'로 설정하는 이유는 다음 과정에서 여인이 모래 언덕 위에 누워 있는 모습을 표현하기 위해 지워줄 범위를 확인하기 위해서입니다.

<hr>

STEP 2   선택 영역의 지정

PATHS 팔레트를 확인하면 완성된 'finish' 패스가 있습니다.
'finish' 패스를 참고하여 패스 작업을 하거나 또는, 'finish' 패스를 바로 적용합니다.

01 툴박스에서 Pen Tool( )을 선택하고 PATHS 팔레트를 활성화합니다. [Create new path] 아이콘( )을 클릭하여 새로운 'Path 1' 패스를 만들고 언덕에 닿은 손과 굽힌 무릎을 제외한 나머지 겹치는 부분을 패스로 선택합니다.

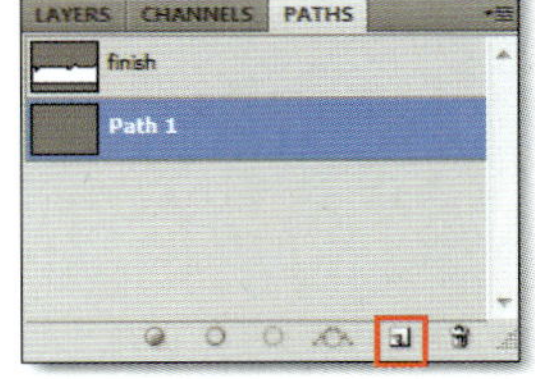

손 처럼 형태가 복잡한 부분은 충분히 확대한 후 작업합니다.

02 PATHS 팔레트 하단에 있는 [Load path as a selection] 아이콘(圓)을 클릭하여 선택 영역
으로 지정합니다.

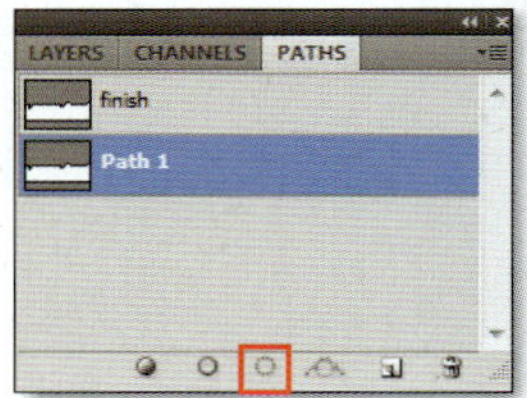

03 LAYERS 팔레트의 'w-1' 레이어로 돌아와 Delete 를 눌러 선택된 부분을 지웁니다. Ctrl + D 를
눌러 선택 영역을 해제합니다.

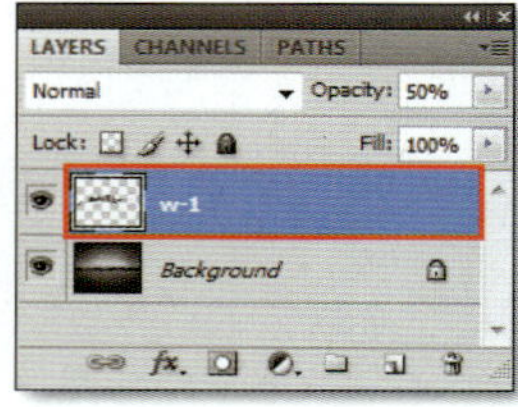

04 LAYERS 팔레트에서 'w-1' 레이어의 [Opacity]를 다시 '100%'로 설정합니다.

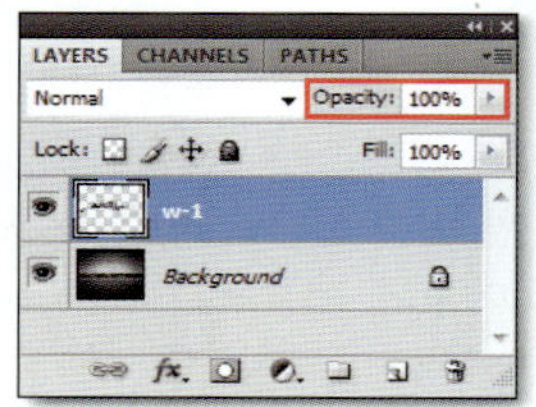

STEP

3   그림자 표현 방법

01 'Background' 레이어를 선택한 후 모래언덕 밖으로 나온 소녀의 손과 무릎의 그림자를 Burn Tool()을 이용하여 묘사합니다.

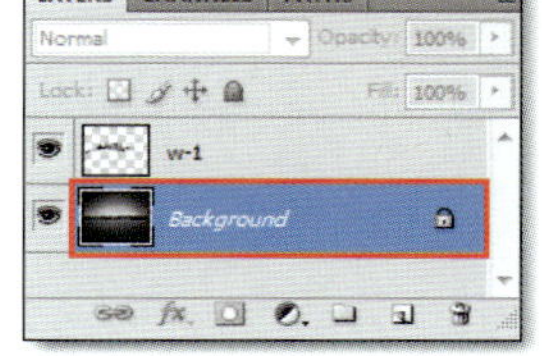

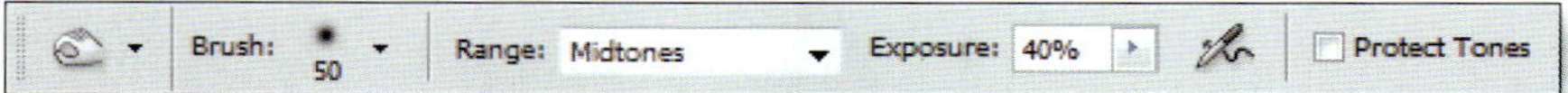

과정-1

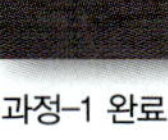

과정-1 완료

과정-2

과정-2 완료

02 LAYERS 팔레트의 'w-1' 레이어를 선택합니다.

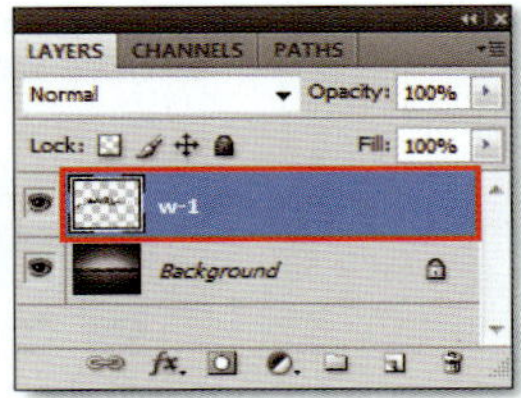

꿈속을 서성이는 소녀 이미지를 작업 중인 이미지에 합성하고 그림자 효과를 적용합니다.
그리고, 적당한 크기로 조정하여 몽환적인 분위기를 연출해 봅니다.

꿈속의 소녀
이미지 합성

- **Distort** : 앵커 포인터를 드래그하는 방식
  으로 이미지를 변형할 수 있습니다.
- **Rotate 180°** : [Edit]–[Transform]–
  [Rotate 180°] 메뉴를 선택하면 이미지를
  180° 회전시킬 수 있습니다.

AFTER

BEFORE

WORK 02

1

꿈속의 소녀 이미지 합성

● **부록 CD** : THEME 10/Women-2.psd

01 꿈속의 소녀 이미지가 포함되어 있는 'Women-2.psd' 파일을 불러옵니다.

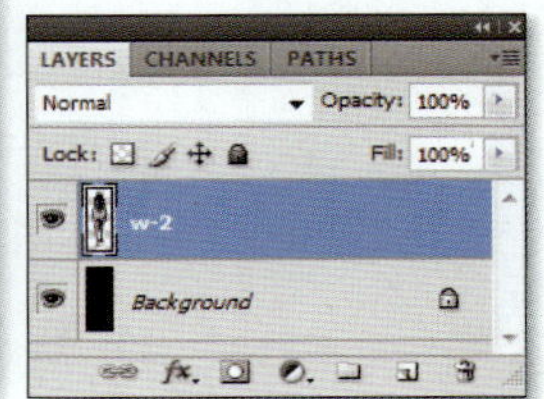

02 Move Tool(⤚)을 선택한 후 'Women-2.psd' 파일의 'w-2' 레이어를 작업 중인 이미지로 드래그하여 복사하고 Ctrl+T를 눌러 적당한 크기로 위치시킵니다.

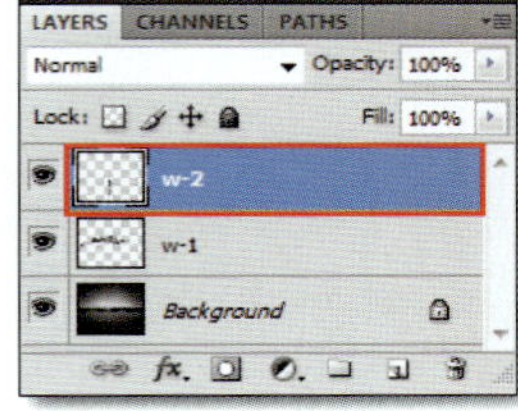

2   그림자 효과의 표현

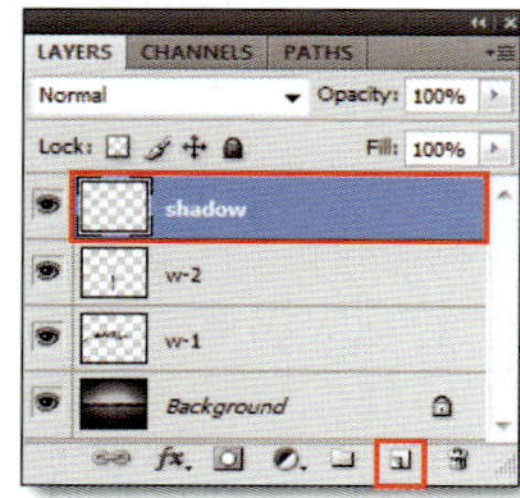

01 '꿈속의 소녀'의 그림자를 만들기 위해 LAYERS 팔레트에서 [Create a new layer] 아이콘
(⬚)을 클릭하여 새로운 레이어를 만들고 이름을 'shadow'로 설정합니다.

02 'shadow' 레이어가 선택된 상태에서 'w-2' 레이어의 썸네일(Layer thumbnail)을 Ctrl을
누른 상태로 클릭하여 선택 영역으로 지정합니다.

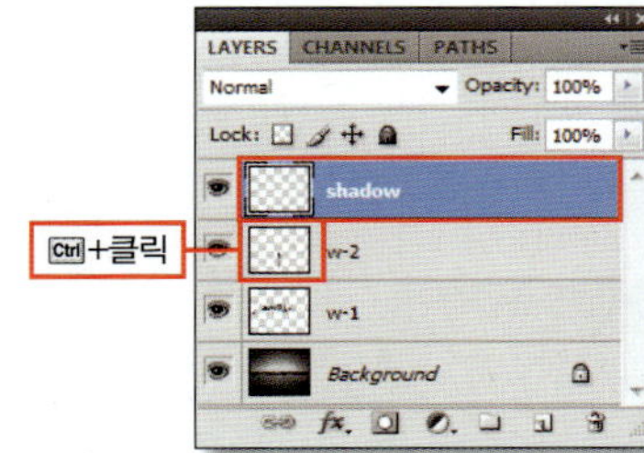

03　Shift + F6 을 눌러 [Feather Selection] 대화상자가 나타나면 [Feather Radius]를 '5'로 설
정합니다.

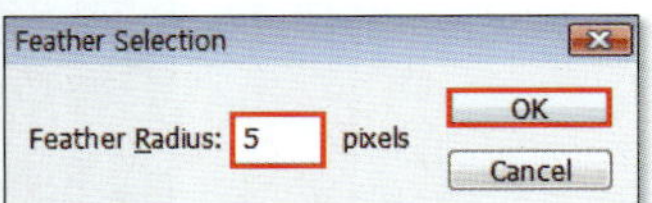

04　툴박스에서 전경색을 검은색(#000000)으로 설정하고 Alt + Delete 를 눌러 색상을 채워줍니다.
Ctrl + D 를 눌러 선택 영역을 해제합니다.

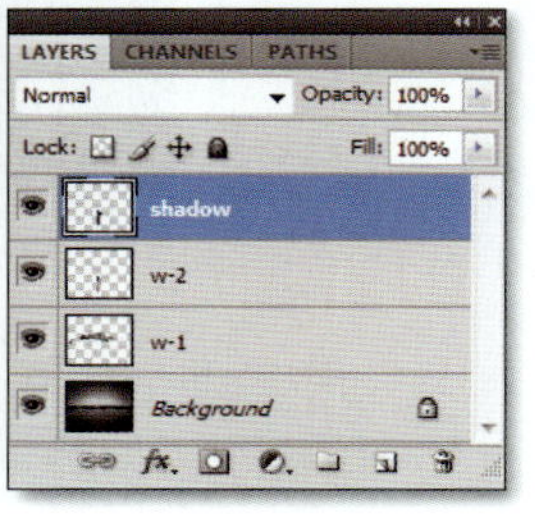

05 [Edit]-[Transform]-[Rotate 180°] 메뉴를 선택하여 검은색으로 채워진 이미지를 180° 회전
시킵니다.

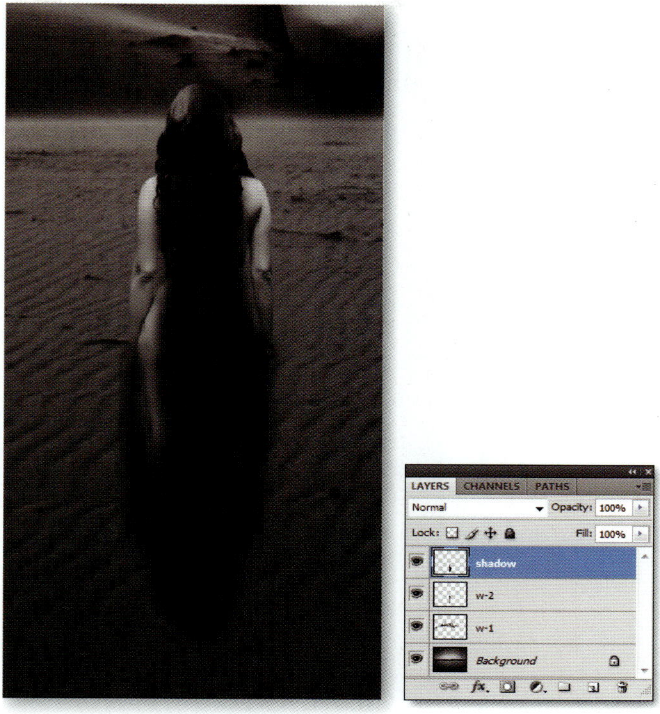

06 LAYERS 팔레트에서 'shadow' 레이어를 'w-2' 레이어의 아래로 드래그하여 이동시킵니다.

07 Move Tool(▸₊)을 이용하여 그림자가 될 검은색 이미지를 밑으로 이동시킵니다.

08 [Edit]−[Transform]−[Distort] 메뉴를 선택하고 조절 포인트를 움직여서 그림과 같이 밑변의
    넓이를 늘려줍니다.

09 Eraser Tool(✎)을 선택하고 인물 앞으로 벗어난 그림자 부분을 지워줍니다.

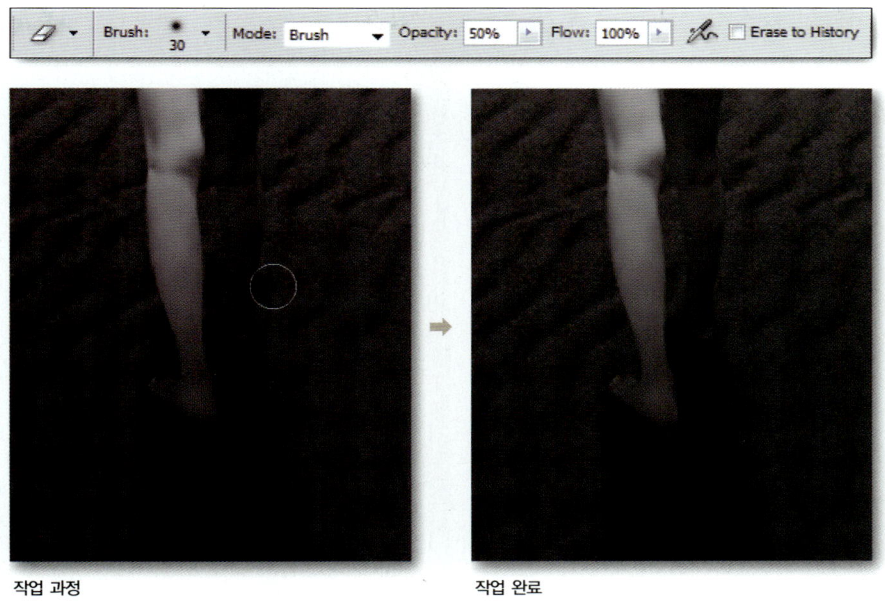

작업 과정   작업 완료

10 LAYERS 팔레트에서 'shadow' 레이어의 [Opacity]를 '50%'로 설정합니다.

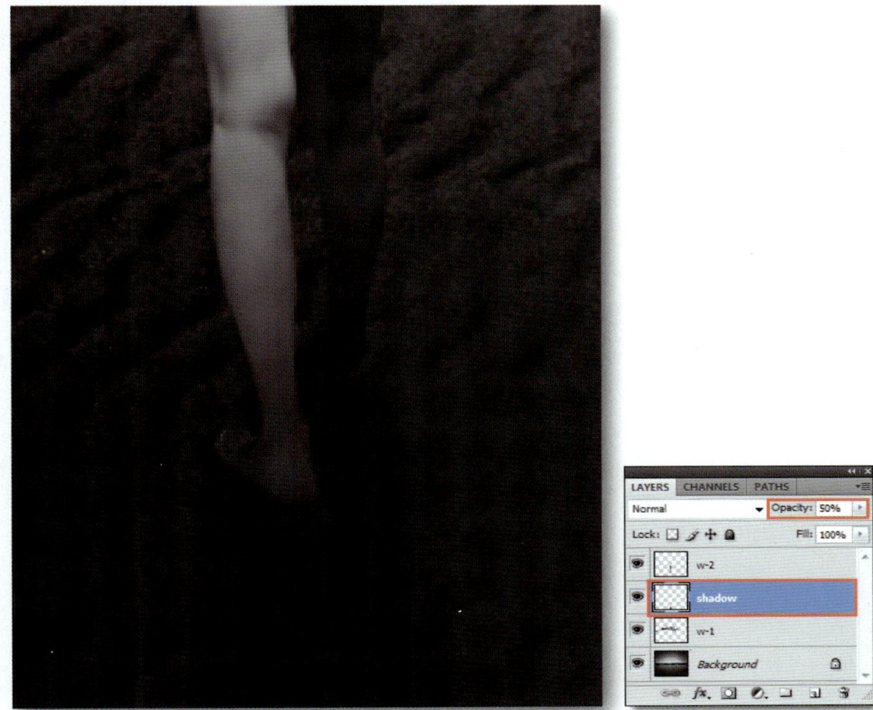

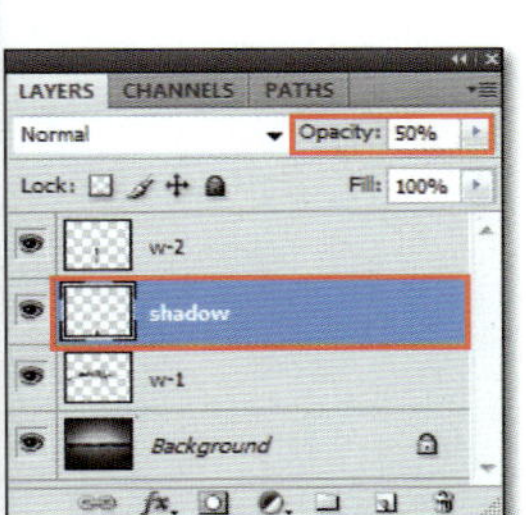

공기방울 만들기

Save Selection과 Gaussian Blur 기능을 이용하여 꿈속에서의 몽환적 이상과 허상을 표현할 공기방울을 만들어 작업 중인 이미지에 합성하는 방법을 알아봅니다.

▶ KEY POINT

- **Save Selection** : 선택 영역을 채널로 저장할 수 있습니다.
- **Gaussian Blur 필터** : [Filter]–[Blur]–[Gaussian Blur] 메뉴를 선택하면 나타나는 [Gaussian Blur] 대화상자를 이용하여 이미지에 블러 효과를 세밀하게 적용할 수 있는 필터입니다.

BEFORE

AFTER

WORK 03

1
새로운 작업 창 만들기

01 Ctrl+N을 눌러서 [New] 대화상자가 나타나면 [Width, Height]를 각각
    '500, 500'으로 설정하고 [OK] 단추를 클릭합니다.

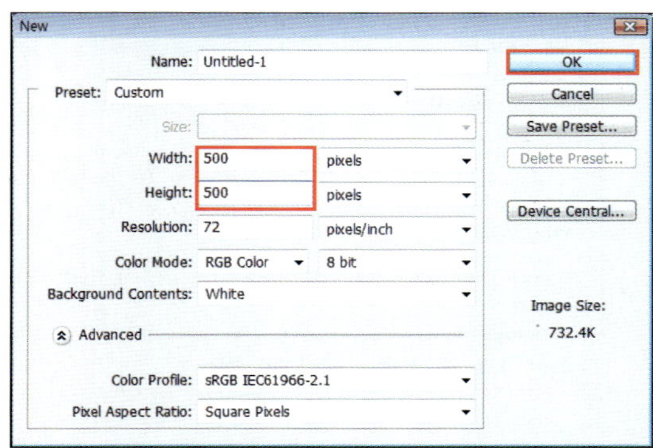

02 툴박스에서 전경색을 회색(#7d7d7d)로 설정하고 Alt+Delete를 눌러 색상을 채워준 후
    LAYERS 팔레트에서 [Create a new layer] 아이콘(▣)을 클릭하여 새로운 레이어를
    만들고 이름을 'black'으로 설정합니다.

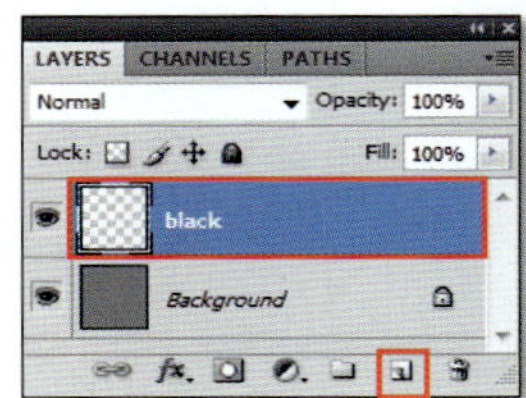

2
공기방울 만들기

01 툴박스에서 Elliptical Marquee Tool(○)을 선택하고 옵션 바의 [Style]은 'FiXed
    Size', [Width]는 '300', [Hight]는 '300'으로 설정합니다. 새 이미지 창을 선택하고
    정원을 그려줍니다.

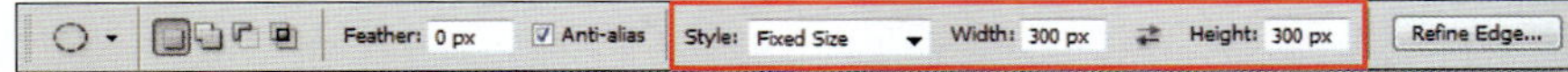

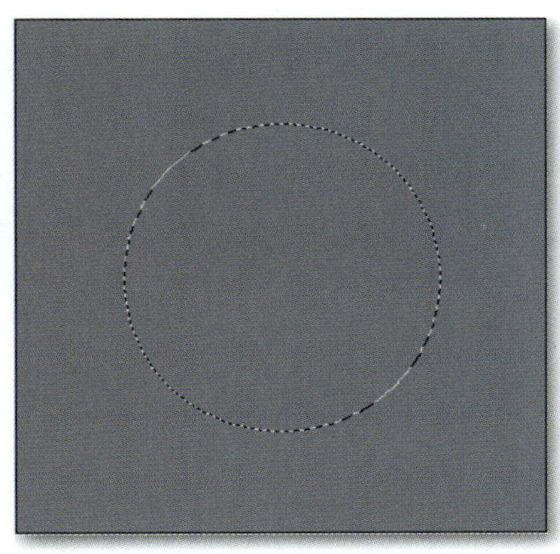

02 [Select]–[Save Selection] 메뉴를 선택하면 나타나는 [Save Selection] 대화상자에서 [Name]을 'point'로 입력하고 [OK] 단추를 클릭하여 채널로 설정합니다. CHANNELS 팔레트에서 'point' 채널이 만들어진 것을 확인한 후 LAYERS 팔레트의 'black' 레이어로 돌아옵니다.

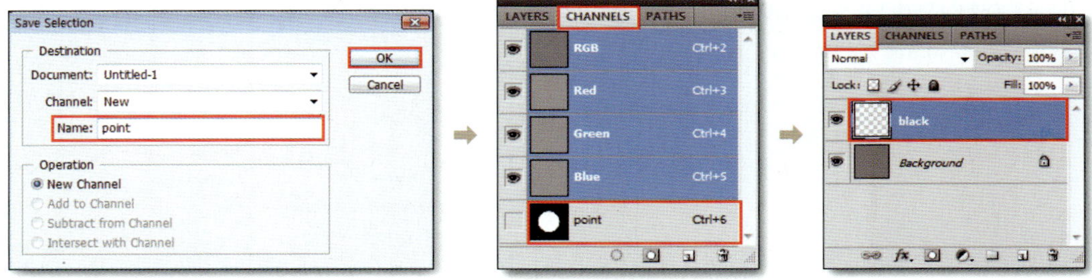

Name : 'point'를 입력한 뒤 [OK] 단추 클릭   'point' 채널 생성 확인

03 Ctrl + Shift + I 를 눌러 선택 영역을 반전시킵니다. 툴박스에서 전경색을 검은색(#000000)으로 설정하고 Alt + Delete 를 눌러 색상을 채워준 후 Ctrl + D 를 눌러 선택 영역을 해제합니다.

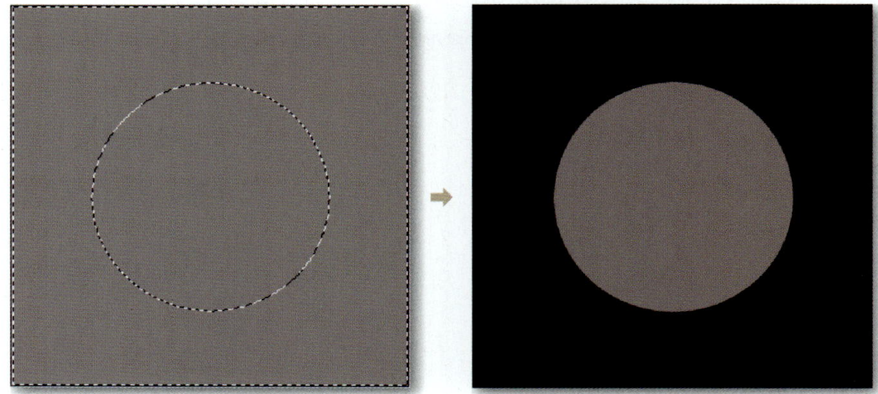

04 [Filter]–[Blur]–[Gaussian Blur] 메뉴를 선택하여 [Gaussian Blur] 대화상자가 나타나면 [Radius]를 '35'로 설정한 후 [OK] 단추를 클릭합니다.

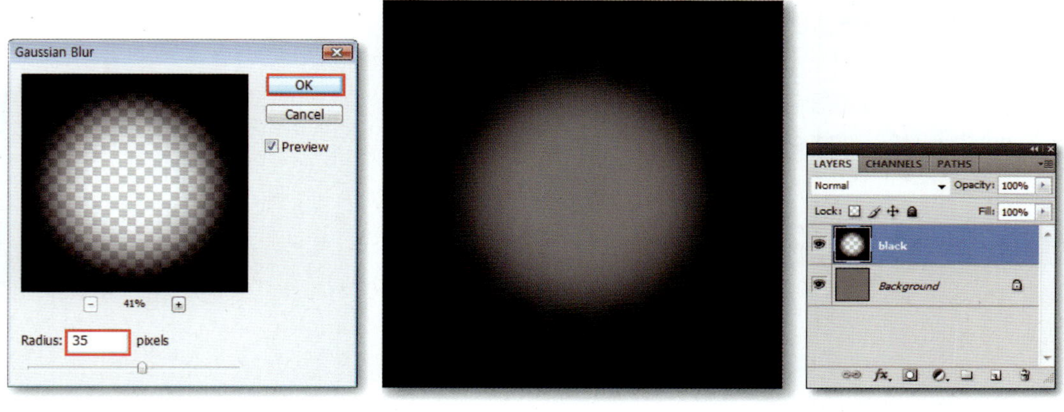

05 CHANNELS 팔레트에서 `Ctrl`을 누른 상태로 'point' 채널을 클릭하여 선택 영역으로
지정하고, Layers 팔레트의 'black' 레이어로 돌아옵니다.

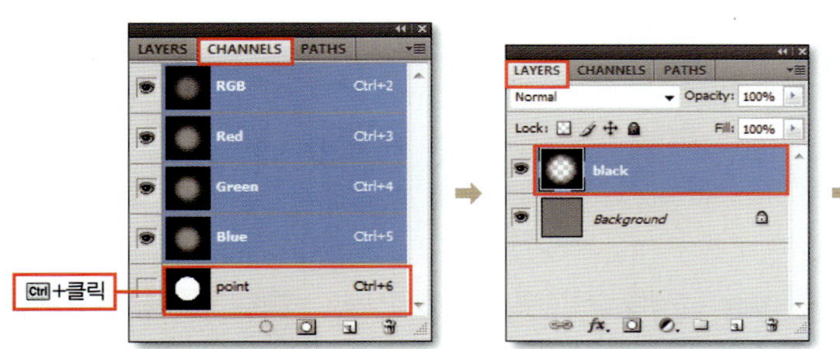
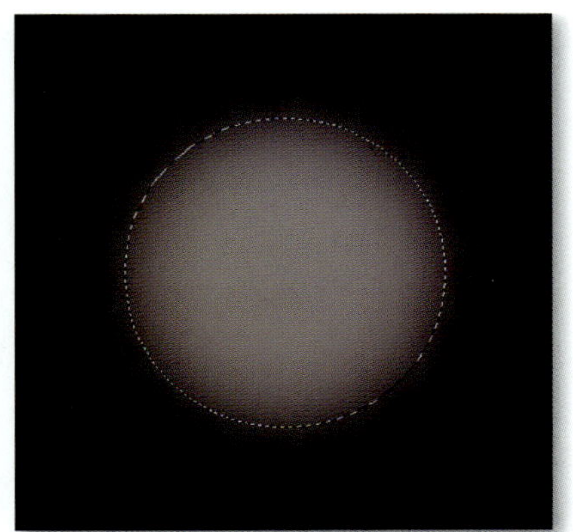

06 LAYERS 팔레트에서 [Add layer mask] 아이콘(⬜)을 클릭합니다.

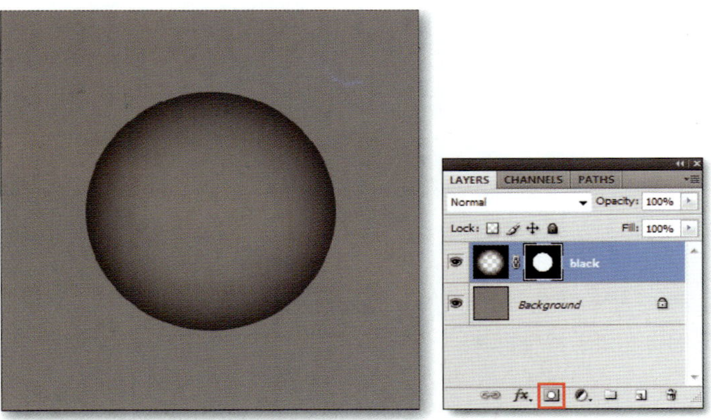

07 'black' 레이어의 마스크 연결 고리를 풀어주고 'black' 레이어의 썸네일(Layer thumbnail)
을 선택합니다. Move Tool(⬛)을 이용하여 이미지를 조금 아래로 내려줍니다.

08 LAYERS 팔레트에서 [Create a new layer] 아이콘(📄)을 클릭하여 새로운 레이어를 만들고 이름을 'light-1'로 설정합니다.

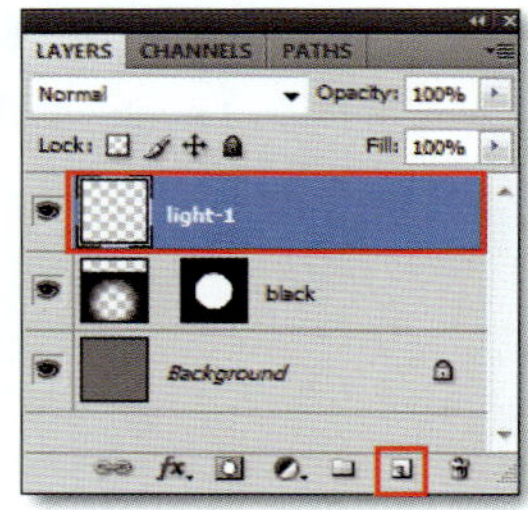

09 CHANNELS 팔레트에서 [Ctrl]을 누른 상태로 'point' 채널을 클릭하여 선택 영역으로 지정합니다. LAYERS 팔레트의 'light-1' 레이어로 돌아옵니다.

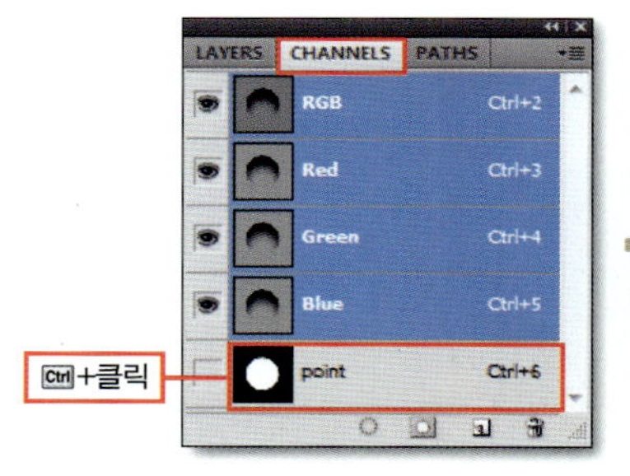

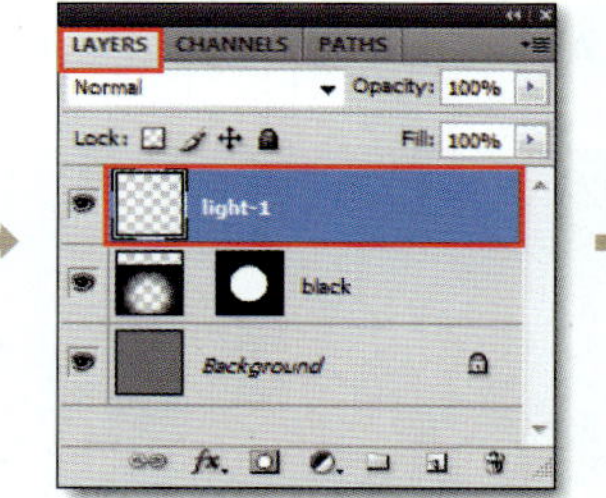

10 툴박스에서 전경색을 흰색(#ffffff)으로 설정하고 [Alt]+[Delete]를 눌러 색상을 채워줍니다. [Ctrl]+[D]를 눌러 선택 영역을 해제합니다.

11 [Filter]-[Blur]-[Gaussian Blur] 메뉴를 선택하면 나타나는 [Gaussian Blur] 대화상자에서 [Radius]를 '30'으로 설정한 후 [OK] 단추를 클릭합니다.

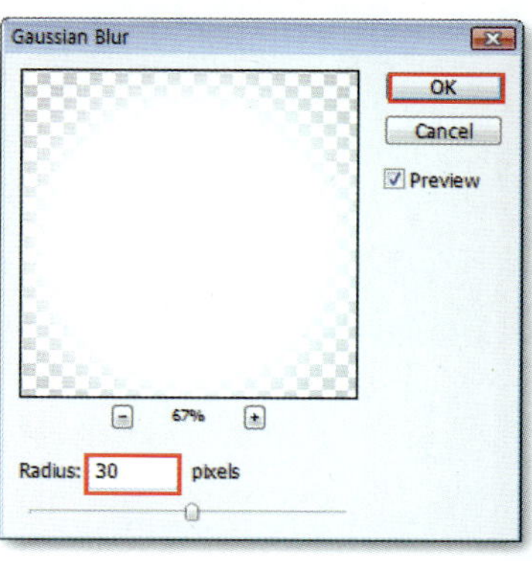

12 Ctrl+T 를 눌러 적당한 크기를 정해주고 위치를 잡아준 후 LAYERS 팔레트에서 'light-1' 레이어의 [Opacity]를 '85%' 로 설정합니다.

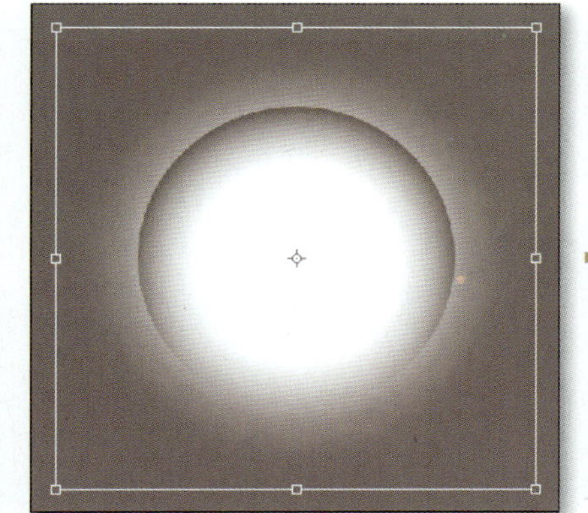

Ctrl+T

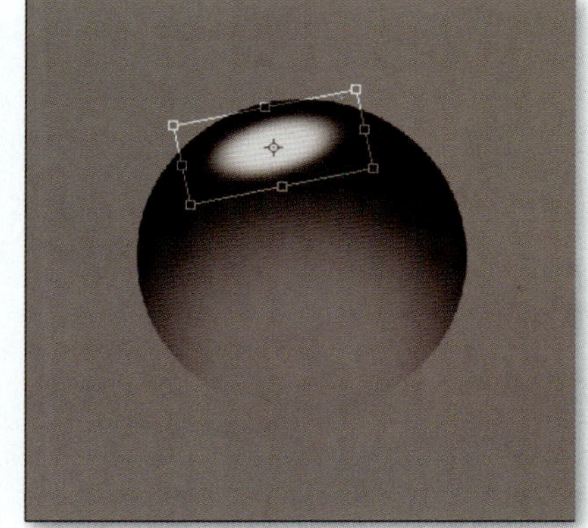

크기와 위치를 잡아줍니다.

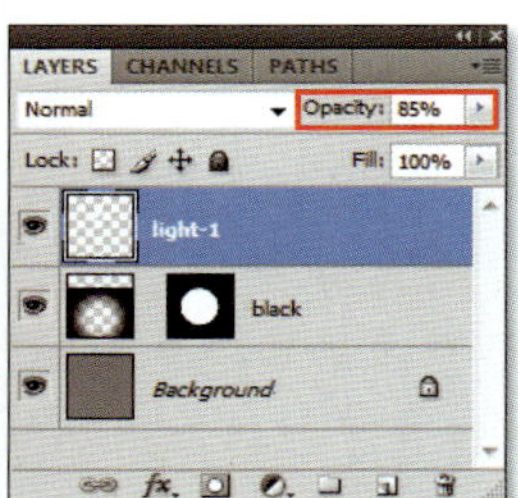

13 Ctrl+J 를 눌러 'light-1' 레이어를 복사한 후 Ctrl+T 를 눌러 적당한 크기를 줄여주고 위치를 잡아줍니다.

크기와 위치를 잡아줍니다.

작업 완료

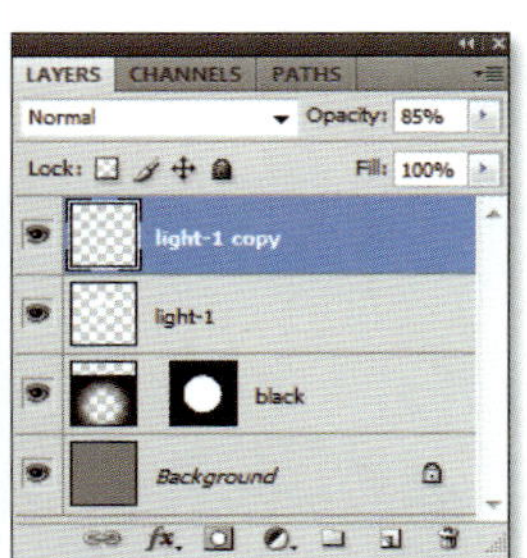

14 LAYERS 팔레트에서 'black', 'light-1', 'light-1 copy' 레이어를 함께 선택한 후 Ctrl+E 를 눌러 합쳐줍니다.

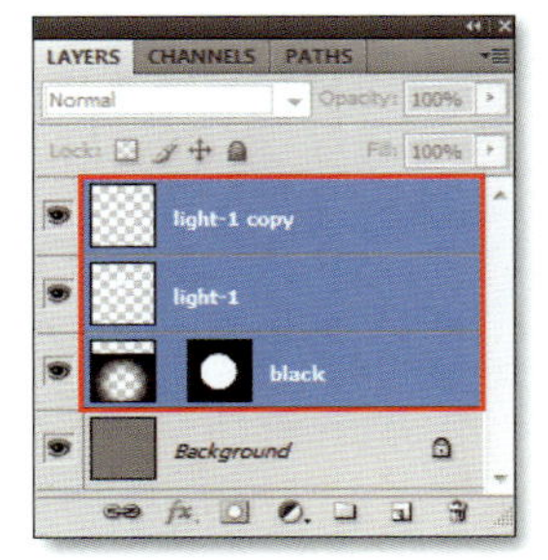

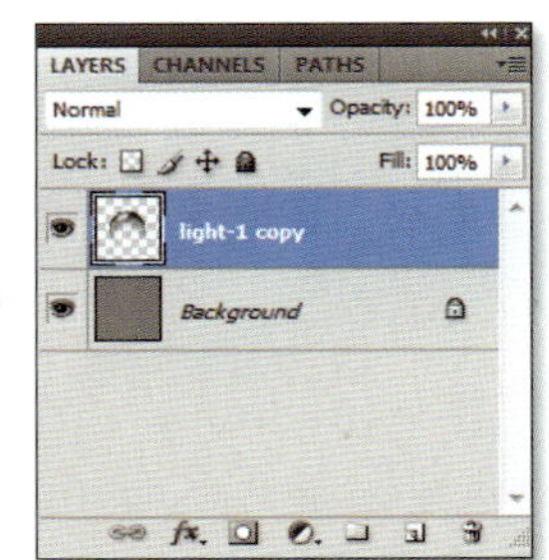

완성된 공기방울은 부록 CD의 THEME 10 폴더에 있는 'Bubble.psd' 파일을 참고하세요.

15 공기방울이 완성되면 Move Tool(▶⊕)을 선택하고 'light-1 copy' 레이어를 작업 중인 이미지로 드래그하여 복사합니다. `Ctrl`+`T`를 눌러 적당한 크기를 정해주고 위치를 잡아주는 방법을 반복하여 7개의 공기방울을 배치합니다.

공기방울을 배치할 위치

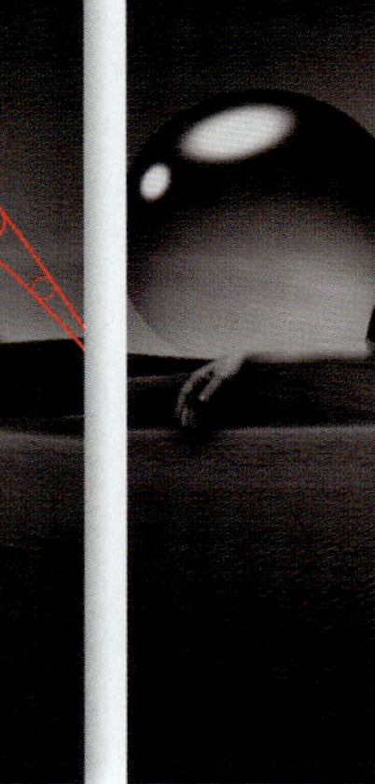

공기방울 배치 완료

16 복사된 7개의 공기방울 레이어를 하나의 레이어로 합치고 레이어 이름을 'bubble'로 설정합니다. 'bubble' 레이어를 'w-2' 레이어 상단으로 드래그하여 이동시킵니다.

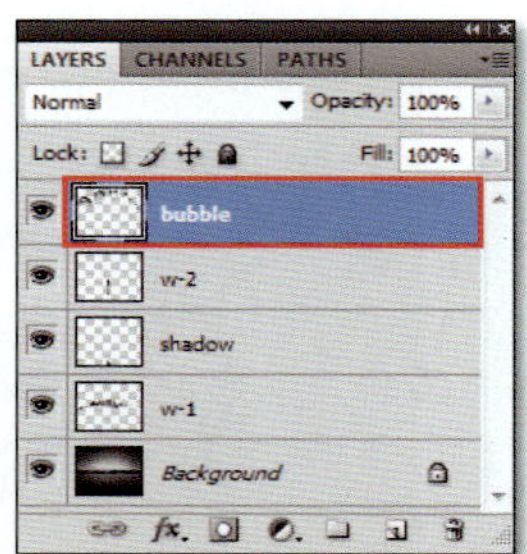

Hi ★ MiMi...

Shall we fly ?

몽환적 이상과 허상의 공기방울 안에서 유영하는 물고기를 표현하여 꿈꾸는 여인의 감정을 나타냅니다.

물고기 배치하기

KEY POINT

- Ctrl+T : 이미지에 조절자를 나타내어 이미지의 형태를 조정할 수 있습니다.
- **Lighten 블렌딩 모드** : 색상의 밝은 톤은 변화가 없지만 어두운 톤은 밝은 톤으로 변합니다.

AFTER

BEFORE

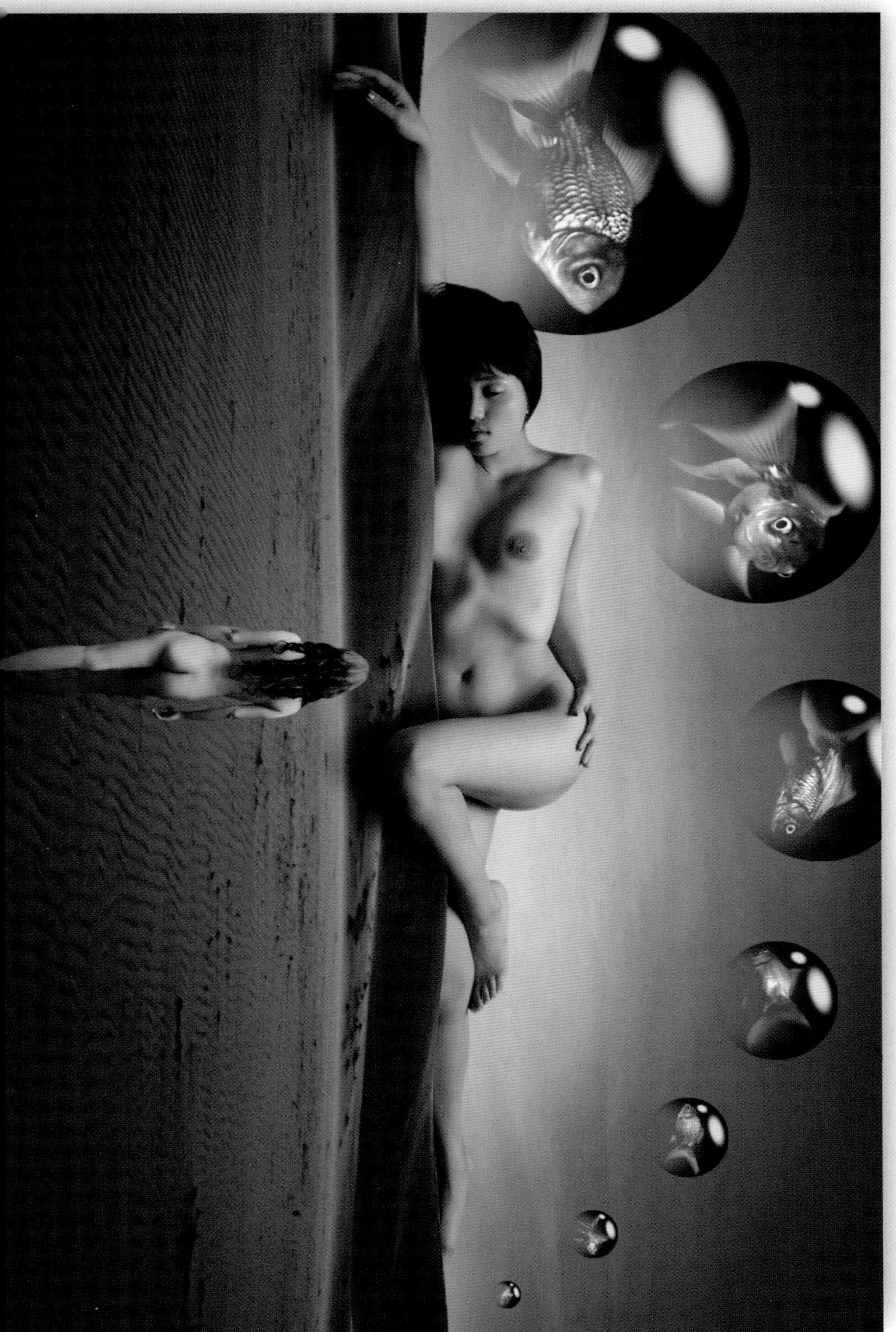

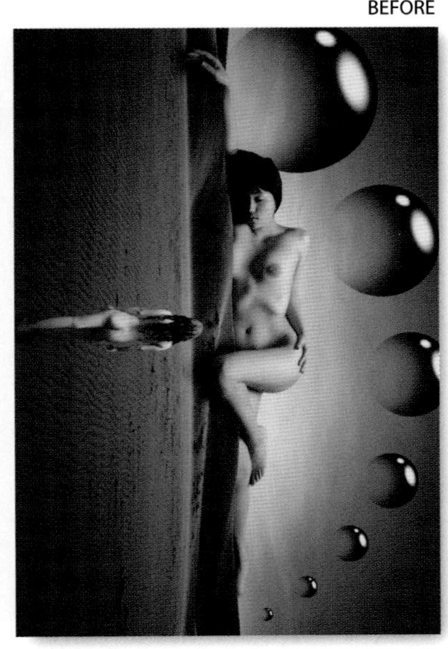

WORK 04

1　　　　　　　　　　　　　　물고기 이미지 합성

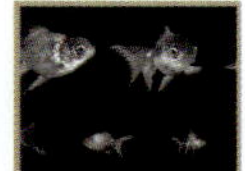

● **부록 CD** : THEME 10/Fish.psd

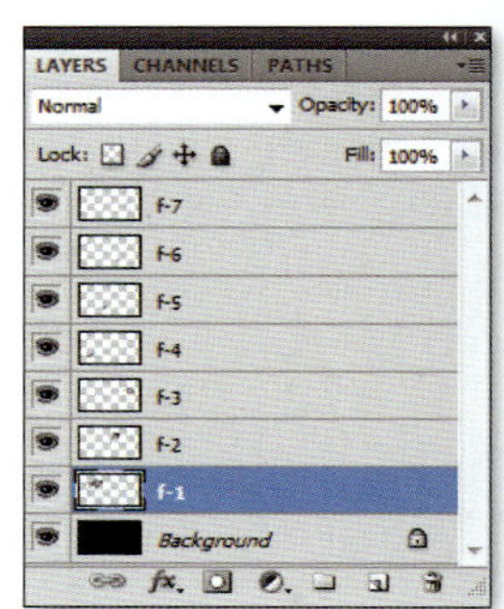

01 공기방울에 물고기 이미지를 합성하기 위해 부록 CD에서 'Fish.psd' 파일을 불러옵니다.

02 'Fish.psd' 파일의 'f-1' 레이어를 작업 중인 이미지로 드래그하여 복사합니다. Ctrl+T 를 눌러 가장 큰 공기방울에 맞게 적당한 크기를 정해주고 레이어의 블렌딩 모드를 'Lighten'으로 설정합니다.

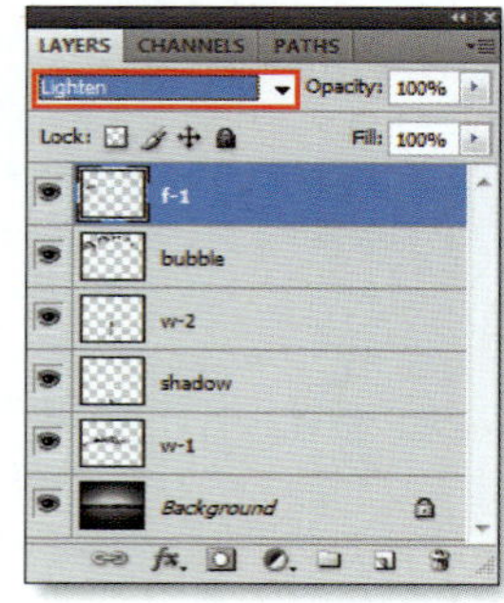

03 ‘Fish.psd’ 파일의 나머지 ‘f-2~f-7’ 레이어를 앞과 같은 방법으로 배치하고 작업을 마무리합니다.

Photoshop Creative Collection

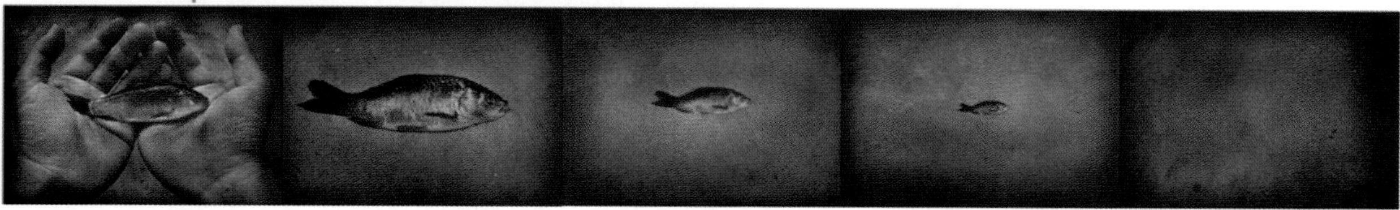

Content-Aware Scale 기능 이해하기

(콘텐츠 인식 크기 조정)

● **부록 CD** : TIP/Red Sea.jpg

콘텐츠 인식 크기 조정 기능을 사용하면 이미지의 크기를 조정함과 동시에 자동으로 이미지가 재구성되므로 이미지가 새로운 차원으로 표시될 때 중요 영역이 지능적으로 유지됩니다. 그렇기 때문에 많은 시간이 소요되는 자르기 및 재손질 작업 없이 한 번에 완벽한 이미지를 얻을 수 있습니다.

■ **Content-Aware Scale 적용하기**

01 예제로 사용할 풍경 이미지인 'Red Sea' 파일을 부록 CD에서 불러옵니다.

02 Ctrl + J 를 눌러 이미지를 하나 더 복사합니다.

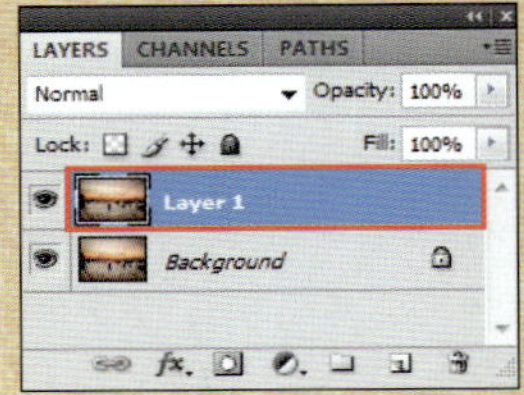

03 [Image]−[Canvas Size] 메뉴를 선택하여 [Canvas Size] 대화상자가 나타나면 그림과 같이 설정하여 캔버스의 가로 크기를 늘려줍니다.

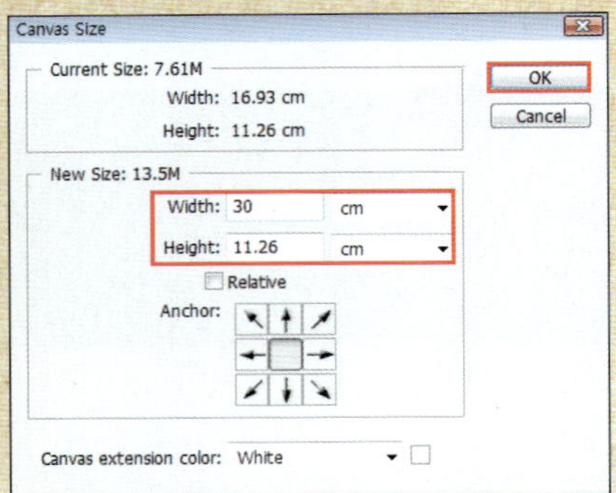

04 [Edit]-[Content-Aware Scale] 메뉴를 선택하여 이미지의 양쪽 가로 길이를 늘려줍니다.

이미지의 객체를 인식하여 보호하고 배경 이미지만 늘어난 것을 확인할 수 있습니다.

Content-Aware Scale의 옵션 바 이해하기

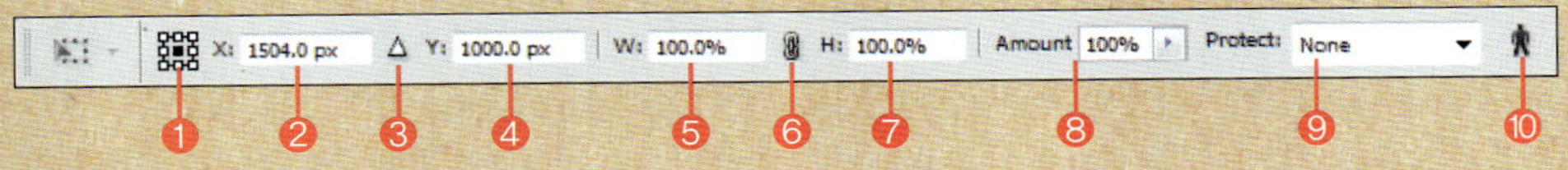

❶ **Reference point location(기준점 설정)** : 원하는 기준점의 위치를 클릭하여 변경할 수 있으며 이미지 창에서 마우스로 직접 기준점을 드래그하여 변경할 수 있습니다.

❷ **X(가로 좌표)** : 이미지 창의 좌측을 기준으로 기준점과의 거리를 표시하며 직접 값을 입력하여 위치를 설정할 수 있습니다.

❸ **Use relative positioning for reference point(△)** : 체크하면 이미지 창의 중심을 기준으로 좌표가 설정됩니다.

❹ **Y(세로 좌표)** : 이미지 창에서 상단을 기준으로 기준점과의 거리를 설정합니다.

❺ **Width(가로 크기)** : 이미지의 가로 크기를 설정합니다. 원본 크기를 100%를 기준으로 100% 이하의 값은 작아지며 100% 이상의 값은 커지게 됩니다.

❻ **Maintain aspect ratio(▨)** : 체크하면 가로, 세로 크기를 같은 비율로 변형할 수 있습니다.

❼ **Height(세로 크기)** : 이미지의 세로 크기를 설정합니다. 원본 크기를 100%를 기준으로 100% 이하의 값은 작아지며 100% 이상의 값은 커지게 됩니다.

❽ **Amount(양)** : 100%~0% 수치를 조절하여 인식 조절의 양을 설정합니다.

❾ **Protect(보호)** : 영역 보호를 위해 알파 채널을 생성하면 알파 채널이 지정된 부분을 보호하면서 자동 변형됩니다.

❿ **Protect skin tones(▨)** : 사람의 피부톤을 기준으로 자동 조절됩니다. 이미지의 종류와 알파 채널의 유무에 따라 결과가 다릅니다.

■ Content-Aware Scale 기능의 다양한 활용 방법

BEFORE

AFTER

● **부록 CD** : TIP/Refreshing.jpg

BEFORE

AFTER

● **부록 CD** : TIP/Waterdrop.jpg

BEFORE

● **부록 CD** : TIP/Bungbung.jpg

AFTER

풍경 사진 촬영을 위한 구도

■ **Desert.jpg 촬영 정보**

Nikon D80, 1/50 sec, 조리개 값 : F7.1, 촬영 모드 : M, ISO : 100, 화이트 밸런스 : Manual

■ **프레이밍**

프레이밍이란 촬영하려는 피사체의 일부를 제거하고 구성하는 활영 앵글을 말합니다. 그렇기 때문에 주제의 화면상에 위치, 부제의 배치 등 모든 것을 들여다보고 프레이밍을 결정하는 것이 좋습니다.

촬영자의 프레이밍에 따라 동일한 장소의 전경에서 전혀 다른 느낌의 결과물이 나타나게 됩니다.

■ 가로 프레임과 세로 프레임

먼저 촬영할 대상과 영역이 결정되었다면 이를 세로로 촬영할 것인가 아니면 가로로 촬영할 것인가를 결정해야 합니다. 주로 가로 사진은 주변 분위기를 표현하는데 효과적이며, 세로 사진은 화면의 깊이감을 표현하는데 효과적입니다.

화면의 분위기에 중점을 둔 가로 사진

화면의 깊이감에 중점을 둔 세로 사진

■ 프레임 안에 또 하나의 프레임 턴넬 뷰(Tunnel View) 기법

프레이밍에서 사진의 집중력을 높여주는 방법으로 프레임 안에 또 다른 프레임을 만들어 주는 방법이 있습니다. 이는 마치 터널 끝 부분에서 밖의 풍경을 바라 보는듯한 효과를 내기 때문에 이러한 촬영 기법을 턴넬 뷰(Tunnel View) 기법이라고 부르기도 합니다.

복도 끝을 활용한 턴넬 뷰 기법

두 인물 사이의 공간을 활용한 턴넬 뷰 기법

■ 촬영 각도의 변화

촬영 각도의 변화에 따라 사진의 느낌을 다르게 표현할 수 있습니다. 평면적인 효과를 원한다면 배경으로부터 정면에서 촬영하면 되고 깊이감을 나타내고 싶다면 촬영 각도를 측면으로 이동하여 촬영하면 됩니다.

평면적인 촬영 각도

깊이감을 표현하기 위한 촬영 각도

■ 화면의 공간 분할 이해하기

같은 장면이라고 해도 화면의 공간 구성 분할 방법에 따라 다르게 표현됩니다. 아래의 사진에서 보는 바와 같이 하늘의 경계선 부분을 약간만 달리 하여도 사진이 주는 느낌이 달라지는 데 보통 수평선이나 지평선을 중앙에 두는 것 보다는 약간 아래 혹은, 위쪽으로 배치하는 것이 효과적입니다. 전문가들의 경우 하늘의 공간감을 강조하고 싶으면 하늘을 2/3~3/4 정도 배치하고 깊이감을 강조하고 싶은 경우에는 반대로 하늘의 면적을 1/3~1/4 정도 배치해서 많이 활용합니다. 물론 여기에서도 촬영의 목적에 따라 중앙에 배치하여 안정감을 강조할 수 있으며, 이는 어디까지나 촬영자의 선택적인 문제로 촬영 의도를 십분 살릴 수 있는 화면 구성법을 선택하는 것이 좋습니다.

정적인 느낌의 균등 1/2 분할

하늘의 공간감을 강조한 2/3 분할

화면의 깊이감을 강조한 1/4분할

■ 다양한 느낌의 풍경 사진

Nikon D70s, 1/320 sec, 조리개 값 : F9.0, 촬영 모드 : M, ISO : 100, 화이트 밸런스 : Manual

Nikon D80, 1/40 sec, 조리개 값 : F5.6, 촬영 모드 : M, ISO : 200, 화이트 밸런스 : Manual

Nikon D70s, 1/125 sec, 조리개 값 : F7.1, 촬영 모드 : M, ISO : 100, 화이트 밸런스 : Auto

Nikon D80, 1/160 sec, 조리개 값 : F6.3, 촬영 모드 : M, ISO : 200, 화이트 밸런스 : Manual

Nikon D70s, 1/60 sec, 조리개 값 : F5.6, 촬영 모드 : M, ISO : 640, 화이트 밸런스 : Auto

Nikon D70s, 1/20 sec, 조리개 값 : F6.3, 촬영 모드 : M, ISO : 400, 화이트 밸런스 : Auto

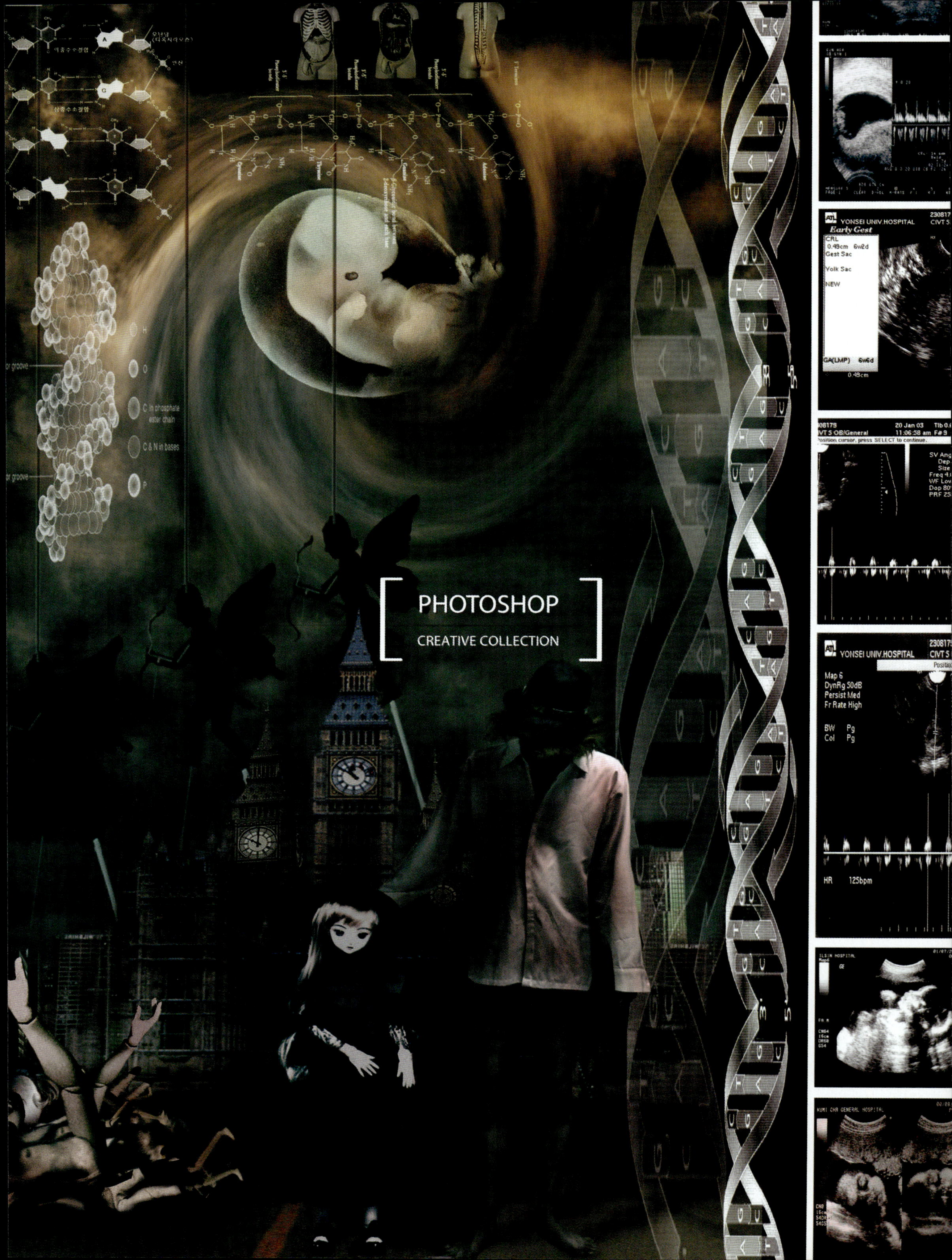
PHOTOSHOP
CREATIVE COLLECTION
YONSEI UNIV.HOSPITAL
Early Gest
CRL
0.49cm 6w2d
Gest Sac
Yolk Sac
NEW
GA(LMP) 6w6d
0.49cm
20 Jan 03
Position cursor, press SELECT to continue.
YONSEI UNIV.HOSPITAL
Map 6
DynRg 50dB
Persist Med
Fr Rate High
BW Pg
Col Pg
HR 125bpm
ILSIN HOSPITAL
KUMI CHA GENERAL HOSPITAL
C in phosphate
ester chain
C & N in bases

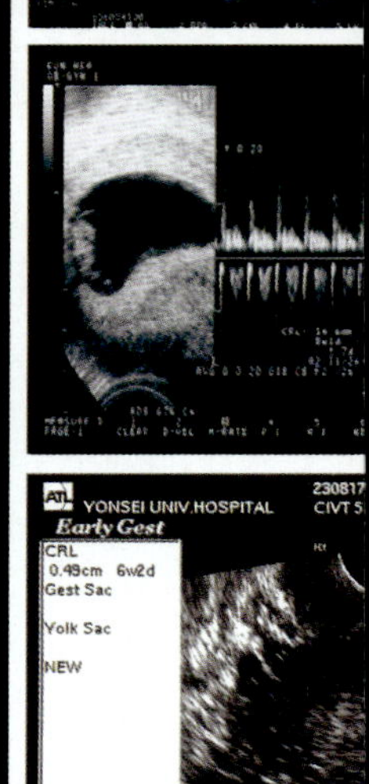

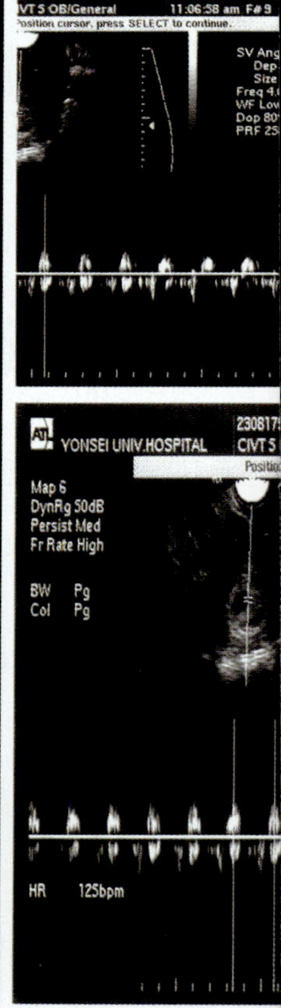

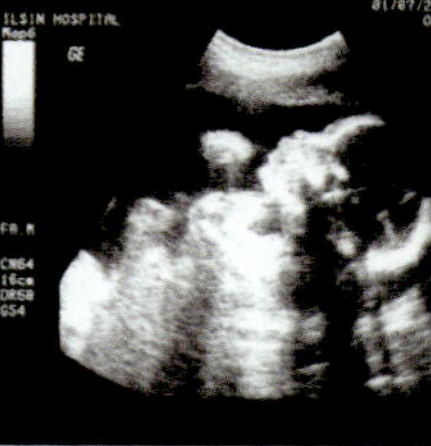

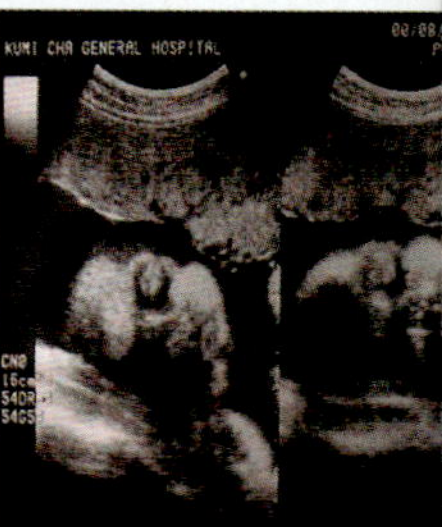

Mutation(Allan & Aileen)

PHOTOSHOP
CREATIVE COLLECTION

신, 괴물 그리고, 이방인 그들은 하나이다.

나는 타인에게 항상 이방인이다. 그들도 항상 나의 삶에서는 이방인이다.

이방인과의 첫 대면은 항상 불편하고 두렵다.

자신의 삶 속으로 어느새 뛰어 들어온 이방인, 나… 과연 그들에게 비춰지는 내 모습은 어떨까?

나는 나를 신처럼 순종하기를 바라지도 않고 괴물처럼 나를 두려워하는 것도 바라지 않는다.

단지 나를 나로서 바라봐주는 것, 이것은 욕심이 아니다.

Allan

- **Allan.jpg** : 링 스트로보(Ring Strobo)를 이용하여 촬영한 인물 이미지(촬영 Tip 378 페이지 참고)
- **Reptilia.jpg** : 주제가 되는 인물 이미지와 합성할 파충류 질감의 이미지

Start ▶   ◀ Finish

얼굴 변형과 리터칭

Liquify 기능을 이용하여 주제 이미지의 얼굴 형태와 인상을 변형시키고, 여러 가지 보정 툴을 이용하여 이미지의 색감을 보정하는 방법을 알아봅니다.

 KEY POINT

- **Liquify** : 이미지를 자유롭게 변형 또는, 왜곡할 때 사용하는 필터입니다.
- **Burn Tool(⬚)** : 이미지의 특정 부분을 어둡게 표현할 수 있습니다.
- **Dodge Tool(⬚)** : 이미지의 특정 부분을 밝게 표현할 수 있습니다.
- **Sponge Tool(⬚)** : 이미지의 특정 부분에 채도를 높이거나 제거할 수 있습니다.

BEFORE

AFTER

WORK 01

STEP
1
전체적인 얼굴 윤곽 변형

● **부록 CD** : THEME 11/Allan.jpg

01 주제 이미지로 사용할 'Allan.jpg' 파일을 부록 CD에서 불러옵니다.

02 얼굴의 형태를 변형시키기 위해 [Filter]–[Liquify] 메뉴를 선택합니다. [Liquify] 대화상자가 나
타나면 '눈썹–코–입–턱–머리카락'의 모양을 변형시킵니다.

L i q u i f y 기능을 활용한 얼굴 변형

이 작업에서는 Forward Warp Tool(⟐)과 Twirl Clockwise Tool(⟲)을 사용하며, [Brush Size](크기), [Brush Density](밀도), [Brush Pressure](압력)을 적절히 조절하면서 작업을 진행합니다.

• 눈썹 : Forward Warp Tool(⟐)

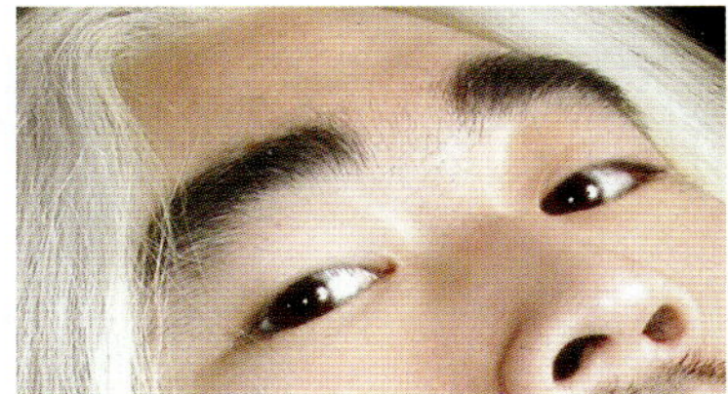 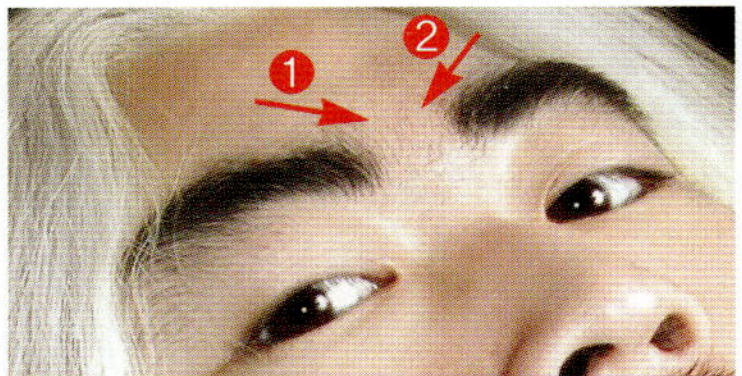

• 코 : Forward Warp Tool(⟐)

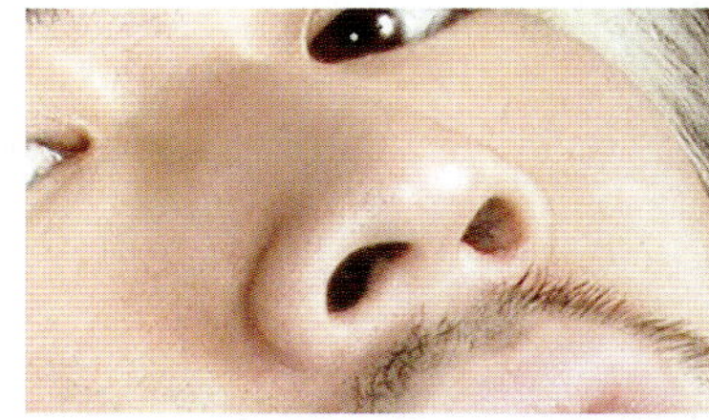 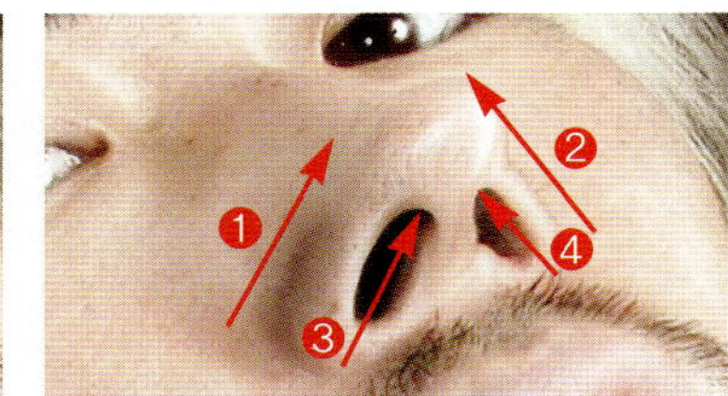

• 입 : Twirl Clockwise Tool(⟲)

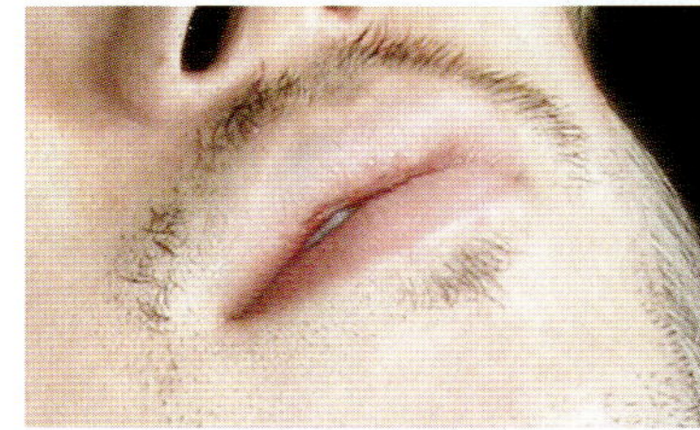 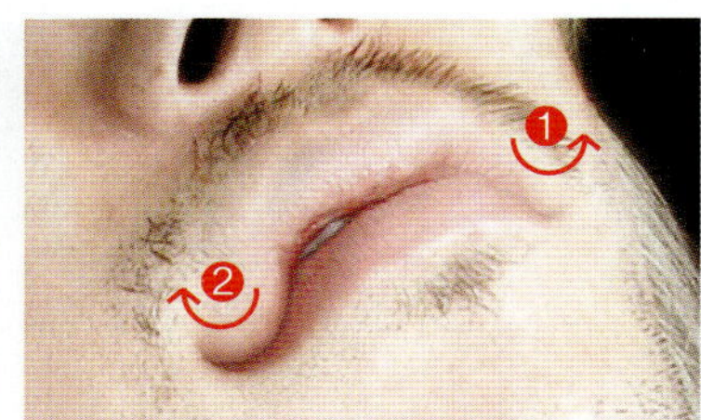

Alt 를 누르고 적용하면 반시계 방향으로 회전합니다.

• 턱 : Forward Warp Tool(⟐)

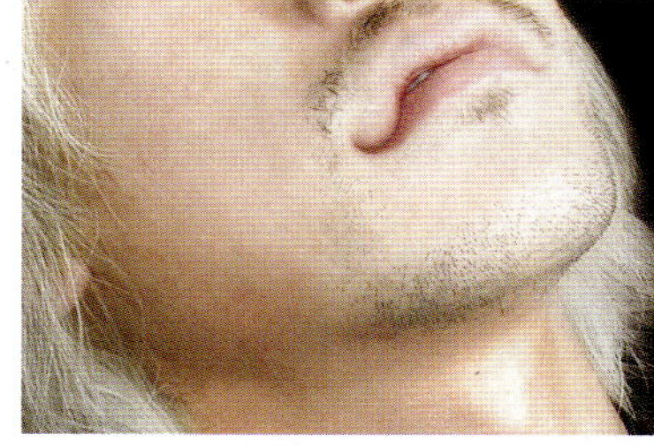 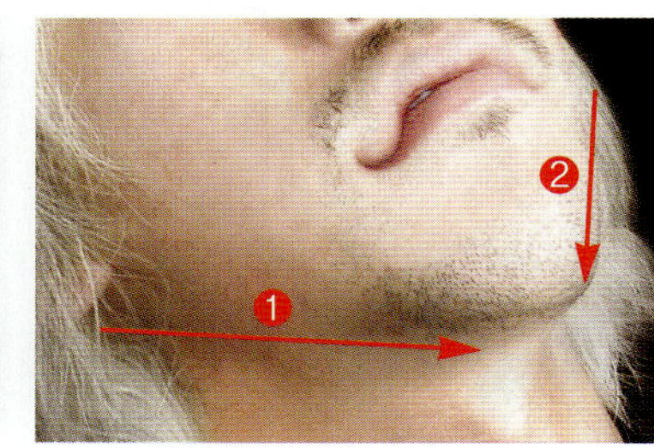

• 머리카락 : Forward Warp Tool(⟐)

 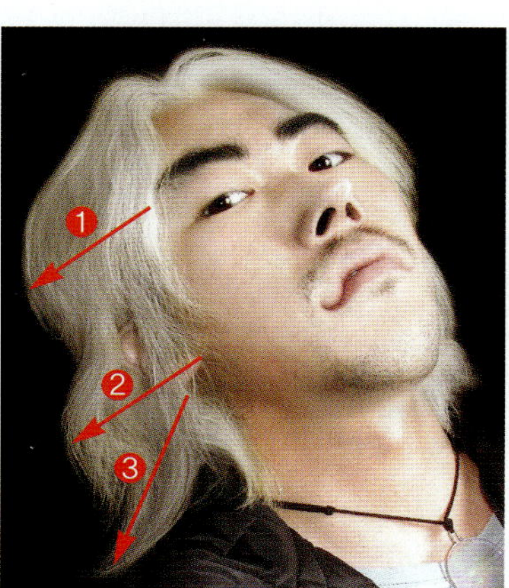

[Liquify] 대화상자의 자세한 내용은 340 페이지를 참고해 주세요.

2

성대와 입술 변형

01 툴박스에서 Clone Stamp Tool(⬛)을 선택하고 Alt 를 누른 상태로 성대 부분을 복사합니다.
Alt 를 떼고 성대 바로 밑에 마우스 포인터를 가져다가 클릭하여 붙여 넣습니다.

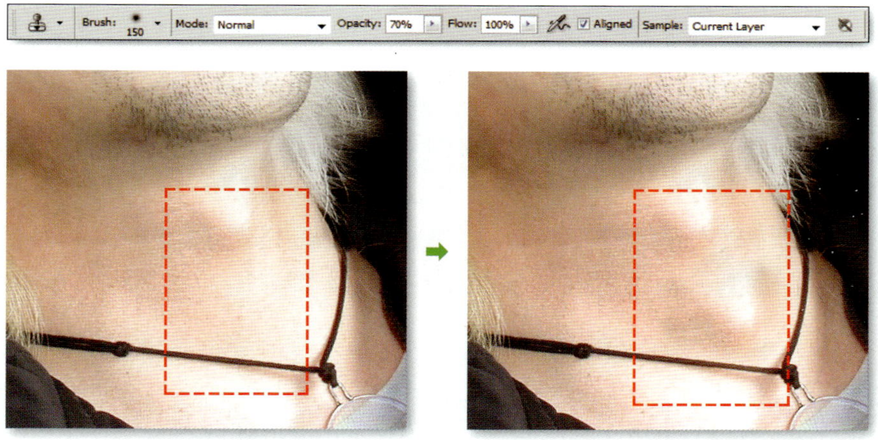

02 LAYERS 팔레트에서 [Create a new layer] 아이콘(⬛)을 클릭하여 새로운 레이어를 만들고
이름을 'Lip'으로 설정합니다.

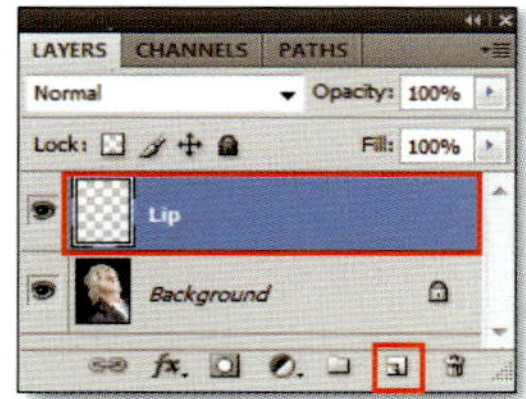

03 'Lip' 레이어의 블렌딩 모드를 'Color'로 설정하고, 전경색을 검은색(#000000)으로 설정한
후 Brush Tool(⬛)로 입술 모양을 따라 칠합니다.

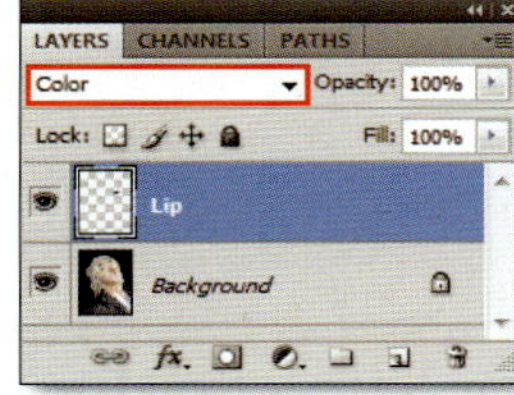

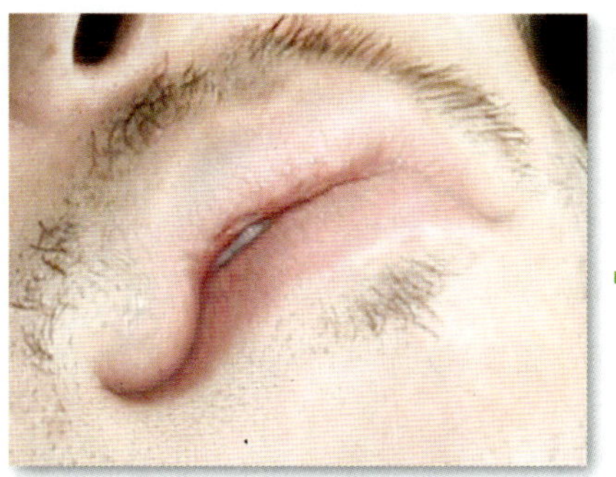

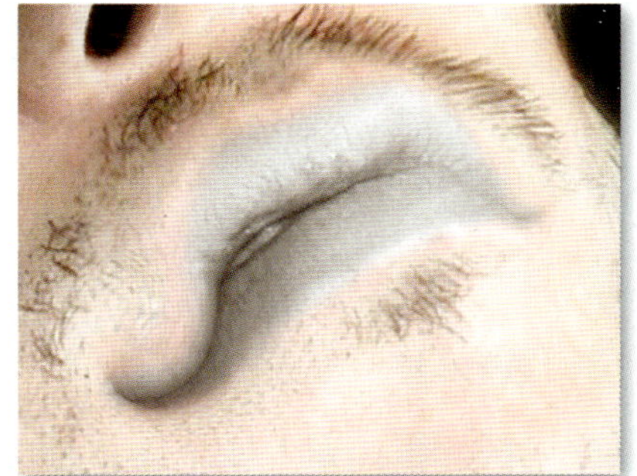

STEP
3   귀 변형

01 LAYERS 팔레트에서 [Create a new layer] 아이콘(￭)을 클릭하여 새로운 레이어를 만들고 이름을 'Ear'로 설정합니다.

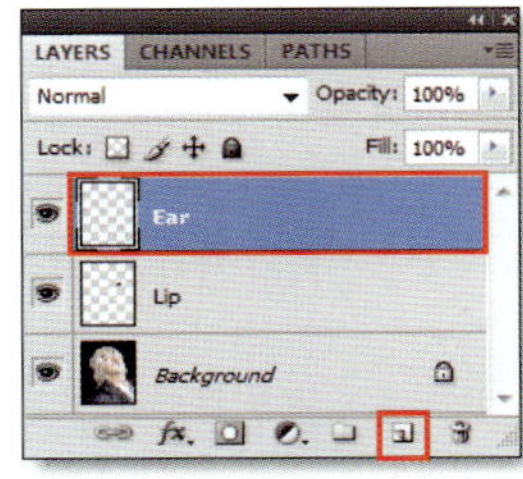

02 툴박스에서 Pen Tool(￭)을 선택하고 PATHS 팔레트를 활성화합니다. [Create new path] 아이콘(￭)을 클릭하여 새로운 'Path 1' 패스를 만듭니다.

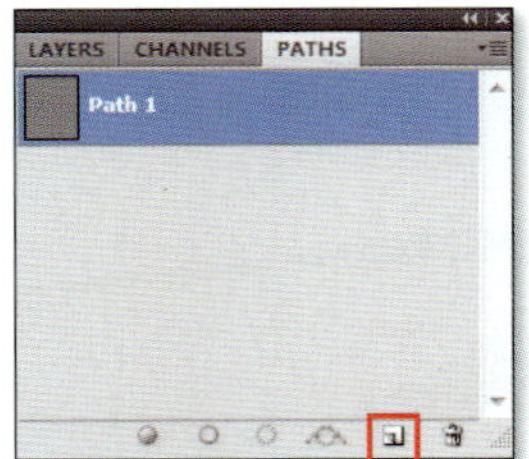

03 'Path 1' 패스에서 그림과 같이 귀의 끝을 연장하는 패스를 그려줍니다.

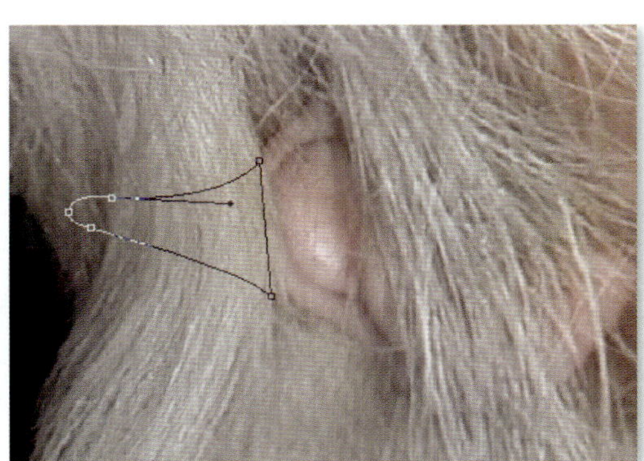
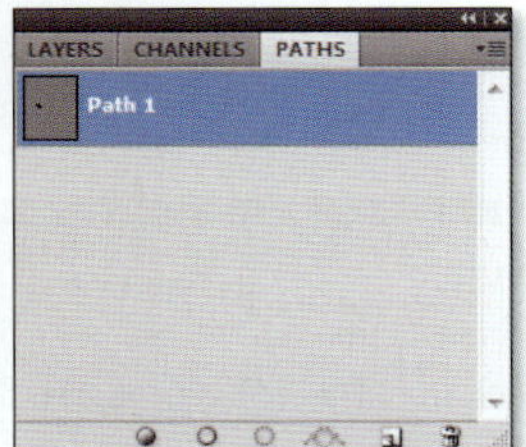

04 PATHS 팔레트 하단에 있는 [Load path as a selection] 아이콘(￭)을 클릭하여 선택 영역으로 지정하고 LAYERS 팔레트의 'Ear' 레이어로 돌아옵니다.

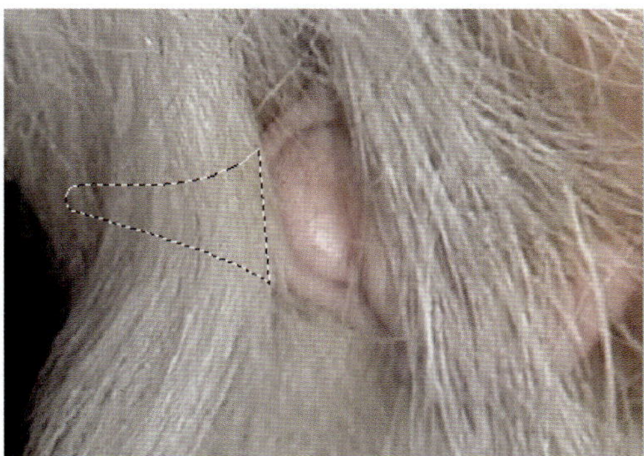
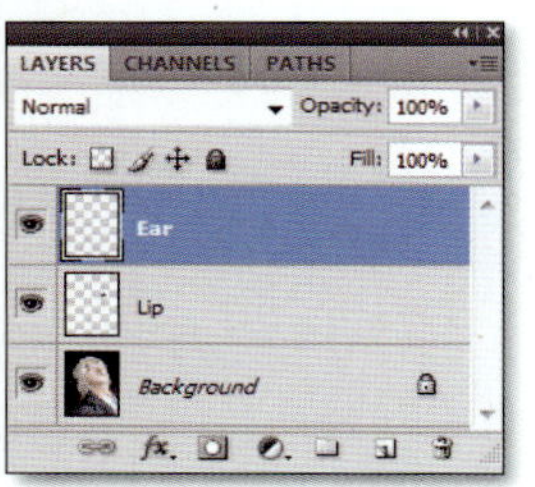

05 툴박스에서 전경색을 어두운 살색(#c3a394)으로 설정하고 Alt + Delete 를 눌러 색상을 채워줍니다. Ctrl + D 를 눌러 선택 영역을 해제합니다.

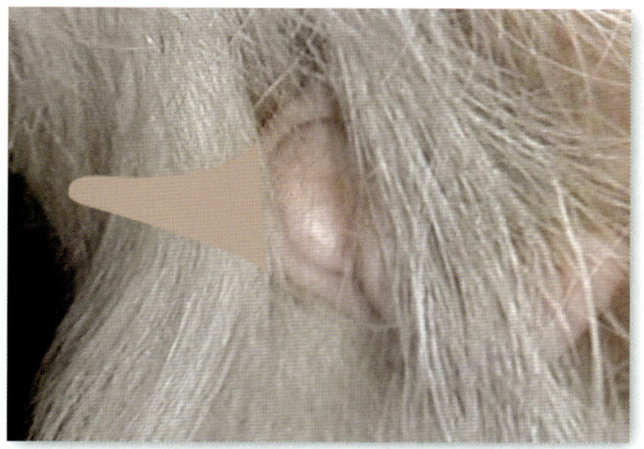

06 Eraser Tool(🧽)을 이용하여 연장된 귀의 우측 끝 부분을 부드럽게 지워줍니다.

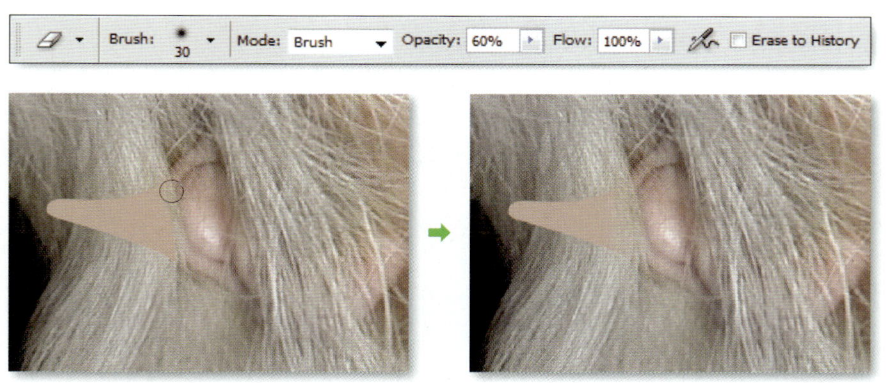

07 툴박스에서 Burn Tool(✋)을 선택하고 연장된 귀의 아랫부분을 어둡게 처리합니다.

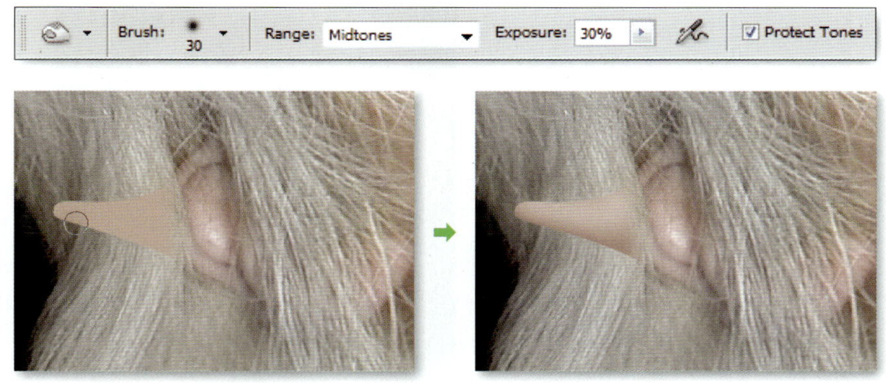

08 툴박스에서 Dodge Tool(🔍)을 선택하고 연장된 귀의 윗부분을 밝게 처리하여 양감을 살려줍니다.

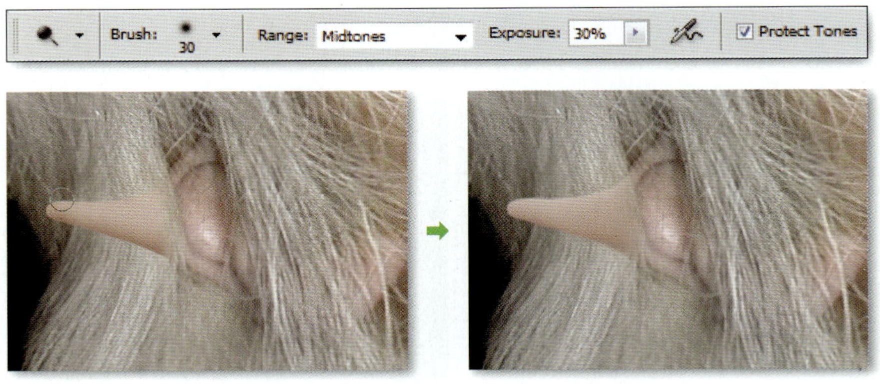

STEP 4 ## 전체적인 느낌 보정

01 LAYERS 팔레트에서 [Create a new layer] 아이콘(📄)을 클릭하여 새로운 레이어를 만들고 이름을 'Revision'으로 지정합니다. Ctrl+Shift+Alt+E 를 눌러 활성화되어 있는 이미지를 'Revision' 레이어에 붙여줍니다.

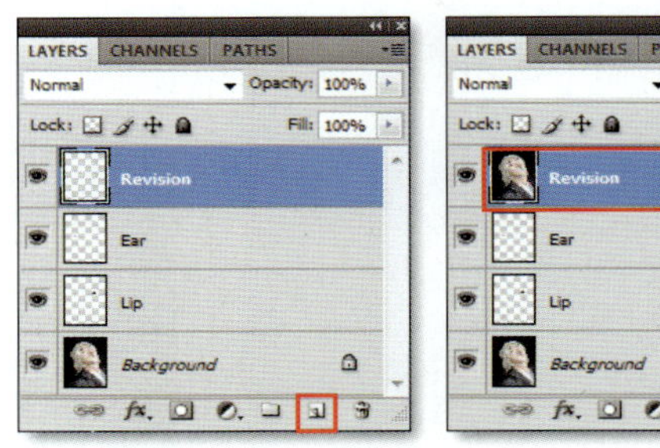

02 툴박스에서 Burn Tool(✋)을 선택하고 이미지의 부분 부분을 문질러서 어둡게 처리합니다.

03 툴박스에서 Sponge Tool(◉)을 선택하고 이미지의 부분 부분을 문질러 채도를 낮춥니다.

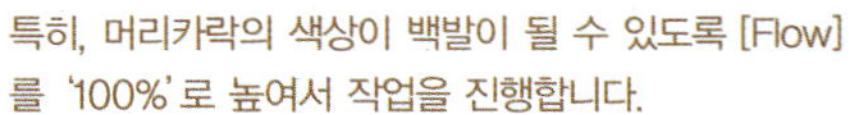

특히, 머리카락의 색상이 백발이 될 수 있도록 [Flow]를 '100%'로 높여서 작업을 진행합니다.

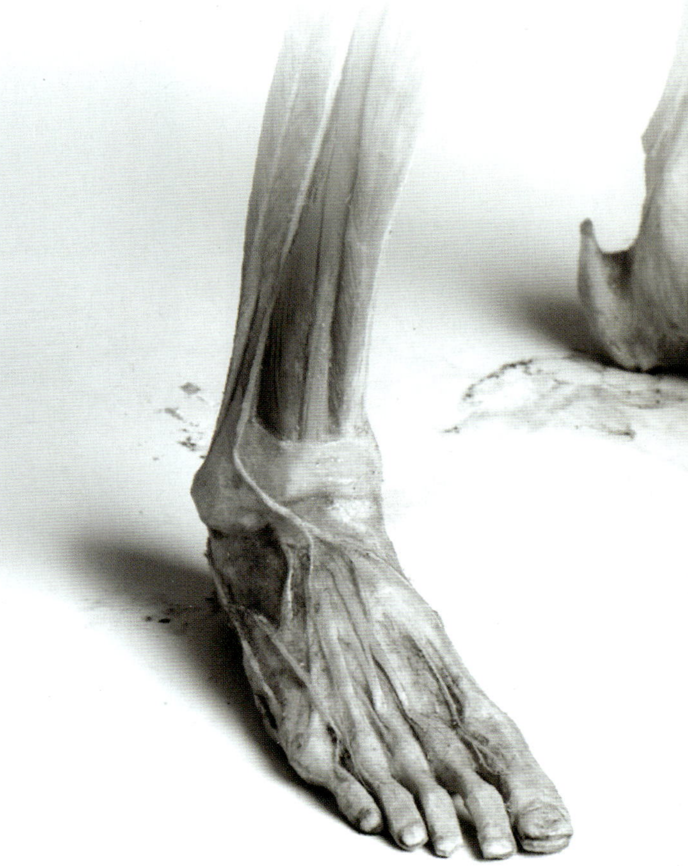

I'm Nobody! Who Are You?

Are you Nobody too?

Then there's a pair of us!

Don't tell! They'd banish us you know!

머리카락 묘사와 눈동자 합성

Smudge Tool(🖐)을 활용하여 머리카락을 연장시켜 묘사하고, Elliptical Marquee Tool(◎)을 이용하여 무채색의 눈동자를 만들어 합성하는 방법을 알아봅니다.

- **Smudge Tool(🖐)** : Smudge Tool(🖐)은 얼룩지게 한다는 뜻으로, 인접한 픽셀을 밀고 당겨서 다른 픽셀과 합성하여 이미지를 재구성할 수 있는 툴입니다.

BEFORE

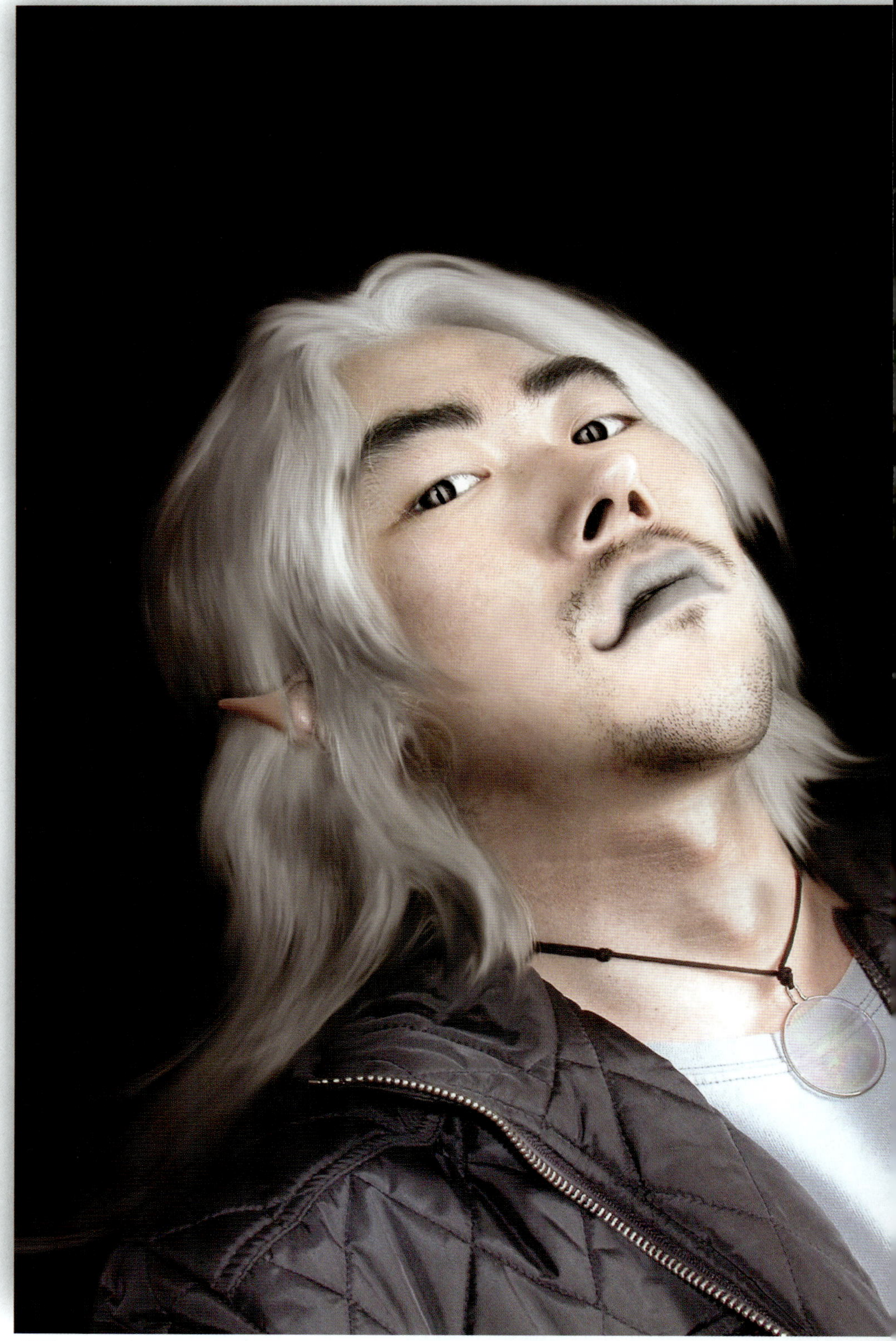

AFTER

WORK 02

STEP
1   인물의 머리카락 보정

01 툴박스에서 Smudge Tool(🖐)을 선택하고 브러시 스타일은 'Spatter 14 pixels(🔳)' 의 점이
흩뿌려진 브러시로 선택합니다. 브러시 크기를 '100~150' 으로 설정하고 인물의 머리카락을
드래그하면서 그림처럼 묘사합니다.

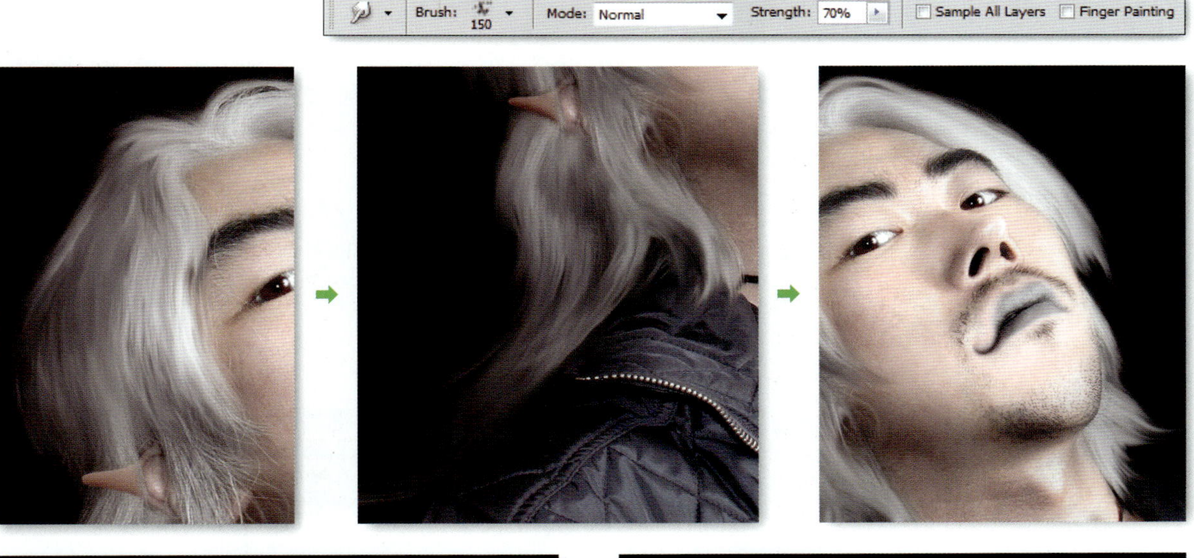

작업 전

작업 후

눈동자 변형

01 전경색을 검은색(#000000)으로 설정하고 Brush Tool(✐)로 눈동자를 칠합니다.

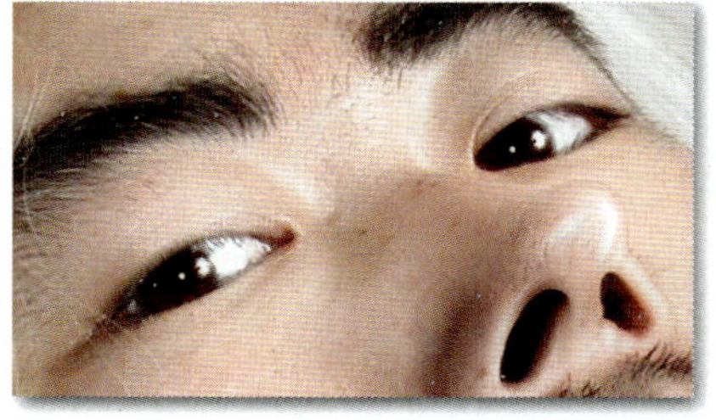 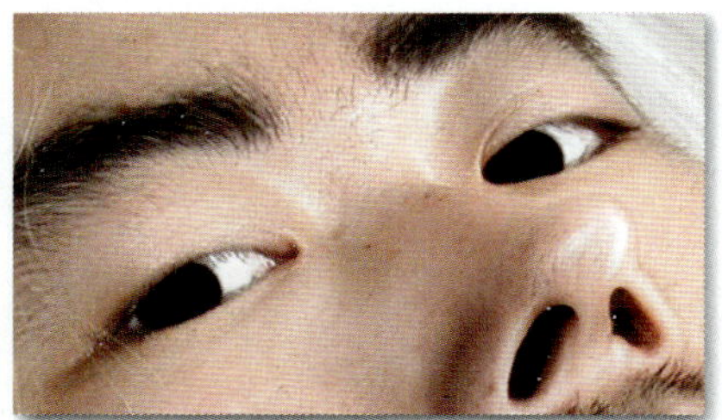

02 Ctrl+N을 누르면 나타나는 [New] 대화상자에서 [Width]와 [Height]를 각각 '320, 427'로 설정하고 [OK] 단추를 클릭합니다.

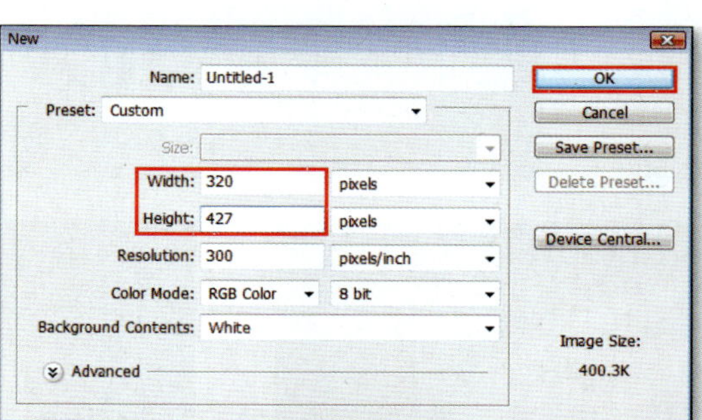 

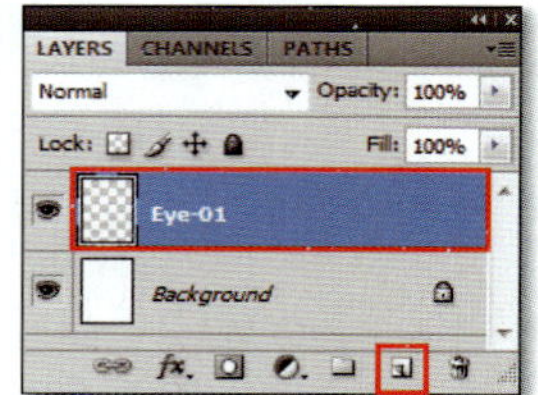

03 LAYERS 팔레트에서 [Create a new layer] 아이콘(▣)을 클릭하여 새로운 레이어를 만들고 이름을 'Eye-01'로 설정합니다.

04 툴박스에서 Elliptical Marquee Tool(◯)을 선택하고 타원을 그린 후 밝은 회색(#cecece)으로 채워줍니다.

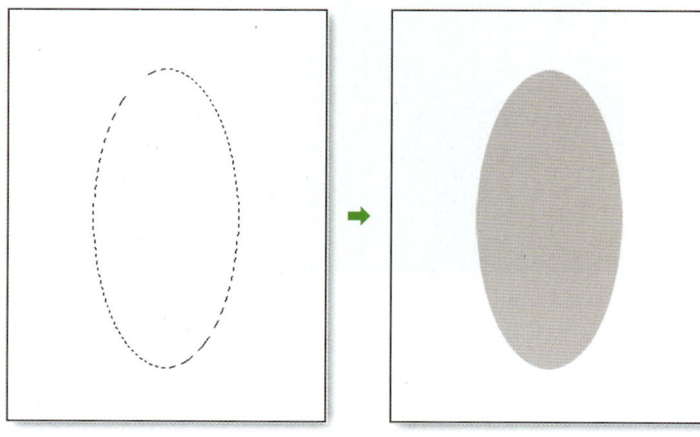

05 다시 LAYERS 팔레트에서 [Create a new layer] 아이콘
(　)을 클릭하여 새로운 레이어를 만들고 이름을 'Eye-
02'로 설정합니다. 타원을 그리고 검은색(#000000)으로
채워줍니다.

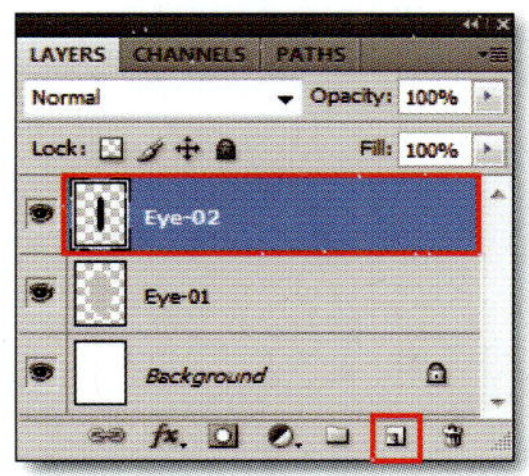

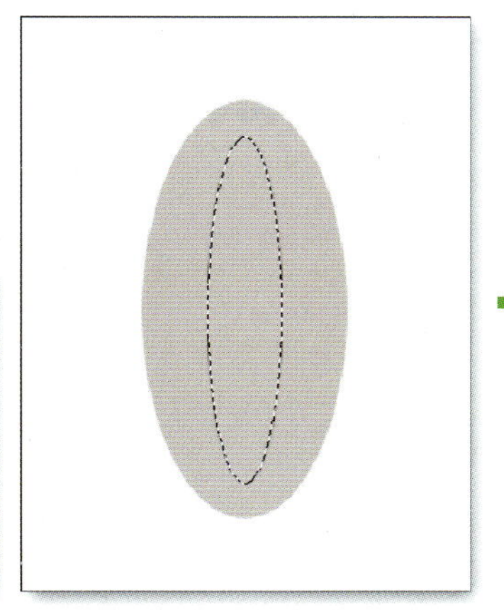

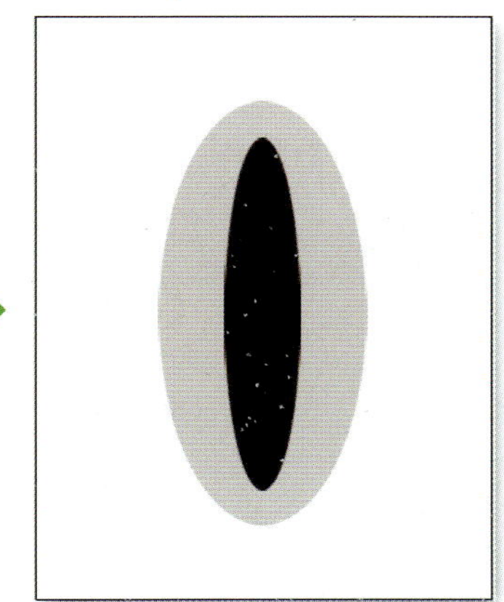

06 마지막으로 두 개의 정원을 그리고 흰색으로 채워줍니다.

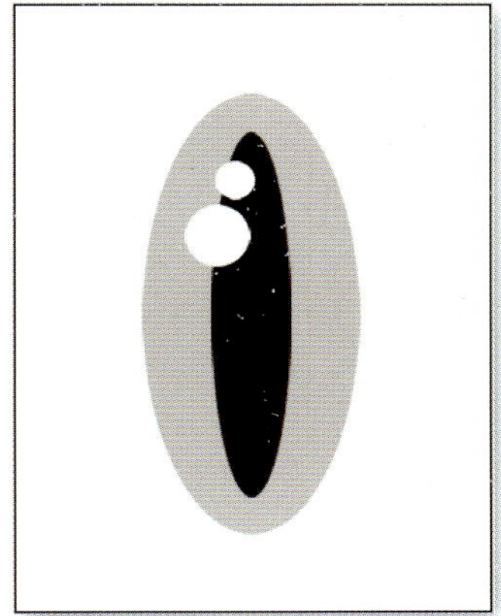

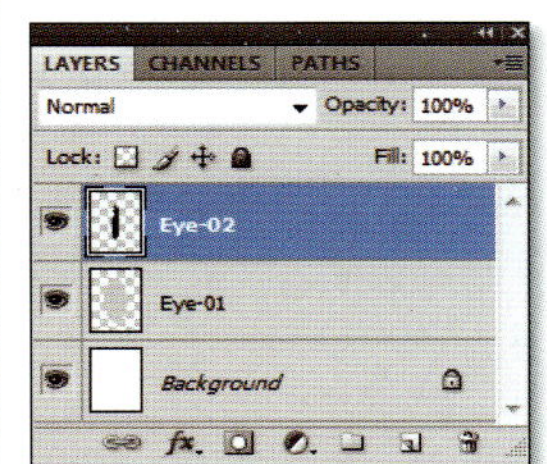

07 LAYERS 팔레트의 [Create a new layer] 아이콘(　)을 클릭하여 새로운 레이어를 만들고,
이름을 'Eye-03'으로 설정합니다. 'Eye-03' 레이어를 'Eye-01' 레이어 아래로 드래그하여
이동시킵니다.

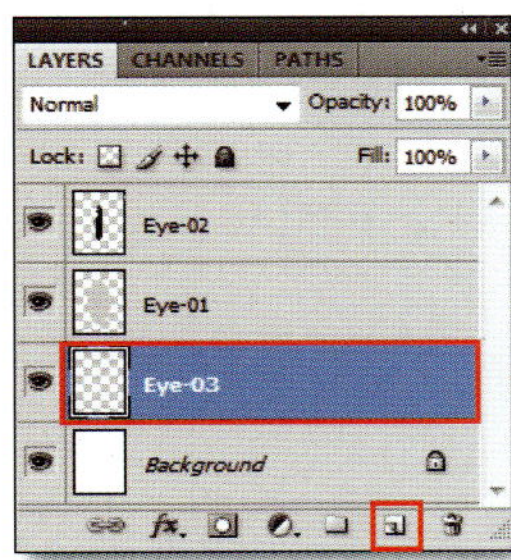

08 Elliptical Marquee Tool(　)로 타원을 그리고 회색
(#717171)으로 채워줍니다.

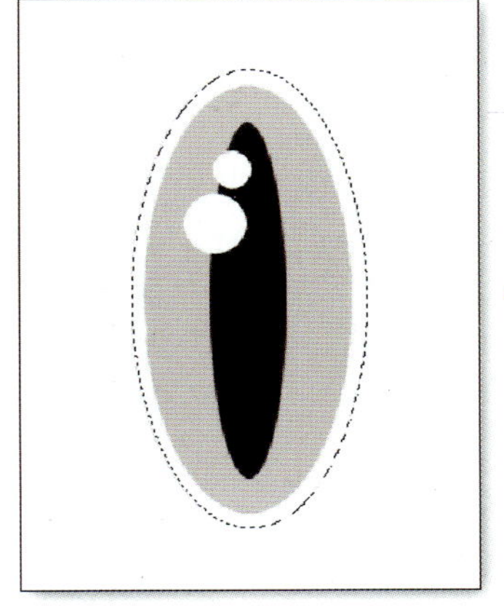

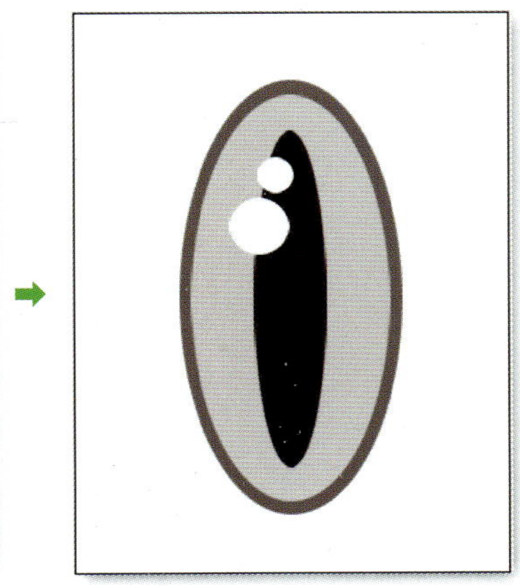

09 툴박스에서 Smudge Tool(👆)을 선택하고 브러시 스타일은 'Spatter 14 pixels(👆)'를 선택한 후 브러시 크기를 '25'로 설정합니다. 'Eye-03' 레이어의 타원을 밖으로 드래그하면서 그림과 같이 표현합니다.

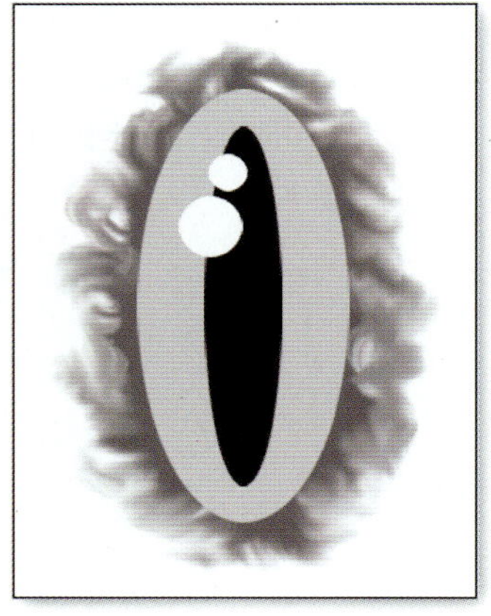

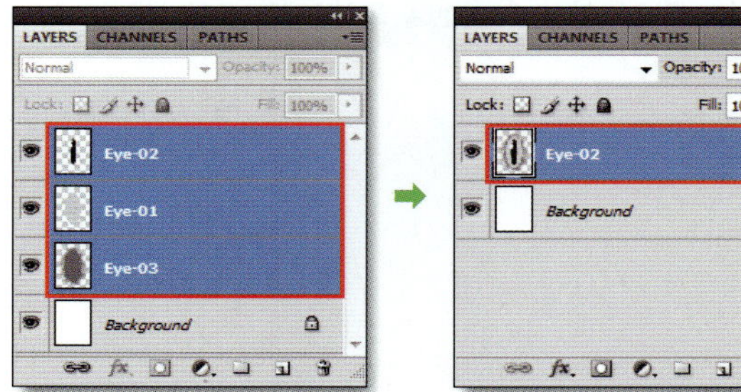

10 LAYERS 팔레트에서 'Eye-01', 'Eye-02', 'Eye-03' 레이어를 함께 선택한 후 [Ctrl]+[E]를 눌러 합쳐줍니다.

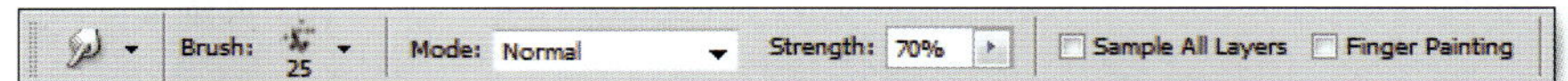

STEP

3   눈동자 이미지 합성

01 Move Tool(👆)을 선택하고 완성된 눈동자 'Eye-02' 레이어를 작업 중인 이미지로 드래그하여 복사합니다. 인물의 눈동자 안에 들어갈 수 있도록 [Ctrl]+[T]를 눌러 크기와 기울기를 조절합니다.

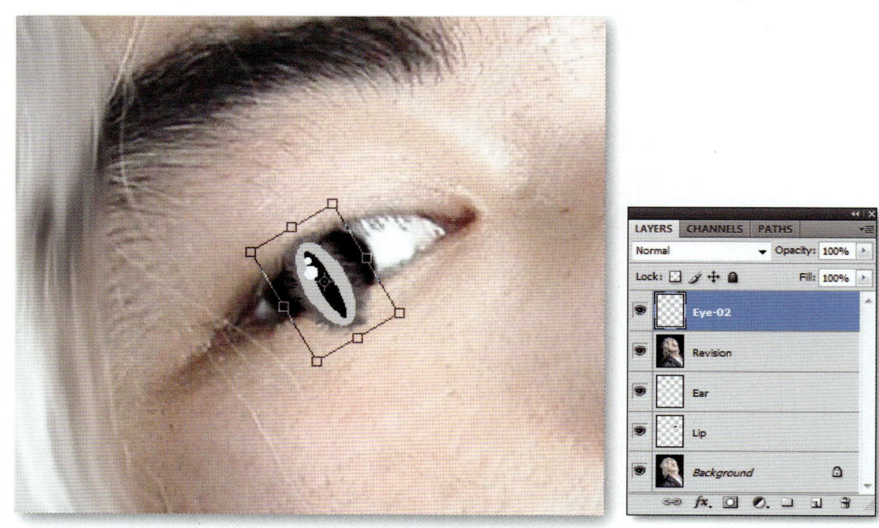

02 'Eye-02' 레이어를 [Create a new layer] 아이콘(⬚)으로 드래그하여 'Eye-02 copy' 레이어를 만듭니다. 우측 눈동자 안에 들어갈 수 있도록 Ctrl+T 를 눌러 크기를 정해주고 위치를 잡아줍니다.

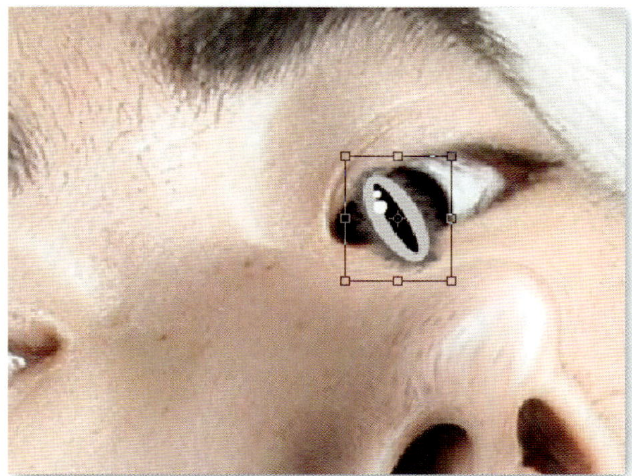

03 Ctrl+E 를 눌러 하단에 위치한 'Eye-02' 레이어와 합쳐줍니다.

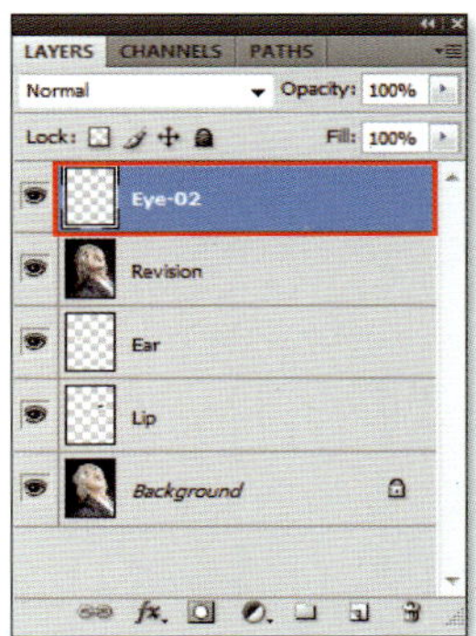

04 새로 만든 눈동자가 자연스럽게 합성될 수 있도록 Eraser Tool(⬚)을 이용하여 인물의 눈동자 밖으로 벗어나는 부분을 지워줍니다.

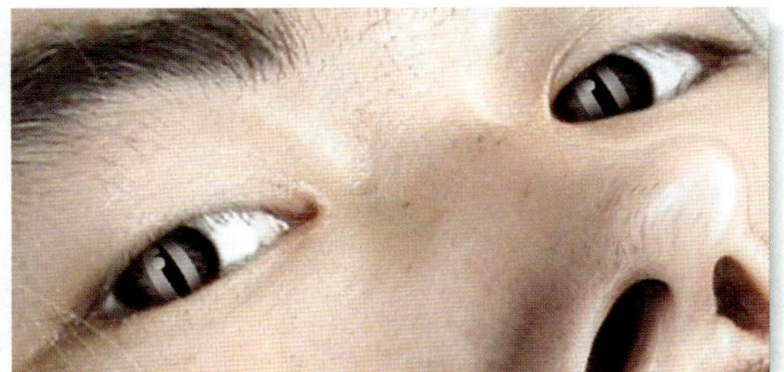

피부 질감 표현과 마무리 버닝 (Burning)

Overlay 블렌딩 모드를 이용하여 파충류 질감의 이미지를 얼굴에 합성하고, Burn Tool()을 이용하여 전체적인 버닝(Burning)으로 작업을 마무리합니다.

▶ KEY POINT

- **Overlay 블렌딩 모드** : 어두운 톤에는 Multiply 효과를 주고 밝은 톤에는 Screen 효과를 주여 바탕 레이어의 명도는 그대로 표현하는 블렌딩 모드입니다.
- **Burn Tool** : 이미지의 특정 부분을 어둡게 표현할 수 있습니다.

BEFORE

AFTER

WORK 03

STEP
1

파충류 피부의 질감 표현

01 파충류 피부 질감을 표현하기 위해 'Reptilia.jpg' 파일을 불러옵니다.

● **부록 CD** : THEME 11/Reptilia.jpg

02 Move Tool(↖)을 선택하고 'Reptilia.jpg' 파일의 이미지를 작업 중인 이미지로 드래그하여 복사합니다. 레이어의 이름을 'Skin'으로 설정합니다.

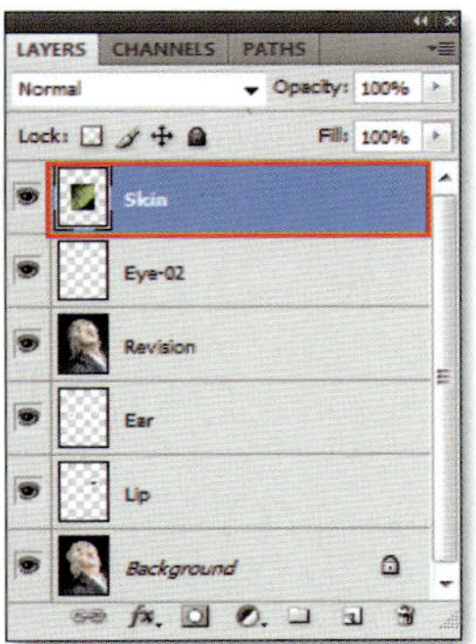

03 Shift+Ctrl+U를 눌러 'Skin' 레이어의 이미지를 흑백으로 변환합니다. 레이어의 블렌딩 모드를 'Overlay'로 설정합니다.

흑백으로 전환

블랜딩 모드 : Overlay

2   파충류 피부의 크기 조절

01 Ctrl+T를 눌러 적당한 크기와 위치 그리고, 기울기를 조절합니다.

02 Eraser Tool()을 이용하여 이미지의 주변을 지워서 자연스럽게 합성합니다.

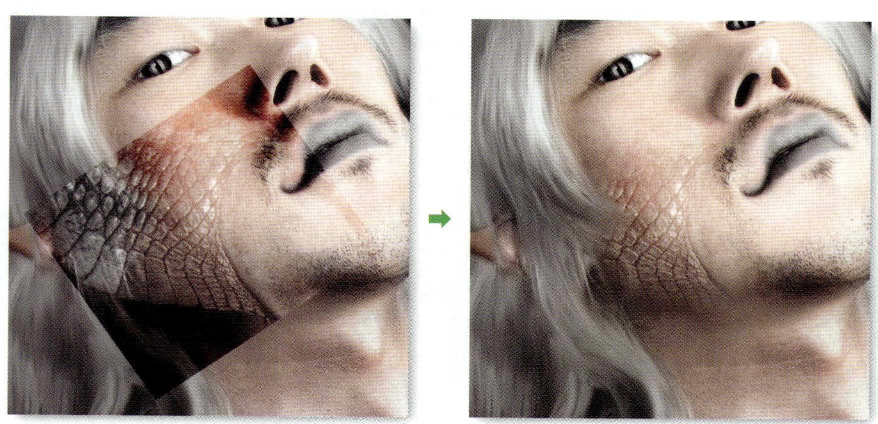

03 LAYERS 팔레트에서 [Create a new layer] 아이콘()을 클릭하여 새로운 레이어를 만듭니다. 이름을 'Burning'으로 설정하고 Ctrl +Shift+Alt+E를 눌러 활성화되어 있는 이미지를 'Burning' 레이어에 붙여줍니다.

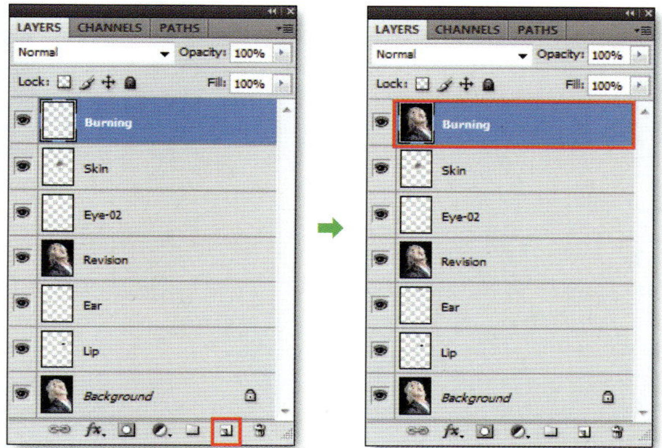

04 툴박스에서 Burn Tool()을 선택하고 이미지의 부분 부분을 문질러서 어둡게 처리하고 작업을 마무리합니다.

[Liquify]
대화상자의 이해

Liquify는 이미지를 비틀고, 잡아당기고 늘려 이미지를 자유롭게 변형, 왜곡할 때 사용하는 필터로써 다양한 툴과 옵션을 제공하고 있습니다.

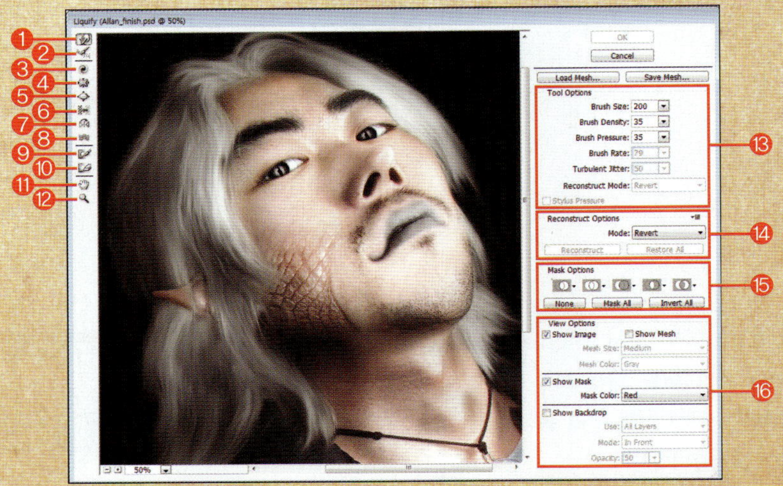

❶ **Forward Warp Tool** : 드래그하는 방향으로 이미지를 굴절시키는 툴입니다.

❷ **Reconstruct Tool** : 변형된 부분을 드래그하는 방식으로 이미지를 원래 상태로 복원시키는 툴입니다.

❸ **Twirl Clockwise Tool** : 이미지를 시계 방향 또는, 반시계 방향으로 회전시키는 툴입니다.

❹ **Pucker Tool** : 이미지를 축소시키는 툴입니다.

❺ **Bloat Tool** : 이미지를 확대시키는 툴입니다.

❻ **Push Left Tool** : 이미지의 픽셀을 이동시켜 왜곡시키는 툴입니다.

❼ **Mirror Tool** : 이미지를 반사되는 형태로 변형시키는 툴입니다.

❽ **Turbulence Tool** : 바람이나 물결이 흐르는 듯한 형태로 이미지를 왜곡시키는 툴입니다.

❾ **Freeze Mask Tool** : 이미지의 특정 부분이 변형되지 않도록 고정시키는 툴로써 드래그한 부분이 붉은색으로 칠해지고 이 부분은 변형되지 않습니다.

❿ **Thaw Mask Tool** : Freeze Mask Tool로 고정시킨 부분을 다시 지워주는 툴입니다.

⓫ **Hand Tool** : 이미지를 드래그하여 이동시키는 툴입니다.

⓬ **Zoom Tool** : 미리 보기 창의 이미지를 확대하거나 축소시키는 툴입니다.

⓭ **Tool Options** : 브러시의 크기와 압력 강도를 조절할 수 있습니다.

⓮ **Reconstruct Options** : 변형시킨 이미지를 설정한 모드에 따라 복구시키는 기능입니다.

⓯ **Mask Options** : 마스크 영역을 편집, 수정할 때 사용합니다.

⓰ **View Options** : 보여주는 방식을 설정합니다.

PHOTOSHOP
CREATIVE COLLECTION

Aileen

Reptilia.jpg

Aileen.jpg

- **Aileen.jpg** : 링 스트로보(Ring Strobo)를 이용하여 촬영한 인물 이미지(촬영 Tip 378 페이지 참고)
- **Reptilia.jpg** : 주제가 되는 인물 이미지와 합성할 파충류 질감의 이미지

Start ▶   ◀ Finish

Make-up (화장)하기

레이어 블렌딩 모드의 특징을 활용하여 원본 이미지에 색상 브러시로 Make-up하여 화려한 색감의 이미지로 만들어 줍니다.

KEY POINT

- **Soft Light 블렌딩 모드** : 블렌딩되는 레이어의 색상과 명도가 순회색(50% Gray)보다 밝으면 Dodge Tool( )을 사용한 것과 같이 밝아지고, 어두우면 Burn Tool( )을 사용한 것과 같이 어두워집니다.
- **Flip Horizontal** : [Edit]-[Transform]-[Flip Horizontal] 메뉴를 선택하면 가로 방향으로 이미지를 반전시킬 수 있습니다.

BEFORE

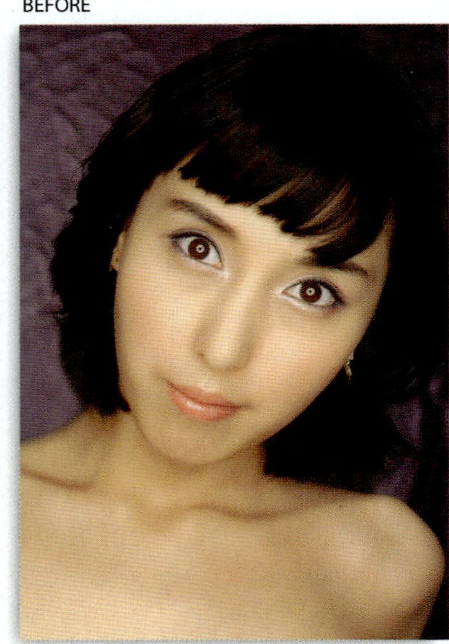

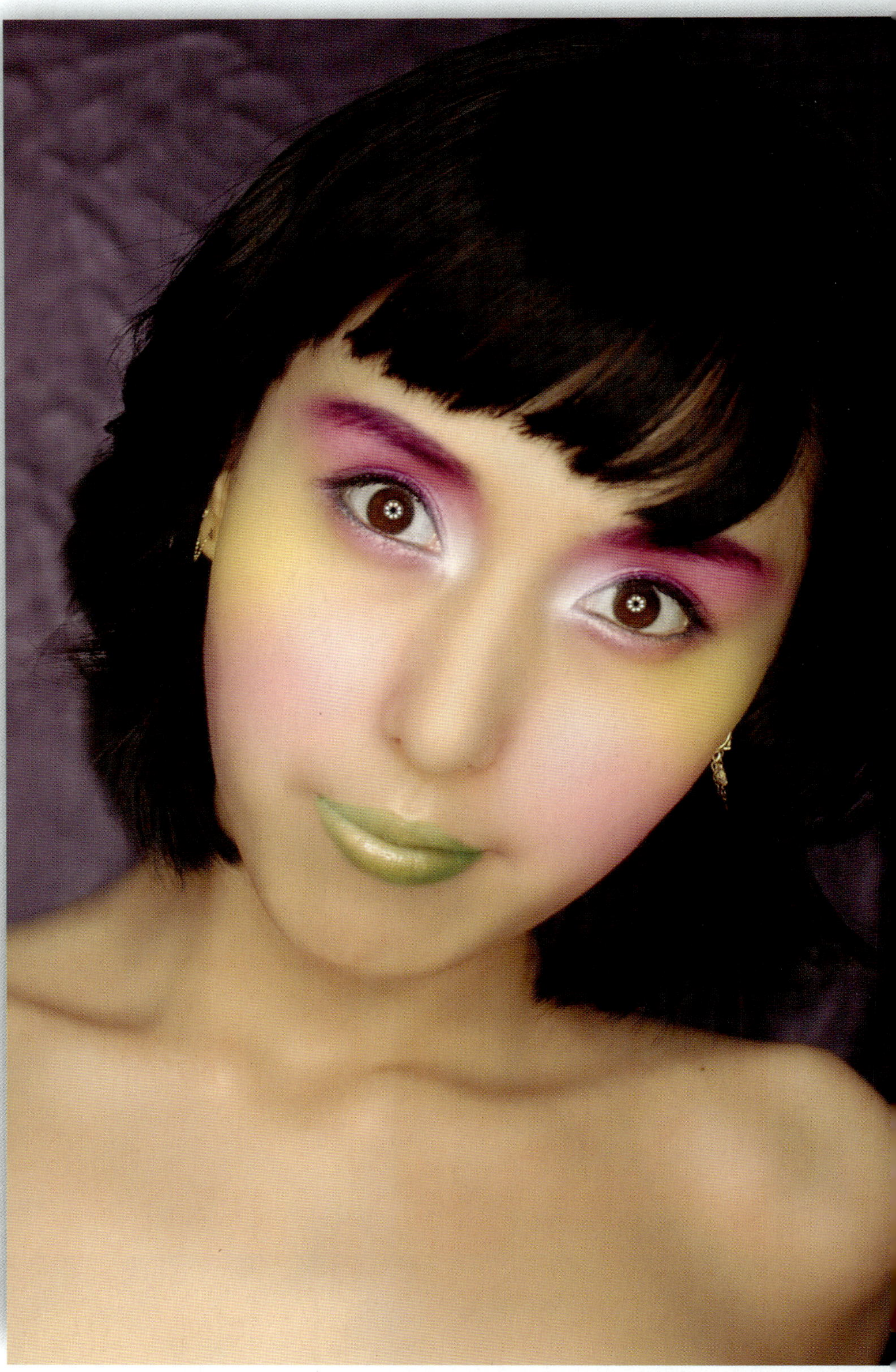

AFTER

WORK 0

1　　블렌딩 모드를 이용한 Make-up

01　예제로 사용할 'Aileen.jpg' 파일을 부록 CD에서 불러옵니다.

● **부록 CD** : THEME 11/Aileen.jpg

02　LAYERS 팔레트에서 [Create a new layer] 아이콘(　)을 클릭하여 새로운 레이어를 만들고 이름을 'Make-up 01'로 설정합니다.

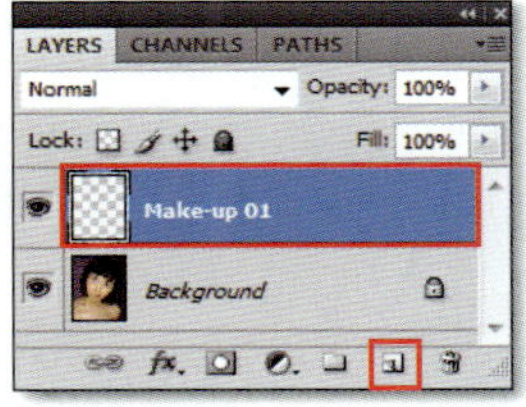

03 툴박스에서 전경색을 보라색(#8560a8)으로 설정하고 끝이 부드러운 'Soft Round' 브러시로
눈 밑을 칠해줍니다. 레이어의 블렌딩 모드를 'Soft Light' 로 설정합니다.

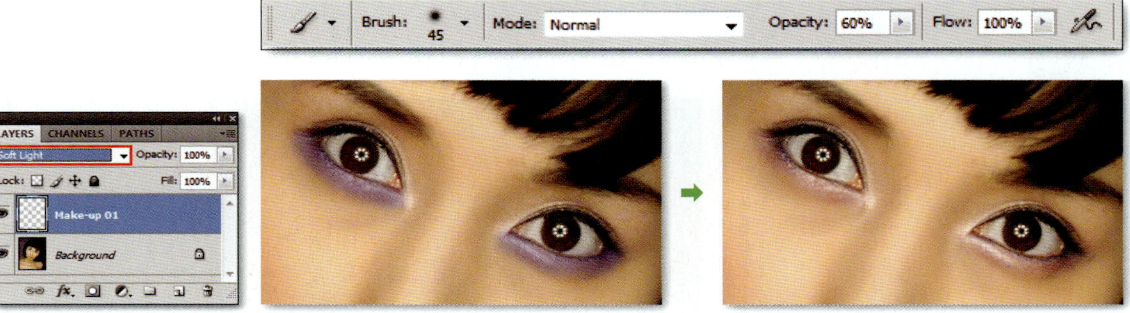

STEP

2   PATHS 팔레트를 이용한 눈 Make-up

01 [Create a new layer] 아이콘()을 클릭하여 새로운 레이어
를 만들고 이름을 'Make-up 02' 로 설정합니다.

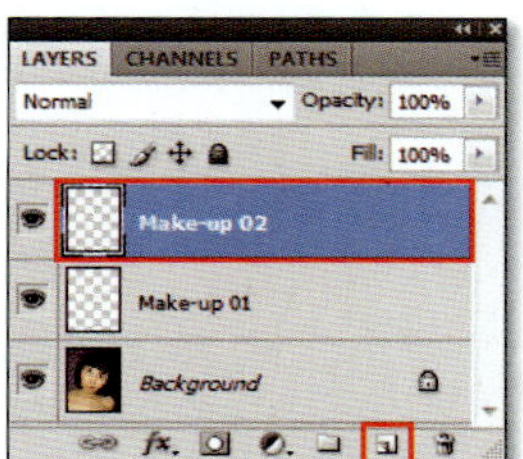

02 툴박스에서 Pen Tool()을 선택하고 PATHS 팔레트를 활성
화합니다. [Create new path] 아이콘()을 클릭하여 새로운
'Path 1' 패스를 만듭니다.

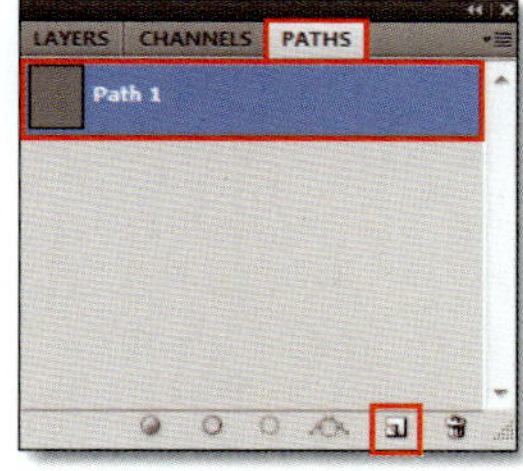

03 'Path 1' 패스에서 그림과 같이 눈 주변을 패스로 그려줍니다.

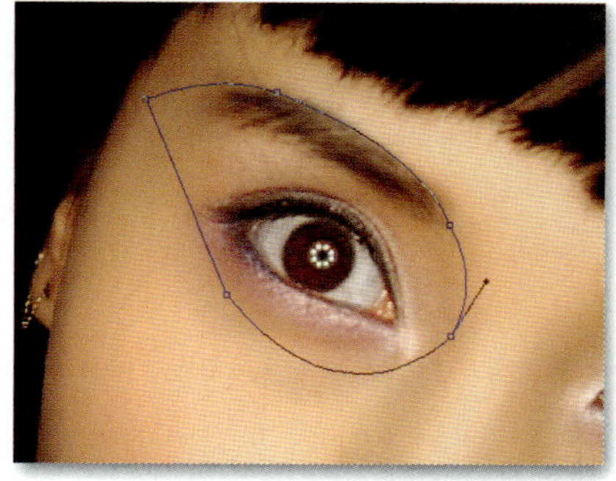

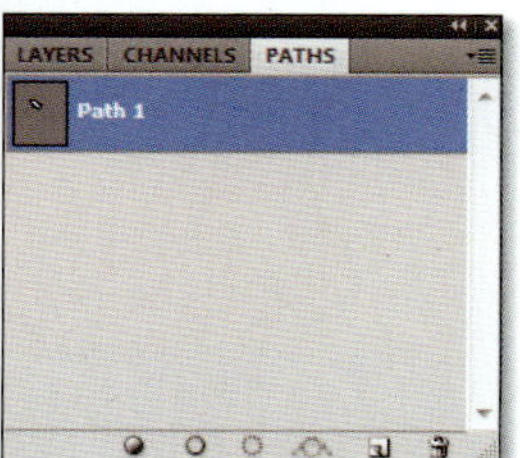

04 PATHS 팔레트 하단에 있는 [Load path as a selection] 아이콘(⬚)을 클릭하여 선택 영역으로 지정합니다. LAYERS 팔레트의 'Make-up 02' 레이어로 돌아옵니다.

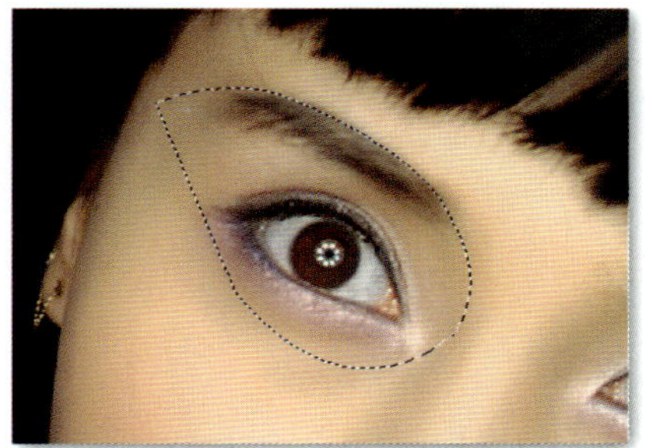

05 Shift+F6을 눌러 [Feather Selection] 대화상자가 나타나면 [Feather Radius]를 '10'으로 설정한 후 [OK] 단추를 클릭합니다.

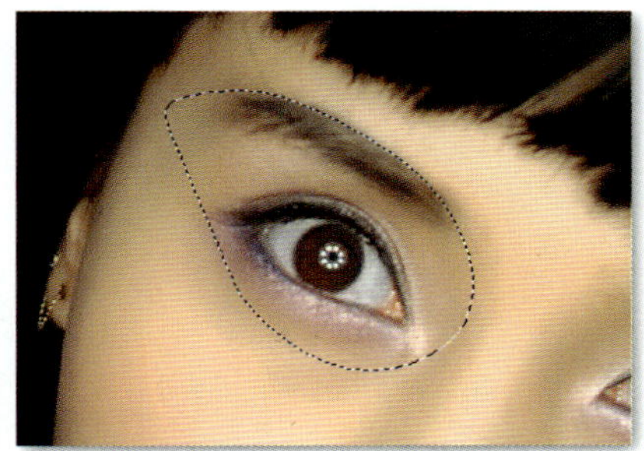

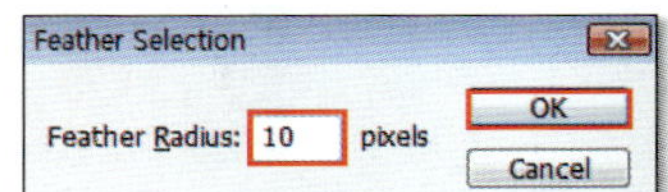

06 툴박스에서 전경색을 보라색(#8d05b9)으로 설정하고 Alt+Delete를 눌러 색상을 채워줍니다. Ctrl+D를 눌러 선택 영역을 해제합니다.

07 LAYERS 팔레트에서 [Add layer mask] 아이콘(⬚)을 클릭해서 마스크 레이어를 만듭니다.

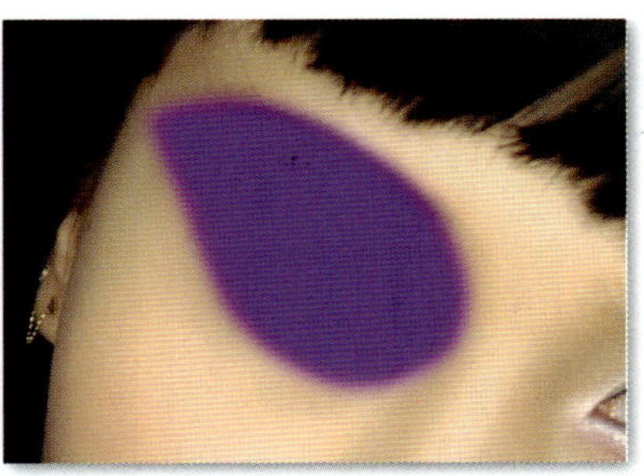

08 전경색을 검은색(#000000)으로 설정하고 'Soft Round' 브러시를 선택합니다. 눈동자 부분이 보이도록 칠해줍니다.

09 Ctrl+J를 눌러 'Make-up 02' 레이어를 하나 더 복사합니다.

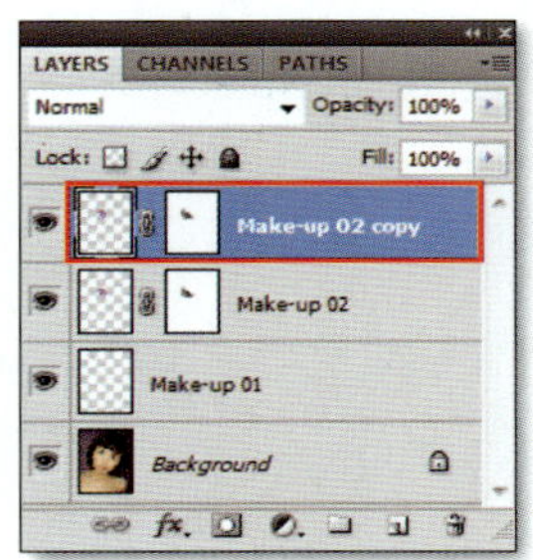

10 [Edit]−[Transform]−[Flip Horizontal] 메뉴를 선택하여 'Make-up 02 copy' 레이어의 이미지를 대칭시킨 후 반대쪽 눈에 알맞도록 Ctrl+T를 눌러 위치와 기울기를 조절합니다.

11 'Make-up 02' 레이어와 'Make-up 02 copy' 레이어의 블렌딩 모드를 'Soft Light'로 설정합니다.

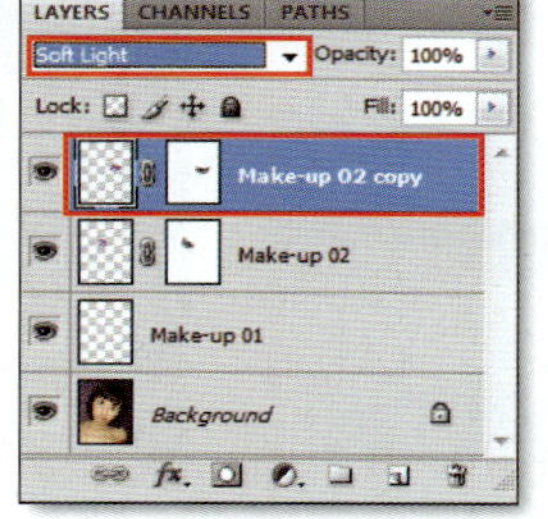
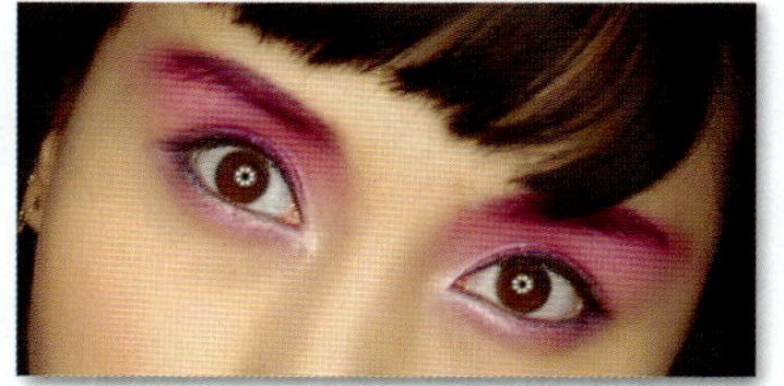

12 [Create a new layer] 아이콘(⬚)을 클릭하여 새로운 레이어를 만들고 이름을 'Make-up 03'으로 설정합니다.

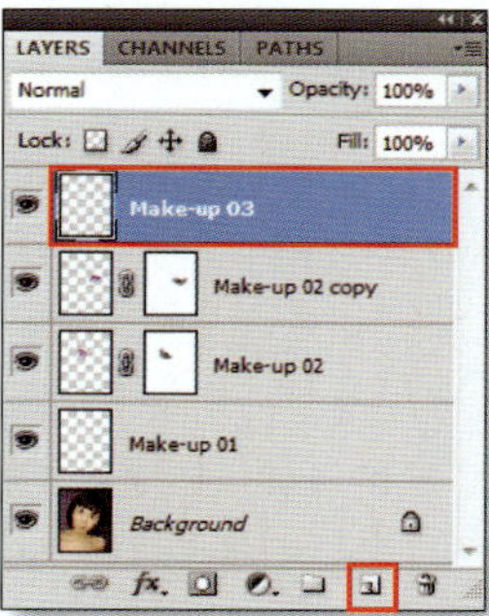

13 전경색을 흰색(#ffffff)으로 설정하고 적당한 브러시 크기와 투명도로 눈 안쪽의 끝 부분을 칠해
줍니다.

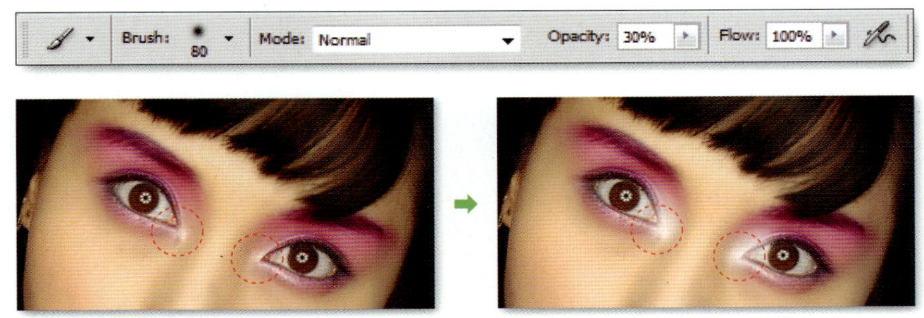

<hr>

STEP

3
인물의 볼에 Make-Up

01 [Create a new layer] 아이콘(　)을 클릭하여 새로운 레이어
를 만들고 이름을 'Make-up 04'로 설정합니다.

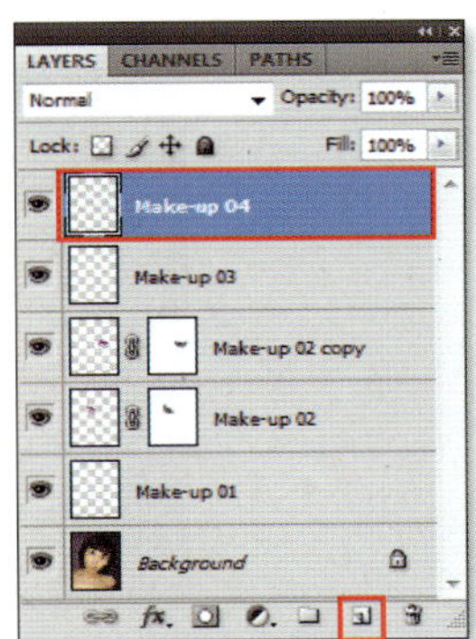

02 전경색을 노란색(#fff200)으로 설정하고 양쪽 광대뼈 부분을 칠해줍니다. 레이어의 블렌딩 모
드를 'Soft Light'로 설정합니다.

03 [Create a new layer] 아이콘(⬛)을 클릭하여 새로운 레이어를 만들고 이름을 'Make-up 05'로 설정합니다.

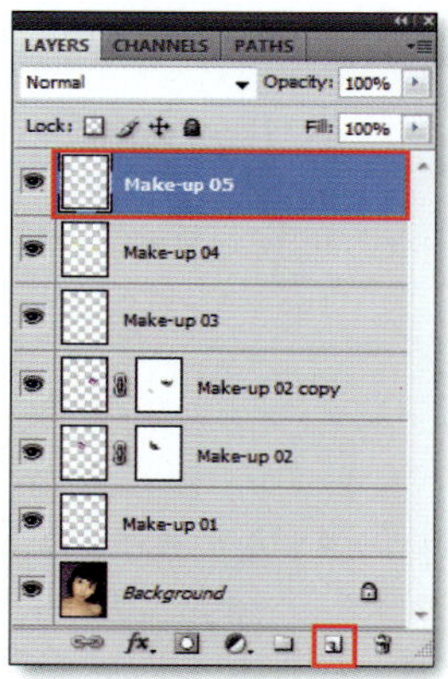

04 전경색을 분홍색(#fa7ef0)으로 설정하고 양쪽 볼 부분을 칠해줍니다. 레이어의 블렌딩 모드를 'Soft Light'로 설정합니다.

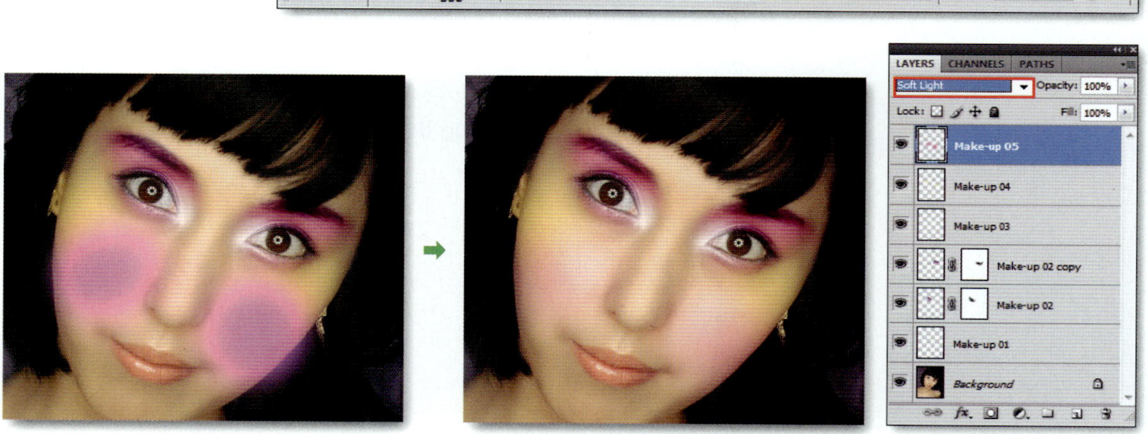

S T E P

4

인물의 입술에 Make-up

01 [Create a new layer] 아이콘(⬛)을 클릭하여 새로운 레이어를 만들고 이름을 'Lip'으로 설정합니다.

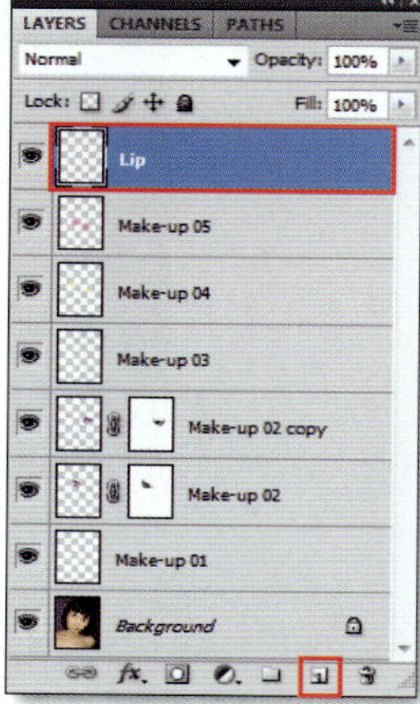

02 'Lip' 레이어의 블렌딩 모드를 'Soft Light'로 설정하고, 전경색을 연두색(#04cc4b)으로 설정
한 후 입술 모양을 따라 칠합니다.

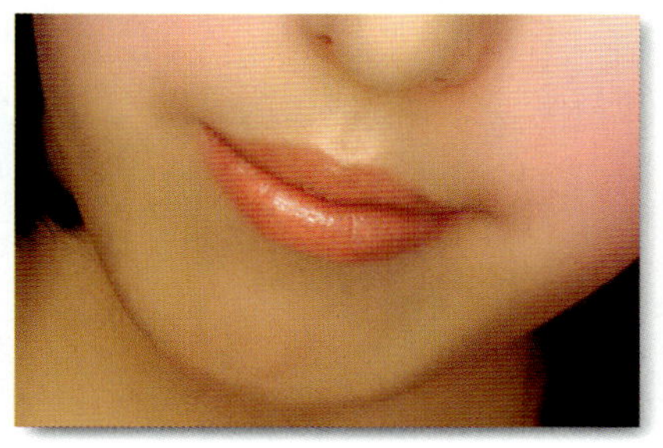  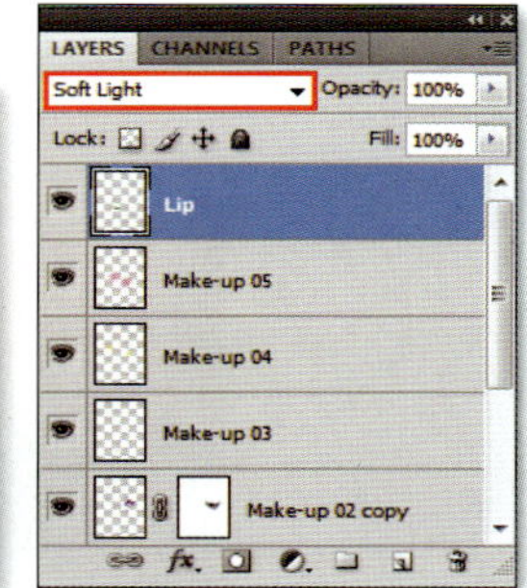

03 입술에서 밝은 부분을 묘사하기 위해 [Create a new layer] 아
이콘(￼)을 클릭하여 새로운 레이어를 만들고 이름을 'Light'로
설정합니다.

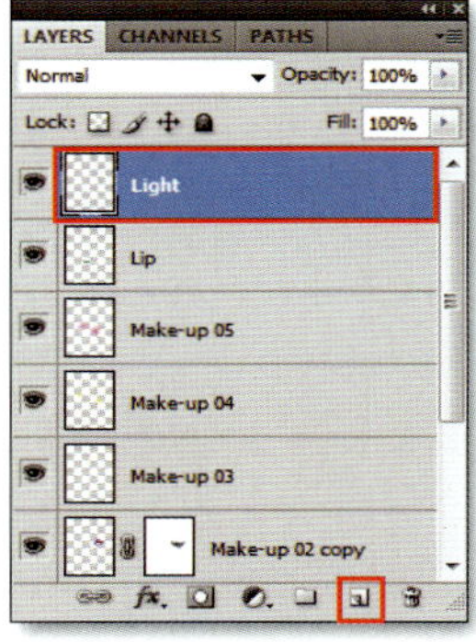

04 'Light' 레이어의 블렌딩 모드를 'Soft Light'로 설정합니다. 전경색을 흰색(#ffffff)으로 설정한
후 입술 윗부분을 칠합니다.

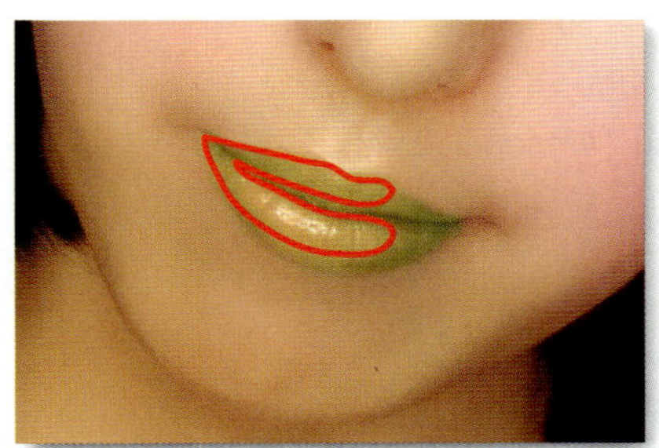

흰색(#ffffff)으로 칠할 범위

작업 후 모습

05 입술에서 어두운 부분을 묘사하기 위해 [Create a new
layer] 아이콘(￼)을 클릭하여 새로운 레이어를 만들고 이름을
'Dark'로 설정합니다.

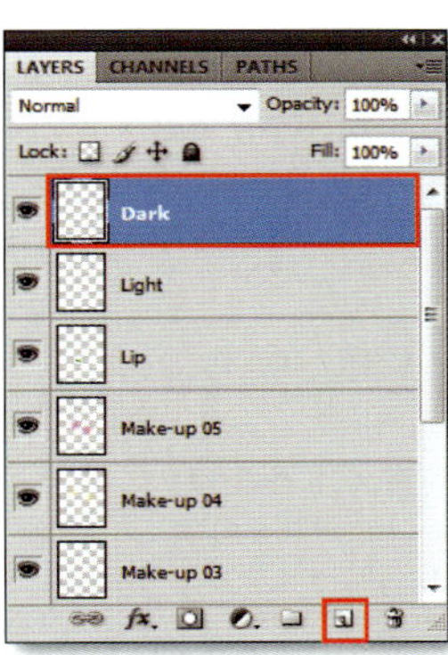

06 'Dark' 레이어의 블렌딩 모드를 'Soft Light'로 설정하고, 전경색을 진한 초록색(#376743)으로 설정한 후 입술 아랫부분을 칠합니다.

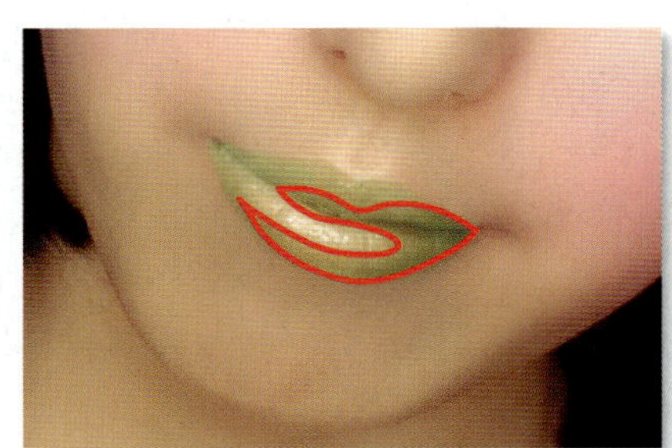

진한 초록색(#376743)으로 칠할 범위

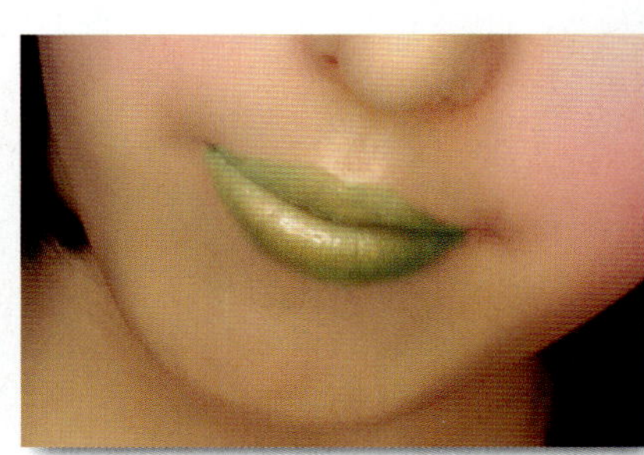

작업 후 모습

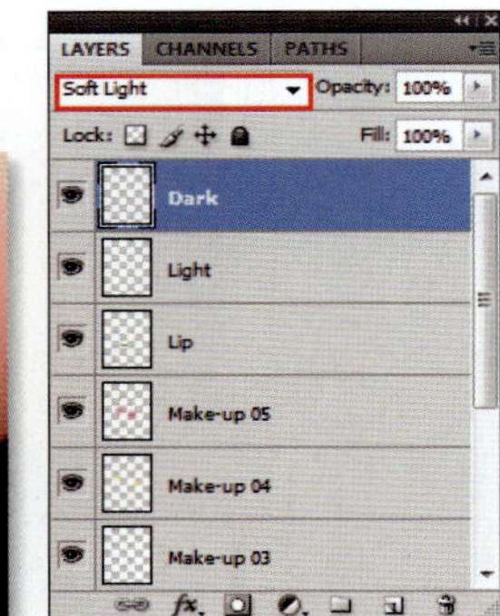

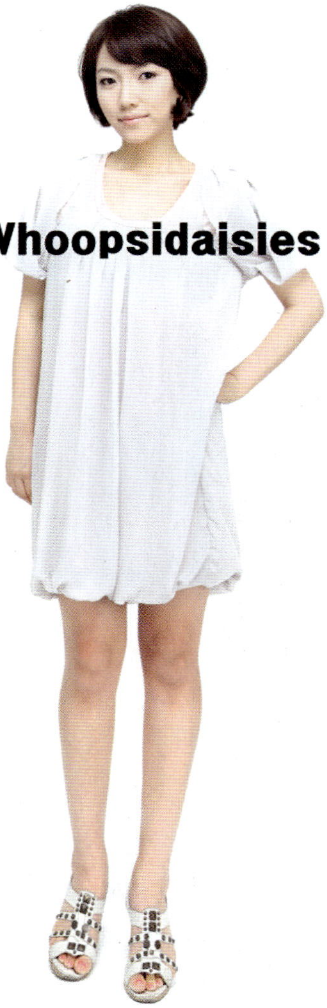

Whoopsidaisies

WILLIAM

Whoopsidaisies.

ANNA

What did you say?

WILLIAM

Nothing.

ANNA

Yes, you did.

WILLIAM

No, I didn't.

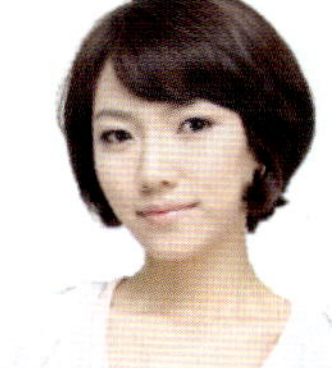

ANNA

You said "whoopsidaisies."

WILLIAM

I don't think so.

No one has said "whoopsidaisies," do they --

I mean unless they're...

ANNA

There's no "unless."

No one has said "whoopsidaisies" for fifty years

and even then it was only little girls with blonde ringlets.

Elliptical Marquee Tool(◯)을 이용하여 눈동자을 만들고 Spatter 필터를 이용하여 눈동자에 두 가지 색상을 적용해서 인물에 신비감을 표현하는 방법을 알아봅니다.

눈동자 표현 기법

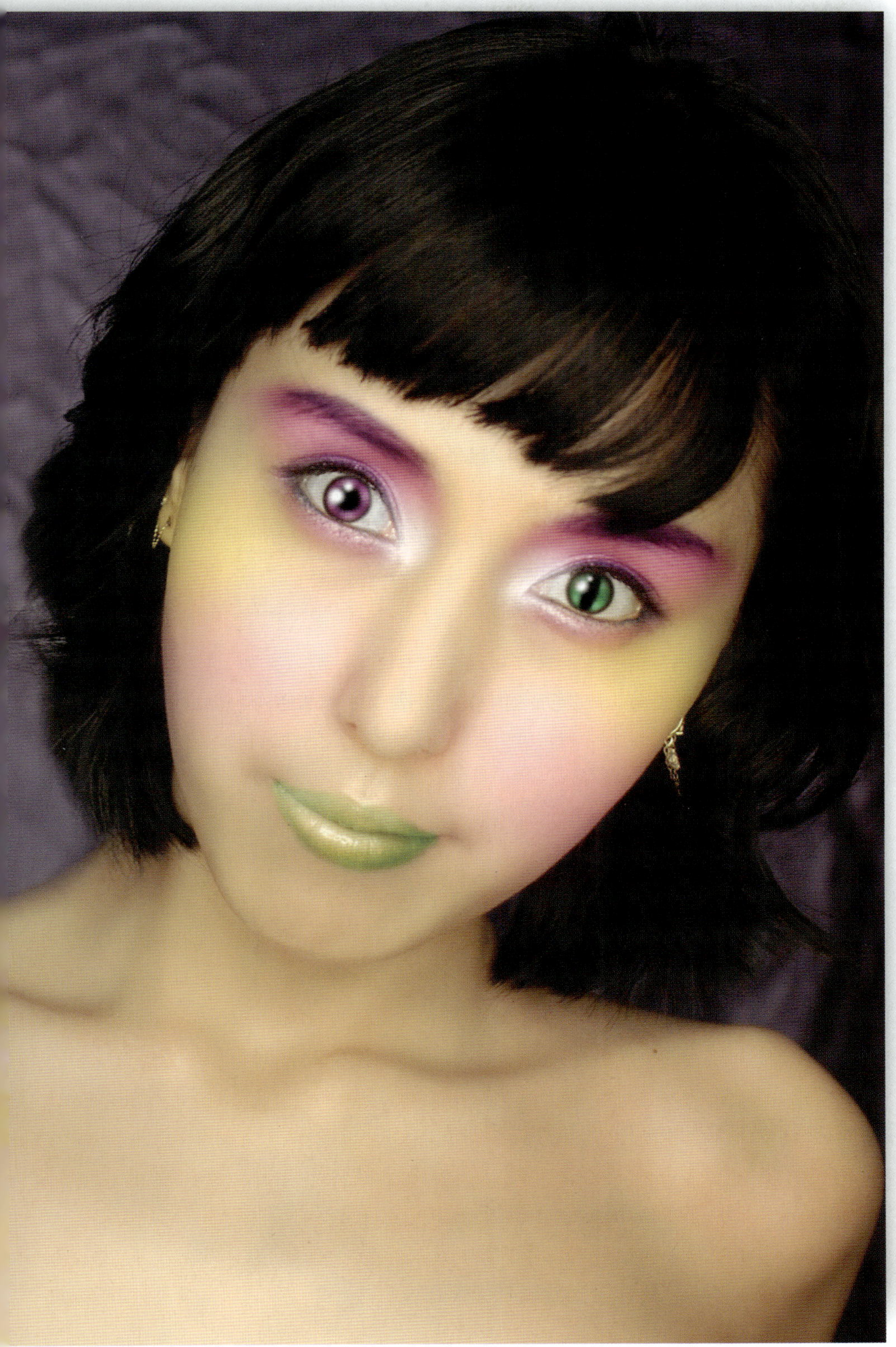

AFTER

KEY POINT

- **Spatter 필터** : [Filter]–[Brush Strokes]–[Spatter] 메뉴를 선택하면 사용이 가능한 Spatter 필터는 이미지의 윤곽선을 따라 에어브러시로 물감을 튀긴 듯한 효과를 표현할 수 있습니다.

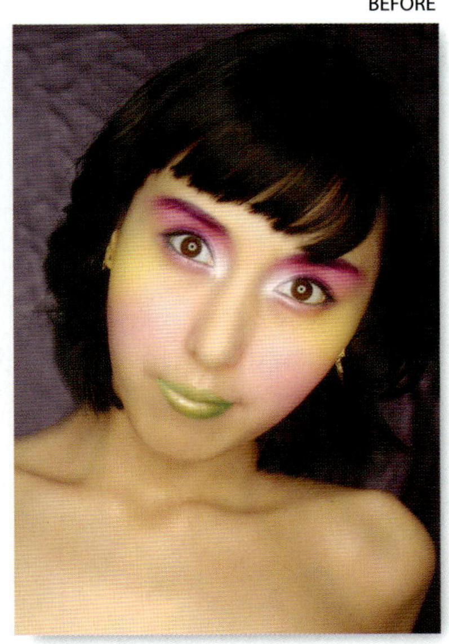

BEFORE

WORK 02

1

눈동자 제작 방법

01 Ctrl+N을 누르면 나타나는 [New] 대화상자에서 [Width]와 [Height]를 각각 '700, 350'으로 설정한 후 [OK] 단추를 클릭합니다.

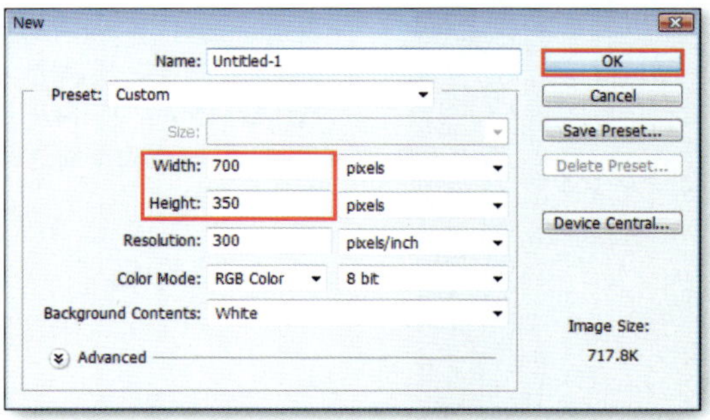

02 [Create a new layer] 아이콘(▣)을 클릭하여 새로운 레이어를 만들고 이름을 'Eye-01'로 설정합니다.

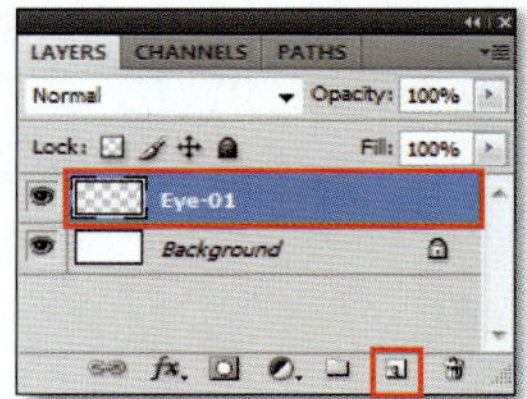

03 툴박스에서 Elliptical Marquee Tool(◯)을 선택하고 정원을 그린 후 밝은 자주색(#a21d7e)으로 채워줍니다.

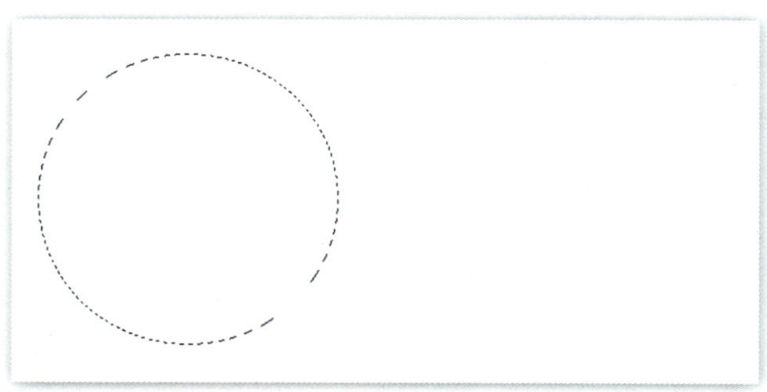

04 'Soft Round' 브러시를 선택하고 흰색(#ffffff)과 검은색(#000000)으로 원안의 부분 부분에 점을 찍어줍니다.

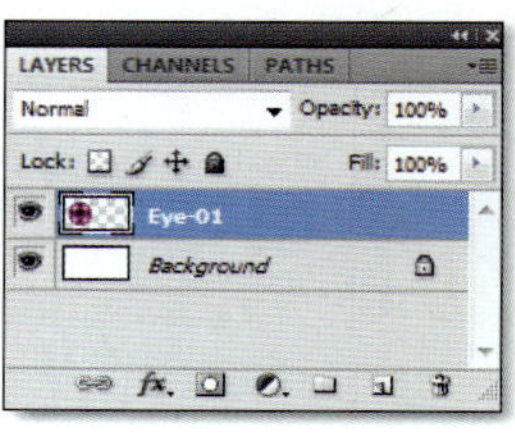
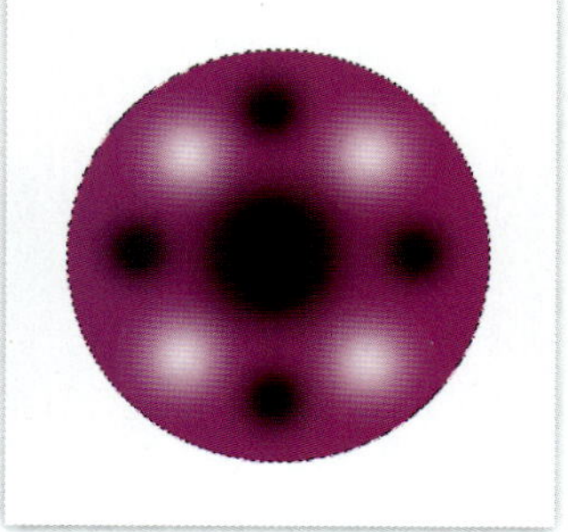

2   Spatter를 이용한 눈동자 표현

01 [Filter]–[Brush Strokes]–[Spatter] 메뉴를 선택하면 나타나는 [Spatter] 대화상자를 그림과
같이 설정한 후 [OK] 단추를 클릭합니다.

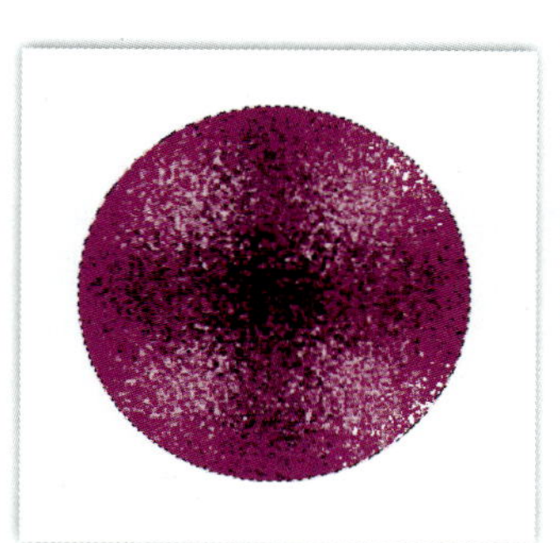

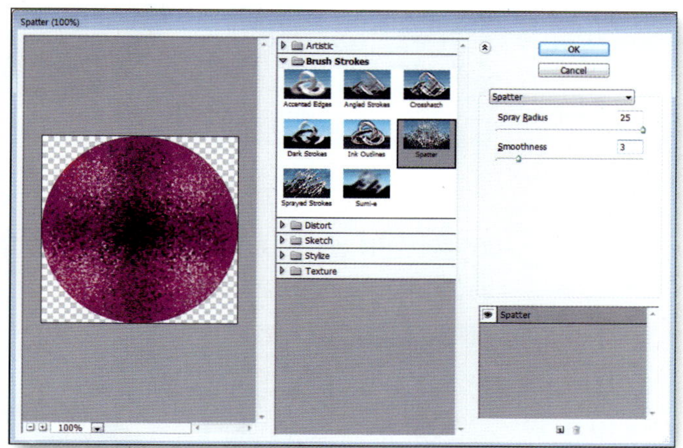

02 [Filter]–[Blur]–[Radial Blur] 메뉴를 선택하면 나타나는 [Radial Blur] 대화상자를 그림과 같이
설정한 후 [OK] 단추를 클릭합니다.

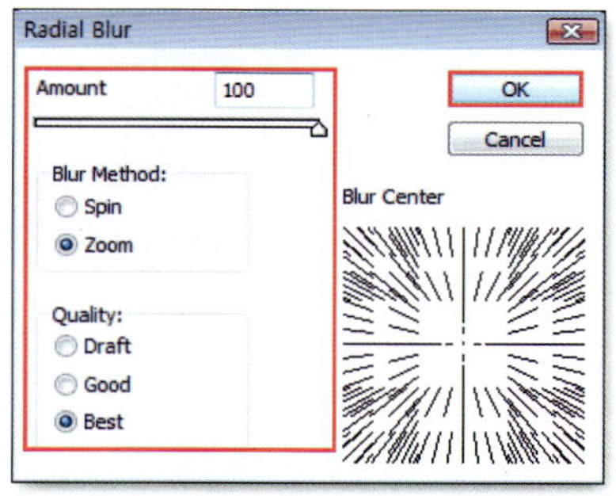

03 전경색을 검은색(#000000)으로 설정하고 끝이 부드러운 'Soft Round' 브러시로 원의 가장
자리 안쪽을 칠해줍니다. Ctrl+D 를 눌러 선택 영역으로 해제합니다.

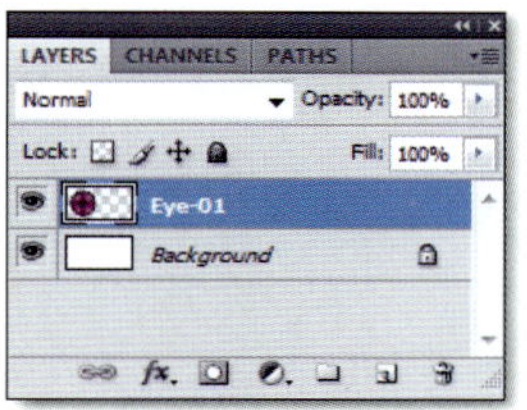

04 Ctrl+J를 눌러 'Eye-01' 레이어를 하나 더 복사하고 Move Tool( )를 이용하여 우측으로 이동시킵니다.

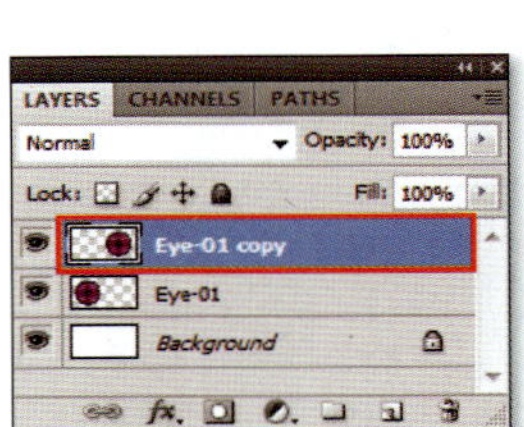

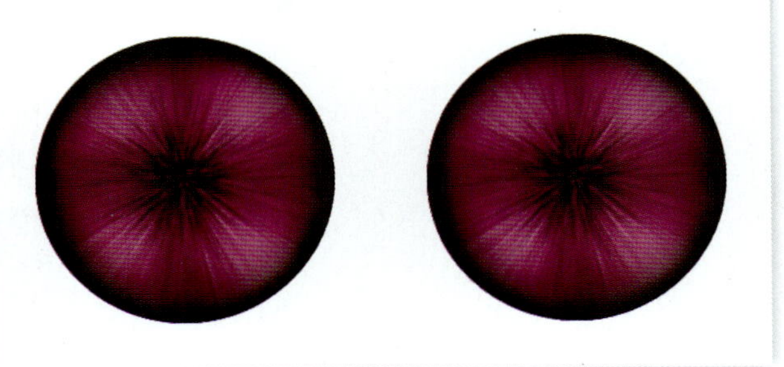

05 Ctrl+U를 눌러 [Hue/Saturation] 대화상자가 나타나면 두 번째 눈동자 색상을 녹색으로 설정한 후 [OK] 단추를 클릭합니다.

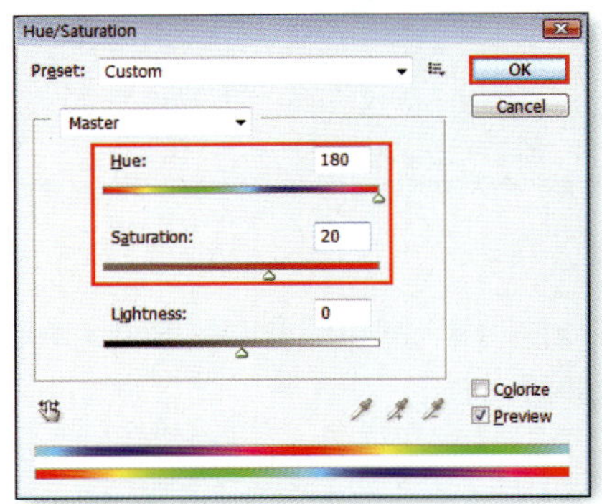

06 툴박스에서 Elliptical Marquee Tool( )을 선택하고 녹색 눈동자 안에 타원을 그립니다.

07 Shift+F6을 눌러 [Feather Selection] 대화상자가 나타나면 [Feather Radius]를 '10'으로 설정한 후 [OK] 단추를 클릭합니다.

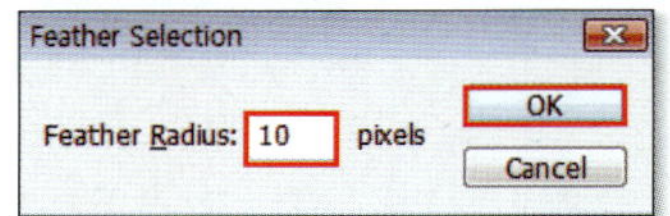

08 툴박스에서 전경색을 검은색(#000000)으로 설정하고 Alt+Delete 를 눌러 색상을 채워줍니다. Ctrl +D 를 눌러 선택 영역을 해제합니다.

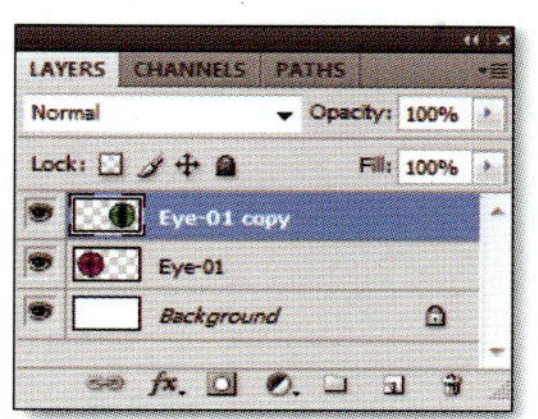 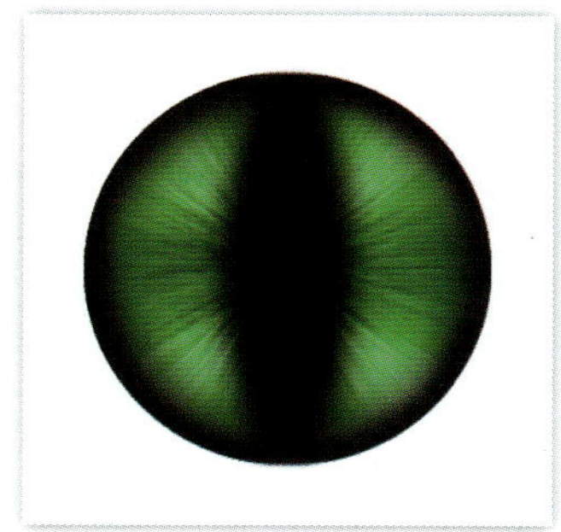

09 전경색을 흰색(#ffffff)으로 설정하고 'Soft Round' 브러시로 하이라이트를 찍어서 녹색 눈동자를 완성합니다.

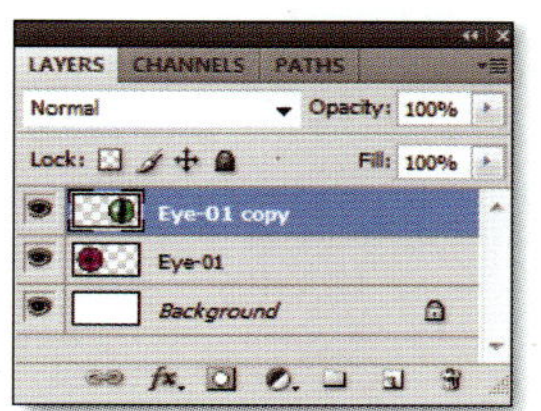 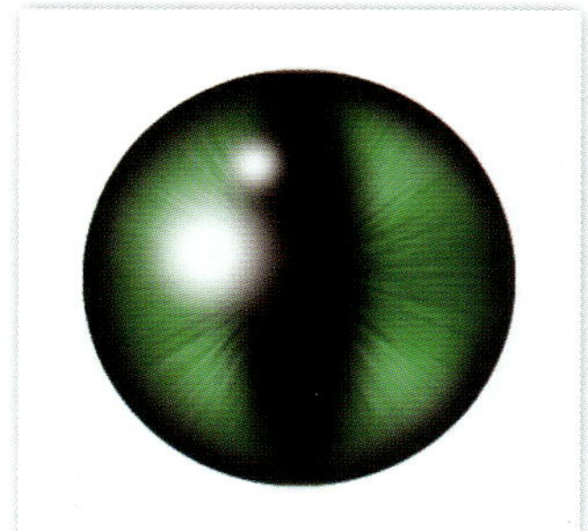

10 'Eye-01' 레이어를 선택하고 전경색을 검은색(#000000)으로 설정합니다. 'Soft Round' 브러시로 눈동자 가운데를 칠해줍니다.

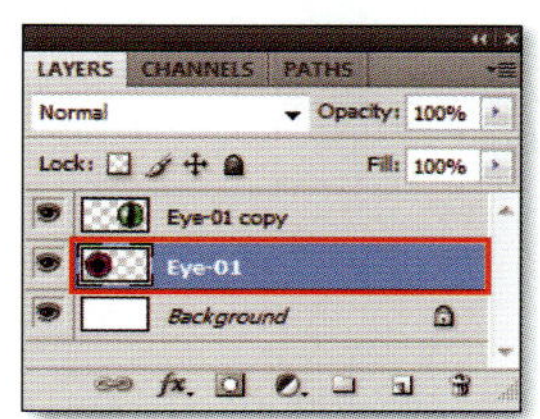 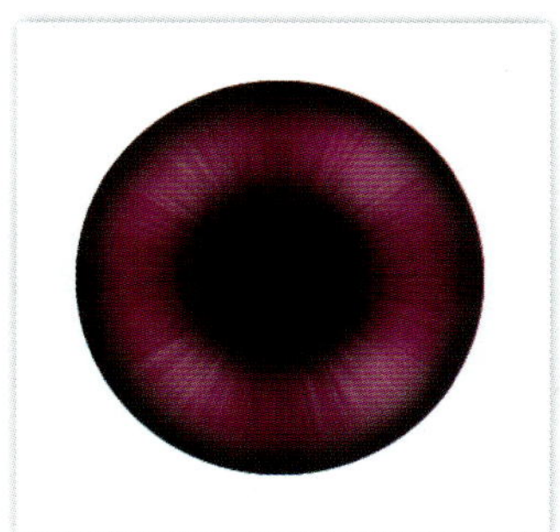

11 전경색을 흰색(#ffffff)으로 설정하고 'Soft Round' 브러시로 하이라이트를 찍어줍니다.

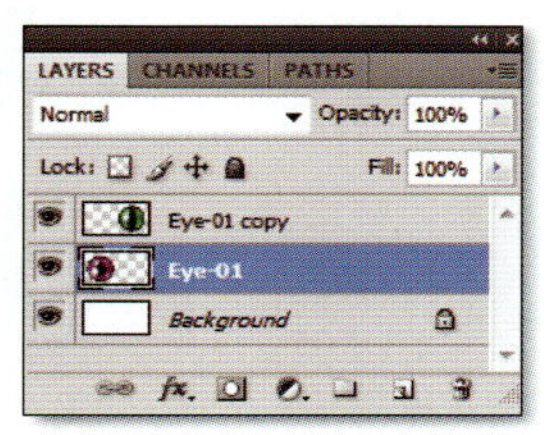 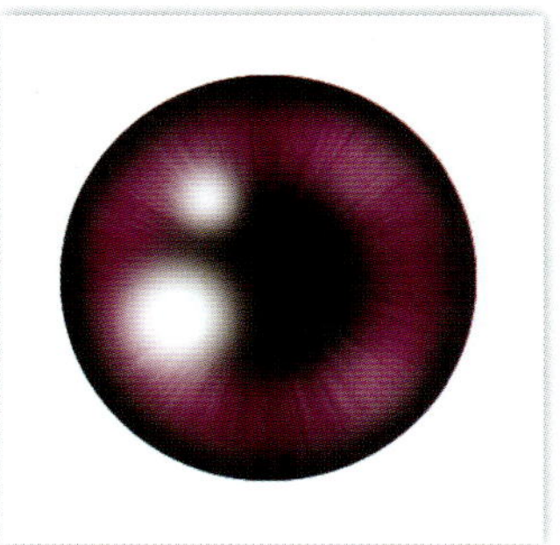

12 Ctrl+M을 눌러 [Curves] 대화상자가 나타나면 자주색 눈동자를 좀 더 밝게 설정한 후 [OK] 단추를 클릭합니다.

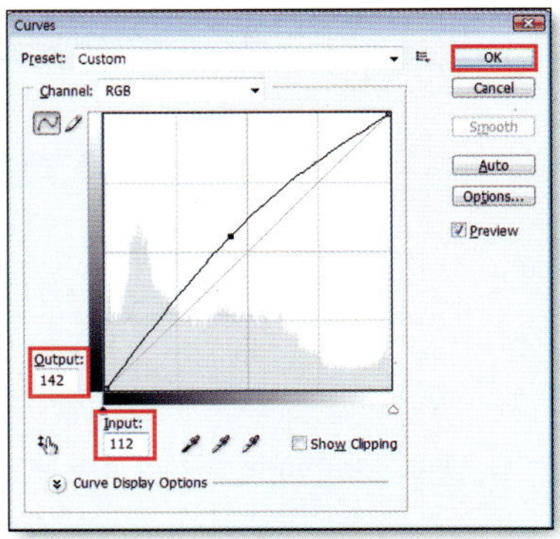 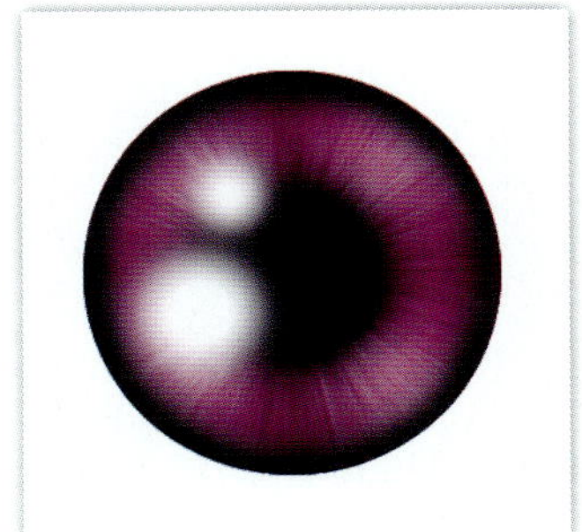

13 Move Tool(▶+)을 선택하고 완성된 눈동자 'Eye-01' 레이어를 작업 중인 이미지로 드래그하여 복사합니다. 인물의 왼쪽 눈동자 안에 들어갈 수 있도록 Ctrl+T를 눌러 크기와 기울기를 조절합니다.

 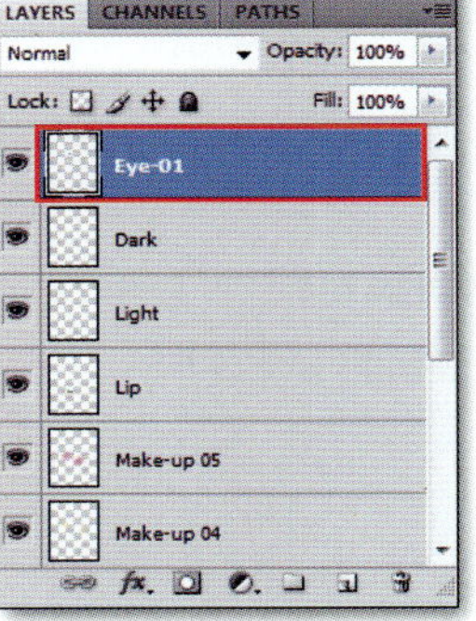

14 이번에도 Move Tool(▶+)을 선택하고 다시 완성된 다른 눈동자 'Eye-01 copy' 레이어를 작업 중인 이미지로 드래그하여 복사합니다. 인물의 오른쪽 눈동자 안에 들어갈 수 있도록 Ctrl+T를 눌러 크기와 기울기를 조절합니다.

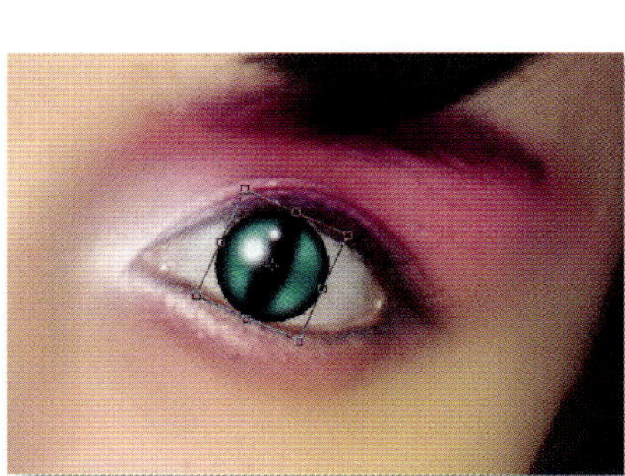 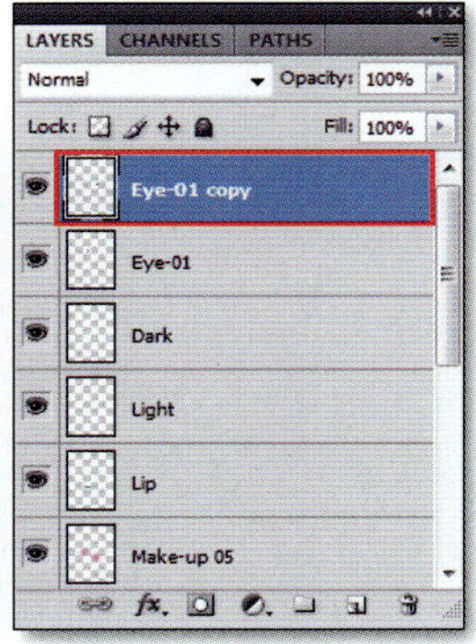

15 Ctrl+E를 눌러 'Eye-01' 레이어와 합쳐줍니다.

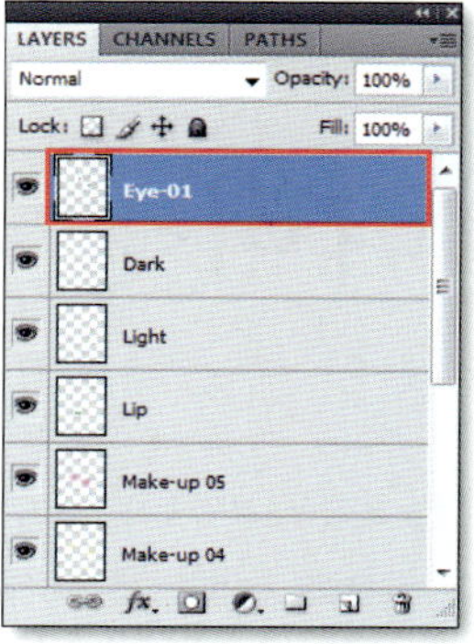

16 Eraser Tool(⬜)을 선택하고 눈동자 외곽이 자연스러워 지도록 조심스럽게 살짝 지워줍니다.

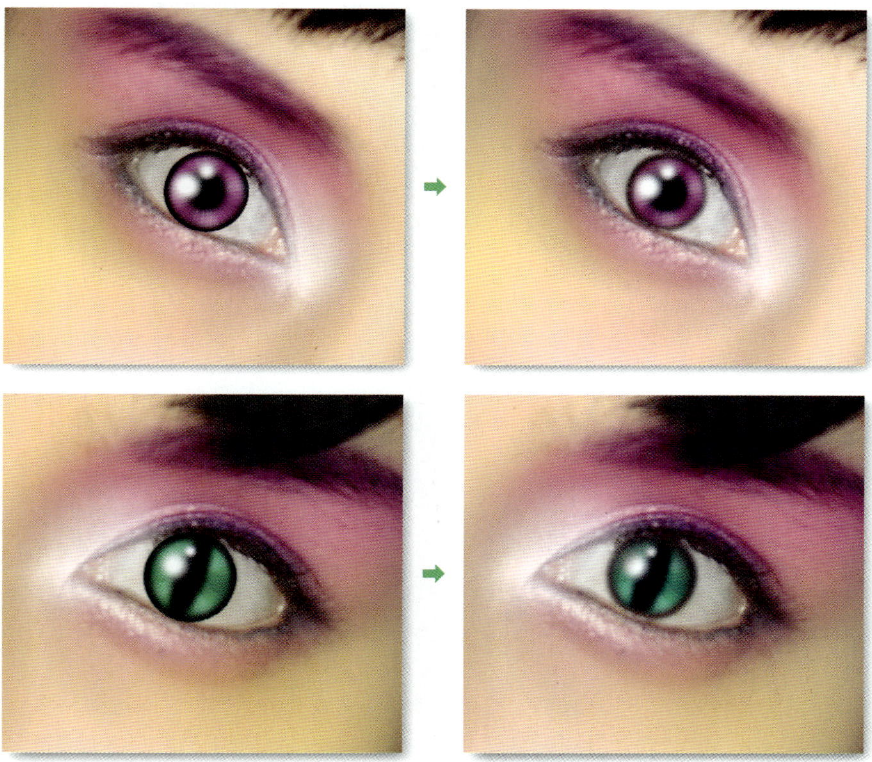

형태 변형과 리터칭

Liquify 기능으로 인물의 상반신을 변형시키고, Polygonal Lasso Tool(icon)을 이용하여 인물의 한쪽 아래 눈꺼풀을 추출하고 붙여 넣어서 인상의 변화를 주는 방법에 대해 알아봅니다.

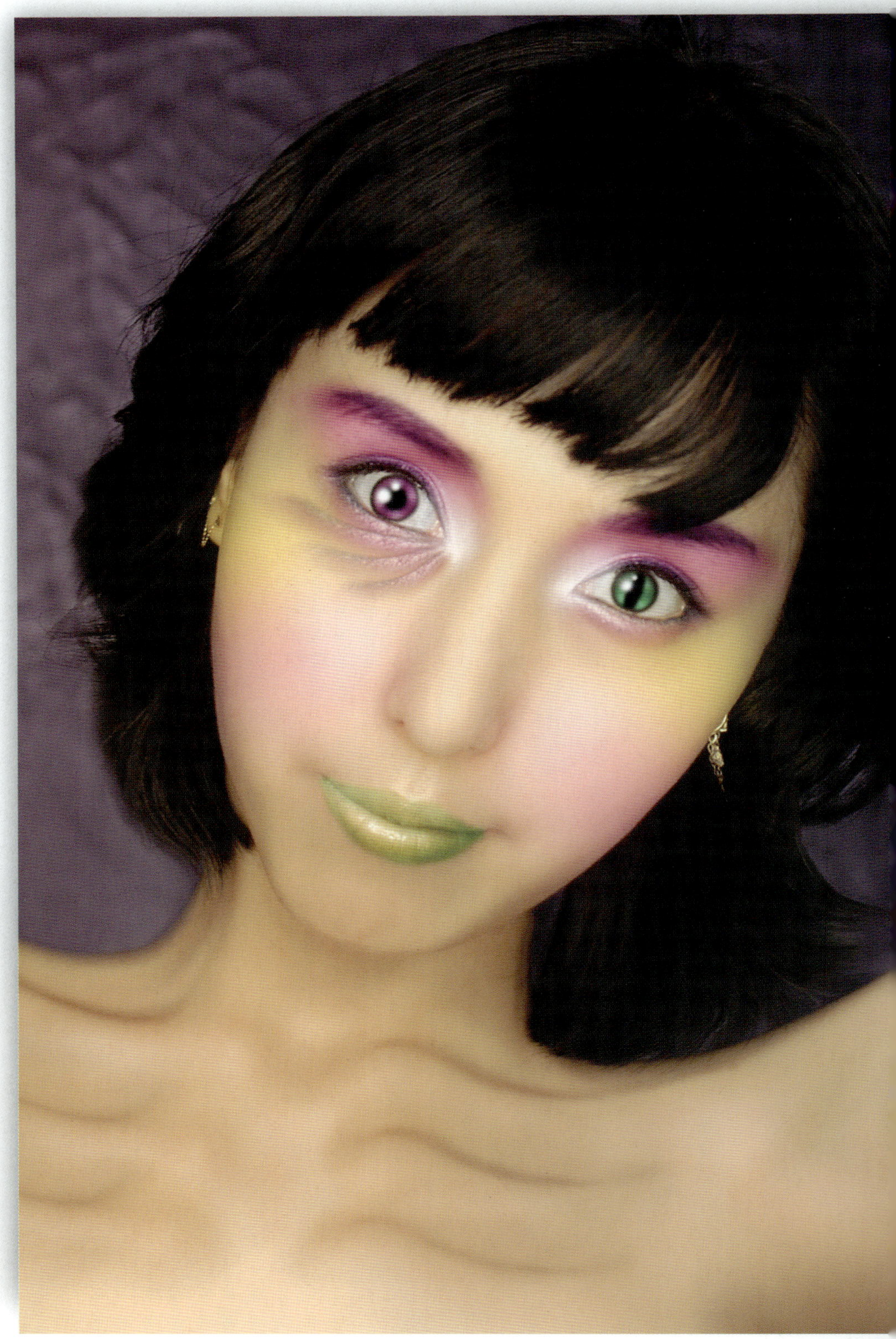

AFTER

KEY POINT

- **Liquify** : 이미지를 자유롭게 변형 또는, 왜곡할 때 사용하는 필터입니다.
- **Polygonal Lasso Tool(icon)** : 각이 진 이미지를 선택할 때 효과적인 툴로 마우스를 클릭하여 선택 영역을 지정합니다.
- **Clone Stamp Tool(icon)** : 이미지의 필요한 부분을 도장 찍듯이 복제하여 필요한 부분에 그대로 붙여 넣을 수 있는 툴입니다.

BEFORE

WORK 03

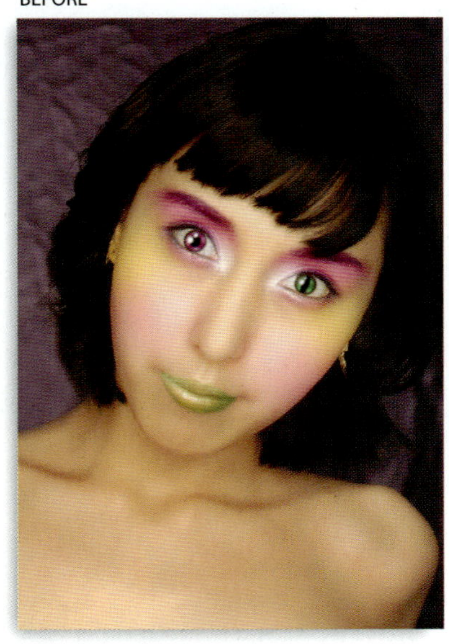

STEP

1 Liquify를 이용한 형태 변형

01 [Create a new layer] 아이콘( )을 클릭하여 새로운 레이어를 만들고 이름을 'Revision'으로 설정합니다. Ctrl+Shift+Alt+E를 눌러 활성화되어 있는 이미지를 'Revision' 레이어에 붙여줍니다.

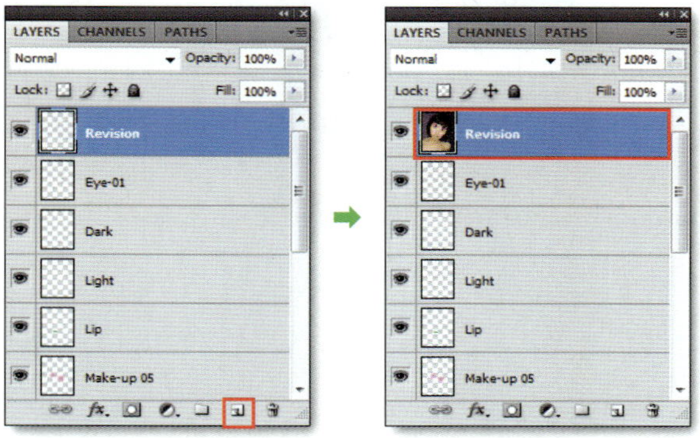

02 [Filter]-[Liquify] 메뉴를 선택하면 나타나는 [Liquify] 대화상자를 이용하여 어깨의 형태를 변형시킵니다.

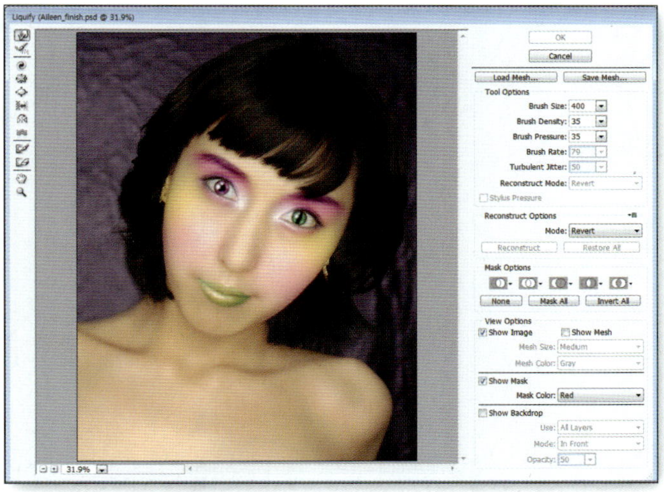

Forward Warp Tool( )을 선택하고 Brush Size(크기) – Brush Density(밀도) – Brush Pressure(압력)을 적절히 조절하면서 작업합니다.

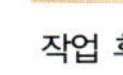

작업 전

작업 후

03 툴박스에서 Clone Stamp Tool(圖)을 선택하고 Alt 를 눌러 복사할 쇄골 부분을 클릭합니다. Alt 를 떼고 쇄골 바로 밑에 마우스 포인터를 가져다가 클릭하여 붙여 넣습니다.

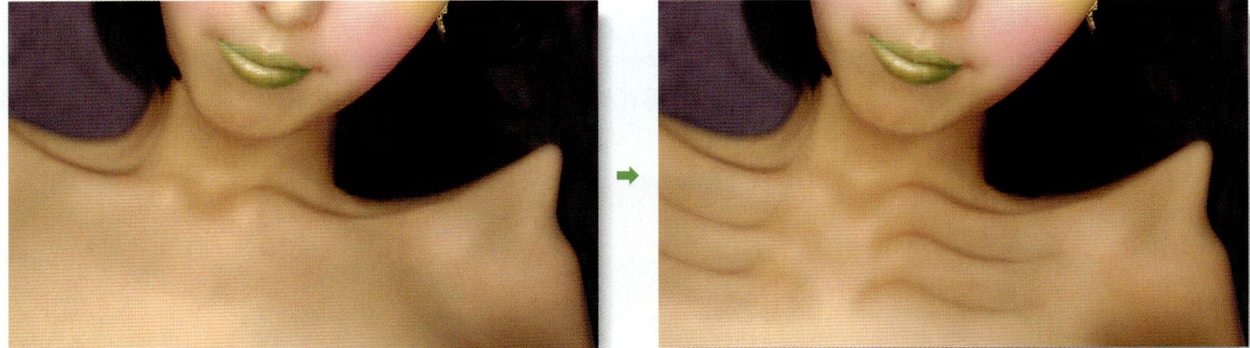

STEP
2　　　　　　　　　　　　눈동자 주변의 형태 변형

01 툴박스에서 Polygonal Lasso Tool(圓)을 선택하고 왼쪽 아래 눈꺼풀을 선택합니다.

02 Shift + F6 을 눌러 [Feather Selection] 대화상자가 나타나면 [Feather Radius]를 '5'로 설정한 후 [OK] 단추를 클릭합니다.

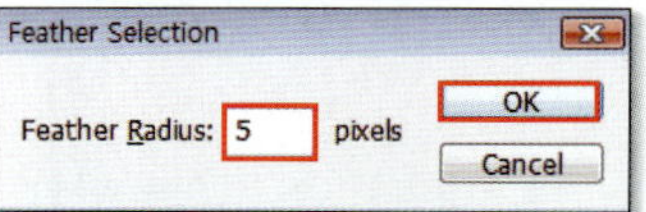

03 Ctrl+C 를 눌러 선택 영역을 복사하고 Ctrl+V 를 눌러 붙여 넣습니다. 복사된 새로운 레이어의 이름을 'Wrinkle'로 설정합 니다.

04 Ctrl+T 를 눌러 조절자가 나타나면 그림처럼 Alt 를 누른 상태에서 조절 자 꼭지점을 움직여 크기와 기울기를 조절합니다.

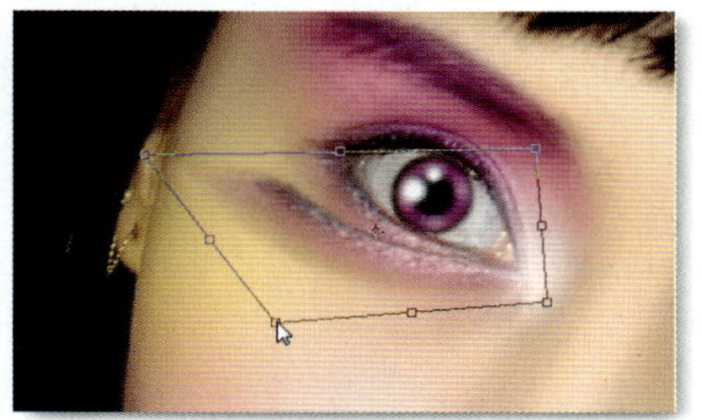

05 Eraser Tool( )을 선택하고 복사된 눈꺼풀 외곽을 지워 자연스럽게 처리합니다.

 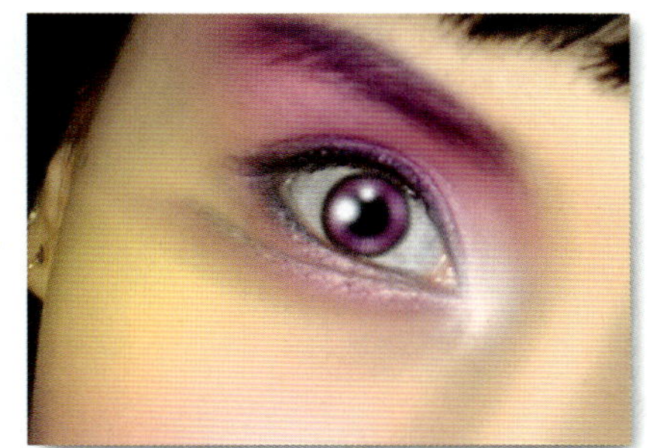

06 Ctrl+J 를 두 번 눌러 'Wrinkle' 레이어를 두 개 더 복사하고 크기를 점점 작게 조절하여 아래 그림처 럼 배치합니다.

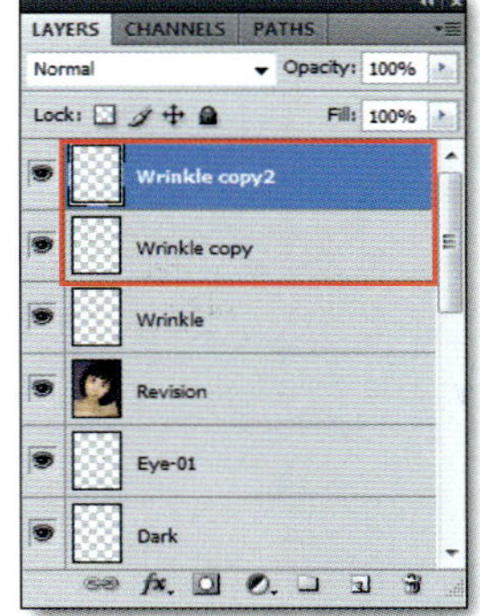

 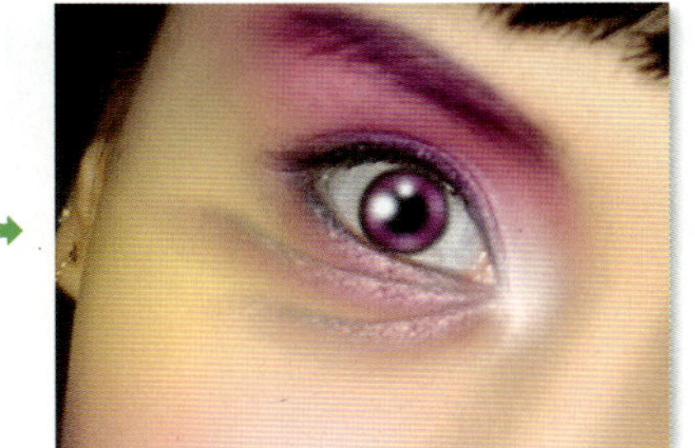

'Wrinkle copy' 레이어

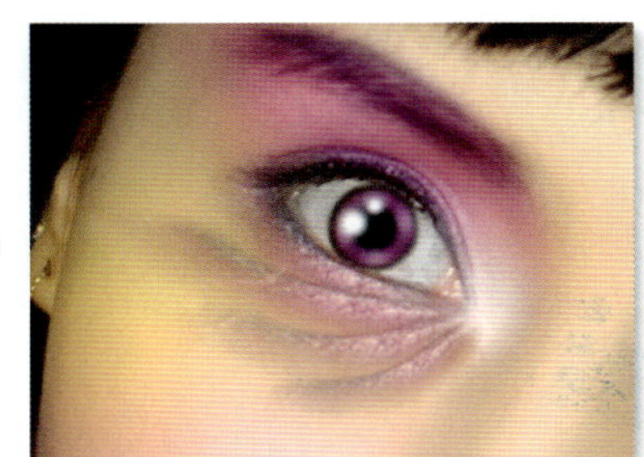

'Wrinkle copy2' 레이어

피부 질감 표현과 채색

파충류 질감의 이미지를 얼굴에 레이어로 합성하고, 채색하여 질감을 더욱 뚜렷하게 살리는 방법에 대하여 알아봅니다.

KEY POINT

- **Overlay 블렌딩 모드** : 어두운 톤에는 Multiply 효과를 주고 밝은 톤에는 Screen 효과를 주어 바탕 레이어의 명도는 그대로 표현하는 블렌딩 모드입니다.
- **Color Burn 블렌딩 모드** : 색상의 콘트라스트를 높여 어두운 부분은 더욱 어둡게 나타내며, 흰색 부분은 투명하게 인식되어 적용되지 않습니다.

BEFORE

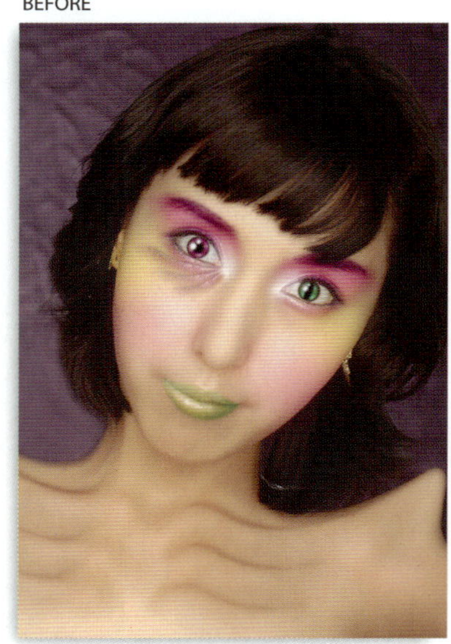

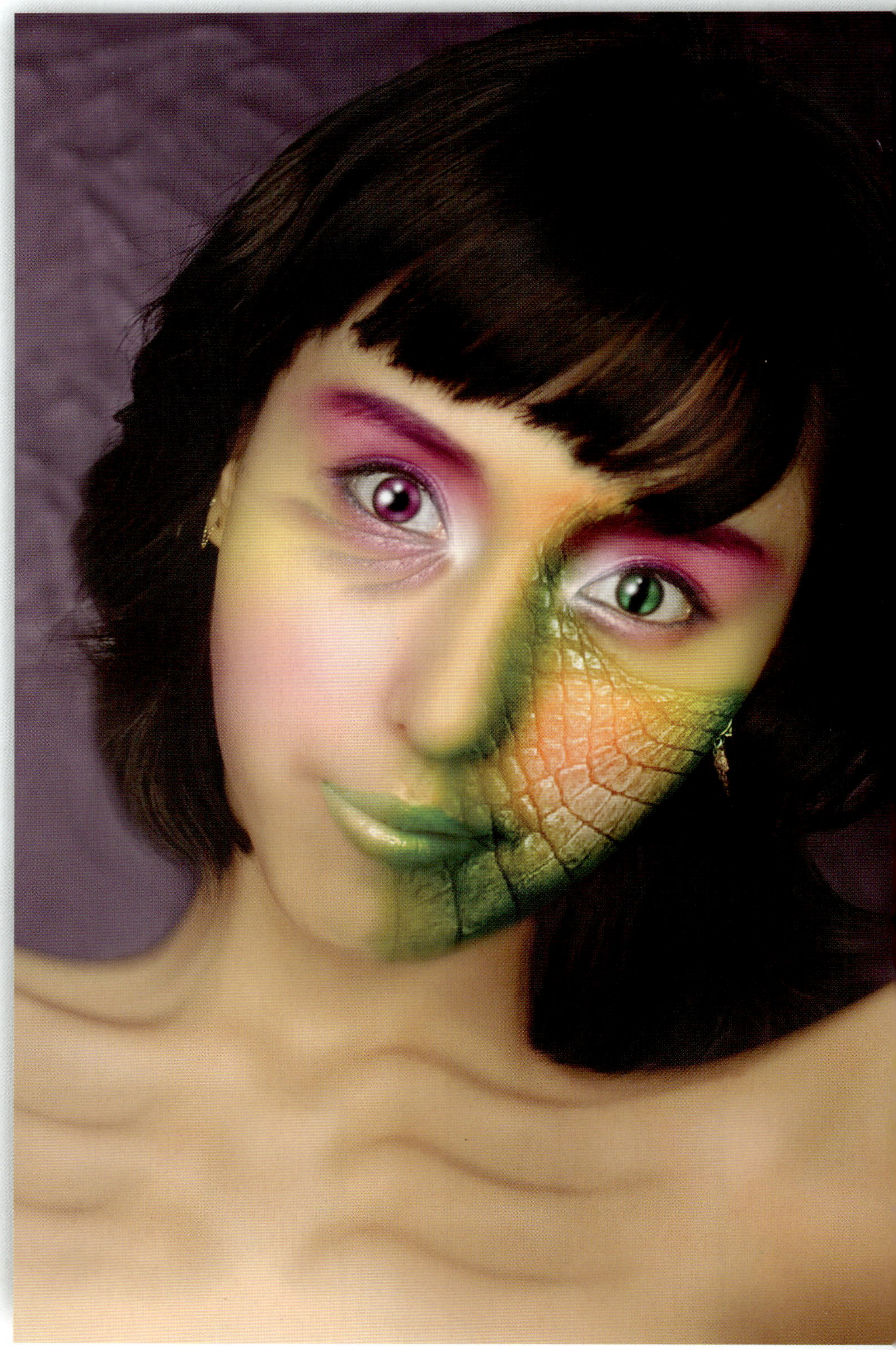

AFTER

WORK 04

1 파충류 피부 질감의 표현

● **부록 CD** : THEME 11/Reptilia.jpg

01 파충류 피부 질감을 표현하기 위해 'Reptilia.jpg' 파일을 불러옵니다.

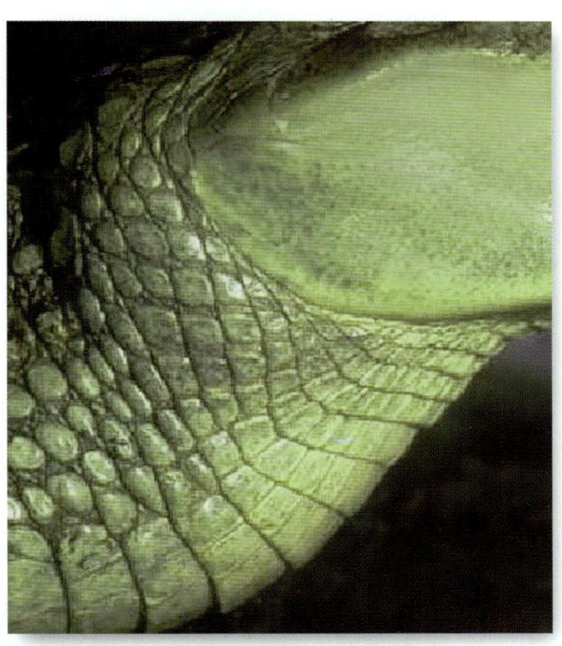

02 Move Tool(⊕)을 선택하고 'Reptilia.jpg' 파일의 이미지를 작업 중인 이미지로 드래그하여 복사한 후 레이어의 이름을 'Skin'으로 설정합니다.

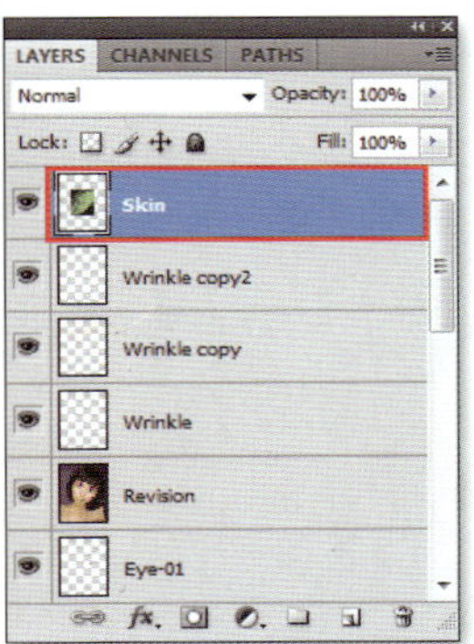

03 Shift + Ctrl + U 를 눌러 'Skin' 레이어의 이미지를 흑백으로 전환시키고, 레이어의 블렌딩 모드를 'Overlay'로 설정합니다.

흑백으로 전환   블랜딩 모드 : Overlay

04 Ctrl + T 를 눌러 적당한 크기와 위치 그리고, 기울기를 조절합니다.

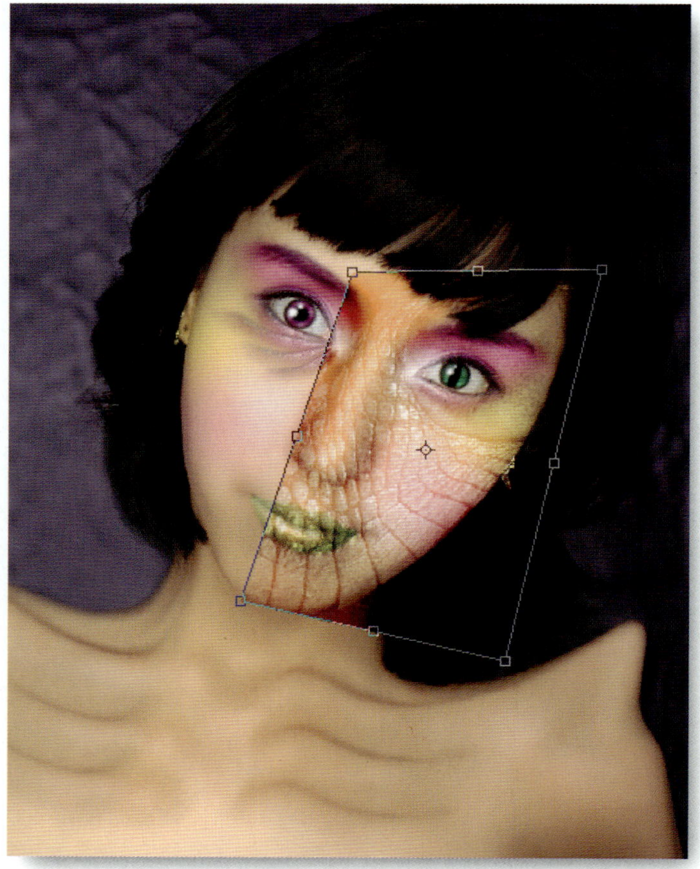

05 Eraser Tool(❏)을 선택하고 'Skin' 레이어의 이미지 주변을 지워 자연스럽게 합성합니다.

STEP
2 　　　　　　　　　　　　　파충류 피부 색감의 표현

01 [Create a new layer] 아이콘(❏)을 클릭하여 새로운 레이어
를 만들고 이름을 'Green'으로 설정합니다.

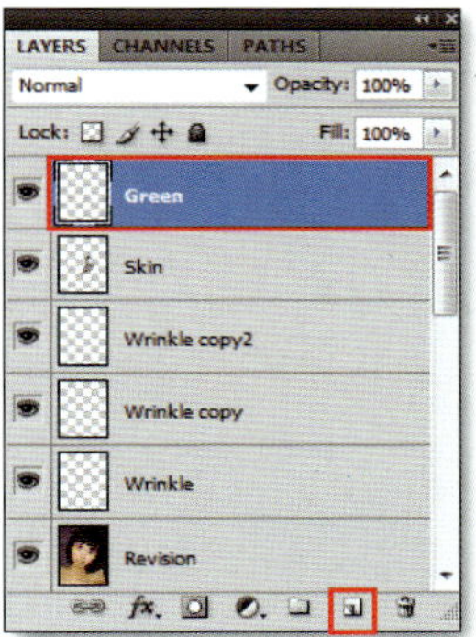

02 'Green' 레이어의 블렌딩 모드를 'Color Burn'으로 설정하고, 전경색을 연두색(#55b97f)으로 설정합니다. Brush
Tool(✐)을 이용하여 파충류의 피부 질감으로 표현된 오른쪽 볼 부분을 칠해줍니다.

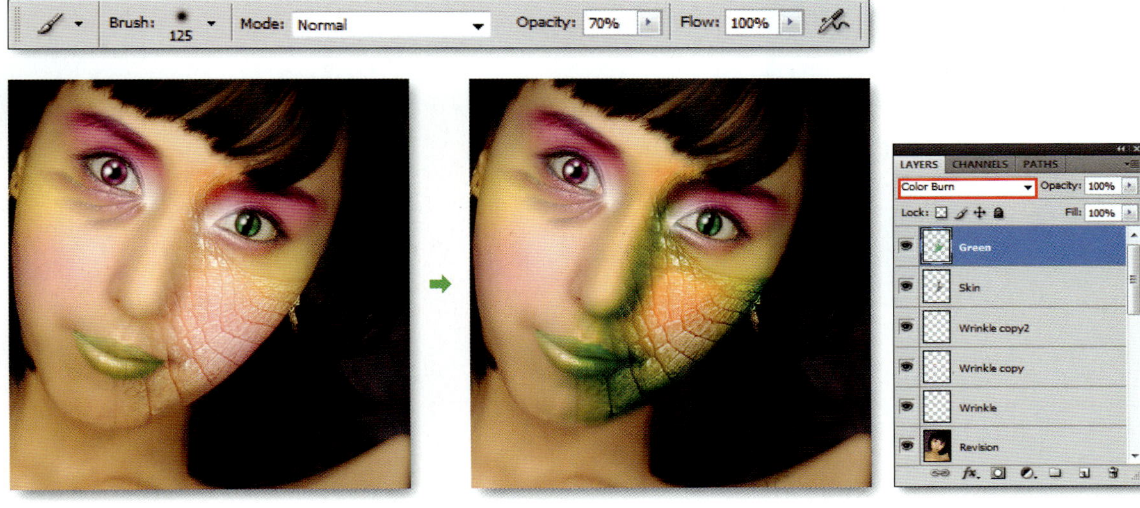

바디 페인팅 표현 기법

Soft Light 블렌딩 모드를 이용하여 인물의 신비스런 분위기에 맞도록 상반신에 색상을 착상 시켜 광택이 나도록 작업합니다.

KEY POINT

- **Soft Light 블렌딩 모드** : 블렌딩되는 레이어의 색상과 명도가 순회색(50% Gray)보다 밝으면 Dodge Tool( )을 사용한 것과 같이 밝아지고, 어두우면 Burn Tool( )을 사용한 것과 같이 어두워집니다.

BEFORE

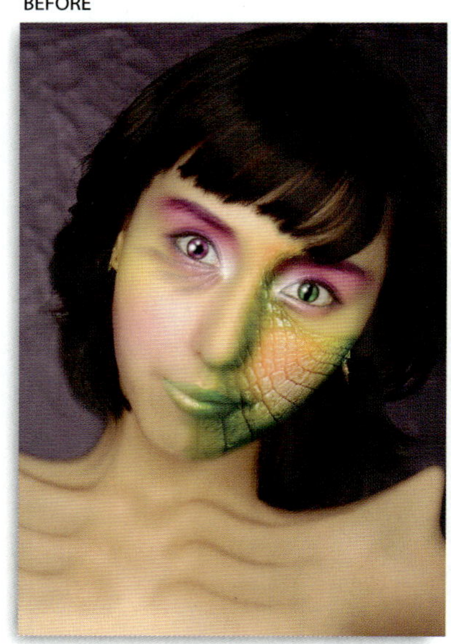

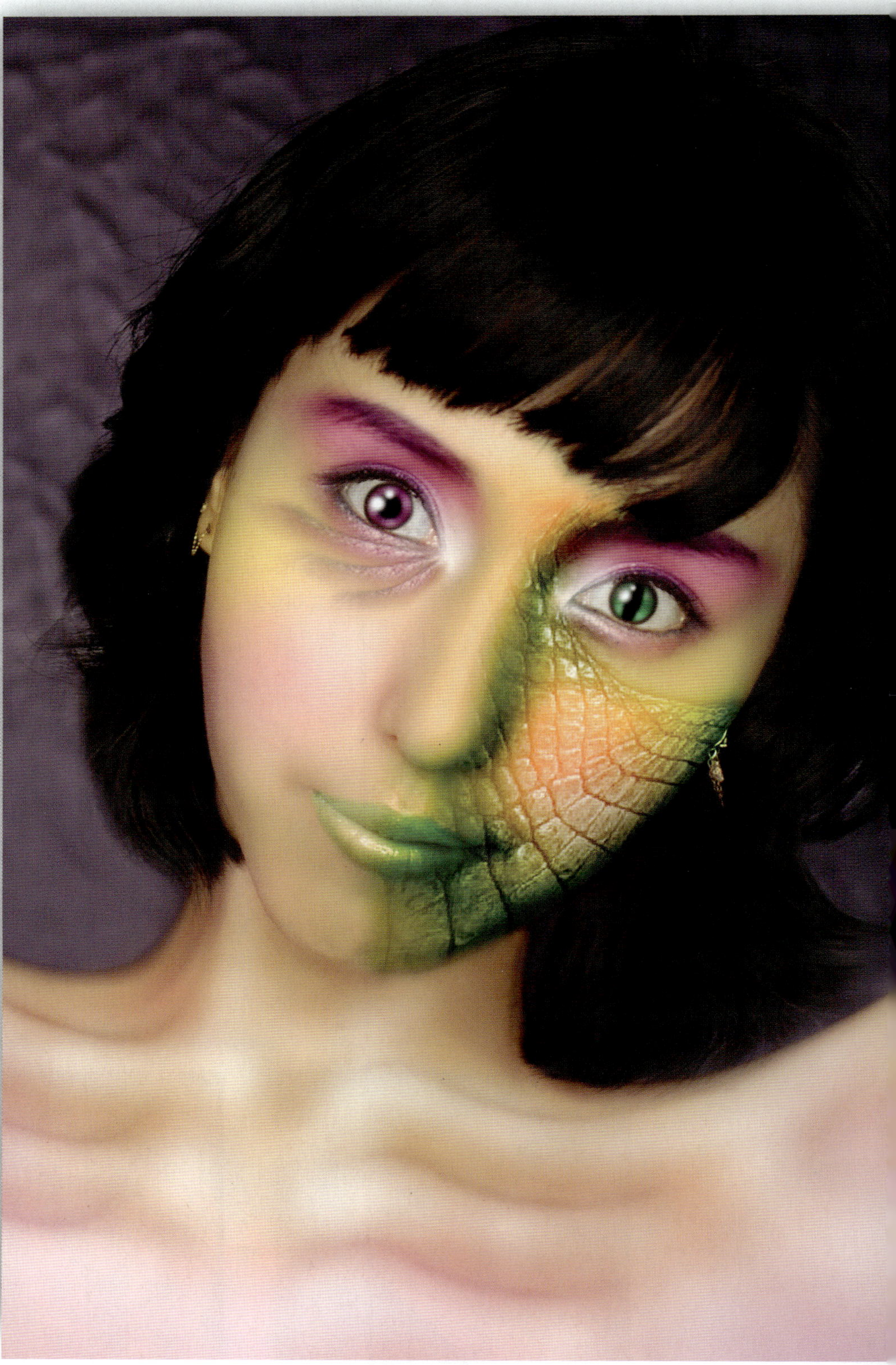

AFTER

WORK 05

바디 페인팅

01 [Create a new layer] 아이콘(🔲)을 클릭하여 새로운 레이어를 만들고 이름을 'Body'로 설정합니다.

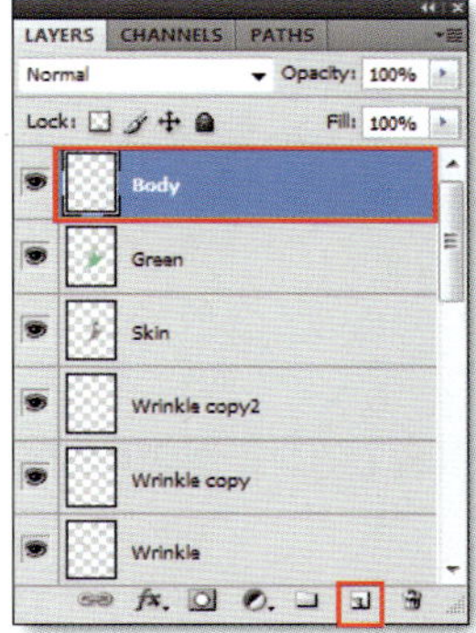

02 쇄골의 양감을 더욱 뚜렷하게 해주기 위해 'Body' 레이어의 블렌딩 모드를 'Soft Light'로 설정합니다. Brush Tool(🖌)을 선택하고 전경색을 흰색(#ffffff)으로 설정한 후 쇄골의 윗부분을 칠합니다.

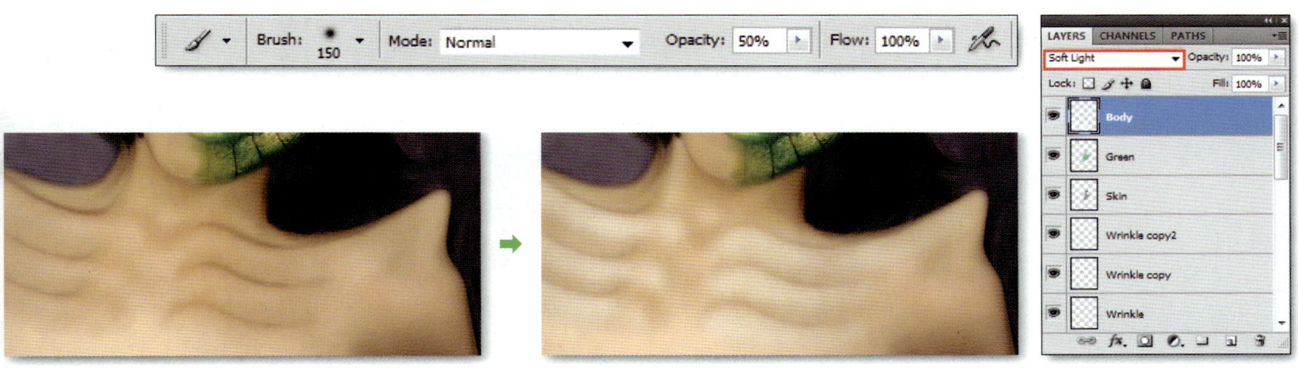

03 전경색을 갈색(#8c6650)으로 설정한 후 쇄골의 아랫부분을 칠합니다.

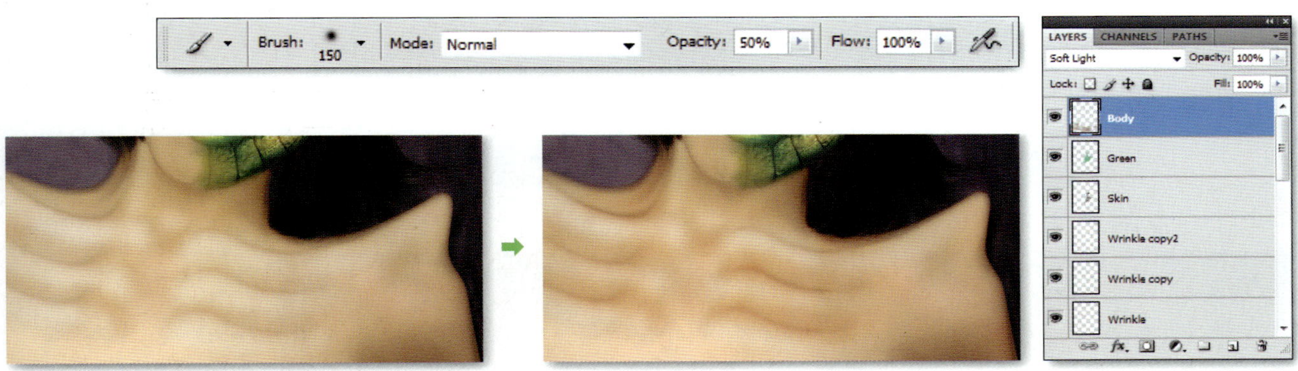

04 흉부에 색상을 입혀주기 위해 [Create a new layer] 아이콘
(□)을 클릭하여 새로운 레이어를 만들고 이름을 'Body-02'
로 설정합니다.

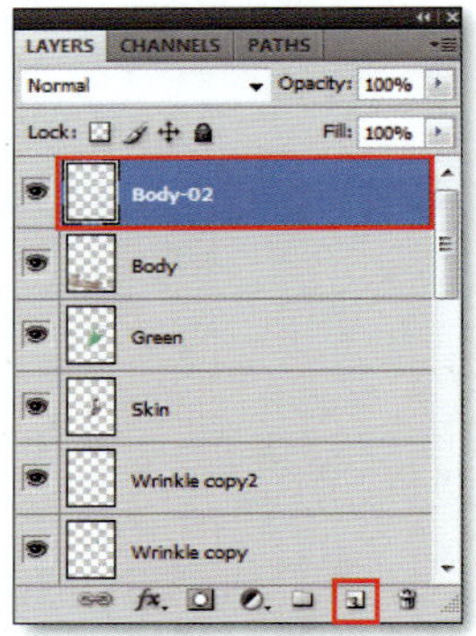

05 전경색을 흰색(#ffffff)으로 설정한 후 Brush Tool(🖉)로 흉부의 부분 부분을 칠합니다.

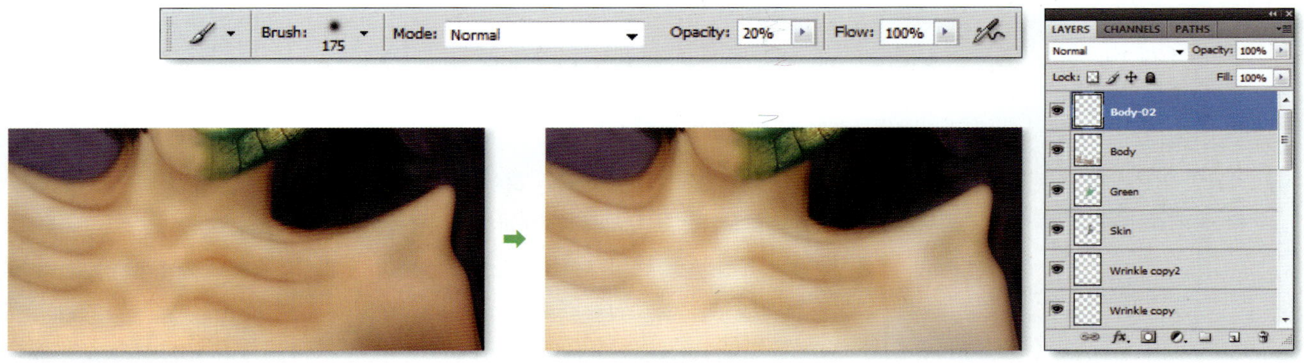

06 [Create a new layer] 아이콘(□)을 클릭하여 새로운 레이어
를 만들고 이름을 'Body-03'으로 설정합니다.

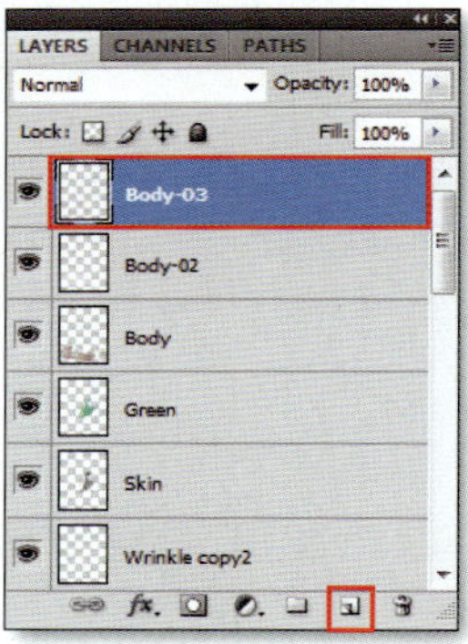

07 'Body-03' 레이어의 블렌딩 모드를 'Soft Light'로 설정하고, 전경색을 핑크색(#f83ef7)으로 설정한 후
Brush Tool(🖉)로 흉부의 부분 부분을 칠합니다.

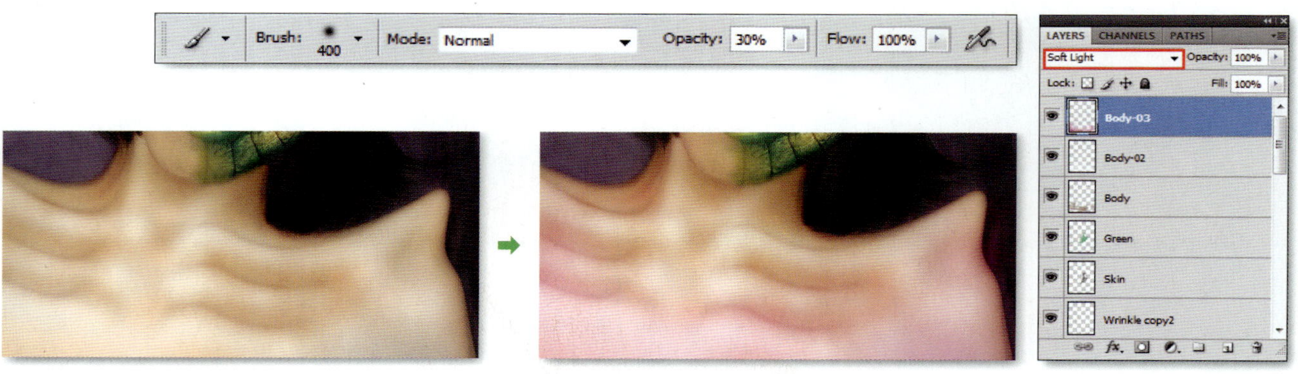

퀵 마스크를 이용하여 인물의 머리카락 부분을 선택 영역으로 지정한 후 Hue/Saturation
기능으로 머리 색상을 변경하는 방법을 알아봅니다.

모발 염색

▶ KEY POINT

- **Dodge Tool(🔍)** : 이미지의 특정 부분을
  밝게 표현할 수 있습니다.
- **퀵 마스크 모드** : 퀵 마스크 모드를 이용
  하면 일반적으로 채색 도구를 이용하여
  필요한 부분을 칠해서 간단하게 선택 영
  역으로 지정할 수 있습니다.
- **Hue/Saturation** : 이미지의 색상(Hue),
  채도(Saturation), 명도(Lightness)를 보
  정할 수 있습니다.

AFTER

BEFORE

WORK 06

1

모발 염색

01 [Create a new layer] 아이콘(▣)을 클릭하여 새로운 레이어를 만들고 이름을 'Hair'로 설정
합니다. `Ctrl`+`Shift`+`Alt`+`E`를 눌러 활성화되어 있는 이미지를 'Hair' 레이어에 붙여줍니다.

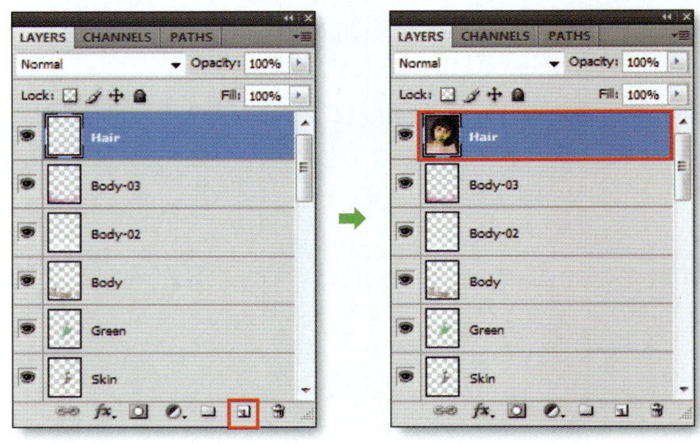

02 툴박스에서 Dodge Tool(🔍)을 선택하고, 머리카락 부분을 문질러서 밝게 처리합니다.

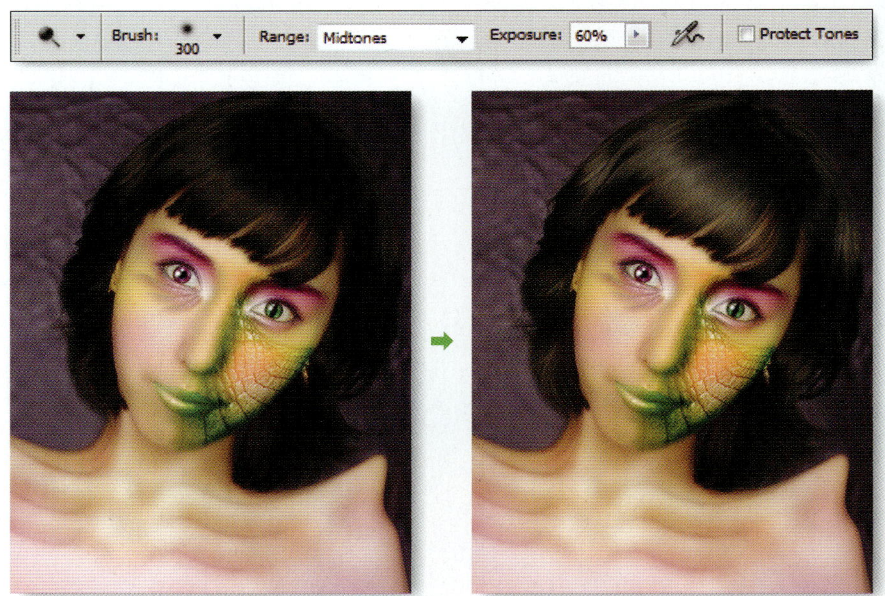

03 퀵 마스크 모드로 머리카락 부분을 선택하기 위해 툴박스에서 [Edit in Quick Mask
Mode] 아이콘(◙)을 더블클릭합니다. [Quick Mask Options] 대화상자가 나타나면
[Selected Areas]를 체크하고 [OK] 단추를 클릭합니다.

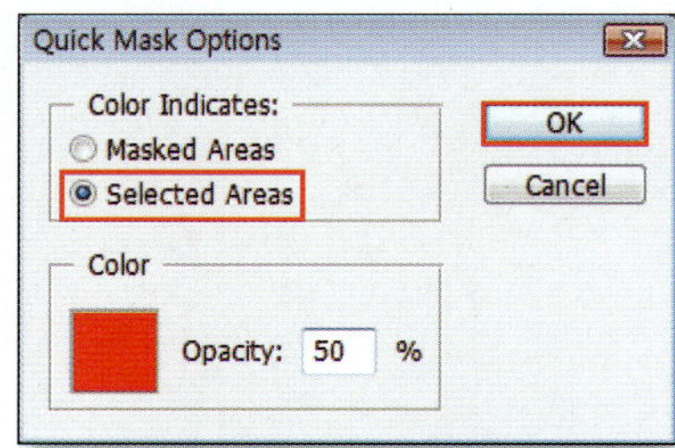

04 'Soft Round' 브러시를 선택하고 전경색을 검은색(#000000)으로 설정한 후 적당한 크기의 브러시로 머리카락 부분을 칠합니다.

05 툴박스에서 [Edit in Standard Mode] 아이콘(▣)을 클릭하면 빨간색으로 칠해졌던 부분이 선택 영역으로 지정됩니다.

[Quick Mask Options] 대화상자에서 [Masked Areas]를 체크하면 빨간색으로 칠해진 부분의 반대 영역을 선택 영역으로 지정하고, [Selected Areas]를 체크하면 빨간색으로 칠해진 부분을 선택 영역으로 지정됩니다.

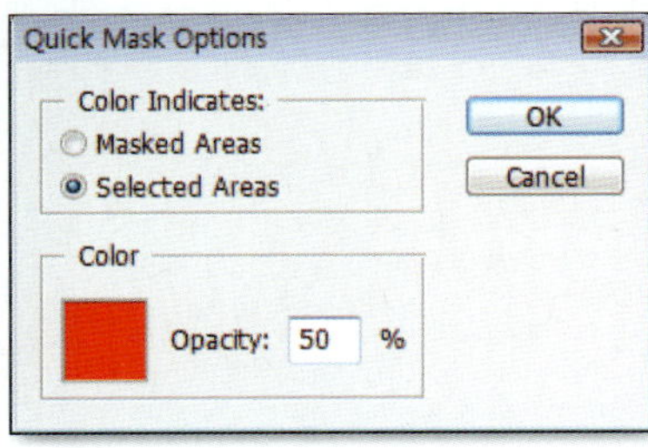

06 ADJUSTMENTS 패널의 [Hue/Saturation] 아이콘을 선택하고 다음과 같이 설정한 후 작업을
마무리합니다.

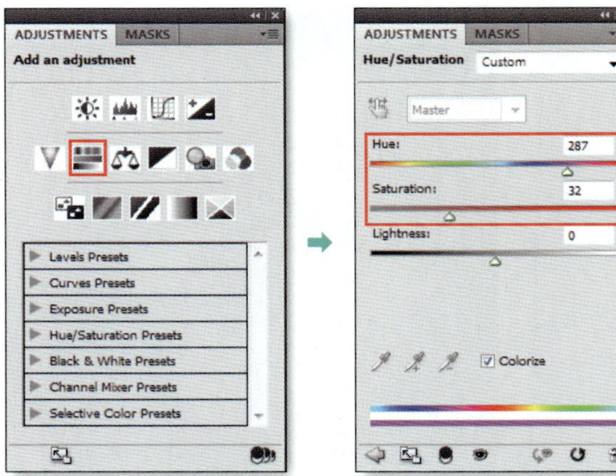

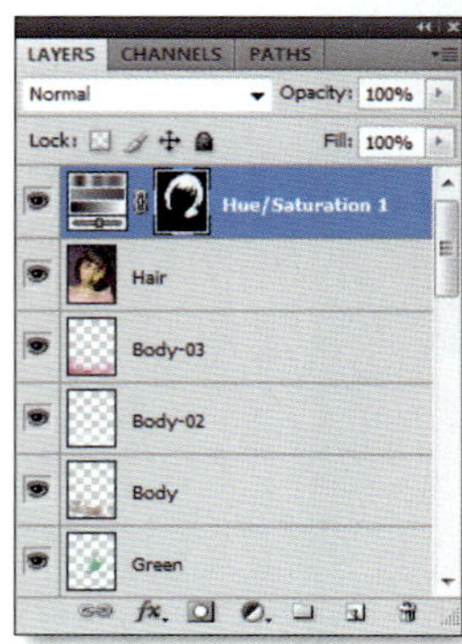

Brush Strokes
필터의 이해

Brush Strokes 메뉴는 8개의 필터로 구성되어 있으며 이미지에 붓 자국 질감을 표현하여 회화적인 느낌을 적용할 때 사용합니다.

원본(부록 CD : TIP/Brush Strokes.jpg)

■ Accented Edges

윤곽선을 강조시켜 이미지를 돋보이게 합니다.

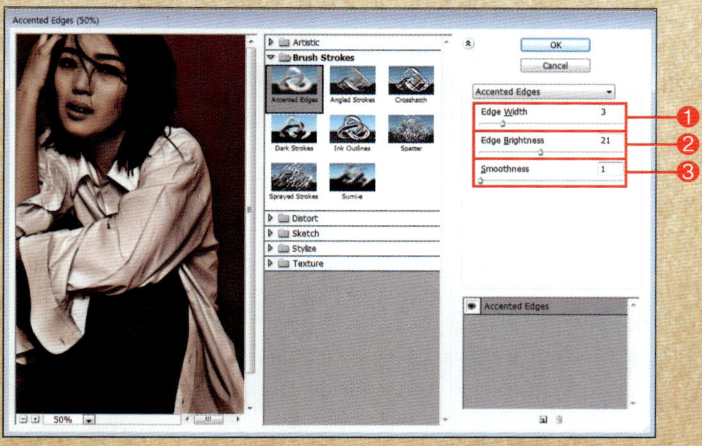

❶ **Edge Width** : 윤곽선의 폭을 설정합니다.

❷ **Edge Brightness** : 윤곽선의 밝기를 설정합니다.

❸ **Smoothness** : 윤곽선의 부드러운 정도를 설정합니다.

■ Angled Strokes

이미지의 윤곽선을 따라 유화 브러시를 이용하여 대각선으로 칠한 듯한 회화적인 느낌을 줍니다.

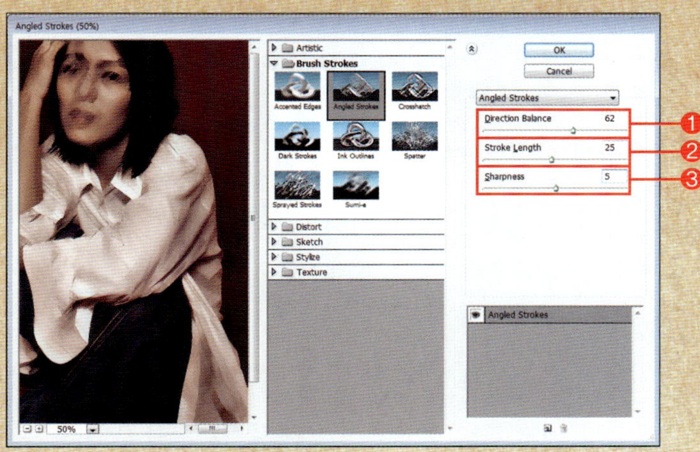

❶ **Direction Balance** : 윤곽선의 방향을 설정합니다.

❷ **Stroke Length** : 스트로크의 길이를 설정합니다.

❸ **Sharpness** : 윤곽선의 날카로운 정도를 설정합니다.

■ Crosshatch

이미지에서 컬러 영역의 테두리를 연필이나 칼로 긁은 듯한
효과를 줍니다.

❶ Stroke Length : 스트로크의 길이를 설정합니다.
❷ Sharpness : 붓의 선명도를 설정합니다.
❸ Strength : 필터의 강약을 조절합니다.

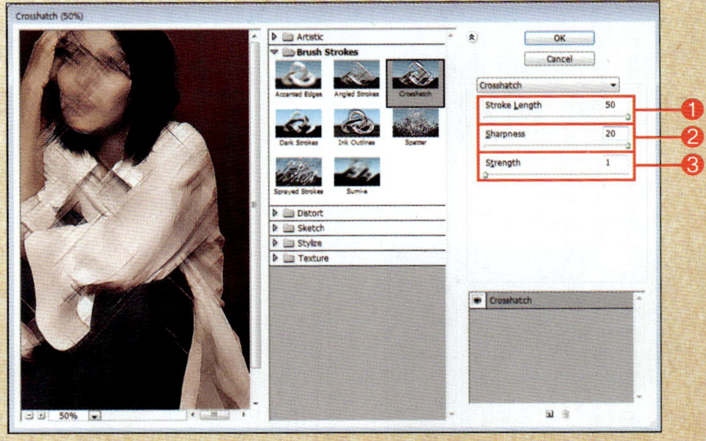

■ Dark Strokes

이미지에서 어두운 부분은 검은색으로 밝은 부분은 흰색으
로 덧칠하는 효과를 줍니다.

❶ Balance : 설정값이 작을수록 이미지 전체에 필터가 적
　용되며 설정값이 클수록 어두운 부분에 브러시 효과가
　적용됩니다.
❷ Black Intensity : 설정값이 클수록 어두운 부분이 확대
　됩니다.
❸ White Intensity : 설정값이 클수록 밝은 부분이 확대됩
　니다.

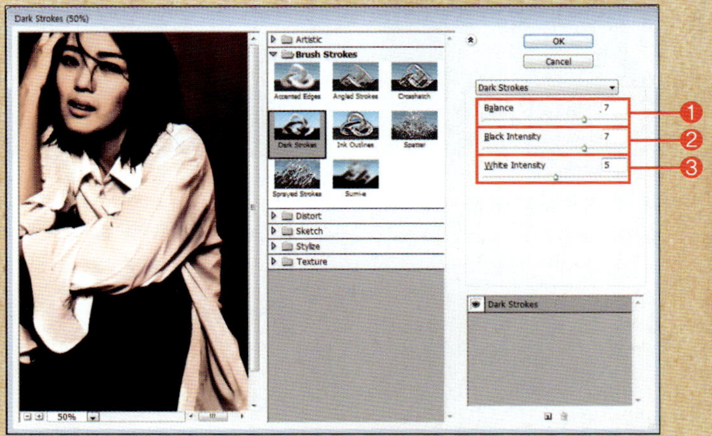

■ Ink Outlines

잉크를 사용하여 이미지의 윤곽선을 덧칠한 효과를 줍니다.

❶ Stroke Length : 잉크로 덧칠되는 영역의 길이를 설정
　합니다.
❷ Dark Intensity : 검은색의 농도를 설정합니다.
❸ Light Intensity : 흰색의 농도를 설정합니다.

■ Spatter

이미지의 윤곽선을 따라 에어브러시로 물감을 튀긴 듯한
효과를 줍니다.

❶ **Spray Radius** : 물감이 튀기는 반경을 설정합니다.
❷ **Smoothness** : 부드러운 정도를 설정합니다.

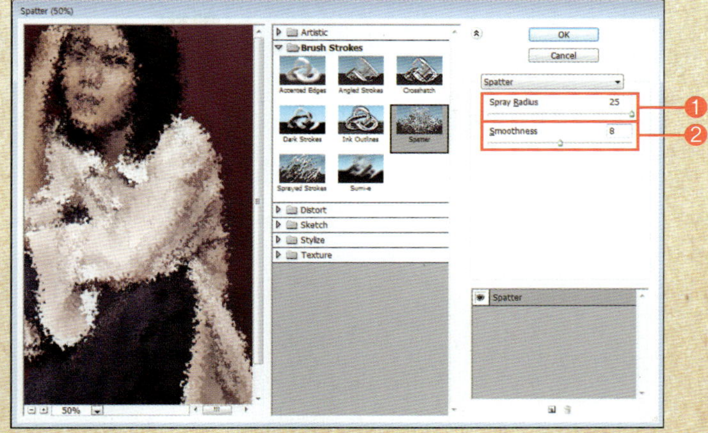

■ Sprayed Strokes

이미지의 윤곽선을 따라 스프레이로 뿌린 듯한 효과를 줍
니다.

❶ **Stroke Length** : 스트로크의 길이를 설정합니다.
❷ **Spray Radius** : 스프레이의 반경을 설정합니다.
❸ **Stroke Direction** : 스프레이가 뿌려지는 방향을 설정
　합니다.

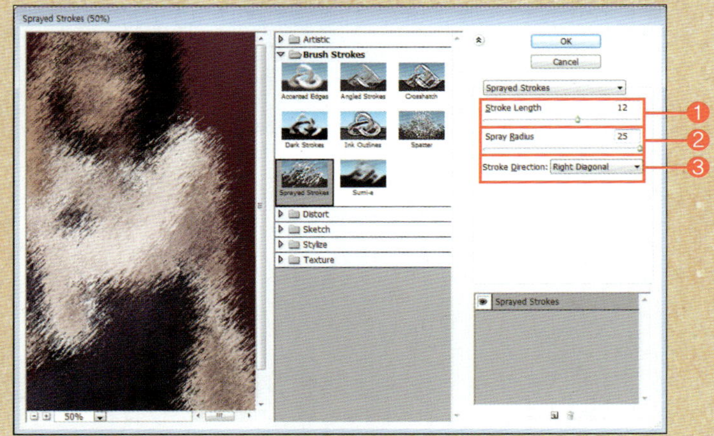

■ Sumi-e

일본의 회화 기법으로 수묵화와 같이 화선지 위에 붓으로
그린 것과 비슷한 형태가 됩니다.

❶ **Stroke Width** : 붓의 두께를 설정합니다.
❷ **Stroke Pressure** : 붓의 강약을 설정합니다.
❸ **Contrast** : 먹의 사용량을 조절합니다.

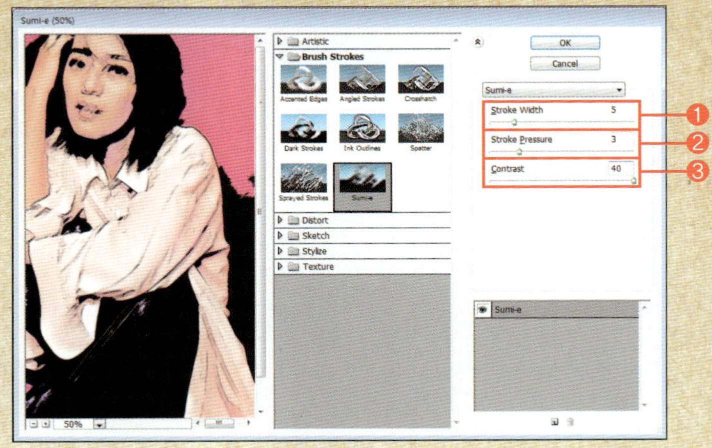

링 스트로보 (Ring Strobo)의 특징

■ **Allan.jpg 촬영 정보**

Nikon D80, 1/125 sec, 조리개 값 : F8.0, 촬영 모드 : M, ISO : 100, 화이트 밸런스 : Manual

■ **Aileen.jpg 촬영 정보**

Nikon D80, 1/125 sec, 조리개 값 : F9.0, 촬영 모드 : M, ISO : 100, 화이트 밸런스 : Manual

■ **링 스트로보(Ring Strobo)**

주로 인물의 정면에서 라이팅할 때 사용하며 카메라 렌즈 주위에서 발광하기 때문에 피사체에 그림자 없이 선명한 촬영이 가능합니다.

■ 링 스트로보(Ring Strobo)를 사용한 사진

Nikon D80, 1/125 sec, 조리개 값 : F8.0, 촬영 모드 : M, ISO : 100, 화이트 밸런스 : Manual

PHOTOSHOP
CREATIVE COLLECTION

THEME 12

Zebra

PHOTOSHOP
CREATIVE COLLECTION

나의 머리는 상상으로, 가슴은 열정으로 가득 차 있다.

나는 저 예술의 초원을 달릴 준비가 되어 있다. 그러나 난 아직도 웅크리고만 있다.

달리는 것과 달릴 준비가 되어 있는 것 그것은 너무나도 다르단 걸 이제는 알 수 있을 것 같다. 넘어져서 상처를 받아도 좋고

발바닥이 다 까져서 걷지도 못할 만큼 고통스러워도 좋다.

현실에 웅크리고 있는 체로 쳐다보고 있는 것만큼 아프거나 고통스럽지 않다는 것을

그리고, 그곳의 따스한 햇살과 시원한 바람이 나를 항상 치유해 줄 것을 나는 믿는다.

- **Tree.psd** : 역광인 상황에서 촬영한 나무 이미지
- **Zebra.jpg** : 여성의 신체에 바디 페인팅을 한 후 텅스텐 조명을 사용하여 촬영한 주제 이미지
- **Text-01/02.psd** : 포토샵 CS4로 제작한 타이포그래피 이미지

To each his world is
and in that world one
And in that world one
These are private
nothing has gone
is like the chronicle of planets
and planet is dissimilar from planet
making his friends in that obscurity ob
Brother of a creatures
over of love know?
as faulty,
essentially,
brought back bridges
and machinery

Unsharp Mask와 Levels 기능으로 더욱 뚜렷한 이미지 만들기

주제 이미지를 흑백으로 변환한 후 Unsharp Mask 필터를 이용하여 이미지의 입자를 더욱 거칠고 선명하게 만드는 방법을 알아봅니다.

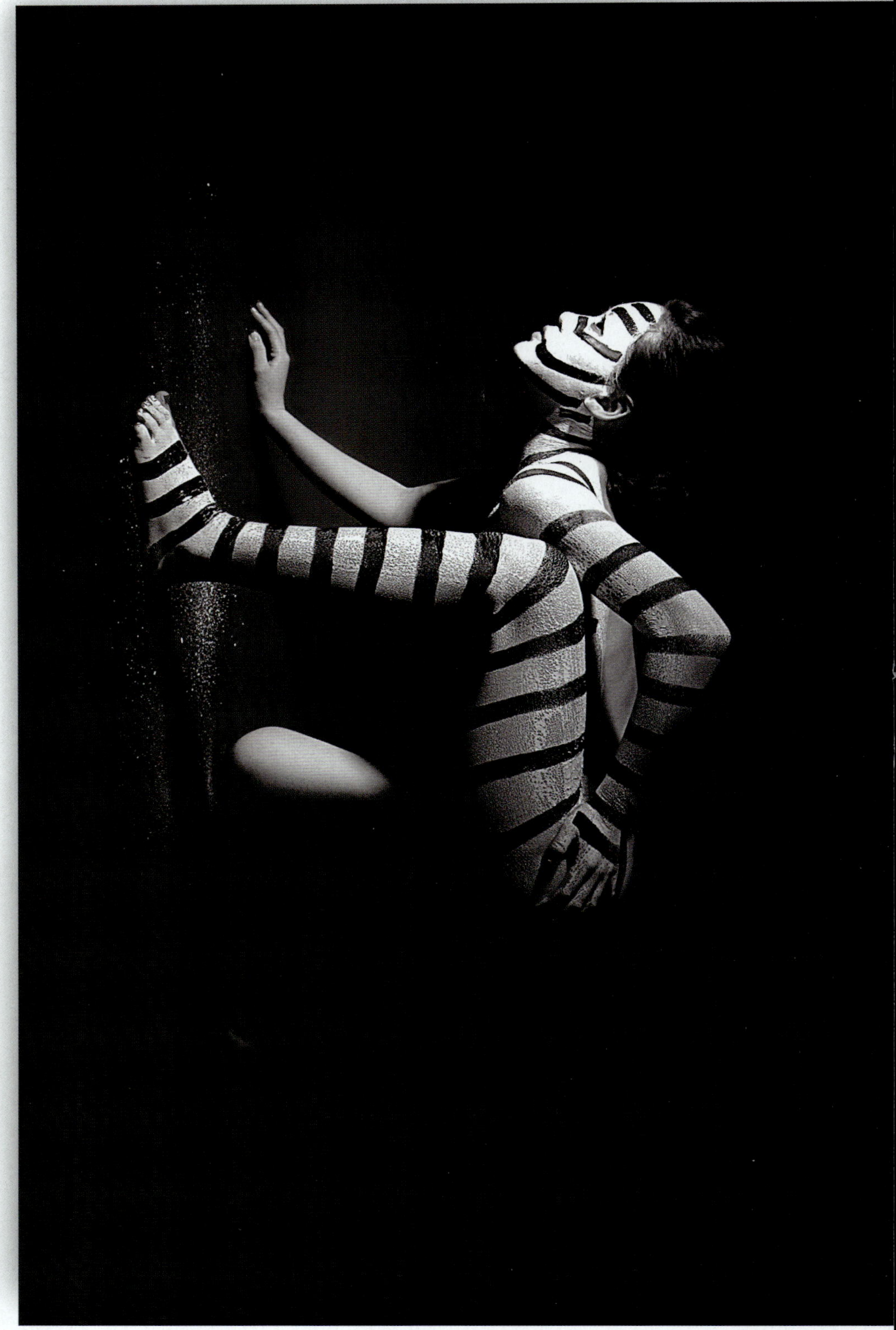

AFTER

KEY POINT

- **Sharpen 필터** : 이미지 픽셀의 색상 경계 부분에 대비를 높여 이미지를 더욱 선명하고 뚜렷하게 만들어 주는 필터입니다.
- **Unsharp Mask** : Sharpen의 설정값을 조정하고 적용되는 픽셀의 평균 색상 범위를 조절하는 필터입니다.
- **Gaussian Blur 필터** : [Gaussian Blur] 대화상자를 이용하여 이미지에 블러 효과를 세밀하게 적용할 수 있는 필터입니다.
- **Levels** : 이미지의 명암을 보정할 수 있습니다.

BEFORE

WORK 01

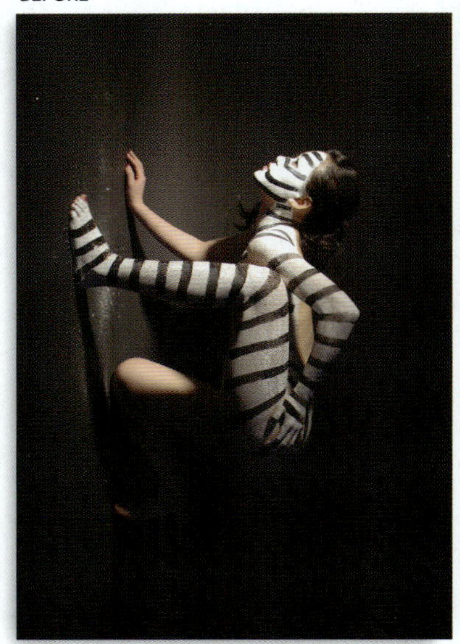

1

이미지 변환 작업

● **부록 CD** : THEME 12/Zebra.jpg

01 예제로 사용될 'Zebra.jpg' 파일을 부록 CD에서 불러옵니다.

02 `Shift`+`Ctrl`+`U`를 눌러 이미지를 흑백으로 처리합니다.

03 이미지의 입자를 더욱 선명하고 거칠게 만들어주기 위해 [Filter]−[Sharpen]−[Unsharp Mask] 메뉴를 선택합니다. [Unsharp Mask] 대화상자가 나타나면 그림과 같이 설정한 후 [OK] 단추를 클릭합니다.

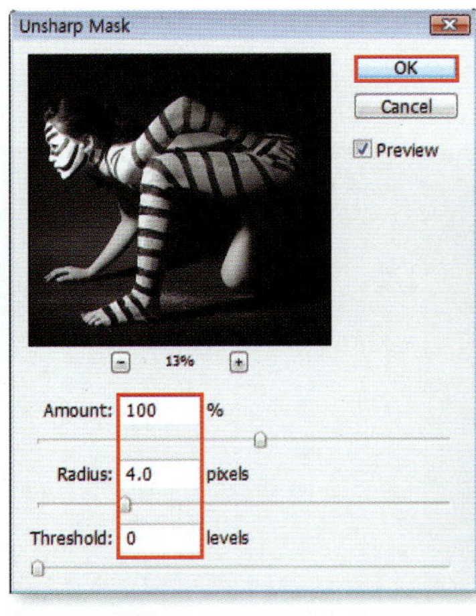

Amount : 100%
Radius : 4.0 pixels

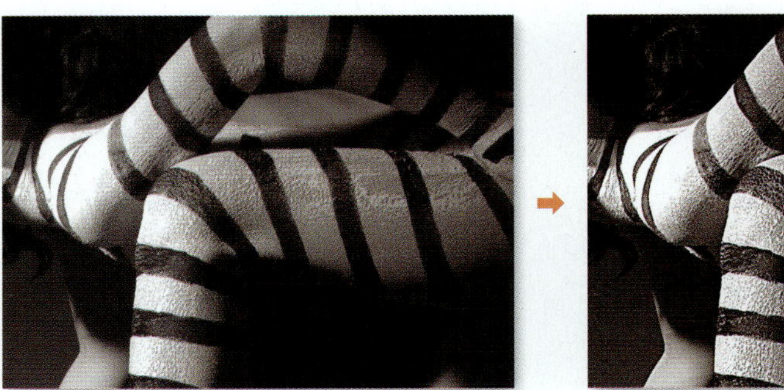

S T E P

2

이미지의 암부 보정

01 이미지의 어두운 부분을 더욱 부각시키기 위해 ADJUSTMENTS 패널에서 [Levels] 아이콘을 선택한 후 [Input Levels]를 '34, 1.00, 255'로 설정합니다.

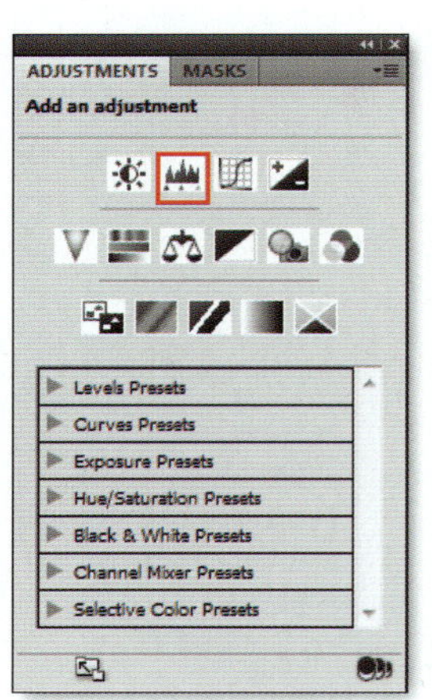

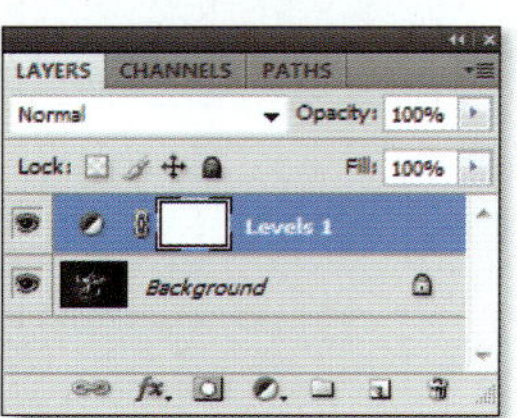

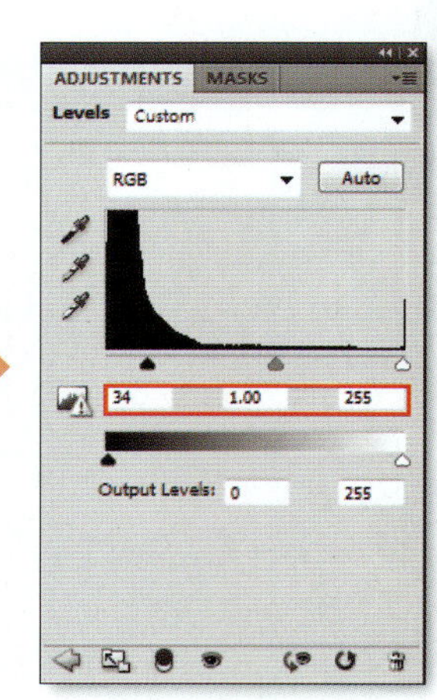

Input Levels : 34, 1.00, 255

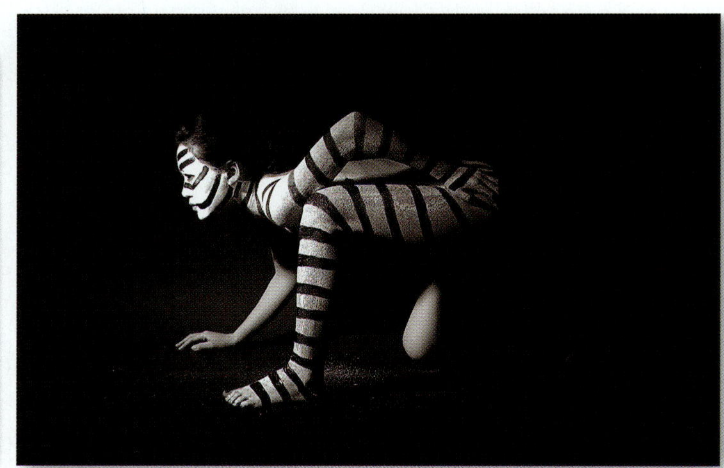

부드러운 배경 표현 기법

01 [Create a new layer] 아이콘(▣)을 클릭하여 새 레이어를 만든 후 이름을 'Blur'로 설정합니다. `Ctrl`+`Shift`+`Alt`+`E`를 눌러 활성화되어 있는 이미지를 'Blur' 레이어에 붙여줍니다.

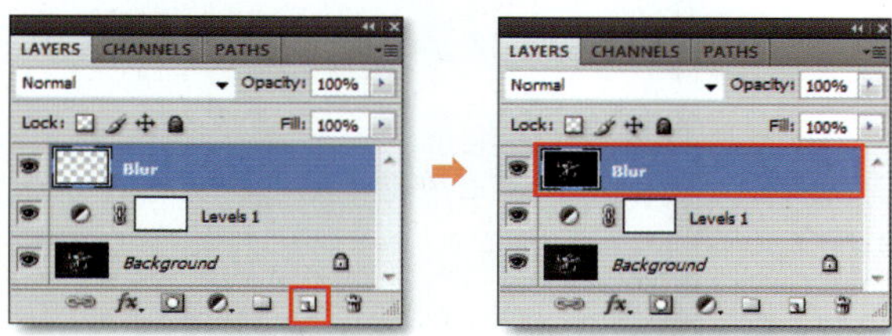

02 [Filter]–[Blur]–[Gaussian Blur] 메뉴를 선택하면 나타나는 [Gaussian Blur] 대화상자에서 [Radius]를 '8.0'으로 설정하고 [OK] 단추를 클릭합니다.

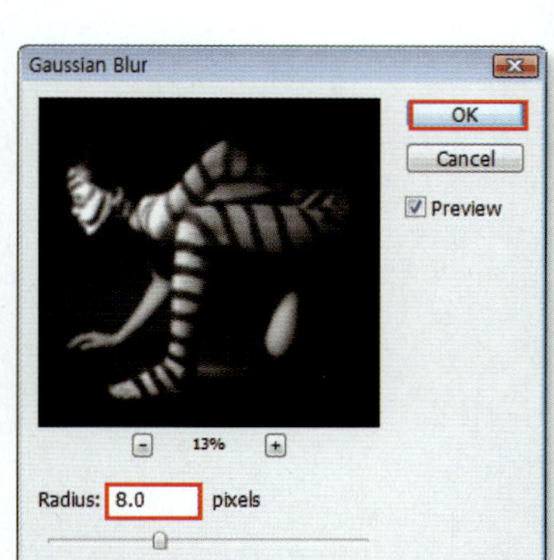

03 툴박스에서 Eraser Tool(▱)을 선택하고 인물 부분을 지워줍니다.

채널 영역 추출

이미지를 구성하고 있는 색상 채널을 이용하여 영역을 추출하기 위해 CHANNELS 팔레트를 이용하는 방법과 다른 이미지와 합성 작업을 진행하기 위해 캔버스의 크기를 조정해 봅니다.

AFTER

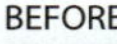

KEY POINT

- **CHANNELS 팔레트** : 이미지는 각각의 색상 채널이 모여서 만들어지는 것으로 이러한 이미지의 채널을 관리할 수 있는 팔레트입니다.
- **Canvas Size** : 포토샵 CS4에 불러온 이미지의 캔버스 크기를 조정할 수 있는 기능입니다.

BEFORE

WORK 02

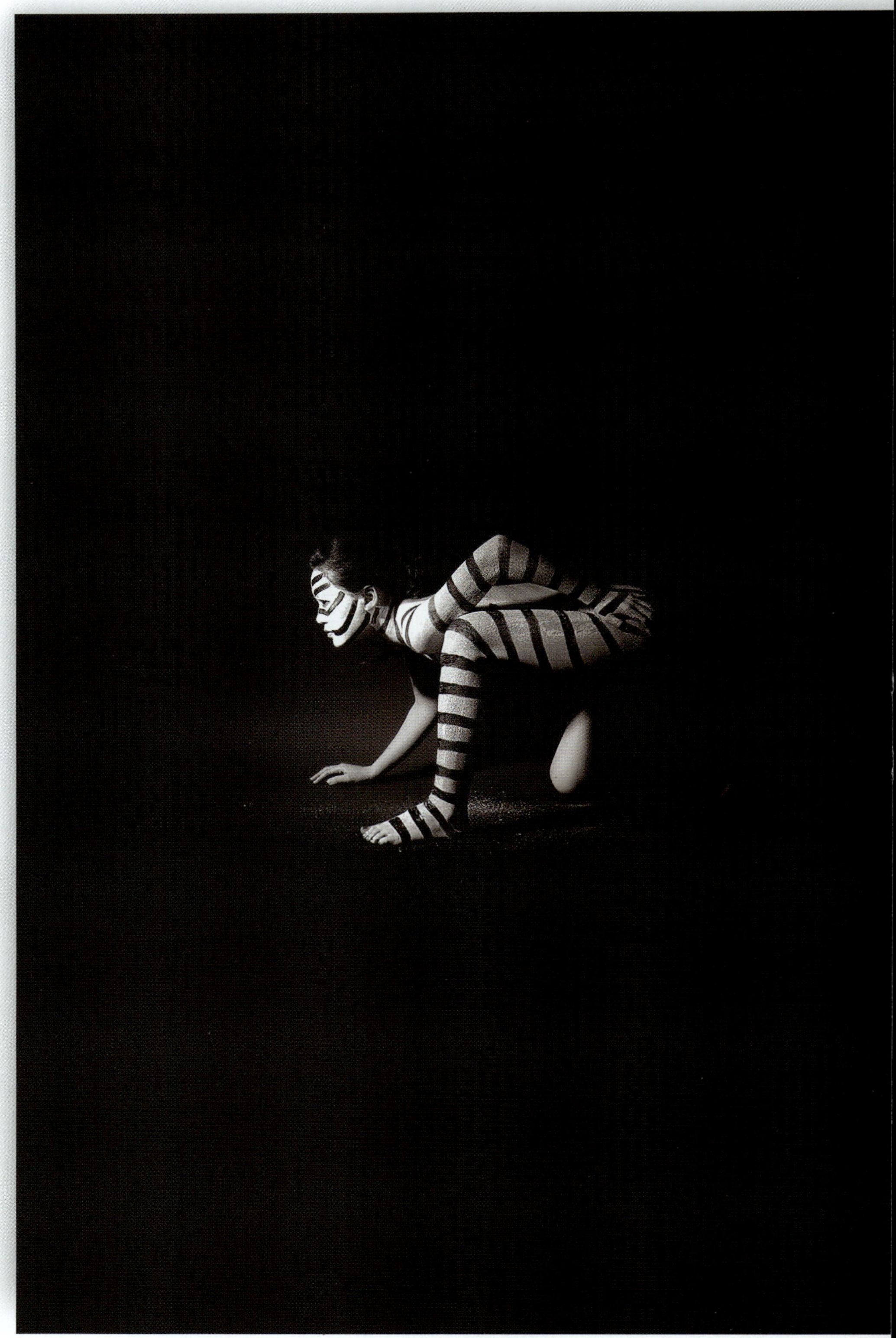

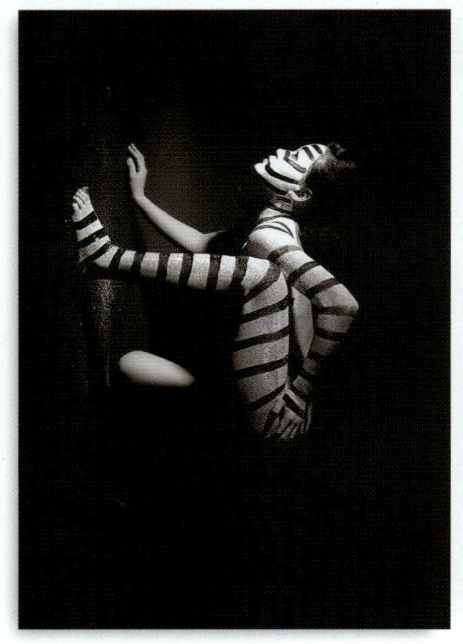

1   ‘Red’ 채널의 영역 지정

01 LAYERS 팔레트에서 [Create a new layer] 아이콘(￼)을 클릭하여 새로운 레이어를 만들고 이름을 ‘Black’으로 설정합니다. 전경색을 검은색으로 설정하고 Alt + Delete 를 눌러 검은색으로 채워줍니다.

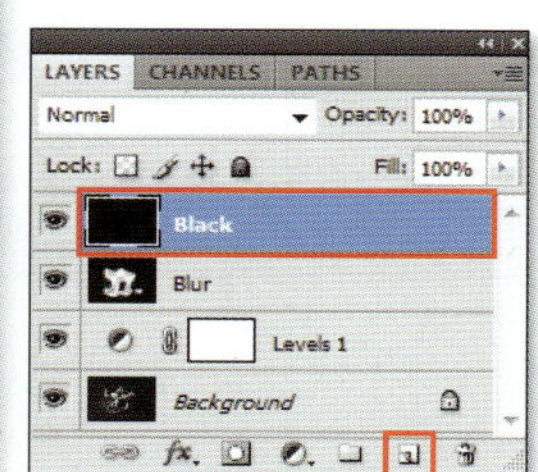

02 LAYERS 팔레트에서 [Create a new layer] 아이콘(￼)을 클릭하여 새로운 레이어를 만들고 이름을 ‘Zebra’로 설정합니다. ‘Black’ 레이어의 ‘눈’ 아이콘(￼)을 클릭하여 보이지 않도록 해줍니다.

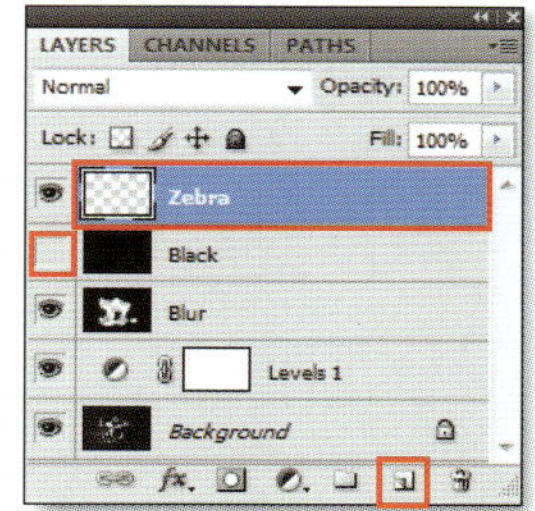

03 Ctrl + Alt + 3 을 눌러 ‘Red’ 채널의 밝은 부분을 선택 영역으로 불러옵니다.

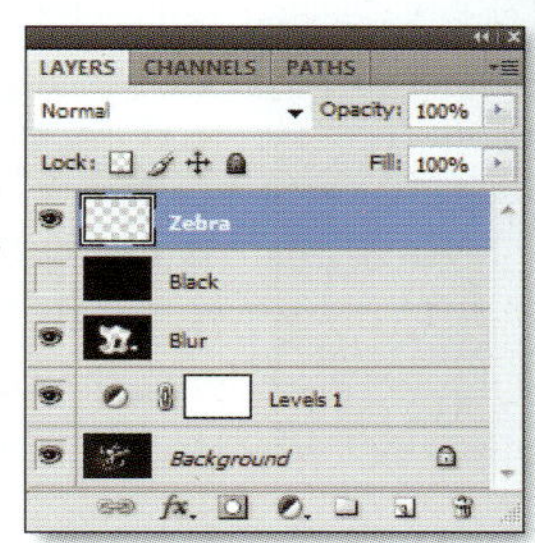

CHANNELS 팔레트를 살펴보면 작업 중인 이미지가 'RGB, Red, Green, Blue' 채널로 분리되어 있는 것을 확인할 수 있습니다.

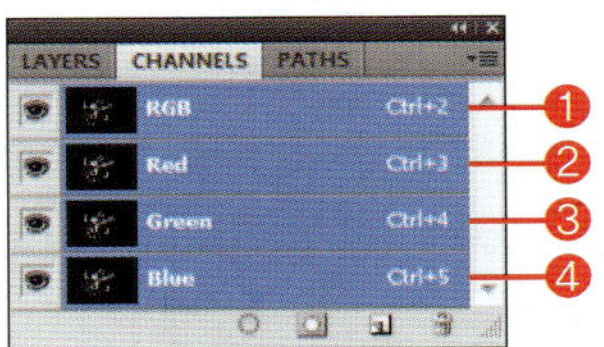

각각의 채널에 대한 영역을 선택하는 단축키를 눌러 해당 채널을 선택 영역으로 불러올 수 있습니다.

❶ Ctrl + Alt + 2 : 'RGB' 채널을 선택 영역으로 지정함
❷ Ctrl + Alt + 3 : 'Red' 채널을 선택 영역으로 지정함
❸ Ctrl + Alt + 4 : 'Green' 채널을 선택 영역으로 지정함
❹ Ctrl + Alt + 5 : 'Blue' 채널을 선택 영역으로 지정함

또는, 각각의 채널에 대고 Ctrl +클릭하여 선택 영역으로 불러올 수도 있습니다.

04 다시 'Black' 레이어의 '눈' 아이콘(👁)을 클릭하여 다시 보이도록 해줍니다.

05 전경색을 흰색으로 설정하고 Alt + Delete 를 눌러 선택 영역을 흰색으로 채워줍니다. Ctrl + D 를 눌러 선택 영역을 해제합니다.

캔버스의 크기 조정

01 [Image]–[Canvas Size] 메뉴를 선택합니다. [Canvas Size] 대화상자
가 나타나면 'Width : 33.62, Height : 46.99, Canvas extension
color : Black'으로 설정한 후 [OK] 단추를 클릭하여 캔버스의 크기를
늘려줍니다.

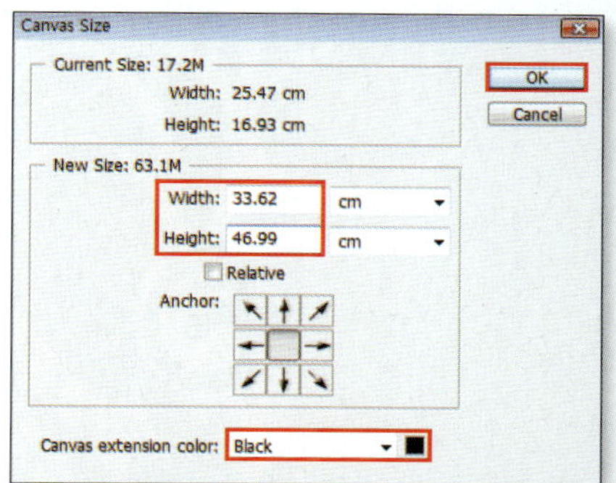

02 툴박스에서 Move Tool(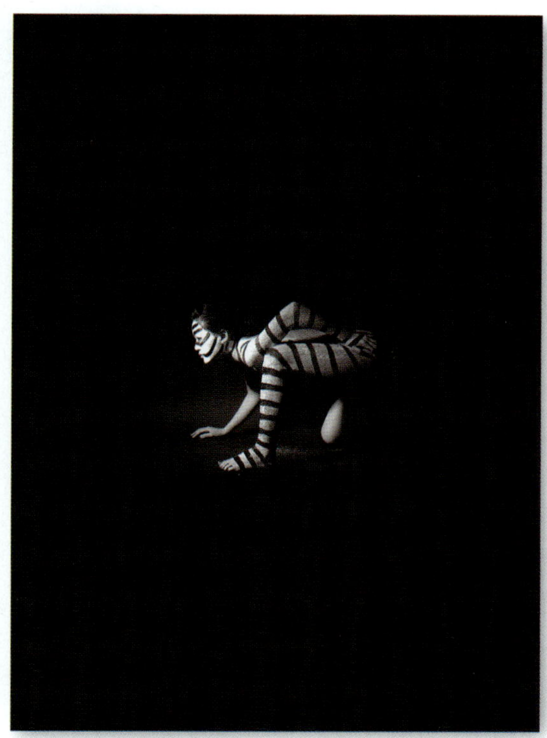)을 선택하고 이미지를 정중앙으로 이동시킵
니다.

Liquify 기능을 활용하여 나무 이미지의 형태를 기하학적으로 변형시킨 후 주제 이미지와 합성합니다. 그리고, 선택 영역을 지정해서 색상을 변경해 봅니다.

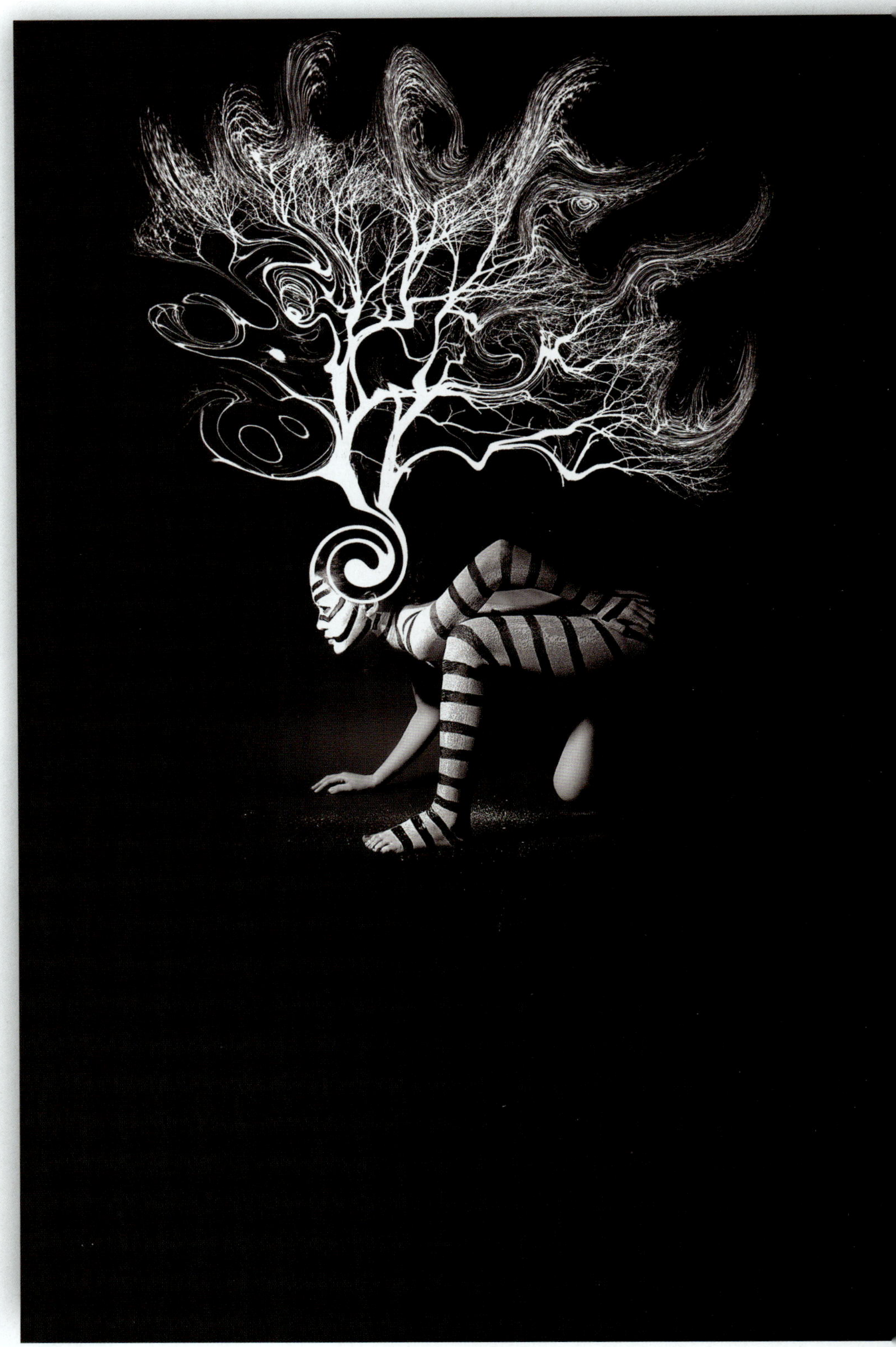

KEY POINT

- **Liquify** : 이미지를 자유롭게 변형 또는, 왜곡할 때 사용하는 필터입니다.
- **Brush Tool()** : 이미지에 부드러운 윤곽선을 그리거나 채색을 하는 경우에 사용하는 툴입니다.
- **Eraser Tool( )** : 이미지의 필요 없는 부분을 적당하게 지울 수 있습니다.

BEFORE

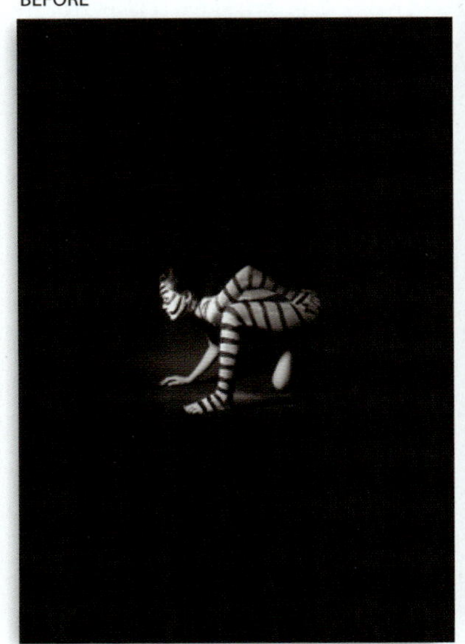

AFTER

WORK 03

1 나무 이미지의 형태 변경

● **부록 CD** : THEME 12/Tree−01.psd

01 나무 이미지를 가지고 있는 'Tree.psd' 파일을 부록 CD에서 불러옵니다.

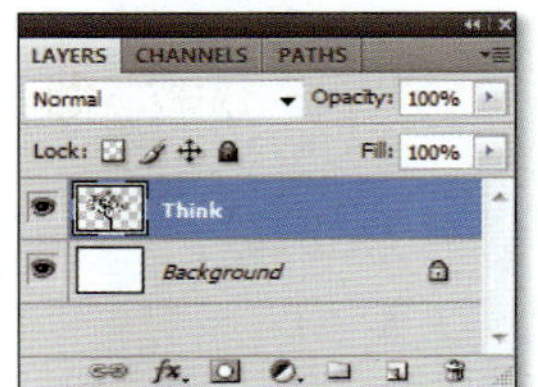

02 나무의 형태를 변형시키기 위해 [Filter]−[Liquify] 메뉴를 선택하여 [Liquify] 대화상자를 나타 냅니다. Twirl Clockwise Tool(⊙)을 선택하고 적당한 브러시 크기와 강도로 형태를 변형시 킵니다.

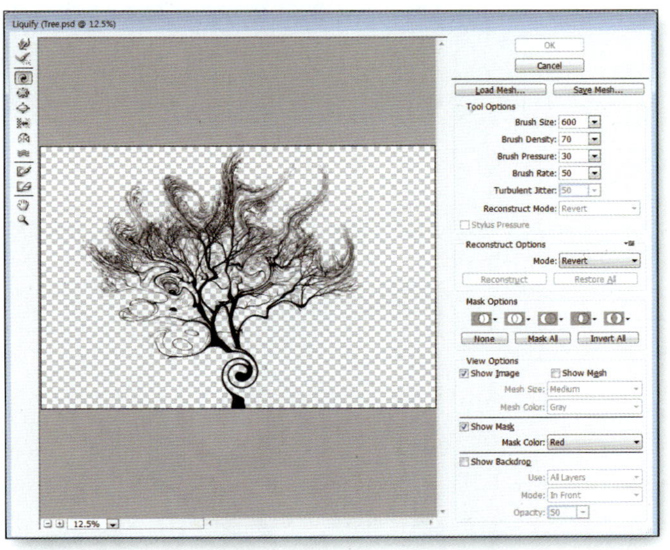

Twirl Clockwise Tool(⊙)로 이리 저리 당겨가며 회전시킵니다. Alt 를 누르고 적용하면 반대 방향으로 회전합니다.

나무 이미지 합성

01 형태 변형이 완료된 'Think' 레이어의 이미지를 Move Tool(   )을 이용하여 작업 중인 이미지로 드래그하여 복사하고, Ctrl+I 를 눌러 색상을 반전시켜 줍니다. 인물의 머리위에 위치할 수 있도록 Ctrl+T 를 눌러 크기와 각도를 잡아줍니다.

02 인물의 얼굴에 겹쳐진 부분은 Eraser Tool(   )을 이용하여 지워줍니다.

03 LAYERS 팔레트에서 [Create a new layer] 아이콘(□)을 클릭하여 새로운 레이어를 만들고 이름을 'Force-01'로 설정합니다. 'Force-01' 레이어를 'Zebra' 레이어의 아래로 드래그하여 위치시킵니다.

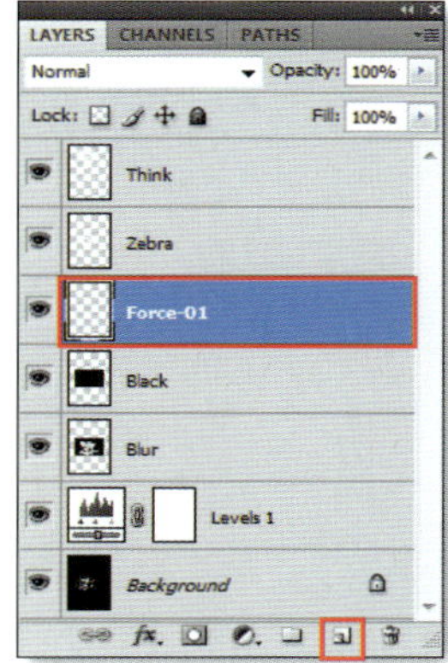

STEP

3　　　　　　　　　　　　　이미지의 색상 변경

01 'Force-01' 레이어가 선택된 상태로 Ctrl을 누르고 'Zebra' 레이어의 썸네일(Layer thumbnail)을 클릭하여 선택 영역으로 지정합니다.

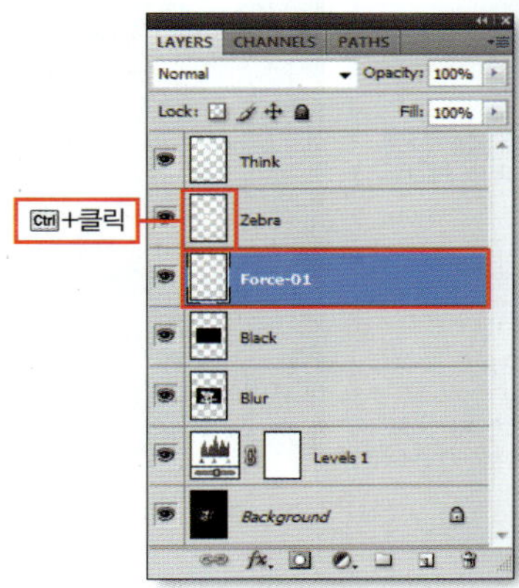

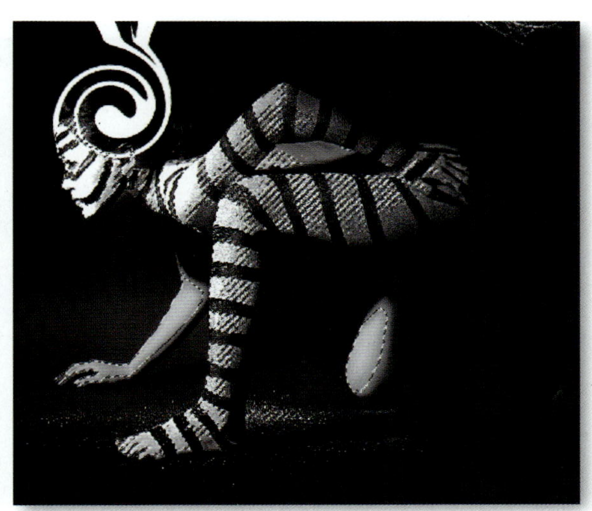

02 Shift+F6을 눌러 [Feather Selection] 대화상자가 나타나면 [Feather Radius]를 '10'으로 설정한 후 [OK] 단추를 클릭합니다.

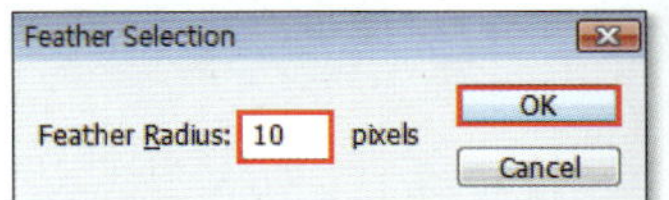

03 전경색을 보라색(#ff00ff)으로 설정하고 Alt + Delete 를 눌러 색상을 채워
　　준 후 Ctrl + D 를 눌러 선택 영역을 해제합니다.

04 다시 Ctrl 을 누른 상태로 'Zebra' 레이어의 썸네일(Layer thumbnail)
　　을 클릭하여 선택 영역으로 지정합니다.

05 Delete 를 눌러 선택 영역의 색상을 지워줍니다.

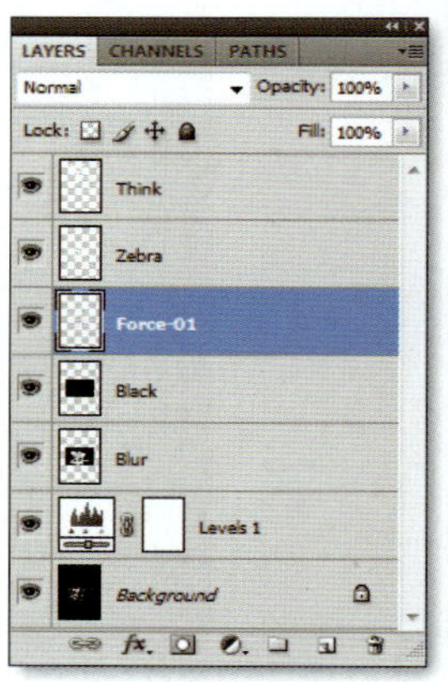

06 LAYERS 팔레트에서 [Create a new layer] 아이콘(▣)을 클릭하여 새로운 레이어를 만들고 이름을 'Force-02'로 설정합니다.

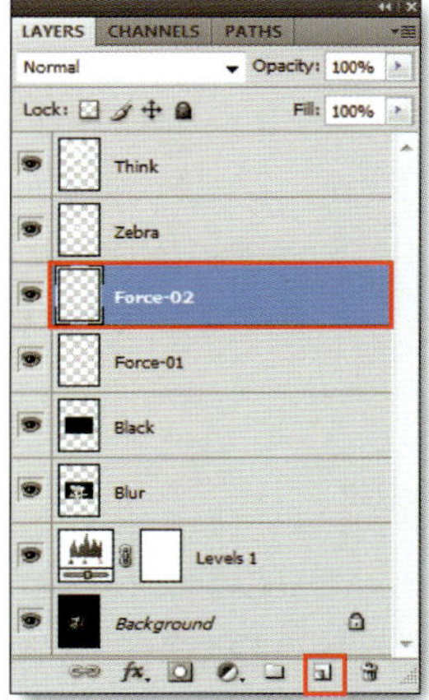

07 'Force-02' 레이어가 선택된 상태로 Ctrl을 누르고 'Think' 레이어의 썸네일(Layer thumbnail)을 클릭하여 선택 영역으로 지정합니다.

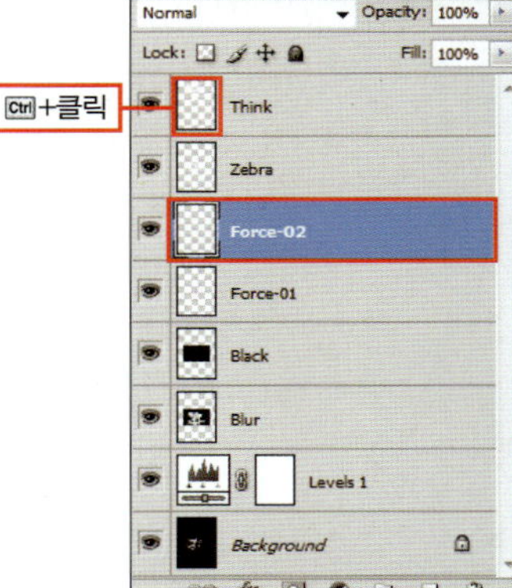

08 Shift + F6 을 누르면 나타나는 [Feather Selection] 대화상자에서 [Feather Radius]를 '10'으로 설정한 후 보라색(#ff00ff) 색상을 채워줍니다. Ctrl + D 를 눌러 선택 영역을 해제합니다.

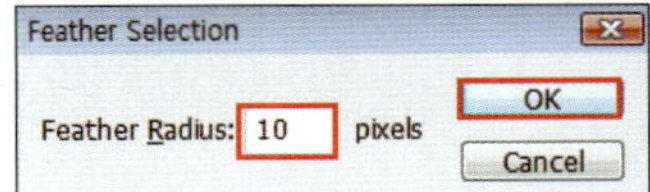

4

점 이미지의 추가

01 LAYERS 팔레트에서 [Create a new layer] 아이콘(🔲)을 클릭하여 새로운 레이어를 만들고 이름을 'Point'로 설정합니다. 'Point' 레이어를 드래그하여 'Force-02' 레이어의 아래에 위치시킵니다.

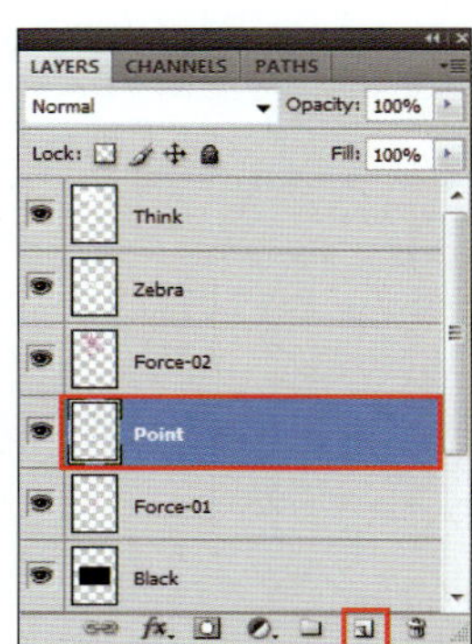

02 툴박스에서 Brush Tool(✏)을 선택하고 옵션 바 우측의 [Toggle the Brushes palette] 아이콘(📱)을 눌러 BRUSHS 팔레트가 나오면 [Shape Dynamics]와 [Scattering]을 그림처럼 설정합니다.

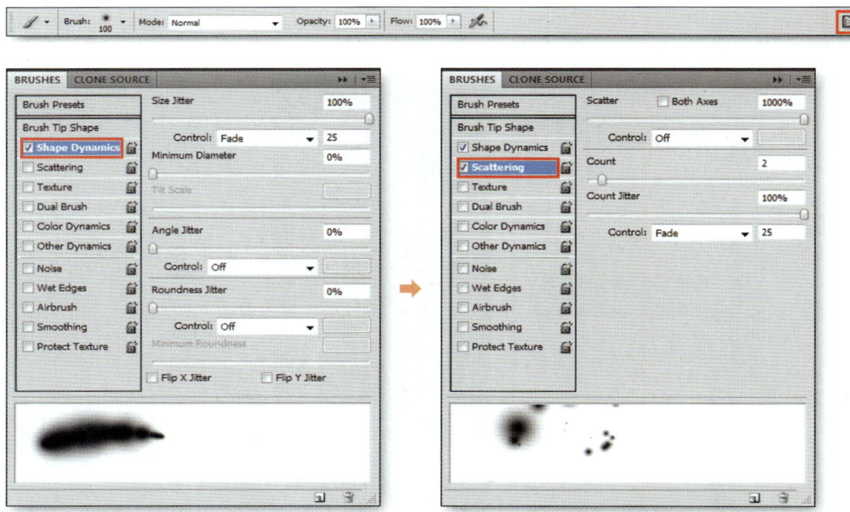

03 전경색을 흰색으로 설정하고 나뭇가지 사이 사이에 점을 뿌려줍니다.

나무 이미지와 합성한 주제 이미지에 다양한 메시지가 담긴 텍스트 이미지를 삽입하여 작품의 밀도감을 높여줍니다.

텍스트의 삽입

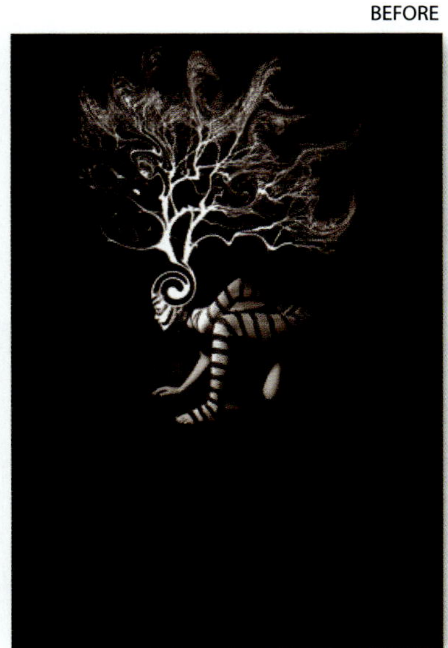

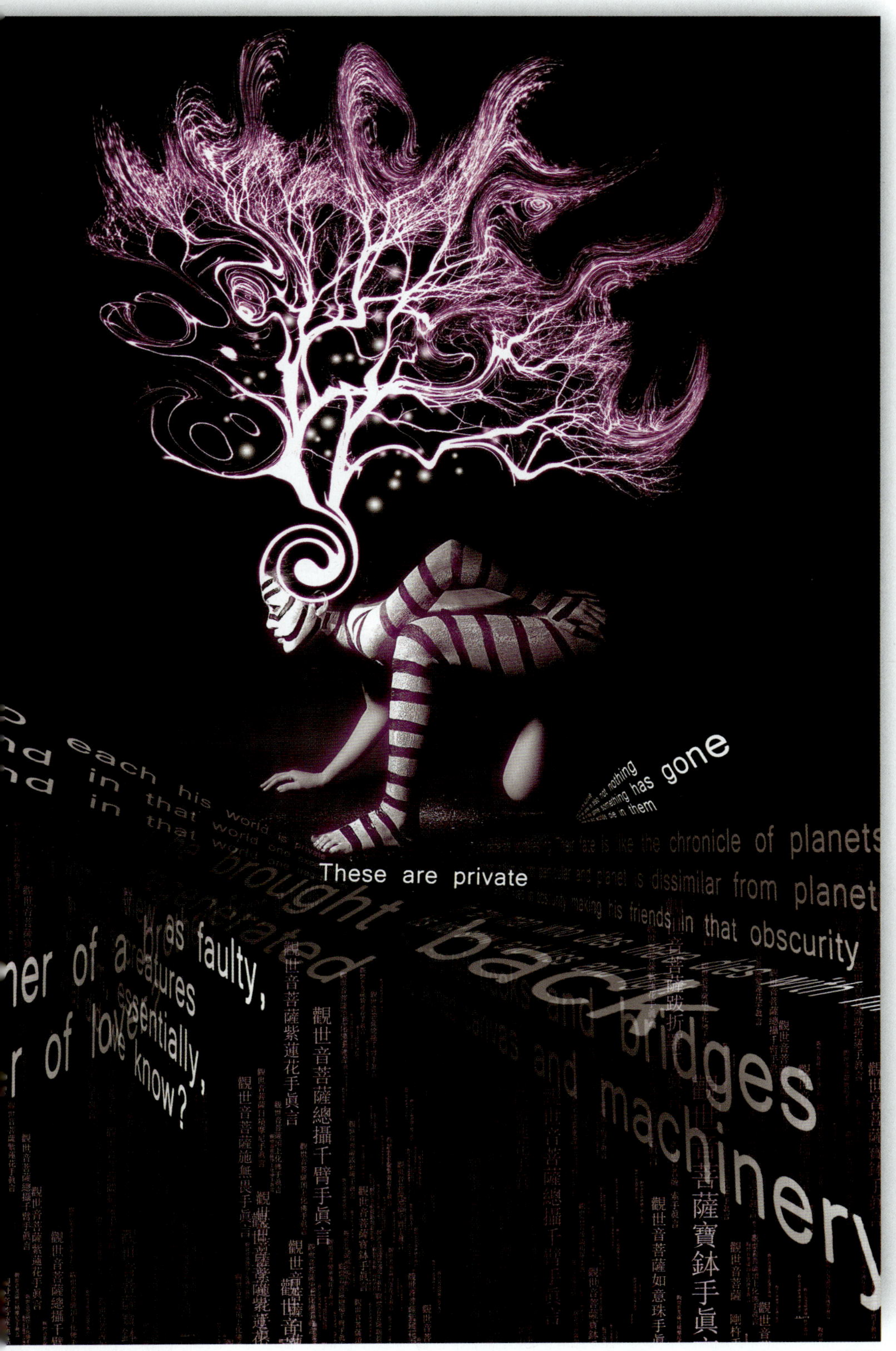

AFTER

BEFORE

WORK 04

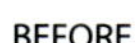

텍스트 이미지 합성

01 부록 CD에서 삽입할 텍스트 이미지가 있는 'Text-01.psd' 파일을 불러옵니다.

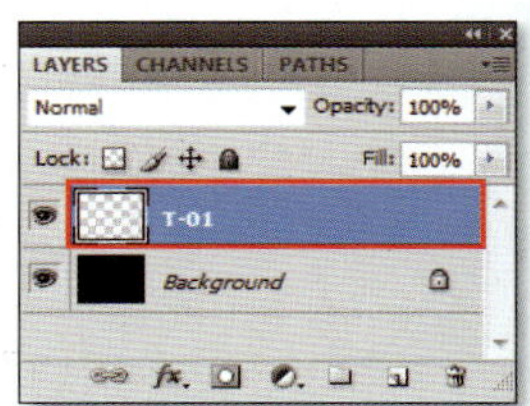

● **부록 CD** : THEME 12/Text-01.psd

02 Move Tool(▶︎)을 선택하고 'Text-01.psd' 파일의 'T-01' 레이어를 작업 중인 이미지로 드래그하여 복사하고 위치를 잡아줍니다.

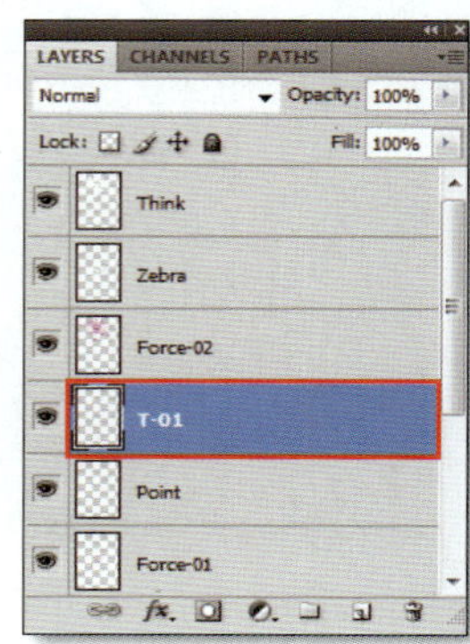

● **부록 CD** : THEME 12/Text-02.psd

03 작업 중인 이미지에 삽입할 또 다른 텍스트 이미지를 불러옵니다.

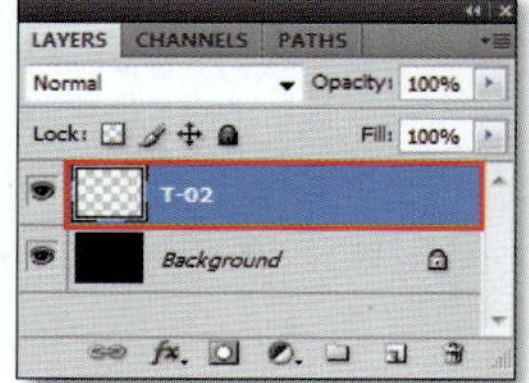

04 Move Tool(　)을 선택하고 'Text-02.psd' 파일의 'T-02' 레이어를 작업 중인 이미지로 복사하고 위치를 잡아준 후 작업을 마무리합니다.

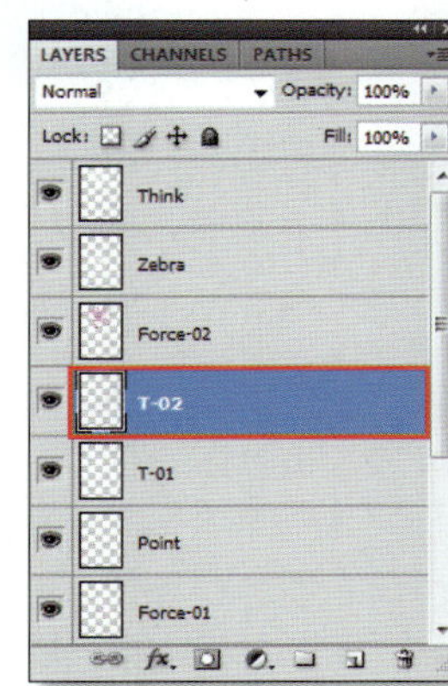

Sharpen
필터의 이해

Shapen은 이미지 픽셀의 색상 경계 부분의 대비를 높여 이미지를 더욱 선명하고 뚜렷하게 만들어 주는 기능의 필터입니다.

[원본]

부록 CD : TIP/Sharpen.jpg

■ **Sharpen**

픽셀의 색상 대비를 증가시켜 이미지의 선명도를 높여줍니다.

■ **Sharpen Edges**

색상 대비가 강한 경계선 부분을 강조하여 이미지의 선명도를 높여줍니다.

■ **Sharpen More**

Sharpen의 효과를 2~3회 적용한 결과를 나타냅니다.

■ Smart Sharpen

경계면의 대비를 설정해서 Sharpen의 강도를 자유롭게 조절할 수 있습니다.

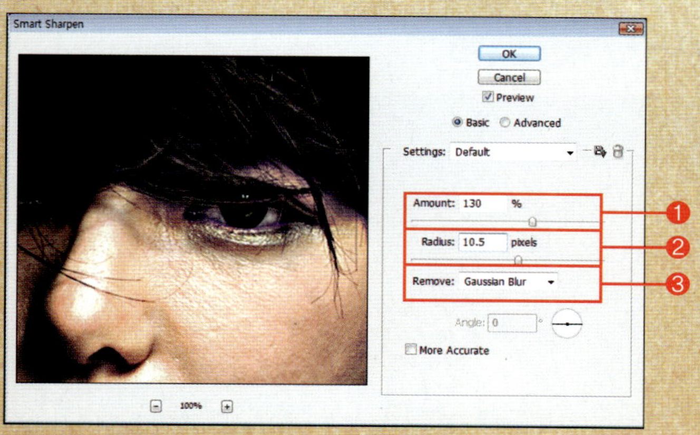

❶ **Amount** : Sharpen의 값을 조절합니다.

❷ **Radius** : 픽셀의 평균 범위를 설정합니다.

❸ **Remove** : 이미지에서 제거할 블러(Blur)의 종류를 선택합니다.

■ Unsharp Mask

Sharpen의 설정값을 설정하고 적용될 픽셀과 평균 색상 범위를 조절할 수 있습니다.

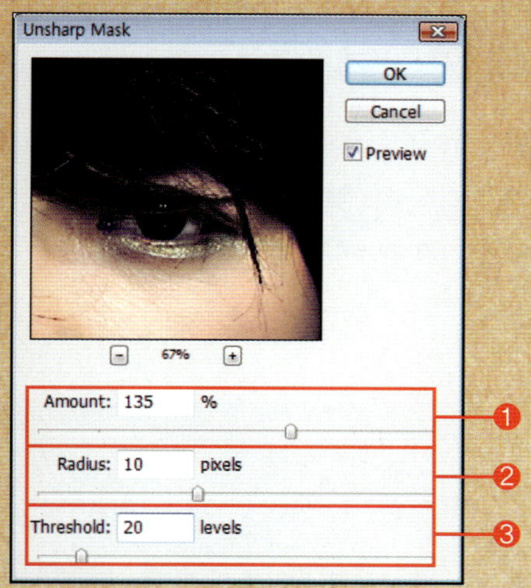

❶ **Amount** : Sharpen의 값을 조절합니다.

❷ **Radius** : 픽셀의 평균 범위를 설정합니다.

❸ **Threshold** : 평균 색상에 적용되는 범위를 설정합니다.

바디 페인팅
(Body Painting)

■ **Zebra.jpg 촬영 정보**

Nikon D70s, 1/40 sec, 조리개 값 : F5.0, 촬영 모드 : M, ISO : 800, 화이트 밸런스 : Manual

바디 페인팅이란 인간의 몸을 대상으로 다채로운 안료를 사용해 인간의 내적 이미지의 세계를 신체로 넓혀 표현함으로써 미를 창조하는 것을 말하며, 이때 아티스트는 풍부한 상상력과 섬세한 감각으로 작품의 의도와 표현하려는 목적을 극대화시켜서 메시지(message)를 전달할 수 있어야 합니다.

• **[Zebra.jpg 바디 페인팅 과정]**

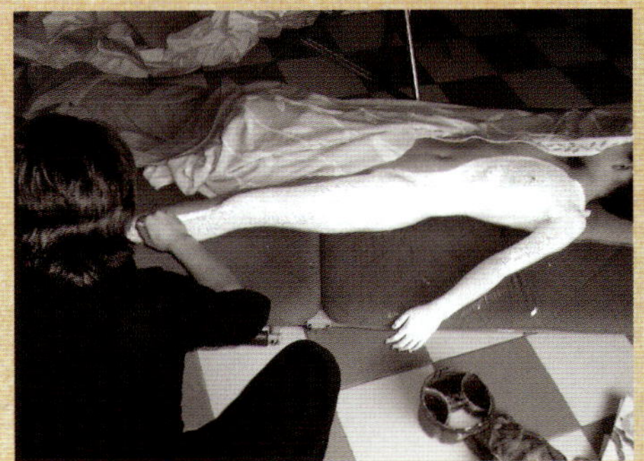

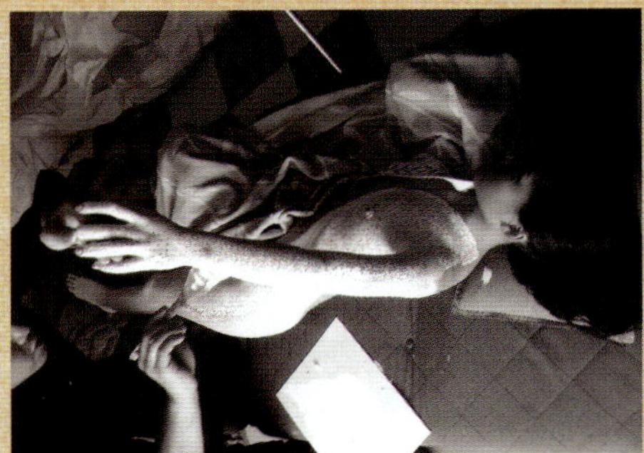

 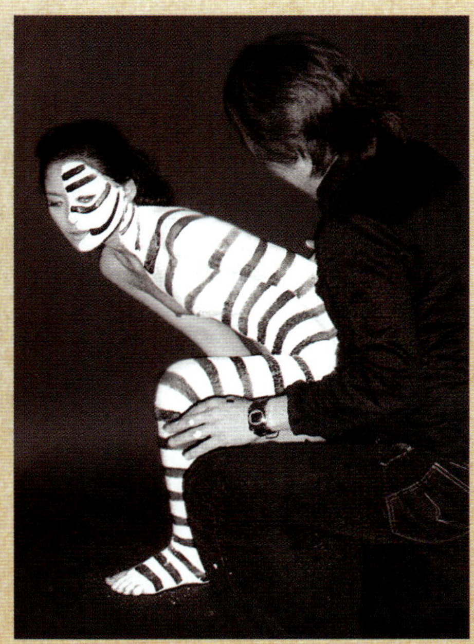

■ 기타 바디 페인팅 과정

• [연꽃 바디 페인팅 과정]

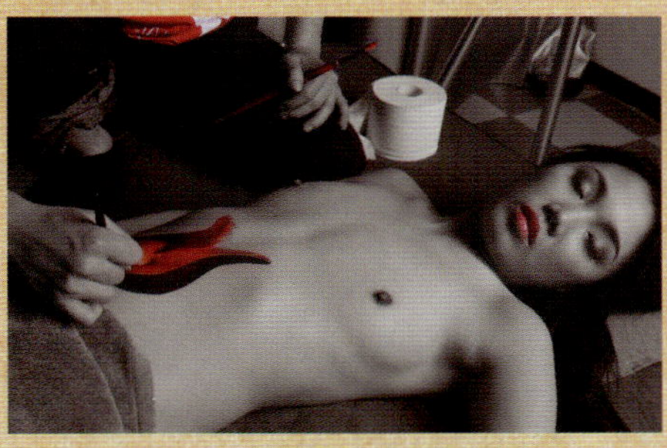 

- [액션 페인팅(Action painting)]

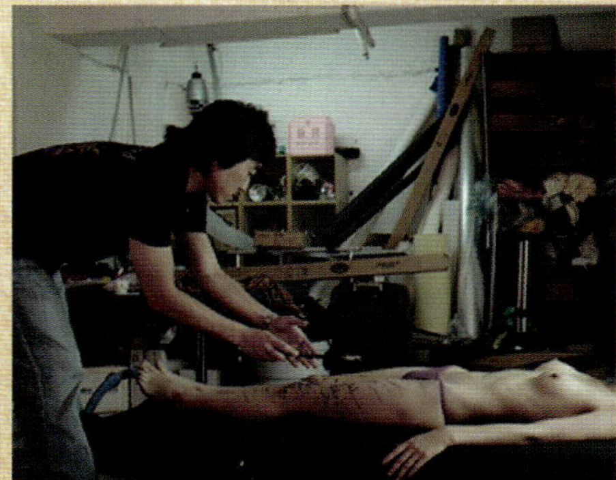

PHOTOSHOP
CREATIVE COLLECTION

PHOTOSHOP
CREATIVE COLLECTION

Endless

PHOTOSHOP
CREATIVE COLLECTION

숨어들수록 더욱 깊이 숨어들수록 너무 불쾌하고 더럽다.

내 몸에서는 정말 상상도 하기 싫은 악취가 난다.

그들도 그 냄새를 알기에 더 이상 나에게 다가오지 않는다.

그럴수록 난 더욱더 더러워지고 증오한다.

나의 고리는 나만이 풀 수 있는 것! 이제는 그 악순환의 고리를 풀어야 할 시간이 다가왔다.

천천히 하나씩… 조심스럽게…

- **Ares.psd** : 자신의 몸을 감싸 안고 있는 상태를 촬영한 주제 이미지
- **Restroom.psd** : 길거리의 간이 화장실을 촬영한 이미지
- **Darkness.jpg** : 먹구름이 낀 흐린 하늘을 촬영한 이미지

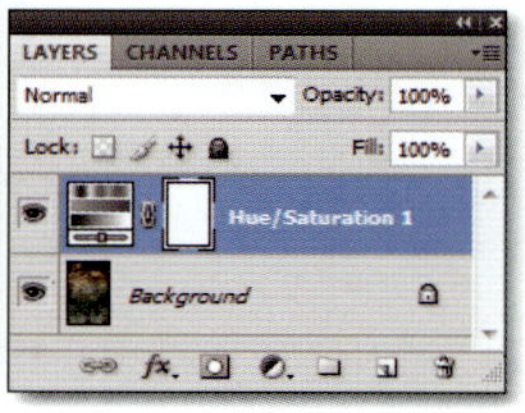

STEP

2 간이 화장실 이미지 합성

● **부록 CD** : THEME 13/Restroom.psd

01 '간이 화장실'을 배경에 삽입하기 위해 부록 CD에서 'Restroom.psd' 파일을 불러옵니다.

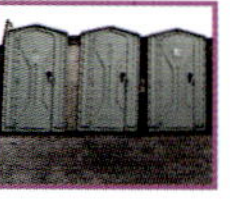

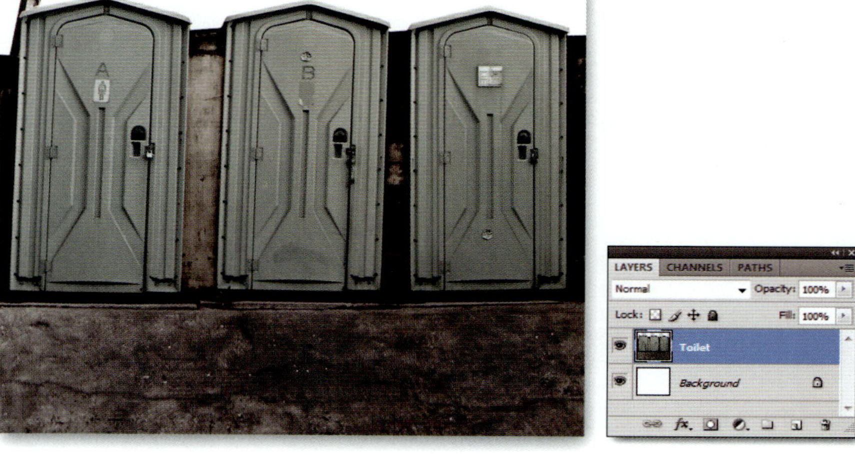

1 배경 이미지의 색감 조정

01 예제로 사용할 'Darkness.jpg' 파일을 부록 CD에서 불러옵니다.

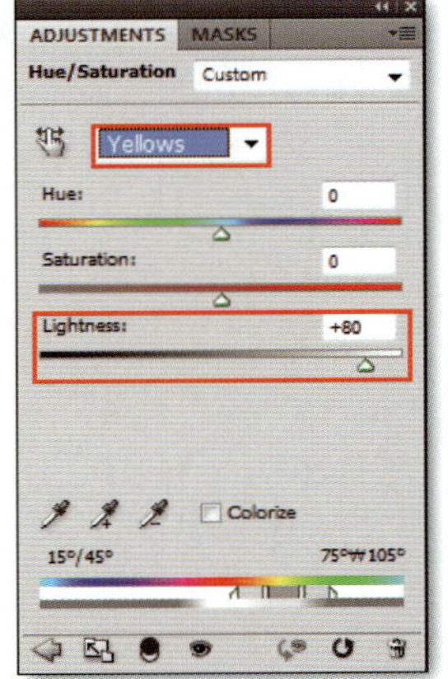

● **부록 CD** : THEME 13/Darkness.jpg

02 ADJUSTMENTS 패널의 [Hue/Saturation] 아이콘을 선택한 후 그림과 같이 설정합니다.

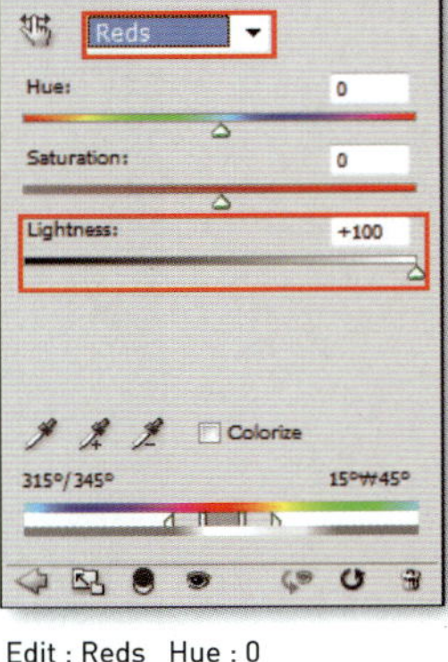

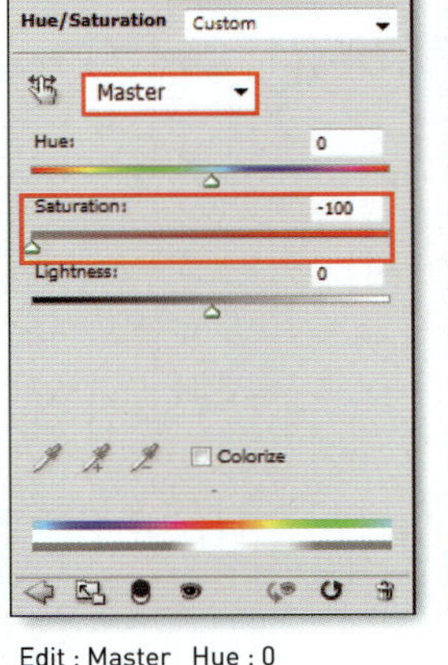

Edit : Master Hue : 0
Saturation : -100 Lightness : 0

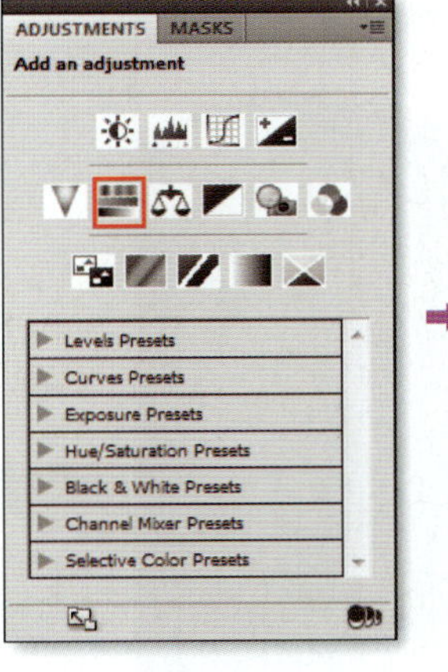

Edit : Reds Hue : 0
Saturation : 0 Lightness : +100

Edit : Yellows Hue : 0
Saturation : 0 Lightness : +80

그로테스크 (Grotesque)한 배경 제작

Hue/Saturation 기능을 이용하여 배경 이미지의 색감을 조정하고 어두운 하늘 배경에 간이 화장실을 합성하여 기괴한 분위기의 배경을 만드는 방법에 대하여 알아봅니다.

KEY POINT

- **Hue/Saturation** : 이미지의 색상(Hue), 채도(Saturation), 명도(Lightness)를 보정할 수 있습니다.
- **Levels** : 이미지의 명암을 보정할 수 있습니다.
- Shift + Ctrl + U : 이미지를 흑백으로 전환시킬 수 있는 포토샵 CS4의 단축키입니다.

BEFORE

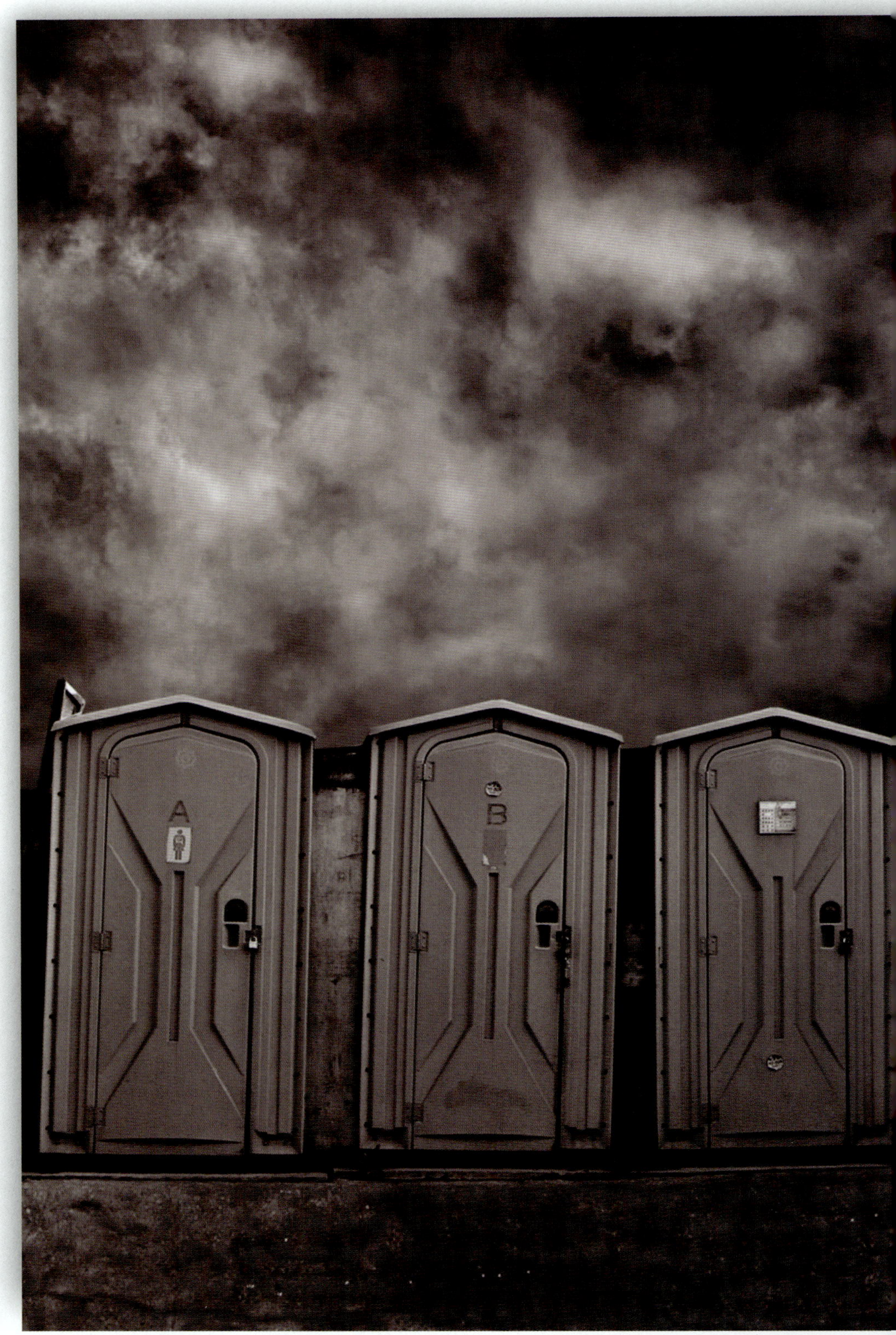

AFTER

02 `Shift`를 누른 상태로 'Restroom.psd' 파일의 'Toilet' 레이어를 작업 중인 이미지로 드래그 하여 복사합니다.

03 `Ctrl`+`T`를 눌러 작업 중인 이미지 하단에 가득 차도록 크기와 위치를 잡아줍니다.

3

흑백 변환 후 노출 조정

01 `Shift`+`Ctrl`+`U`를 눌러 'Toilet' 레이어의 이미지를 흑백으로 전환합니다.

02 `Ctrl`+`L`을 눌러 [Levels] 대화상자가 나타나면 [Input levels]를 '0, 0.70, 255'로 설정하여 노출을 감소시킵니다.

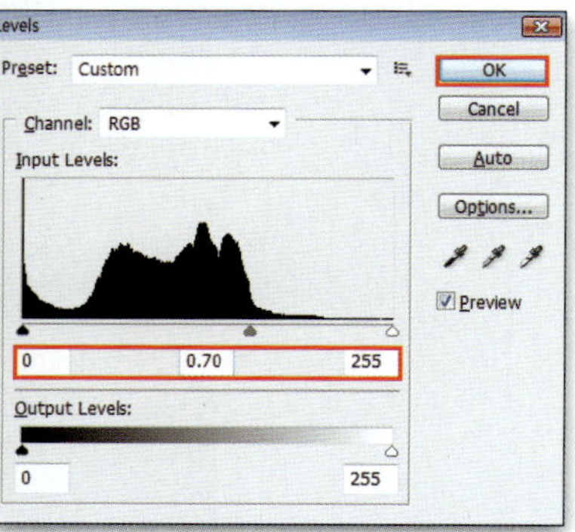

주제가 되는 인물 이미지를 삽입한 후 배경과 톤의 흐름이 자연스러워지도록 Burn Tool(🔥)로 부분 부분을 문질러 어둡게 처리합니다.

- Burn Tool(🔥) : 이미지의 특정 부분을 어둡게 표현할 수 있습니다.
- Shift + Ctrl + U : 이미지를 흑백으로 전환 시킬 수 있는 포토샵 CS4의 단축키입니다.

BEFORE

AFTER

WORK 02

STEP
1   인물 이미지 합성

01 인물 이미지를 배경에 삽입하기 위해 부록 CD에서 'Ares.psd' 파일을 불러옵니다.

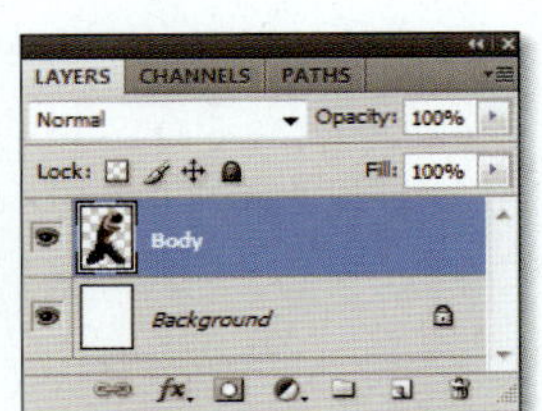

02 Move Tool(⊹)을 선택하고 Shift 를 누른 상태로 'Ares.psd' 파일의 'Body' 레이어를 작업 중인 이미지로 드래그하여 복사합니다.

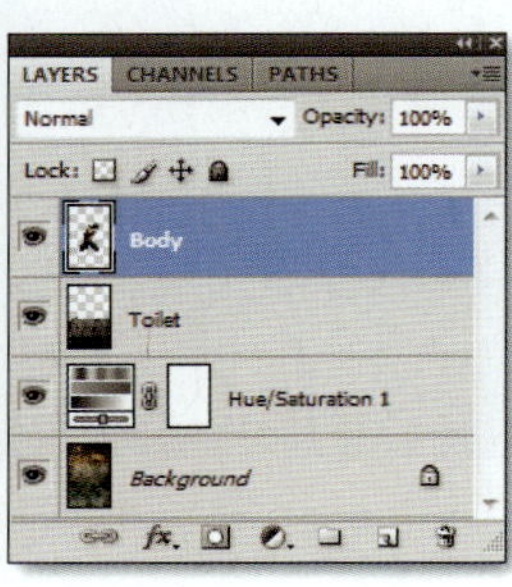

2 　　　　　　　　　　　　　　　　　　흑백 변환 후 크기 조정

01 ⬚Shift⬚ + ⬚Ctrl⬚ + ⬚U⬚를 눌러 'Body' 레이어의 이미지를 흑백으로 전환합니다.

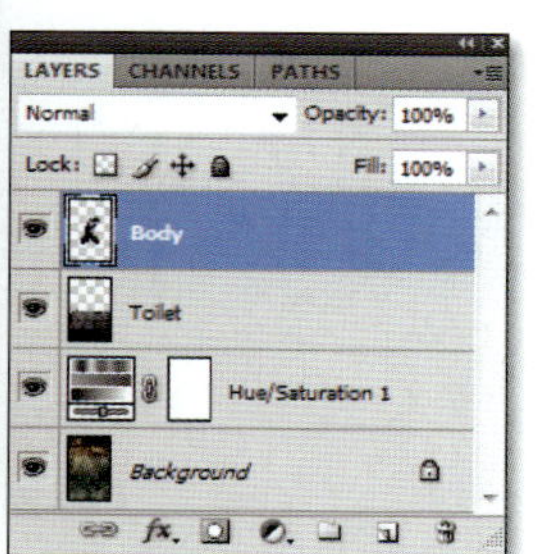

02 ⬚Ctrl⬚ + ⬚T⬚를 눌러 그림과 같이 적당한 크기를 정해주고 위치를 잡아줍니다.

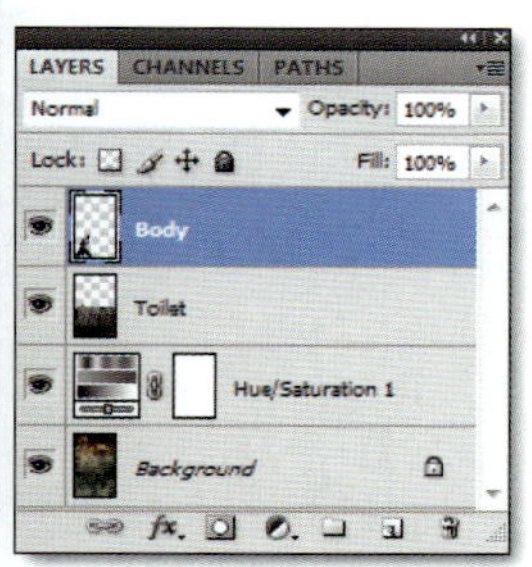

3

인물과 주변 밝기 조정

01 툴박스에서 Burn Tool(🖐)을 선택하고 인물의 어두운 부분을 약간 강조합니다.

버닝 전   버닝 후

02 'Toilet' 레이어를 선택한 후 Burn Tool(🖐)로 인물의 하반신 주변을 문질러 어둡게 처리합니다.

버닝 전

버닝 후

Rectangular Marquee Tool(□)과 Pen Tool(□) 그리고, Burn Tool(□)을 이용하여 자신
의 몸을 감싼 인물 이미지의 상반신을 다중 합성하여 두려움에 대한 인간의 심리를 표현하는
방법을 알아봅니다.

인물의 상반신 다중 합성

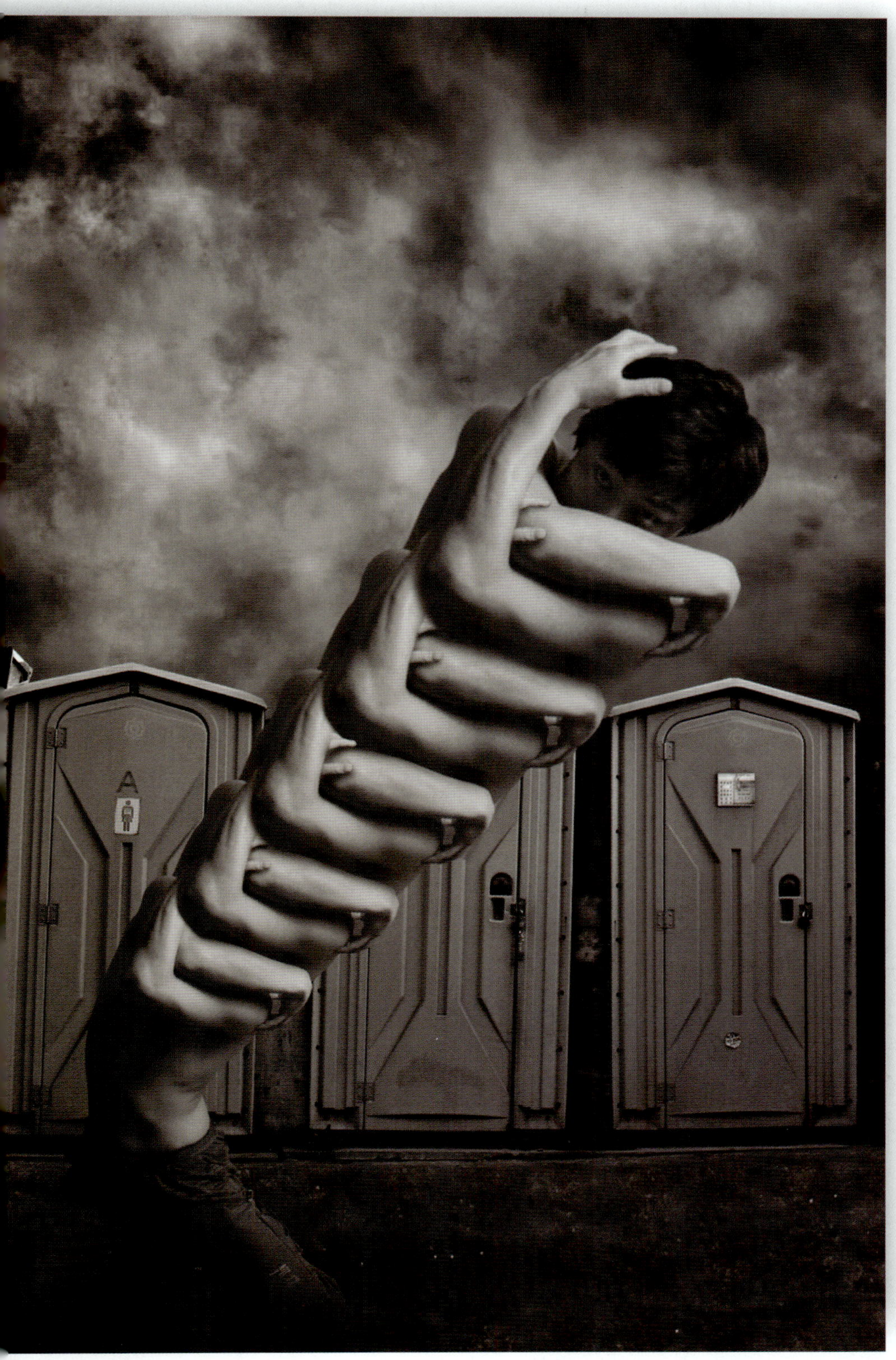

- **Rectangular Marquee Tool(□)** : 사각
  형 형태로 이미지의 필요한 부분을 선택
  영역으로 지정할 수 있습니다.
- **Pen Tool(□)** : 불규칙한 직선이나 곡선
  을 그릴 때 사용하며, 시작점과 다음 점을
  클릭하는 방법으로 패스를 만들고 패스에
  포함되어 있는 방향선과 방향점을 움직여
  서 원하는 형태로 조정할 수 있습니다.
- **Burn Tool(□)** : 이미지의 특정 부분을
  어둡게 표현할 수 있습니다.

AFTER

BEFORE

WORK 03

선택 영역의 지정

01 'Body' 레이어를 선택한 후 Rectangular Marquee Tool(▢)로 선택 영역을 지정합니다.

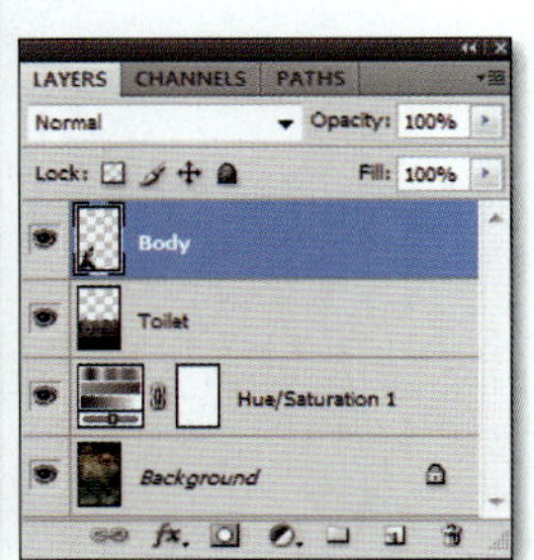

02 Ctrl+C를 눌러 선택 영역을 복사하고 Ctrl+V를 눌러 붙여 넣은 후 레이어의 이름을 'Head'로 설정합니다. 'Head' 레이어의 '눈' 아이콘(◉)을 클릭하여 보이지 않도록 비활성 화시킵니다.

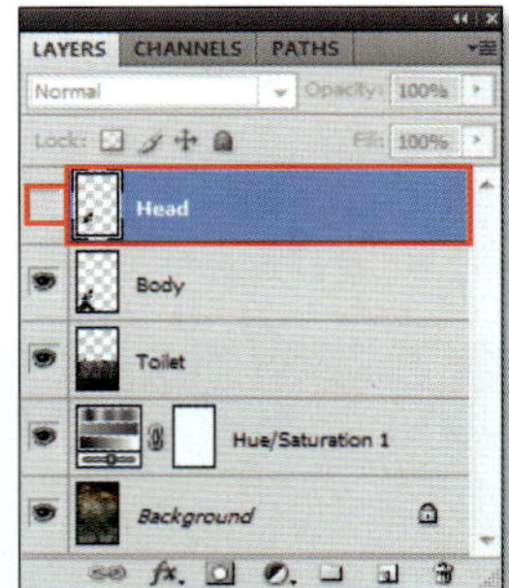

03 Pen Tool(✎)을 선택한 후 PATHS 팔레트의 [Create new path] 아이콘(▣)을 클릭하여 새 로운 'Path 1' 패스를 만듭니다. 그림과 같이 인물의 머리 부분을 패스로 지정합니다.

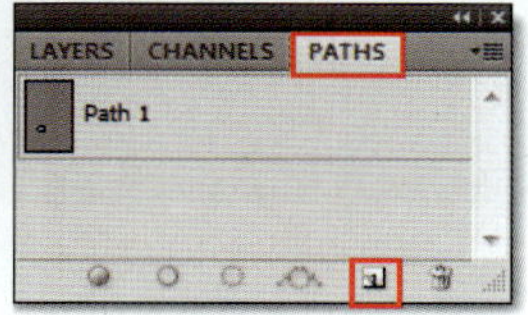

04 PATHS 팔레트 하단에 있는 [Load path as a selection] 아이콘(⊙)을 클릭하여 선택 영역으로 지정한 후 LAYERS 팔레트의 'Body' 레이어로 돌아옵니다. [Delete]를 눌러 선택된 머리 부분을 삭제하고 [Ctrl]+[D]를 눌러 선택 영역을 해제합니다.

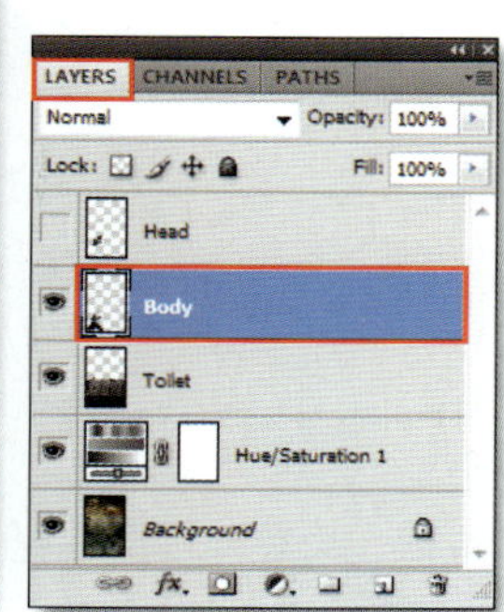

STEP 2

이미지 복사

01 Rectangular Marquee Tool(▥)을 선택한 후 그림과 같이 선택 영역을 지정합니다.

02 Ctrl+C를 눌러 선택 영역을 복사하고 Ctrl+V를 눌러 붙여
넣은 후 레이어의 이름을 'Body-01'로 설정합니다.

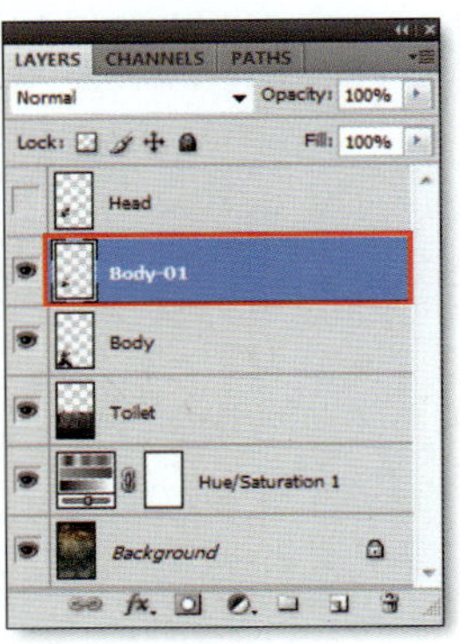

03 LAYERS 팔레트에서 'Body-01' 레이어를 'Body' 레이어
아래로 이동시킵니다.

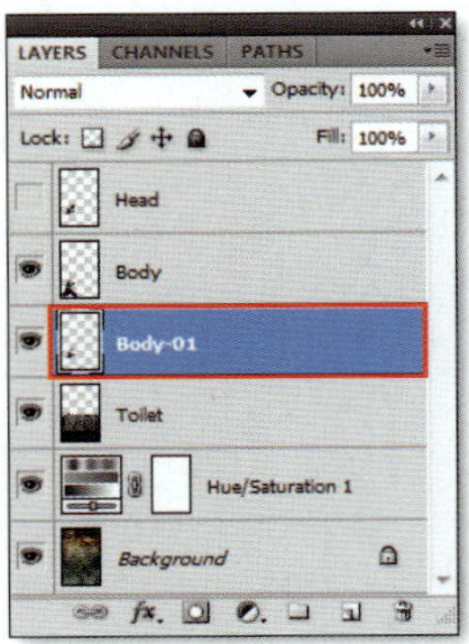

04 Ctrl+T를 눌러 그림과 같이 크기를 늘려주고 위치를 잡아줍니다.

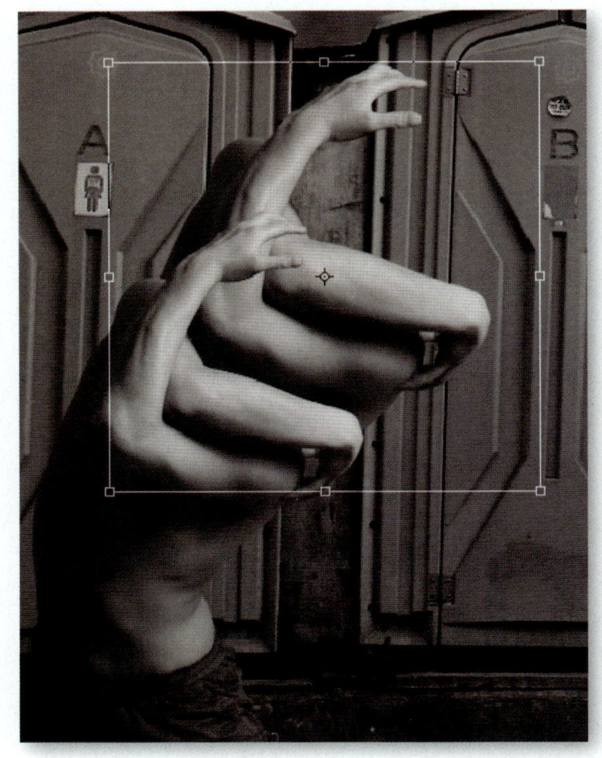

3   합성 부분 정리

01 ‘Body’ 레이어를 선택하고 붉은색 부분을 Eraser Tool(⌦)로 지워줍니다.

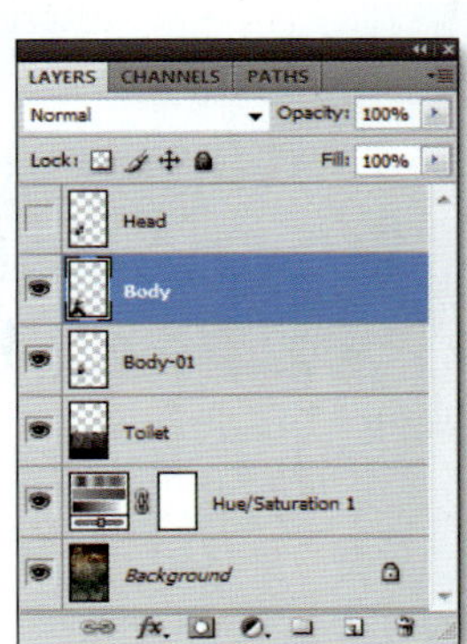

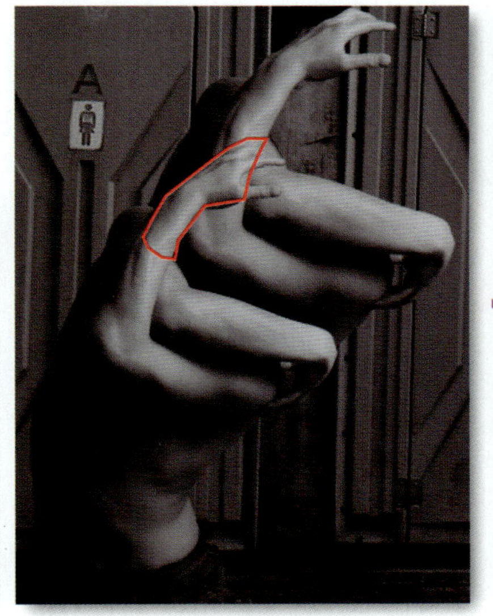

지우기 전

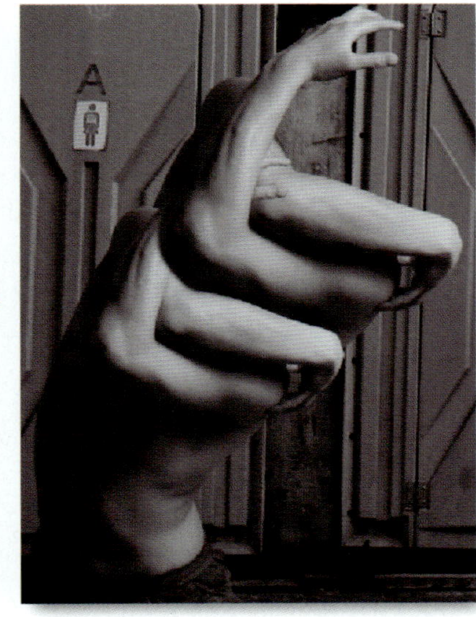

지운 후

02 툴박스에서 Burn Tool(⌦)을 선택하고 붉은색으로 표시된 부분을 문질러 팔의 그림자를 표현합니다.

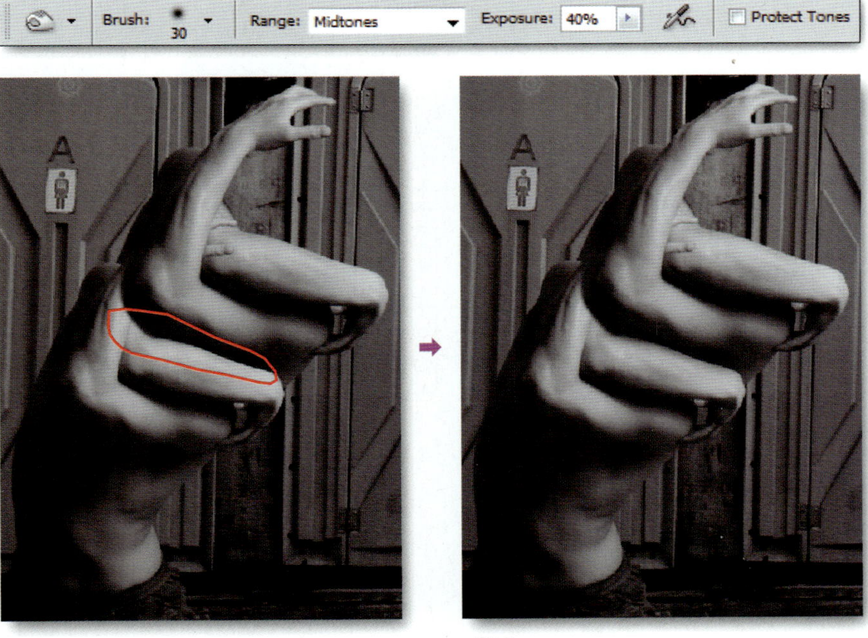

버닝 전   버닝 후

03 ‘Body-01’ 레이어를 선택한 후 Burn Tool(⬛)을 이용하여 손가락의 그림자를 표현합니다.

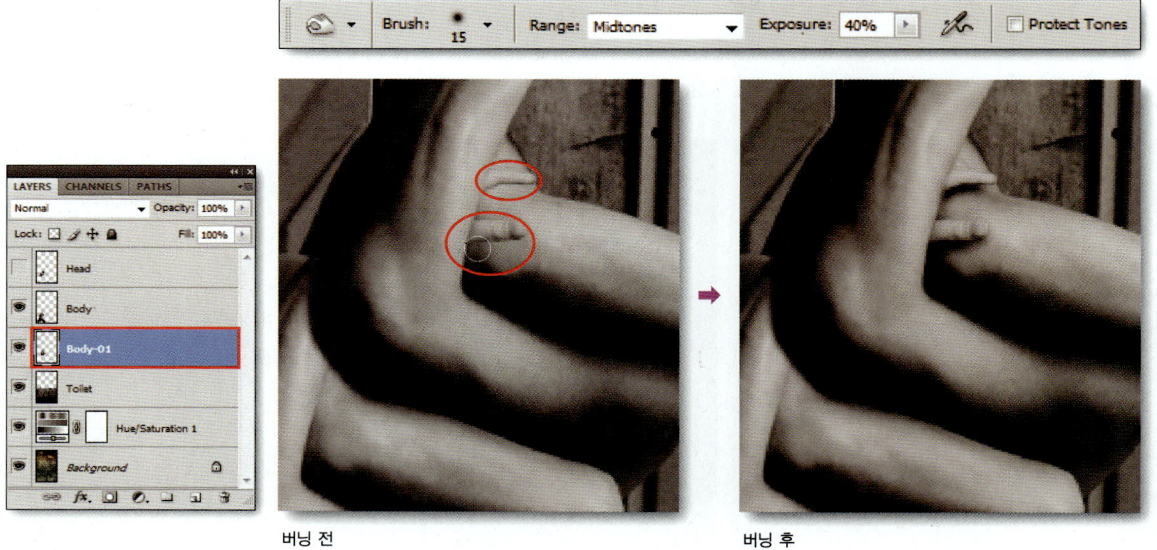

버닝 전   버닝 후

STEP 4 — 상반신 다중 합성

01 ‘Body’ 레이어와 ‘Body-01’ 레이어를 함께 선택한 후 Ctrl+E를 눌러 두 레이어를 합쳐 줍니다.

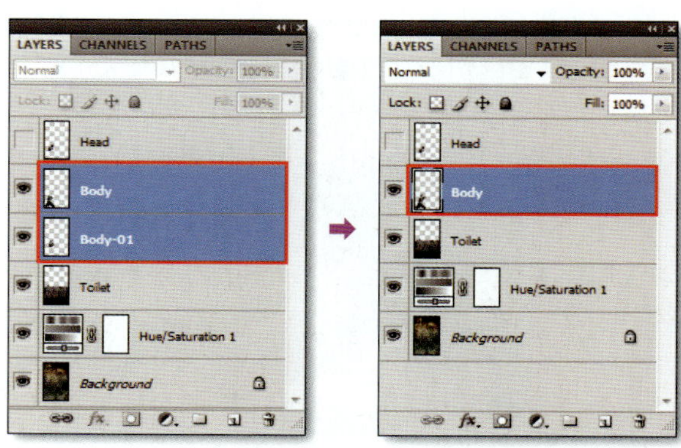

02 Rectangular Marquee Tool(▣)을 이용하여 그림과 같이 선택 영역을 지정합니다.

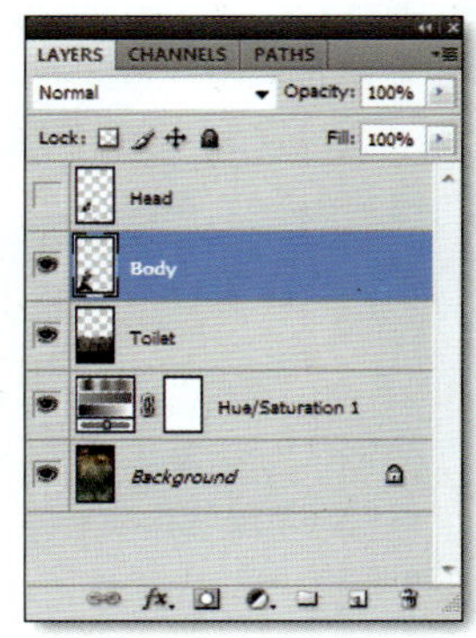

03 Ctrl+C를 눌러 선택 영역을 복사하고 Ctrl+V를 눌러 붙여 넣은 후 레이어의 이름을 'Body-02'로 설정합니다.

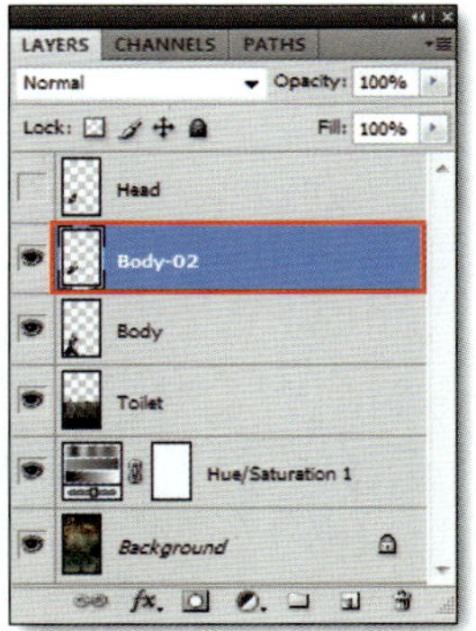

04 LAYERS 팔레트에서 'Body-02' 레이어를 'Body' 레이어 아래로 드래그한 후 Ctrl+T를 눌러 그림과 같이 크기를 늘려주고 위치를 잡아줍니다.

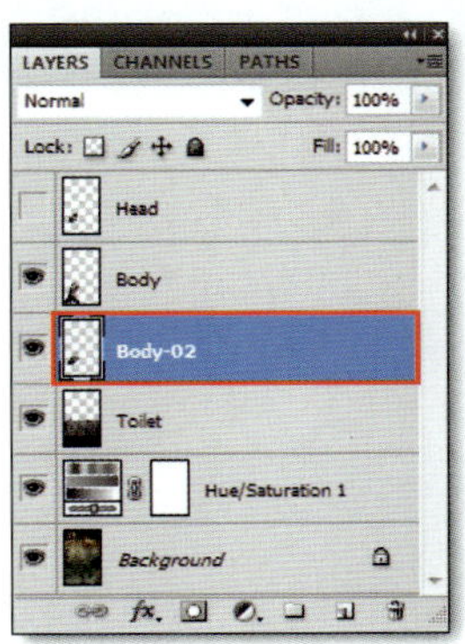

05 'Body' 레이어를 선택한 후 붉은색 부분을 Eraser Tool(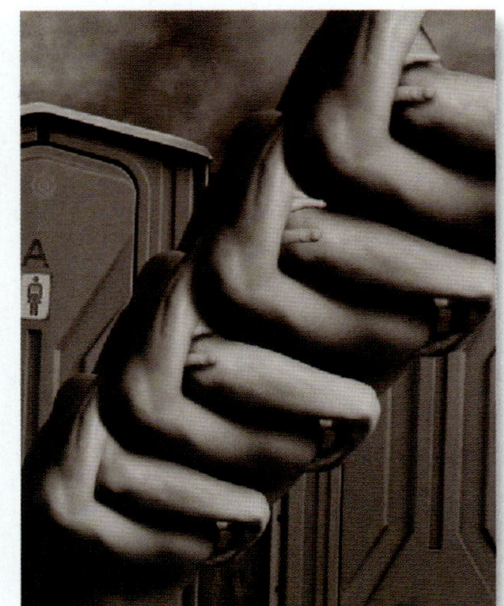)로 지워줍니다.

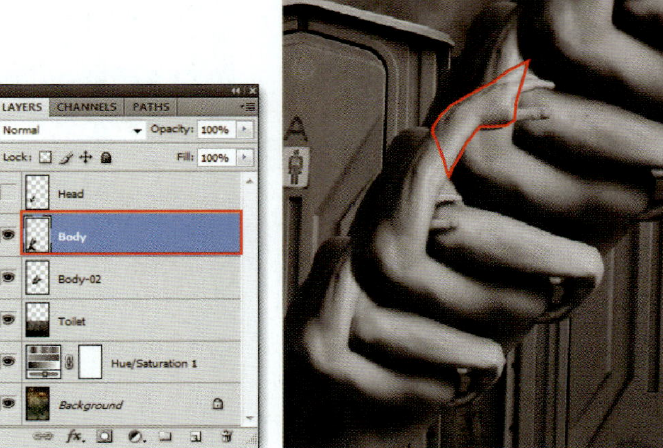

지우기 전   지운 후

06 툴박스에서 Burn Tool(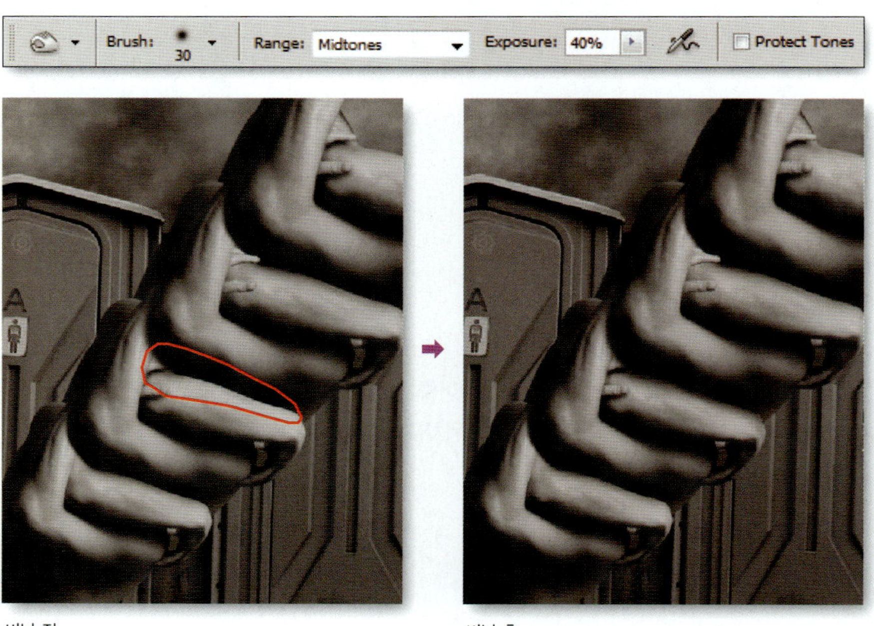)을 선택하고 붉은색으로 표시된 부분을 문질러 팔의 그림자를 표현
합니다.

버닝 전   버닝 후

07　'Body-02' 레이어를 선택한 후 Burn Tool(🖐)을 이용하여 손가락의 그림자를 표현합니다.

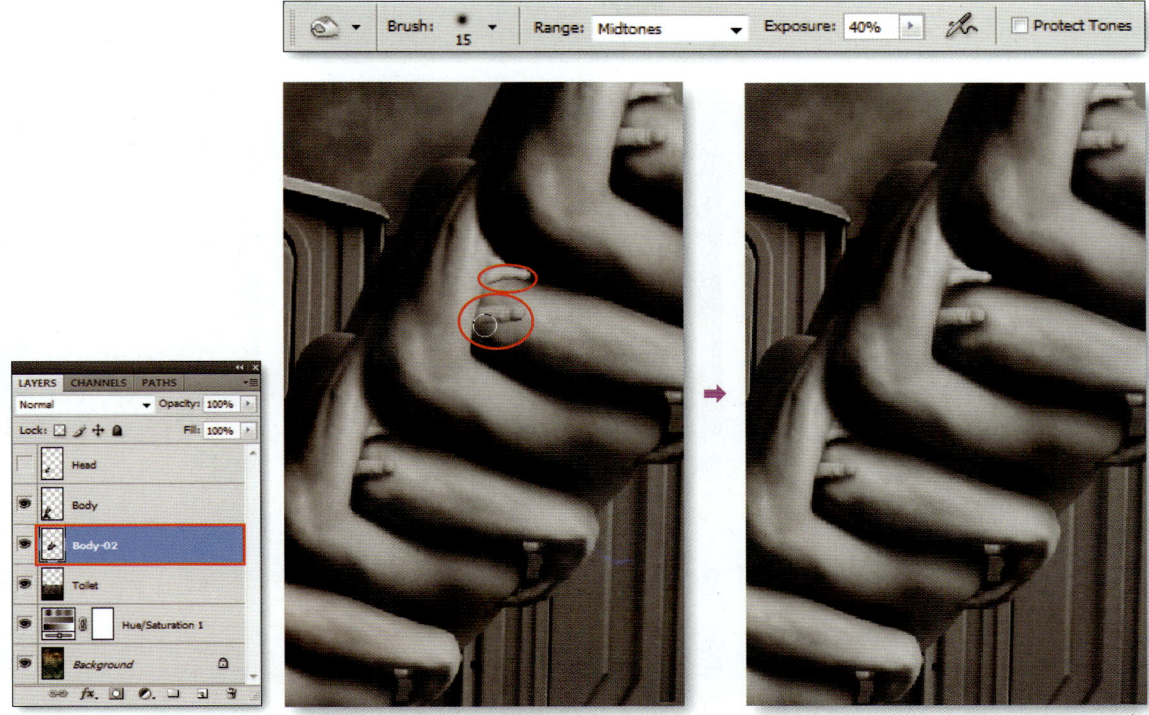

버닝 전　　　　　　　　　　　　　버닝 후

08　'Head' 레이어를 선택한 후 '눈' 아이콘(👁)을 클릭하여 다시 보이도록 활성화시킵니다. 'Head' 레이어를 'Body-02' 레이어 아래로 이동시킵니다.

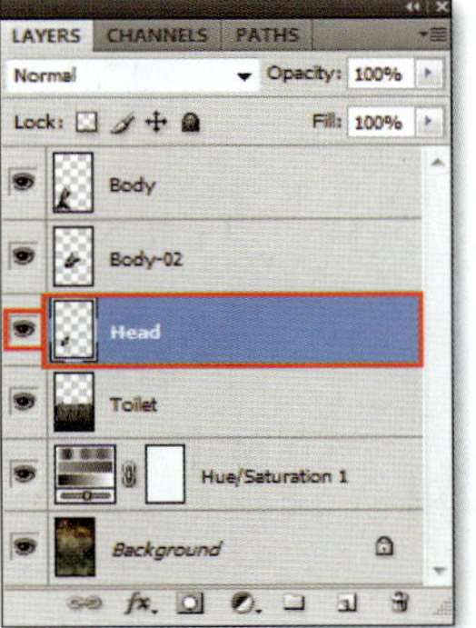

09　Ctrl + T 를 눌러 그림처럼 크기를 늘려 주고 위치를 잡아줍니다.

10 'Body-02' 레이어를 선택한 후 붉은색으로 표시된 부분을 Eraser Tool(◢)로 지워줍니다.

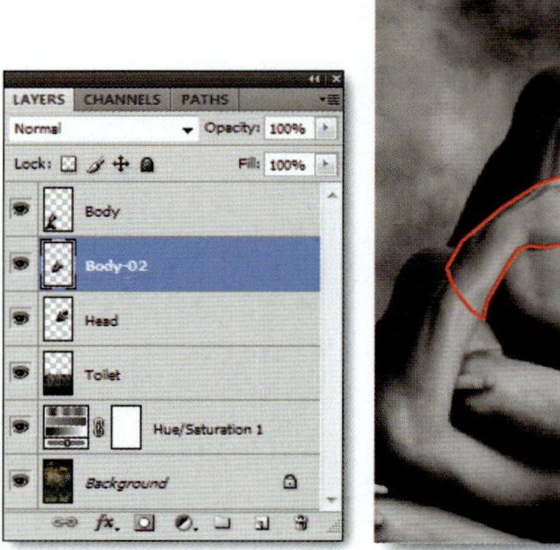
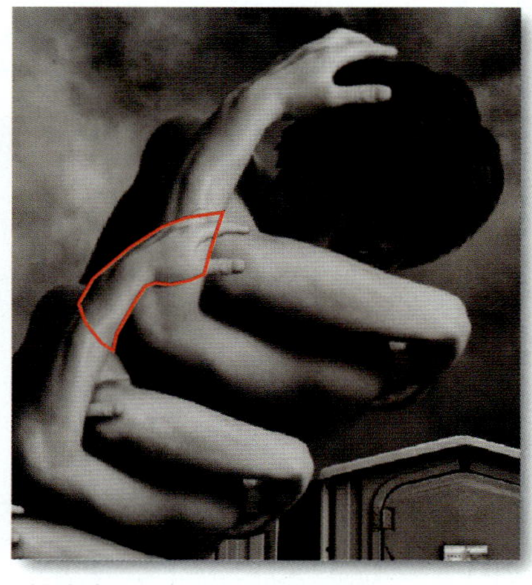

지우기 전　　　　　　　　　　　　　　지운 후

11 Burn Tool(◉)을 선택하고 붉은색으로 표시된 부분을 문질러 팔의 그림자를 표현합니다.

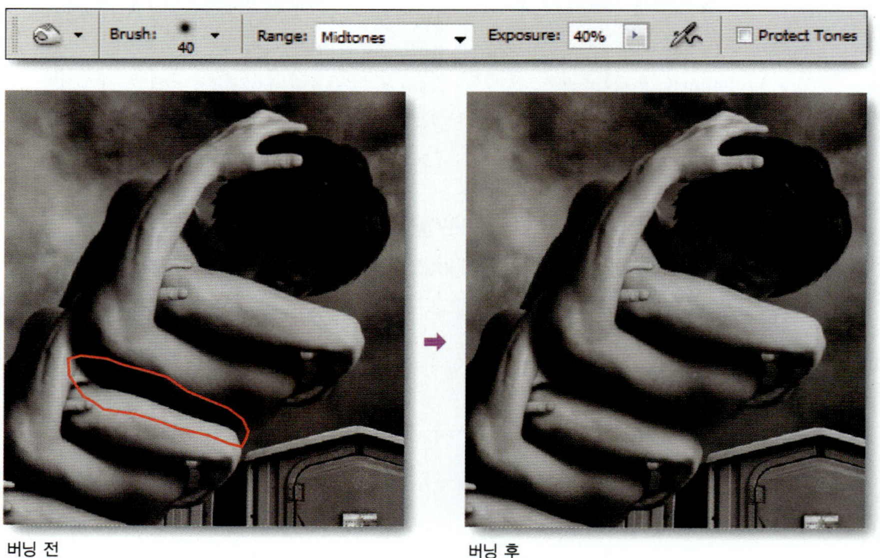

버닝 전　　　　　　　　　　　　　　버닝 후

12 'Head' 레이어를 선택한 후 손가락의 그림자를 Burn Tool(◉)
로 문질러 표현하고 작업을 마무리합니다.

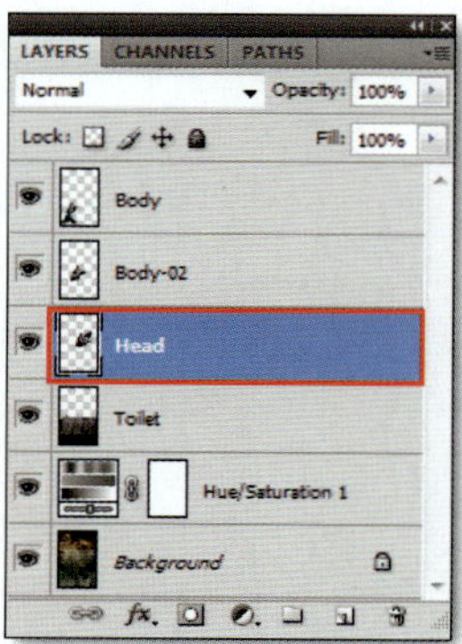

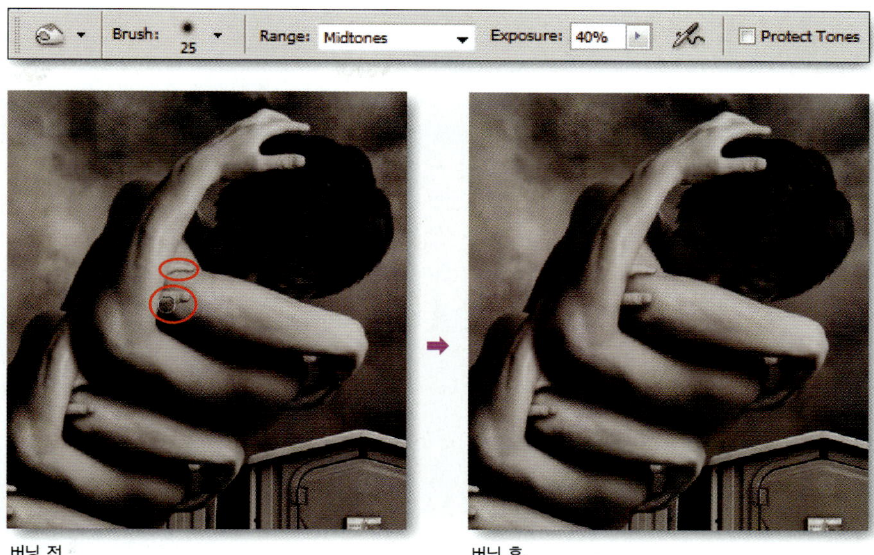

버닝 전   버닝 후

다양한 방법으로
표현하는
흑백 이미지

천연색에 익숙한 인간의 눈에 흑과 백의 모노 톤으로 만들어진 흑백 사진은 풀 컬러의 이미지와는 또 다른 느낌을 전달해 줍니다. 예제에서는 컬러 이미지를 흑백 이미지로 만드는 다양한 방법을 살펴봅니다.

원본(부록 CD : TIP/Nostalghia.jpg)

Grayscale

Desaturate

Calculations

Channel Mixer

Hue/Saturation

Lightness Channel

■ Grayscale 모드로 변환하는 방법

Grayscale 모드는 검정과 흰색을 256 단계로 표현하는 이미지 모드를 말합니다. 레벨 0은 검은색을, 레벨 255는 흰색을 표현하고 중간 레벨 128은 회색으로 표현됩니다. 8 비트 채널 방식이기 때문에 24 비트의 RGB보다 파일 용량이 작다는 특징이 있으며, Grayscale 모드로 변환한 후에는 컬러 정보가 사라지기 때문에 더 이상 컬러로 채색하거나 변경할 수 없다는 단점이 있습니다.

[Image]-[Mode]-[Grayscale] 메뉴를 선택합니다. 이때 컬러 정보를 버릴 것인가를 물어보는 대화상자가 나타나면 [Discard] 단추를 클릭하여 흑백으로 전환합니다.

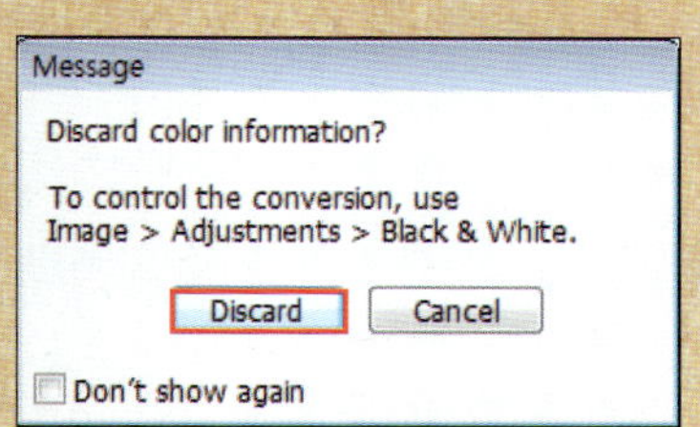

■ Desaturate 기능을 사용하는 방법

흑백 이미지로 만드는 방법 중 가장 간단한 방법으로, Grayscale 모드로 변환하는 방법과는 다르게 컬러 정보를 완전히 버리는 것이 아니기 때문에 추가로 컬러 작업을 할 수 있습니다.

[Image]-[Adjustments]-[Desaturate] 메뉴를 선택합니다.

■ Calculations 기능을 사용하는 방법

Calculations 기능은 두 개의 채널을 혼합하여 새로운 채널을 만들어줌으로써 다채로운 느낌의 흑백 결과물을 얻어낼 수 있습니다.

[Image]–[Calculations] 메뉴를 선택하여 [Calculations] 대화상자가 나타나면 [Source 1]과 [Source 2] 영역 그리고, 블렌딩 모드를 원하는 결과물이 나오도록 설정합니다. 원하는 결과물이 만들어지면 [Result]를 'New Document'로 설정한 후 [OK] 단추를 클릭합니다.

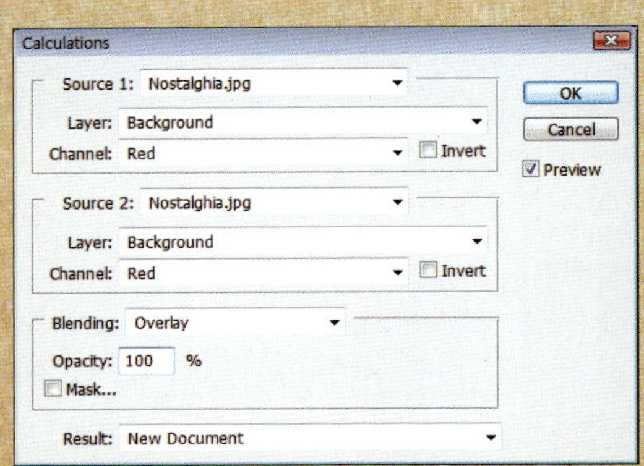

새 작업 창에 흑백 이미지가 생성되면 [Image]–[Mode]–[Grayscale] 메뉴를 선택하여 Gray scale 모드로 변환한 후 저장합니다.

■ Channel Mixer 기능을 사용하는 방법

이미지의 채널을 활용하는 방법으로 각 채널별 흑백의 농도를 다르게 조정하여 흑백 이미지를 만듭니다.

ADJUSTMENTS 패널에서 [Channel Mixer] 아이콘을 선택한 후 다음과 같이 설정합니다.

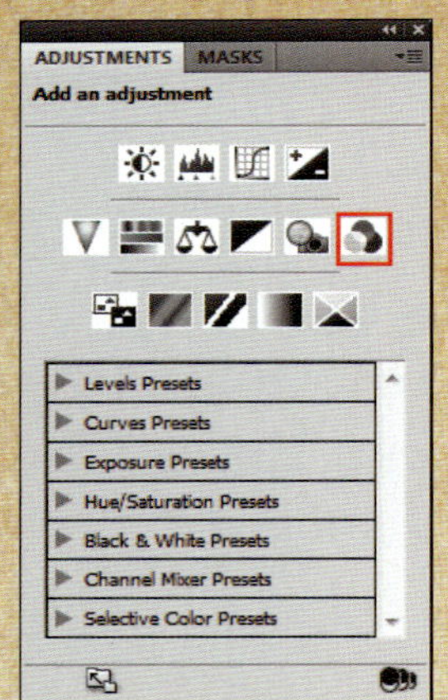
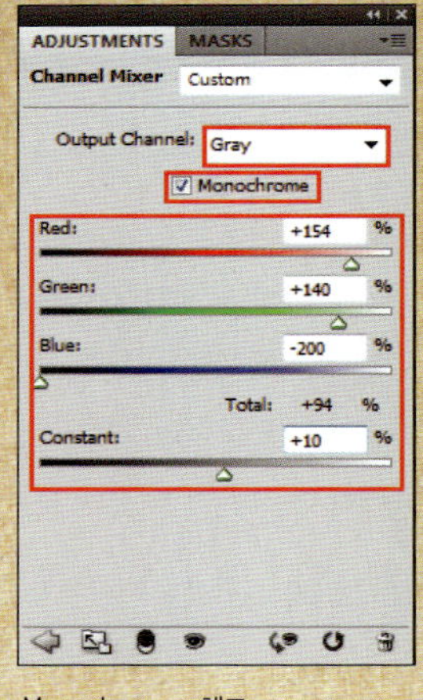

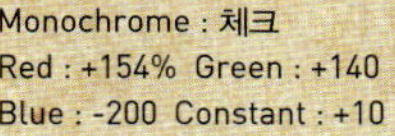

Monochrome : 체크
Red : +154% Green : +140
Blue : -200 Constant : +10

■ Hue/Saturation 기능을 사용하는 방법

컬러 이미지의 색상 정보가 남겨져 있는 점을 활용하는 방법으로 색상별 흑백의 농도를 다르게 조정하여 흑백 이미지를 만듭니다.

ADJUSTMENT 패널의 [Hue/Saturation] 아이콘을 선택한 후 다음과 같이 설정합니다.

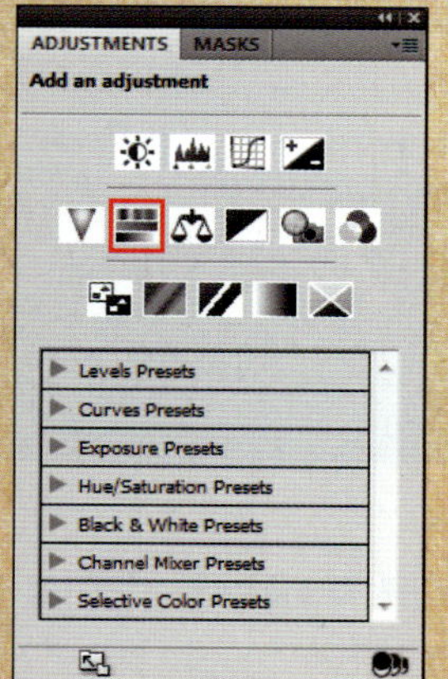 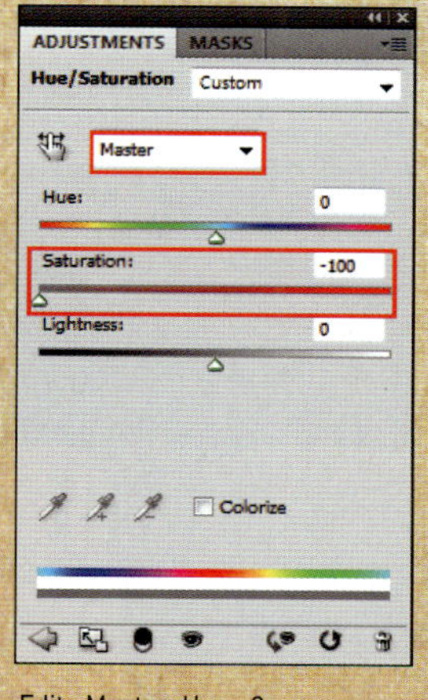 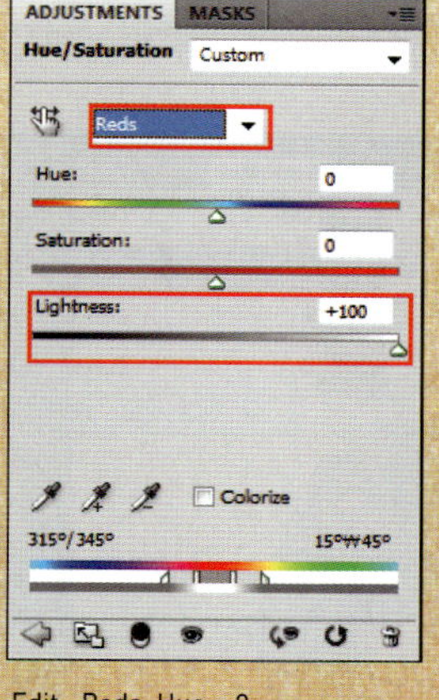 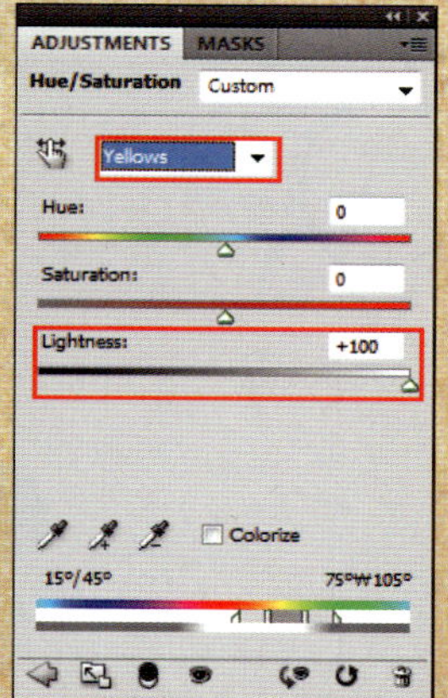

Edit : Master Hue : 0
Saturation : -100 Lightness : 0

Edit : Reds Hue : 0
Saturation : 0 Lightness : +100

Edit : Yellows Hue : 0
Saturation : 0 Lightness : +100

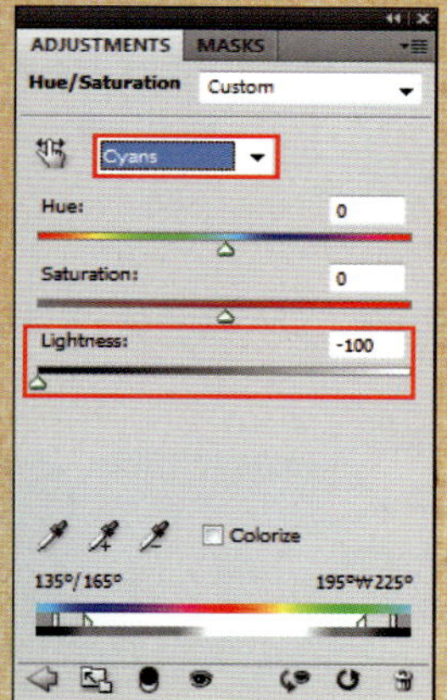 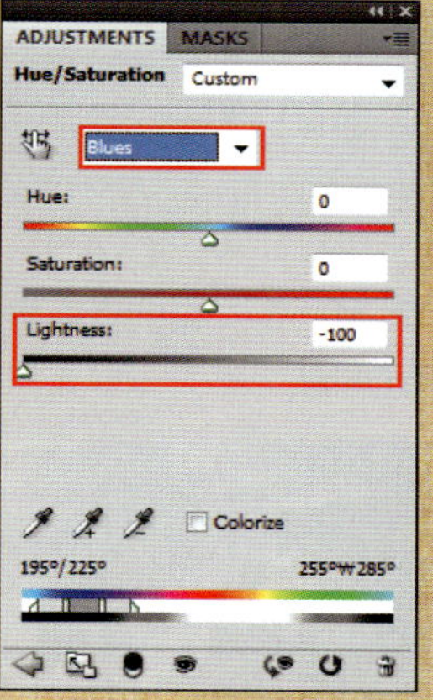 

Edit : Cyans Hue : 0
Saturation : 0 Lightness : -100

Edit : Blues Hue : 0
Saturation : 0 Lightness : -100

■ Lightness Channel 기능을 사용하는 방법

이미지를 Lab Color 모드로 변환시키면 생기는 Lightness Channel을 분리하여 흑백 이미지를 만듭니다.

01 [Image]−[Mode]−[Lab Color] 메뉴를 선택하여 이미지를 Lab Color 모드로 변환합니다. 이렇게 변환하게 되면 CHANNELS 팔레트의 채널이 변경됩니다.

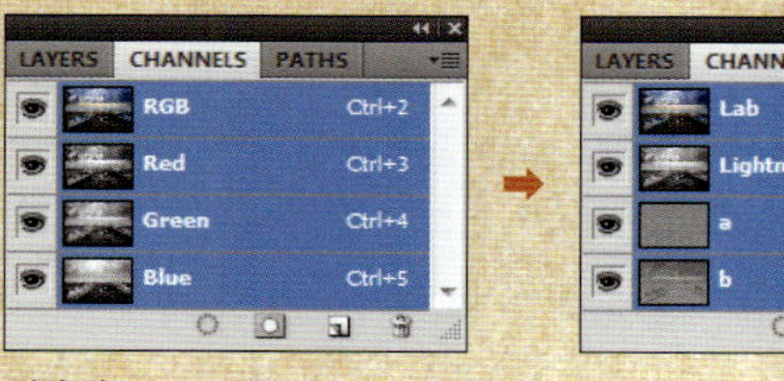 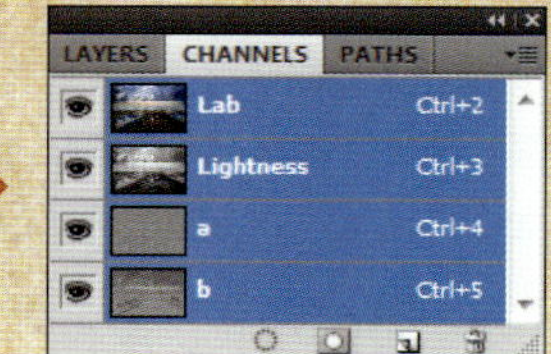

변경 전   변경 후

Nikon D80, 1/80 sec, 조리개 값 : F10, 촬영 모드 : M,
ISO : 100, 화이트 밸런스 : Manual

Nikon D80, 1/160 sec, 조리개 값 : F8.0, 촬영 모드 : M,
ISO : 100, 화이트 밸런스 : Manual

■ 사광

인물 촬영의 기본이 되는 빛으로 피사체의 정면 좌우측 45° 방향으로 비추는 빛입니다. 피사체에
적당한 그림자가 생겨 얼굴의 입체감과 질감이 강조되고 눈, 코가 아름답게 묘사되는 것이 특징입
니다.

Nikon D80, 1/50 sec, 조리개 값 : F13.0, 촬영 모드 : M,
ISO : 100, 화이트 밸런스 : Manual

Nikon D80, 1/60 sec, 조리개 값 : F6.3, 촬영 모드 : M,
ISO : 500, 화이트 밸런스 : Manual

■ Hue/Saturation 기능을 사용하는 방법

컬러 이미지의 색상 정보가 남겨져 있는 점을 활용하는 방법으로 색상별 흑백의 농도를 다르게 조정하여 흑백 이미지를 만듭니다.

ADJUSTMENT 패널의 [Hue/Saturation] 아이콘을 선택한 후 다음과 같이 설정합니다.

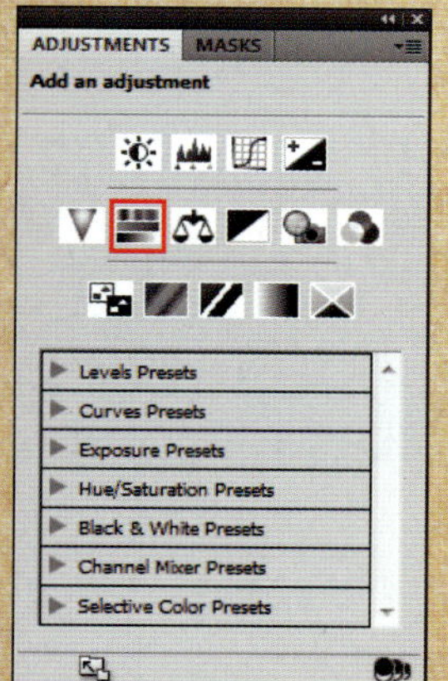  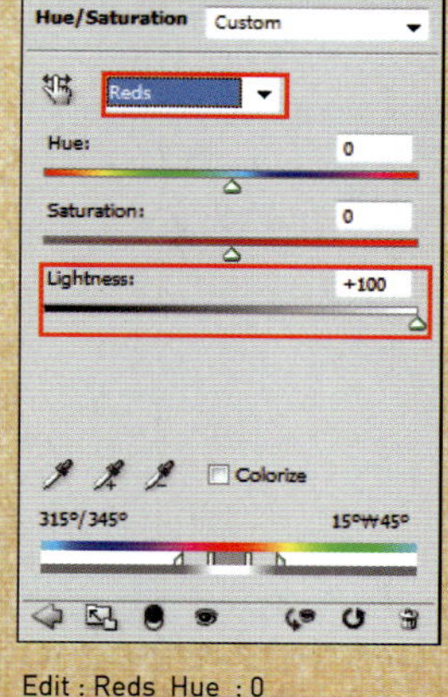 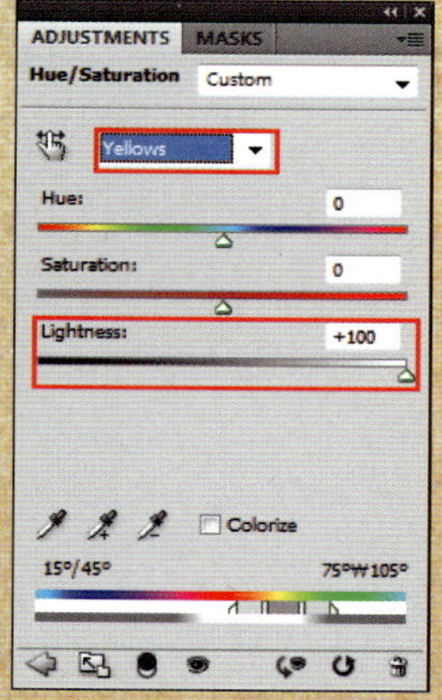

Edit : Master Hue : 0
Saturation : -100 Lightness : 0

Edit : Reds Hue : 0
Saturation : 0 Lightness : +100

Edit : Yellows Hue : 0
Saturation : 0 Lightness : +100

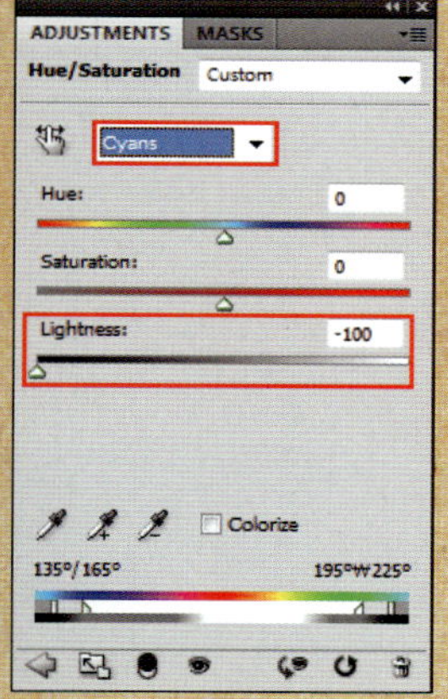 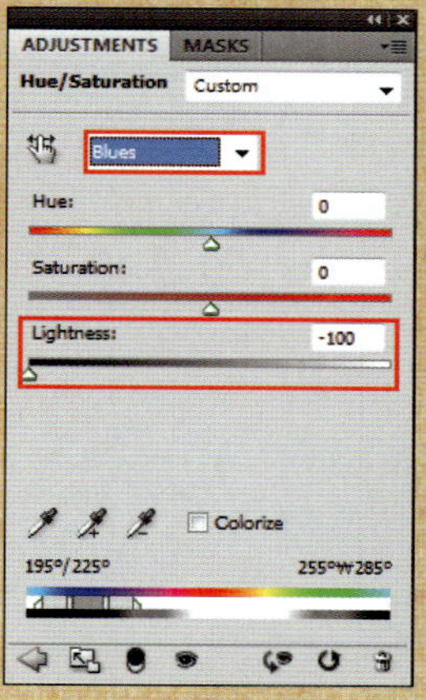 

Edit : Cyans Hue : 0
Saturation : 0 Lightness : -100

Edit : Blues Hue : 0
Saturation : 0 Lightness : -100

■ Lightness Channel 기능을 사용하는 방법

이미지를 Lab Color 모드로 변환시키면 생기는 Lightness Channel을 분리하여 흑백 이미지를 만듭니다.

01 [Image]–[Mode]–[Lab Color] 메뉴를 선택하여 이미지를 Lab Color 모드로 변환합니다. 이렇게 변환하게 되면 CHANNELS 팔레트의 채널이 변경됩니다.

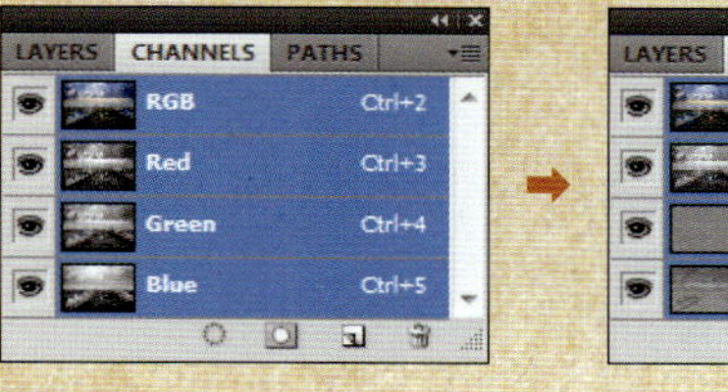 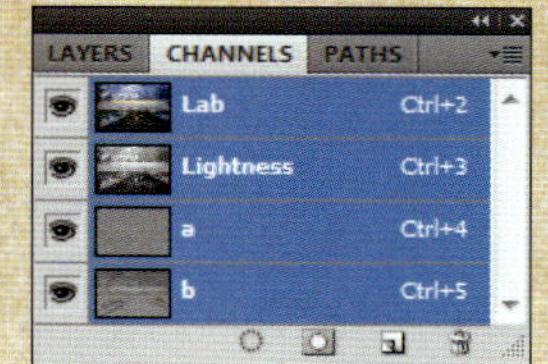

변경 전　　　　　　　　　　변경 후

02 CHANNELS 팔레트의 'Lightness' 채널을 선택합니다.

03 [Image]–[Mode]–[Grayscale] 메뉴를 선택합니다. 이때 다른 채널을 버릴 것인가를 물어보는 대화상자가 나타나면 [OK] 단추를 클릭합니다.

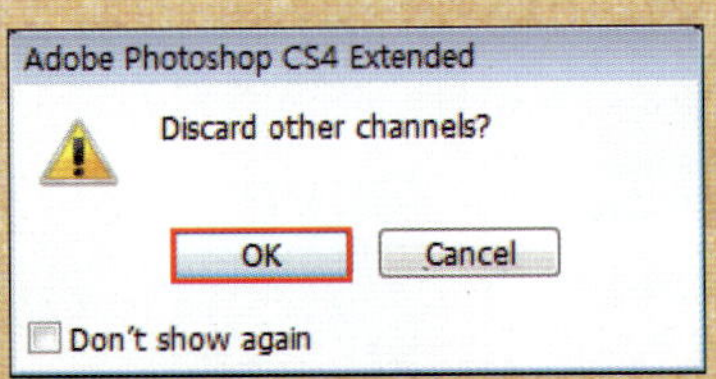

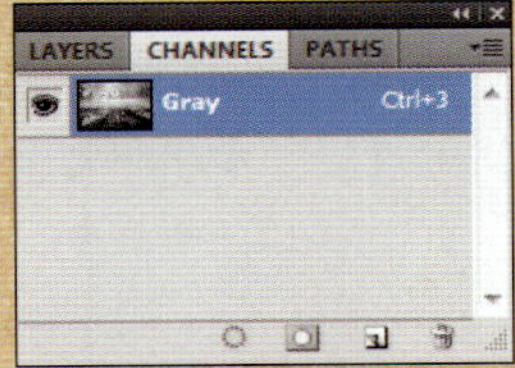

04 Ctrl + J 를 눌러 레이어를 복사하고 레이어의 블렌딩 모드를 'Overlay'로 설정합니다. [Opacity]는 '75%'로 설정합니다.

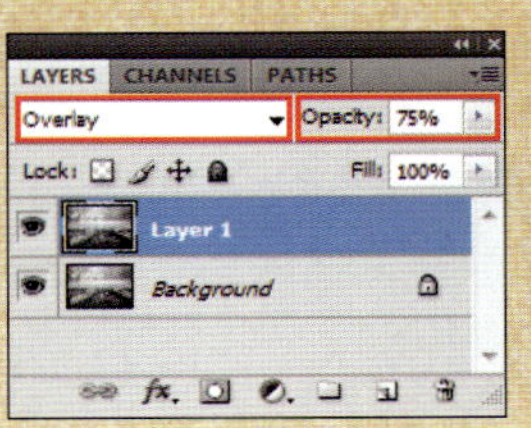

빛의 방향에 따른 인물 촬영

■ **Ares.psd 촬영 정보**

Nikon D80, 1/160 sec, 조리개 값 : F9.0, 촬영 모드 : M, ISO : 100, 화이트 밸런스 : AUTO

• **[빛의 방향]**

■ **순광**

피사체의 정면에서 태양이 비출 때의 빛으로 촬영자가 태양을 등지고 피사체에 빛을 충분히 비추는
것을 확인할 수 있는 경우입니다. 피사체 전체가 밝게 나오기 때문에 인물 사진, 기념 사진, 기록
사진에 많이 이용합니다. 하지만 인물 촬영에 중요한 입체감과 질감이 떨어지기 때문에 단조롭고
평면적으로 묘사되는 단점이 있습니다.

Nikon D80, 1/80 sec, 조리개 값 : F10, 촬영 모드 : M,
ISO : 100, 화이트 밸런스 : Manual

Nikon D80, 1/160 sec, 조리개 값 : F8.0, 촬영 모드 : M,
ISO : 100, 화이트 밸런스 : Manual

■ 사광

인물 촬영의 기본이 되는 빛으로 피사체의 정면 좌우측 45˚ 방향으로 비추는 빛입니다. 피사체에 적당한 그림자가 생겨 얼굴의 입체감과 질감이 강조되고 눈, 코가 아름답게 묘사되는 것이 특징입니다.

Nikon D80, 1/50 sec, 조리개 값 : F13.0, 촬영 모드 : M,
ISO : 100, 화이트 밸런스 : Manual

Nikon D80, 1/60 sec, 조리개 값 : F6.3, 촬영 모드 : M,
ISO : 500, 화이트 밸런스 : Manual

■ 측광

피사체의 좌우 90˚ 정도의 측면에서 비추는 빛으로 빛을 받는 절반은 밝게, 나머지 부분은 어둡게 나타납니다. 인상이 강한 사진에 적합하며 윤곽이 뚜렷하고 입체감이 강하게 표현됩니다.

Nikon D80, 1/80 sec, 조리개 값 : F7.1, 촬영 모드 : M, ISO : 200, 화이트 밸런스 : Manual

Nikon D80, 1/100 sec, 조리개 값 : F7.1, 촬영 모드 : M, ISO : 200, 화이트 밸런스 : Manual

■ 반역광

피사체의 뒤쪽 45˚ 정도에서 비추는 빛으로 렘브란트 광선(Rembrandt Light)이라고도 합니다. 머리카락과 어깨 부분에 아름다운 하이라이트가 묘사됩니다.

Nikon D80, 1/125 sec, 조리개 값 : F11.0, 촬영 모드 : M, ISO : 100, 화이트 밸런스 : Manual

Nikon D80, 1/80 sec, 조리개 값 : F7.1, 촬영 모드 : M, ISO : 400, 화이트 밸런스 : Manual

■ 역광

태양이 피사체의 후면에서 비출 때의 빛으로 역광 상태는 단순한 이미지를 묘사할 수 있어서 인물 및 작품 사진에 많이 사용하는데 이는 피사체를 실루엣으로 묘사하여 예술적으로 표현할 수 있기 때문입니다.

Nikon D80, 1/50 sec, 조리개 값 : F6.3, 촬영 모드 : M, ISO : 500, 화이트 밸런스 : Manual

Nikon D80, 1/60 sec, 조리개 값 : F7.1, 촬영 모드 : M, ISO : 400, 화이트 밸런스 : Manual

■ 상방광

피사체의 머리 위쪽에서 비추는 빛으로 인물 촬영의 경우 돌출 부분인 코가 너무 밝고 코 밑에 보기 흉한 그림자가 생길 수 있습니다.

Nikon D80, 1/200 sec, 조리개 값 : F7.1, 촬영 모드 : M, ISO : 100, 화이트 밸런스 : Manual

Nikon D80, 1/160 sec, 조리개 값 : F9.0, 촬영 모드 : M, ISO : 100, 화이트 밸런스 : Manual

■ 하방광

피사체의 아래쪽에서 위쪽으로 향해서 비추는 빛으로 자연 상태에서는 볼 수 없고 인공 광원에 의해 만들 수 있습니다. 피사체의 얼굴에 부자연스러운 그림자를 생기게 하고, 공포 영화의 포스터처럼 은산하고 괴기스러운 분위기를 위해 사용합니다.

Nikon D80, 1/20 sec, 조리개 값 : F5.6, 촬영 모드 : M,
ISO : 500, 화이트 밸런스 : Manual

Nikon D80, 1/40 sec, 조리개 값 : F5.6, 촬영 모드 : M,
ISO : 500, 화이트 밸런스 : Manual

PHOTOSHOP
CREATIVE COLLECTION

千手觀音(천수관음)

PHOTOSHOP
CREATIVE COLLECTION

觀世音菩薩如意珠手眞言
옴 바아리 바다리 훔 바탁
여러 가지 보배 재물을 얻고자 하거든 이 진언을 외우시오

觀世音菩薩 索手眞言
옴 기리나라 모나라 훔 바탁
여러 가지 불안으로 안락을 구하거던 이 진언을 외우시오

觀世音菩薩寶鉢手眞言
옴 기리기리 바아라 훔 바탁
뱃속에 모든 병고를 없애려거든 이 진언을 외우시오

觀世音菩薩寶弓手眞言
옴 아자미례 사바하
영화스러운 벼슬을 구하거든 이 진언을 외우시오

觀世音菩薩寶箭手眞言
옴 가마라 사바하
착한 친구를 일찍이 만나려거든 이 진언을 외우시오

觀世音菩薩玉環手眞言
옴 바나맘 미라야 사바하
아들과 딸이거나 심부름꾼을 얻으려거든 이 진언을 외우시오

觀世音菩薩寶鏡手眞言
옴 미보라 나락사 바아라 만다라 훔바탁
커다란 지혜를 얻으려거든 이 진언을 외우시오

觀世音菩薩寶 手眞言
옴 바아라 바사가리 아나맘나훔
땅속에 모든 보물을 얻어려거든 이 진언을 외우시오

觀世音菩薩葡萄手眞言
옴 아마라 검제이니 사바하
곡식과 과실이 번성함을 원하거든 이 진언을 외우시오

Body-02.psd

Body-04.psd

Body-01.psd

Body-03.psd

Chun-Soo.jpg

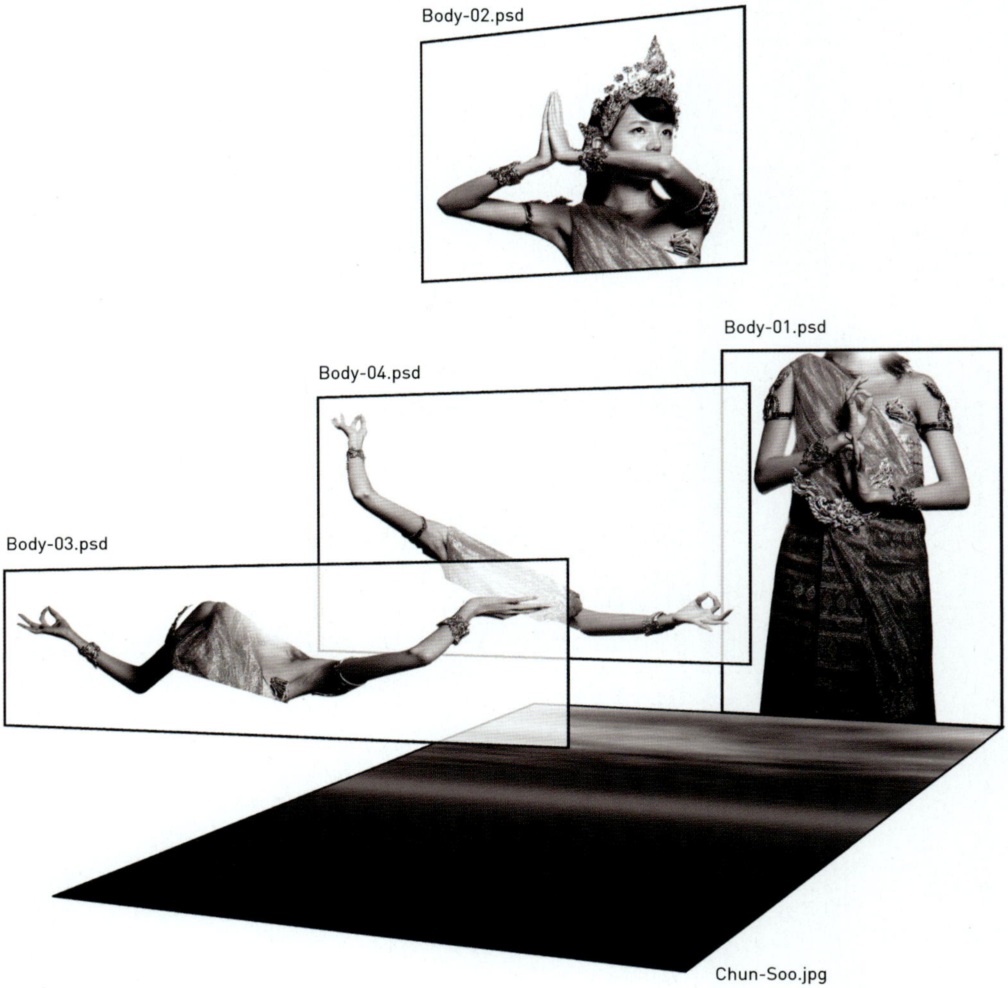

● **Body-01/02/03/04.psd** : 인물과 카메라의 위치를 고정시키고 손의 움직임을 다르게 취한 후에 촬영한 주제 이미지
● **Chun-Soo.jpg** : 주제 이미지와 합성할 흑백의 배경 이미지

PHOTOSHOP CREATIVE COLLECTION

천수관음 이미지 합성

흑백의 배경 이미지와 주제가 되는 천수관음의 몸을 합성하기 위해 이미지 파일을 불러오고
Eraser Tool(⬚)을 이용하여 적당히 지워주고 각각의 레이어를 합쳐줍니다.

▶ KEY POINT

- Eraser Tool(⬚) : 이미지에서 필요없는
  부분을 적당하게 지울 수 있습니다.

BEFORE

AFTER

WORK 01

STEP
1

천수관음 몸 이미지 합성

01 흑백의 배경 이미지인 'Chun-Soo.jpg' 파일을 부록 CD에서 불러옵니다.

● **부록 CD** : THEME 14/Chun-Soo.jpg

02 흑백의 배경 이미지에 천수관음의 몸을 삽입하기 위해 부록 CD에서 'Body-01.psd' 파일을 불러옵니다.

● **부록 CD** : THEME 14/Body-01.psd

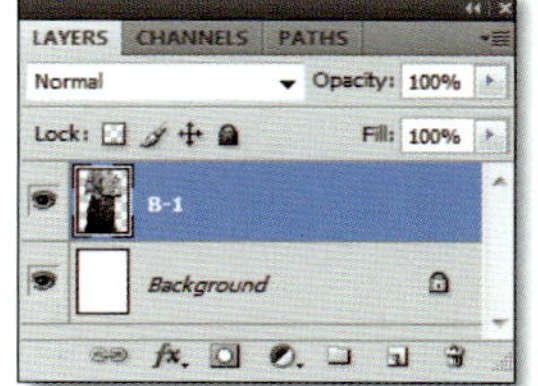

03 Move Tool(📤)을 선택하고 'Body-01.psd' 파일의 'B-1' 레이어를 흑백의 배경 이미지로 드래그하여 복사하고 위치를 잡아줍니다.

STEP
2   천수관음 얼굴 이미지 합성

01 몸 이미지에 얼굴 이미지를 합성하기 위해 부록 CD에서 'Body-02.psd' 파일을 불러옵니다.

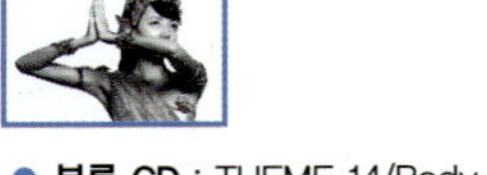

● **부록 CD** : THEME 14/Body-02.psd

02 Move Tool(⊕)을 선택하고 'Body-02.psd' 파일의 'B-2' 레이어를 작업 중인 이미지로 드래그하여 복사하고 위치를 잡아줍니다.

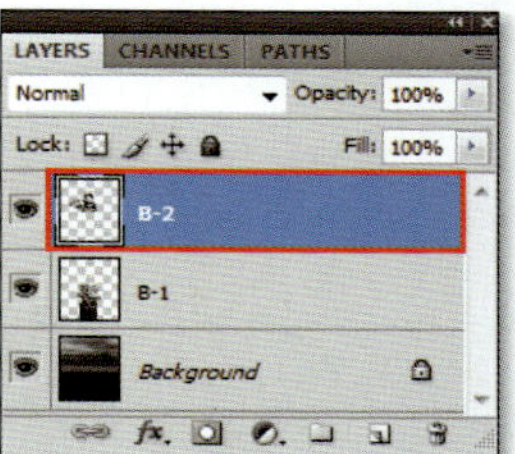

03 'B-1' 레이어의 이미지와 'B-2' 레이어의 이미지를 자연스럽게 연결하기 위해 Eraser Tool(⌧)을 선택하고 적당한 불투명도(Opacity)와 브러시 크기로 'B-2' 레이어 이미지의 하단 부분을 지워줍니다.

지우기 전

지운 후

04 Ctrl+E 를 눌러 'B-2'와 'B-1' 레이어를 합쳐줍니다.

손동작의
다중 합성

손동작 이미지의 위치를 복사하고 각각의 위치를 조정합니다. 그리고, LAYERS 팔레트의 Opacity 기능을 이용하여 천수관음의 특징인 천수(千手)를 표현하는 방법에 대하여 알아봅니다.

 KEY POINT

- Ctrl+J : 현재 활성화되어 있는 레이어를 하나 더 복사할 수 있는 단축키입니다.
- Ctrl+T : 이미지에 조절자를 나타내어 이미지의 형태를 조정할 수 있습니다.
- **Opacity** : LAYERS 팔레트에 위치하고 있으며 이미지의 불투명도를 조절할 수 있습니다.

BEFORE

AFTER

WORK 02

첫 번째 손동작 합성

● **부록 CD** : THEME 14/Body−03.psd

01 첫 번째 손동작을 합성하기 위해 부록 CD에서 'Body−03.psd' 파일을 불러옵니다.

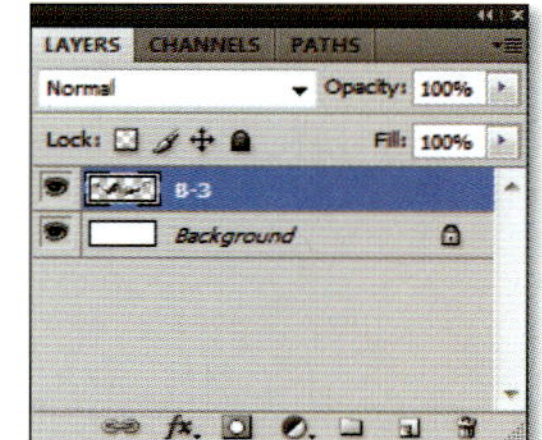

02 Move Tool()을 선택하고 'Body−03.psd' 파일의 'B−3' 레이어를 작업 중인 이미지로 드래그하여 복사한 후 위치를 잡아주고 'B−1' 레이어 아래로 이동시킵니다.

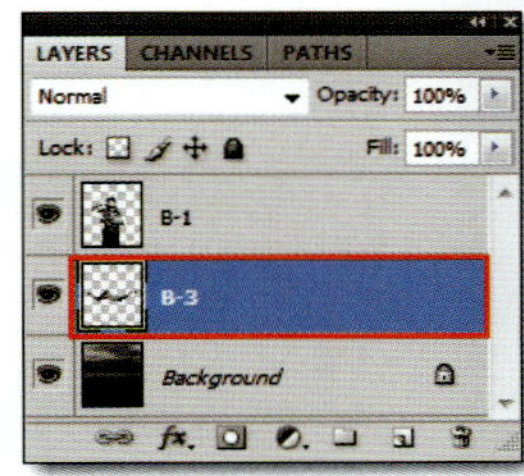

S T E P
2 두 번째 손동작 합성

01 두 번째 손동작을 만들기 위해 Ctrl + J 를 눌러 'B-3' 레이어를 하나 더 복사합니다. Ctrl + T 를 눌러 이미지를 회전시키고 위치를 잡은 후에 레이어의 [Opacity]를 '90%'로 설정합니다.

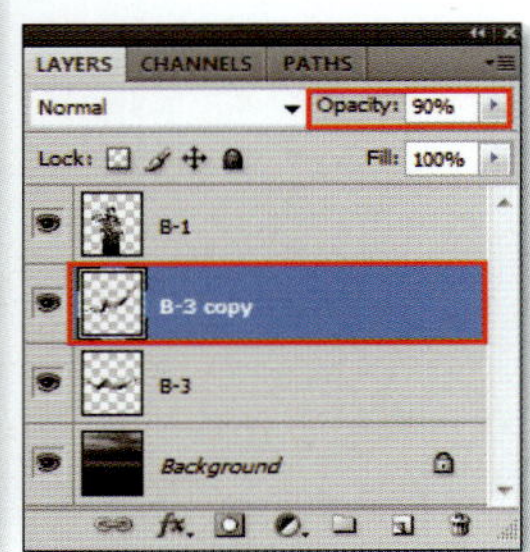

S T E P
3 세 번째 손동작 합성

01 세 번째 손동작을 만들기 위해 Ctrl + J 를 눌러 'B-3 copy' 레이어를 하나 더 복사합니다. Ctrl + T 를 눌러 이미지를 회전시키고 위치를 잡은 후 레이어의 [Opacity]를 '70%'로 설정합니다.

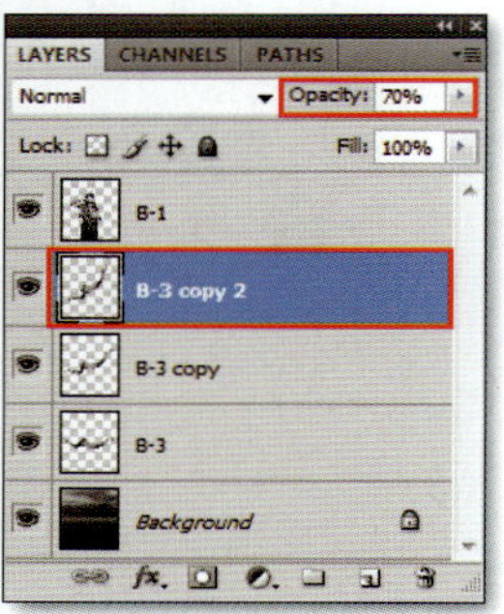

4

네 번째 손동작 합성

01 네 번째 손동작을 만들기 위해 [Ctrl]+[J]를 눌러 'B-3 copy 2' 레이어를 하나 더 복사합니다. [Ctrl]+[T]를 눌러 이미지를 회전시키고 위치를 잡은 후 레이어의 [Opacity]를 '50%'로 설정합니다.

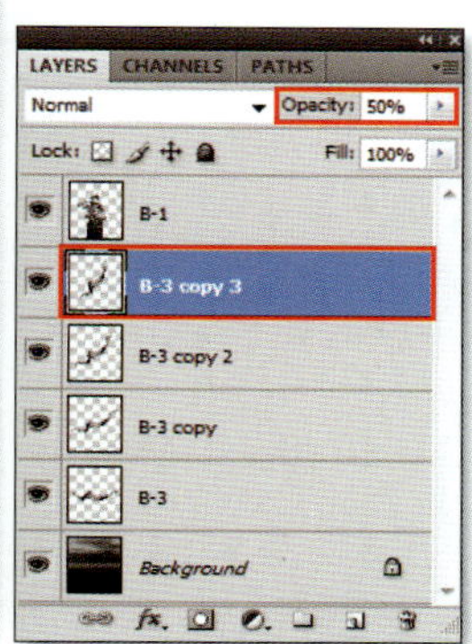

5

다섯 번째 손동작 합성

01 다섯 번째 손동작을 만들기 위해 [Ctrl]+[J]를 눌러 'B-3 copy 3' 레이어를 하나 더 복사합니다. [Ctrl]+[T]를 눌러 이미지를 회전시키고 위치를 잡은 후 레이어의 [Opacity]를 '30%'로 설정합니다.

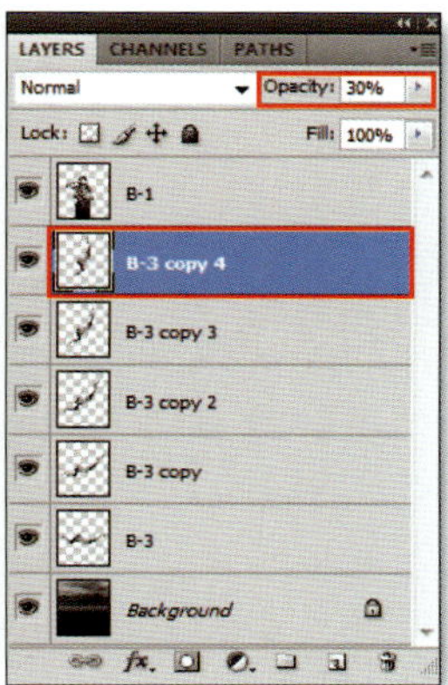

02 'B-1' 레이어와 'Background' 레이어를 제외한 레이어를 모두 선택
하고 Ctrl + E 를 눌러 합쳐줍니다.

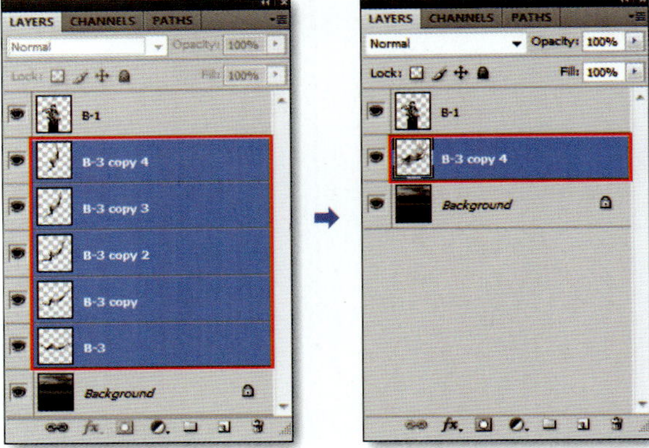

S T E P
6

다른 손동작 합성

01 동작이 다른 여섯 번째 손동작을 합성하기 위해 부록 CD에서 'Body-04.psd' 파일을 불러
옵니다.

● **부록 CD** : THEME 14/Body-04.psd

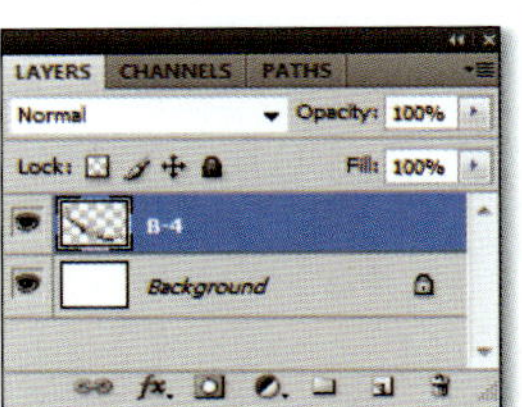

02 Move Tool(⏷)을 선택하고 'Body-04.psd' 파일의 'B-4' 레이어를 작업
중인 이미지로 드래그하여 복사한 후 위치를 잡고 레이어의 [Opacity]는
'90%' 로 설정합니다.

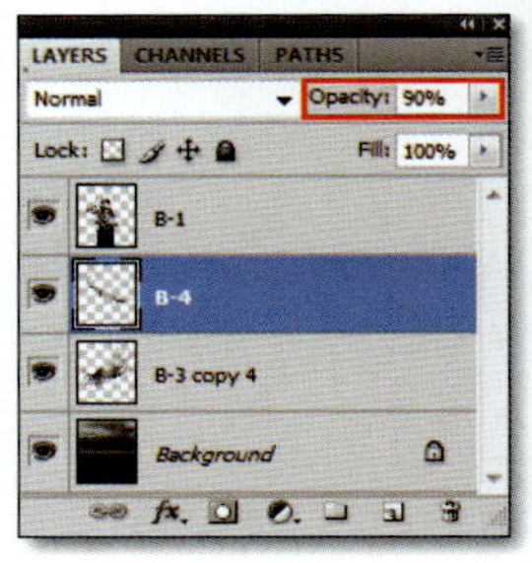

1　　　Radial Blur 필터의 적용

01　Ctrl+J를 눌러 'Chun–Soo' 레이어를 하나 더 복사하고 [Filter]–[Blur]–[Radial Blur] 메뉴를 선택합니다. [Radial Blur] 대화상자가 나타나면 다음과 같이 설정한 후 [OK] 단추를 클릭합니다.

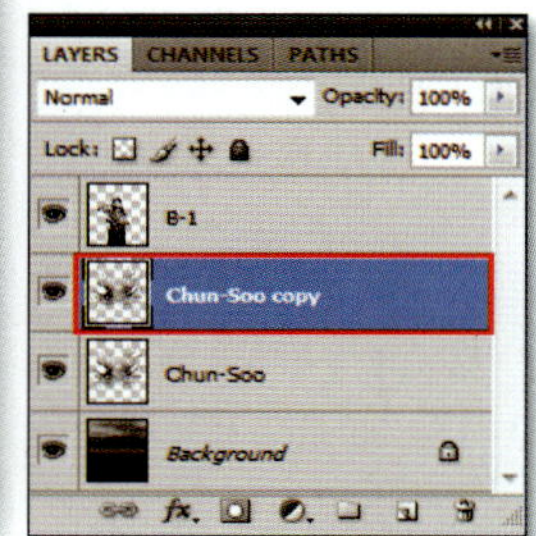

Amount : 15 Blur Method : Spin
Quality : Good

02　'Chun–Soo copy' 레이어를 'Chun–Soo' 레이어 아래로 이동시킵니다.

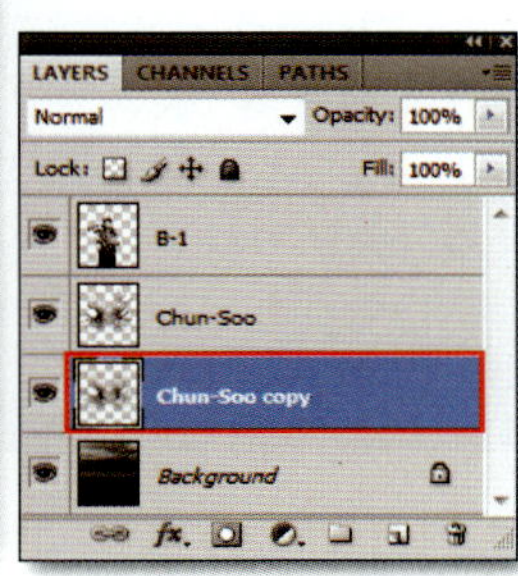

Radial Blur 기능으로 천수관음의 손동작에 잔상 효과를 주어 운동감과 속도감을 표현하는
방법에 대하여 알아봅니다.

손동작의
잔상 표현 기법

- **Radial Blur** ：[Filter]–[Blur]–[Radial
  Blur] 메뉴를 선택하면 사용할 수 있으며
  기준점을 중심으로 이미지가 회전하거나
  원을 그리며 빨려 들어가는 듯한 느낌을
  표현할 때 사용하는 필터입니다.

BEFORE

AFTER

WORK 03

05 아홉 번째 손동작을 만들기 위해 Ctrl+J를 눌러 'B-4 copy 2' 레이어를 하나 더 복사합니다. Ctrl+T를 눌러 이미지를 회전시키고 위치를 잡은 후 레이어의 [Opacity]를 '30%'로 설정합니다.

06 'B-1' 레이어와 'Background' 레이어를 제외한 모두 레이어를 선택하고 Ctrl+E를 눌러 합쳐준 다음 레이어 이름을 'Chun-Soo'로 설정합니다.

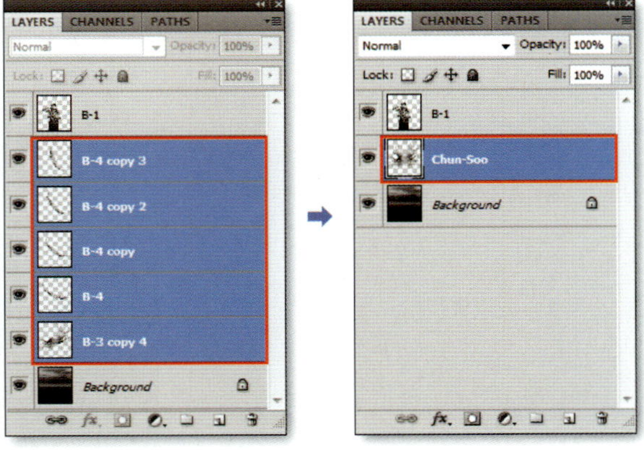

03 일곱 번째 손동작을 만들기 위해 Ctrl+J를 눌러 'B-4' 레이어를 하나 더 복사합니다. Ctrl +T를 눌러 이미지를 회전시키고 위치를 잡은 후 레이어의 [Opacity]를 '70%'로 설정합니다.

04 여덟 번째 손동작을 만들기 위해 Ctrl+J를 눌러 'B-4 copy' 레이어를 하나 더 복사합니다. Ctrl+T를 눌러 이미지를 회전시키고 위치를 잡은 후 레이어의 [Opacity]를 '50%'로 설정합 니다.

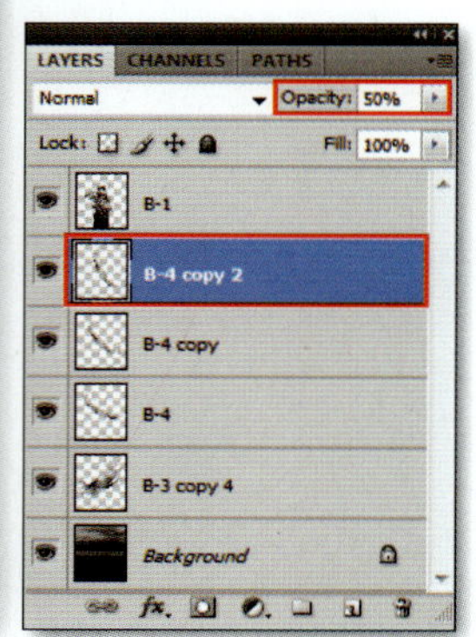

03 Radial Blur 효과를 더하기 위해 Ctrl+J 를 두 번 눌러서 'Chun-Soo copy' 레이어를 두 개 더 복사합니다.

04 'Background' 레이어를 제외한 모든 레이어를 선택하고 Ctrl+E 를 눌러 합쳐준 다음 레이어 이름을 'CSGE'로 설정합니다.

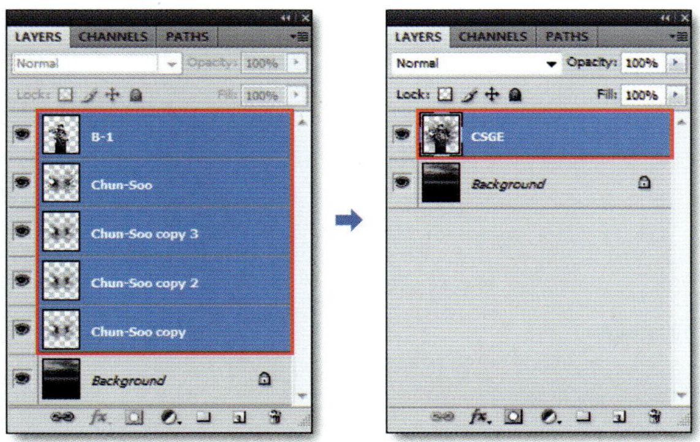

"Even though the God planned for our birth, our life is decided by our choices."

황금빛 천수관음 표현 기법

천수관음 이미지의 명암 차이를 줄이고 Color Balance 기능으로 색상값을 조절하여 황금 불상의 느낌을 표현하는 방법에 대하여 알아봅니다.

KEY POINT

- **Shadows/Highlights** : 이미지에 노출이 부족하거나 과다한 경우 전체적인 균형을 유지한 상태로 어두운 부분과 밝은 부분의 노출을 보정할 수 있습니다.
- **Color Balance** : 보색 관계의 색상을 이용하여 이미지의 전체적인 색균형을 변경할 수 있습니다.
- **Create Clipping Mask** : 아래에 있는 레이어에만 기능을 적용할 수 있습니다 (Ctrl+Alt+C).

BEFORE

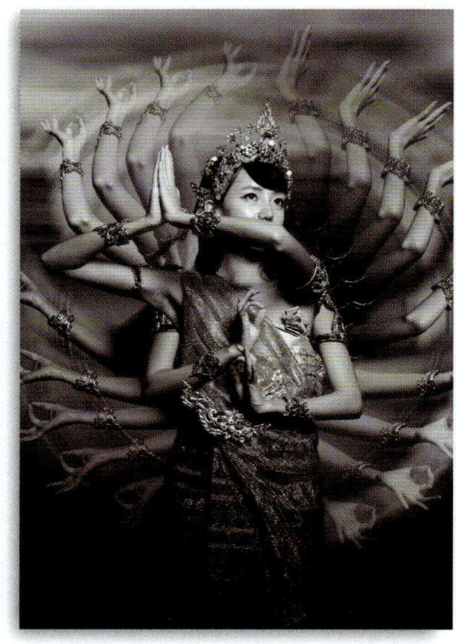

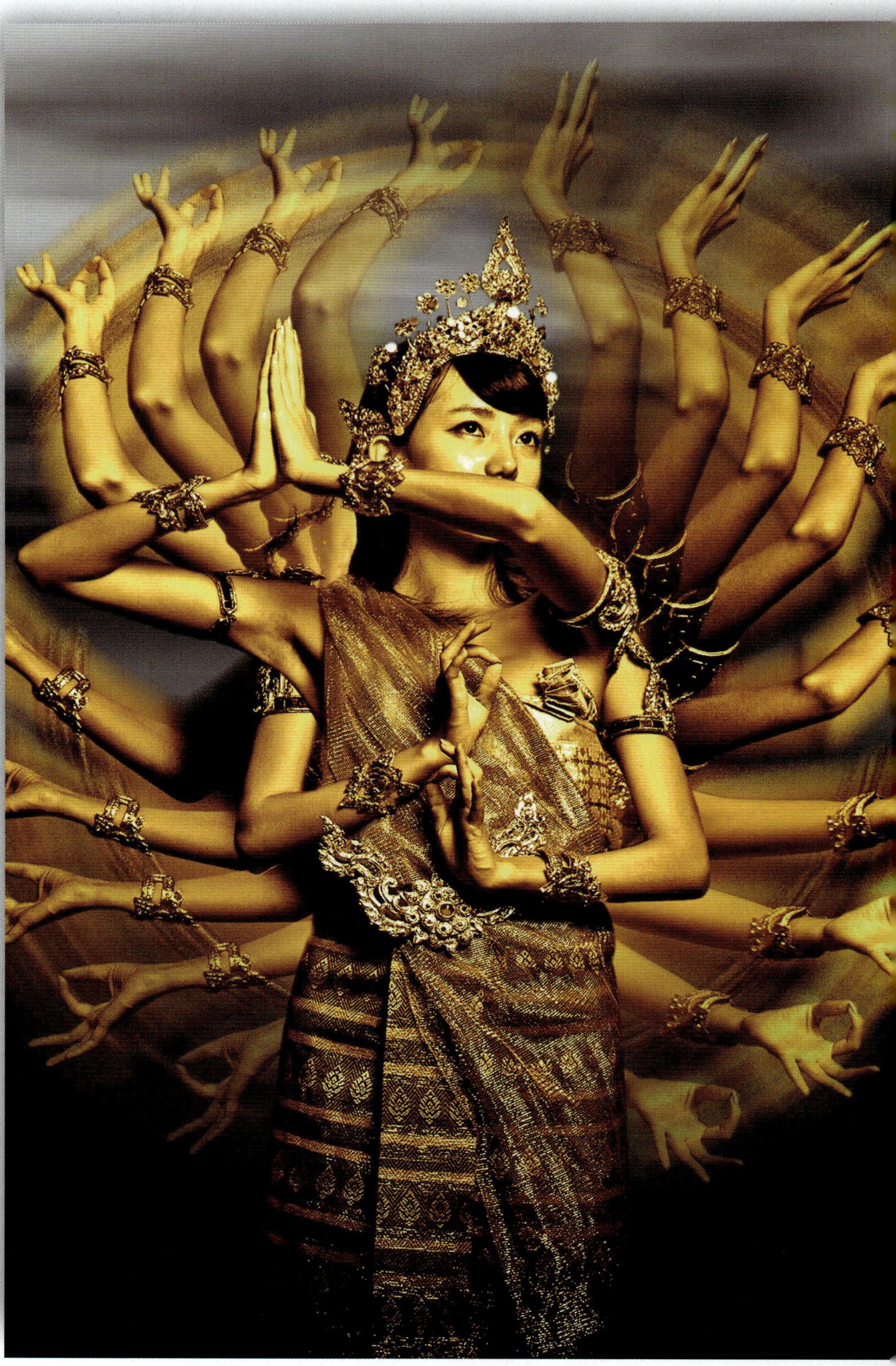

AFTER

WORK 04

이미지의 명암 조절

01 이미지의 명암을 조절하기 위해 [Image]–[Adjustments]–[Shadows/Highlights] 메뉴를 선택합니다. [Shadows/Highlights] 대화상자가 나타나면 그림과 같이 설정한 후 [OK] 단추를 클릭합니다.

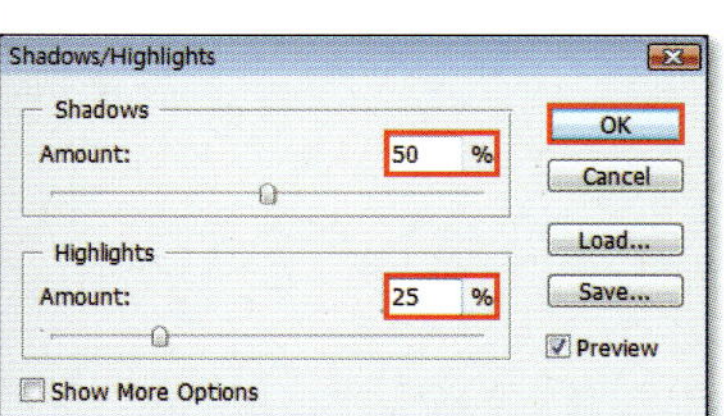

Shadows Amount : 50% , Highlights : 25%

Color Balance의 조절

01 황금색의 색상을 입혀주기 위해 ADJUSTMENTS 패널의 [Color Balance] 아이콘을 선택하고 다음과 같이 설정합니다.

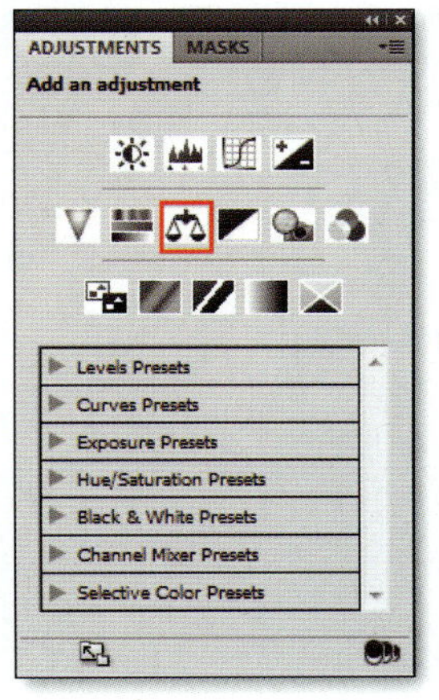

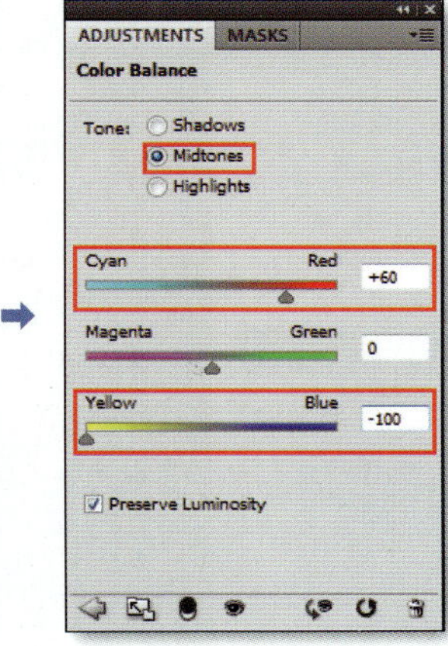

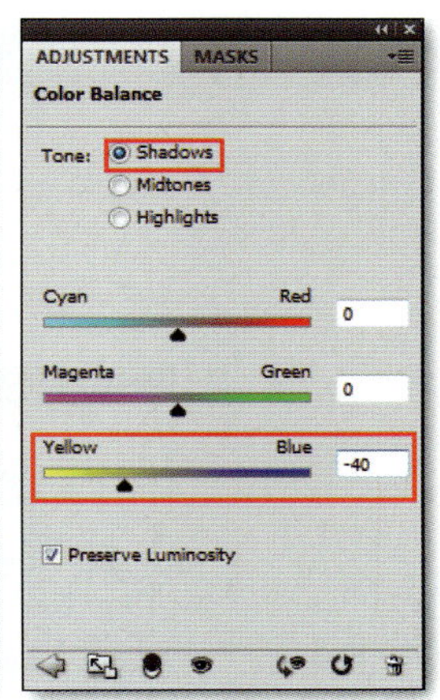

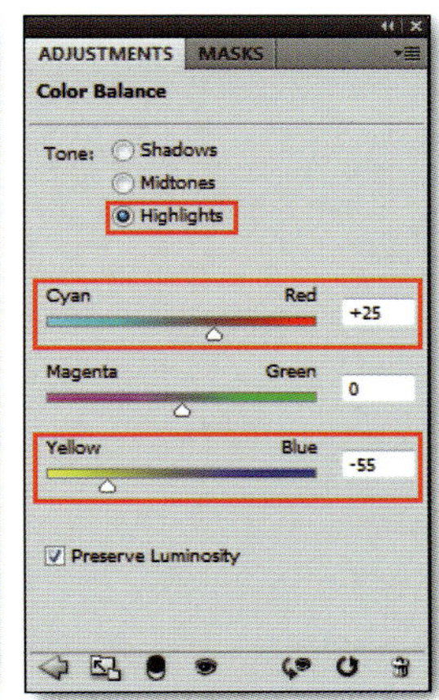

Tone : Midtones　Cyan : +60
Magenta : 0　Yellow : -100

Tone : Shadows　Cyan : 0
Magenta : 0　Yellow : -40

Tone : Highlights　Cyan : +25
Magenta : 0　Yellow : -55

02 Color Balance의 설정값이 하단에 위치한 'CSGE' 레이어의 이미
지에만 적용되도록 [Layers]–[Create Clipping Mask] 메뉴를 선
택합니다.

3   Curves의 적용

01 명도를 낮춰주기 위해 ADJUSTMENTS 패널의 [Curves] 아이콘을 선택하고 다음과 같이 설정
합니다.

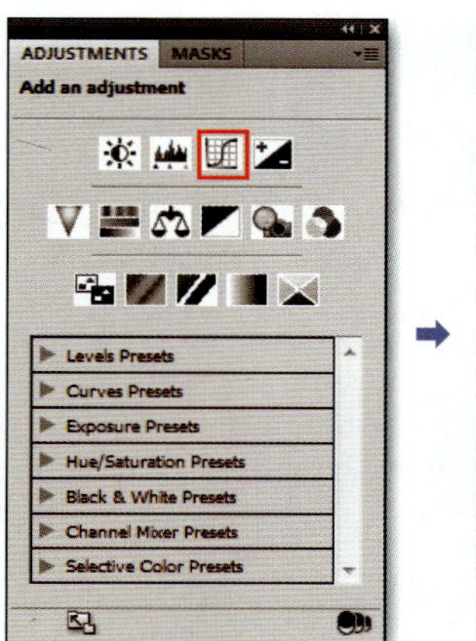
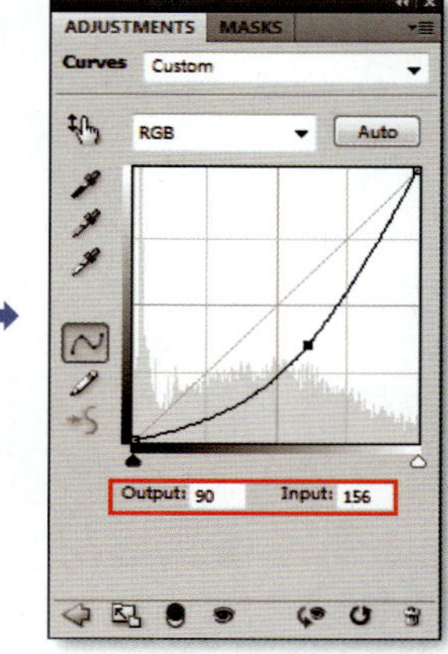

Channel : RGB   Output : 90
Input : 156

02 Curves의 설정값이 'CSGE' 레이어의 이미지에만 적용되도록 [Layers]–[Create Clipping
Mask] 메뉴를 선택합니다.

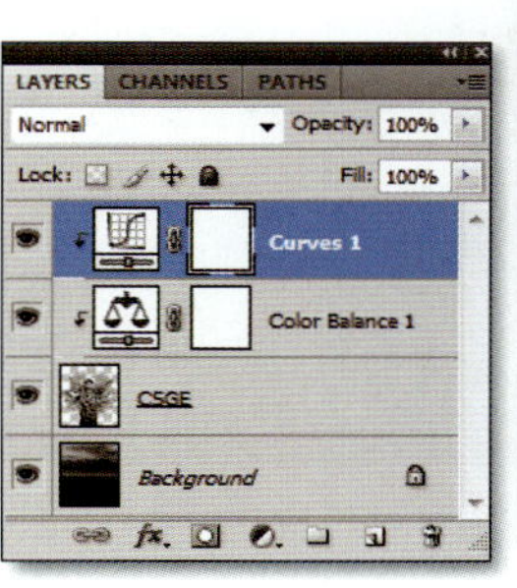

텍스쳐 만들기

새로운 레이어를 만들고 배경색을 지정한 후 Grain과 Glowing Edges 필터 등을 이용하여 천수관음의 대자비(大慈悲)를 상징하는 텍스쳐 이미지를 만들고 이미지의 전체적인 밀도감을 높여봅니다.

▶ KEY POINT

- **Grain 필터** : [Filter]–[Texture]–[Grain] 메뉴를 선택하면 사용할 수 있으며 이미지에 다양한 노이즈를 적용할 수 있는 필터입니다.
- **Glowing Edges** : [Filter]–[Stylize]–[Glowing Edges] 메뉴를 선택하면 사용할 수 있으며 이미지의 외곽선 부분에 빛으로 발산하는 듯한 네온 효과를 적용할 수 있는 필터입니다.
- **Lighten 블렌딩 모드** : 색상의 밝은 톤은 변화가 없지만 어두운 톤은 밝은 톤으로 변합니다.

BEFORE

AFTER

WORK 05

1 새로운 레이어 만들기

01 LAYERS 팔레트에서 [Create a new layer] 아이콘(🔲)을
클릭하여 새 레이어를 만들고 이름을 'Prayer'로 설정합니다.

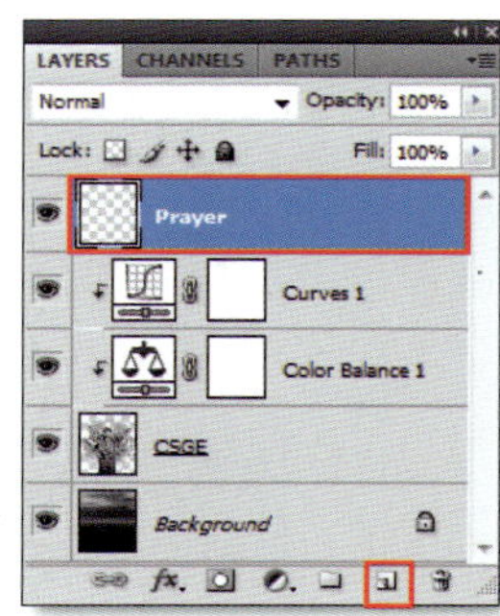

2 배경색 채우기

01 툴박스에서 전경색은 검은색, 배경색은 흰색으로 설정합니다. Rectangular Marquee
Tool(🔲)을 선택하고 그림과 같이 선택 영역을 지정한 후 Ctrl+Delete를 눌러 배경색인 흰색을
채워줍니다.

3　Grain 필터의 적용

01 [Filter]–[Texture]–[Grain] 메뉴를 선택하면 나타나는 [Grain] 대화상자를 그림과 같이 설정한 후 [OK] 단추를 클릭합니다.

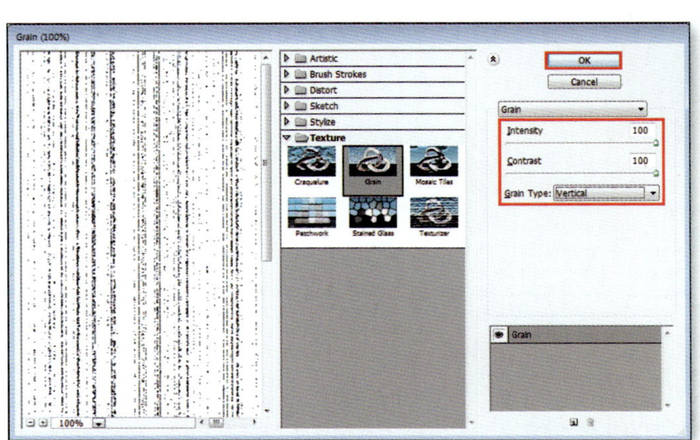

Intensity : 100, Contrast : 100, Grain Type : Vertical

02 Ctrl+T를 눌러 화면에 가득 차도록 크기를 늘려주고 Ctrl+D를 눌러 선택 영역을 해제합니다.

Neon Glow 필터의 적용

01 [Filter]–[Artistic]–[Neon Glow] 메뉴를 선택하면 나타나는 [Neon Glow] 대화상자를 그림과 같이 설정한 후 [OK] 단추를 클릭합니다.

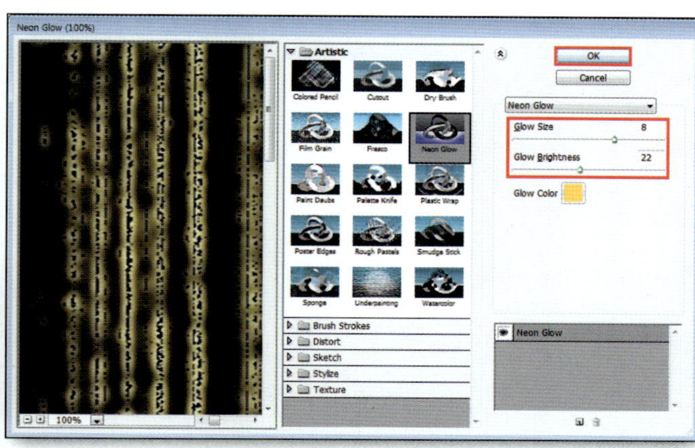

Glow Size : 8, Glow Brightness :22, Glow Color : #fcd708

Glowing Edges 필터의 적용

01 [Filter]–[Stylize]–[Glowing Edges] 메뉴를 선택하면 나타나는 [Glowing Edges] 대화상자를 그림과 같이 설정한 후 [OK] 단추를 클릭합니다.

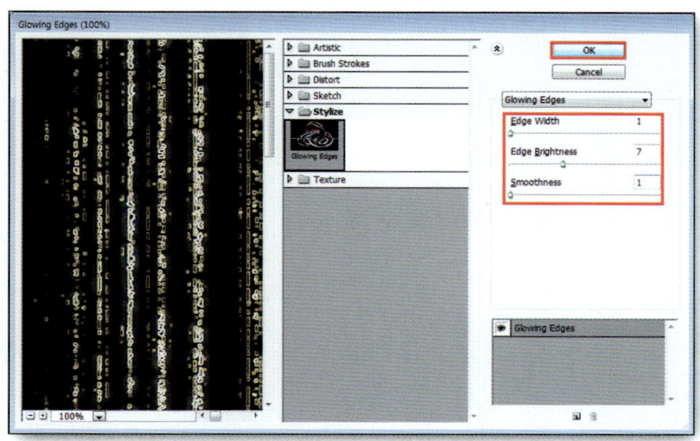

Edge Width : 1, Edge Brightness : 7, Smoothness : 1

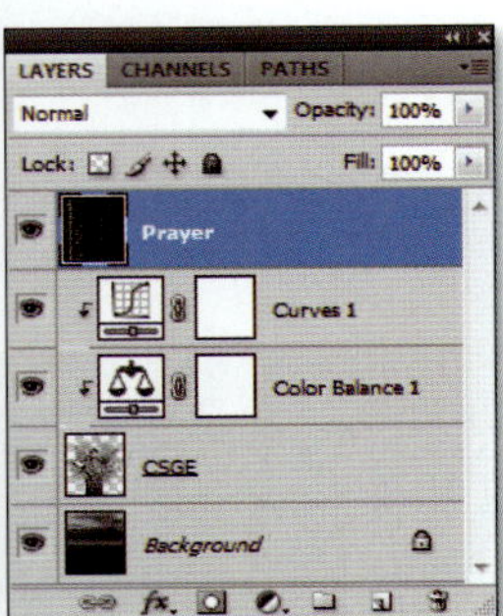

STEP

6   블렌딩 모드의 적용

01 'Prayer' 레이어의 블렌딩 모드를 'Lighten'으로 설정하고, [Opacity]는 '75%'로 설정합
니다.

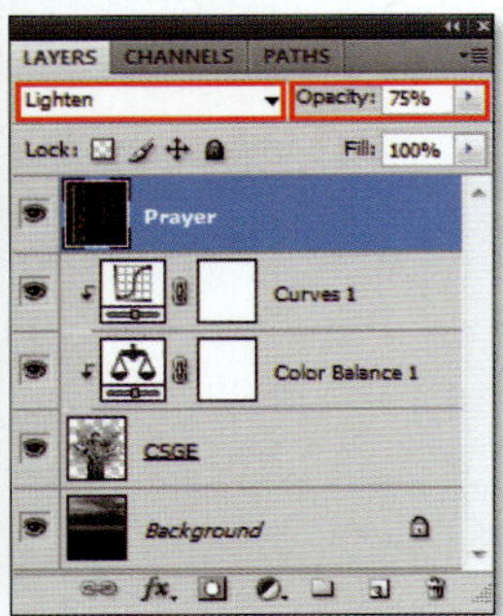

02 ‘Prayer’ 레이어가 선택된 상태에서 Ctrl을 누른 상태로 ‘CSGE’ 레이어의 썸네일(Layer thumbnail)을 클릭하여 선택 영역으로 지정합니다.

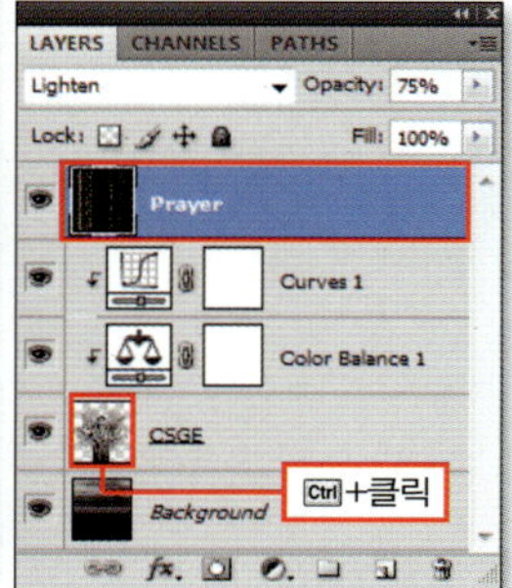

03 Delete를 눌러 선택된 영역을 삭제하고 작업을 마무리합니다.

Radial Blur와
Motion Blur
필터의 이해

Motion Blur와 Radial Blur 필터로 이미지에 잔상 효과를 주어 다이내믹(Dynamic)한 이미지를 만들어 봅니다.

Motion Blur

Radial Blur : Zoom

Radial Blur : Spin

■ Motion Blur

특정한 방향으로 블러(Blur) 효과를 지정하여 속도감을 표현할 수 있는 필터입니다.

● **부록 CD** : TIP/Ninja.jpg

01 Motion Blur 필터를 적용할 'Ninja.jpg' 파일을 부록 CD에서 불러옵니다.

02 Ctrl + J 를 눌러 이미지를 복사한 후 [Filter]−[Blur]−[Motion Blur] 메뉴를 선택합니다. [Motion Blur] 대화상자가 나타나면 그림과 같이 설정한 후 [OK] 단추를 클릭합니다.

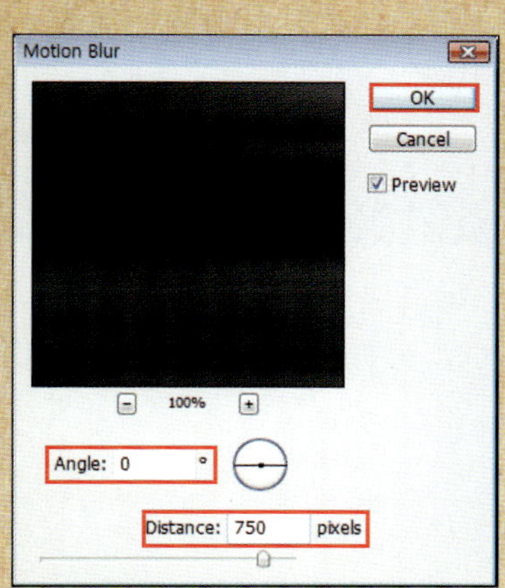

Angle : 0°　Distance : 750 pixels

03 `Ctrl`+`T`를 눌러 오른쪽으로 가로의 길이를 늘려준 후 LAYERS 팔레트의 [Opacity]를 '85%' 로 설정합니다.

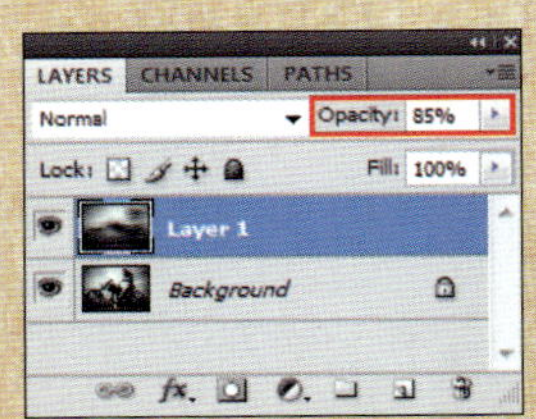

04 툴박스에서 Eraser Tool()을 선택하고 이미지의 부분 부분을 지워 마무리합니다.

■ Radial Blur

기준점을 중심으로 이미지가 회전하거나 원을 그리며 빨려들어가는 듯한 느낌을 표현할 수 있는 필터입니다.

• Radial Blur : Zoom

01 Radial Blur 필터에서 Zoom 효과를 적용할 'Speed.jpg' 파일을 부록 CD에서 불러옵니다.

● **부록 CD** : TIP/Speed.jpg

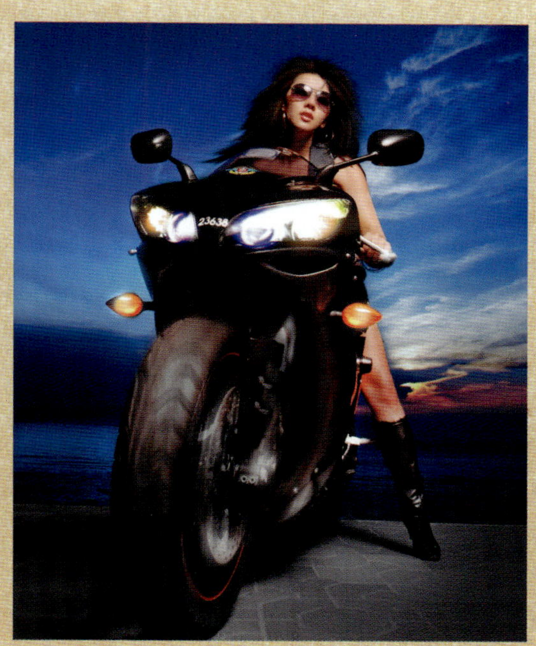

02 Ctrl + J 를 눌러 이미지를 복사한 후 [Filter]–[Blur]–[Radial Blur] 메뉴를 선택합니다. [Radial Blur] 대화상자가 나타나면 그림과 같이 설정한 후 [OK] 단추를 클릭합니다.

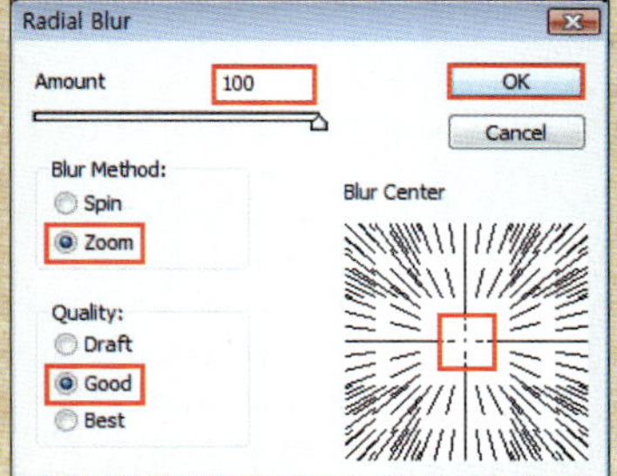

Amount : 100　Blur Method : Zoom
Quality : Good

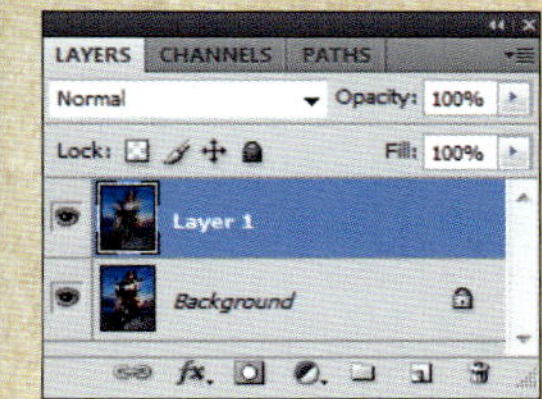

03 색상 경계에 대한 대비를 더욱 강하게 표현하기 위해 [Filter]–[Sharpen]–[Unsharp Mask] 메뉴를 선택합니다. [Unsharp Mask] 대화상자가 나타나면 그림과 같이 설정한 후 [OK] 단추를 클릭합니다.

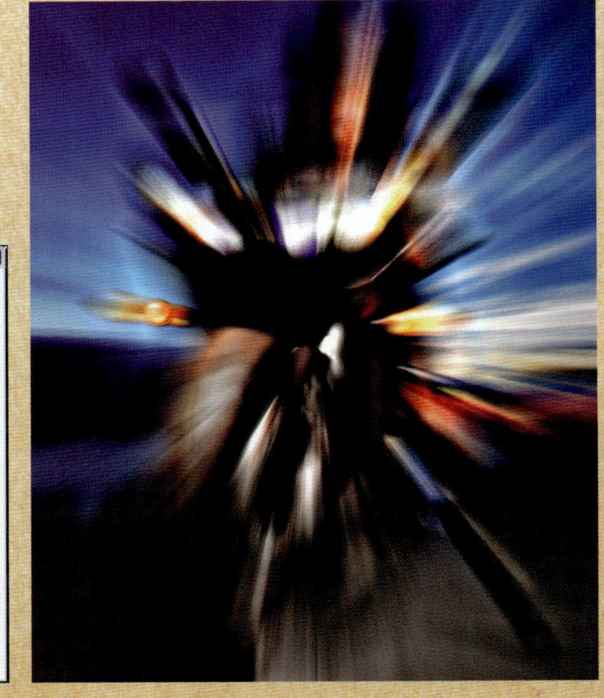

Amount : 280%　Radius : 90 pixels
Threshold : 0 levels

04 다시 [Filter]–[Blur]–[Radial Blur] 메뉴를 선택하면 나타나는 [Radial Blur] 대화상자를 그림과 같이 설정한 후 [OK] 단추를 클릭합니다.

Amount : 50　Blur Method : Zoom
Quality : Good

05 툴박스에서 Eraser Tool(⌫)을 선택하고 인물과 오토바이 부분이 보이도록 지우고 마무리합
니다.

• **Radial Blur : Spin**

01 구름이 있는 하늘 이미지를 가지고 있는 'Jeju sky.jpg' 파일을 부록 CD에서 불러옵니다.

● **부록 CD** : TIP/Jeju sky.jpg

● **부록 CD** : TIP/Jump.psd

02 Radial Blur 필터에서 Spin 효과를 적용할 'Jump.psd' 파일을 부록 CD에서 불러옵니다.

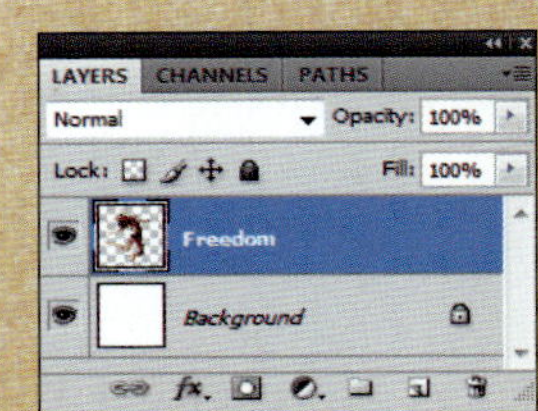

03 Move Tool(⊹)을 선택하고 'Jump.psd' 파일의 'Freedom' 레이어를 구름이 있는 하늘 이미지로 드래그하여 복사하고 중앙으로 위치를 잡아줍니다.

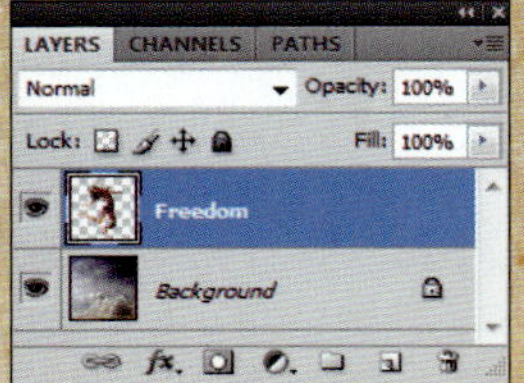

04 Ctrl+J를 눌러 이미지를 하나 더 복사한 후 레이어의 이름을 'Free'로 설정합니다. 'Freedom' 레이어의 '눈' 아이콘(◉)을 클릭하여 보이지 않도록 해줍니다.

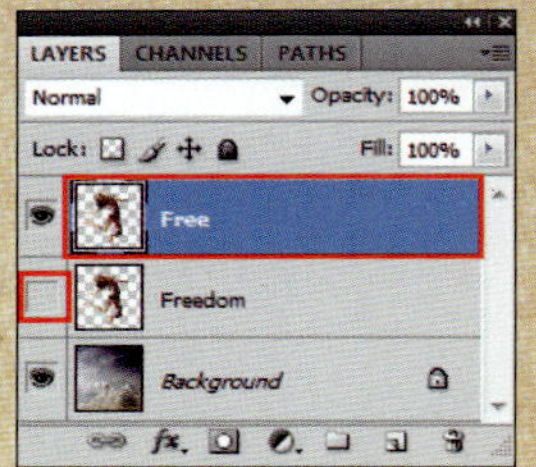

05 [Filter]-[Blur]-[Radial Blur] 메뉴를 클릭하면 나타나는 [Radial Blur] 대화상자를 그림과 같이 설정한 후 [OK] 단추를 클릭합니다.

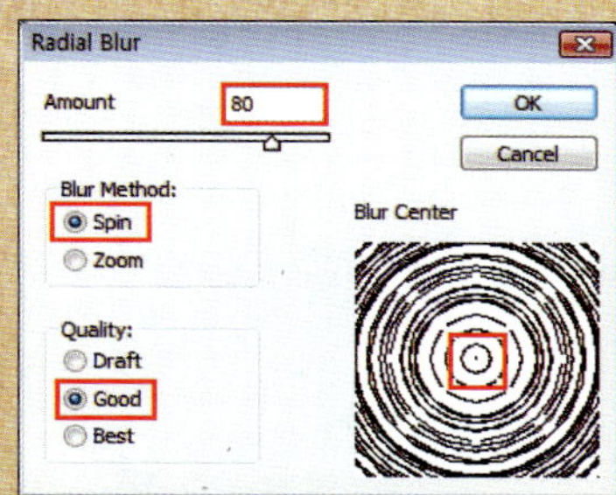

Amount : 80　Blur Method : Spin
Quality : Good

06 Ctrl + J 를 4번 눌러 'Free' 레이어를 4개 더 복사합니다.

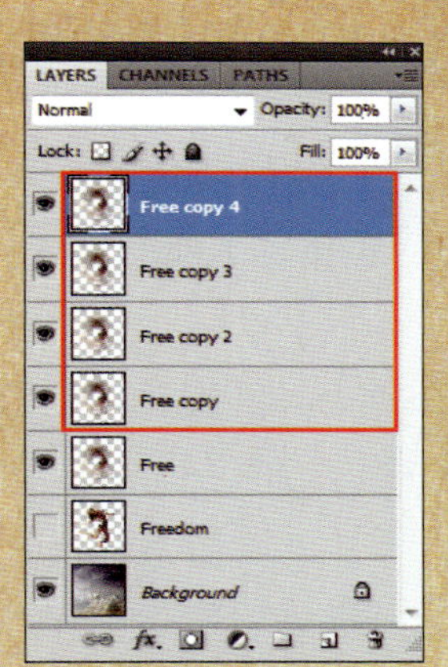

07 'Free copy 4' 레이어에서 부터 'Free' 레이어까지 함께 선택한 후 Ctrl + E 를 눌러 합쳐줍니다.

08 거칠어진 이미지를 부드럽게 만들어 주기 위해 [Filter]−[Blur]−[Gaussian Blur] 메뉴를 선택합니다. [Gaussian Blur] 대화상자가 나타나면 그림과 같이 설정한 후 [OK] 단추를 클릭합니다.

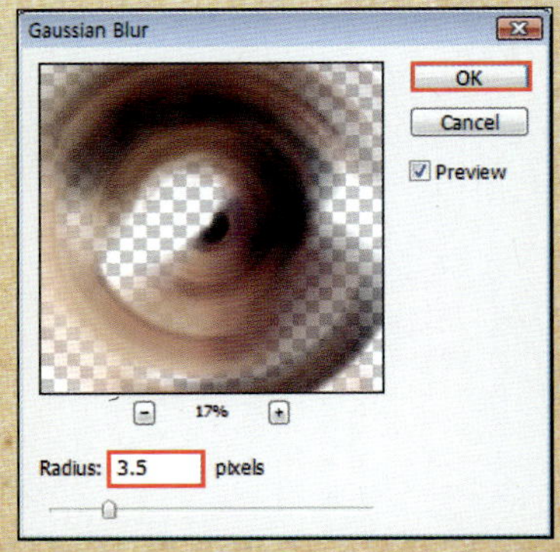

Radius : 3.5 pixels

09 LAYERS 팔레트에서 'Freedom 4' 레이어를 'Freedom' 레이어 아래로 드래그하여 이동시킨 후 'Freedom' 레이어의 '눈' 아이콘(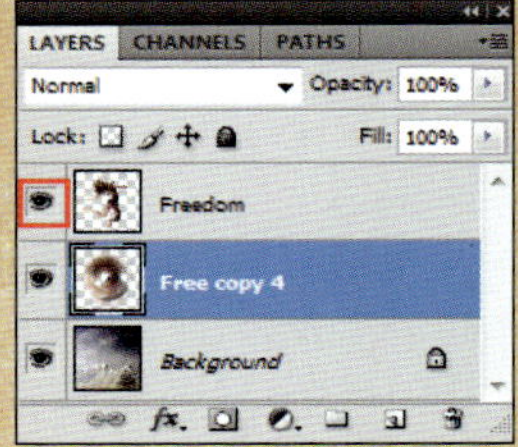)을 클릭하여 보이도록 만듭니다.

10 인물과 Spin 효과를 적용한 이미지가 자연스럽게 연결될 수 있도록 'Freedom' 레이어를 선택하고 Eraser Tool(로 인물의 외곽 부분을 지우고 마무리합니다.

인물 사진의 구도_샷의 종류

■ **Body.psd 촬영 정보**

Nikon D80, 1/125 sec, 조리개 값 : F9.0, 촬영 모드 : M, ISO : 100, 화이트 밸런스 : Manual

■ **샷(Shot)**

카메라로 촬영된 하나의 장면을 샷(Shot)이라고 하며 인물의 경우 어느 부분을 포함하느냐에 따라 다양한 샷이 존재합니다.

• **클로즈업 샷(Close-up Shot)**

인물의 얼굴 부분을 크게 촬영한 샷으로 얼굴의 표정이 명확하게 드러나기 때문에 감정 표현에 어울리며 얼굴에 관심을 집중시킬 때 주로 사용합니다.

Nikon D80, 1/200 sec, 조리개 값 : F10, 촬영 모드 : M, ISO : 100, 화이트 밸런스 : Manual

Nikon D80, 1/80 sec, 조리개 값 : F8.0, 촬영 모드 : M, ISO : 200, 화이트 밸런스 : AUTO

• 바스트 샷(Bust Shot)

인물의 가슴부터 얼굴까지의 상체 부분을 담는 샷으로 인물을 촬영할 때 가장 기본이 되는 샷이라고 할 수 있습니다. 인물의 강한 느낌을 표현하는데 적당하며 보통 인터뷰, 프로필, 증명 사진에 많이 쓰입니다.

Nikon D80, 1/60 sec, 조리개 값 : F6.3, 촬영 모드 : M, ISO : 200, 화이트 밸런스 : Manual

Nikon D80, 1/40 sec, 조리개 값 : F5.6, 촬영 모드 : M, ISO : 400, 화이트 밸런스 : Manual

• 웨스트 샷(Waist Shot)

인물의 허리 부분까지를 담아내는 상당히 안정된 샷으로 배경과 함께 어우러지게 촬영하거나 또 다른 피사체를 프레임 안에 추가하여 다양한 연출을 하기에도 적당합니다.

Nikon D80, 1/125 sec, 조리개 값 : F10, 촬영 모드 : M, ISO : 100, 화이트 밸런스 : Auto

Nikon D80, 1/125 sec, 조리개 값 : F8.0, 촬영 모드 : M, ISO : 200, 화이트 밸런스 : Manual

• 니 샷(Knee Shot)

인물의 무릎 윗부분을 담아내는 샷입니다. 무릎 아래로 잘리기 때문에 불안정한 느낌을 줄 수도 있지만 상반신의 움직임이나 디테일을 강조할 때 주로 사용합니다.

Nikon D80, 1/20 sec, 조리개 값 : F5.6, 촬영 모드 : M,
ISO : 400, 화이트 밸런스 : Manual

Nikon D80, 1/125 sec, 조리개 값 : F8.0, 촬영 모드 : M,
ISO : 100, 화이트 밸런스 : Manual

• 풀 샷(Full Shot)

인물의 전체 모습을 표현할 때 쓰는 샷입니다. 머리부터 발끝까지의 전신이 화면에 들어가는 프레임으로 주변의 풍경과 함께 다양한 연출을 할 수 있는 장점이 있습니다.

Nikon D80, 1/200 sec, 조리개 값 : F10, 촬영 모드 : M,
ISO : 100, 화이트 밸런스 : Manual

Nikon D80, 1/200 sec, 조리개 값 : F8.0, 촬영 모드 : M,
ISO : 100, 화이트 밸런스 : Manual

• 롱 샷(Long Shot)

인물을 포함하여 넓은 배경을 함께 담아내는 샷으로 배경의 공간감으로 인해 전체적으로 시원한
느낌을 주며 시각적 여유와 안정감을 주는 장점이 있습니다.

Nikon D80, 1/125 sec, 조리개 값 : F9.0, 촬영 모드 : M, ISO : 100, 화이트 밸런스 : Manual

Nikon D80, 1/60 sec, 조리개 값 : F5.6, 촬영 모드 : M, ISO : 400, 화이트 밸런스 : Manual

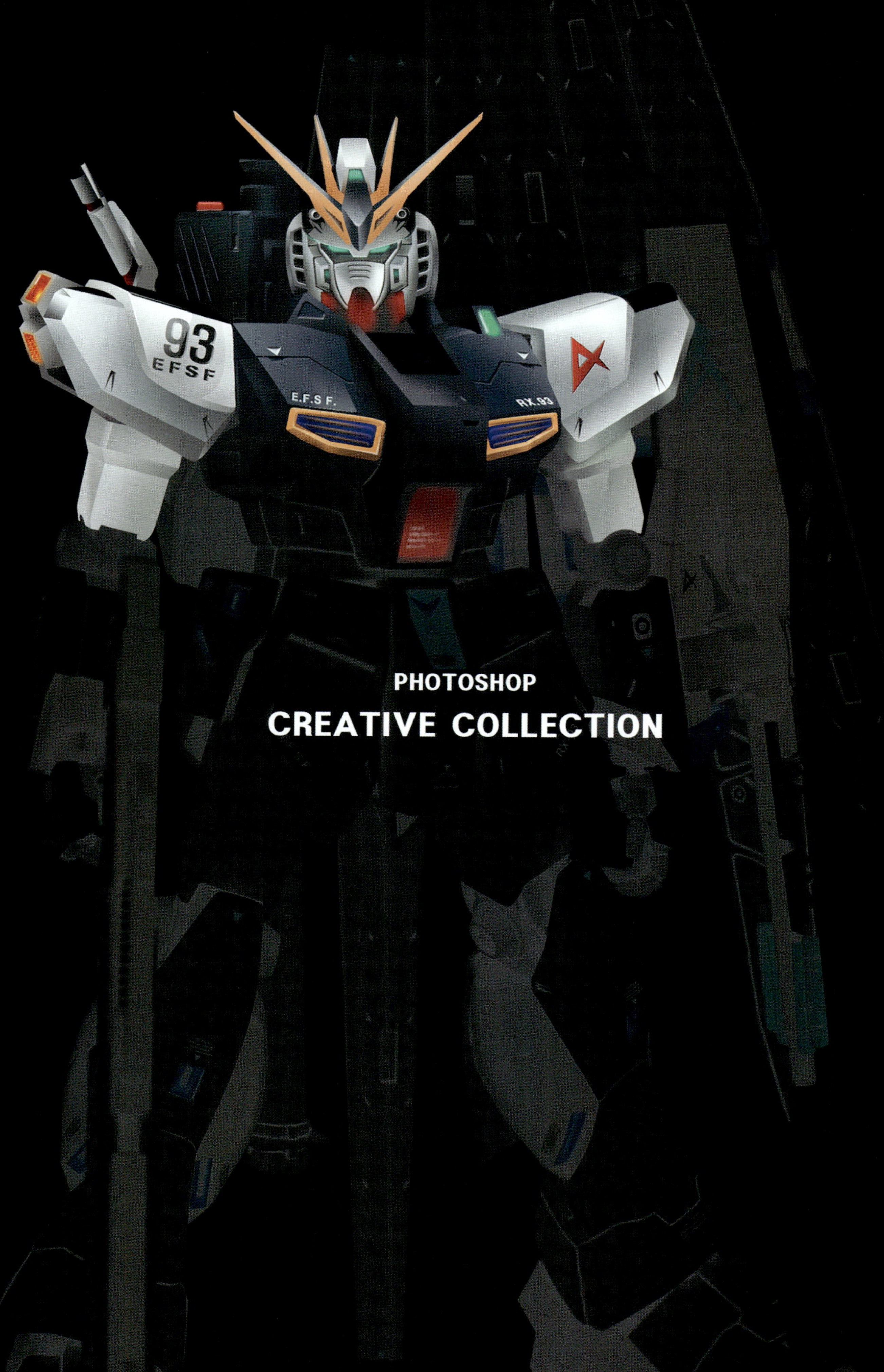

PHOTOSHOP

CREATIVE COLLECTION

PHOTOSHOP
CREATIVE COLLECTION

Flight of dreams

내가 숨 쉬고 살아가는 이곳으로 누가 나를 보낸 걸까?

나는 여태껏 나만의 의지로 여기까지 온 줄 알고 있었다.

하지만 그것은 나의 큰 착각이였다.

나는 나의 노스텔지아(Nostalgia)에서 날려보내진 건지도 모른다.

나의 떠나는 표정을 보며 그들도 그것을 느꼈었을까?

아니면 그들도 여태껏 그런 착각을 하면서 살고 있을까?

의문이 없는 절대적인 의지를 찾아가고 싶다.

SOURCE FILE

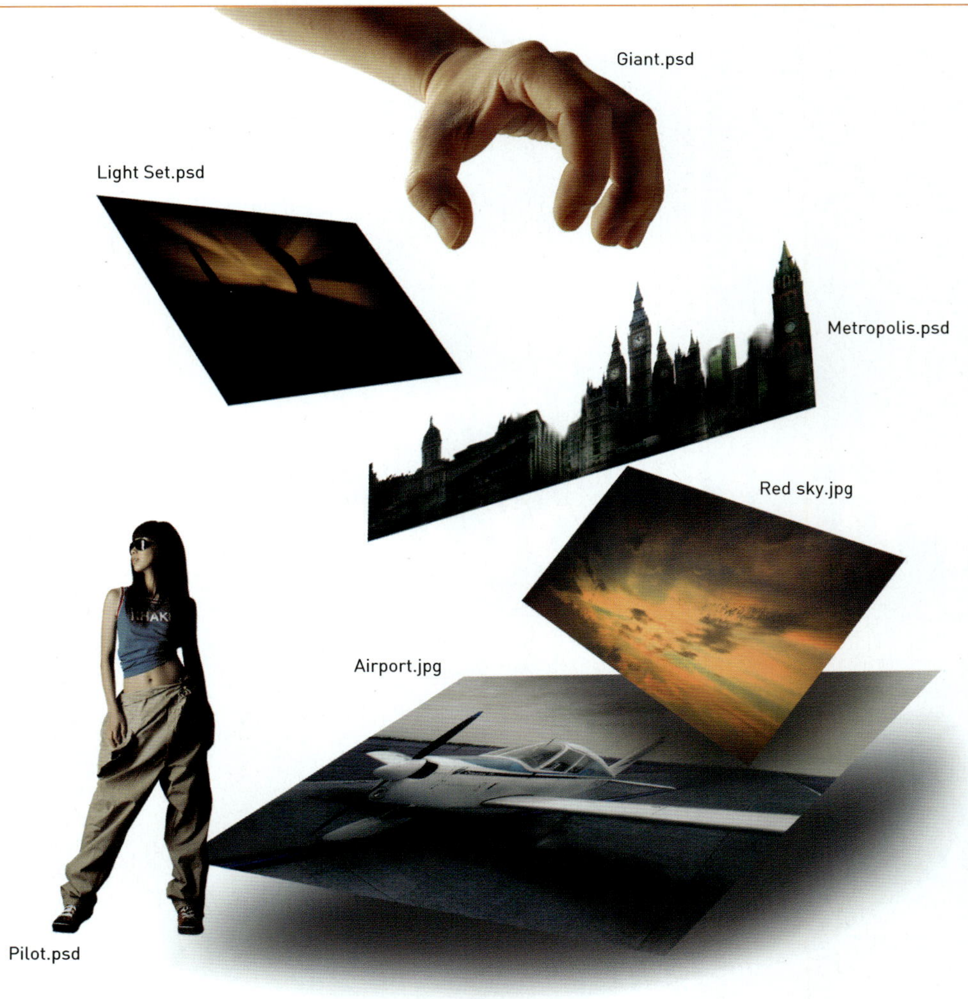

- **Pilot.psd** : 파일럿으로 등장하는 인물 이미지
- **Airport.jpg** : 합성에 사용하기 위해 촬영한 경비행기가 있는 배경 이미지
- **Metropolis.psd** : 여러 건물 이미지를 콜라주(Collage)한 이미지
- **Light Set.psd** : 경비행기와 손의 경계에 합성하기 위한 광선 이미지 Set
- **Giant.psd** : 모션(Motion)을 취하고 있는 손 이미지
- **Red sky.jpg** : 일몰 시간에 촬영한 하늘 이미지

SLIDE

Start ▶ ◀ Finish

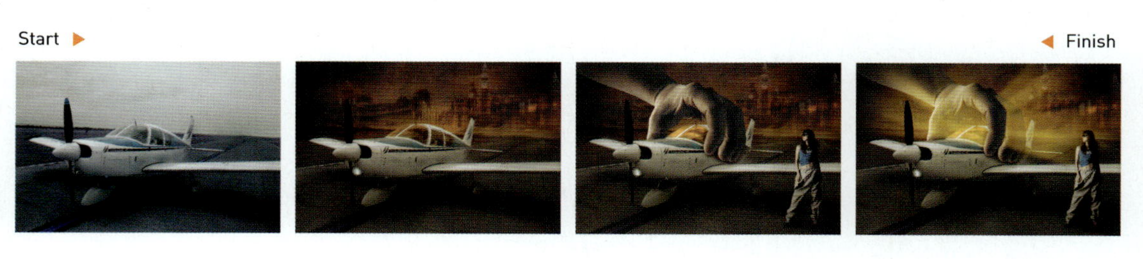

그로테스크(Grotesque)한 배경 제작

이미지의 전체적인 색감과 분위기를 황색으로 바꾸고 저녁 노을 분위기의 하늘과 황폐한 건물 도시를 삽입하여 그로테스크(Grotesque)한 배경을 연출합니다.

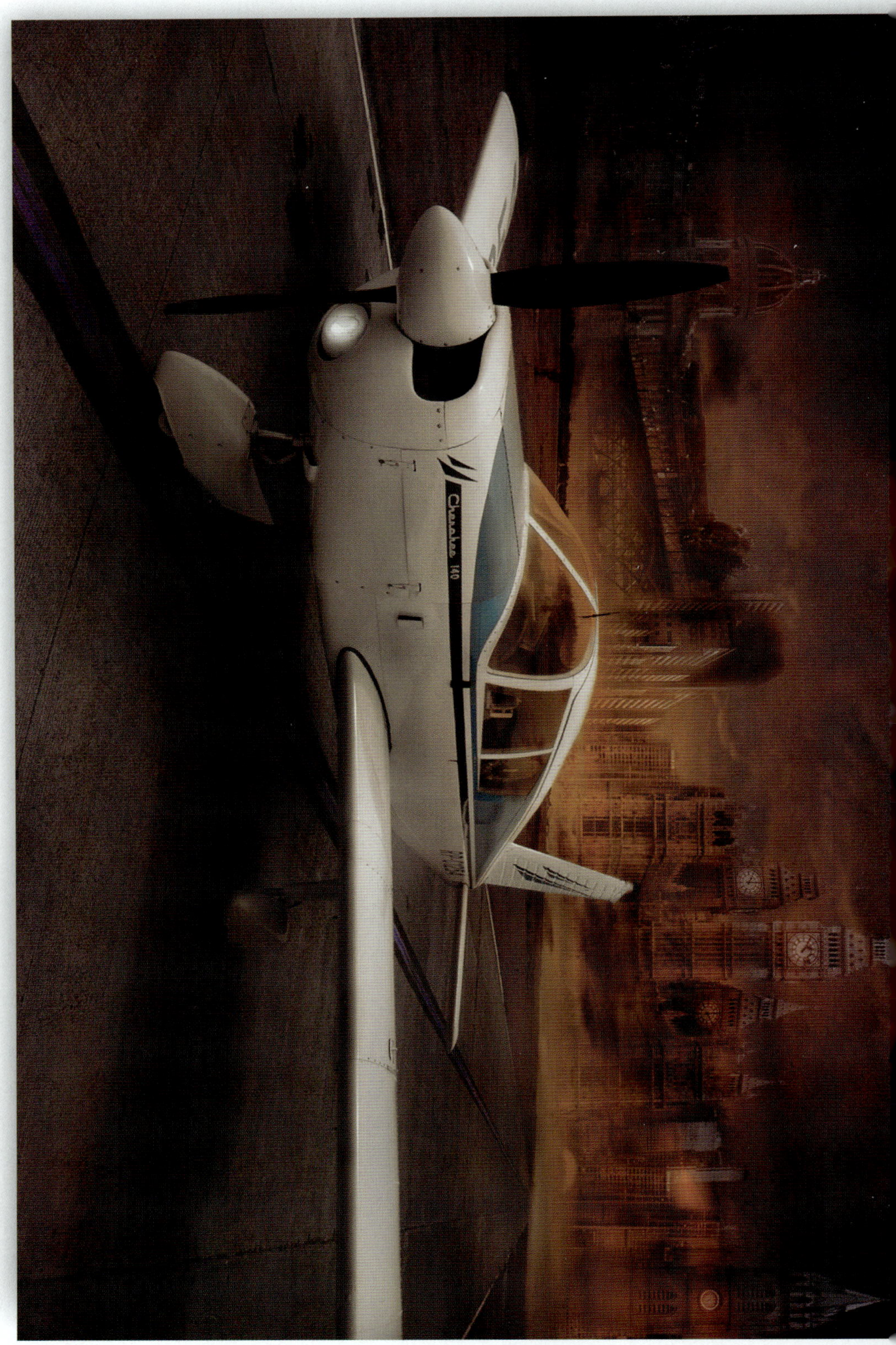

AFTER

KEY POINT

- **Dodge Tool( )** : 이미지의 특정 부분에 노출 정도를 조절하여 어두운 부분을 밝게 보정할 수 있습니다.
- **Multiply 블렌딩 모드** : 각 레이어의 이미지 색상들이 겹쳐 보이는 효과, 겹쳐진 색상은 각각 레이어의 색상보다 어둡게 나타나며 흰색의 경우는 투명하게 인식되어 다른 레이어의 색상이 그대로 나타납니다.
- **Luminosity 블렌딩 모드** : 선택한 레이어의 명도를 밑에 있는 레이어의 색상과 연계하여 보존시킵니다.

BEFORE

WORK 01

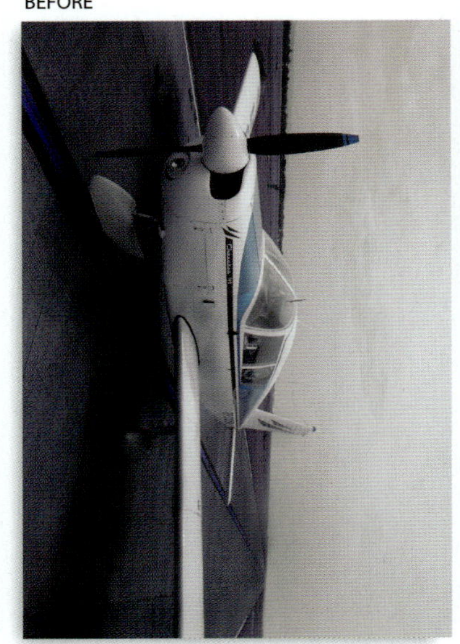

1

색감과 분위기 조정

● **부록 CD** : THEME 15/Airport.jpg

01 예제로 사용할 'Airport.jpg' 파일을 부록 CD에서 불러옵니다.

02 툴박스에서 Dodge Tool(🔍)을 선택하고 비행기의 프로펠러 밑에 위치한 라이트 부분을 문질러 밝게 처리합니다.

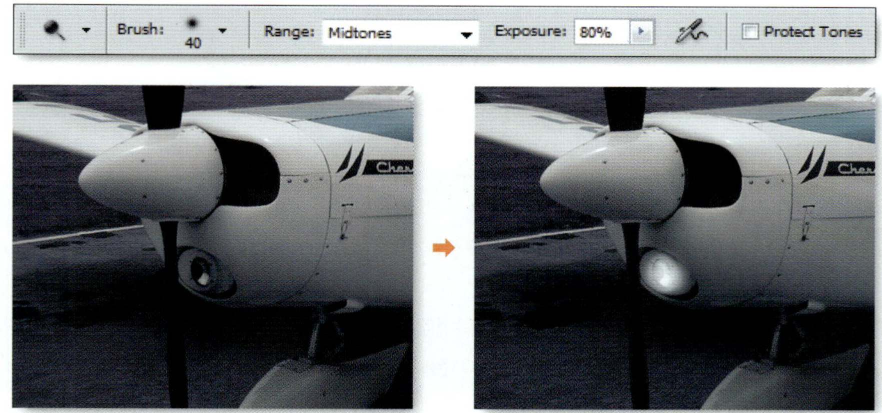

03 LAYERS 팔레트에서 [Create a new layer] 아이콘(▣)을 클릭하여 새 레이어를 만들고 이름을 'Yellow ocher'로 설정합니다.

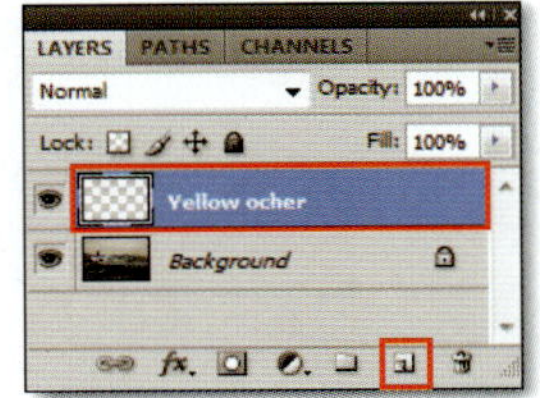

04 전경색을 황토색(#a3753f)으로 설정한 후 [Alt]+[Delete]를 눌러 색상을 채웁니다. LAYERS 팔레트에서 'yellow ocher' 레이어의 블렌딩 모드를 'Soft Light'로 설정합니다.

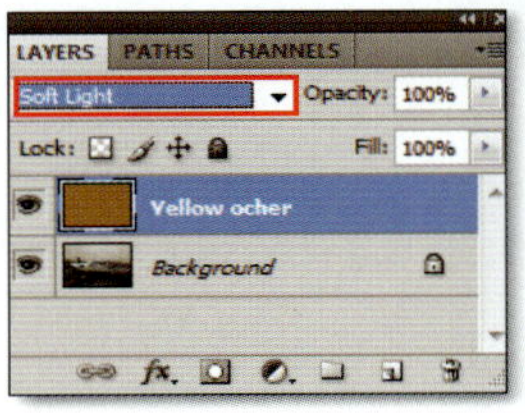

STEP
2　　　　　　　　　　하늘 이미지 합성

01 작업 이미지의 배경에 하늘 이미지를 합성하기 위해 부록 CD에서 'Red sky.jpg' 파일을 불러옵니다.

● **부록 CD** : THEME 15/Red sky.jpg

02 하늘 이미지를 작업 중인 이미지로 드래그하여 복사 하고 이미지 상단으로 위치를 잡은 후 레이어의 이름 을 'Sky'로 설정합니다.

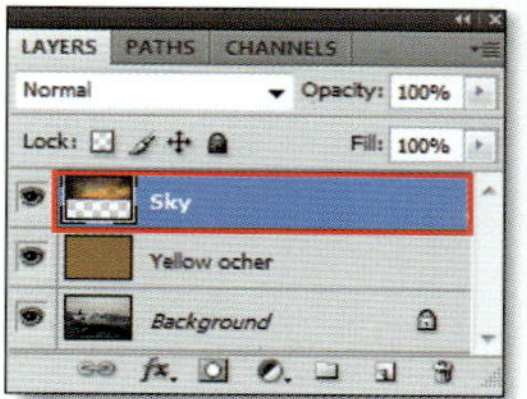

03 LAYERS 팔레트에서 'Sky' 레이어의 블렌딩 모드 를 'Multiply'로 설정합니다.

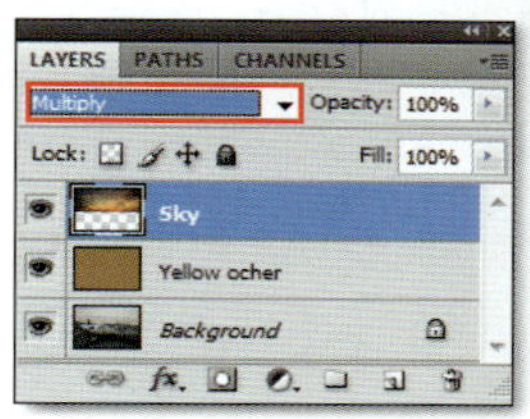

04 하늘 이미지가 자연스럽게 합성되도록 Eraser Tool(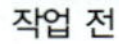)로 비행기와 땅위에 덮여진 하늘 이미지 부분을 지워줍니다. 단, 비행기의 창문 에 덮여진 하늘 이미지는 지우지 말고 남겨둡니다.

작업 전

작업 후

05 LAYERS 팔레트에서 [Create a new layer] 아이콘(🔳)을 클릭하여 새 레이어를 만들고 이름을 'Evening'으로 설정합니다. Ctrl + Shift + Alt + E 를 눌러 활성화되어 있는 이미지를 'Evening' 레이어에 붙여 줍니다.

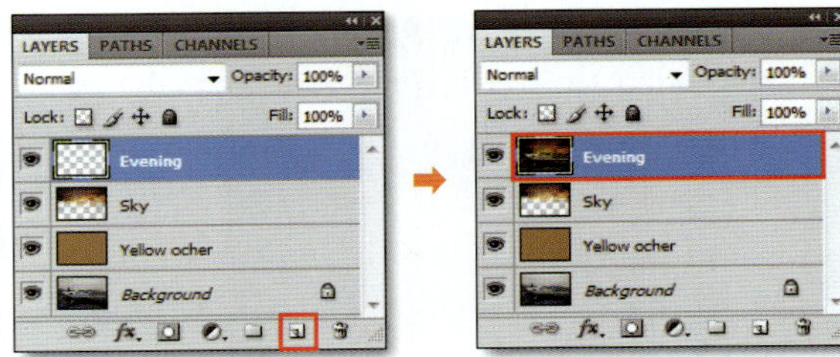

STEP 3 건물 이미지 합성

01 건물 이미지를 합성하기 위해 부록 CD에서 'Metropolis.psd' 파일을 불러옵니다.

● **부록 CD** : THEME 15/Metropolis.psd

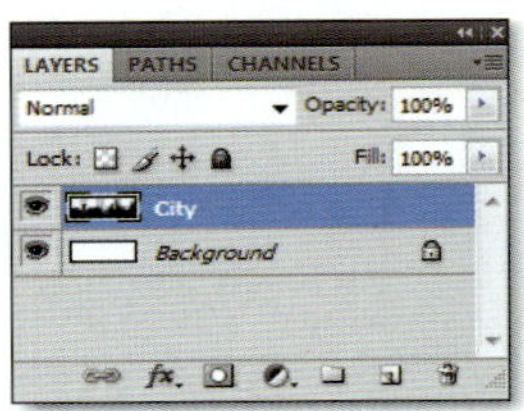

'Metropolis.psd' 파일의 이미지는 여러 건물 이미지를 콜라주(Collage)하여 완성한 이미지입니다.

02 Move Tool(➤+)을 선택하고 'Metropolis.psd' 파일의 'City' 레이어를 작업 중인 이미지로 드래그하여 복사한 후 그림과 같이 위치시킵니다.

03 LAYERS 팔레트에서 'City' 레이어의 블렌딩 모드를 'Luminosity'로 설정하고 [Opacity]는 '70%'로 설정합니다.

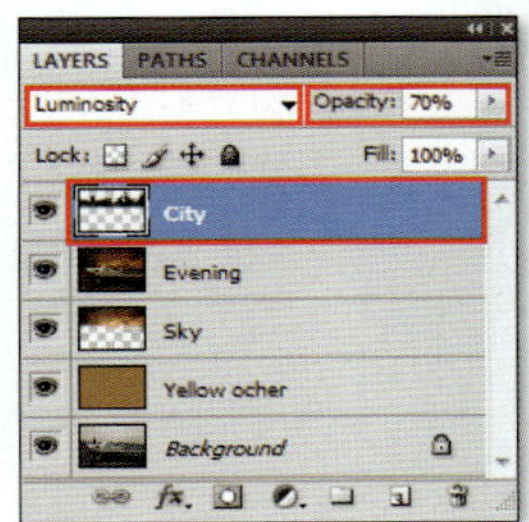

04 건물 이미지가 자연스럽게 합성되도록 Eraser Tool(　)로 건물 이미지의 아랫부분을 지워줍니다.

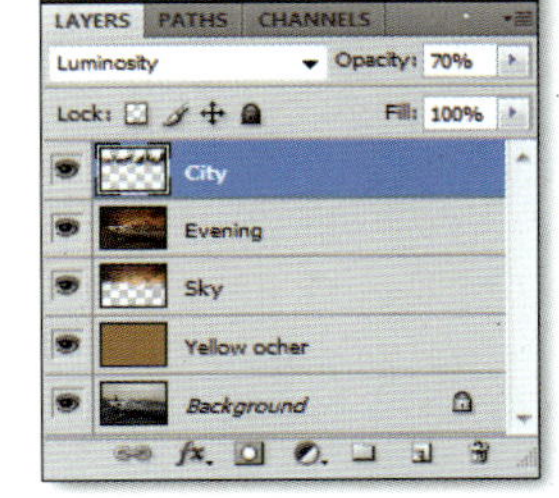

파일럿 이미지를 삽입한 후 배경과의 이질감을 덜어주기 위해 Smudge Tool(　)로 머리카락을
날려주고, Burn Tool(　)로 그림자를 묘사합니다.

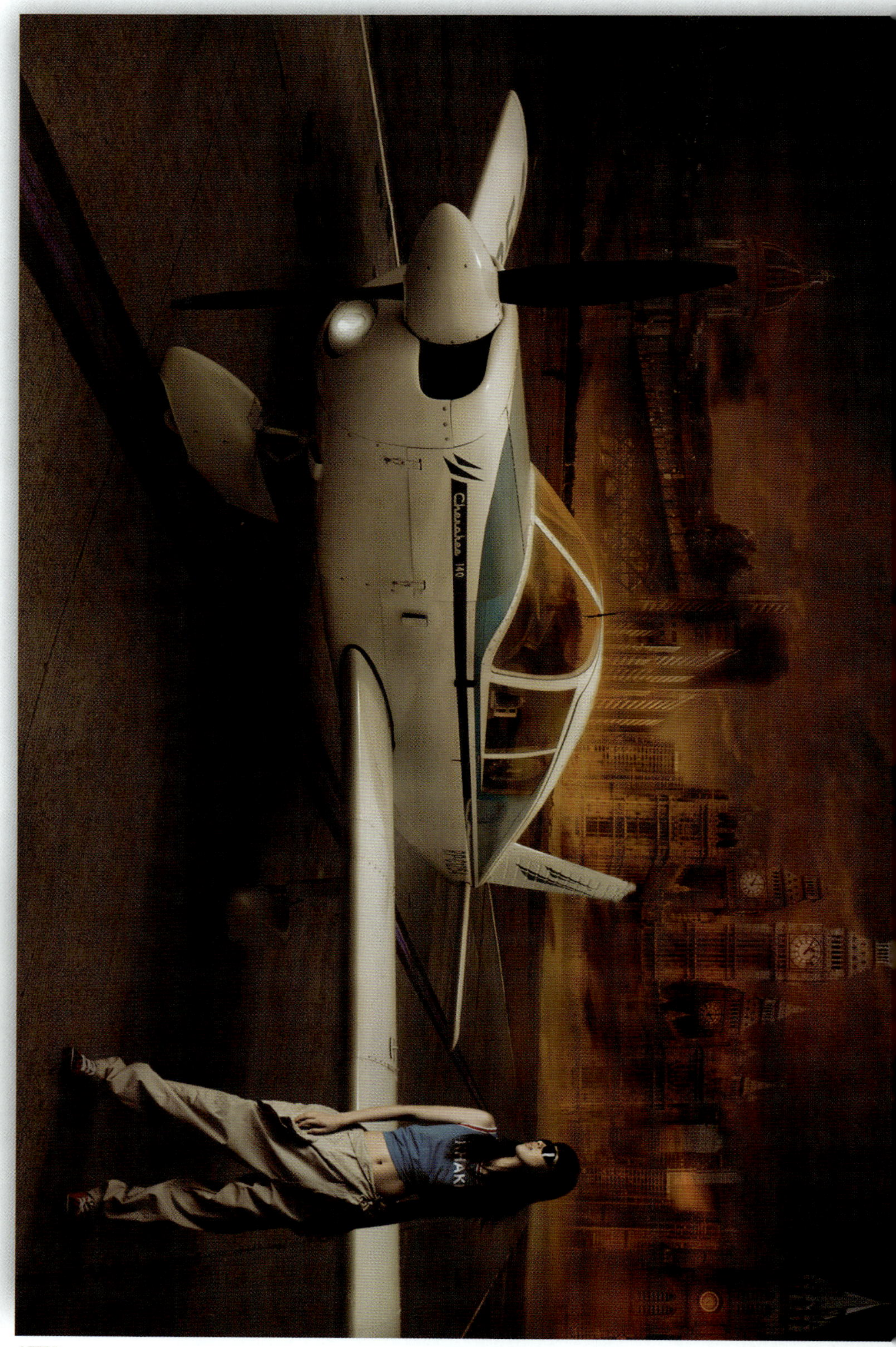

▶ KEY POINT

- **Smudge Tool(　)** : 인접한 픽셀을 밀고
  당겨 다른 픽셀과 합성하면서 이미지를
  재구성하는 툴입니다.
- **Burn Tool(　)** : 이미지의 특정 부분을
  어둡게 표현할 수 있는 툴입니다.

BEFORE

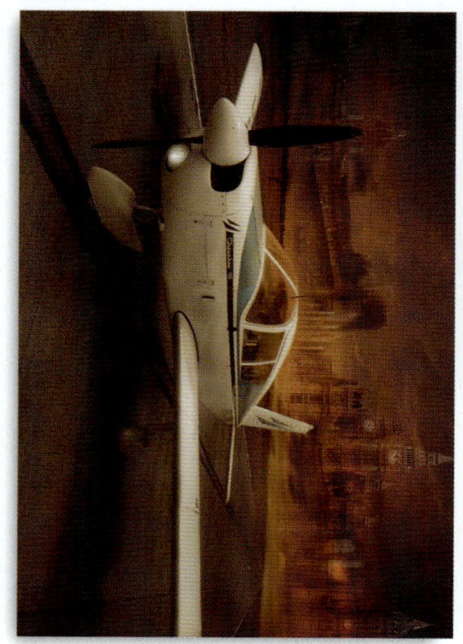

AFTER

WORK 02

1

파일럿 이미지 삽입

● **부록 CD** : THEME 15/Pilot.psd

01 비행기의 파일럿으로 등장할 인물을 삽입하기 위해 부록 CD에서 'Pilot.psd' 파일을 불러옵
니다.

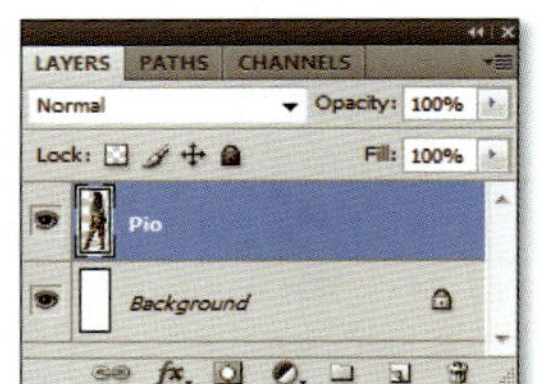

02 Move Tool( )을 선택한 후 'Pilot.psd' 파일의 'Pio' 레이어를 Shift 를 누르고 작업 중인
이미지로 드래그하여 복사합니다.

03 `Ctrl`+`T`를 눌러 그림과 같이 적당한 크기를 정해주고 위치를 잡아줍니다.

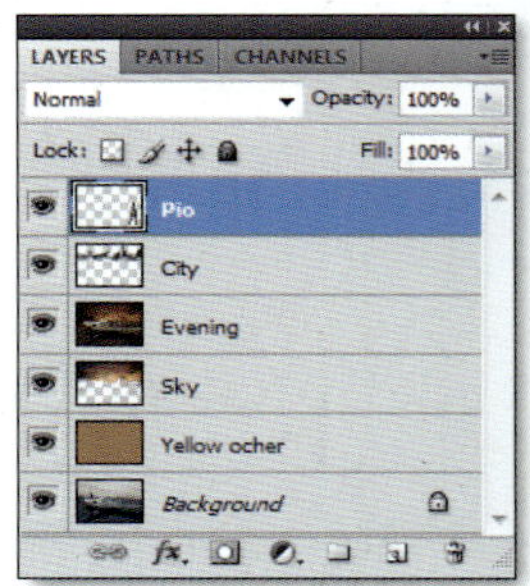

STEP

2　　　　　　　　　　　　　　　　　　　　　파일럿 이미지 합성

01 툴박스에서 Smudge Tool(🖐)을 선택한 후 브러시 스타일은 'Spatter 14 pixels'의 점이 흩
뿌려진 브러시로 선택합니다. 인물의 머리카락을 드래그하면서 자연스럽게 날리는 것처럼 묘
사합니다.

이때 브러시 [Size]와 [Strength]를 적절히 조절하면서 반복 작업합니다.

  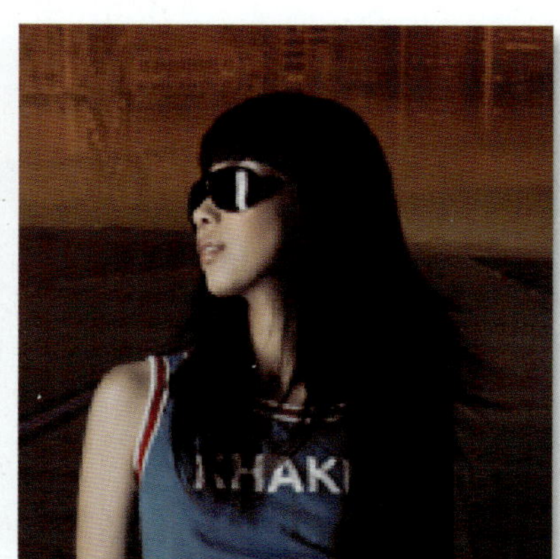

02 툴박스에서 Eraser Tool(⬚)을 선택하고 인물의 발 부분이 배경에 스며들 수 있도록 적은 양
의 불투명도(Opacity : 30%)로 지워줍니다.

03 'Evening' 레이어를 선택한 후 인물의 그림자를 Burn Tool
(⬚)로 묘사합니다.

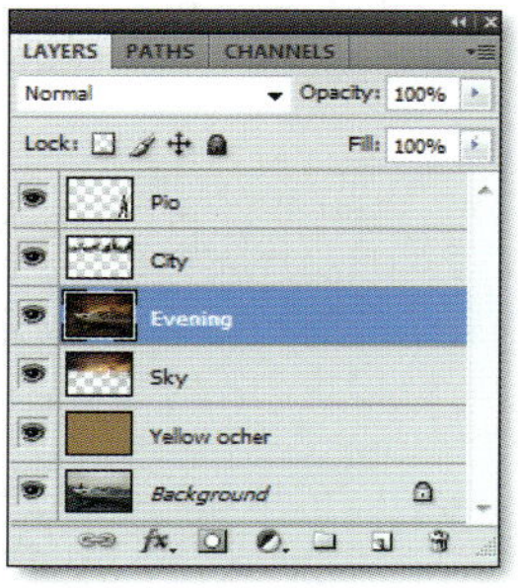

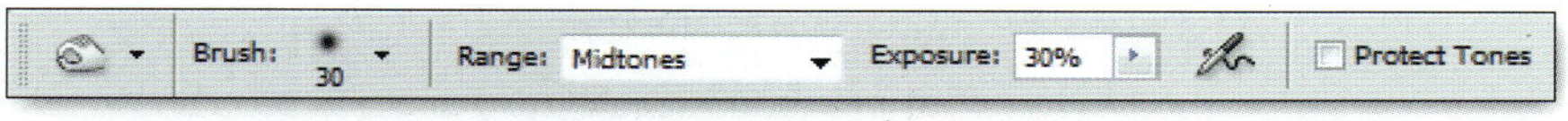

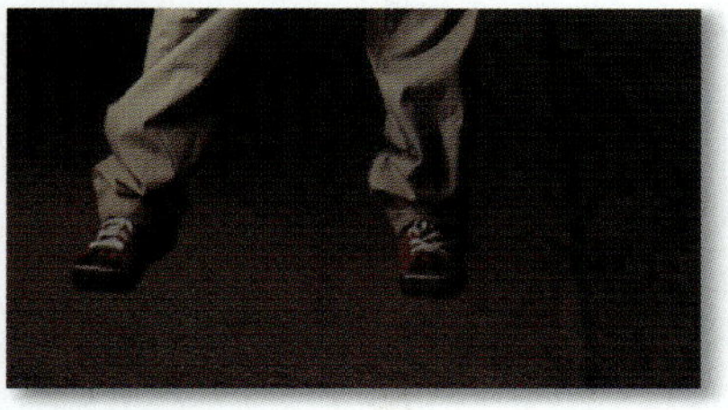

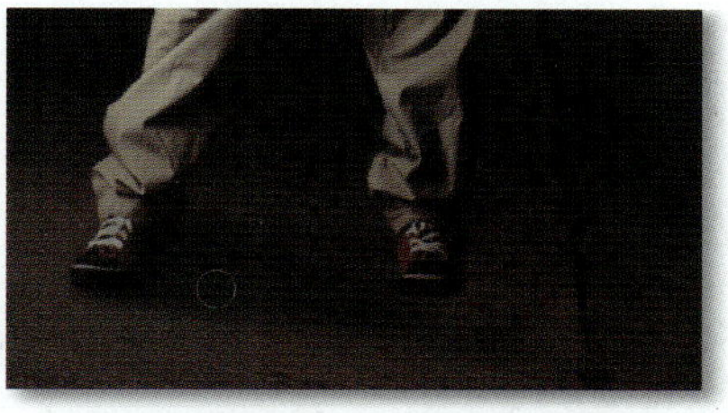

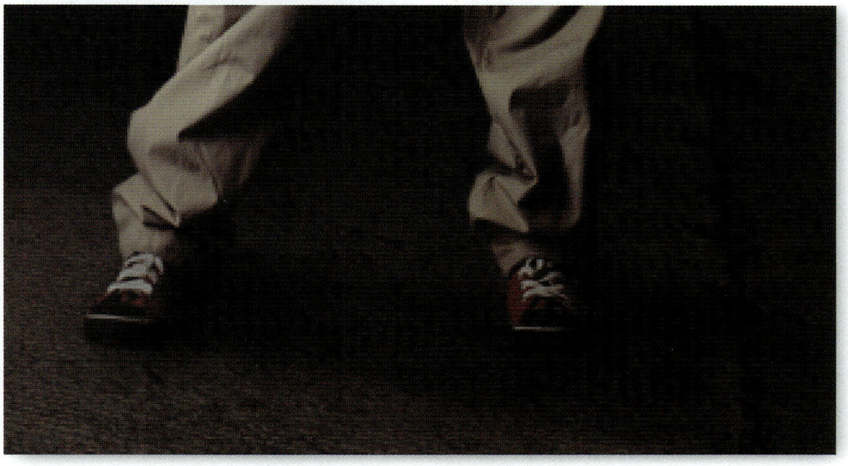

비행기를 잡을 거대한 손을 합성하고 손안에서 쏟아져 나오는 광선을 만들어 마치 비행기에
생명력을 불어넣는 듯한 상황을 연출합니다.

▶ KEY POINT

- **Replace Color** : 이미지 색상의 변경할
  부분을 스포이트로 추출한 후 색상(Hue),
  채도(Saturation), 명도(Lightness) 슬라
  이더 바를 이용하여 조절할 수 있습니다.
- **Opacity** : LAYERS 팔레트에 위치하고
  있으며 이미지의 불투명도를 조절할 수
  있습니다.
- **Burn Tool()** : 이미지의 특정 부분을
  어둡게 표현할 수 있는 툴입니다.
- **Dodge Tool()** : 이미지의 특정 부분을
  밝게 표현할 수 있는 툴입니다.

BEFORE

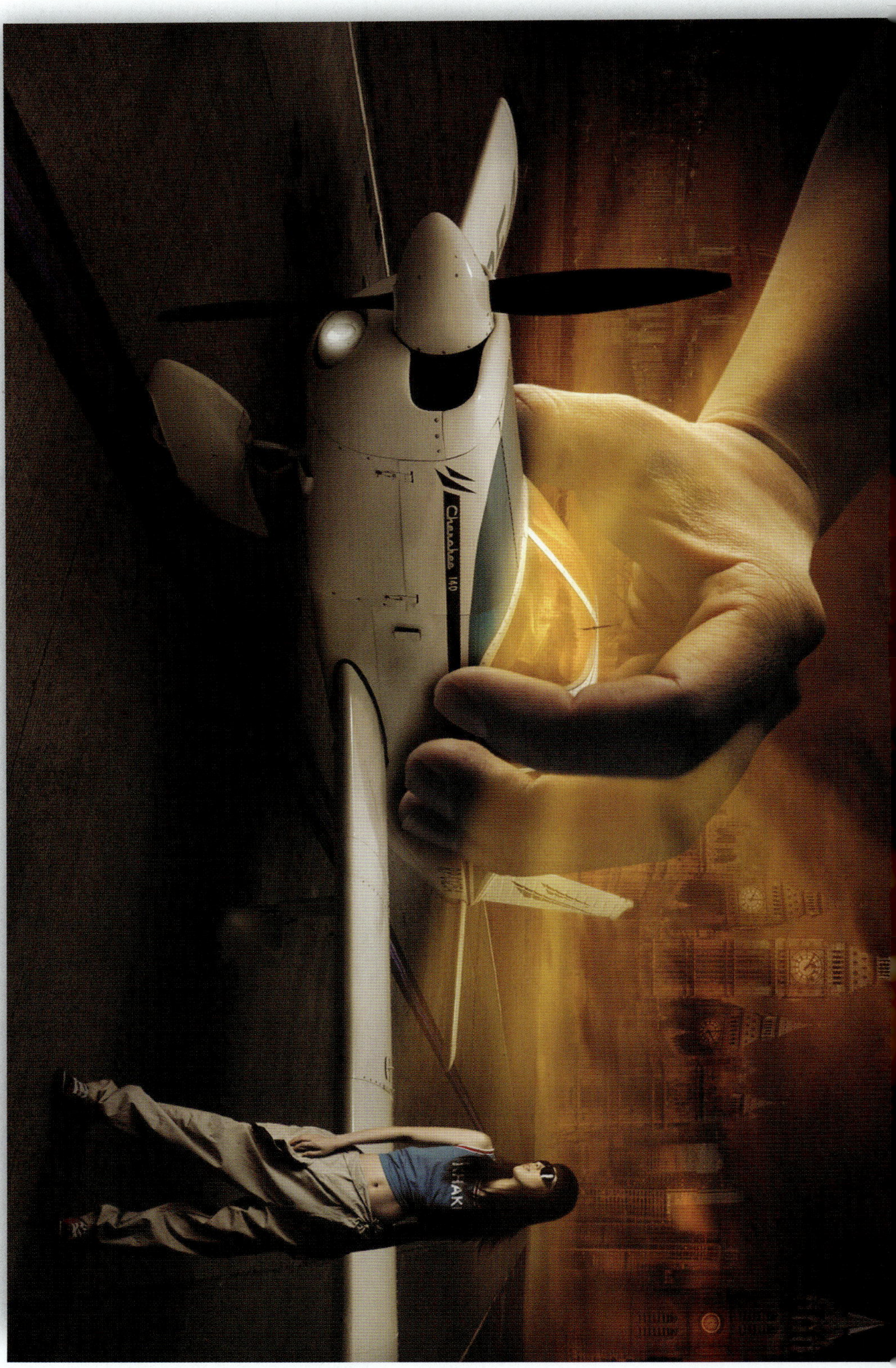

AFTER

WORK 03

STEP
1

손 이미지 삽입

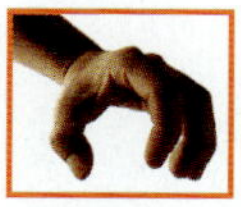

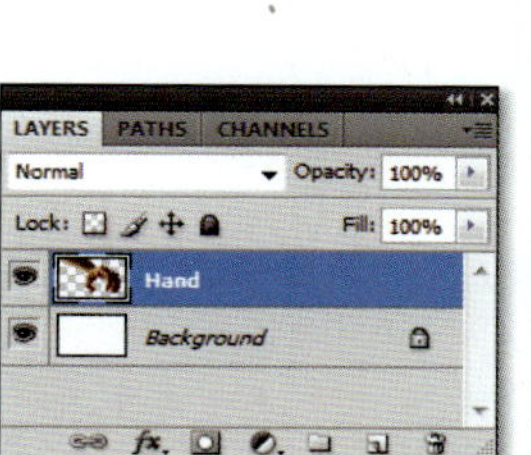

● **부록 CD** : THEME 15/Giant.psd

01 비행기를 잡을 거대한 손을 합성하기 위해 부록 CD에서 'Giant.psd' 파일을 불러옵니다.

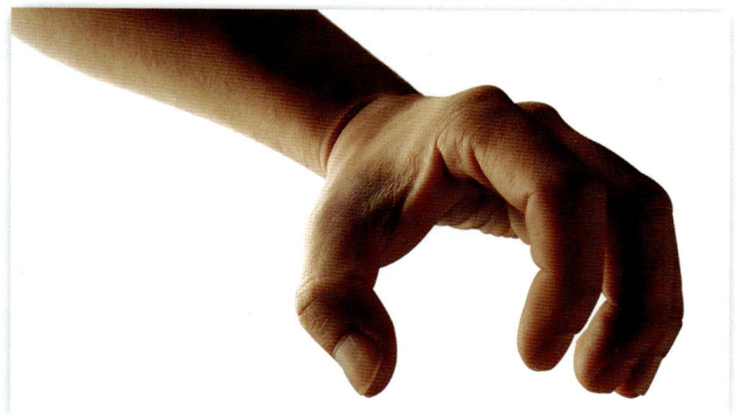

02 Move Tool(⊹)을 선택하고 'Giant.psd' 파일의 'Hand' 레이어를 Shift 를 누르고 작업 중인 이미지로 드래그하여 복사합니다.

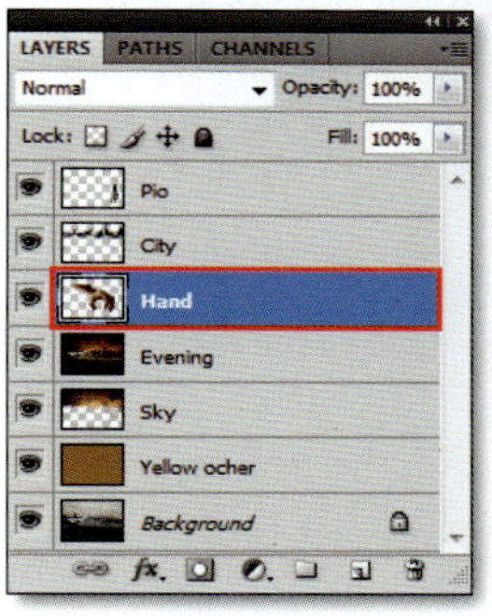

03 LAYERS 팔레트에서 'Hand' 레이어를 제일 위로 드래그하여 이동시킵니다.

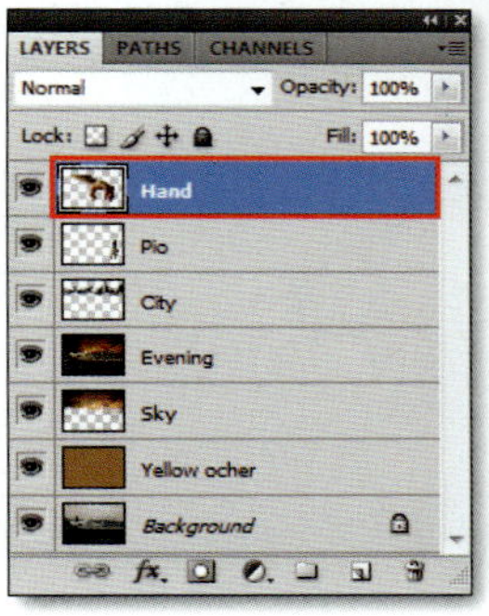

04 `Ctrl`+`T`를 눌러 그림처럼 적당한 크기를 정해주고 위치를 잡아줍니다.

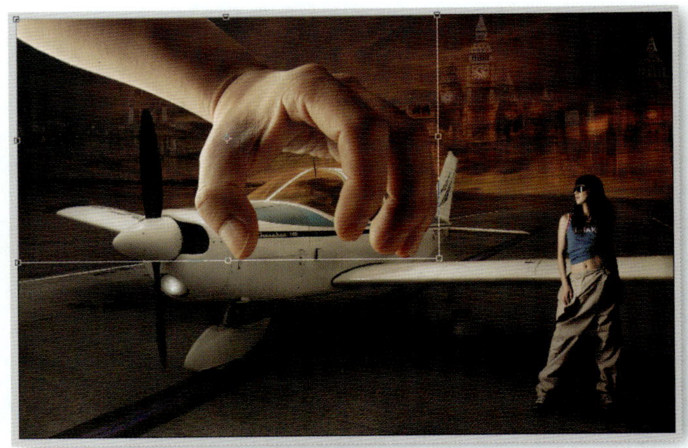

05 LAYERS 팔레트에서 'Hand' 레이어의 [Opacity]를 '60%'로 설정합니다.

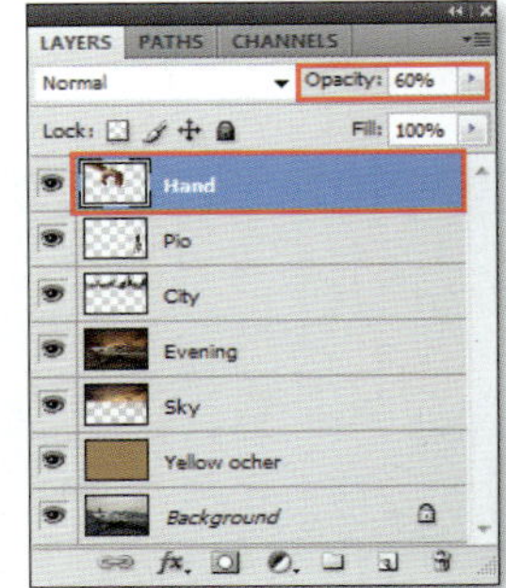

[Opacity]를 '60%'로 설정하는 이유는 다음 과정에서 지워야 하는 엄지손가락과 비행기의 동체가 겹쳐지는 부분을 확인하기 위해서입니다.

STEP

2

손 이미지 합성

01 비행기와 엄지손가락이 겹쳐진 부분을 Polygonal Lasso Tool(⟨⟩)로 드래그해서 선택한 후 `Delete`를 눌러 지워줍니다.

삭제 전

삭제 후

02 Ctrl + D 를 눌러 선택 영역을 해제한 후 'Hand' 레이어의 [Opacity]를 다시 '100%'로 설정합니다.

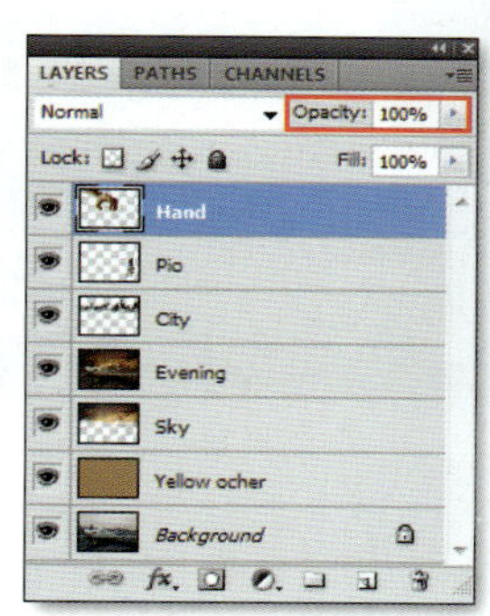

03 손 이미지의 색상을 전체적인 색상 톤과 맞추기 위해 [Image]–[Adjustments]–[Replace Color] 메뉴를 선택합니다. [Replace Color] 대화상자가 나타나면 그림과 같이 설정하고 [OK] 단추를 클릭합니다.

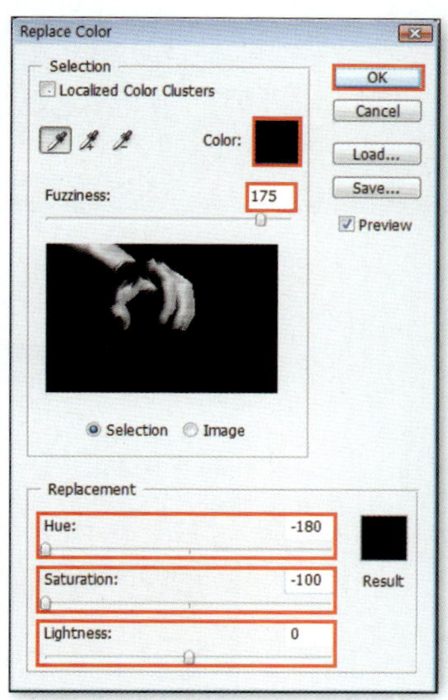

Selection
Color : #000000(블랙) Fuzziness : 175

Replacement
Hue : -180 Saturation : -100 Lightness : 0

04 툴박스에서 Burn Tool(　)을 선택하고 손 이미지의 어두운 부분을 더욱 강조합니다.

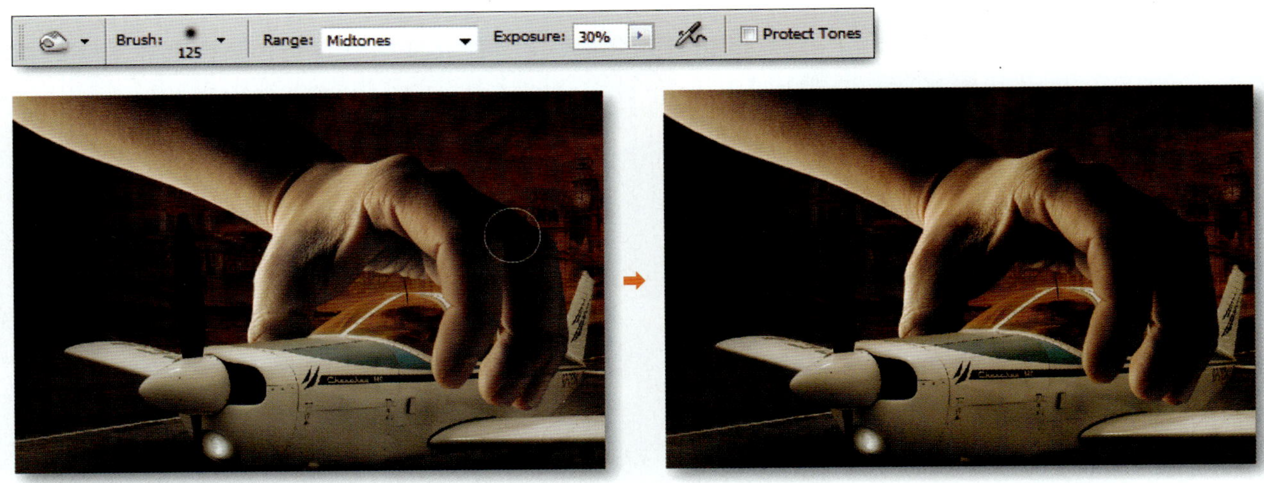

05 툴박스에서 Eraser Tool(　)을 선택하고 팔뚝의 끝부분을 적은 양의 불투명도로 지워줍니다.

06 'Evening' 레이어를 선택한 후 손가락의 그림자를 Burn Tool(　)로 묘사합니다.

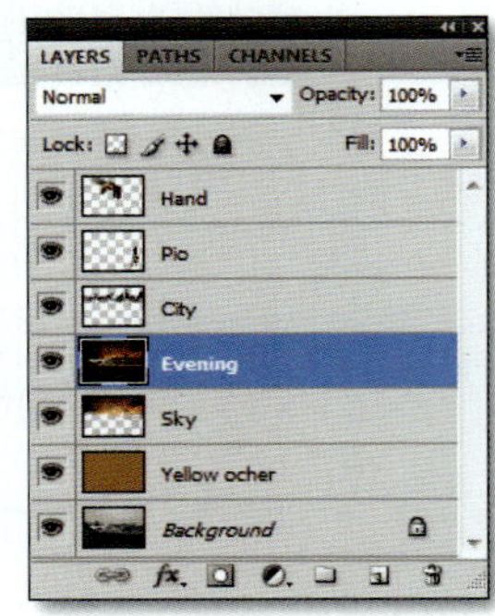

07 툴박스에서 Dodge Tool(◉)을 선택하고 비행기의 앞 창문을 문질러 밝게 처리합니다.

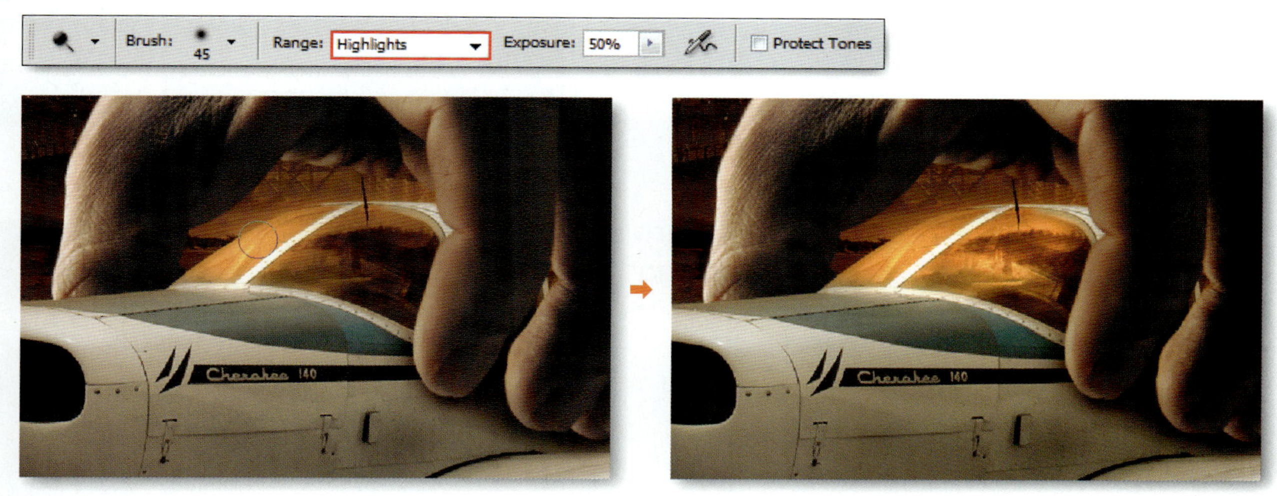

08 LAYERS 팔레트에서 [Create a new layer] 아이콘(◻)을 클릭하여 새 레이어를 만들고 이름을 'light-1'로 설정합니다. LAYERS 팔레트에서 'light-1' 레이어를 제일 위로 드래그하여 이동시킵니다.

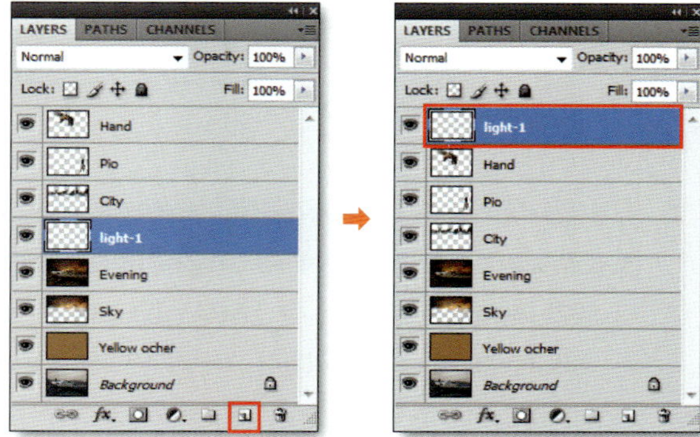

3　　　　　　　　　　　　　　　　　　　　　　　광선 제작 방법

01 툴박스에서 Polygonal Lasso Tool(￼)을 선택하고 그림처럼 드래그하여 선택 영역을 지정
합니다.

02 Shift +F6 을 눌러 [Feather Selection] 대화상자가 나타나면
[Feather Radius]를 '15'로 설정하고 [OK] 단추를 클릭합니다.

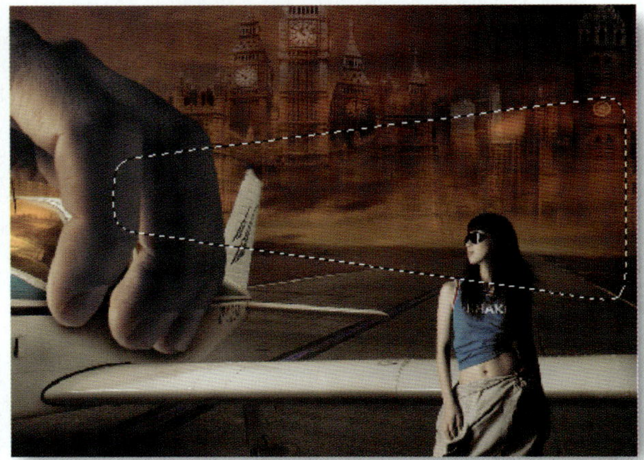

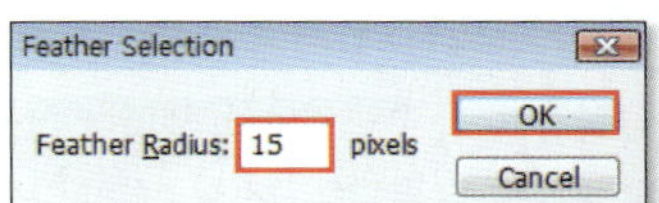

03 전경색을 밝은 주황색(#eabc79)으로 설정하고 LAYERS 팔레트에
서 [Create new fill or adjustment layer] 아이콘(￼)을 클릭합니
다. 팝업 메뉴에서 'Gradient'를 선택하여 [Gradient Fill] 대화상자
가 나타나면 그림과 같이 설정하여 그레이디언트를 만들어 줍니다.

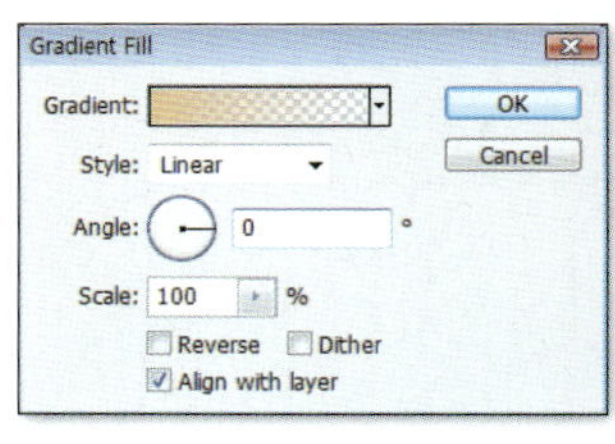

04 LAYERS 팔레트에서 'light-1' 레이어의 블렌딩 모드를 'Hard Light'로 설정하고, [Opacity]는 '75%'로 설정합니다.

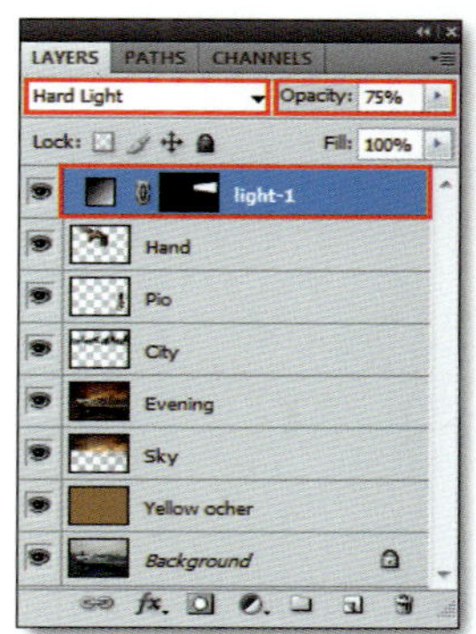

05 툴박스에서 Eraser Tool()을 선택하고 광선이 손가락 사이에서 나오는 느낌을 주기 위해 불필요한 부분은 지워줍니다.

● **부록 CD** : THEME 15/Light Set.psd

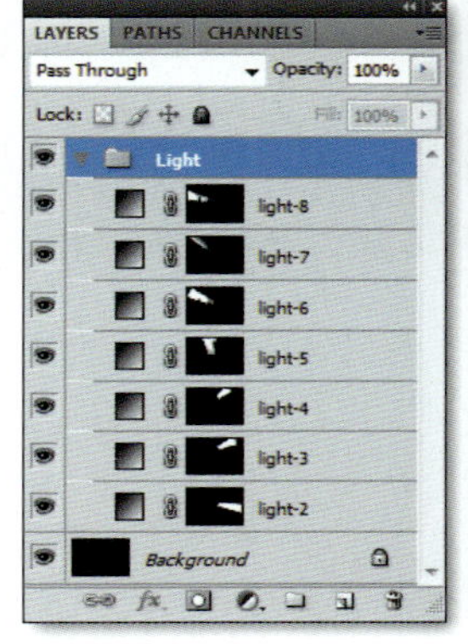

06 작업을 원활하게 진행하기 위해 'light-01' 레이어의 작업을 반복 응용한 이미지를 미리 작업 하여 PSD 파일로 저장해 두었습니다. 부록 CD에서 'Light Set.psd' 파일을 불러온 후 LAYERS 팔레트를 확인합니다.

07 Move Tool(⊹)을 선택하고 [Shift]를 누른 상태로 'Light' 그룹 폴더를 작업 중인 이미지로 드래그하여 복사하고 작업을 마무리합니다.

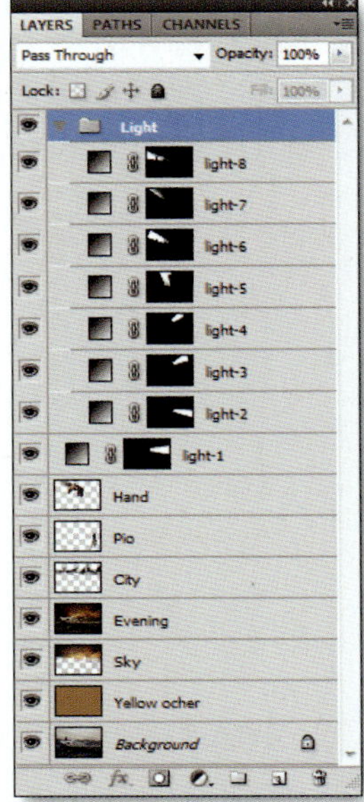

비행 중인 전투기의 화염 표현 기법

● **부록 CD** : TIP/Fly Up.jpg

비행 중인 전투기의 제트 엔진에 화염을 만들어서 추진력을 불어 넣는 방법에 대하여 알아봅니다.

01 예제로 사용할 전투기 이미지가 있는 'Fly Up.jpg' 파일을 부록 CD에서 불러옵니다.

02 화염을 만들기 위해 Ctrl+N을 눌러서 [New] 대화상자가 나타나면 새로운 작업 창을 만듭니다.

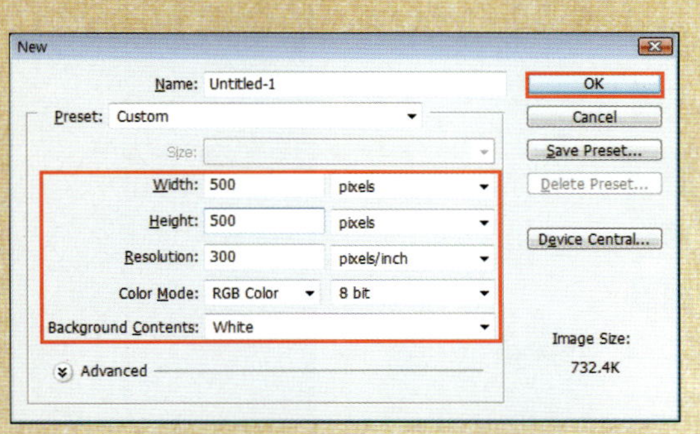

03 전경색은 검은색(#000000), 배경색은 흰색(#ffffff)으로 설정하고 [Filter]–[Render]–[Clouds] 메뉴를 선택하여 필터를 적용합니다.

04 [Filter]–[Render]–[Difference Clouds] 메뉴를 선택하여 명암의 차이와 경계를 더욱 뚜렷하게 합니다.

05 [Filter]–[Artistic]–[Plastic Wrap] 메뉴를 선택하여 [Plastic Wrap] 대화상자가 나타나면 그림과 같이 설정한 후 [OK] 단추를 클릭합니다.

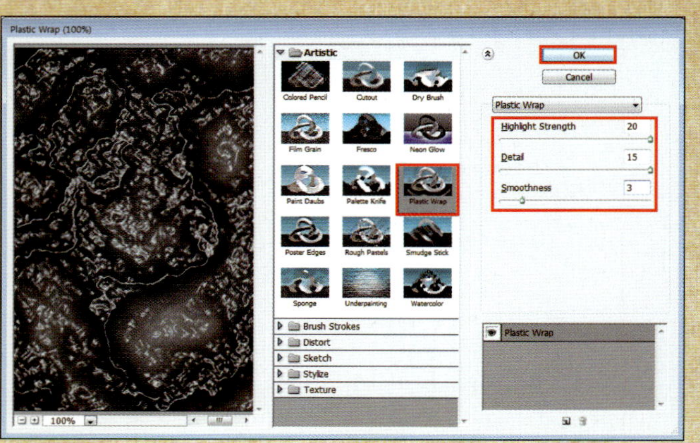

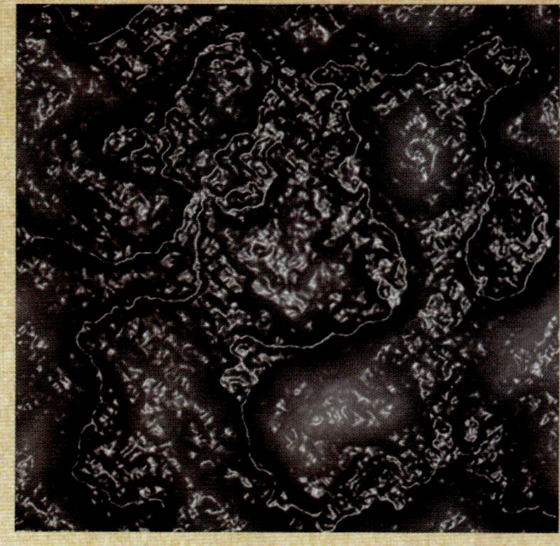

06 [Filter]–[Stylize]–[Glowing Edges] 메뉴를 선택하여 [Glowing Edges] 대화상자가 나타나면 그림과 같이 설정한 후 [OK] 단추를 클릭합니다.

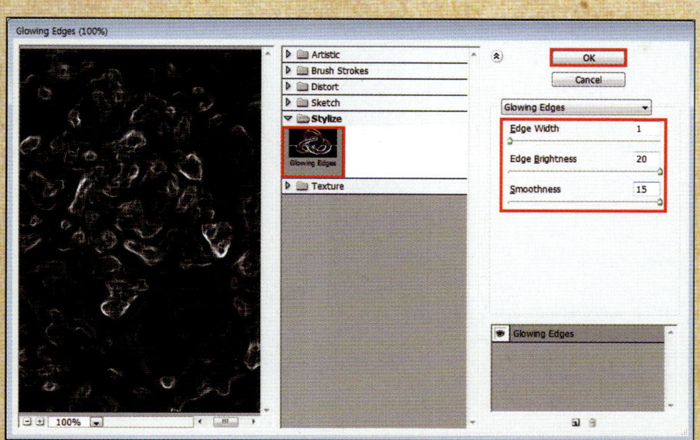

07 Ctrl + J 를 눌러 'Background' 레이어를 하나 더 복사하고 레이어의 블렌딩 모드는 'Color Burn'으로 설정합니다.

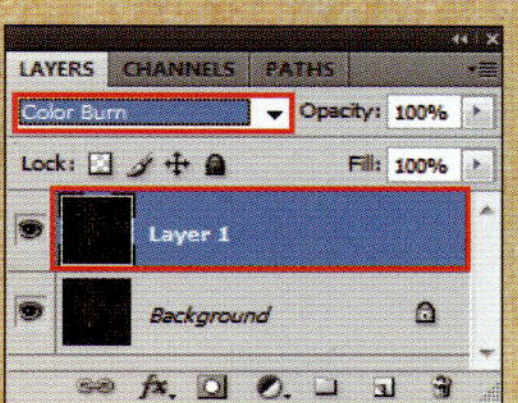

08 LAYERS 팔레트에서 'Background' 레이어를 선택한 후 [Filter]–[Render]–[Lens Flare] 메뉴를 선택합니다. [Lens Flare] 대화상자가 나타나면 그림과 같이 설정한 후 [OK] 단추를 클릭합니다.

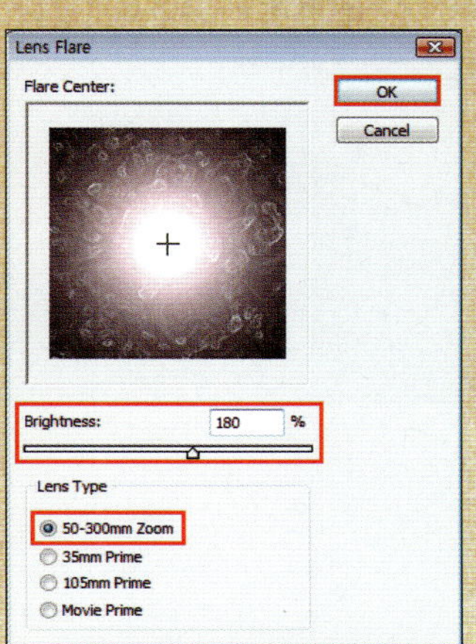
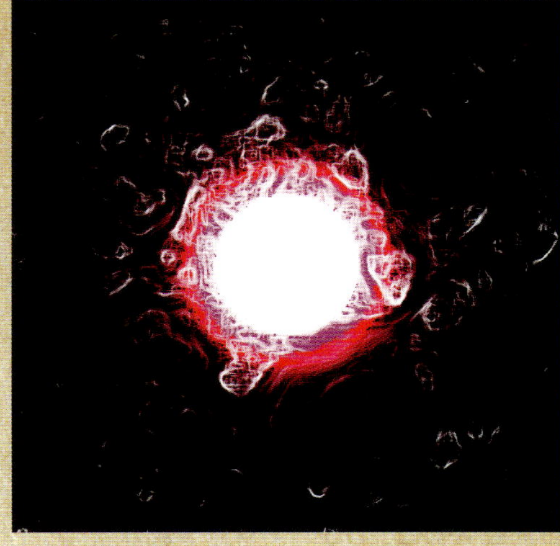

09　Ctrl+U를 눌러 [Hue/Saturation] 대화상자가 나타나면 그림과 같이 설정한 후 [OK] 단추를 클릭합니다.

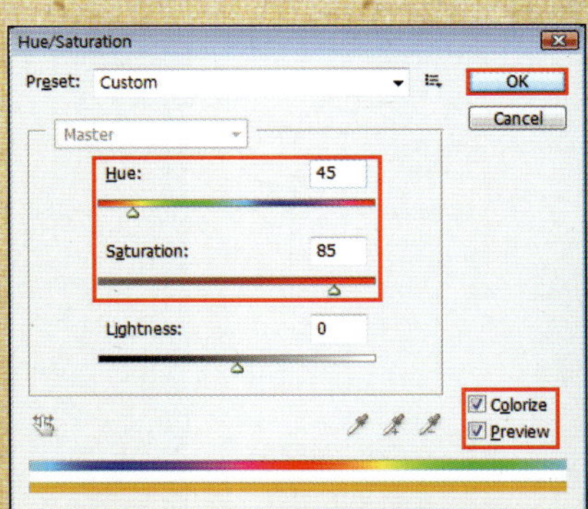

10　Shift+Ctrl+E를 눌러 보이는 두 레이어를 합쳐줍니다.

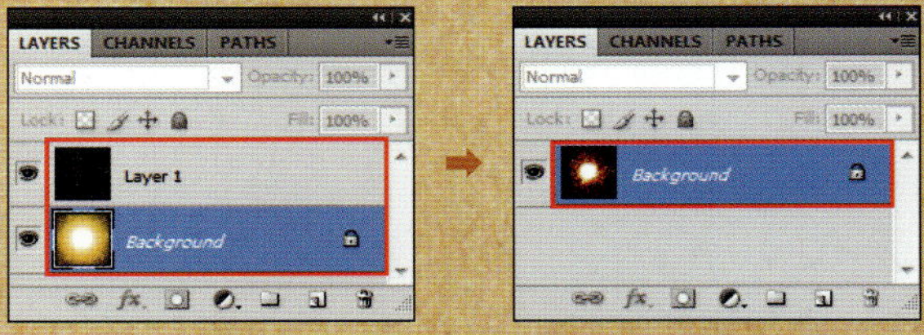

11　Move Tool(🔧)을 선택하고 화염 이미지를 전투기가 있는 이미지로 드래그하여 복사한 후 레이어의 이름을 'Fire'로 설정합니다.

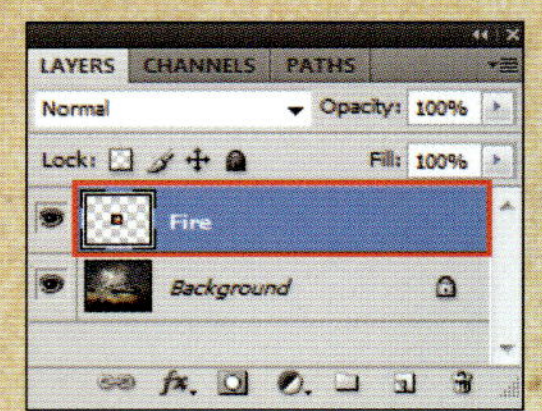

12 'Fire' 레이어의 블렌딩 모드를 'Screen'으로 설정한 후 Ctrl + T 를 눌러 전투기의 제트엔진 쪽으로 이동시키고 크기를 잡아줍니다.

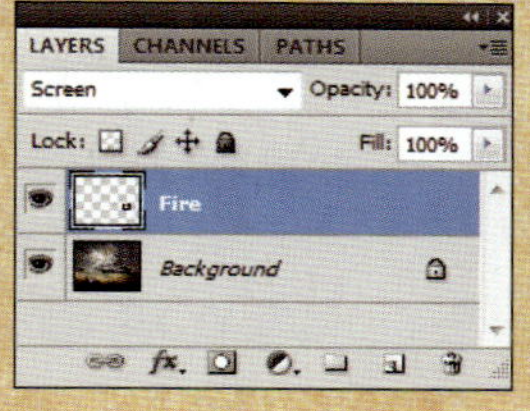

13 [Filter]–[Liquify] 메뉴를 선택하여 [Liquify] 대화상자가 나타나면 Twirl Clockwise Tool(🌀)로 화염의 형태를 만듭니다.

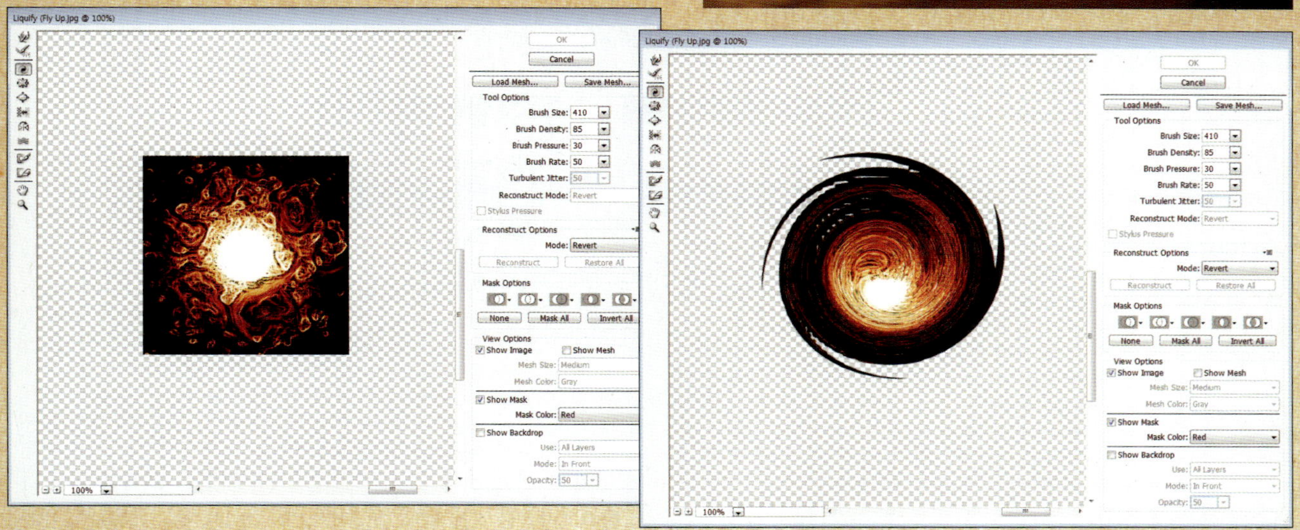

14 Ctrl+J 를 눌러 'Fire' 레이어를 하나 더 복사하고 [Filter]-[Liquify] 메뉴를 선택합니다. [Liquify] 대화상자가 나타나면 Twirl Clockwise Tool(回)로 화염의 형태를 한 번 더 변형시킵니다.

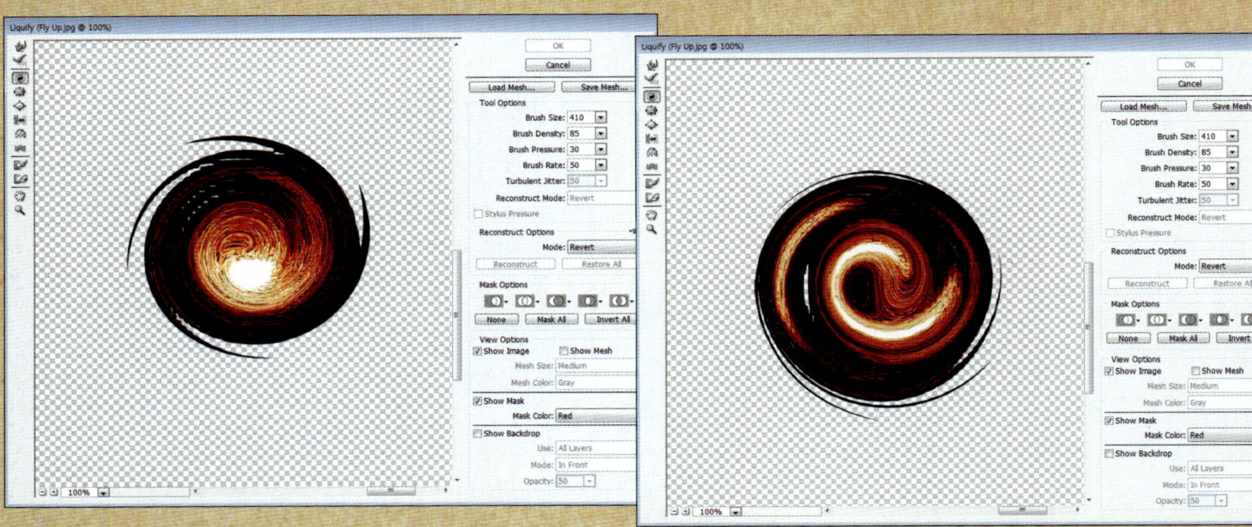

15 Ctrl+E 를 눌러 'Fire' 레이어와 합칩니다.

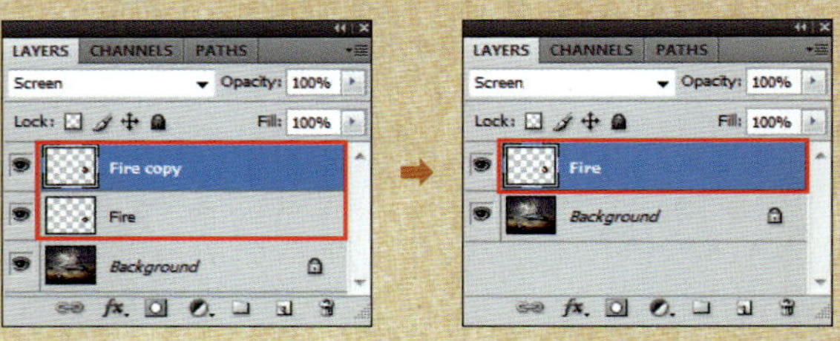

16 Ctrl+J를 눌러 'Fire' 레이어를 하나 더 복사하고 [Edit]-[Transform]-[Flip Vertical] 메뉴를 선택해서 이미지를 수직으로 반전시킵니다.

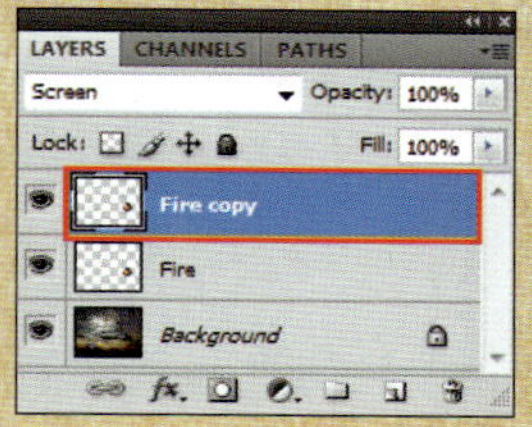

17 Ctrl+T를 눌러 오른쪽 제트엔진 쪽으로 이동시키고 크기를 줄여줍니다.

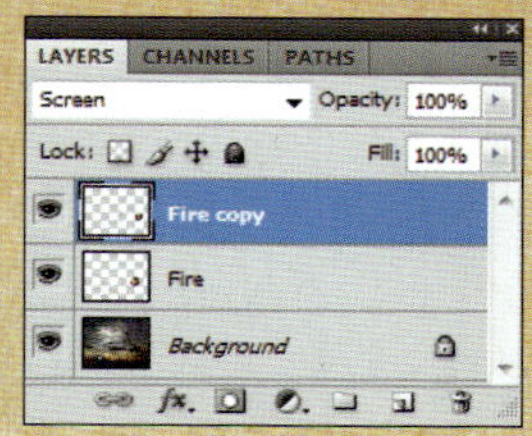

18 Ctrl+E를 눌러 'Fire' 레이어와 합칩니다.

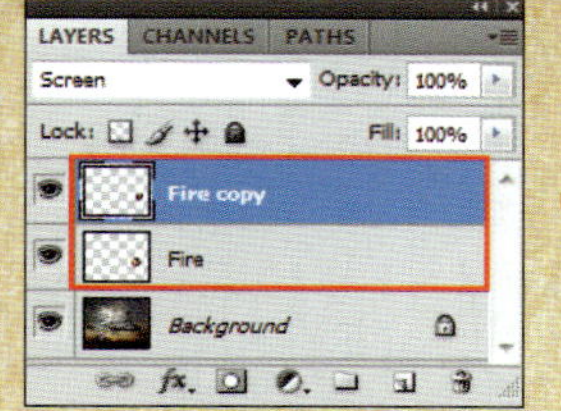

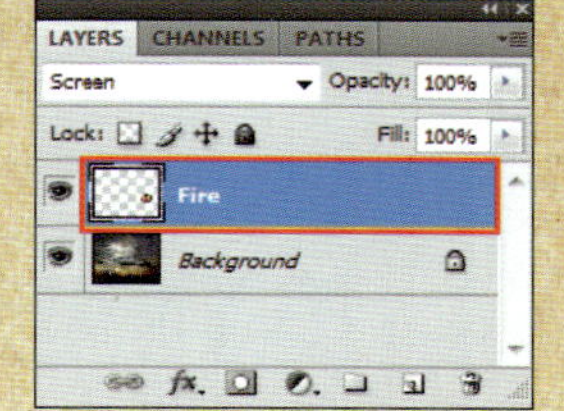

19 Ctrl+J를 눌러 'Fire' 레이어를 하나 더 복사하고 레이어의 [Opacity]를 '33%'로 설정한 후 Ctrl+T를 눌러 크기를 조금 늘립니다.

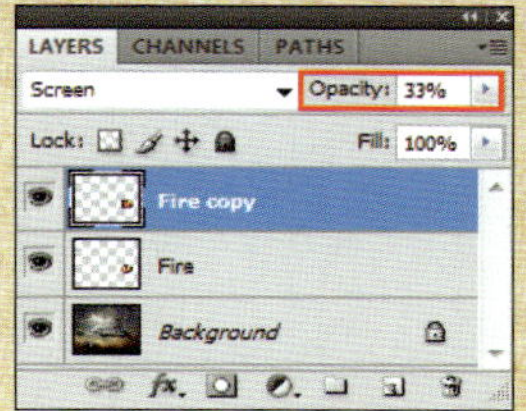

20 Ctrl+E 를 눌러 'Fire' 레이어와 합칩니다.

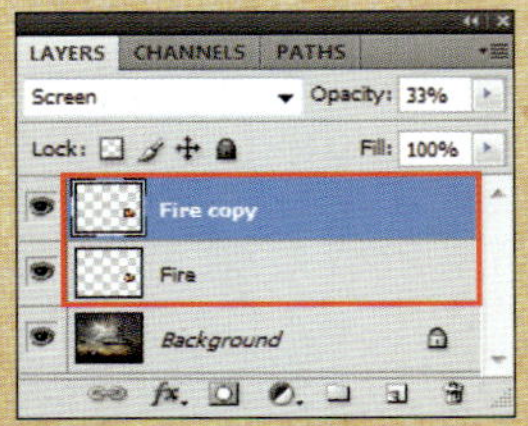 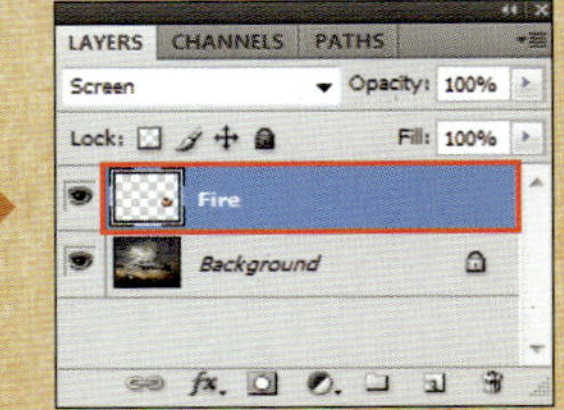

21 Ctrl+J 를 눌러 'Fire' 레이어를 하나 더 복사하고 [Filter]-[Blur]-[Motion Blur] 메뉴를 선택하여 [Motion Blur] 대화상자가 나타나면 그림과 같이 설정한 후 [OK] 단추를 클릭합니다.

 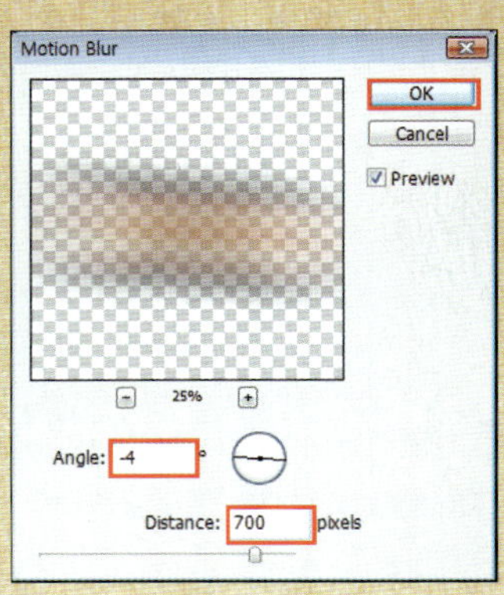 

22 툴박스에서 Move Tool(￼)을 선택하고 'Fire copy' 레이어의 이
미지를 오른쪽으로 이동시킵니다.

23 Ctrl+J를 두 번 눌러 'Fire copy' 레이어를 두 개 더 복사합니다.

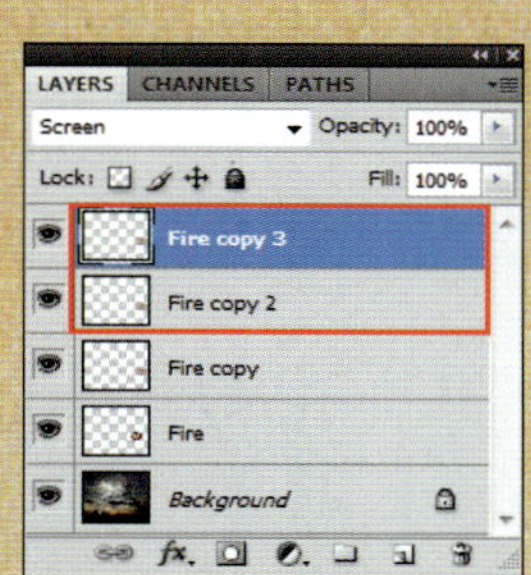

24 'Fire copy 3', 'Fire copy 2', 'Fire copy' 레이어를 함께 선택
한 후 [Edit]–[Transform]–[Distort] 메뉴를 선택하고 조절 포인트
를 움직여서 그림처럼 불기둥의 크기에 변화를 줍니다.

25 LAYERS 팔레트에서 [Create a new layer] 아이콘(🔲)을 클릭하여 새 레이어를 만들고 이름을 'Blue Fire' 로 설정합니다.

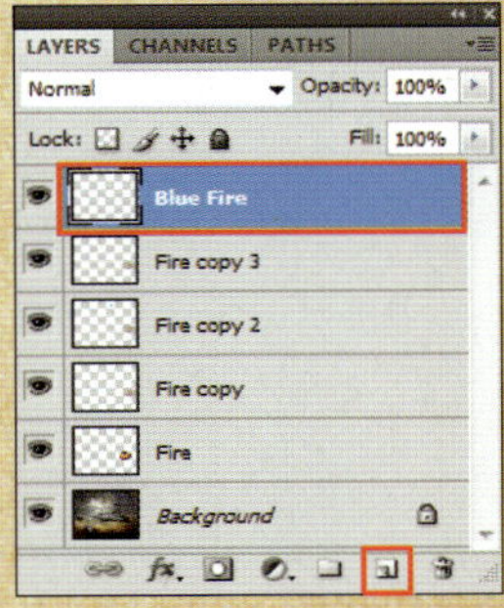

26 전경색을 파란색(#1706fa)으로 설정한 후 Brush Tool(🖌)을 선택하고 화염의 중앙 부분을 색칠합니다.

27 'Blue Fire' 레이어의 블렌딩 모드를 'Screen'으로 설정하고 작업을 마무리합니다.

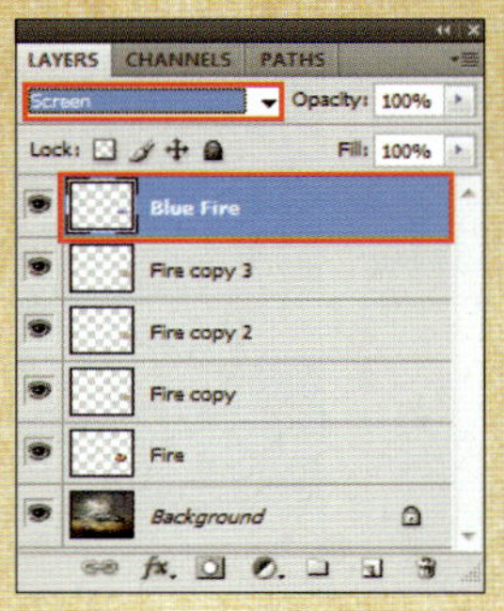

인물 사진의 구도_앵글의 종류

■ **pilot.psd 촬영 정보**

Nikon D80, 1/125 sec, 조리개 값 : F10.0, 촬영 모드 : M, ISO : 100, 화이트 밸런스 : Manual

■ **앵글(Angle)**

앵글(Angle)이란 카메라가 피사체를 바라보는 각도를 의미합니다. 앵글에 따라 피사체의 성격이 다르게 표현될 수 있으며 공간감이나 원근감도 다르게 나타납니다.

• **아이 앵글(Eye Angle)**

피사체를 눈높이에서 수평으로 보고 촬영하는 앵글을 말합니다. 실물의 변형이 최소화되는 안정감 있는 촬영 각도이지만, 실물의 변형이 적은 만큼 사진이 평범하고 극적인 효과를 얻기가 어렵습니다.

Nikon D80, 1/40 sec, 조리개 값 : F5.6, 촬영 모드 : M, ISO : 400, 화이트 밸런스 : Manual

Nikon D70, 1/160 sec, 조리개 값 : F8.0, 촬영 모드 : M, ISO : 100, 화이트 밸런스 : Manual1

• 하이 앵글(High Angle)

높은 곳에서 아래로 내려다보며 촬영하는 앵글을 말합니다. 높은 곳에서 넓은 지역을 촬영하거나 평면적인 사진을 얻을 때 사용하며 광각 렌즈를 이용하면 얼굴은 크고 몸은 작아 보이는 사진을 촬영할 수도 있습니다.

Nikon D80, 1/125 sec, 조리개 값 : F10,
촬영 모드 : M, ISO : 100, 화이트 밸런스 : Manual

Nikon D80, 1/125 sec, 조리개 값 : F8.0, 촬영 모드 : M, ISO : 200, 화이트 밸런스 : Manual

• 로우 앵글(Low Angle)

낮은 곳에서 위를 올려다보며 촬영하는 앵글을 말합니다. 피사체의 형태를 실제보다 과장되어 웅장한 느낌을 전달할 수 있고 움직이는 피사체의 경우에는 동적인 느낌이 잘 전달되며 박진감 넘치는 사진을 얻을 수도 있습니다. 인물 사진에서는 다리가 길어 보이거나 비대칭적인 사람의 모습을 표현할 수 있습니다.

Nikon D70, 1/200 sec, 조리개 값 : F10,
촬영 모드 : M, ISO : 100, 화이트 밸런스 : Manual

Nikon D80, 1/160 sec, 조리개 값 : F11.0, 촬영 모드 : M, ISO : 100, 화이트 밸런스 : Manual

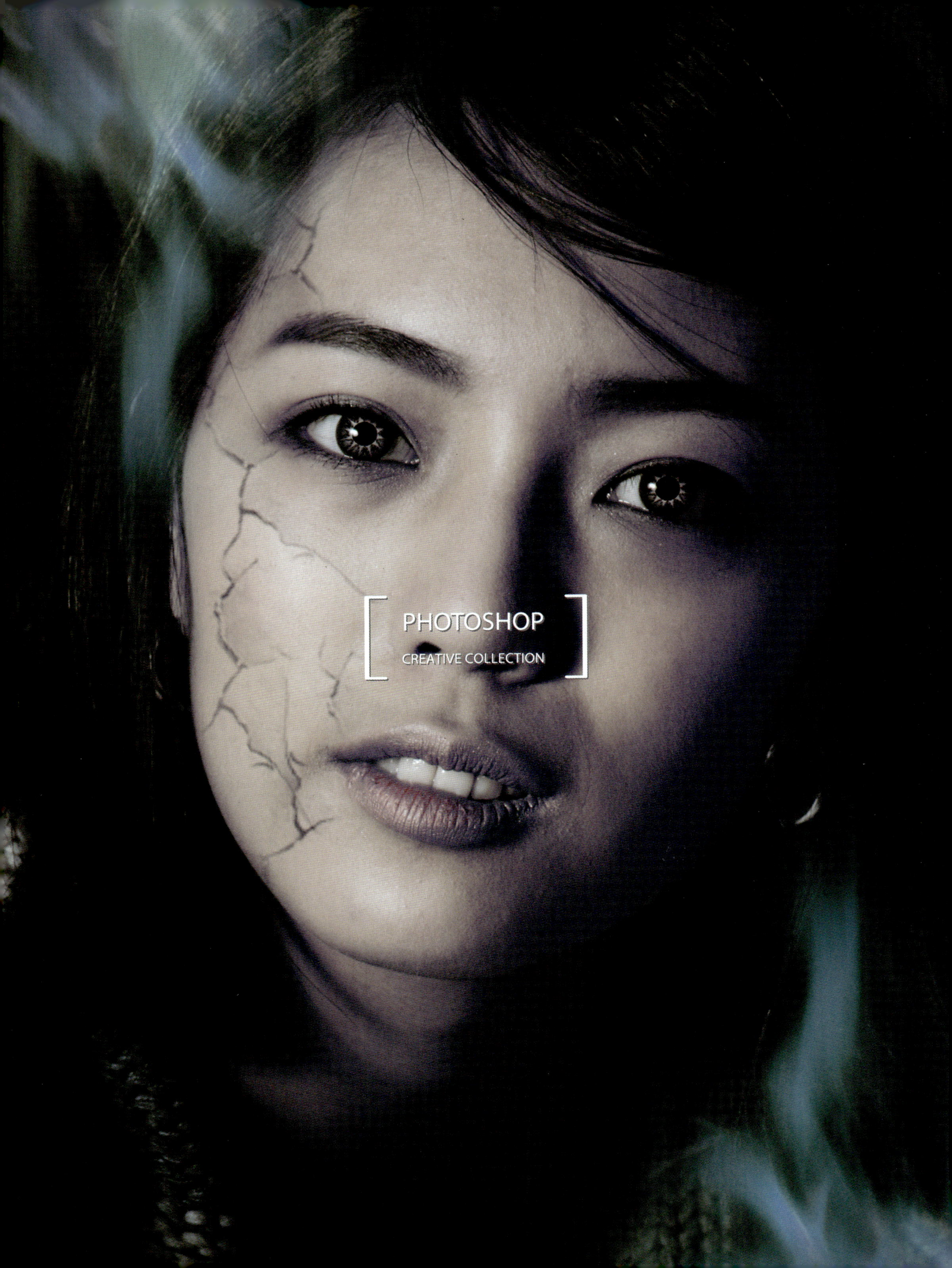

PHOTOSHOP
CREATIVE COLLECTION

Dilemma

가득 차 있는 아픔과 갈등도 싫지만 너무 황망한 아름다움과 평화도 싫다.

극단적인 그것은 우리에게 자극을 줄뿐 감동을 줄 수 없다.

삶은 모든 것이 어우러졌을 때가 가장 아름다울 수 있을 것이다.

오늘도 나는 생각에 잠겨 든다.

- **Army.psd** : 이번 작업의 주제가 되는 생각에 잠겨 있는 여군 이미지
- **Military.psd** : Peace.jpg 이미지와 대조를 이루게 되는 탱크 이미지
- **Peace.jpg** : Military.psd 이미지와 대조를 이루게 되는 평온한 느낌의 초원 이미지
- **City-w.jpg** : 고건축물이 보이는 풍경 이미지
- **Sky-w.jpg** : 어두운 느낌의 하늘 배경 이미지
- **Flighter-1/2.psd** : 수송선과 전투기 이미지
- **Bird.psd** : 여러 마리의 비둘기 이미지

Fighter-2.psd

Fighter-1.psd

Bird.psd

Peace.jpg

City-w.jpg

Sky-w.jpg

Army.psd

Military.psd

Start ▶

◀ Finish

PHOTOSHOP CREATIVE COLLECTION

지형 만들기

Render 계열의 필터와 Craquelure 필터를 이용하여 배경 이미지에 진흙 질감의 바닥을 만들어 기본적인 지형 형태를 갖추고, Hue/Saturation 기능을 이용하여 진흙 질감의 갈색을 표현합니다.

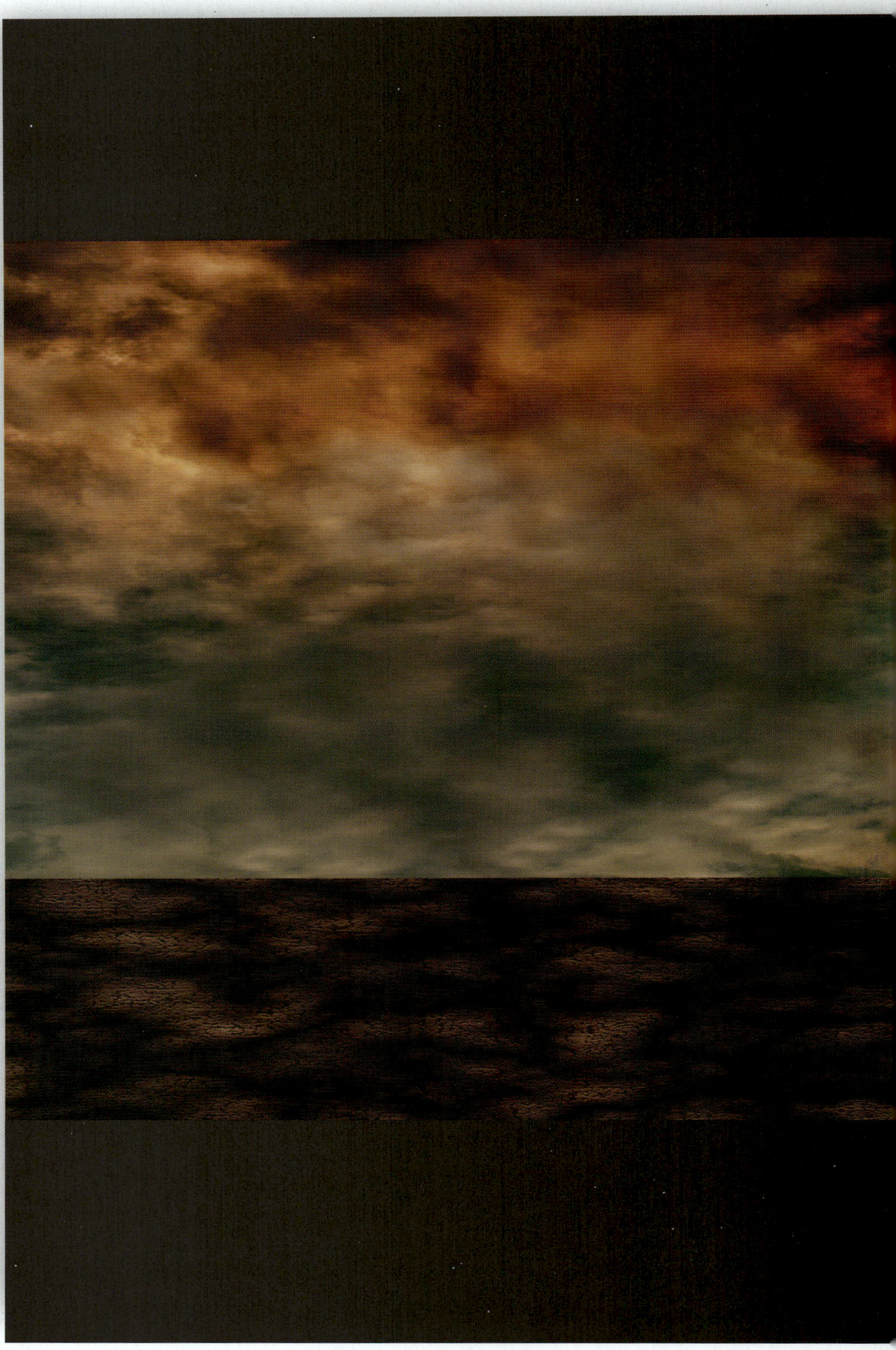

- **Clouds 필터** : 전경색과 배경색을 이용하여 구름 형태의 이미지를 만들 수 있는 필터입니다.
- **Difference Clouds 필터** : 이미지의 색상을 반전시킨 후 구름 형태의 이미지를 만들어 주는 필터입니다.
- **Craquelure 필터** : 벽화의 질감처럼 갈라진 느낌을 표현하는 필터입니다.
- **Hue/Saturation** : 이미지의 색상(Hue), 채도(Saturation), 명도(Lightness)를 보정할 수 있습니다.

BEFORE

AFTER

WORK 01

1
캔버스의 크기 조정

01 붉은 하늘 이미지가 들어있는 'Sky-w.jpg' 파일을 부록 CD에서 불러옵니다.

● **부록 CD** : THEME 16/Sky-w.jpg

02 [Image]-[Canvas Size] 메뉴를 선택하면 나타나는 [Canvas Size] 대화상자를 그림과 같이
설정한 후 [OK] 단추를 클릭합니다.

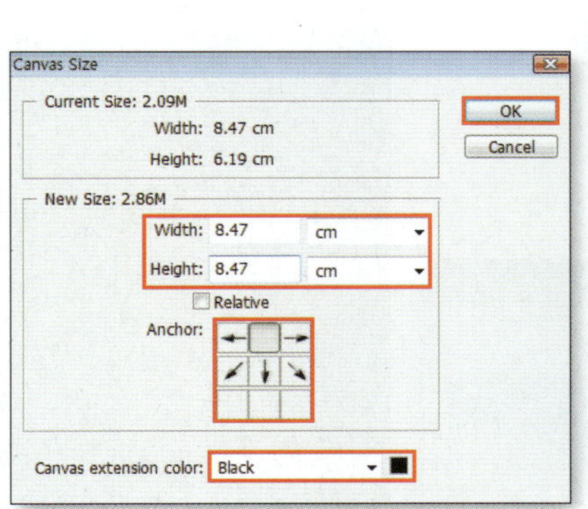

 진흙 바닥 만들기

01 이미지 하단에 진흙 바닥을 만들기 위해 LAYERS 팔레트에서 [Create a new layer] 아이콘(🔳)을 클릭하여 새 레이어를 만들고 이름을 'Ground' 로 설정합니다.

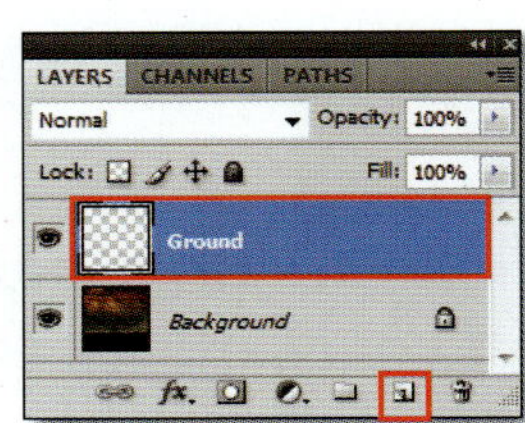

02 전경색은 검은색(#000000) 배경색은 흰색(#ffffff)으로 설정하고 [Filter]–[Render]–[Clouds] 메뉴를 선택하여 필터를 적용합니다.

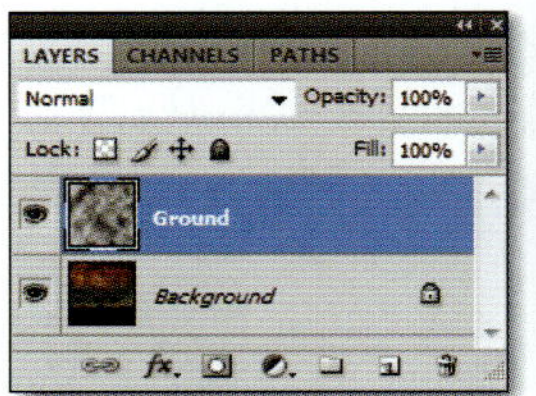

03 [Filter]–[Render]–[Difference Clouds] 메뉴를 선택하여 명암의 차이와 경계를 더욱 뚜렷하게 합니다.

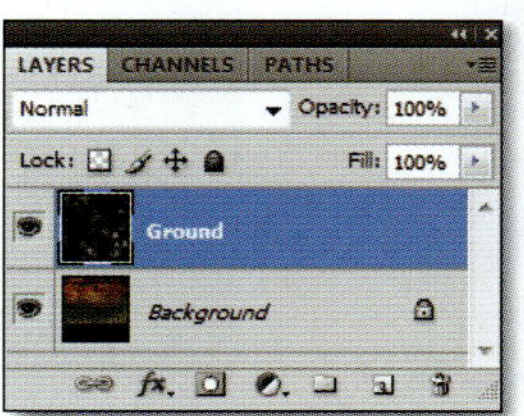

04 진흙 질감을 나타내기 위해 [Filter]–[Texture]–[Craquelure] 메뉴를 선택합
니다. [Craquelure] 대화상자가 나타나면 그림과 같이 설정한 후 [OK] 단추
를 클릭합니다.

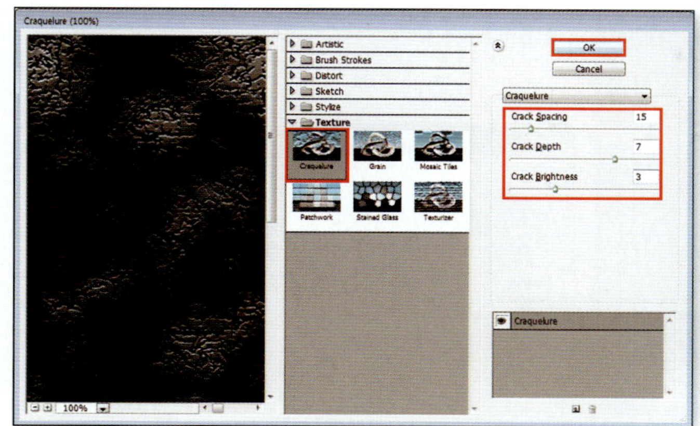

Crack Spacing : 15　Crack Depth : 7　Crack Brightness : 3

05 Ctrl+T 를 눌러 그림과 같이 이미지의 세로 길이를 줄여줍니다.

06 LAYERS 팔레트에서 Ctrl 을 누른 상태로 'Ground' 레이어의 썸네일(Layer
thumbnail)을 클릭하여 선택 영역으로 지정합니다.

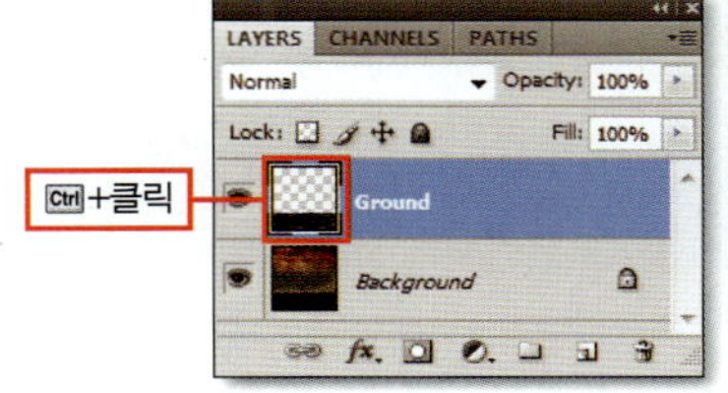

07 진흙 질감에 갈색을 입혀주기 위해 ADJUSTMENTS 패널의 [Hue/Saturation] 아이콘을 선택한 후 다음과 같이 설정합니다.

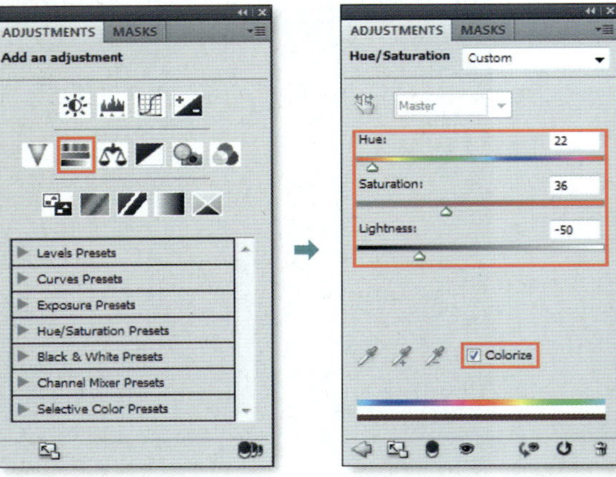
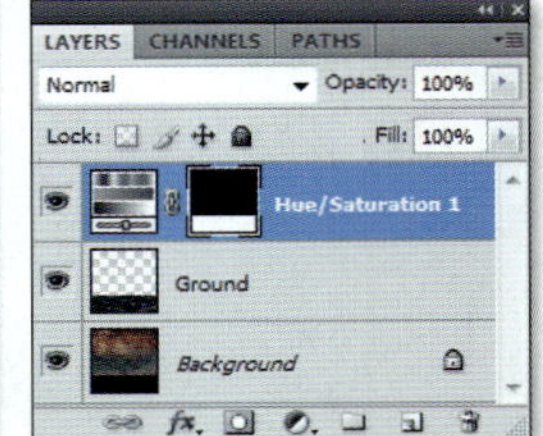

Colorize : 체크   Hue : 22
Saturation : 36   Lightness : -50

작업 중인 이미지에 건축물, 탱크, 수송선, 새 이미지를 합성하고 다양한 블렌딩 모드와
Motion Blur 필터를 이용하여 삭막한 전쟁터 이미지를 연출해 봅니다.

삭막한 전쟁터 이미지 연출

- **Overlay 블렌딩 모드** : 위쪽 레이어의 가장 밝은 부분과 어두운 부분을 보호하면서 나머지 부분에만 합성을 적용합니다.
- **Hard Light 블렌딩 모드** : 블렌딩되는 이미지의 명도가 50% 이하면 매우 밝아지고, 50% 이상이면 색상이 전체적으로 밝아집니다.
- **Motion Blur 필터** : 특정한 방향으로 블러(Blur) 효과를 적용하여 속도감을 표현할 수 있는 필터입니다.

BEFORE

AFTER

WORK 02

1

도시 이미지 합성

● **부록 CD** : THEME 16/City-w.jpg

01 도시 이미지를 합성하기 위해 부록 CD에서 'City-w.jpg' 파일을 불러옵니다.

02 Move Tool( )을 선택하고 도시 이미지를 작업 중인 이미지로 드래그하여 복사하고 레이어의
이름은 'City'로 설정합니다.

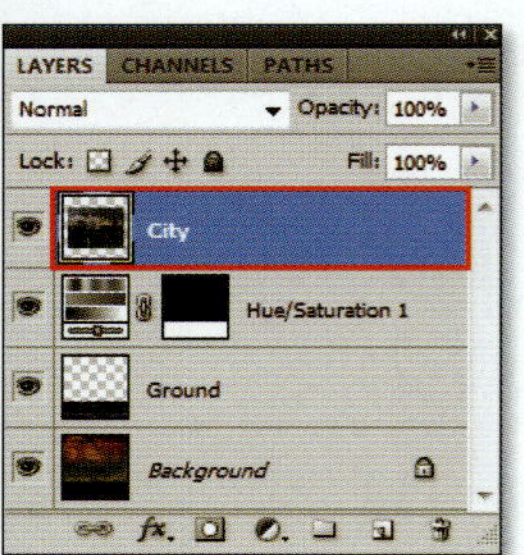

03 Ctrl + T 를 눌러 이미지 상단에 가득 차도록 크기를 늘려주고 위치를 잡아줍니다.

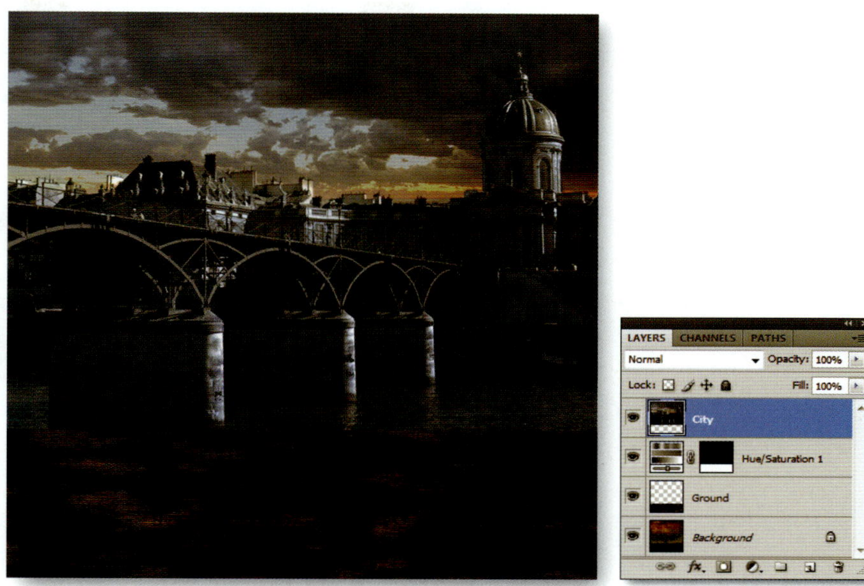

04 'City' 레이어의 블렌딩 모드를 'Overlay'로 설정하고, [Opacity]는 '80%'로 설정합니다.

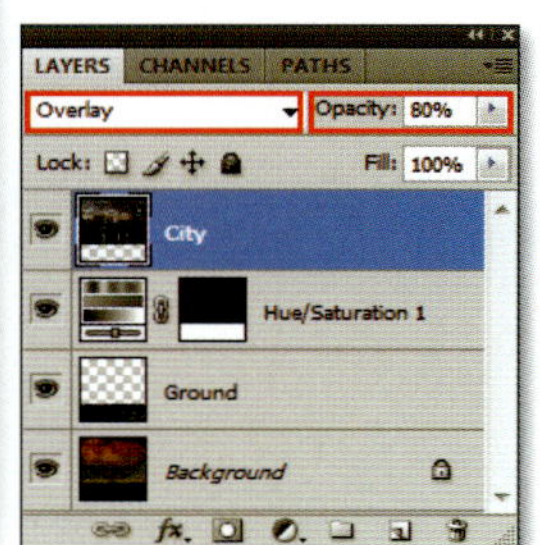

STEP
2
탱크 이미지 합성

● **부록 CD** : THEME 16/Military.psd

01 탱크 이미지를 합성하기 위해 부록 CD에서 'Military.psd' 파일을 불러옵니다.

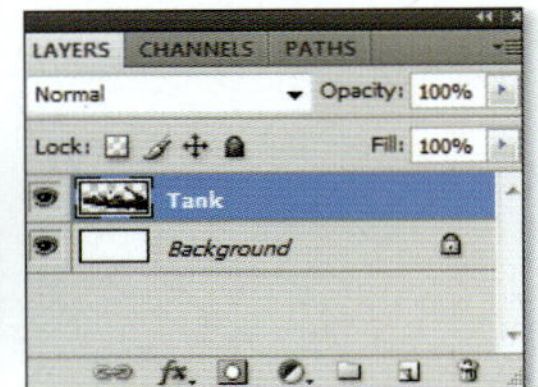

02 Move Tool( )을 선택하고 'Military.psd' 파일의 'Tank' 레이어를 작업 중인 이미지로 드래그
하여 복사한 후 위치를 잡아줍니다.

03 탱크의 그림자를 만들기 위해 LAYERS 팔레트에서 [Create a
new layer] 아이콘( )을 클릭하여 새 레이어를 만들고 이름
을 'Shadow' 로 설정합니다.

04 'Shadow' 레이어가 선택된 상태에서 Ctrl 을 누르고 'Tank' 레이어의 썸네 일(Layer thumbnail)을 클릭하여 선택 영역으로 만듭니다.

05 Shift + F6 을 눌러 [Feather Selection] 대화상자가 나타나면 [Feather Radius]를 '20'으로 설정하고 [OK] 단추를 클릭합니다.

06 전경색을 검은색(#000000)으로 설정하고 Alt + Delete 를 눌러 채워주고 Ctrl + D 를 눌러 선택 영역을 해제합니다.

07 LAYERS 팔레트에서 'Shadow' 레이어를 'Tank' 레이어 아래로 드래그하여 이동시킵니다. Move Tool()로 'Shadow' 레이어의 검은색 이미지를 탱크보다 조금 아래에 위치할 수 있도록 내려줍니다.

08 'Shadow' 레이어 이미지에서 그림자가 될 부분을 제외한 불필요한 부분을 지우기 위해 Rectangular Marquee Tool(▫)로 선택 영역을 지정합니다. Delete를 눌러 지우고, Ctrl+D를 눌러 선택 영역을 해제합니다.

지우기 전　　　　　　　　　　　　　　지운 후

'Shadow' 레이어의 이미지

지우기 전　　　　　　　　　　　　　　지운 후

3
새 이미지 합성

● **부록 CD** : THEME 16/Bird.psd

01 새 이미지를 합성하기 위해 부록 CD에서 'Bird.psd' 파일을 불러옵니다.

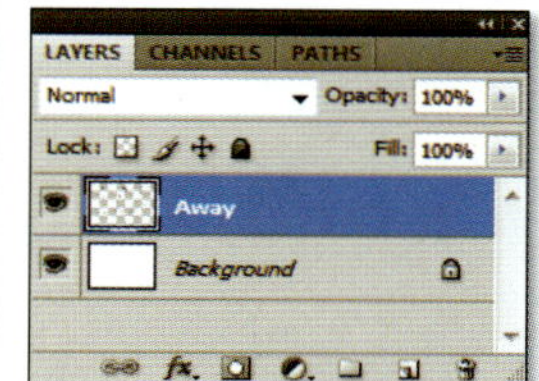

02 Move Tool(🔧)을 선택하고 'Bird.psd' 파일의 'Away' 레이어를 작업 중인 이미지로 드래그하여 복사합니다. `Ctrl`+`T`를 눌러 크기와 위치를 잡아주고 레이어의 블렌딩 모드를 'Hard Light'로 설정합니다.

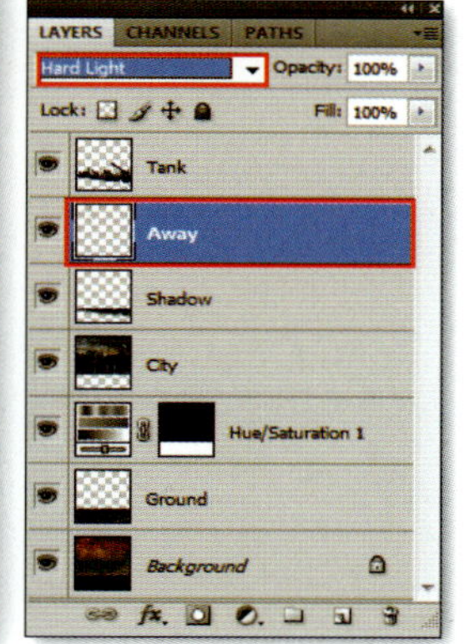

STEP
4

수송선 이미지 합성

● **부록 CD** : THEME 16/Fighter-1.psd

01 수송선 이미지를 합성하기 위해 부록 CD에서 'Fighter-1.psd' 파일을 불러옵니다.

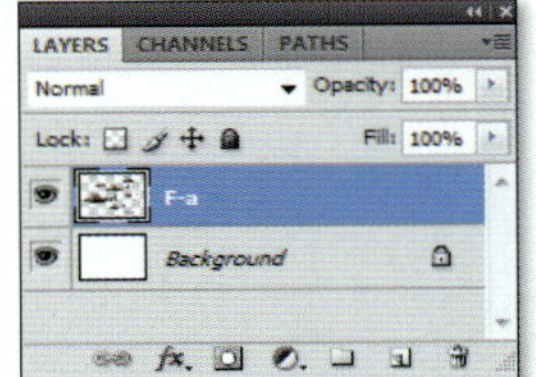

02 Move Tool(⊕)을 선택하고 'Fighter-1.psd' 파일의 'F-a' 레이어를 작업 중인 이미지로 드래그하여 복사합니다. `Ctrl`+`T`를 눌러 크기와 위치를 잡아주고 레이어의 블렌딩 모드와 [Opacity]를 각각 'Hard Light', '70%'로 설정합니다.

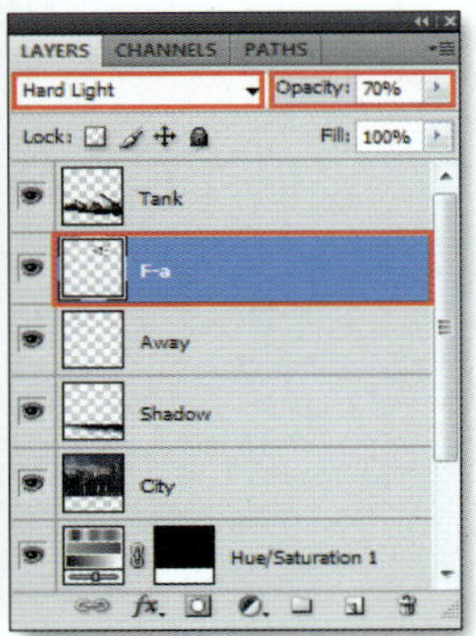

5　　　　　　　　　　전투기 이미지 합성

01 속도감 있는 전투기를 만들기 위해 부록 CD에서 'Fighter-2.psd' 파일을 불러옵니다.

● **부록 CD** : THEME 16/Fighter-2.psd

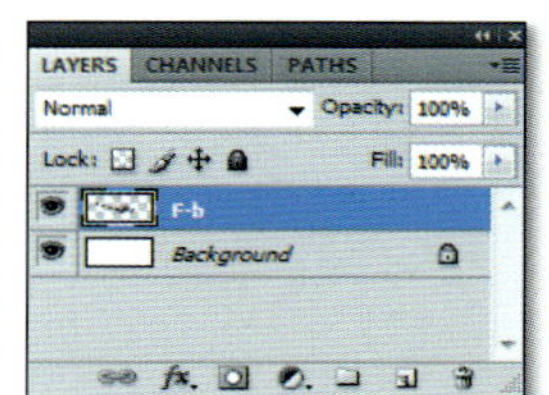

02 Ctrl+J 를 눌러 'F-b' 레이어를 하나 더 복사하고 [Filter]-[Blur]-[Motion Blur] 메뉴를 선택합니다. [Motion Blur] 대화상자가 나타나면 그림과 같이 설정한 후 [OK] 단추를 클릭합니다.

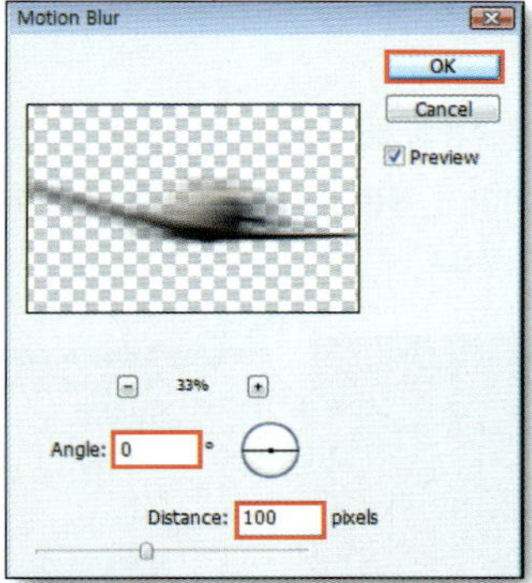

Angle : 0° Distance : 100 pixels

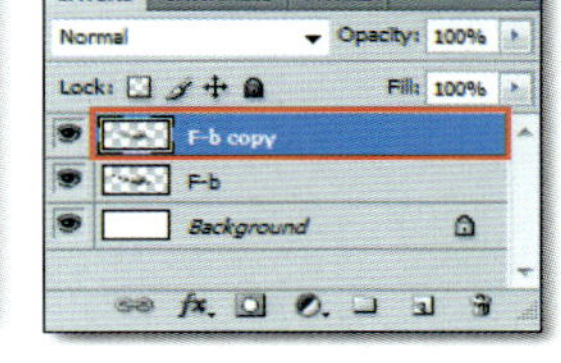

03 LAYERS 팔레트에서 'F-b copy' 레이어를 'F-b' 레이어 아래로 드래그하여 이동시키고 레이어의 [Opacity]를 '90%'로 설정합니다.

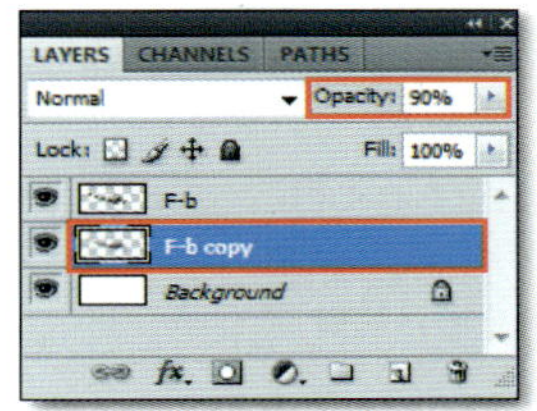

04 LAYERS 팔레트에서 'F-b' 레이어를 선택하고 [Opacity]를 '75%'로 설정한 후 Move Tool(▶+)을 이용하여 이미지를 오른쪽으로 조금 이동시킵니다.

 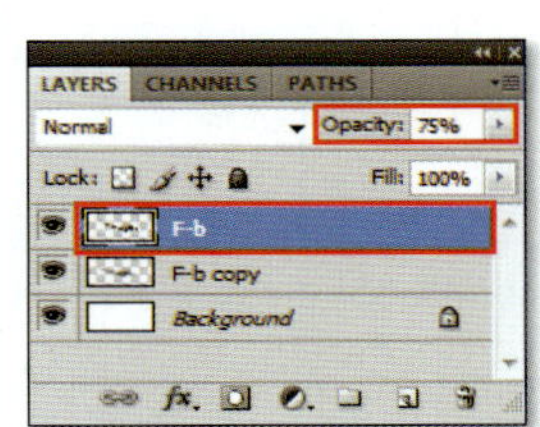

05 Ctrl+E를 눌러 두 레이어를 합쳐줍니다.

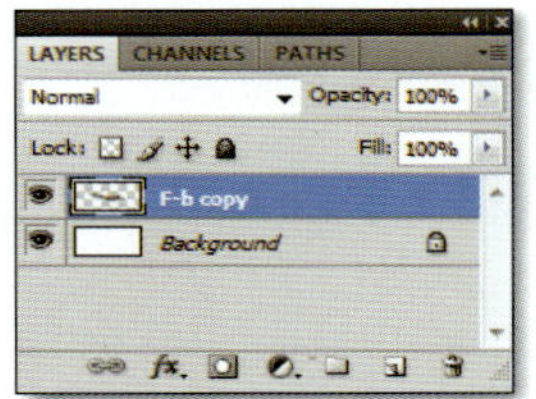

06 Move Tool(▶+)을 선택하고 'F-b copy' 레이어를 작업 중인 이미지로 드래그하여 복사하고 Ctrl+T를 눌러 크기, 각도, 위치를 잡아준 후 레이어의 블렌딩 모드를 'Hard Light'로 설정합니다.

 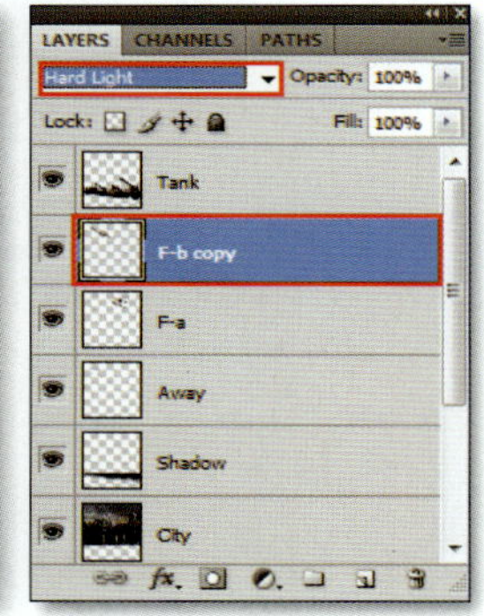

07 Ctrl+J를 눌러 'F-b copy' 레이어를 2개 더 복사한 후 크기, 각도, 위치를 조절하여 그림처럼 배치합니다.

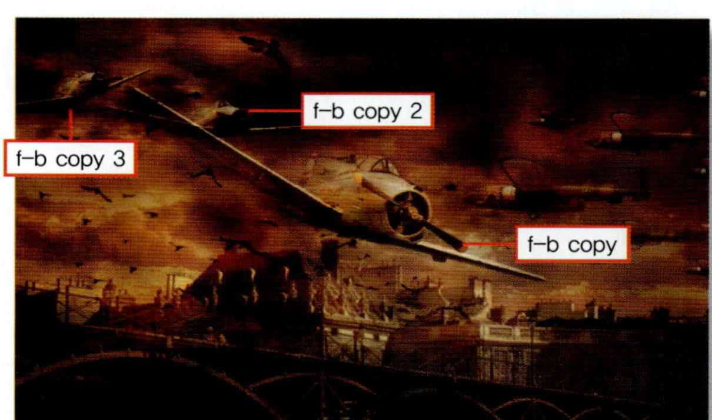

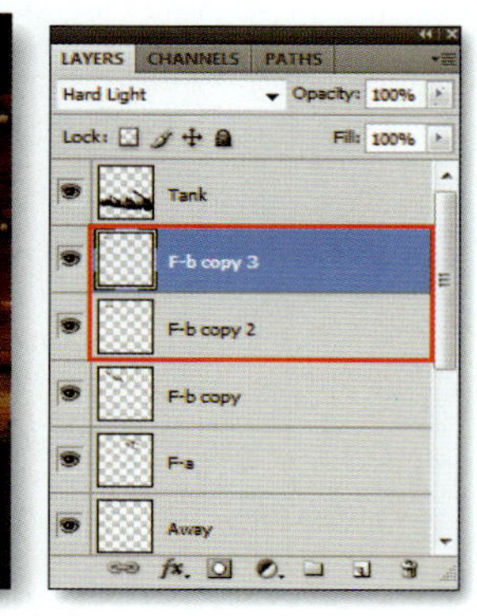

Add Noise와 Motion Blur 필터를 활용하여 작업 중인 이미지에 비가 내리는 효과를 표현
하고 그룹 폴더를 이용하여 복잡한 레이어의 상태를 효과적으로 관리하는 방법을 알아봅니다.

비 내리는
효과의
표현 방법

▶ KEY POINT

- **Add Noise 필터** : 이미지에 픽셀 형태로
  점을 뿌려주어 오래된 듯한 느낌을 표현
  할 수 있는 필터입니다.

- **Levels** : 이미지의 명암을 보정할 수 있
  습니다.

- **Screen 블렌딩 모드** : 두 레이어의 이미
  지에서 밝은 색상값 부분이 서로 혼합되
  어 겹쳐진 색상을 더욱 밝게 나타내며, 어
  두운 부분에는 적용되지 않습니다.

- **Create a new Group** : 복잡한 레이어
  작업 시 그룹 폴더에 해당 레이어를 넣어
  그룹화시키면 복잡한 작업 환경을 단순화
  시킬 수 있습니다.

BEFORE

AFTER

WORK 03

비 내리는 효과의 표현

01 비를 표현하기 위해 LAYERS 팔레트에서 [Create a new layer] 아이콘(📄)을 클릭하여 새 레이어를 만들고 이름을 'Rain'으로 설정합니다. LAYERS 팔레트의 'Rain' 레이어를 제일 위로 드래그하여 이동시킵니다.

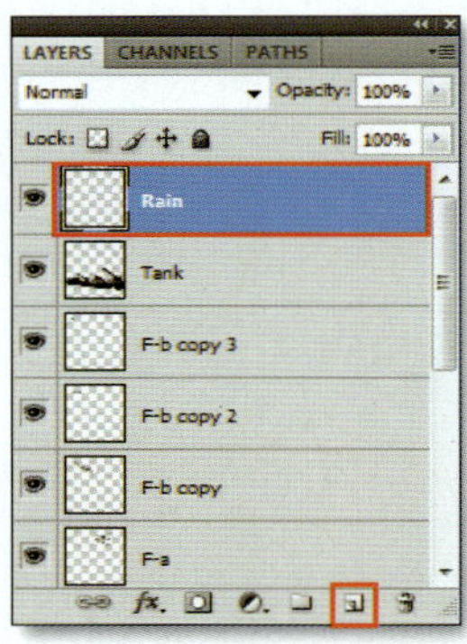

02 전경색을 검은색(#000000)으로 설정하고 Alt + Delete 를 눌러 색상을 채워줍니다.

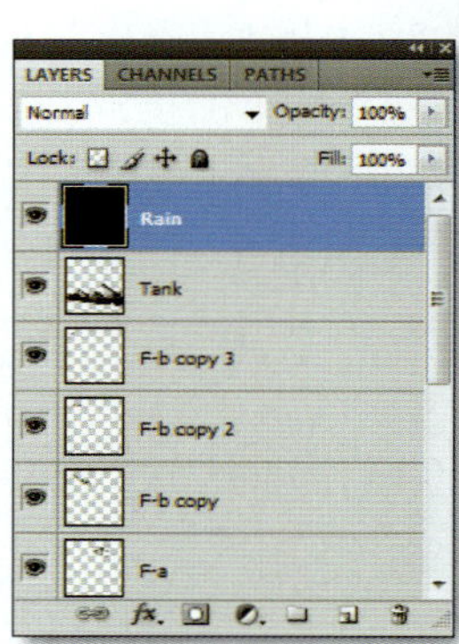

03 [Filter]-[Noise]-[Add Noise] 메뉴를 선택하면 나타나는 [Add Noise] 대화상자를 그림과 같이 설정한 후 [OK] 단추를 클릭합니다.

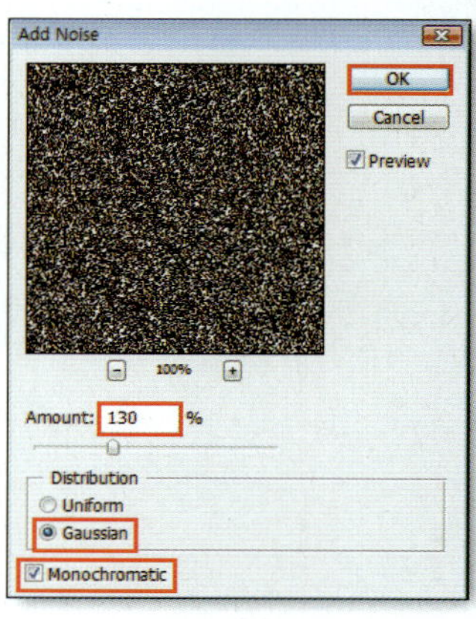

Amount : 130%　Distribution : Gaussian
Monochromatic : 체크

04 [Filter]–[Blur]–[Motion Blur] 메뉴를 선택하면 나타나는 [Motion Blur] 대화 상자를 그림과 같이 설정한 후 [OK] 단추를 클릭합니다.

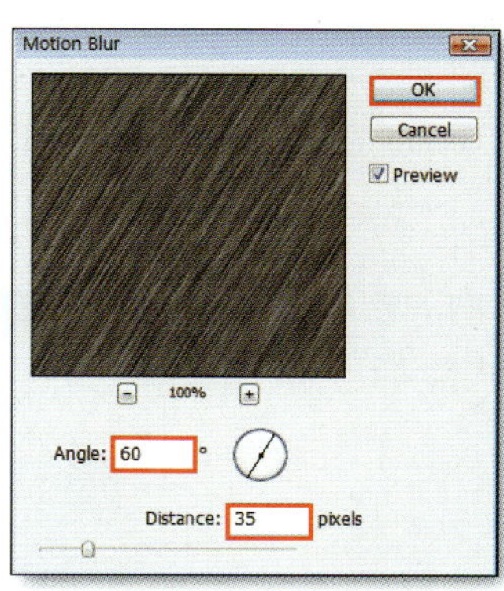

Angle : 60° Distance : 35 pixels

05 Ctrl+L을 누르면 나타나는 [Levels] 대화상자를 그림과 같이 설정한 후 [OK] 단추를 클릭합니다.

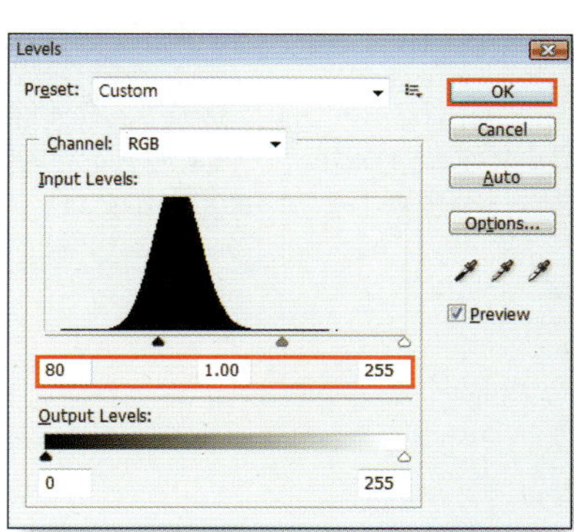

Input Levels : 80, 1.00, 255

06 'Rain' 레이어의 블렌딩 모드를 'Screen'으로 설정하고 [Opacity]는 '55%'로 설정합니다.

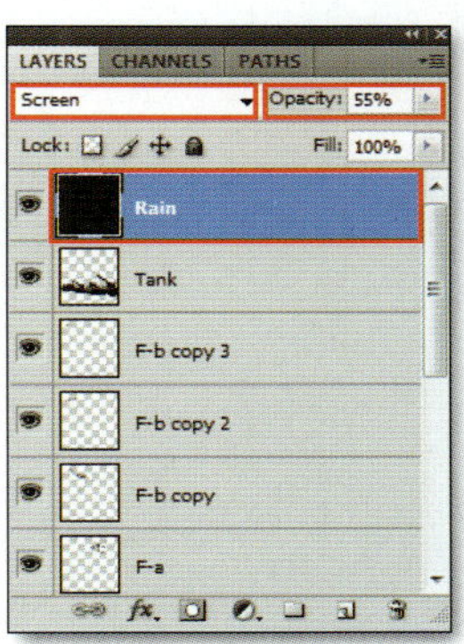

STEP
2   그룹 폴더의 활용

01 LAYERS 팔레트에서 [Create a new group] 아이콘(□)을 클릭하여 'Group 1' 그룹 폴더를 만듭니다.

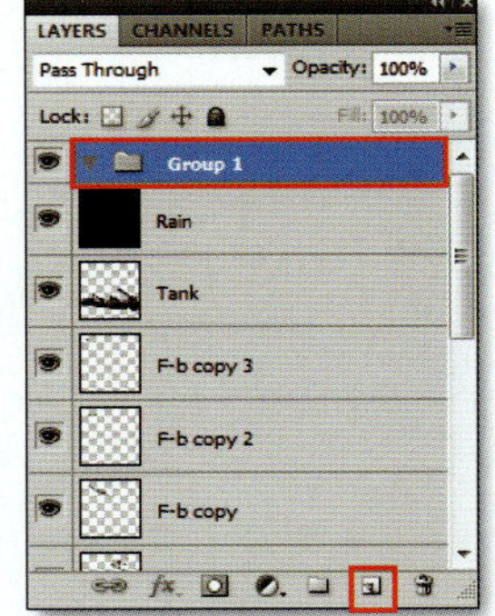

02 LAYERS 팔레트에서 'Background' 레이어를 제외한 모든 레이어를 선택한 후 'Group 1' 그룹 폴더로 드래그하여 이동시킵니다.

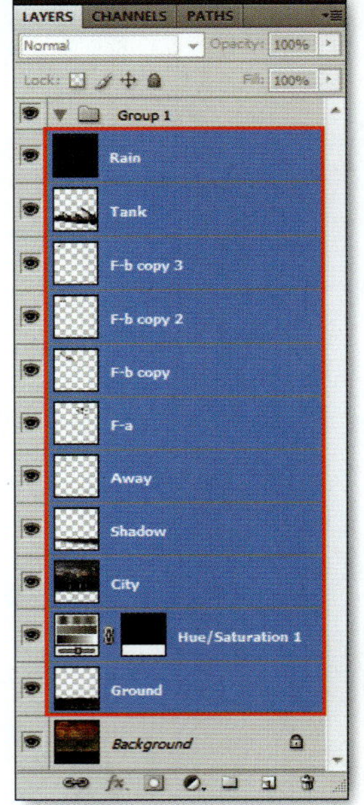

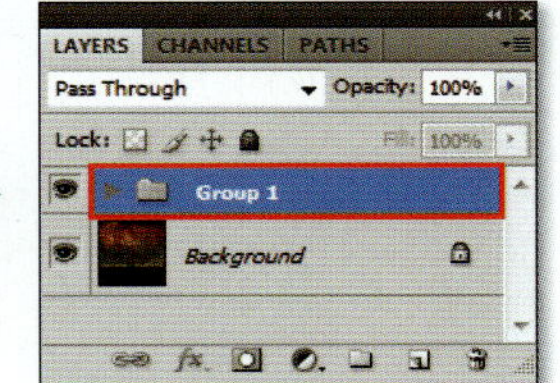

레이어를 모두 선택하지 않고 한 개씩 그룹 폴더로 이동시키면 레이어 순서가 뒤죽박죽 섞일 수 있으니 Ctrl 이나 Shift 를 누른 상태로 모두 선택한 후 그룹 폴더로 드래그하여 이동시킵니다.

STEP
3   캔버스의 크기 조정

01 캔버스의 크기를 가로로 늘려주기 위해 Alt + Ctrl + C 를 눌러 [Canvas Size] 대화상자가 나타나면 그림과 같이 설정한 후 [OK] 단추를 클릭합니다.

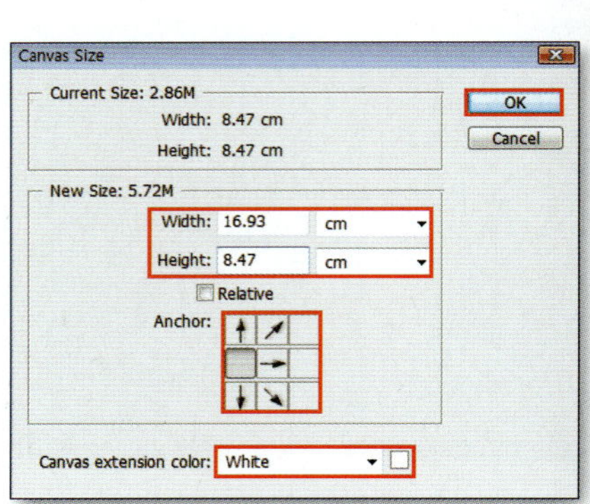

Warp 기능을 이용하여 삭막한 전쟁터 이미지와 상반되는 무지개가 있는 풍경을 만들어 전쟁과 평화를 암시합니다.

무지개가 있는 풍경 표현 기법

- **Warp** : 이미지로 모양을 감싸거나 이미지 자체를 늘릴 수 있으며 3D처럼 감거나 굽혀서 모형을 만들 수 있습니다.
- **그레이디언트(Gradient)** : 두 가지 이상의 색상을 일정 선택 부분에 단계적으로 넓혀주는 효과를 말합니다.

AFTER

BEFORE

WORK 04

1

풍경 이미지 합성

01 무지개가 있는 풍경을 만들기 위해 부록 CD에서 'Peace.jpg' 파일을 불러옵니다.

● **부록 CD** : THEME 16/Peace.jpg

02 무지개를 표현하기 위해 LAYERS 팔레트에서 [Create a new layer] 아이콘(🔲)을 클릭하여 새 레이어를 만들고 이름을 'Rainbow'로 설정합니다.

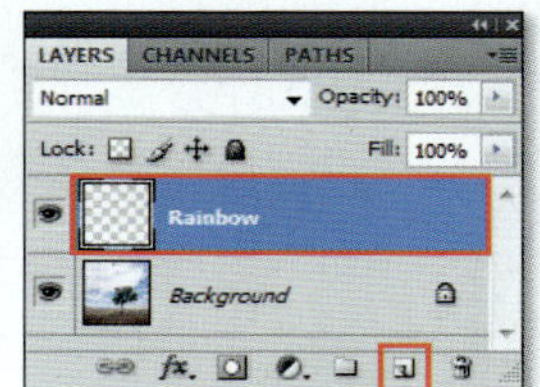

03 Rectangular Marquee Tool(🔲)을 선택하고 그림처럼 선택 영역을 지정합니다.

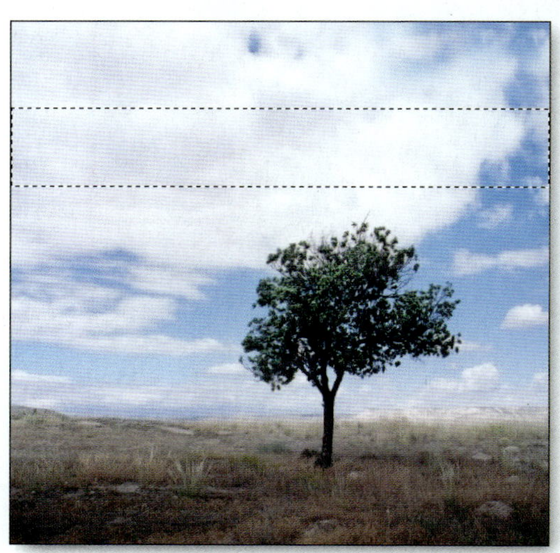

04 Shift+F6을 눌러 [Feather Selection] 대화상자가 나타나면 [Feather Radius]를 '20'으로 설정한 후 [OK] 단추를 클릭합니다.

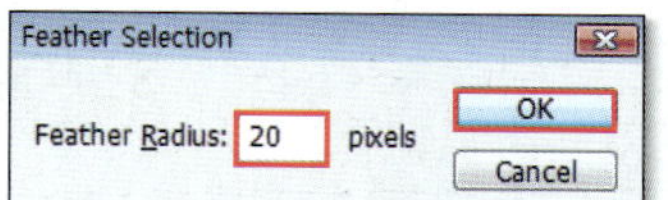

05 LAYERS 팔레트에서 [Create new fill or adjustment layer] 아이콘(◑)을 클릭하여 나타나는 팝업 메뉴에서 'Gradient'를 선택합니다. 보정 레이어를 생성하고 그림과 같이 설정한 후 [OK] 단추를 클릭합니다.

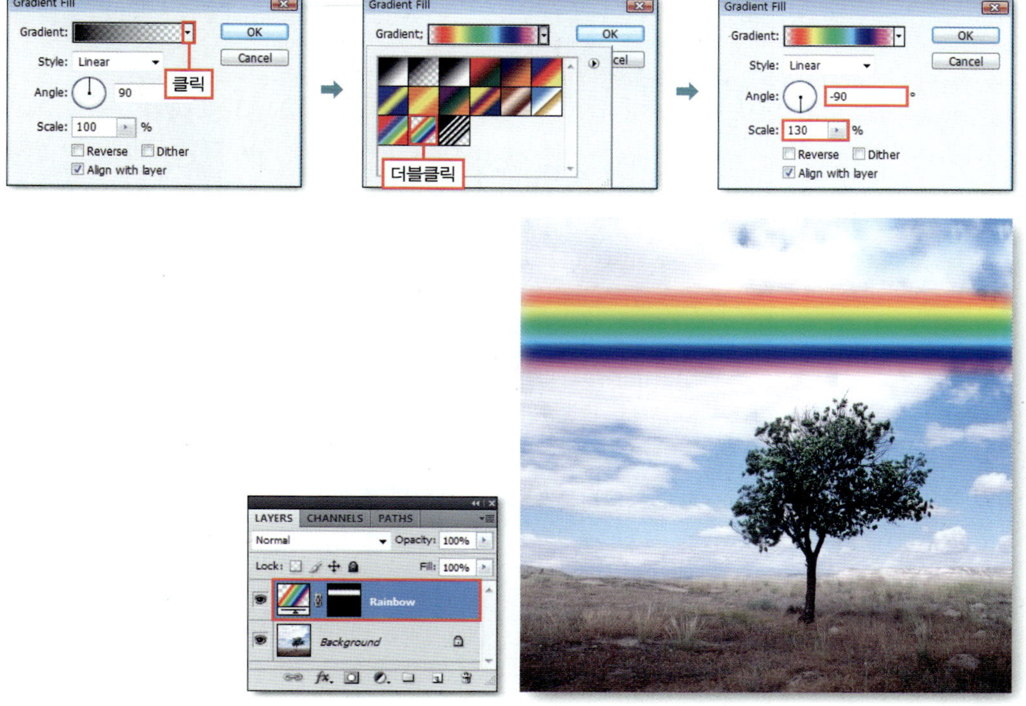

06 [Layer]-[Smart Objects]-[Convert to Smart Object] 메뉴를 선택하여 레이어 이미지로 작업할 수 있도록 전환합니다.

07 [Edit]–[Transform]–[Warp] 메뉴를 선택하여 조절점을 활성화합니다.

08 조절점을 움직여 그림처럼 형태를 잡아줍니다.

09 'Rainbow' 레이어의 [Opacity]를 '60%'로 설정하고 Ctrl+E 를 눌러 레이어를 합쳐줍니다.

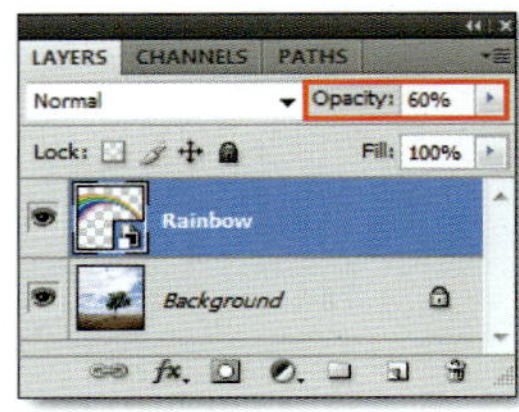 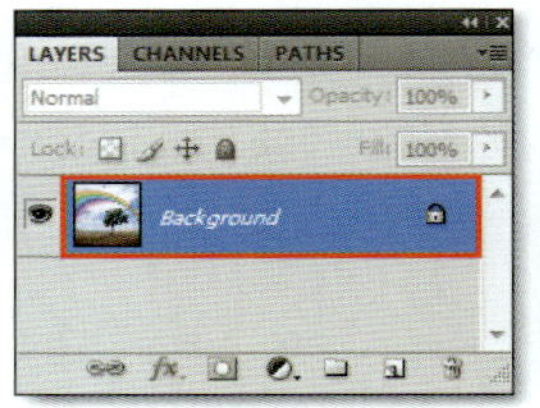

10 Move Tool(⬚)을 선택하고 무지개가 있는 풍경 이미지를 작업 중이던 이미지로 드래그하여 복사하고 우측으로 위치시킵니다.

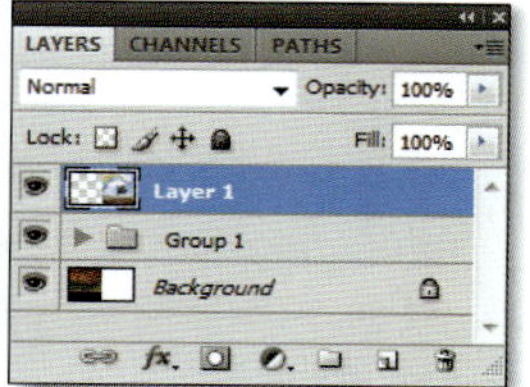

PHOTOSHOP
CREATIVE COLLECTION

생각에 잠겨든 여군 합성

Brush Tool(🖌)과 Smudge Tool(👆)을 이용하여 여군 이미지에 담배 연기를 표현하고 그룹 폴더를 이용하여 레이어를 관리하는 방법에 대하여 알아봅니다.

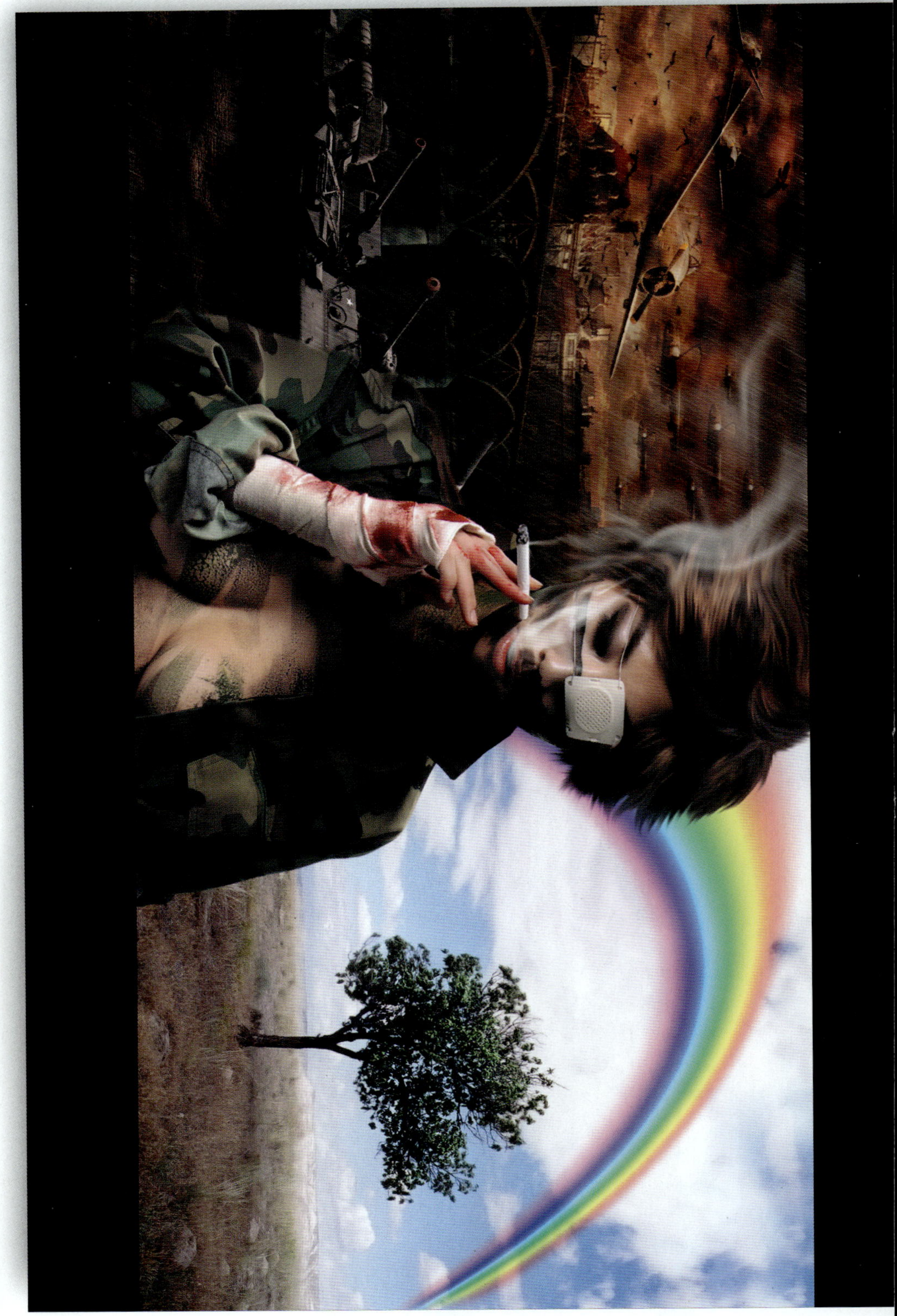

AFTER

KEY POINT

- **Smudge Tool(👆)** : Smudge Tool(👆)은 얼룩지게 한다는 뜻으로, 인접한 픽셀을 밀고 당겨서 다른 픽셀과 합성하여 이미지를 재구성할 수 있는 툴입니다.
- **Brush Tool(🖌)** : 이미지에 부드러운 윤곽선을 그리거나 채색을 하는 경우에 사용하는 툴입니다.

BEFORE

WORK 05

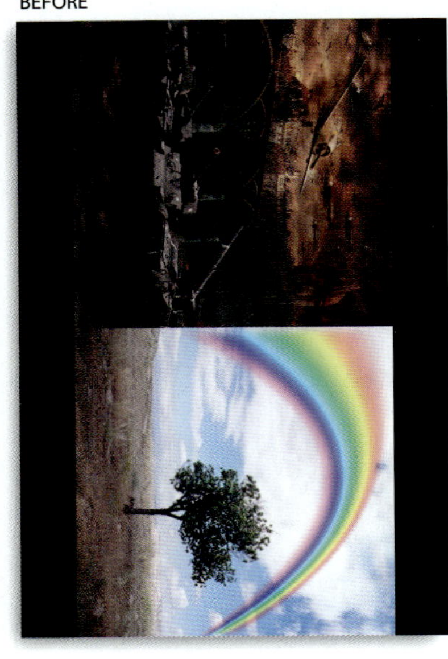

1

담배 연기 묘사

● **부록 CD** : THEME 16/Army.psd

01 생각에 잠겨든 여군을 표현하기 위해 부록 CD에서 'Army.psd' 파일을 불러옵니다.

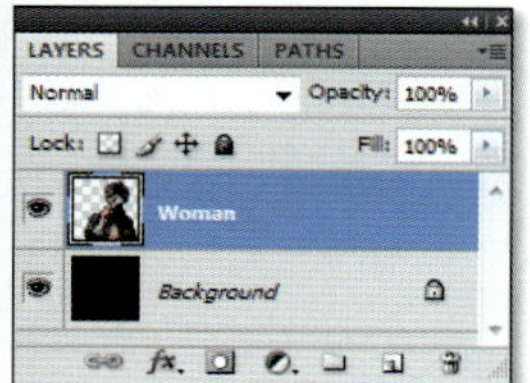

02 담배 연기를 묘사하기 위해 LAYERS 팔레트에서 [Create a new layer] 아이콘(□)을 클릭하여 새 레이어를 만들고 이름을 'Smoke'로 설정합니다.

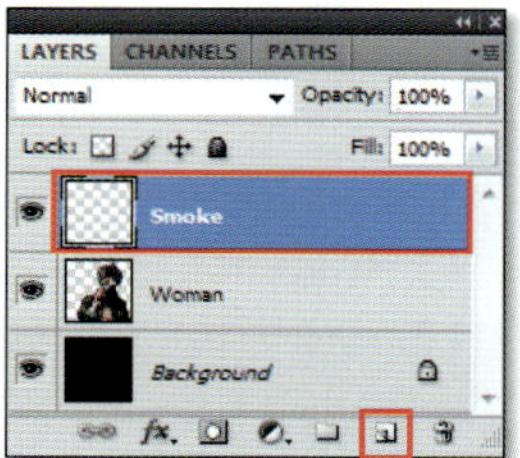

03 전경색을 흰색(#ffffff)으로 설정하고 Brush Tool(✐)로 그림처럼 자유 곡선을 그립니다.

자유 곡선의 형태는 그림과 비슷
하지 않아도 상관없습니다.

04 툴박스에서 Smudge Tool(🖐)을 선택하고 담배 연기와 비슷해질 수 있도록 반복해서 문질러 줍니다.

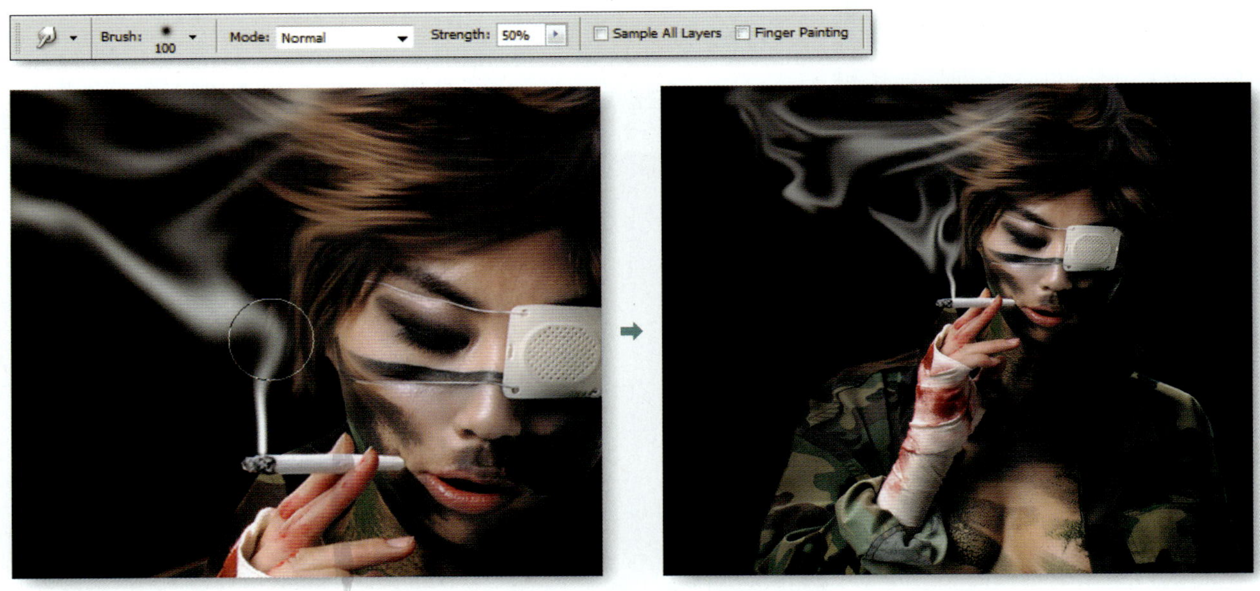

여러 번 시도하여 만족할만한 결과가 나올 때까지 반복하여 작업합니다.

05 툴박스에서 Eraser Tool(🖊)을 선택하고 담배 연기가 좀 더 자연스러워질 수 있도록 적은 양의 불투명도(Opacity : 20%)로 부분 부분
을 지워줍니다.

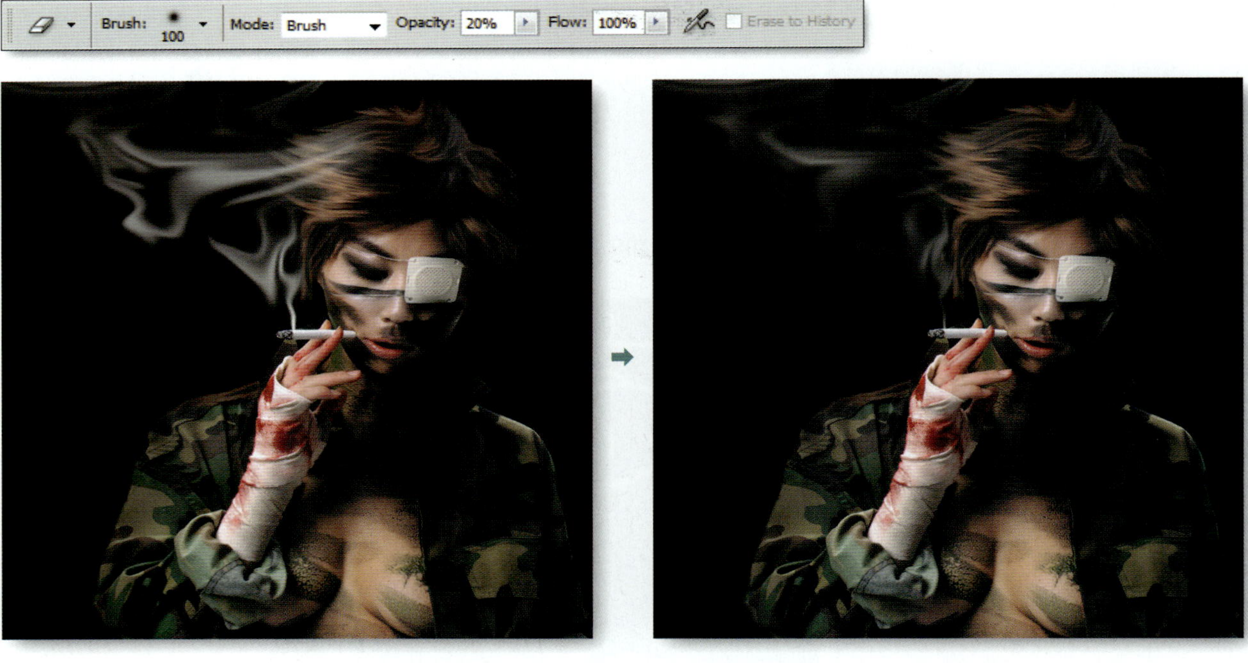

06 입에서 나오는 연기를 묘사하기 위해 LAYERS 팔레트에서
　　[Create a new layer] 아이콘(　)을 클릭하여 새 레이어를
　　만들고 이름을 'Smoke2'로 설정합니다.

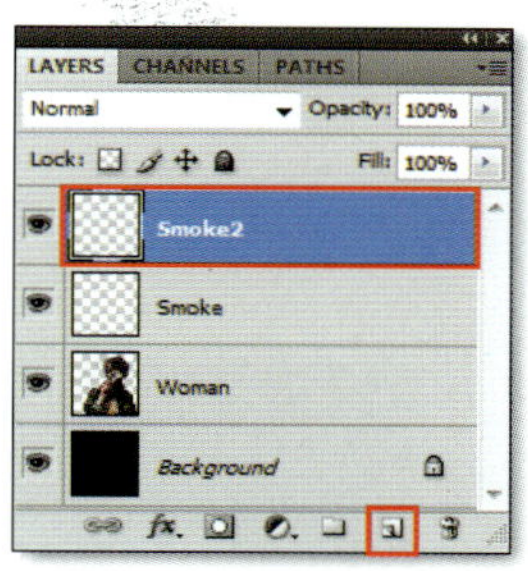

07 다시 Brush Tool(　)로 자유 곡선을 그립니다.

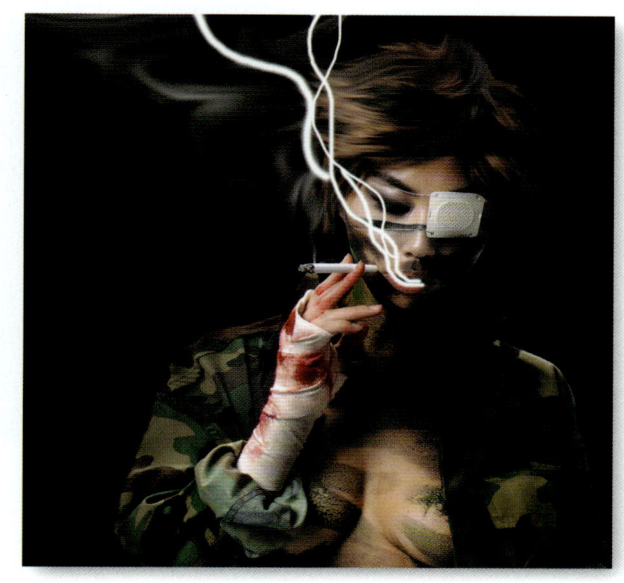

08 Smudge Tool(　)로 입에서 나오는 담배 연기와 비슷해질 수 있도록 반복해서 문질러 줍니다.

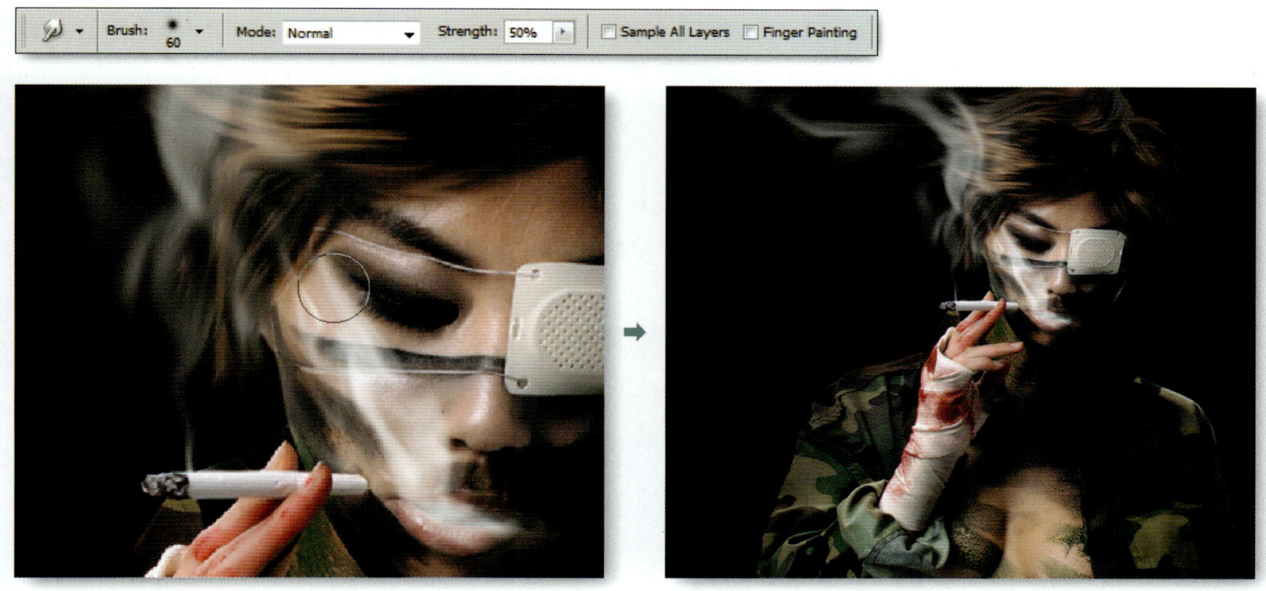

09 툴박스에서 Eraser Tool(✐)을 선택하고 담배 연기가 좀 더 자연스러워질 수 있도록 적은 양의 불투명도(Opacity: 20%)로 부분 부분을 지워줍니다.

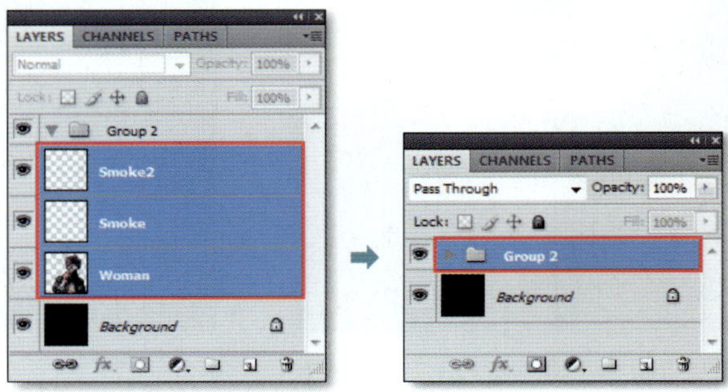

---

2   그룹 폴더의 활용

01 LAYERS 팔레트에서 [Create a new group] 아이콘(□)을 클릭하여 그룹 폴더를 만들고 이름을 'Group 2'로 설정합니다.

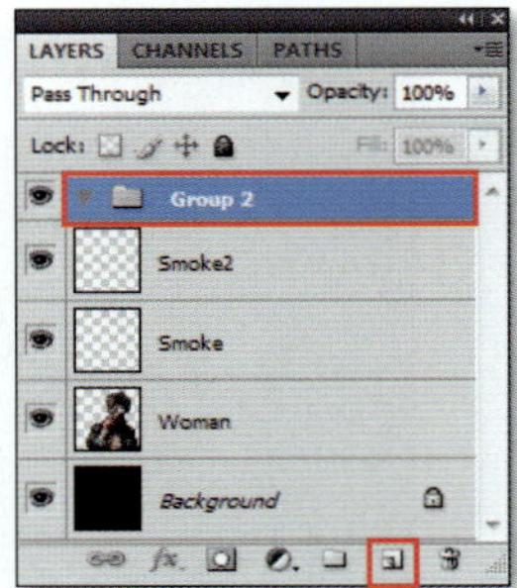

02 LAYERS 팔레트에서 'Background' 레이어를 제외한 모든 레이어를 선택하고 'Group 2' 그룹 폴더로 드래그하여 그룹화시킵니다.

03 ‘Group 2’ 그룹 폴더를 작업 중인 이미지로 드래그하여 복사한 후 위치를 잡아주고 작업을 마무리합니다.

Do not stand at my grave and weep;
I am not there. I do not sleep.
I am a thousand winds that blow.
I am the diamond glints on snow.
I am the sunlight on ripened grain.
I am the gentle autumn rain.
When you awaken in the morning's hush
I am the swift uplifting rush
Of quiet birds in circled flight.
I am the soft stars that shine at night.
Do not stand at my grave and cry;
I am not there. I did not die.

Fairy of Ink

Darken 블렌딩 모드를 이용하여 물속에서 다양한 형태로 유영하는 원색의 잉크 이미지들을 하나의 이미지로 합성하고 바디 페인팅한 인물과 함께 몽환적인 분위기를 연출하는 방법을 알아봅니다.

● **부록 CD** : TIP/Ink-01.jpg

01 잉크 이미지로 사용할 'Ink-01.jpg' 파일을 부록 CD에서 불러옵니다.

● **부록 CD** : TIP/Ink-02.jpg

02 다른 형태의 잉크 이미지인 'Ink-02.jpg' 파일을 부록 CD에서 불러온 후 Move Tool(⤲)을 이용하여 'Ink-01.jpg' 파일의 이미지에 복사하고 위치를 잡아줍니다.

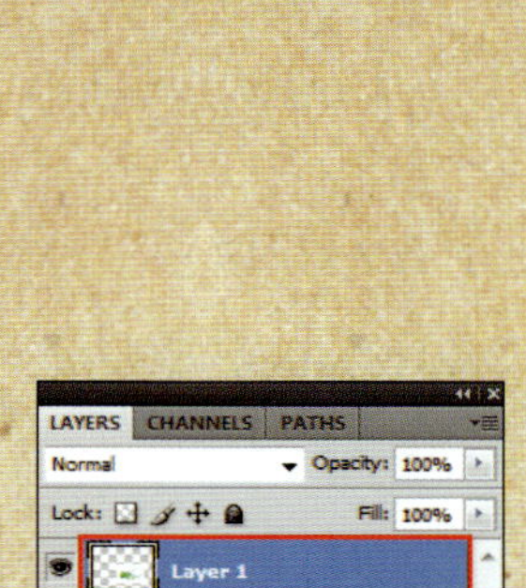

03 복사한 'Layer 1' 레이어의 블렌딩 모드를 'Darken'으로 설정합니다.

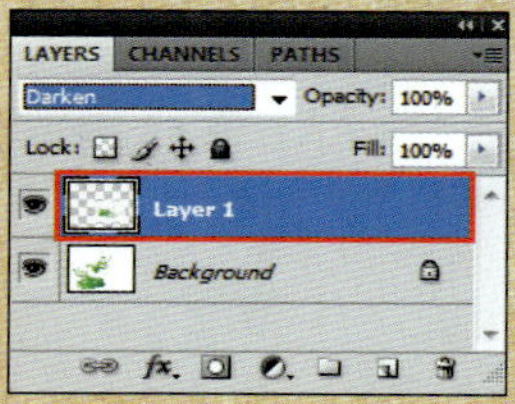

● **부록 CD** : TIP/Ink-03.jpg, Ink-04.jpg

04 형태가 다른 두 가지의 잉크 이미지를 더 합성하기 위해 'Ink-03.jpg', 'Ink-04.jpg' 파일을 부록 CD에서 불러온 후 Move Tool(⊕)을 이용하여 작업 중인 이미지로 복사하고 위치를 잡아 줍니다.

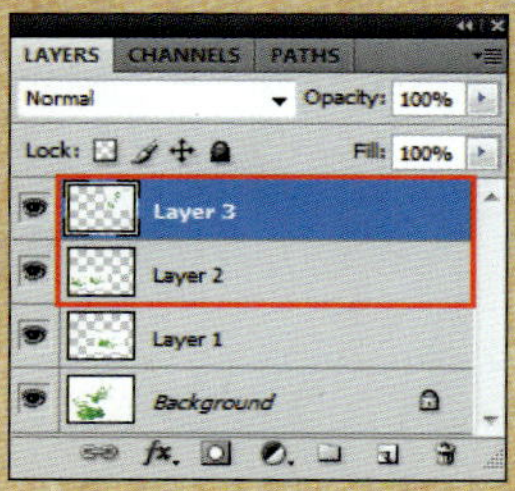

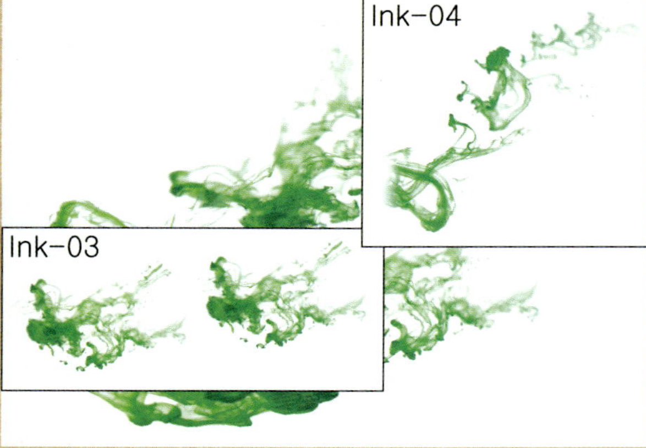

05 복사한 'Layer 2', 'Layer 3' 두 레이어의 블렌딩 모드를 모두 'Darken'으로 설정합니다.

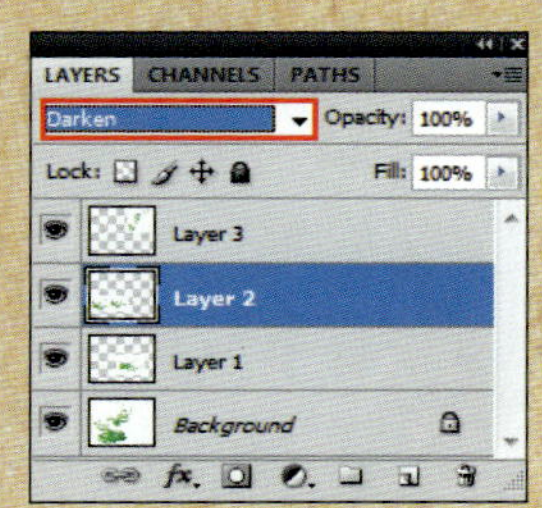 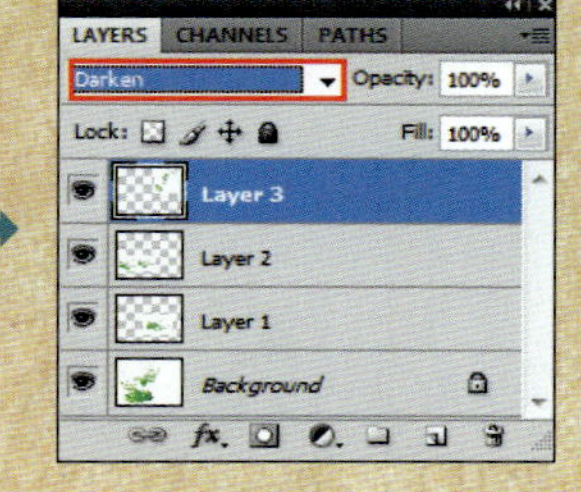

● 부록 CD : TIP/Fairy.jpg

06 인물 이미지를 부록 CD에서 불러온 후 Move Tool(🕂)을 이용하여 작업 중인 이미지로 복사하고 위치를 잡아줍니다.

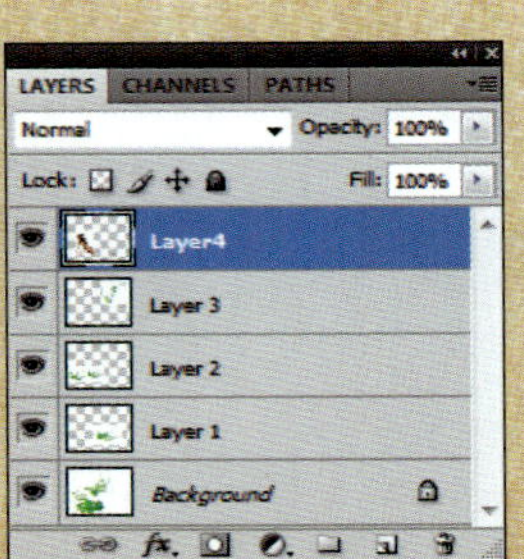

07 'Layer 4' 레이어의 블렌딩 모드를 'Darken'으로 설정합니다.

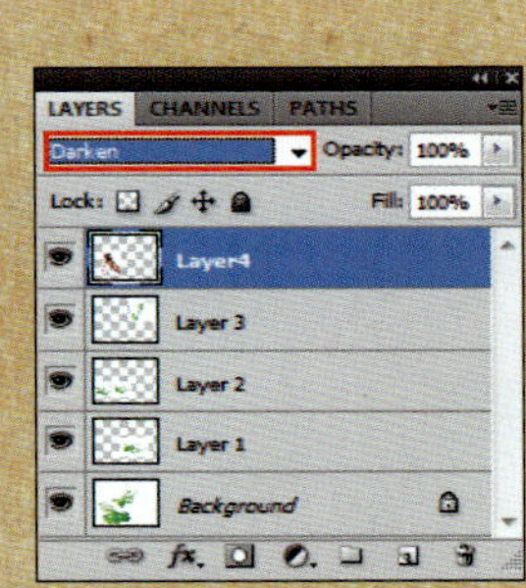

08 인물의 색상을 잉크색과 동일화시키기 위하여 [Image]-[Adjustments]-[Replace Color] 메뉴를 선택합니다. [Replace Color] 대화상자가 나타나면 다음과 같이 설정합니다.

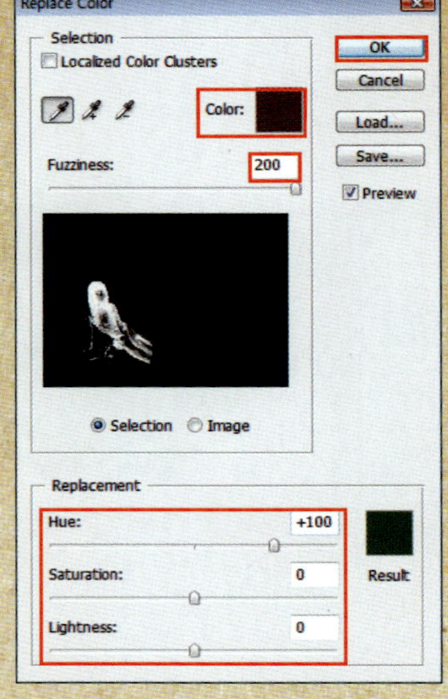

선택 색상(Color) : (#573623)
Fuzziness : 200   Hue : +100
Saturation : 0   Lightness : 0

09 몽환적인 분위기를 연출하기 위해서 Eraser Tool( )로 인물의
부분 부분을 지워서 작업을 마무리합니다.

응용 작품

시안 스케치
(Tentative plan sketch)

■ **Army.psd 촬영 정보**

Nikon D80, 1/125 sec, 조리개 값 : F8.0, 촬영 모드 : M, ISO : 100, 화이트 밸런스 : Manual

■ **시안 스케치**

필자는 구상한 주제나 목적에 맞게 연습장에 아이디어 스케치를 하고 작품 속에 들어갈 요소들을 메모하는 습관이 있습니다. 이는 번거로운 작업일지 모르나 처음 구상한 목적에서 빗나가지 않도록 많은 도움을 줍니다. 또한, 잡지나 광고 등의 상업 사진에서 보통 콘셉트가 정해지면 시안용으로 잡지 등의 자료를 스크랩하여 클라이언트에게 설명을 하는 방법도 있지만 시안 스케치를 추가하여 설명하는 방법이 더욱 창의적이고 설득력이 강합니다.

■ 화보–광고 시안 스케치

PHOTOSHOP
CREATIVE COLLECTION

Rider

달리자!! 달려!!

모든 것을 가르고 달려보자!! 이 세상에 마치 나 혼자밖에 없는 것처럼…달려보자!!

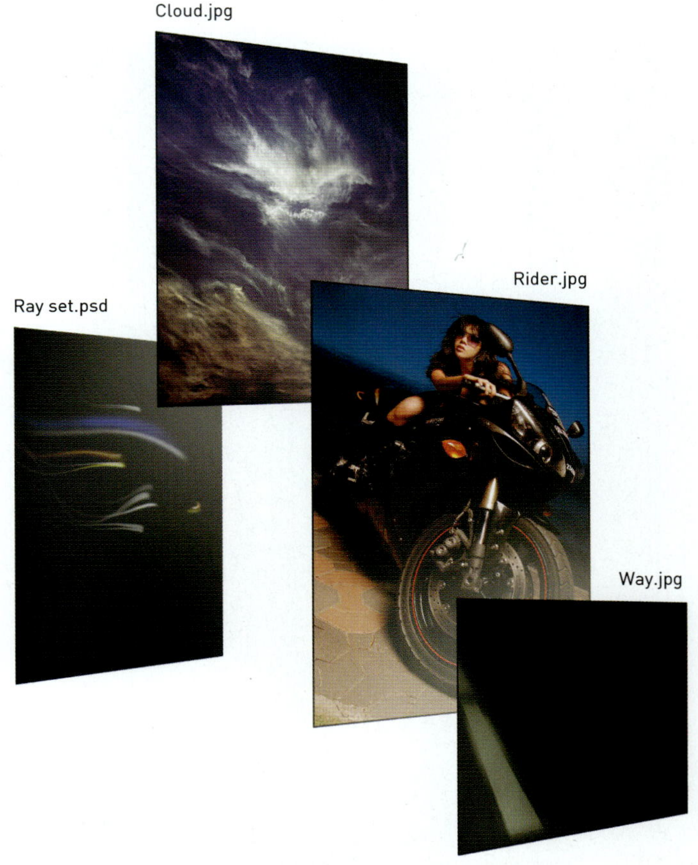

- **Ray set.psd** : Rider.jpg 이미지의 오토바이에 합성하기 위해 필요한 빛의 궤적 이미지 Set
- **Cloud.jpg** : 맑은 날의 하늘을 촬영한 이미지
- **Rider.jpg** : Rider 작품의 주제가 되는 이미지
- **Way.jpg** : Rider.jpg 이미지와 합성하기 위한 도로 이미지

PHOTOSHOP CREATIVE COLLECTION

색상 톤 보정과 배경 이미지 합성

Curves와 Color Balance 기능을 이용한 색상 톤 보정과 따로 촬영한 '하늘'과 '도로' 두 가지의 이미지를 원본 이미지에 합성하여 전체적인 분위기를 새롭게 연출합니다.

▶ KEY POINT

- **Curves** : 그래프 곡선을 이용하여 색상 톤을 보정할 수 있습니다.
- **Color Balance** : 보색 관계의 색상을 이용하여 이미지의 전체적인 색균형을 변경할 수 있습니다.
- **Burn Tool()** : 이미지의 특정 부분을 어둡게 표현할 수 있습니다.

BEFORE

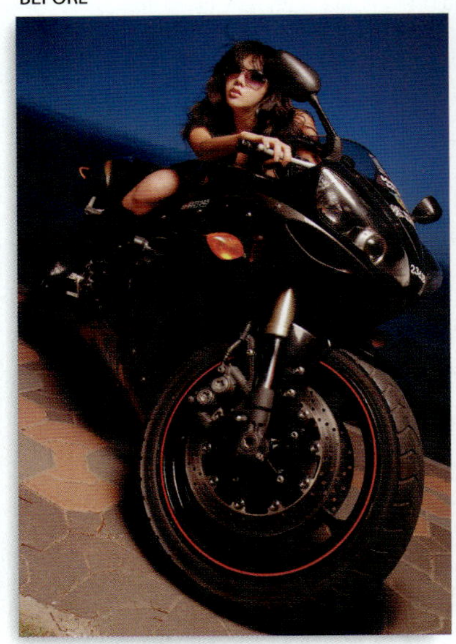

AFTER

WORK 01

1   색상 톤의 보정

● **부록 CD** : THEME 17/Rider.jpg

01 예제로 사용할 'Rider.jpg' 파일을 부록 CD에서 불러옵니다.

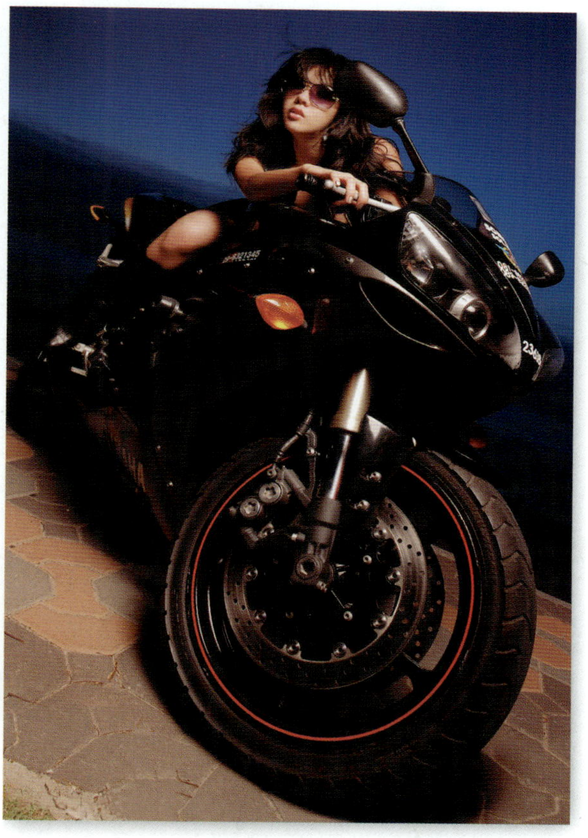

02 ADJUSTMENTS 패널의 [Curves] 아이콘을 선택한 후 'RGB, Red, Blue' 채널을 다음과 같이
설정합니다.

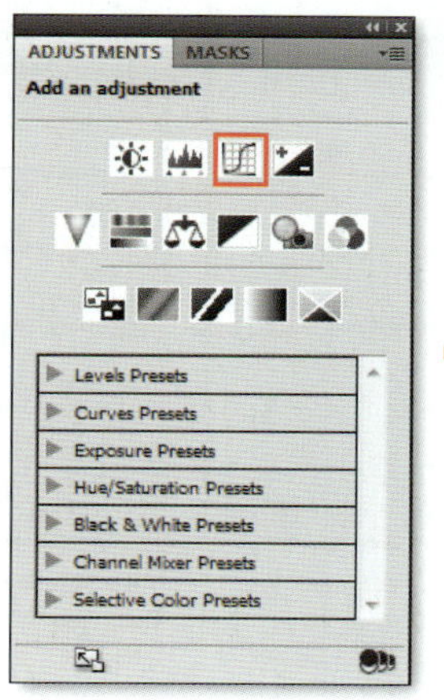

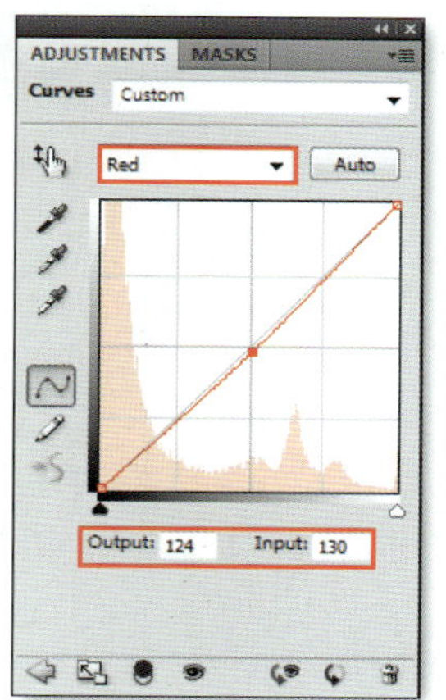

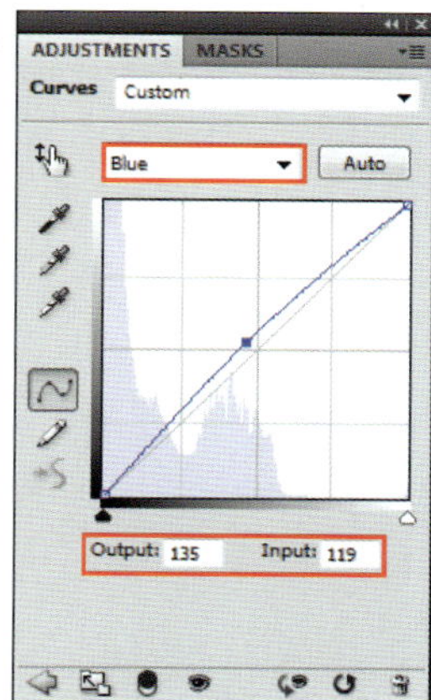

Channel : RGB Output : 136
Input : 117

Channel : Red Output : 124
Input : 130

Channel : Blue Output : 135
Input : 119

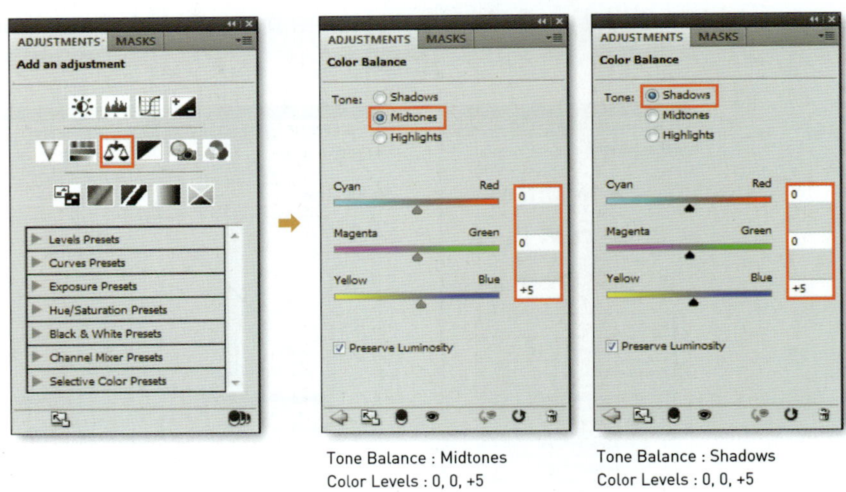

03 ADJUSTMENTS 패널의 [Color Balance] 아이콘을 선택한 후 그림과 같이 설정하여 중간 톤(Midtones)과 어두운 톤 영역(Shadows)의 색상을 보정합니다.

Tone Balance : Midtones
Color Levels : 0, 0, +5

Tone Balance : Shadows
Color Levels : 0, 0, +5

STEP
2   도로 이미지 합성

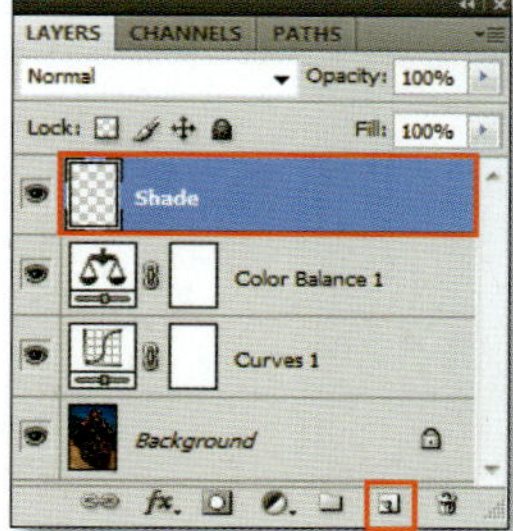

01 LAYERS 팔레트 하단에 있는 [Create a new layer] 아이콘(🔲)을 클릭하여 새 레이어를 만들고 이름을 'Shade'로 설정합니다.

02 Ctrl + Shift + Alt + E 를 눌러 활성화되어 있는 이미지를 'Shade' 레이어에 붙여줍니다.

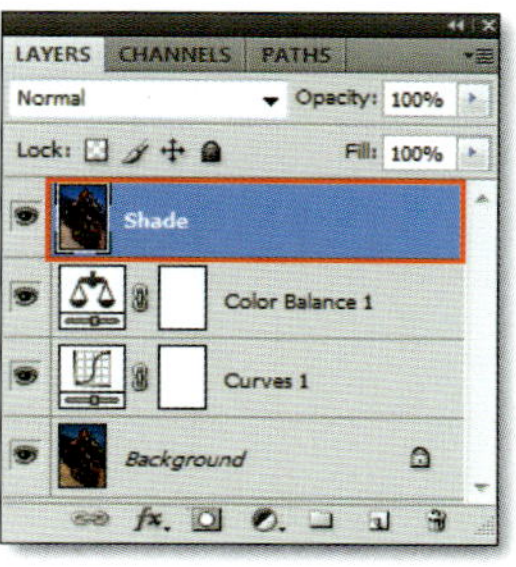

● **부록 CD** : THEME 17/Way.jpg

03 도로 이미지를 합성하기 위해 부록 CD에서 'Way.jpg' 파일을 불러옵니다.

04 툴박스에서 Move Tool(⌖)을 선택하고 [Shift]를 누른 상태로 작업 중인 이미지로 드래그하여 복사합니다. 레이어의 이름은 'Road'로 설정합니다.

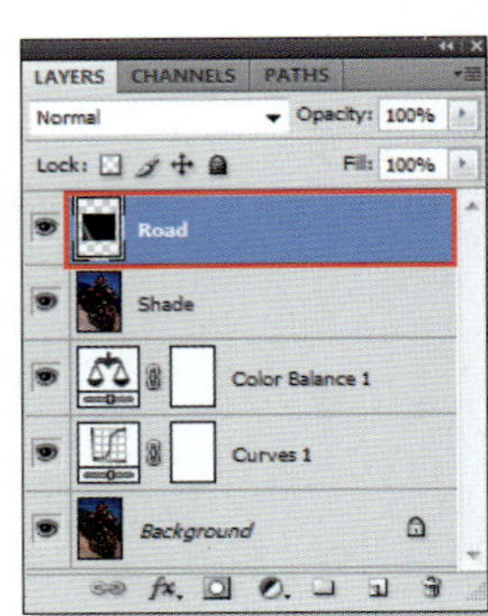

05 Ctrl+T를 눌러 이미지 하단에 도로 이미지가 가득 차도록 크기와 위치를 조절합니다.

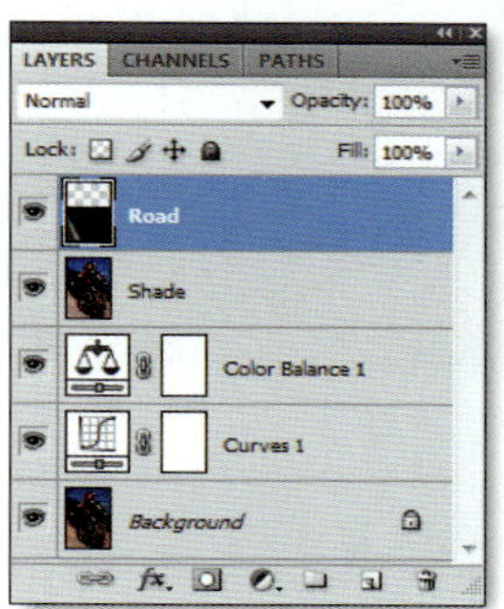

06 'Road' 레이어를 'Shade' 레이어 아래로 드래그하여 이동시킵니다.

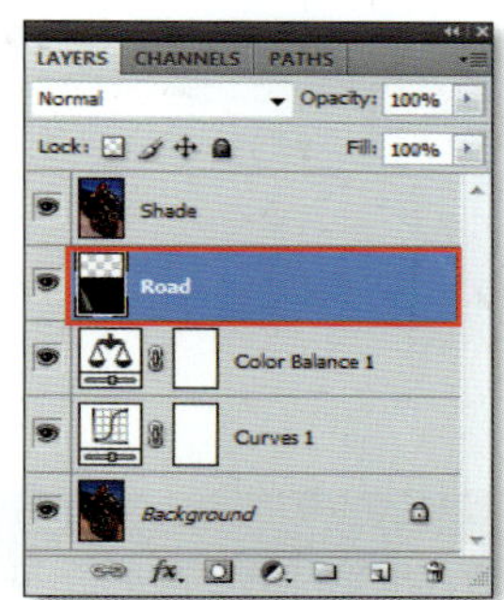

07 'Shade' 레이어를 선택하고 Eraser Tool(⌀)로 'Road' 레이어의 이미지가 보이도록 보도블럭 부분을 지워줍니다.

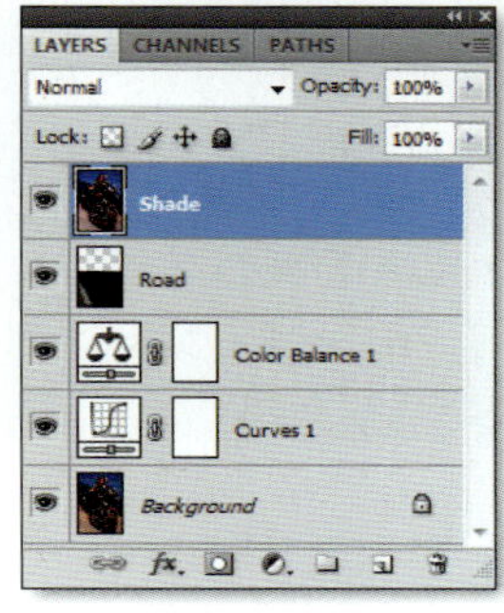

지워야 하는 부분 · 작업 과정 · 작업 후

08 툴박스에서 Burn Tool(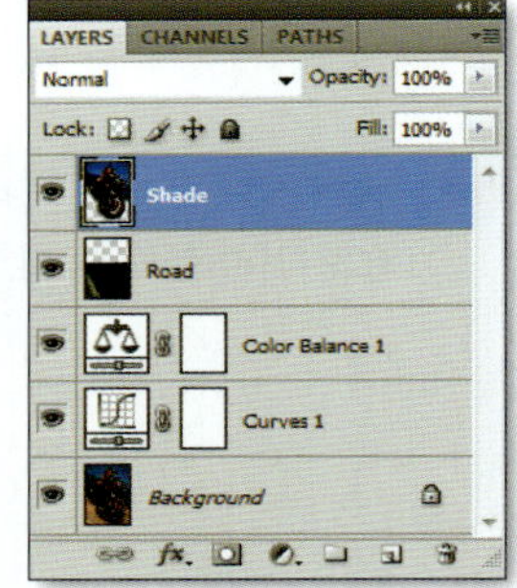)을 선택하고 'Shade' 레이어의 이미지 하단 외곽 부분 부분을 문질러 어둡게 처리합니다.

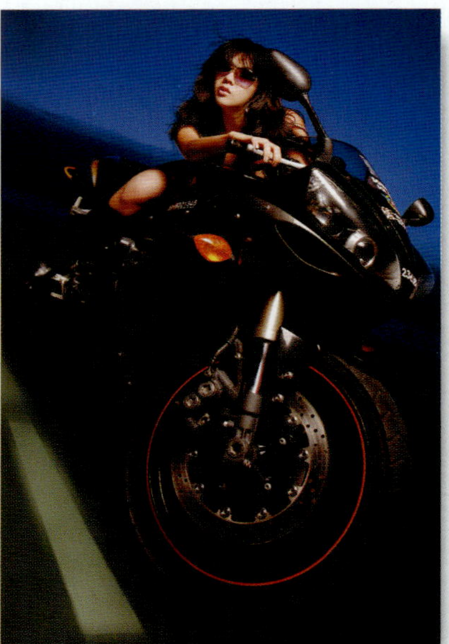

어둡게 처리할 부분 · 작업 과정 · 작업 후

3　　　　　　　　　　　　　　　　　하늘 이미지 합성

● **부록 CD** : THEME 17/Cloud.jpg

01 하늘 이미지를 합성하기 위해 부록 CD에서 'Cloud.jpg' 파일을 불러옵니다.

02 툴박스에서 Move Tool(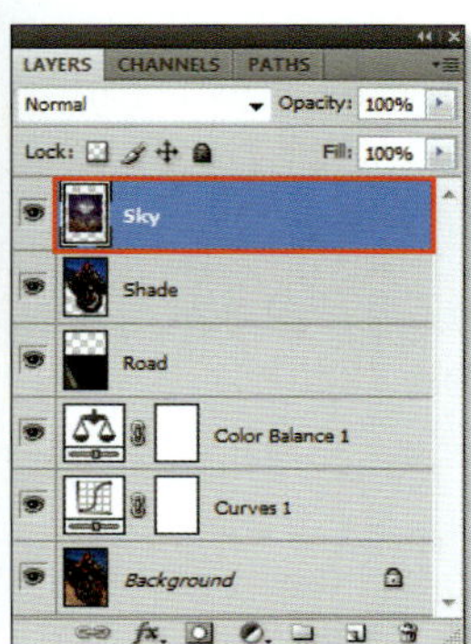)을 선택하고 [Shift]를 누른 상태로 작업 중인 이미지로 드래그하여 복사합니다. 레이어 이름은 'Sky'로 설정합니다.

03 LAYERS 팔레트에서 'Sky' 레이어의 [Opacity]를 '60%'로 설정하고 Ctrl+T 를 눌러 하늘 부분에 가득 차도록 크기와 위치를 조절합니다.

04 하늘이 자연스럽게 합성되도록 Eraser Tool(⌀)로 주제 이미지에 덮인 하늘 부분을 지워줍니다.

지워야 하는 부분

작업 과정

작업 후

05 LAYERS 팔레트 하단에 있는 [Create a new group] 아이콘(▢)을
클릭하여 'Group 1' 그룹 폴더를 만듭니다.

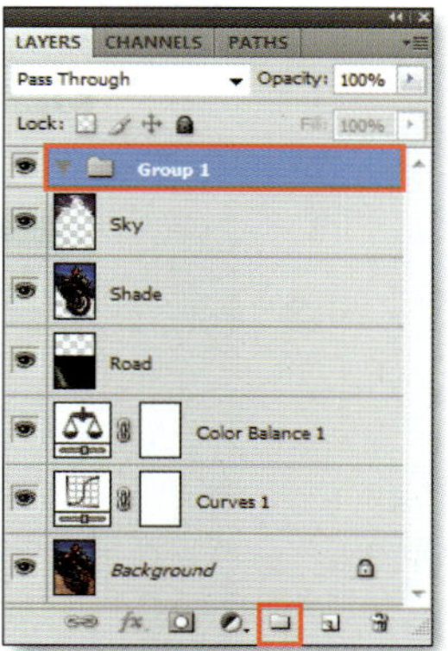

06 LAYERS 팔레트에서 'Background' 레이어를 제외한 모든 레이어를
선택한 후 'Group 1' 그룹 폴더로 드래그하여 그룹화시킵니다.

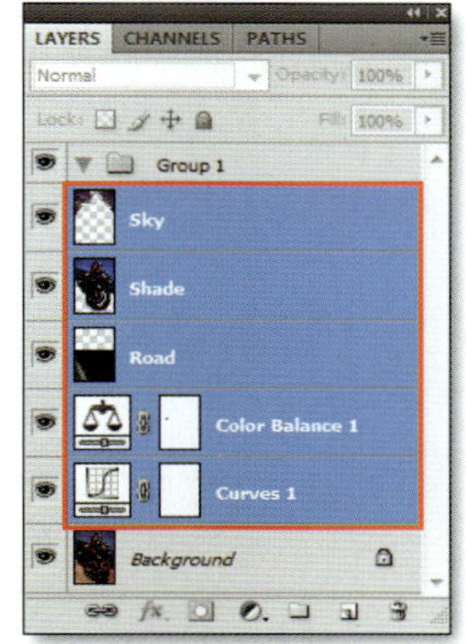
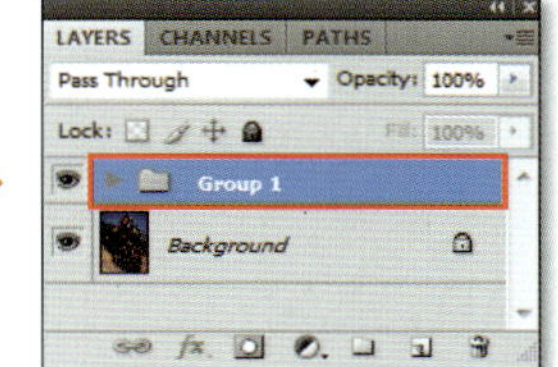

PHOTOSHOP
CREATIVE COLLECTION

라이트 효과 표현 기법

꺼져 있던 오토바이의 라이트를 밝혀서 더욱 에너지 넘치는 이미지를 만들기 위해 Dodge Tool()과 Blur Tool(▧)을 적극 활용하는 방법을 알아봅니다.

▶ K E Y P O I N T

- **Levels** : 이미지의 명암을 보정할 수 있습니다.
- **Dodge Tool**(▣) : 이미지 특정 부분의 노출 정도를 조절하여 이미지의 어두운 부분을 밝게 보정할 수 있습니다.
- **Blur Tool**(▧) : 이미지의 특정 부분을 부드럽게 또는, 흐리게 보정할 수 있습니다.
- **Lighten 블렌딩 모드** : 어두운 톤을 밝은 톤으로 바꾸며, 혼합된 레이어보다 밝은 톤에는 적용되지 않습니다.
- **Gaussain Blur 필터** : 수치값을 지정하여 블러(Blur) 효과를 세밀하게 적용할 수 있는 필터입니다.

BEFORE

AFTER

WORK 02

헤드라이트 밝혀주기

01 툴박스에서 Lasso Tool( )을 선택하고 옵션 바에서 [Feather]를 '20' 으로 설정합니다. 오토바이의 라이트 부분을 드래그하여 선택 영역으로 지정합니다.

02 ADJUSTMENTS 패널의 [Levels] 아이콘을 선택하고 그림과 같이 설정하여 노출을 증가시킵니다.

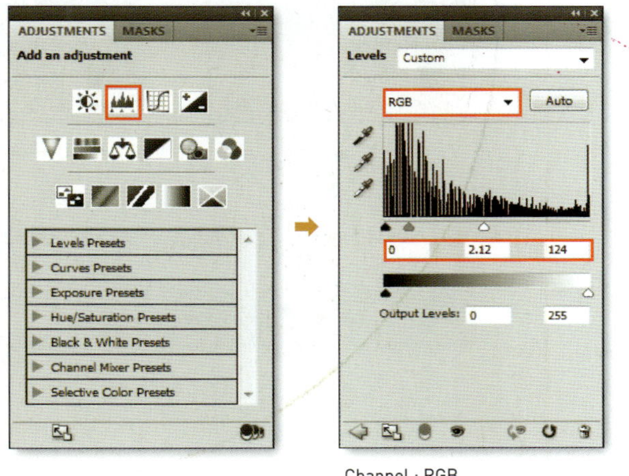

Channel : RGB
Input Levels : 0 , 2.12 , 124

03 LAYERS 팔레트에서 [Create a new layer] 아이콘(▣)을 클릭하여 새 레이어를 만들고 이름을 'Light'로 설정합니다. `Ctrl`+`Shift`+`Alt`+`E`를 눌러 활성화되어 있는 이미지를 'Light' 레이어에 붙여줍니다.

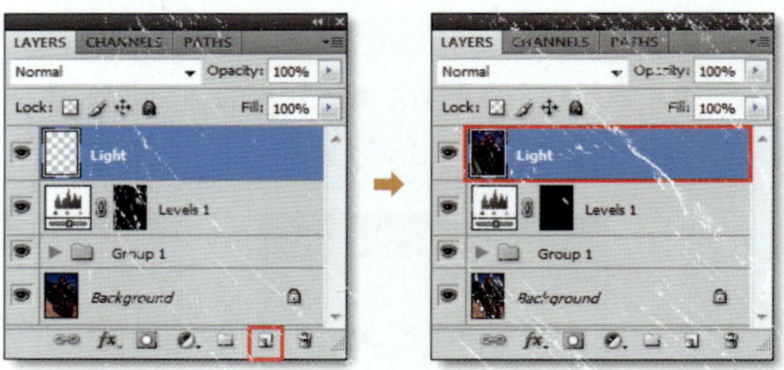

04 툴박스에서 Dodge Tool(🔍)을 선택하고 오토바이의 라이트 부분을 문질러서 밝게 처리합니다.

작업 전   작업 후

05 툴박스에서 Blur Tool(◌)을 선택하고 오토바이의 라이트 부분을 문질러서 이미지의 입자를
부드럽게 처리합니다.

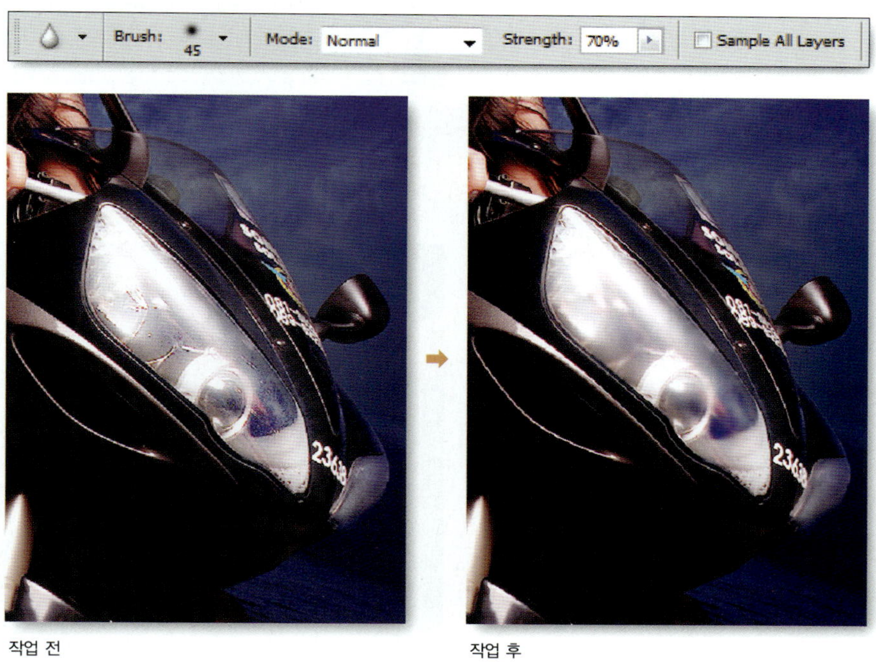

작업 전   작업 후

06 [Create a new layer] 아이콘(◌)을 클릭하여 새 레이어를
만들고 이름을 'Blue'로 설정합니다.

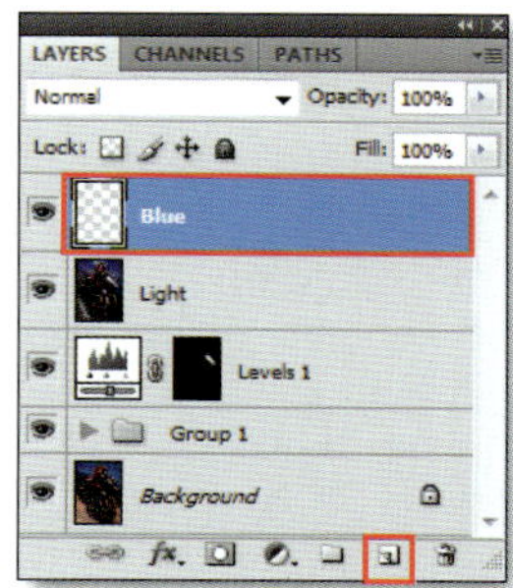

07 툴박스에서 Brush Tool(　)을 선택하고 청색(#0000ff)으로 오토바이의 헤드라이트 부분을 그림처럼 칠합니다.

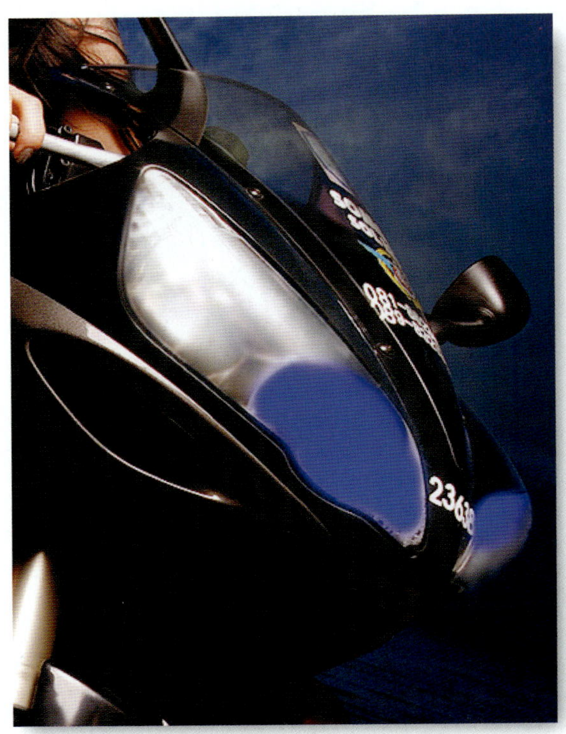

08 LAYERS 팔레트에서 'Blue' 레이어의 블렌딩 모드를 'Lighten'으로 설정합니다.

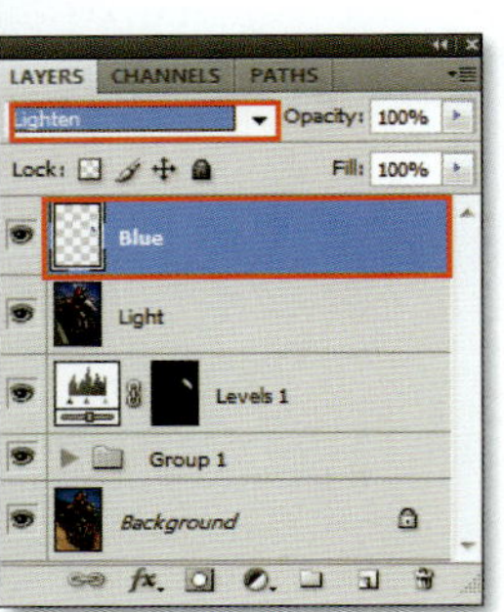

STEP

2   사이드 라이트 밝혀주기

01   PATHS 팔레트의 [Create new path] 아이콘(🔲)을 클릭하여 'Path 1' 패스를 만들고, 그림 처럼 사이드 라이트 부분을 Pen Tool(✎)로 그려줍니다.

패스로 따는 과정   패스 작업 완료

02   PATHS 팔레트 하단에 있는 [Load path as a selection] 아이콘(◯)을 클릭하여 선택 영역 으로 지정합니다.

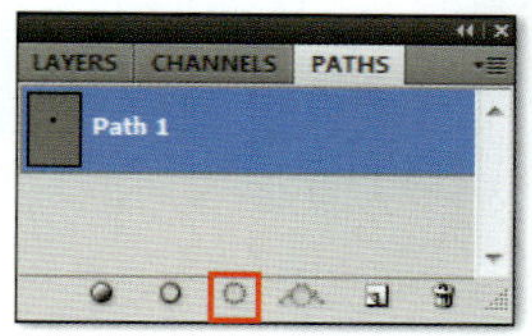

03   LAYERS 팔레트에서 'Light' 레이어를 선택한 후 Ctrl+C를 눌러 복사하고 Ctrl+V를 눌러 붙여 넣습 니다. 사이드 라이트 부분만 복사된 레이어가 생성되면 복사된 레이어 의 이름은 'Light 2'로 설정합니다.

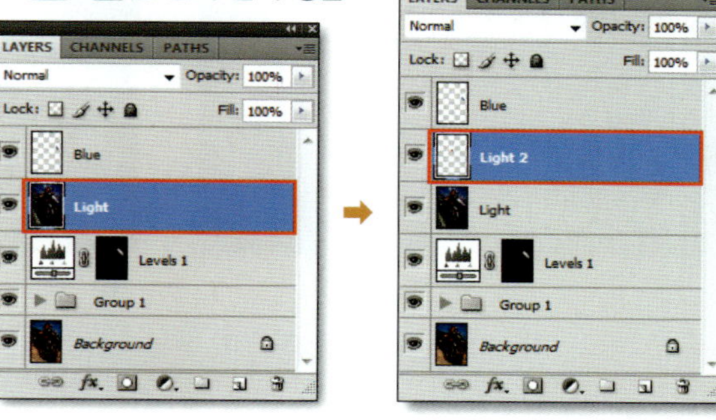

04 LAYERS 팔레트에서 [Create a new layer] 아이콘(□)을 클릭하여 새 레이어를 만들고 이름을 'Light 3'로 설정합니다.

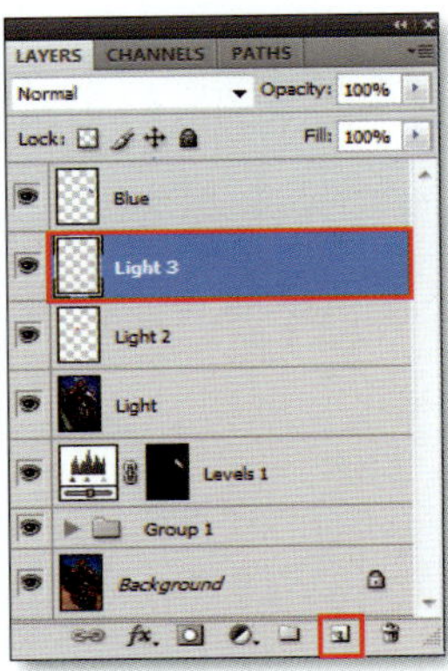

05 툴박스에서 Elliptical Marquee Tool(○)을 선택한 후 그림과 같이 선택 영역을 만듭니다. 전경색을 주황색(#f86207)으로 설정한 후 Alt+Delete를 눌러 색상을 채웁니다. Ctrl+D를 눌러 선택 영역을 해제합니다.

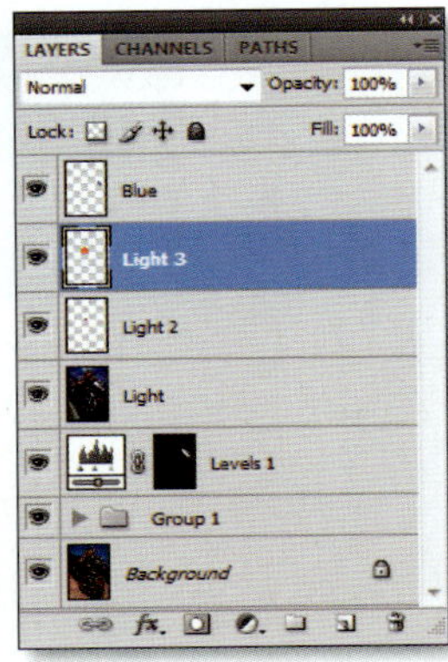

06 [Filter]–[Blur]–[Gaussian Blur] 메뉴를 선택하면 나타나는 [Gaussian Blur] 대화상자
의 [Radius]를 '80'으로 설정합니다.

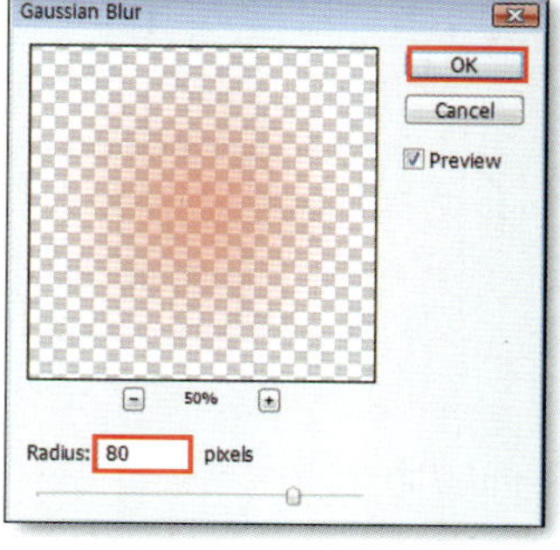

Radius : 80 pixels

07 'Light 3' 레이어를 'Light 2' 레이어 아래로 드래그하여
이동시킵니다.

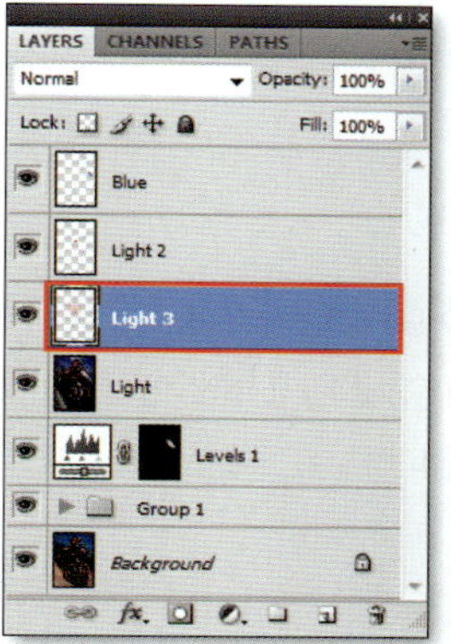

08 'Light 3'과 'Light 2' 레이어를 함께 선택한 후 Ctrl + E 를 눌러 합칩니다. 레이어의
이름은 'Light A'로 설정합니다.

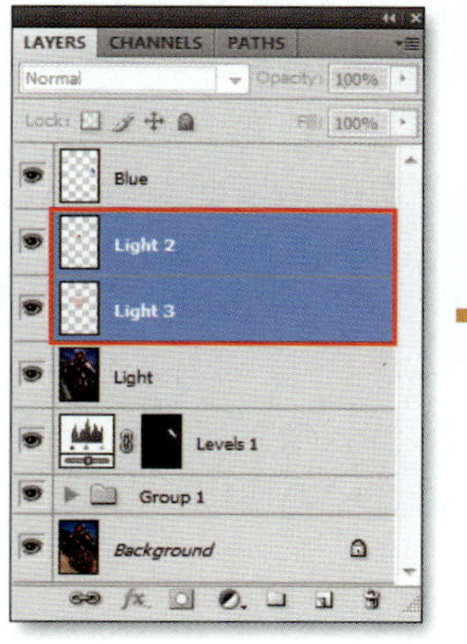

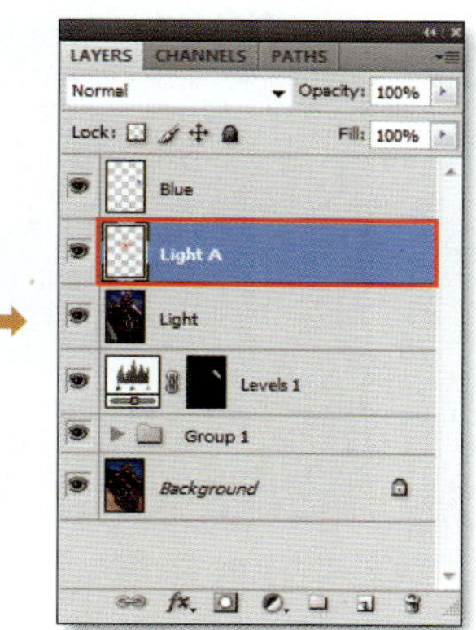

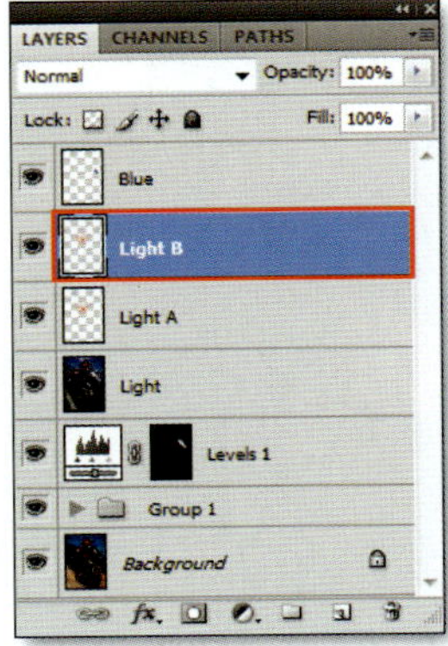

09   Ctrl + J 를 눌러 'Light A' 레이어를 복사하고 복사된 레이어의 이름은 'Light B'로 설정합니다.

10   [Edit]–[Transform]–[Flip Horizontal] 메뉴를 선택하여 'Light B' 레이어의 이미지를 수평으로 대칭시킵니다.

11   Ctrl + T 를 눌러 반대쪽 사이드 라이트 쪽으로 이동시키고 적당한 크기와 각도를 잡아줍니다. 'Light B' 레이어의 [Opacity]는 '75%'로 설정합니다.

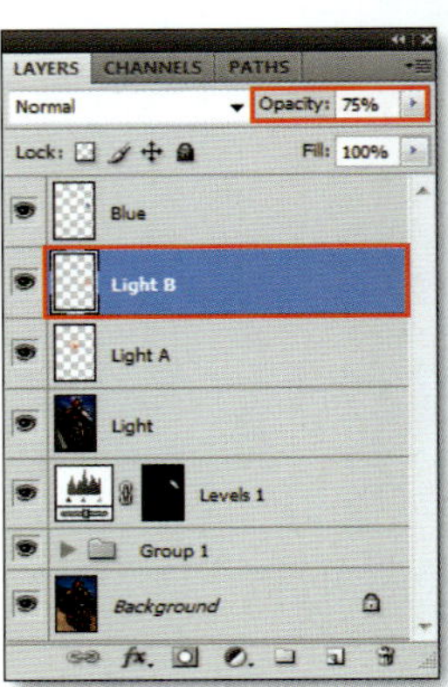

Opacity : 75%

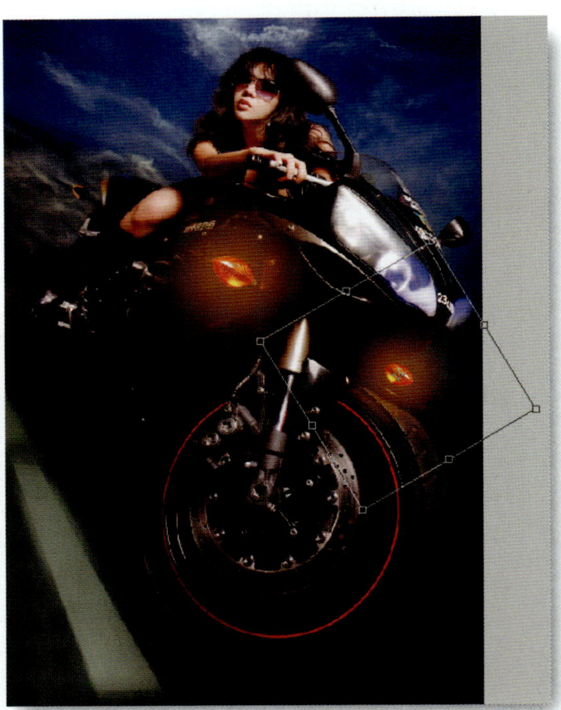

위치 지정 후 크기 조절

12 'Light' 레이어를 선택한 후 Dodge Tool(🔍)을 선택하고 이미지에서 빛이 반사될 만한 부분을 문지르며 밝게 처리합니다.

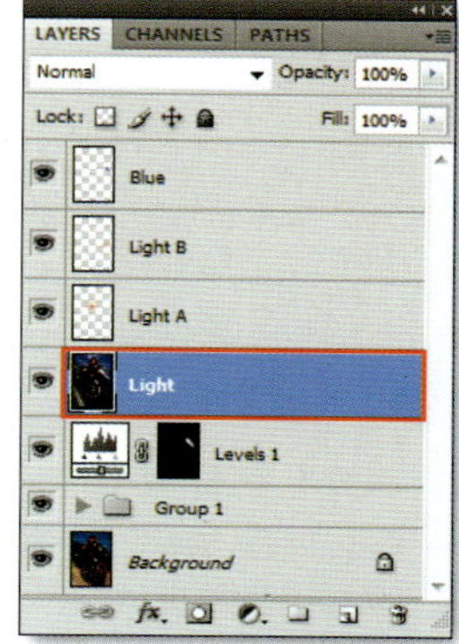

Dodge Tool(🔍)을 강한 강도로 문지르다 보면 노이즈 현상이 나타납니다. 이럴 때에는 Blur Tool(💧)로 문질러 노이즈 현상을 완화시킬 수 있습니다.

밝게 처리할 부분   작업 과정   밝게 처리된 이미지

13 LAYERS 팔레트에서 [Create a new group] 아이콘(🗀)을 클릭하여 'Group 2' 그룹 폴더를 만듭니다.

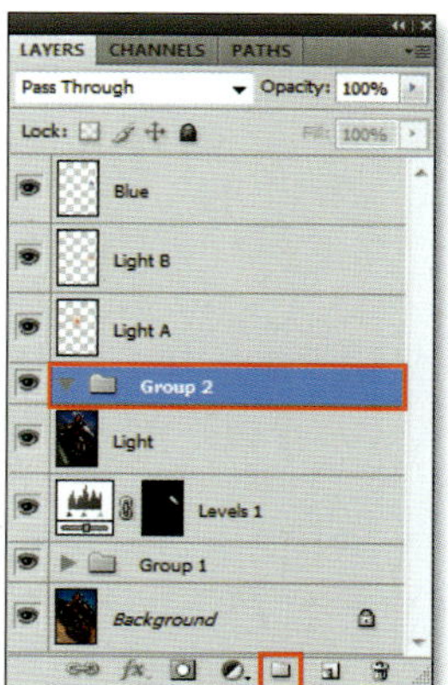

14 LAYERS 팔레트에서 'Background' 레이어와 'Group 1' 그룹 폴더를 제외한 모든 레이어를 선택한 후 'Group 2' 그룹 폴더로 드래그하여 그룹화시킵니다.

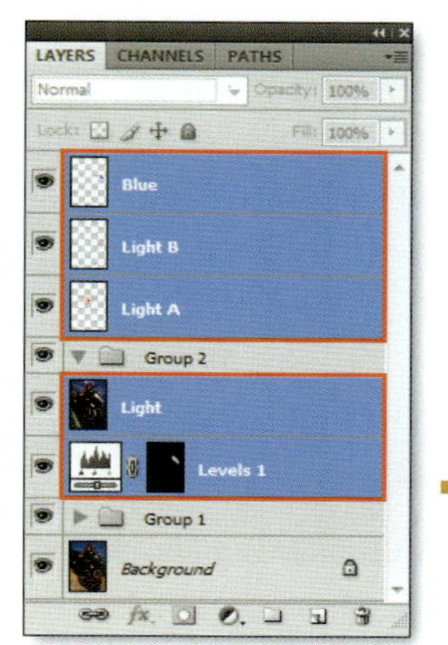

이미지에 속도감 불어넣기

바퀴에 흔들림을 주고 Pen Tool(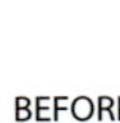)로 빛의 궤적을 묘사합니다. 그리고, Smudge Tool(�)로 인물의 머리카락을 흩날려 속도감을 표현합니다.

- **Radial Blur 필터** : 기준점을 중심으로 이미지가 회전하거나 원을 그리며 빨려 들어가는 듯한 느낌을 표현할 때 사용하는 필터입니다.
- **Smudge Tool(�)** : 인접한 픽셀을 밀고 당겨 다른 픽셀과 합성되면서 이미지를 재구성하는 툴입니다.

BEFORE

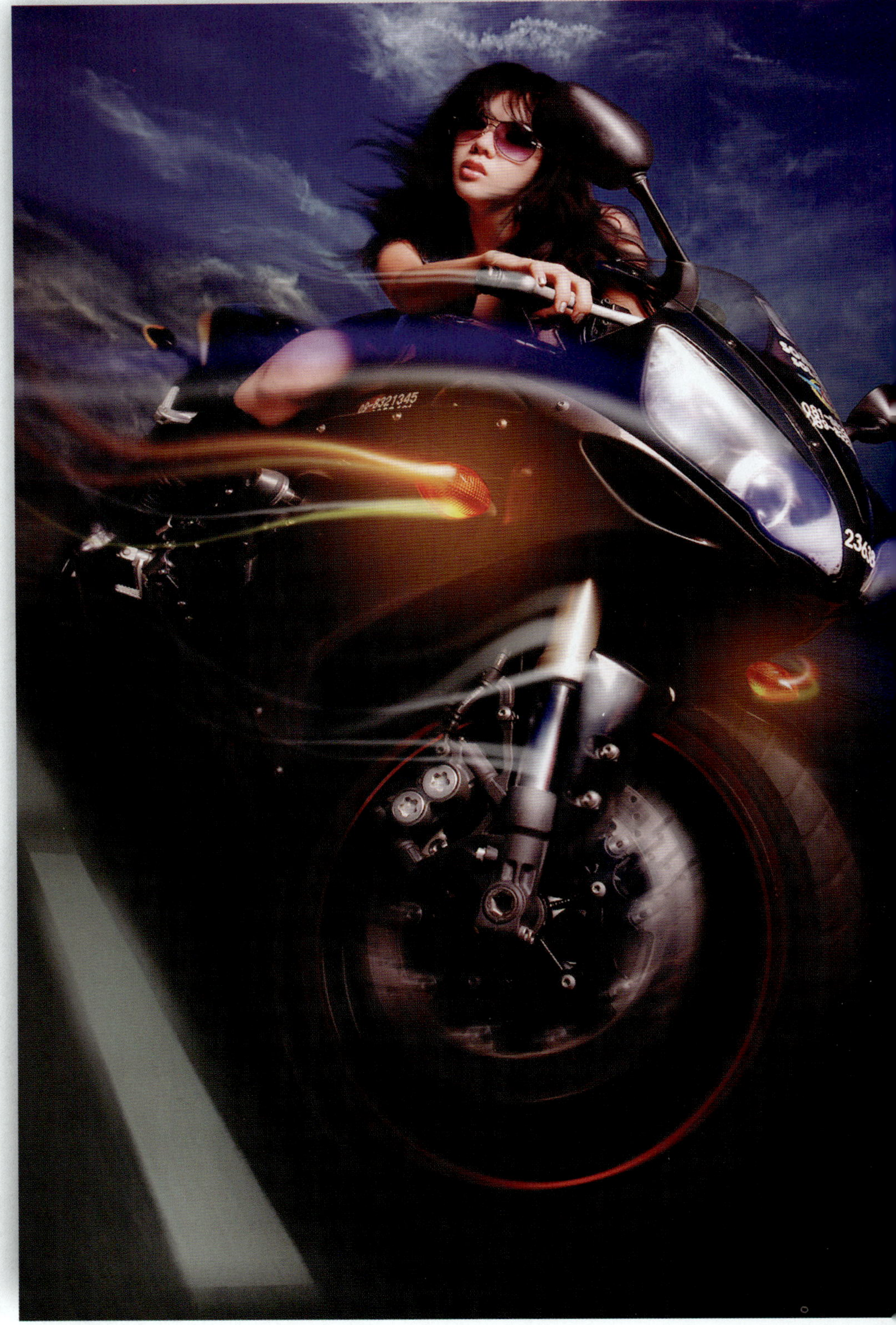

AFTER

WORK 03

바퀴에 흔들림 적용

01 LAYERS 팔레트에서 [Create a new layer] 아이콘(□)을 클릭하여 새 레이어를 만들고 이름을 'Fast'로 설정합니다. Ctrl+Shift+Alt+E 를 눌러 활성화되어 있는 이미지를 'Fast' 레이어에 붙여줍니다.

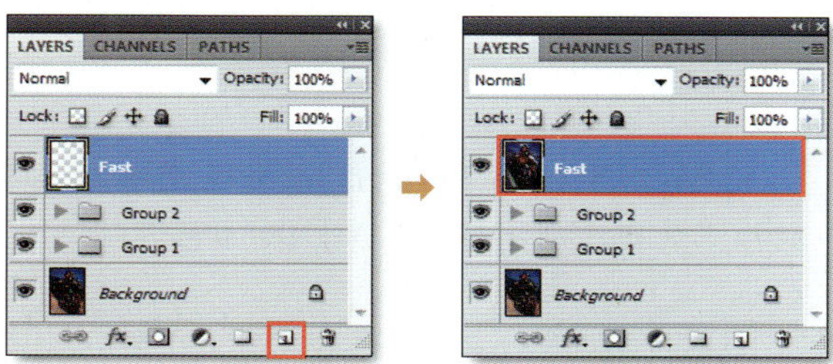

02 툴박스에서 Lasso Tool(♪)을 선택하고 옵션 바에서 [Feather]를 '20'으로 설정한 후 오토바이의 앞바퀴 부분을 드래그해서 선택 영역으로 지정합니다.

03 Ctrl+C를 눌러 복사한 후 Ctrl+V를 눌러 붙여 넣으면 앞바퀴 부분만 복사된 레이어가 생성됩니다. 복사된 레이어의 이름은 'Wheel'로 설정합니다.

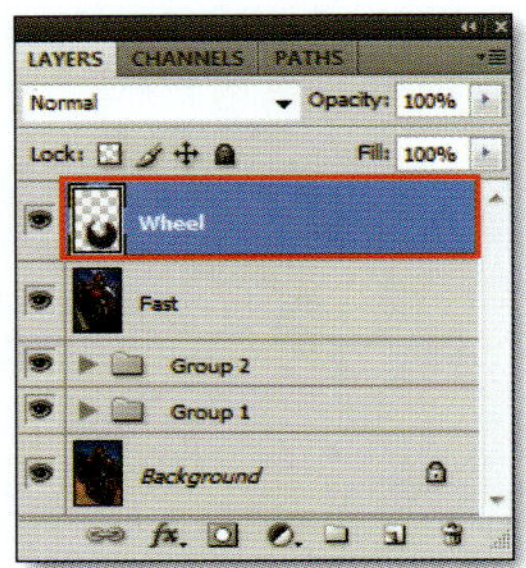

04 바퀴의 흔들림을 표현하기 위해 [Filter]-[Blur]-[Radial Blur] 메뉴를 선택합니다. [Radial Blur] 대화상자를 그림과 같이 설정합니다.

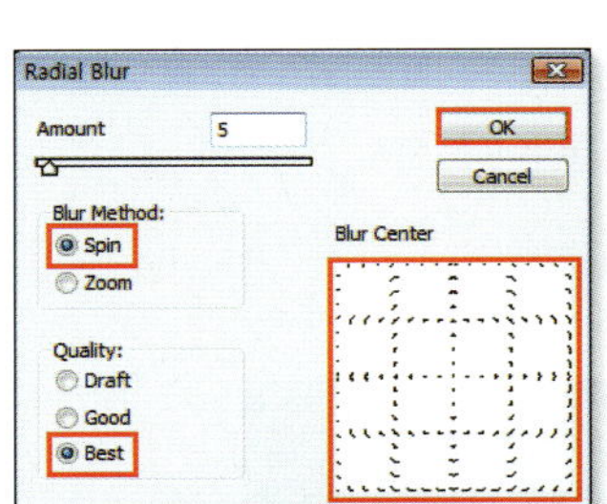

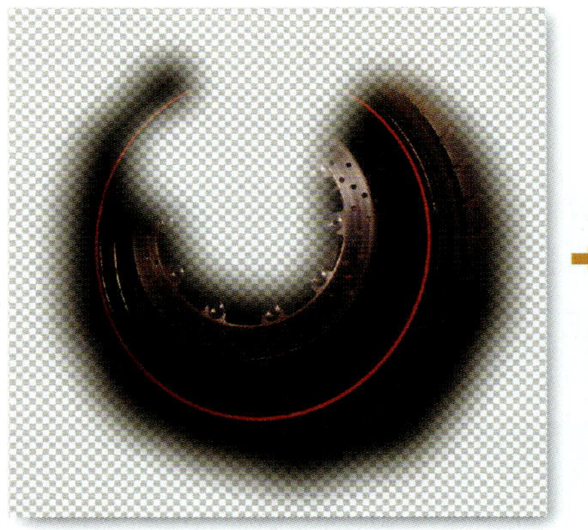

Radial Blur 적용 전

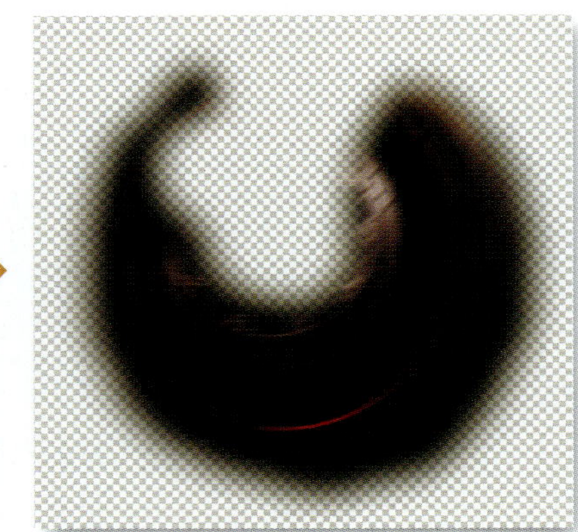

Radial Blur 적용 후

05 'Wheel' 레이어의 [Opacity]를 '85%'로 설정한 후 Ctrl+T를 눌러 크기를 조금 크게 수정하고 흔들려 보이도록 우측으로 약간 이동시킵니다.

빛의 궤적과 머리카락의 표현

01 LAYERS 팔레트의 [Create a new layer] 아이콘(■)을 클릭
하여 새 레이어를 만들고 이름을 'Ray 1'로 설정합니다.

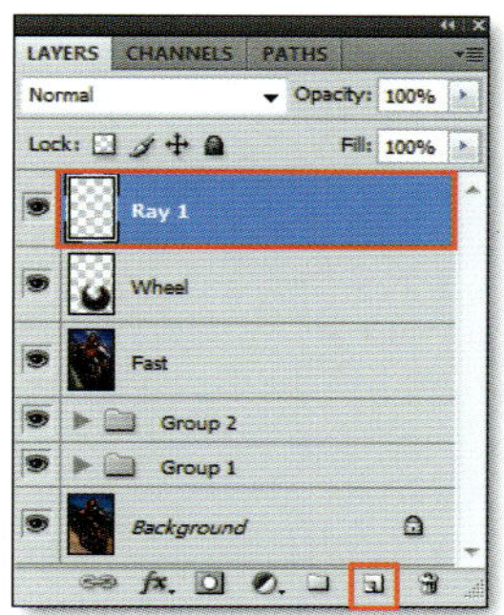

02 PATHS 팔레트의 [Create new path] 아이콘(■)을 클릭하여
'Path 2' 패스를 만들고, 그림처럼 사이드 라이트에서 뿜어져
나오는 빛의 궤적을 Pen Tool(✎)로 그려 줍니다.

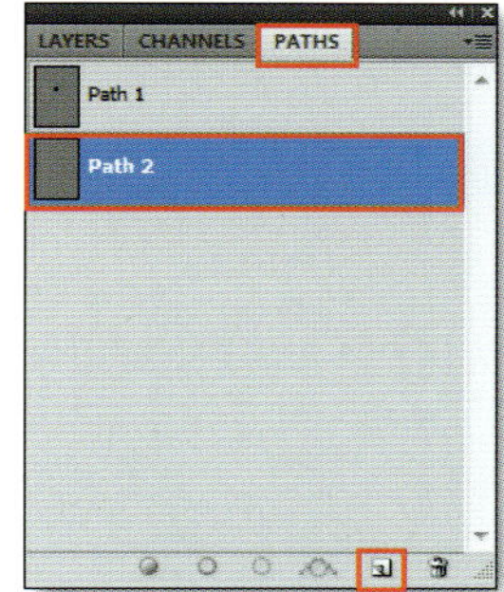

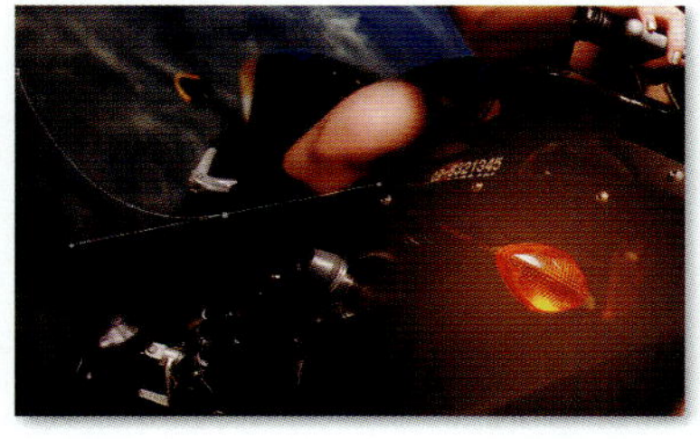 →  → 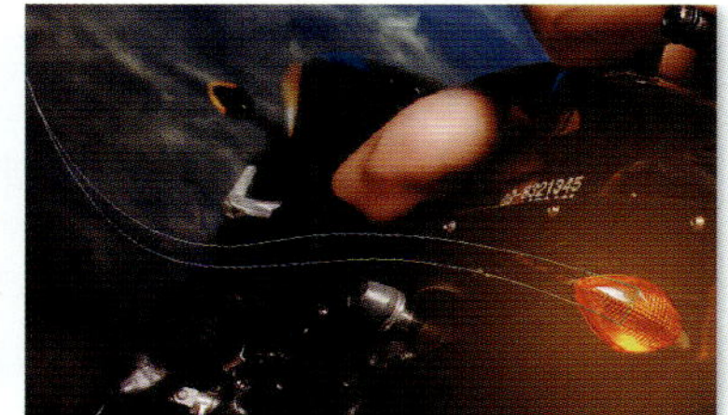

03 PATHS 팔레트 하단에 있는 [Load path as a selection] 아이콘(◎)을 클릭하여 선택 영역으로 지정한 후 LAYERS 팔레트의 'Ray
1' 레이어로 되돌아옵니다.

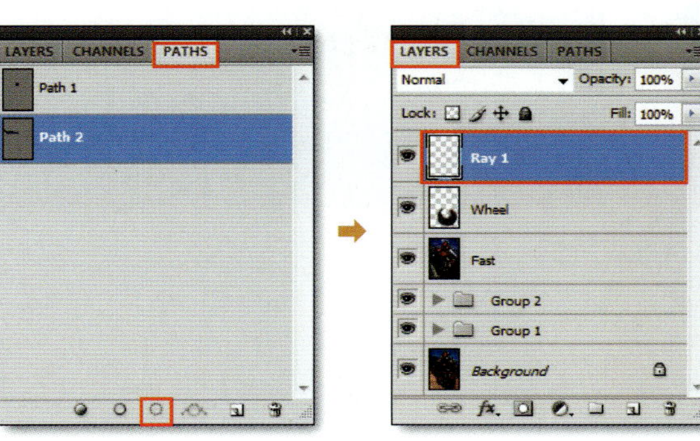 → 

04 Shift + F6 을 눌러 [Feather Selection] 대화상자가 나타나면 [Feather Radius]를 '7'로 설정합니다.

05 전경색을 주황색(#d12800)으로 설정하고 Alt + Delete 를 눌러 색상을 채워줍니다. Ctrl + D 를 눌러 선택 영역을 해제한 후 'Ray 1' 레이어의 [Opacity]는 '70%'로 설정합니다.

06 툴박스에서 Eraser Tool(⌫)을 선택하고 주황색 빛의 궤적이 왼쪽 끝 부분으로 갈수록 연해질 수 있도록 지워줍니다.

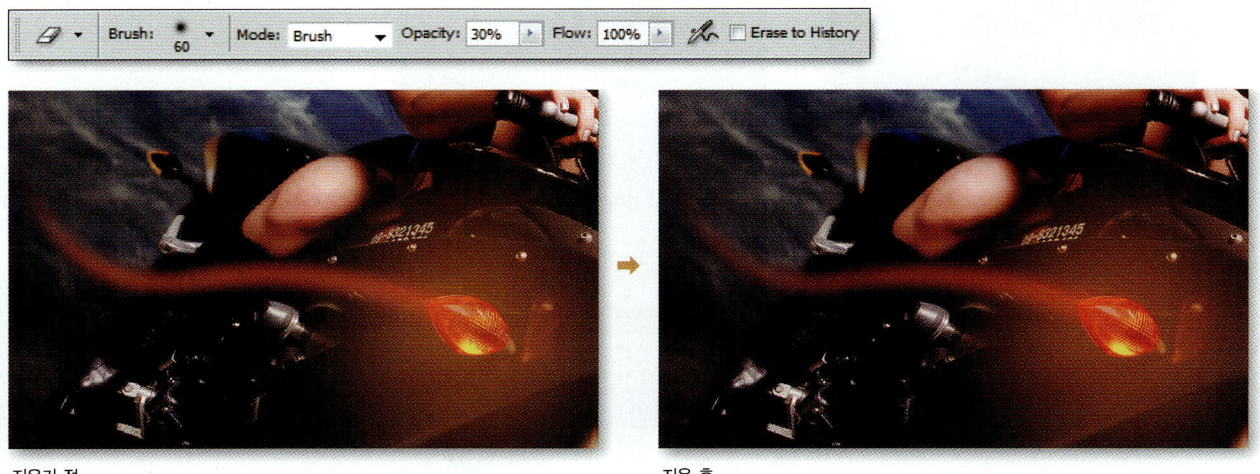

지우기 전   지운 후

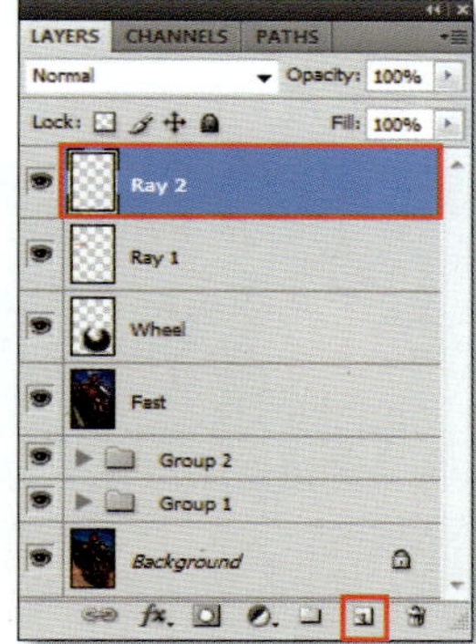

07 LAYERS 팔레트에서 [Create a new layer] 아이콘(　)을 클릭하여 새 레이어를 만들고 이름을 'Ray 2'로 설정합니다.

08 다시 PATHS 팔레트로 이동하여 'Path 2' 패스를 선택하고 [Load path as a selection] 아이콘(　)을 클릭하여 선택 영역으로 지정합니다. LAYERS 팔레트의 'Ray 2' 레이어로 되돌아옵니다.

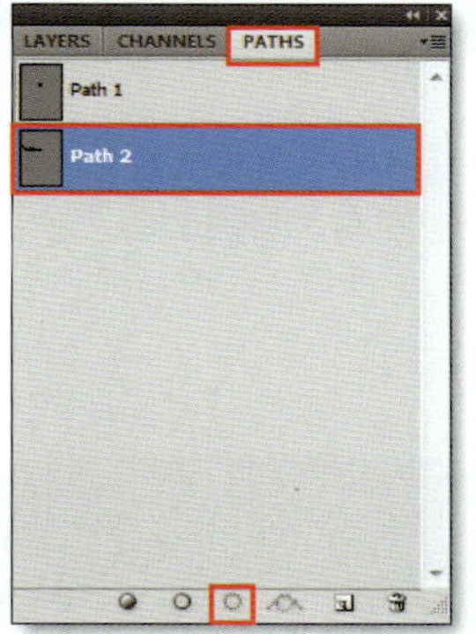 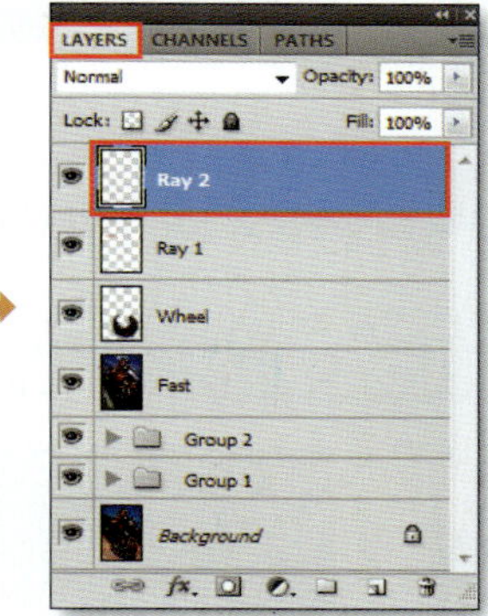 

09 Shift + F6 을 눌러 [Feather Selection] 대화상자가 나타나면 [Feather Radius]를 '5'로 설정합니다.

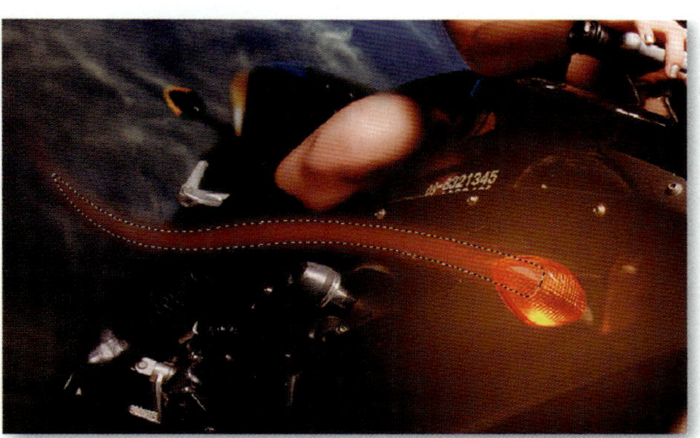

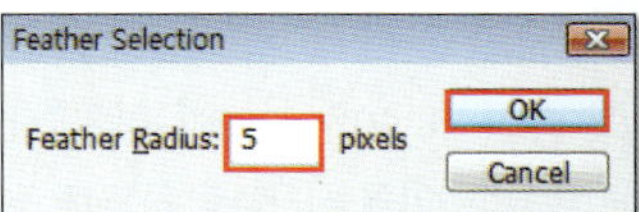

10 [Select]-[Modify]-[Contract] 메뉴를 클릭하여 [Contract Selection] 대화상자가 나타나면 [Contract By]를 '7'로 설정하여 선택 영역의 범위를 축소시킵니다.

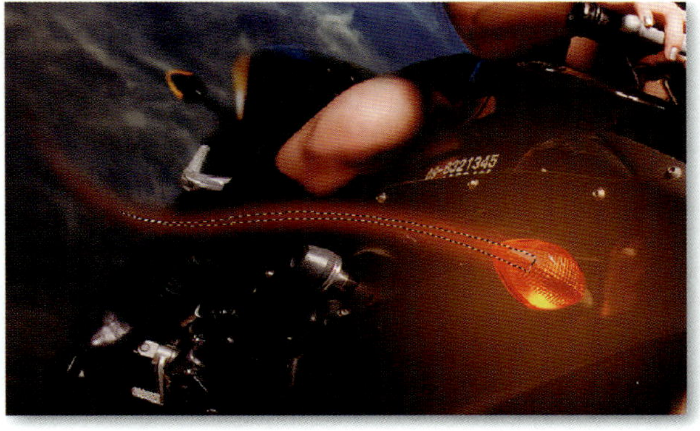

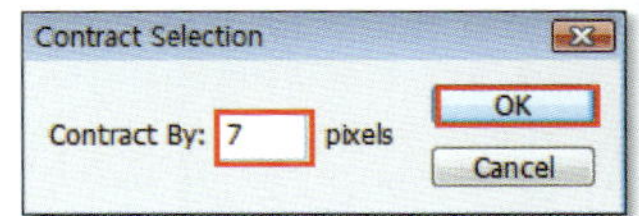

11 전경색을 노란색(#fee400)으로 설정하고 Alt + Delete 를 눌러 색상을 채워줍니다. Ctrl + D 를 눌러 선택 영역을 해제하고 'Ray 2' 레이어의 [Opacity]는 '80%'로 설정합니다.

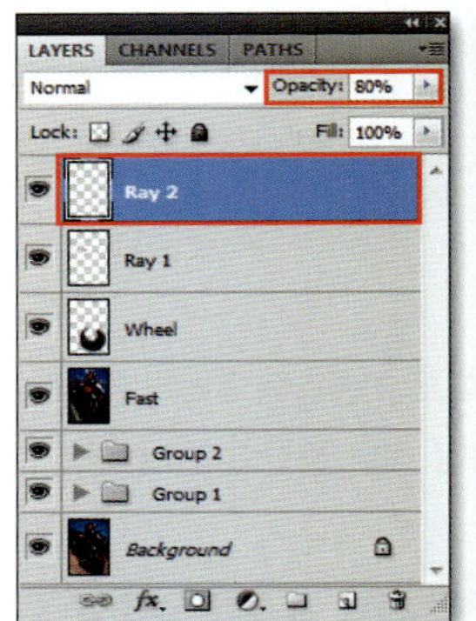
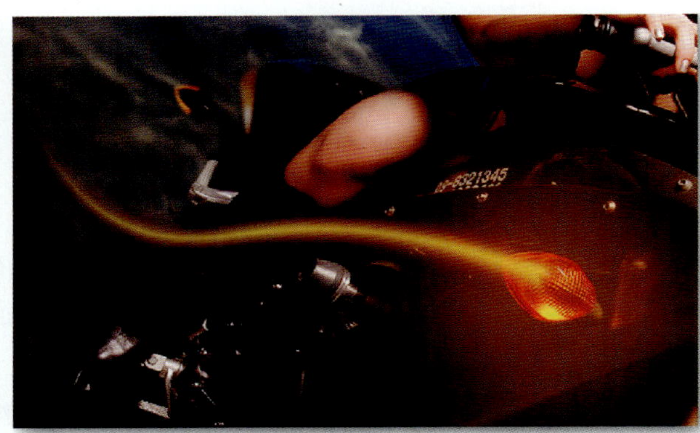

12 툴박스에서 Eraser Tool(⌧)을 선택하고 노란색 빛이 궤적 왼쪽 끝 부분으로 갈수록 연해질 수 있도록 지워줍니다.

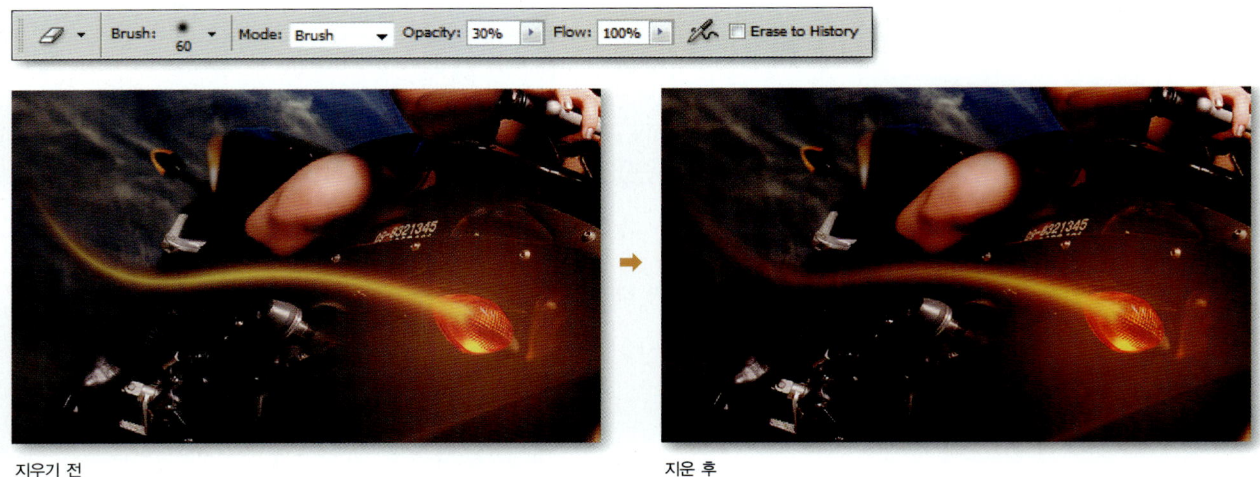

지우기 전   지운 후

13 LAYERS 팔레트의 [Create a new layer] 아이콘(◻)을 클릭하여 새 레이어를 만들고 이름을 'Ray 3'으로 설정합니다.

14 PATHS 팔레트의 [Create new path] 아이콘(◻)을 클릭하여 'Path 3' 패스를 만듭니다. 그리고, 그림과 같이 '빛의 궤적'에 하이라이트가 될 부분을 Pen Tool(⟋)로 그려 줍니다.

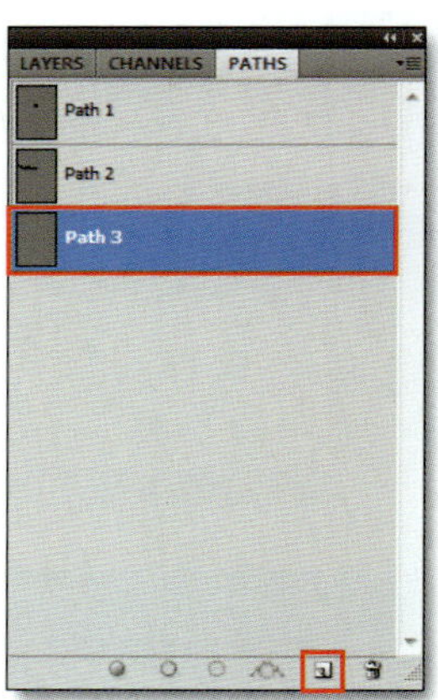
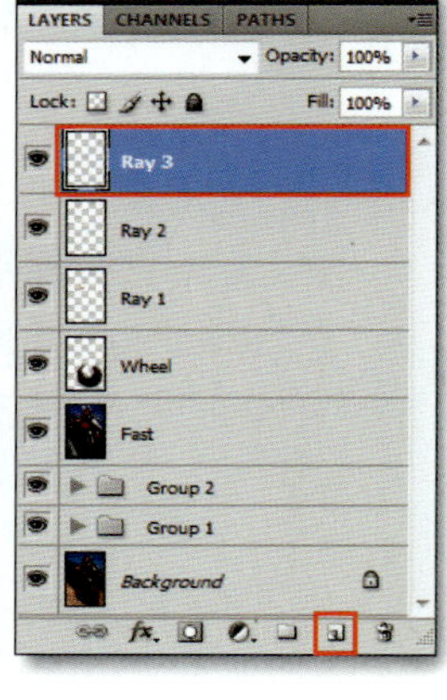

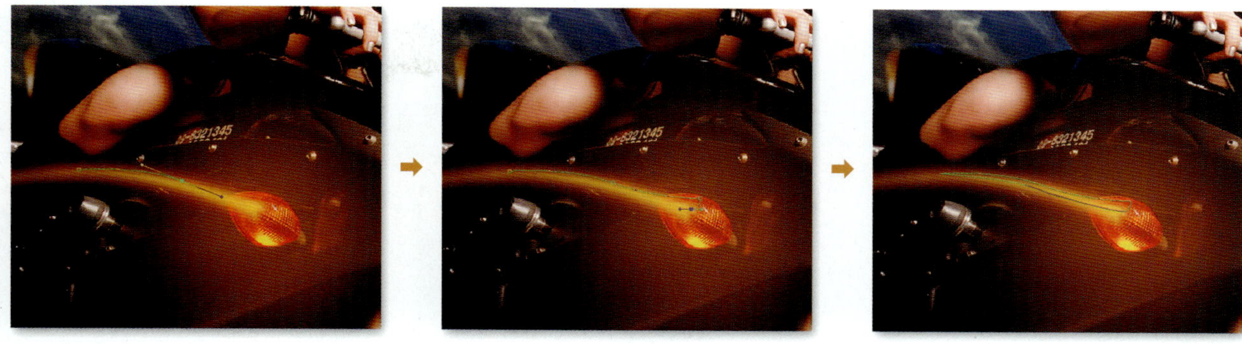

15 PATHS 팔레트 하단에 있는 [Load path as a selection] 아이콘(◉)을 클릭하여 선택 영역으로 지정한 후 'Ray 3' 레이어로 되돌아옵니다.

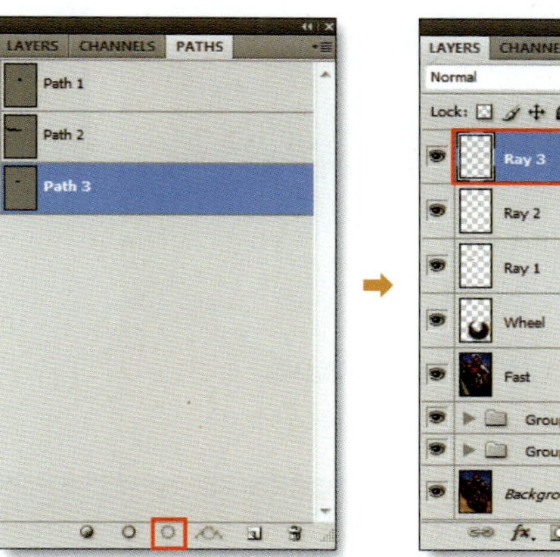

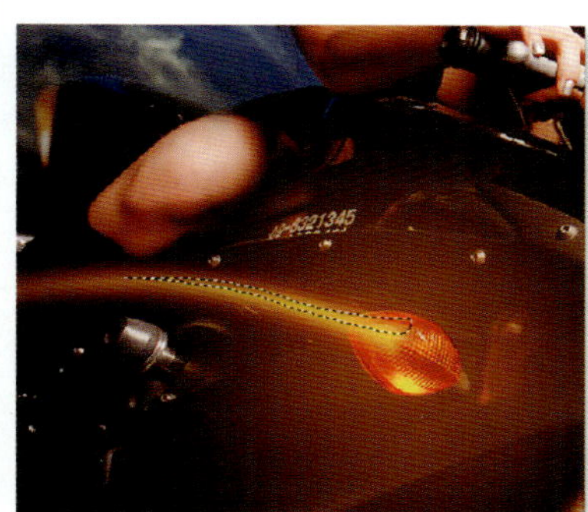

16 Shift+F6을 눌러 [Feather Selection] 대화상자가 나타나면 [Feather Radius]를 '2'로 설정합니다.

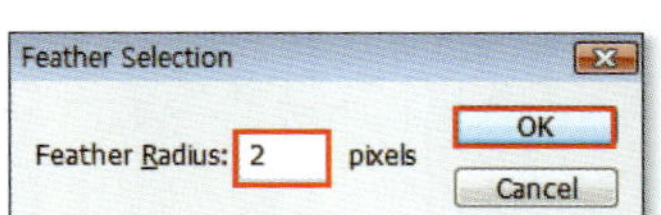

17 전경색을 흰색으로 설정하고 Alt+Delete를 눌러 색상을 채워준 후 Ctrl+D를 눌러 선택 영역을 해제합니다.

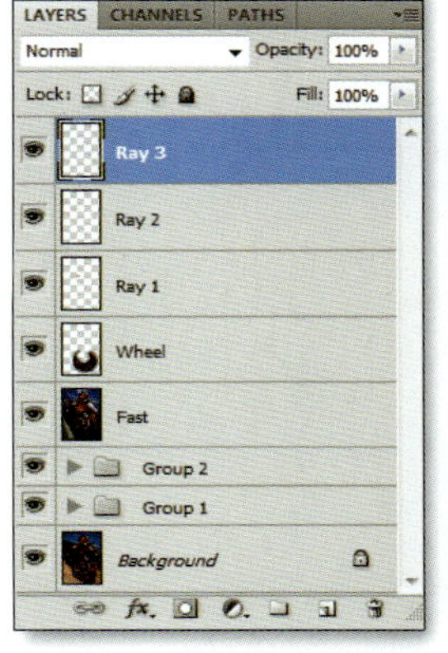
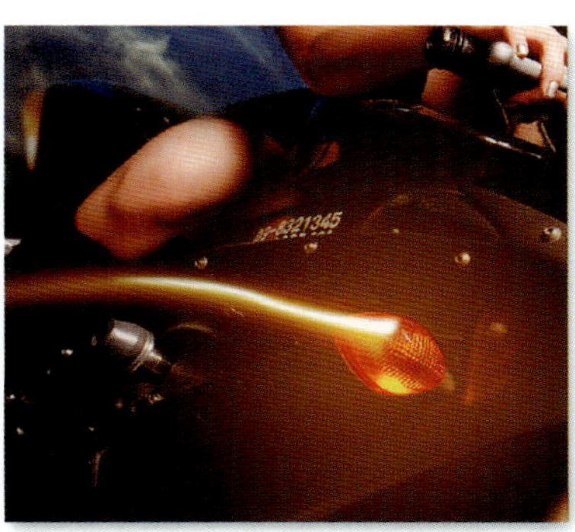

18 툴박스에서 Eraser Tool(🖊)을 선택하고 흰색 하이라이트가 왼쪽 끝 부분으로 갈수록 연해질
수 있도록 지워줍니다.

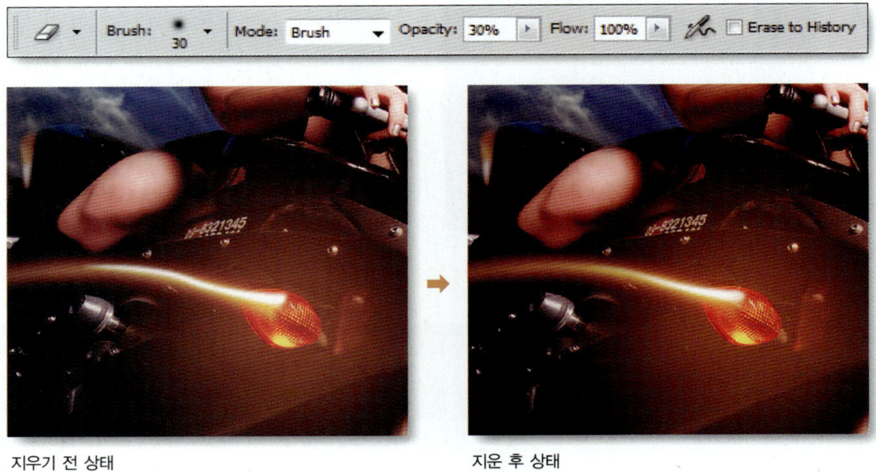

지우기 전 상태   지운 후 상태

● **부록 CD** : THEME 17/Ray set.psd

19 작업을 원활하게 진행하기 위해 'Ray 1-2-3' 레이어의 작업을 반복 응용한 이미지를 미리 작
업하여 PSD 파일로 저장해 두었습니다.

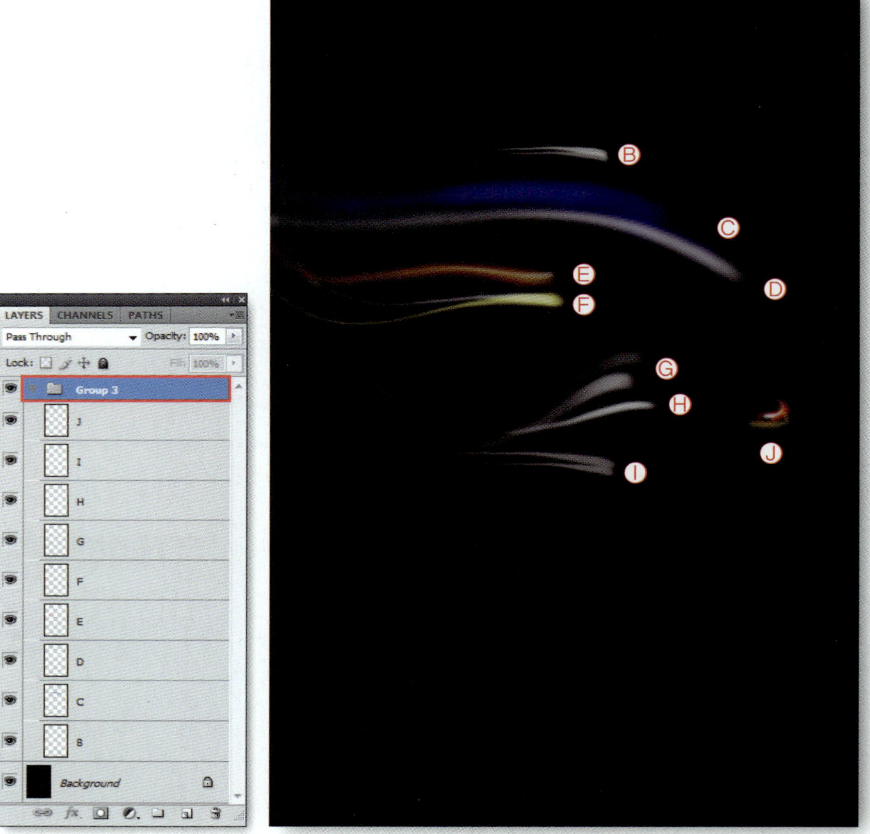

'Ray set.psd' 파일

'Ray set.psd' 파일을 불러온 후 LAYERS 팔레트의 'Group 3' 그룹 폴더를 확인합니다.

20 툴박스에서 Move Tool(⤧)을 선택하고 Shift 를 누른 상태로 'Ray set.psd' 파일의 'Group 3' 그룹 폴더를 작업 중인 이미지로 드래그하여 복사합니다.

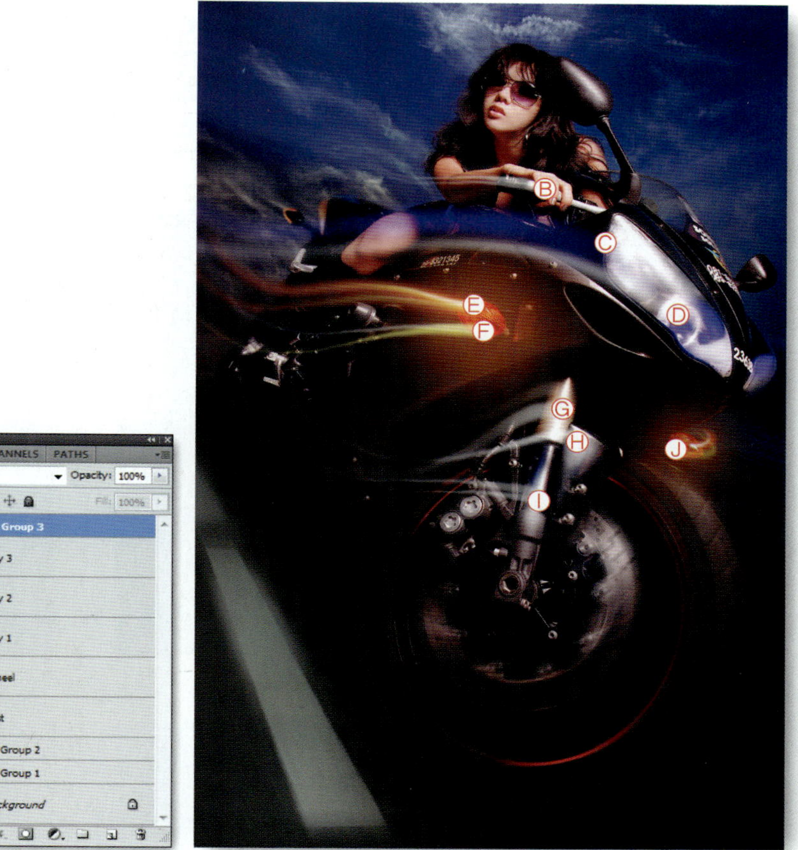

21 'Fast' 레이어를 선택한 후 툴박스에서 Smudge Tool(⤸)을 선택합니다. 브러시 스타일은 'Spatter 14 pixels'의 점이 흩뿌려진 브러시로 인물의 머리카락이 바람에 날리는 것처럼 묘사하고 작업을 마무리합니다. 이때 브러시 Size(사이즈)와 Strength(강도)를 적절히 조절하면서 반복적으로 작업합니다.

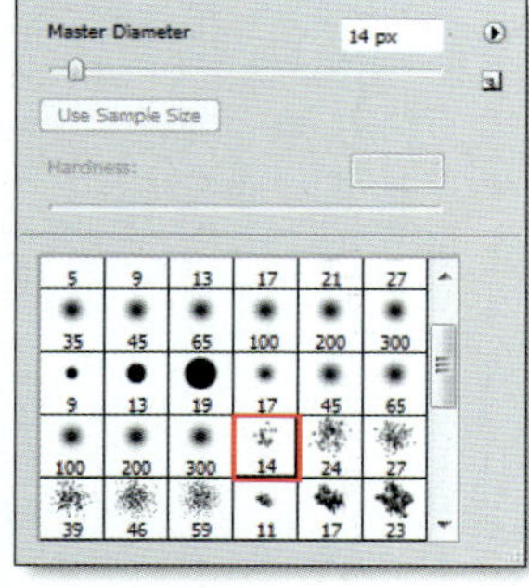

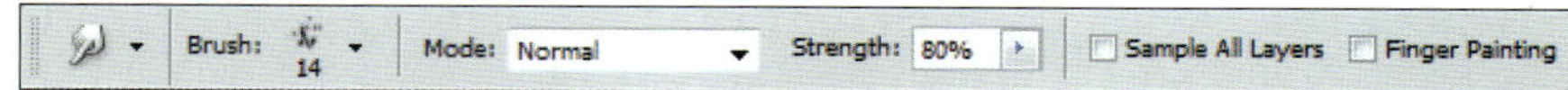

 →  → 

창의적인 이미지를 만드는 방법

이미지를 만드는 과정에서 습득한 효과적인 방법들은 반복 연습을 하거나 노트를 하는 등의 방법으로 언제든 지 표현할 수 있어야 하며, 그 습득한 방법은 단순한 활용에 멈추지 말고 어떠한 이미지에도 응용할 수 있어 야 합니다. 이는 표현에 있어 끝없는 변화를 추구하는 창작인으로써 짊어지고 갈 영원한 숙제이기도 합니다. 이번에는 궤적을 응용 대입한 다양한 이미지를 살펴봅니다.

이미지

+

궤적

이미지+궤적

이미지

궤적

이미지+궤적

이미지

궤적

이미지+궤적

팀 워크
(Teamwork)

■ Rider.jpg 촬영 정보

Nikon D80, 1/125 sec, 조리개 값 : F7.1, 촬영 모드 : M, ISO : 160, 화이트 밸런스 : Manual

■ 촬영 현장 스케치

하나의 작품이 완성되기 까지 모든 내용은 작가 혼자 이루어 낼 수 있는 것이 아닙니다. 서로가 서로를 이해하며 하나의 콘셉트를 완성할 수 있기까지는 각 분야의 역할을 담당하는 구성원과의 호흡이 매우 중요합니다.

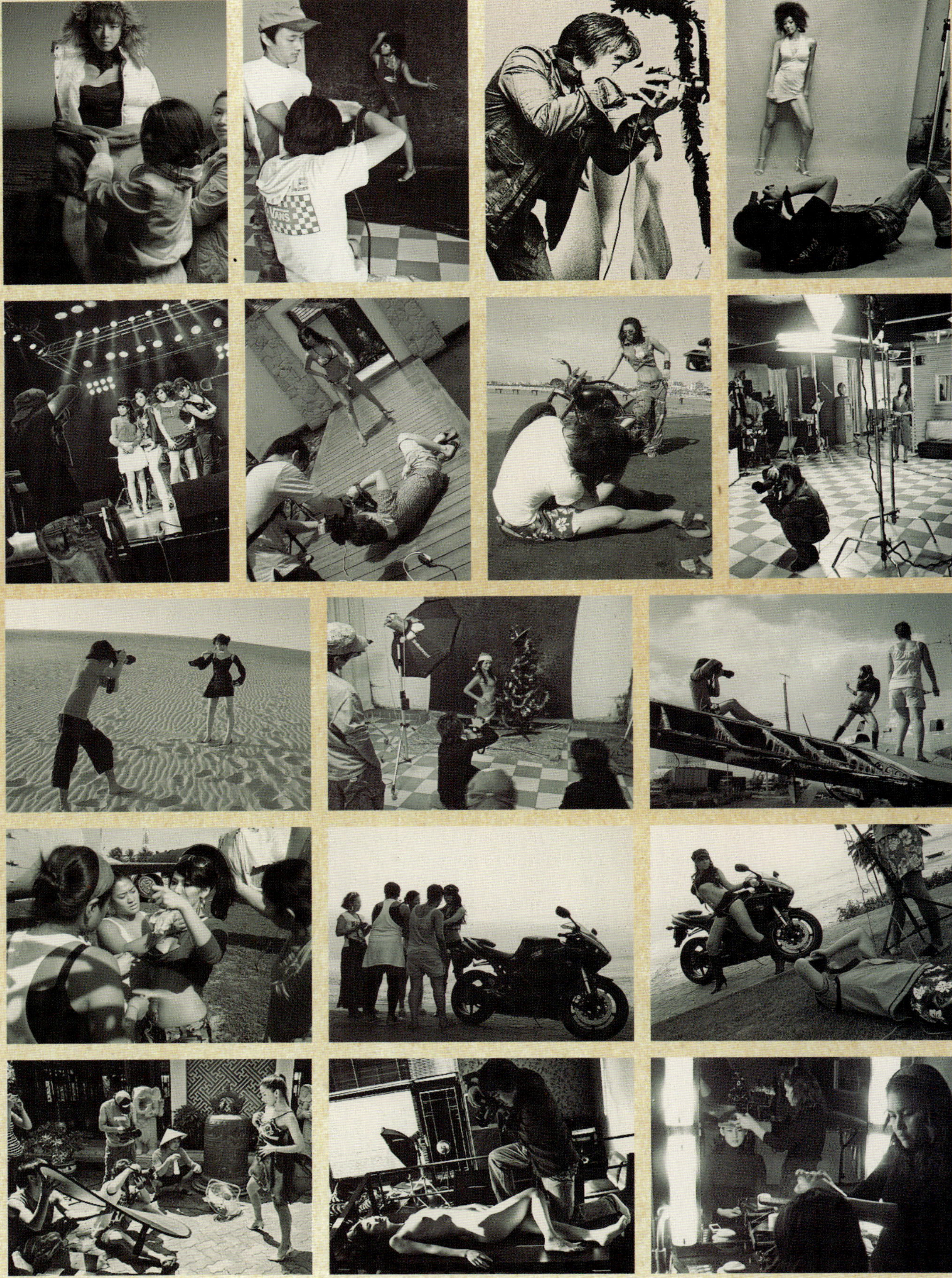

Appendix

Image Extraction

Pen Tool을 이용한 이미지 추출

직선과 곡선을 자유자재로 조절할 수 있는 Pen Tool( )의 특성을 활용하여 이미지를 추출하고 다른 사진과 합성하는 방법을 알아봅니다.

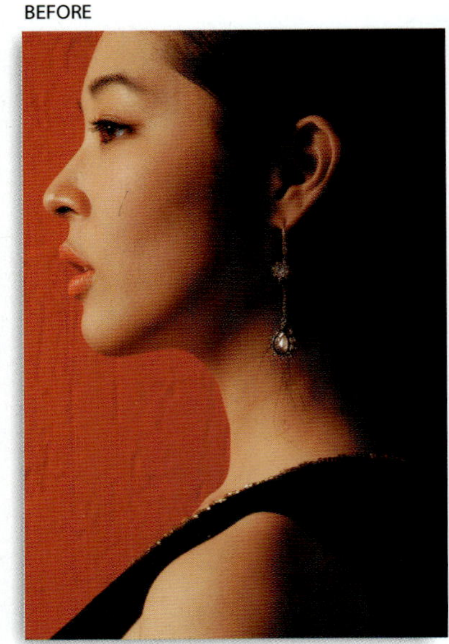

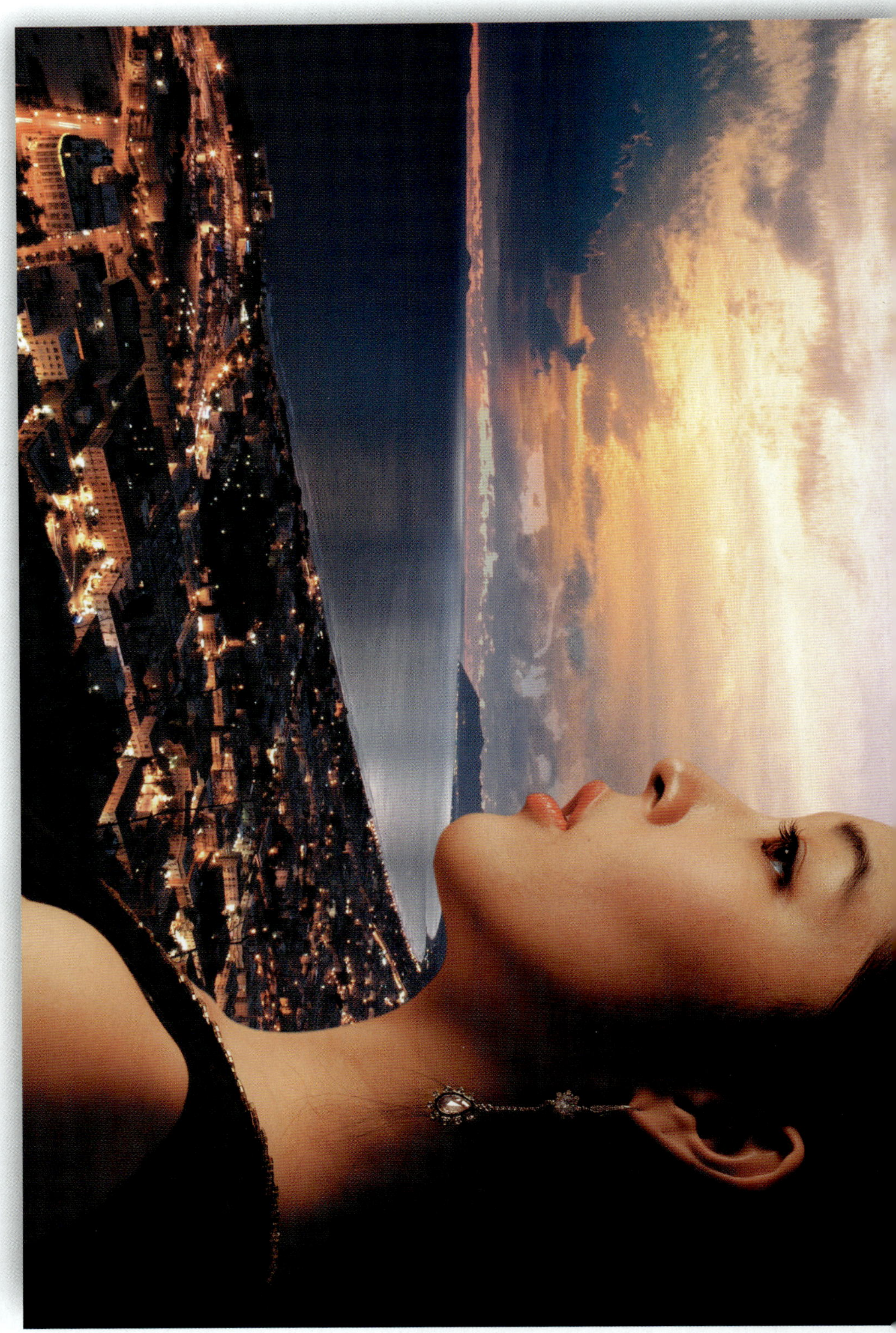

AFTER

BEFORE

WORK 01

● **부록 CD** : IMAGE EXTRACTION/Minerva.jpg

01 추출할 이미지가 있는 'Minerva.jpg' 파일을 부록 CD에서 불러온 후, 툴박스에서 Pen Tool(🖊)을 선택하고 PATHS 팔레트의 [Create new path] 아이콘(🔲)을 클릭하여 새로운 'Path 1' 패스를 만듭니다.

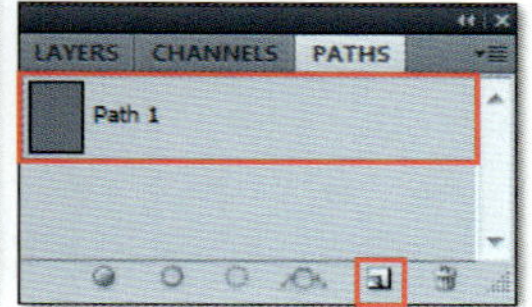

02 추출할 인물을 패스로 그립니다.

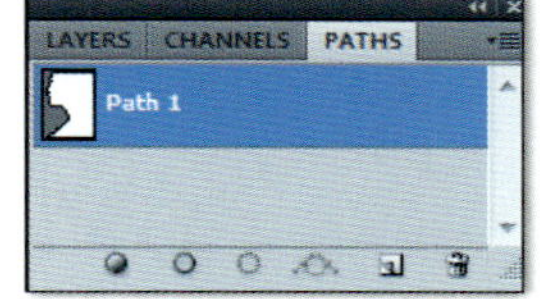

패스 과정1

패스 과정2

패스 과정3

03 PATHS 팔레트에서 [Load path as a selection] 아이콘(◎)을 클릭하여 선택 영역으로 지정하고, Ctrl + C 를 눌러 선택 영역을 복사합니다.

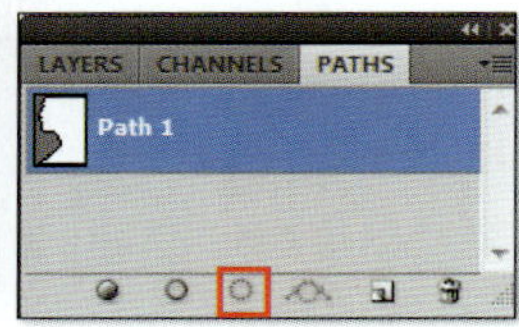

● **부록 CD** : IMAGE EXTRACTION/Italy.jpg

04 추출된 이미지를 다른 배경 이미지에 합성하기 위해 부록 CD에서 'Italy.jpg' 파일을 불러옵니다.

05 Ctrl + V 를 눌러 복사한 인물 이미지를 배경 이미지에 붙여 넣습니다. Ctrl + T 를 눌러 적당한 크기를 정해주고 위치를 잡아줍니다.

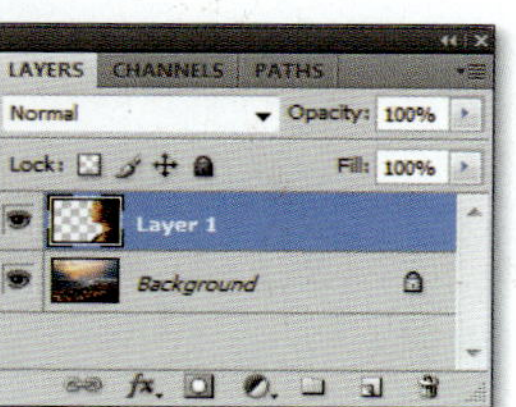

06 [Ctrl]을 누른 상태로 'Layer 1' 레이어의 썸네일(Layer thumbnail)을 클릭하여 선택 영역으로 지정합니다.

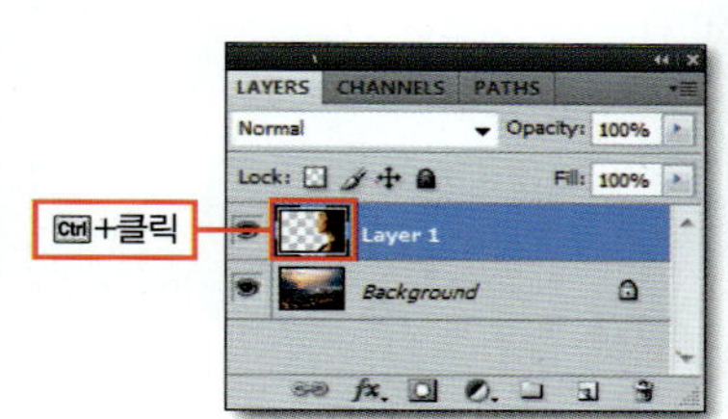

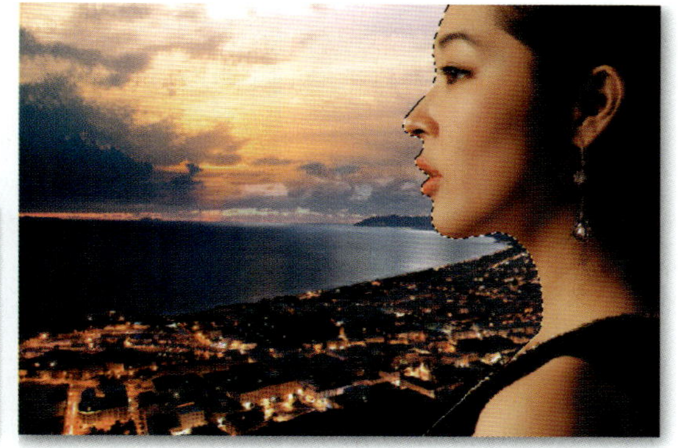

07 선택 영역의 가장자리를 다듬기 위해 [Select]–[Refine Edge] 메뉴를 선택하면 나타나는 [Refine Edge] 대화상자를 그림과 같이 설정하고 [OK] 단추를 클릭합니다.

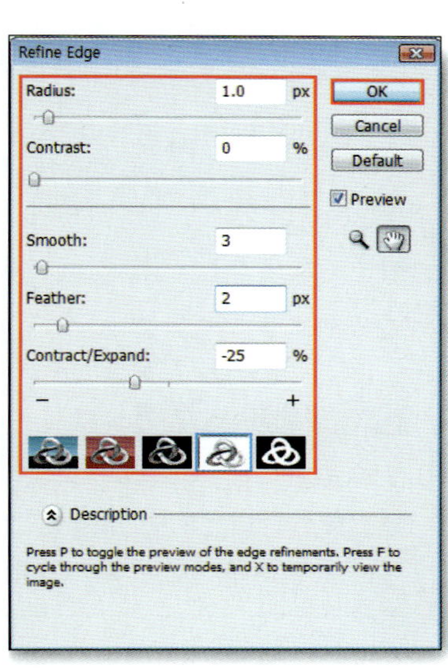

08 [Ctrl]+[Shift]+[I]를 눌러 선택 영역을 반전시킵니다.

09 [Delete]를 눌러 선택 영역을 지웁니다.

지우기 전

지운 후(자연스러워진 얼굴 외곽)

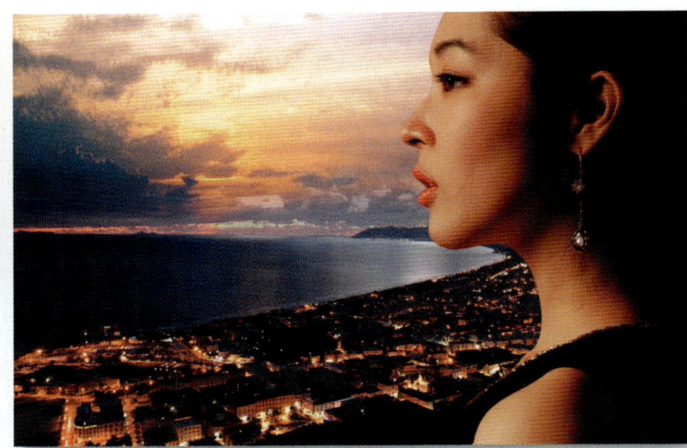

[R e f i n e　E d g e]　대화상자의　이해

[Refine Edge] 대화상자를 이용하면 이미지의 경계면과 모서리의 돌출된 도트들을 부드럽게
다듬어서 자연스러운 느낌의 이미지를 만들 수 있습니다.

❶ **Radius** : 경계선 주위에서 조정 처리를 하는 영역의 크기를 설정합니다.
❷ **Contrast** : 경계선을 선명하게 처리하여 명료하지 않은 요소를 제거합니다.
❸ **Smooth** : 경계선의 불규칙한 부분을 줄여서 매끄럽게 처리합니다.
❹ **Feather** : 선택 범위와 주변 사이의 가장자리를 흐릿하게 만듭니다.
❺ **Contract/Expand** : 선택 범위의 경계선을 축소 또는, 확장시킵니다.

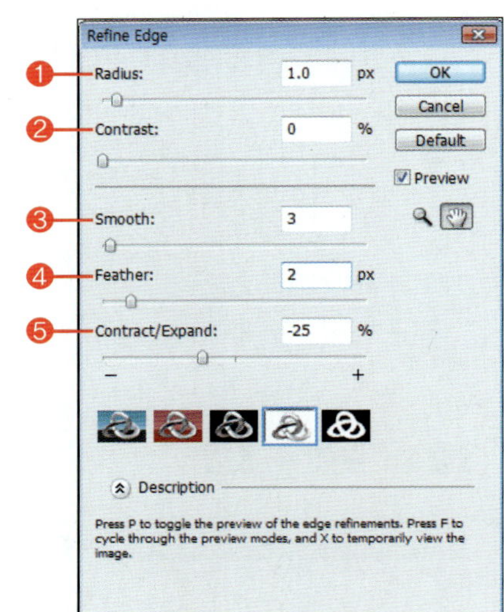

• 프리뷰(Preview)의 표시 방법에는 다섯 가지 종류가 있고, 아이콘 외에 [F]를 누르면 차례대로 바뀝니다.

Standard　　　　　　Quick Mask　　　　　　On Black　　　　　　On White　　　　　　Mask

퀵 마스크 모드(Quick Mask Mode)는 섬세함이 요구되는 선택 작업에서 많이 사용하는 방법으로 영역을 특정 색상으로 채색함으로써 복잡한 선택 영역을 쉽게 선택할 수 있습니다.

퀵 마스크 모드(Quick Mask Mode)를 이용한 이미지 추출

AFTER

BEFORE

WORK 02

● **부록 CD** : IMAGE EXTRACTION/Sea.jpg

01 추출할 이미지가 있는 'Sea.jpg' 파일을 부록 CD
에서 불러온 후, 툴박스에서 Quick Selection
Tool(　)을 선택하고 추출할 인물 이미지를 대충
선택합니다.

Quick Selection Tool(　)은 드래그하여 선택 영역을
설정하는 것으로, Magic Wand Tool(　)보다 조금 더
세밀한 작업에 유리합니다.

02 툴박스에서 Edit in Quick Mask Mode(　)를
더블클릭하여 [Quick Mask Options] 대화상자가
나타나면 [Color Indicates]에서 [Selected Areas]
를 체크하고 [OK] 단추를 클릭합니다.

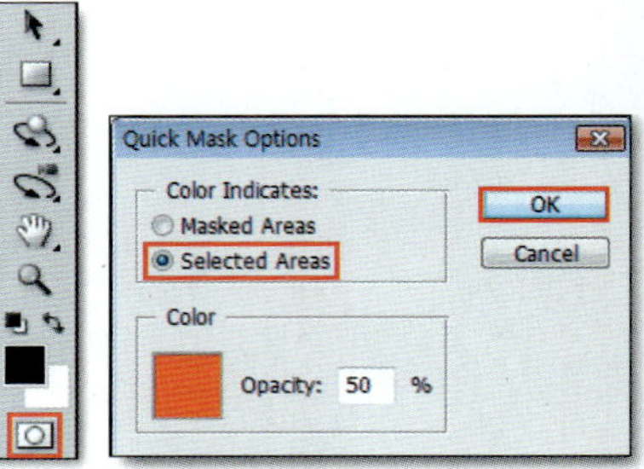

Edit in Quick Mask   [Selected Areas] 체크
Mode(　) 더블클릭

[Color Indicates]에서 [Masked Areas]를 체크하면 선택 영역의 반대 영역이 적색으로 표시되며,
[Selected Areas]를 체크하면 선택 영역이 적색으로 표시됩니다.

03 툴박스에서 전경색을 검은색으로 설정하고 Brush Tool(🖌)을 선택한 후 추출할 부분을 정밀하게 칠합니다.

칠하기 전   칠한 후

원하지 않는 곳이 채색되었을 경우에는 전경색을 흰색으로 변경하고 브러시를 사용하여 복구합니다.

04 채색 작업이 마무리되면 툴박스의 Edit in Standard Mode(▣)를 클릭하여 채색한 부분을 선택 영역으로 지정합니다.

05 선택 영역의 경계를 축소하면 객체 가장자리에 남아있던 배경을 제거할 수 있습니다. [Select]–[Modify]–[Contract]를 선택하여 [Contract Selection] 대화상자가 나타나면 [Contract By]를 '1 pixels'로 설정하여 선택 영역을 축소하고 Ctrl+C를 눌러 복사합니다.

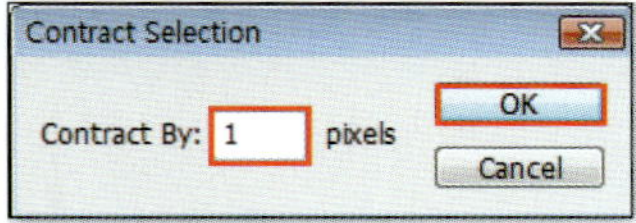

● **부록 CD** : IMAGE EXTRACTION/Library.jpg

06 추출한 이미지를 다른 배경 이미지에 합성하기 위해 부록 CD에서 ‘Library.jpg’ 파일을 불러
옵니다.

07 Ctrl+V를 눌러 복사된 인물 이미지를 배경 이미지에 붙여 넣습니다. Ctrl+T를 눌러 적당한
크기를 정해주고 위치를 잡아줍니다.

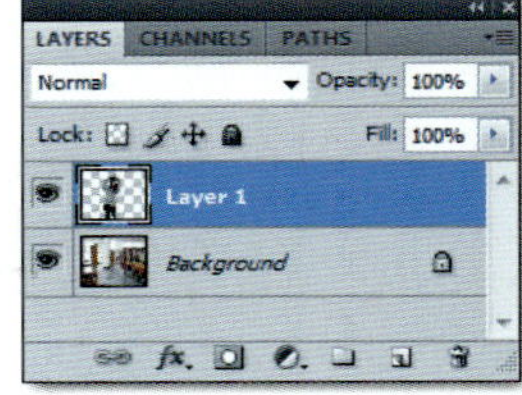

채널(Channels)을 이용한 마스크 기법을 사용하면 이미지의 복잡한 영역을 간단하게 선택 영역으로 지정할 수 있습니다.

채널 (Channels)을 이용하여
머리카락이 복잡한 인물 추출하기

BEFORE

AFTER

WORK 03

● **부록 CD** : IMAGE EXTRACTION/Bada.jpg

01 추출할 이미지가 있는 'Bada.jpg' 파일을 부록 CD에서 불러옵니다.

02 CHANNELS 팔레트로 이동한 후 세 개의 채널 중 이미지와 배
경의 대비가 뚜렷한 채널을 찾습니다. 'Red, Green, Blue'
채널 중에 대비가 가장 뚜렷한 'Green' 채널을 선택합니다.

'Red' 채널

'Green' 채널

'Blue' 채널

03 'Green' 채널을 CHANNELS 팔레트 하단의 [Create new channel] 아이콘(🔲)으로 드래그
하여 복사합니다.

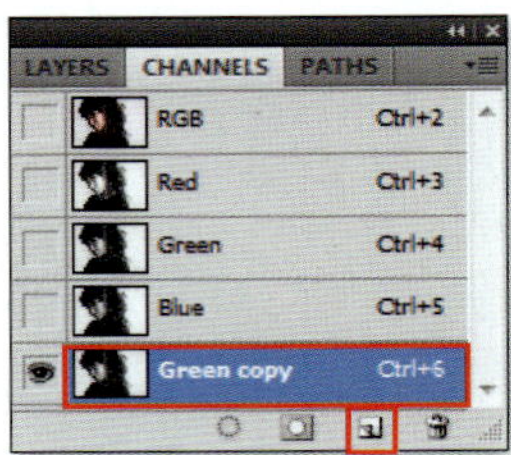

04 Ctrl+L을 눌러 [Levels] 대화상자가 나타나면 대비가 더욱 뚜렷해지도록 [Input Levels]를 '100, 1.00, 220'으로 설정합니다.

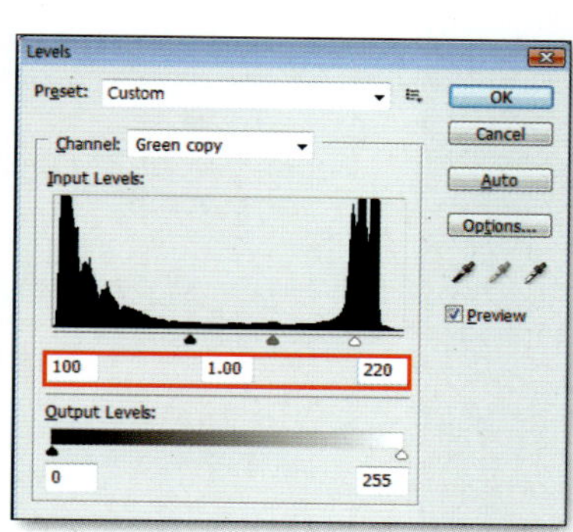

05 툴박스에서 전경색을 검은색으로 설정하고 Brush Tool(✎)로 인물이 차지하는 영역이 검은 색이 될 수 있도록 칠합니다.

06 Ctrl+I를 눌러 이미지의 색상을 반전시킵니다.

07 CHANNELS 팔레트에서 [Load channels as selection] 아이콘(◯)을 클릭하여 흰색 부분을
선택 영역으로 지정합니다.

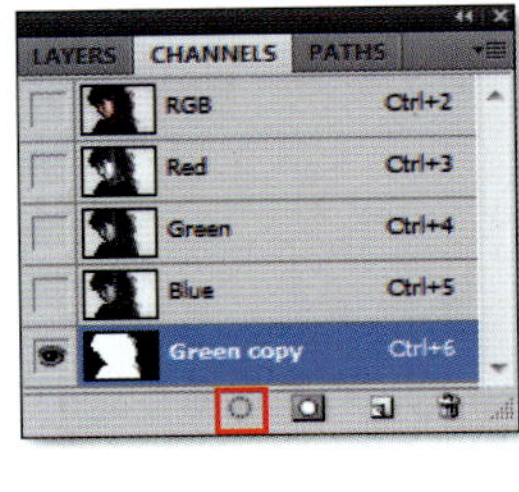
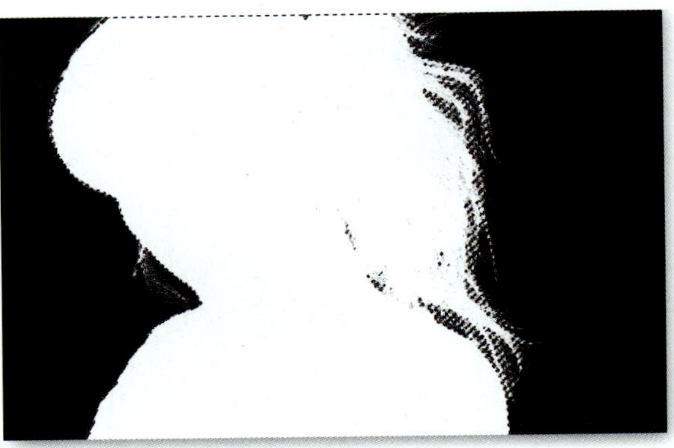

08 'RGB' 채널을 클릭하면 인물이 차지하는 영역이 선택된 것을 확인할 수 있습니다.

09 LAYERS 팔레트의 'Background' 레이어를 선택한 후 Ctrl+C를 눌러 선택 영역을 복사합니다.

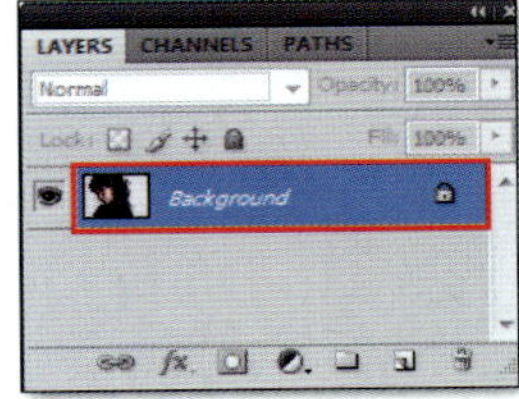

● **부록 CD** : IMAGE EXTRACTION/France.jpg

10　추출한 이미지를 다른 배경 이미지에 합성하기 위해 부록 CD에서 'France.jpg' 파일을 불러 옵니다.

11　Ctrl+V 를 눌러 복사한 인물 이미지를 배경 이미지에 붙여 넣은 후 적당히 위치를 잡아줍니다.

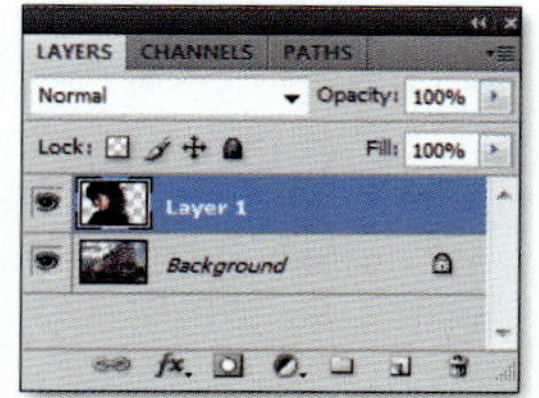

12　Ctrl+J 를 눌러 'Layer 1' 레이어를 하나 더 복사합니다.

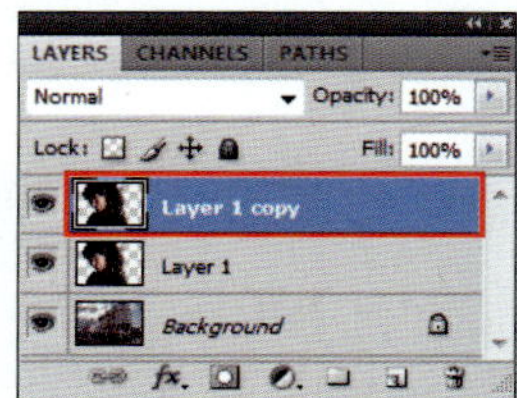

13 'Layer 1' 레이어를 선택하고 블렌딩 모드를 'Multiply'로 설정합니다.

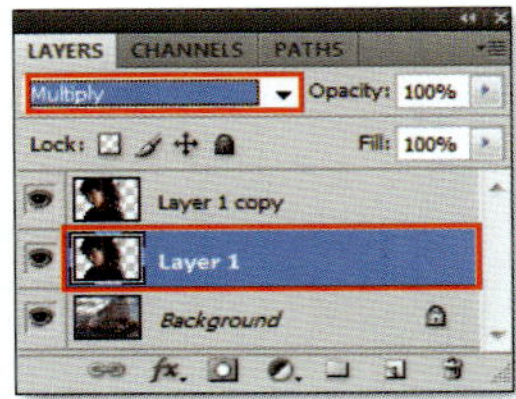

14 'Layer 1 copy' 레이어를 선택하고 Eraser Tool(⌫)로 머리카락과 검은색 옷의 외곽 부분을 지워서 자연스럽게 합성합니다.

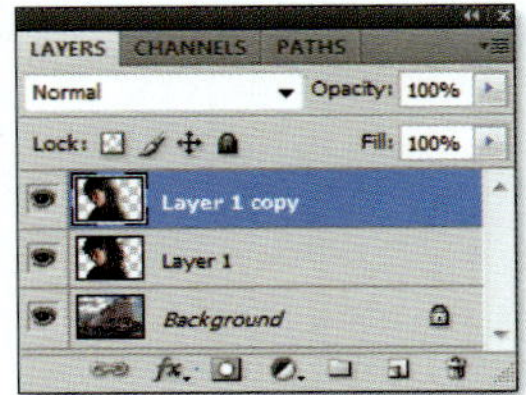

지우기 전

지운 후(자연스러워진 머리카락 외곽)

이번에는 Extract 필터를 이용하여 이미지에서 원하는 객체만을 추출하는 방법을 알아봅니다.

Extract 필터를 이용한 이미지 추출

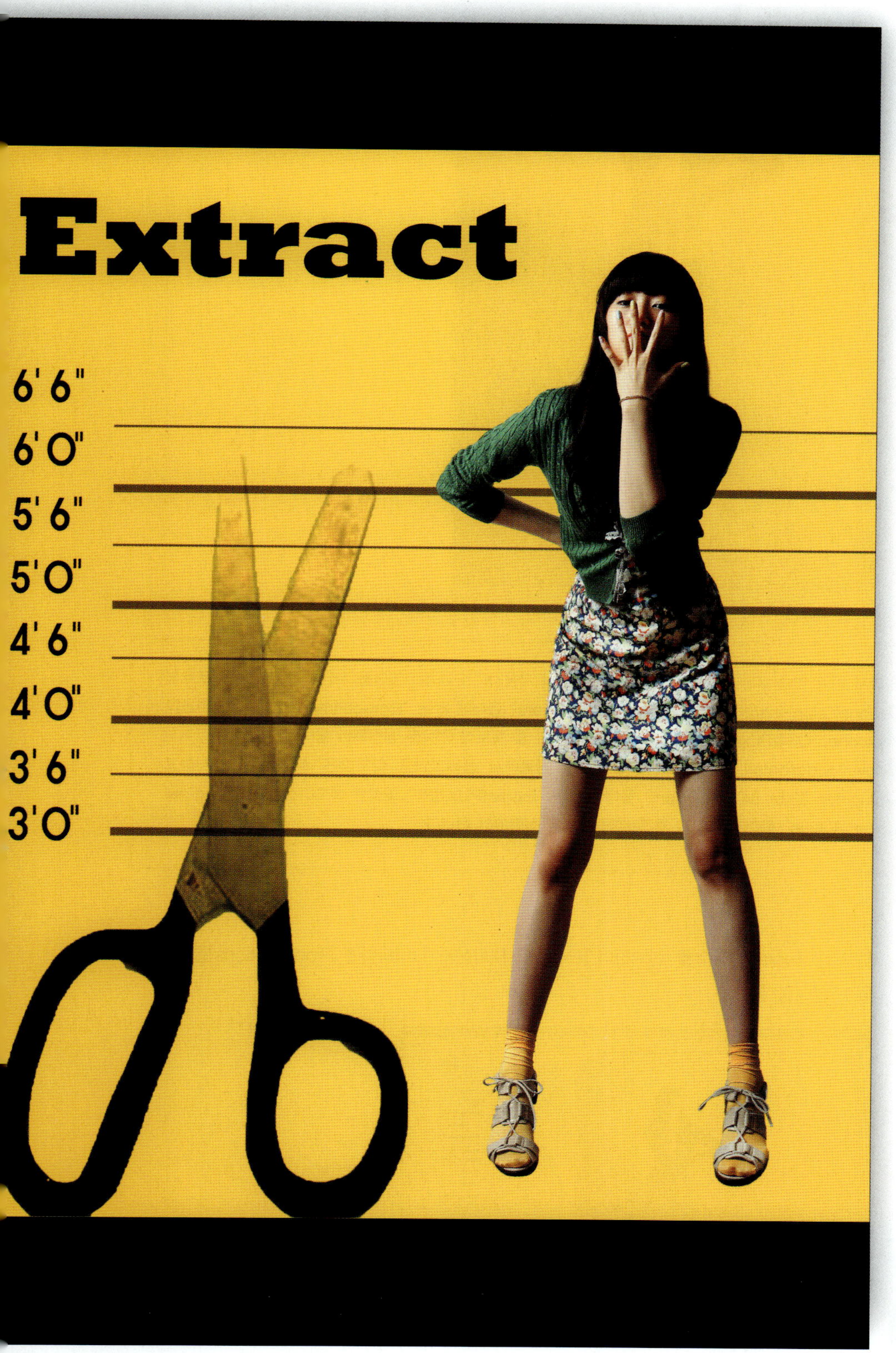

AFTER

BEFORE

WORK 0

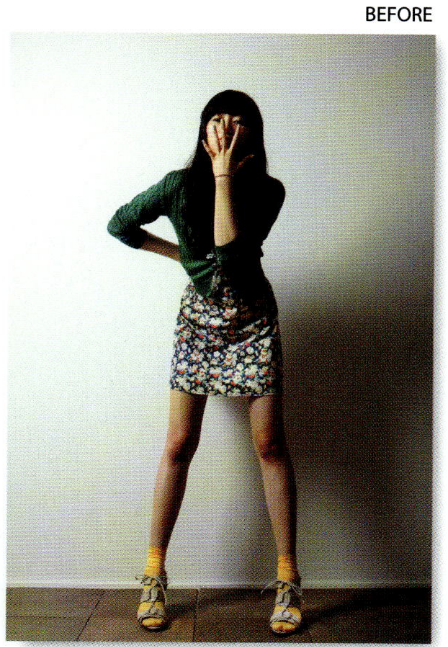

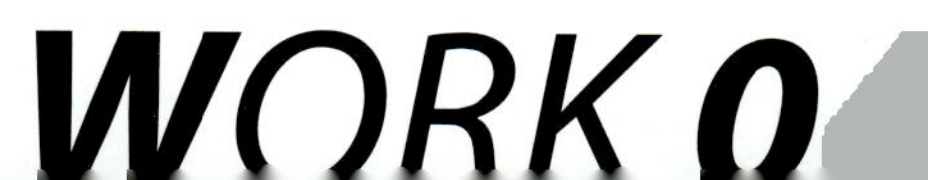

● **부록 CD** : IMAGE EXTRACTION/Pretty.jpg

01 추출할 이미지가 있는 'Pretty.jpg' 파일을 부록 CD에서 불러옵니다.

포토샵 CS4에는 기본 필터로 Extract를 지원하지 않고 있습니다. 그렇기 때문에 포토샵 CS4 사용자가 Extract 필터를 사용하기 위해서는 포토샵 CS4 설치 CD의 '〈language〉/Goodies/Optional plug-ins/plug-ins 32〈or 64〉-bit/Filters' 폴더에 있는 'ExtractPlus.8BF' 파일을 하드디스크의 '/Program Files/Adobe/Adobe Photoshop CS4/Plug-ins/Filters' 폴더로 복사한 후 포토샵 CS4를 실행해야 합니다.
또는, 'http://www.adobe.com/support/downloads/detail.jsp?ftpID=4048' URL **경로**에서 플러그인을 다운받은 후 압축을 해지하고 '〈language〉/Goodies/Optional plug-ins/plug-ins 32〈or 64〉-bit/Filters' 폴더에 있는 'ExtractPlus.8BF' 파일을 하드디스크의 '/Program Files/Adobe/Adobe Photoshop CS4/Plug-ins/Filters' 폴더로 복사한 후 포토샵 CS4를 실행해야 합니다.

02 [Filter]-[Extract] 메뉴를 선택하여 [Extract] 대화상자가 나타나면 [Tool Options]를 그림과 같이 설정합니다.

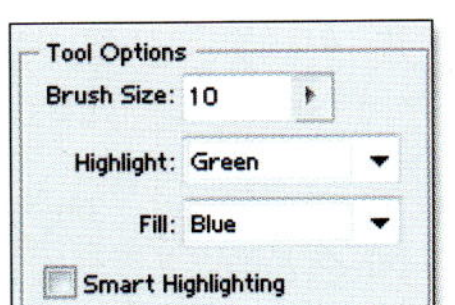

03 Edge Highlighter Tool(✐)을 선택하고 인물의 가장자리를 따라 외곽선을 그려줍니다.

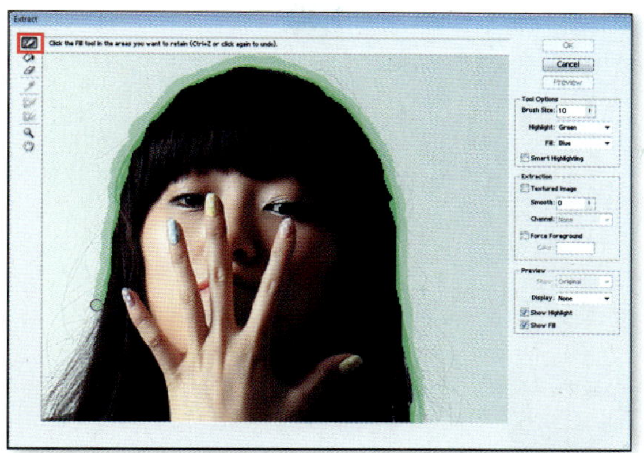 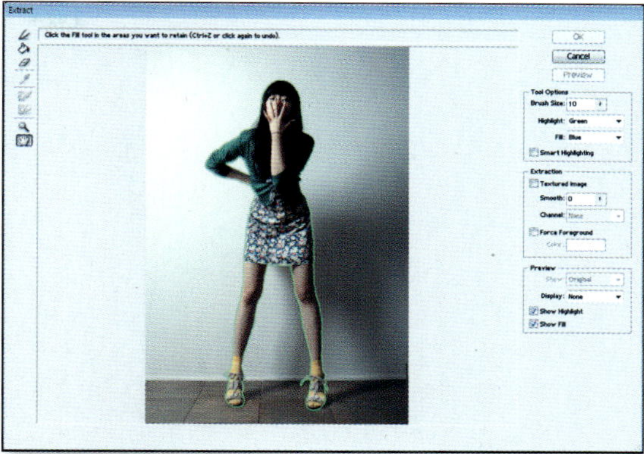

충분히 확대하면서 작업을 진행합니다.   외곽선 작업 완료 상태

Ctrl 을 누르면 Smart Highlighting 기능이 활성화되어 추출하려는 객체의 가장자리를 자동으로 찾아 외곽선을 그릴 수 있고, 원하지 않는 부분에 외곽선이 그려졌을 때는 Alt 를 누른 상태에서 드래그하여 지웁니다.

04 Fill Tool(⬛)을 선택하고 외곽선 안쪽 영영을 클릭하여 색상을 채워줍니다.

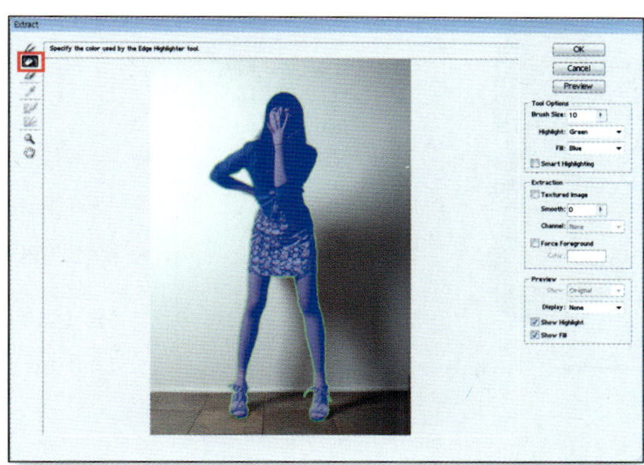

05 [Preview] 단추를 클릭하여 추출된 결과를 미리 확인합니다.

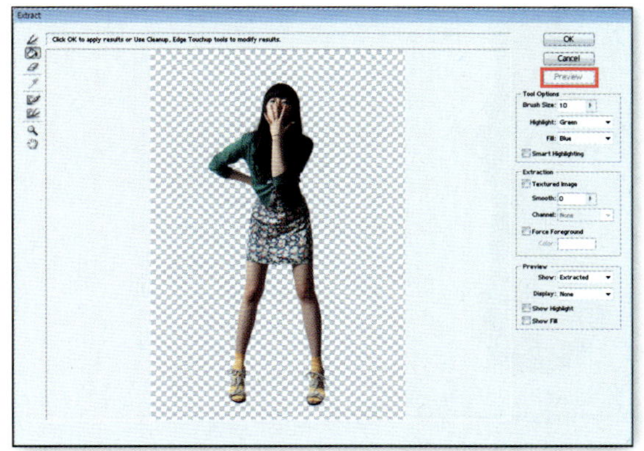 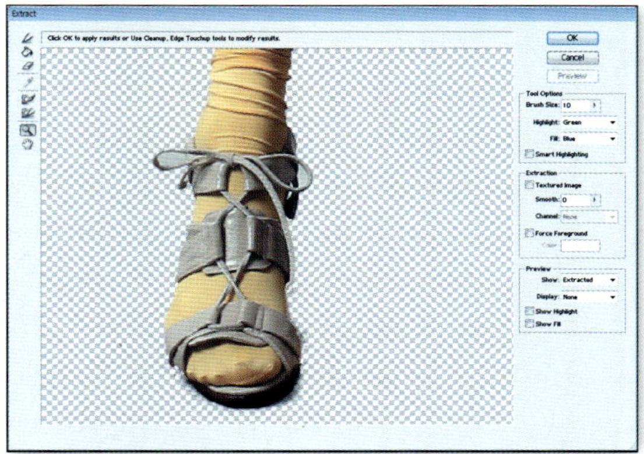

확대해서 보면 외곽 부분이 깔끔하지 않은 것을 확인할 수 있습니다.

06 외곽 부분을 자세히 확인하기 위해 [Preview]에서 [Display]를 ‘White Matte’로 설정하여 투명한 바탕 영역이 흰색으로 보이도록 만듭니다.

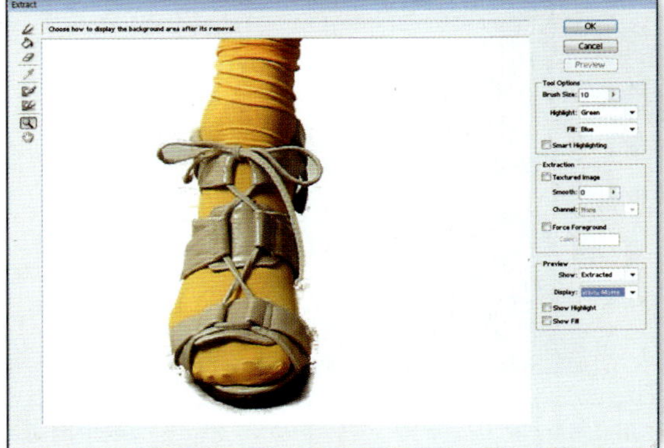

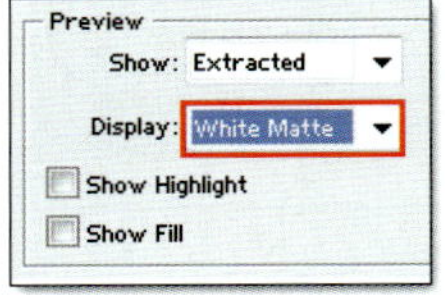

07 Cleanup Tool(￼)을 선택하고 불필요한 부분은 지워줍니다.

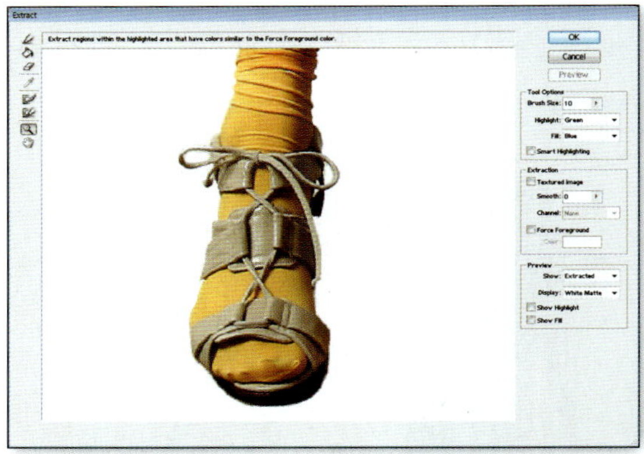

복원시킬 부분은 Alt 를 누른 상태로 드래그하면 됩니다.

08 불필요한 부분을 모두 지웠으면 Edge Touchup Tool(￼)을 이용하여 흐릿한 가장자리를 선명하게 다듬고 추출 작업을 마무리합니다.

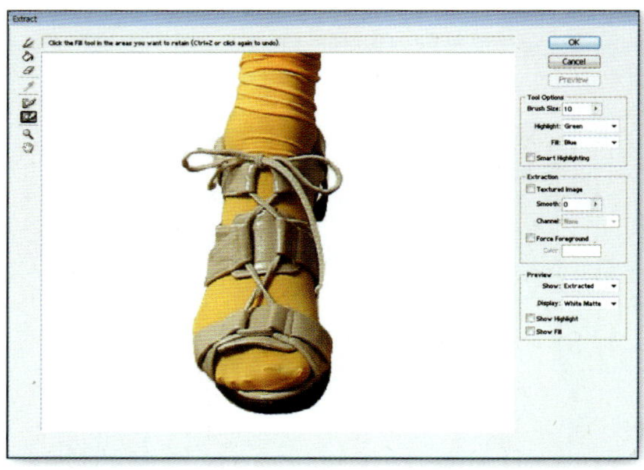

09 Ctrl+A를 눌러 이미지를 전체 선택하고 Ctrl+C를 눌러 복사합니다.

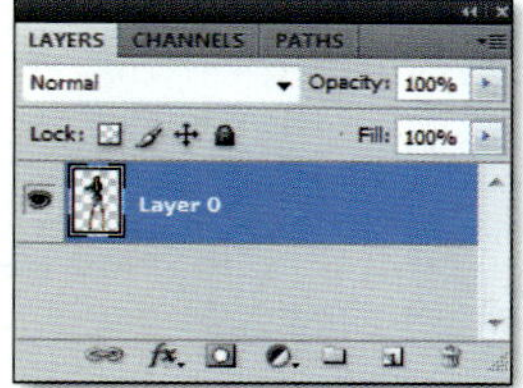

● **부록 CD** : IMAGE EXTRACTION/Extract.jpg

10 추출한 이미지를 다른 배경 이미지에 합성하기 위해 부록 CD에서 'Extract.jpg' 파일을 불러 옵니다.

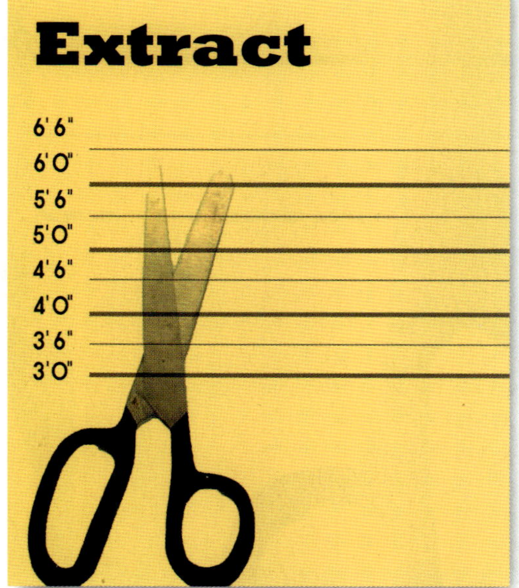

11 `Ctrl`+`V`를 눌러 복사한 인물 이미지를 배경 이미지에 붙여 넣은 후 적당히 위치를 잡아줍니다.

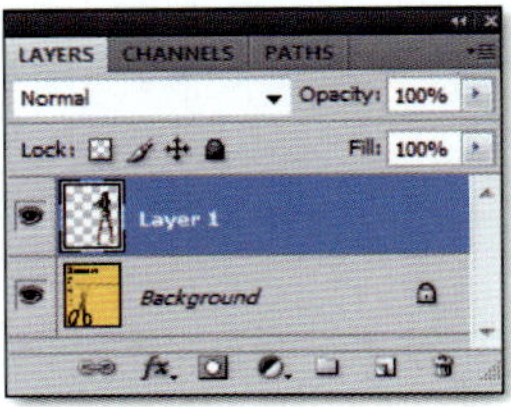

[E x t r a c t] 대 화 상 자 의 이 해

Extract 필터는 이미지의 경계면을 지정하여 특정한 부분을 추출할 수 있으며, [Extract] 대화상자에서는 경계면을 추출하는 데 필요한 각종 기능들을 제공합니다.

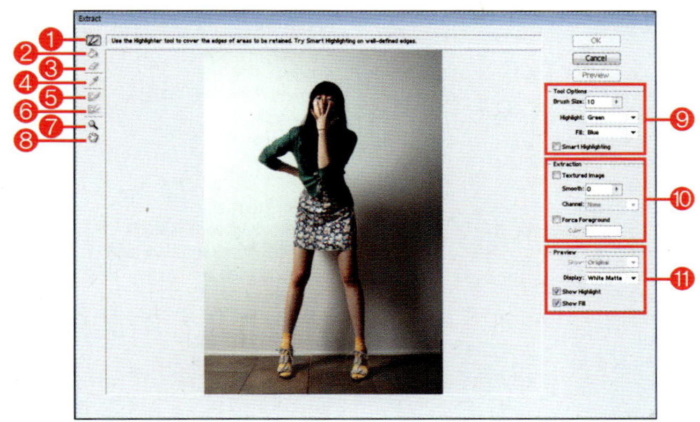

❶ **Edge Highlighter Tool** : 추출할 영역의 외곽선을 그릴 때 사용합니다.

❷ **Fill Tool** : 추출할 영역을 지정한 색상으로 채울 때 사용합니다.

❸ **Eraser Tool** : 작업 중 잘못 채색된 곳을 지울 때 사용합니다.

❹ **Eyedropper Tool** : Force Foreground 기능에 사용할 경우 색상을 선택할 때 사용합니다.

❺ **Cleanup Tool** : 미리 보기 상태에서 추출된 영역에 포함되어 있는 불필요한 부분을 지울 때 사용합니다.

❻ **Edge Touchup Tool** : 추출된 영역의 흐릿한 가장자리를 선명하게 다듬을 때 사용합니다.

❼ **Zoom Tool** : 미리 보기 창에 표시된 이미지를 확대하거나 축소할 때 사용합니다.

❽ **Hand Tool** : 직업 위치를 변경할 때 사용합니다.

❾ **Tool Options**
  • Brush Size : Edge Highlighter Tool의 브러시 사이즈를 설정합니다.
  • Highlight : Edge Highlighter Tool의 작업 색상을 선택합니다.
  • Fill : Fill Tool의 작업 색상을 선택합니다.
  • Smart Highlighting : 체크가 되어 있으면 Edge Highlighter Tool을 사용하여 추출할 영역의 외곽선을 그릴 때 가장자리를 자동으로 찾아줍니다.

❿ **Extraction**
  • Textured Image : 이미지의 전경 또는, 배경에 텍스처가 많이 포함되어 있을 때 선택합니다.
  • Smooth : 추출할 영역에 대한 가장자리의 부드러운 정도를 조절합니다.
  • Channel : 알파 채널에 해당하는 영역을 추출할 때 사용합니다.
  • Force Foreground : 체크하면 특정 색상이 포함된 부분만을 추출할 수 있으며 단일 색상의 톤을 포함하는 객체에서 효과적입니다.
  • Color : 추출할 색상을 선택합니다.

⓫ **Preview**
  • Show : 미리 보기 상태에서 추출한 이미지를 보여줄지(Extracted), 원본 이미지를 보여줄지(Original)를 선택합니다.
  • Display : 추출한 이미지를 구분하기 위해 필요한 배경색을 지정합니다.
  • Show Highlight : 체크하면 Edge Highlighter Tool로 그려진 외곽선을 표시합니다.
  • Show Fill : 체크하면 Fill Tool로 채워진 영역을 표시합니다.

[찾 아 보 기]

PHOTOSHOP CREATIVE COLLECTION

1판 1쇄 발행 2009년 5월 10일
1판 2쇄 발행 2011년 4월 5일

저 자   이구영
발 행 인   김길수
발 행 처   (주)영진닷컴
주   소   서울특별시 금천구 가산동 664번지 대륭테크노타워 13차 10층

대표전화   1588-0789
대표팩스   (02) 2105-2200
등   록   2007. 4. 27. 제16-4189호

값 **30,000** 원
(부록 CD-ROM 포함)

ⓒ 2009., 2011. (주)영진닷컴

ISBN 978-89-314-3840-6

※ 본 도서의 내용 문의는 저자 메일(kuyounglee@gmail.com)로 해주시기 바랍니다.
※ 본서는 누적 쿠폰을 제공하지 않습니다.

http://www.youngjin.com

E P I L O G U E

사진을 그린다는 것

뷰 파인더를 통해 동공으로 들어오는 그 세계는 조그만 모래알부터 드넓은 하늘까지 이미 모든 것이 나의 것이다.

어떠한 세상을 가득 채운다는 것에 대한 열정과 욕망을 상상력으로 반드시 이룰 수 있다고 믿는 그 순간….

숨이 멈추고 망설일 틈도 없이 나의 손은 쉼 없이 움직인다.

또 다시 새로운 것을 펼치며...